知识图谱

方法、实践与应用

KNOWLEDGE GRAPH

[主编] 王昊奋　漆桂林　陈华钧

[参编] Jeff Z. Pan　丁军　丁力　汪鹏　王萌　王鑫
王宇　王志春　肖国辉　杨成彪　张伟

電子工業出版社
Publishing House of Electronics Industry
北京•BEIJING

内容简介

知识图谱是较为典型的多学科交叉领域，涉及知识工程、自然语言处理、机器学习、图数据库等多个领域。本书系统地介绍知识图谱涉及的关键技术，如知识建模、关系抽取、图存储、自动推理、图谱表示学习、语义搜索、知识问答、图挖掘分析等。此外，本书还尝试将学术前沿和实战结合，让读者在掌握实际应用能力的同时对前沿技术发展有所了解。

本书既适合计算机和人工智能相关的研究人员阅读，又适合在企业一线从事技术和应用开发的人员学习，还可作为高等院校计算机或人工智能专业师生的参考教材。

图书在版编目（CIP）数据

知识图谱：方法、实践与应用/王昊奋，漆桂林，陈华钧主编. —北京：电子工业出版社，2019.8

ISBN 978-7-121-36671-0

Ⅰ. ①知… Ⅱ. ①王… ②漆… ③陈… Ⅲ. ①知识管理 Ⅳ.①G302

中国版本图书馆 CIP 数据核字（2019）第 100477 号

责任编辑：宋亚东
印　　刷：天津千鹤文化传播有限公司
装　　订：天津千鹤文化传播有限公司
出版发行：电子工业出版社
　　　　　北京市海淀区万寿路 173 信箱　邮编 100036
开　　本：787×980　1/16　印张：30　字数：546 千字
版　　次：2019 年 8 月第 1 版
印　　次：2025 年 3 月第 21 次印刷
定　　价：118.00 元

凡所购买电子工业出版社图书有缺损问题，请向购买书店调换。若书店售缺，请与本社发行部联系，联系及邮购电话：（010）88254888，88258888。

质量投诉请发邮件至 zlts@phei.com.cn，盗版侵权举报请发邮件至 dbqq@phei.com.cn。

本书咨询联系方式：（010）51260888-819，faq@phei.com.cn。

序

知识图谱是人工智能的一个分支，对可解释人工智能具有重要作用。近几年，随着知识表示和机器学习等技术的发展，知识图谱相关技术取得了突破性的进展，特别是知识图谱的构建、推理和计算技术以及知识服务技术，都得到了快速的发展。这些技术的进步使知识图谱在工业界受到了广泛关注，并取得了显著成果。谷歌、微软、百度等互联网公司率先构建了大规模通用知识图谱，提供基于实体和关系的语义搜索，可以更好地理解用户查询。知识图谱还在智能决策系统、推荐系统和智能问答系统中起到了重要作用。知识图谱不仅有巨大的应用价值，而且具有重要的理论价值。知识图谱使传统知识表示和推理技术有了落脚点，也为知识表示和推理带来了新的挑战。

本书系统介绍了知识图谱的理论、技术及应用。在理论方面，本书全面介绍了知识图谱的各种表示方法，以及知识图谱的推理方法，这些方法是知识图谱的根基。在技术方面，本书全面介绍了知识图谱的存储和查询技术、挖掘构建、知识融合技术，以及基于知识图谱的语义搜索和智能问答技术。在应用方面，本书全面地介绍了知识图谱在工业界的典型应用场景，为知识图谱的发展提供了养分。目前，关于知识图谱的专业书籍还比较缺乏，本书将给广大知识图谱研究人员和应用人员带来福音。

本书作者们都是在知识图谱的研究和产业应用方面有丰富经验的专家和学者，很好地融合了知识图谱的学术研究和产业化实践，相信本书的出版对于知识图谱技术的普及和发展会产生非常积极的作用。

清华大学教授

前　言

知识图谱的早期理念源于万维网之父 Tim Berners-Lee 关于语义网（The Semantic Web）的设想，旨在采用图结构（Graph Structure）来建模和记录世界万物之间的关联关系和知识，以便有效实现更加精准的对象级搜索。知识图谱的相关技术已经在搜索引擎、智能问答、语言理解、推荐计算、大数据决策分析等众多领域得到广泛的实际应用。近年来，随着自然语言处理、深度学习、图数据处理等众多领域的飞速发展，知识图谱在自动化知识获取、知识表示学习与推理、大规模图挖掘与分析等领域又取得了很多新进展。知识图谱已经成为实现认知层面的人工智能不可或缺的重要技术之一。

为什么写作本书

知识图谱是较为典型的交叉领域，涉及知识工程、自然语言处理、机器学习、图数据库等多个领域。而知识图谱的构建及应用涉及更多细分领域的一系列关键技术，包括：知识建模、关系抽取、图存储、自动推理、图谱表示学习、语义搜索、智能问答、图计算分析等。做好知识图谱需要系统掌握和应用这些分属多个领域的技术。

本书写作的第一个目的是尽可能地梳理和组织好这些知识点，帮助读者系统掌握相关技术，能够从整体、全局和系统的视角看待和应用知识图谱技术。早期的知识图谱应用主要是谷歌、百度等公司的通用域搜索引擎，以及基于搜索延续发展出来的基于知识图谱的智能问答应用，如天猫精灵、小米小爱等。这类应用主要依靠通用领域的知识图谱，如百科类知识图谱。近年来，知识图谱在医疗、金融、安全等垂直领域深入发展，知识图谱的应用也进一步从通用领域向越来越多的垂直领域扩展。对于刚刚进入该领域的从业人员，更需要能从应用入手，开展知识图谱的研究与开发。

本书写作的第二个目的是希望能够为这些知识图谱应用开发人员提供一本参考型的工具书。因此，本书在章节最后安排了一个小节介绍相关技术点的常用开源工具，并在与本书配套的网站上提供了完整的实际操作教程。

近几年，随着人工智能的进一步发展，知识图谱在深度知识抽取、表示学习与机器推理、基于知识的可解释性人工智能、图谱挖掘与图神经网络等领域取得了一系列新的进展。本书写作的第三个目的是希望梳理和整理这些与知识图谱相关领域的最新进展，帮助读者了解它们的技术发展前沿。

关于本书作者

本书邀请了国内从事相关领域研究和开发的一线专家。三位主编都在语义网和知识图谱领域有着十余年的研究和开发经验，同时也是中文领域开放知识图谱 OpenKG 的发起人。每个章节由各细分技术领域的专家主持撰写，参与编写的编者既有来自国内高校从事相关学术研究的教师，也有来自企业拥有丰富实际开发经验的技术专家。

本书主要内容

本书共包括 9 章，主要内容如下：

第 1 章主要介绍知识图谱的基本概念、历史渊源、典型的知识图谱项目、技术要素以及核心应用价值。

第 2 章围绕知识表示与建模，首先介绍传统人工智能领域的典型知识表示方法，如谓词逻辑、描述逻辑、框架系统等，接下来重点介绍 RDF、OWL 等互联网时代的知识表示框架，此外还介绍知识图谱的向量表示方法等。最后以 Protégé 为例介绍知识建模的具体实践过程。

第 3 章围绕知识存储，首先介绍知识图谱存储的主要特点和难点，然后介绍几种常用的知识图谱存储索引及存储技术，并对原生图数据库的技术原理进行简要介绍。此外，还概要介绍常用的图数据库，并以 Apache Jena 和 gStore 为例介绍知识图谱存储的具体实践过程。

第 4 章围绕知识抽取与知识挖掘，首先介绍从不同来源获取知识图谱数据的常用方法，然后重点围绕实体抽取、关系抽取和事件抽取等，对从文本中获取知识图谱数据的方法展开了较为具体的介绍。最后以 DeepDive 开源工具为例介绍关系抽取的具体实践过程。

第 5 章围绕知识图谱的融合，分别对概念层的融合和实体层的融合展开介绍，包括本体映射、语义映射技术、实体对齐、实体链接等。最后以 LIMES 开源工具为例介绍实体融合的具体实践过程。

第 6 章围绕知识图谱推理，首先介绍推理的基本概念，然后分别从基于演绎逻辑的知识图谱推理和基于归纳的知识图谱推理，对常用的知识图谱推理技术进行介绍。最后以 Apache Jena 和 Drools 等开源工具为例介绍知识图谱推理的具体实践过程。

第 7 章和第 8 章分别围绕语义搜索和知识问答展开，介绍语义索引、基于知识图谱的问答等系列技术，并以 gAnswer 等开源工具为例，介绍基于知识图谱实现精准搜索和问答的具体实践过程。

第 9 章为应用案例章节，作者挑选了电商、图情、生活娱乐、企业商业、创投、中医临床领域和金融证券行业 7 个应用案例，对知识图谱技术在不同领域的实现过程和应用方法展开介绍。

如何阅读本书

这是一本大厚书，读者应该怎样利用这本书呢？

在阅读此书前，读者应当学过数据库、机器学习及自然语言处理的基本知识。这本书的章节是依据知识图谱的相关技术点进行安排的。由于知识图谱涉及的技术面较多，我们建议刚进入知识图谱领域的读者分几遍阅读本书。

- 第一遍先通读全书，主要厘清基本概念，对涉及学术前沿的内容以及开源工具实践部分的内容可以只简单浏览。
- 第二遍重点针对每个章节后面的开源工具进行实践学习，通过上手操作加深对各技术点的理解。
- 第三遍针对各章中介绍的算法进行学习，并结合相关论文的阅读加深对算法的理解。在这个阶段可以挑选自己感兴趣的技术点进行深入研究。

在撰写本书时，编者考虑了各章节技术点的独立性，对知识图谱的某些技术已经有些了解的读者，可以不用严格按照书的章节顺序阅读，而是挑选自己感兴趣的章节进行学习。

致谢

本书是很多人共同努力的成果，在此感谢各位编者的共同努力。同时，在本书写作过程中，北京大学的邹磊、胡森，湖南大学的彭鹏，海知智能的袁熙昊、韩庐山、王燚鹏、孙胜男、郭玉婷，东南大学的吴桐桐、谭亦鸣、花云程，浙江大学的张文、王冠颖、王若旭、陈名杨、王梁、叶志权等人也提供了非常有价值的调研结果和修改意见，在此表示衷心的感谢。

在电子工业出版社博文视点宋亚东编辑的热情推动下，最终促成了我们与电子工业出版社的合作。在审稿过程中，他多次邀请专家对此书提出有益意见，对书稿的修改完善起到了重要作用。在此感谢电子工业出版社博文视点和宋亚东编辑对本书的重视，以及为本书出版所做的一切。

为推动中文领域开放知识图谱的发展，本书的作者们一致同意将部分稿酬捐赠给OpenKG。在此，也对参与本书的所有作者的无私奉献表示感谢。

由于作者水平有限，书中不足及错误之处在所难免。此外，由于知识图谱技术涉及面广，本书难免有所遗漏，敬请专家和读者给予批评指正。

作者

2019 年 7 月

读者服务

目　录

第 1 章 知识图谱概述

陈华钧 浙江大学，漆桂林 东南大学
王昊奋 同济大学，王鑫 天津大学

1.1 什么是知识图谱

知识图谱是一种用图模型来描述知识和建模世界万物之间的关联关系的技术方法[1]。知识图谱由节点和边组成。节点可以是实体，如一个人、一本书等，或是抽象的概念，如人工智能、知识图谱等。边可以是实体的属性，如姓名、书名，或是实体之间的关系，如朋友、配偶。知识图谱的早期理念来自 Semantic Web[2,3]（语义网），其最初理想是把基于文本链接的万维网转化成基于实体链接的语义网。

1989 年，Tim Berners-Lee 提出构建一个全球化的以“链接”为中心的信息系统（Linked Information System）。任何人都可以通过添加链接把自己的文档链入其中。他认为，相比基于树的层次化组织方式，以链接为中心和基于图的组织方式更加适合互联网这种开放的系统。这一思想逐步被人们实现，并演化发展成为今天的 World Wide Web。

1994 年，Tim Berners-Lee 又提出 Web 不应该仅仅只是网页之间的互相链接。实际上，网页中描述的都是现实世界中的实体和人脑中的概念。网页之间的链接实际包含语义，即这些实体或概念之间的关系；然而，机器却无法有效地从网页中识别出其中蕴含的语义。他于 1998 年提出了 Semantic Web 的概念[4]。Semantic Web 仍然基于图和链接的组织方式，只是图中的节点代表的不只是网页，而是客观世界中的实体（如人、机构、地点等），而超链接也被增加了语义描述，具体标明实体之间的关系（如出生地是、创办人是等）。相对于传统的网页互联网，Semantic Web 的本质是数据的互联网（Web of Data）或事物的互联网（Web of Things）。

在 Semantic Web 被提出之后，出现了一大批新兴的语义知识库。如作为谷歌知识图谱后端的 Freebase[5]，作为 IBM Waston 后端的 DBpedia[6]和 Yago[7]，作为 Amazon Alexa 后端的 True Knowledge，作为苹果 Siri 后端的 Wolfram Alpha，以及开放的 Semantic Web Schema——Schema.ORG[8]，目标成为世界最大开放知识库的 Wikidata[9]等。尤其值得一提的是，2010 年谷歌收购了早期语义网公司 MetaWeb，并以其开发的 Freebase 作为数据基础之一，于 2012 年正式推出了称为知识图谱的搜索引擎服务。随后，知识图谱逐步在语义搜索[10,11]、智能问答[12-14]、辅助语言理解[15,16]、辅助大数据分析[17-19]、增强机器学习的可解释性[20]、结合图卷积辅助图像分类[21,22]等多个领域发挥出越来越重要的作用。

如图 1-1 所示，知识图谱旨在从数据中识别、发现和推断事物与概念之间的复杂关系，是事物关系的可计算模型。知识图谱的构建涉及知识建模、关系抽取、图存储、关系推理、实体融合等多方面的技术，而知识图谱的应用则涉及语义搜索、智能问答、语言理解、决策分析等多个领域。构建并利用好知识图谱需要系统性地利用包括知识表示（Knowledge Representation）、图数据库、自然语言处理、机器学习等多方面的技术。

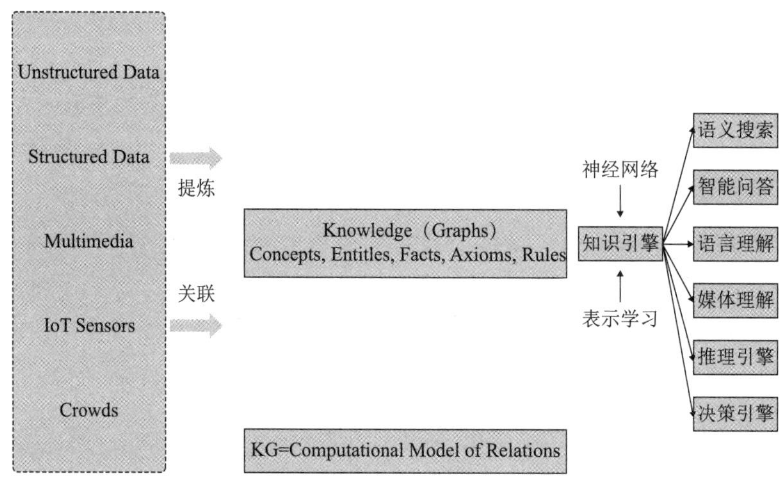

图 1-1　知识图谱：事物关系的可计算模型

1.2　知识图谱的发展历史

知识图谱并非突然出现的新技术，而是历史上很多相关技术相互影响和继承发展的结果，包括语义网络、知识表示、本体论、Semantic Web、自然语言处理等，有着来自 Web、人工智能和自然语言处理等多方面的技术基因。从早期的人工智能发展历史来看，Semantic Web 是传统人工智能与 Web 融合发展的结果，是知识表示与推理在 Web 中的应用；RDF（Resource Description Framework，资源描述框架）、OWL（Web Ontology Language，网络本体语言）都是面向 Web 设计实现的标准化的知识表示语言；而知识图谱则可以看作是 Semantic Web 的一种简化后的商业实现，如图 1-2 所示。

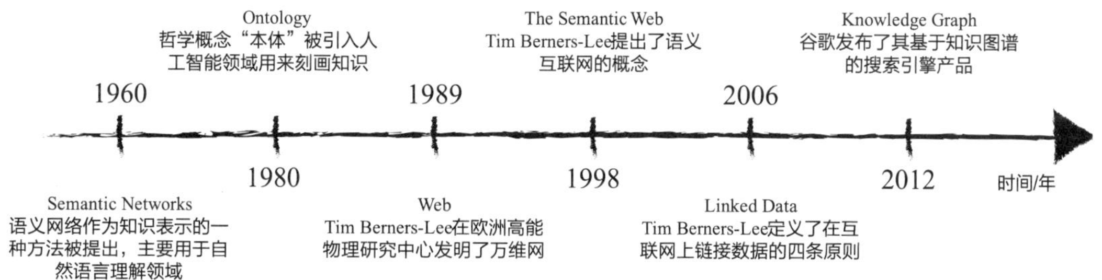

图 1-2　从语义网络到知识图谱

在人工智能的早期发展流派中，符号派（Symbolism）侧重于模拟人的心智，研究怎样用计算机符号表示人脑中的知识并模拟心智的推理过程；连接派（Connectionism）侧重于模拟人脑的生理结构，即人工神经网络。符号派一直以来都处于人工智能研究的核心位置。近年来，随着数据的大量积累和计算能力的大幅提升，深度学习在视觉、听觉等感知处理中取得突破性进展，进而又在围棋等博弈类游戏、机器翻译等领域获得成功，使得人工神经网络和机器学习获得了人工智能研究的核心地位。深度学习在处理感知、识别和判断等方面表现突出，能帮助构建聪明的人工智能，但在模拟人的思考过程、处理常识知识和推理，以及理解人的语言方面仍然举步维艰。

哲学家柏拉图把知识（Knowledge）定义为"Justified True Belief"，即知识需要满足三个核心要素：合理性（Justified）、真实性（True）和被相信（Believed）。简而言之，知识是人类通过观察、学习和思考有关客观世界的各种现象而获得并总结出的所有事实（Fact）、概念（Concept）、规则（Rule）或原则（Principle）的集合。人类发明了各种手段来描述、表示和传承知识，如自然语言、绘画、音乐、数学语言、物理模型、化学公式等。具有获取、表示和处理知识的能力是人类心智区别于其他物种心智的重要特征。人工智能的核心也是研究怎样用计算机易于处理的方式表示、学习和处理各种各样的知识。知识表示是现实世界的可计算模型（Computable Model of Reality）。从广义上讲，神经网络也是一种知识表示形式，如图 1-3 所示。

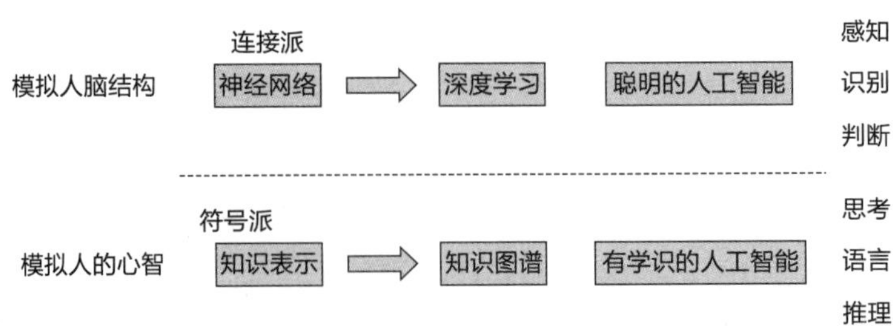

图 1-3 知识图谱帮助构建有学识的人工智能

符号派关注的核心正是知识的表示和推理（KRR，Knowledge Representation and Reasoning）。早在 1960 年，认知科学家 Allan M.Collins 提出用语义网络（Semantic Network）研究人脑的语义记忆。例如，WordNet[23]是典型的语义网络，它定义了名词、动词、形容词和副词之间的语义关系。WordNet 被广泛应用于语义消歧等自然语言处理领域。

1970 年，随着专家系统的提出和商业化发展，知识库（Knowledge Base）构建和知识表示更加得到重视。专家系统的基本想法是：专家是基于大脑中的知识来进行决策的，因此人工智能的核心应该是用计算机符号表示这些知识，并通过推理机模仿人脑对知识进行处理。依据专家系统的观点，计算机系统应该由知识库和推理机两部分组成，而不是由函数等过程性代码组成。早期的专家系统最常用的知识表示方法包括基于框架的语言（Frame-based Languages）和产生式规则（Production Rules）等。框架语言主要用于描述客观世界的类别、个体、属性及关系等，较多地被应用于辅助自然语言理解。产生式规则主要用于描述类似于 IF-THEN 的逻辑结构，适合于刻画过程性知识。

知识图谱与传统专家系统时代的知识工程有着显著的不同。与传统专家系统时代主要依靠专家手工获取知识不同，现代知识图谱的显著特点是规模巨大，无法单一依靠人工和专家构建。如图 1-4 所示，传统的知识库，如 Douglas Lenat 从 1984 年开始创建的常识知识库 Cyc，仅包含 700 万条①的事实描述（Assertion）。Wordnet 主要依靠语言学专家定义名词、动词、形容词和副词之间的语义关系，目前包含大约 20 万条的语义关系。由著名人工智能专家 Marvin Minsky 于 1999 年起开始构建的 ConceptNet[24]常识知识库依靠了互联网众包、专家创建和游戏三种方法，但早期的 ConceptNet 规模在百万级别，最新的

① 下文有关知识图谱规模的描述都以三元组（Triple）为计算单元，一个元组对应一条事实描述（Fact or Assertion）。

ConceptNet 5.0 也仅包含 2800 万个 RDF 三元组关系描述。谷歌和百度等现代知识图谱都已经包含超过千亿级别的三元组，阿里巴巴于 2017 年 8 月发布的仅包含核心商品数据的知识图谱也已经达到百亿级别。DBpedia 已经包含约 30 亿个 RDF 三元组，多语种的大百科语义网络 BabelNet 包含 19 亿个 RDF 三元组[25]，Yago3.0 包含 1.3 亿个元组，Wikidata 已经包含 4265 万条数据条目，元组数目也已经达到数十亿级别。截至目前，开放链接数据项目 Linked Open Data① 统计了其中有效的 2973 个数据集，总计包含大约 1494 亿个三元组。

现代知识图谱对知识规模的要求源于"知识完备性"难题。冯·诺依曼曾估计单个个体大脑的全量知识需要 2.4×10^{20} 个 bits 存储[26]。客观世界拥有不计其数的实体，人的主观世界还包含无法统计的概念，这些实体和概念之间又具有更多数量的复杂关系，导致大多数知识图谱都面临知识不完全的困境。在实际的领域应用场景中，知识不完全也是困扰大多数语义搜索、智能问答、知识辅助的决策分析系统的首要难题。

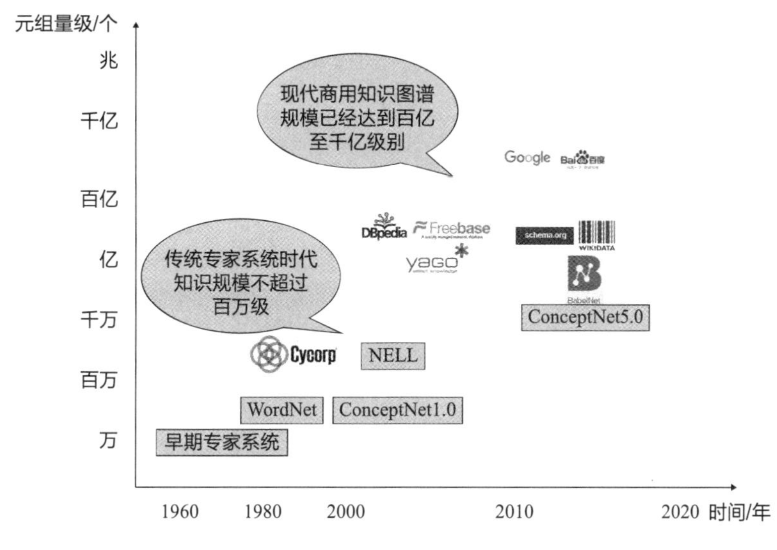

图 1-4　现代知识图谱的规模化发展

1.3　知识图谱的价值

知识图谱最早的应用是提升搜索引擎的能力。随后，知识图谱在辅助智能问答、自然语言理解、大数据分析、推荐计算、物联网设备互联、可解释性人工智能等多个方面展现

① http://lod-cloud.net。

出丰富的应用价值。

1. 辅助搜索

互联网的终极形态是万物的互联，而搜索的终极目标是对万物的直接搜索。传统搜索引擎依靠网页之间的超链接实现网页的搜索，而语义搜索是直接对事物进行搜索，如人物、机构、地点等。这些事物可能来自文本、图片、视频、音频、IoT 设备等各种信息资源。而知识图谱和语义技术提供了关于这些事物的分类、属性和关系的描述，使得搜索引擎可以直接对事物进行索引和搜索，如图 1-5 所示。

图 1-5　知识图谱辅助搜索

2. 辅助问答

人与机器通过自然语言进行问答与对话是人工智能实现的关键标志之一。除了辅助搜索，知识图谱也被广泛用于人机问答交互中。在产业界，IBM Watson 背后依托 DBpedia 和 Yago 等百科知识库和 WordNet 等语言学知识库实现深度知识问答。Amazon Alex 主要依靠 True Knowledge 公司积累的知识图谱。度秘、Siri 的进化版 Viv、小爱机器人、天猫精灵背后都有海量知识图谱作为支撑。

伴随着机器人和 IoT 设备的智能化浪潮的掀起，基于知识图谱的问答对话在智能驾驶、智能家居和智能厨房等领域的应用层出不穷。典型的基于知识图谱的问答技术或方法包括：基于语义解析、基于图匹配、基于模板学习、基于表示学习和深度学习以及基于混合模型等。在这些方法中，知识图谱既被用来辅助实现语义解析，也被用来匹配问句实体，还被用来训练神经网络和排序模型等。知识图谱是实现人机交互问答必不可少的模块。

3. 辅助大数据分析

知识图谱和语义技术也被用于辅助进行数据分析与决策。例如，大数据公司 Palantir 基于本体融合和集成多种来源的数据，通过知识图谱和语义技术增强数据之间的关联，使得用户可以用更加直观的图谱方式对数据进行关联挖掘与分析。

知识图谱在文本数据的处理和分析中也能发挥独特的作用。例如，知识图谱被广泛用来作为先验知识从文本中抽取实体和关系，如在远程监督中的应用。知识图谱也被用来辅助实现文本中的实体消歧（Entity Disambiguation）、指代消解和文本理解等。

近年来，描述性数据分析（Declarative Data Analysis）受到越来越多的重视。描述性数据分析是指依赖数据本身的语义描述实现数据分析的方法。不同计算性数据分析主要以建立各种数据分析模型，如深度神经网络，而描述性数据分析突出预先抽取数据的语义，建立数据之间的逻辑，并依靠逻辑推理的方法（如 Datalog）来实现数据分析。

4. 辅助语言理解

背景知识，特别是常识知识，被认为是实现深度语义理解（如阅读理解、人机问答等）必不可少的构件。一个典型的例子是 Winograd Schema Challenge（WSC 竞赛）。WSC 由著名的人工智能专家 Hector Levesque 教授提出，2016 年，在国际人工智能大会 IJCAI 上举办了第一届 WSC 竞赛。WSC 主要关注那些必须要叠加背景知识才能理解句子语义的 NLP 任务。例如，在下面这个例子中，当描述 it 是 big 时，人很容易理解 it 指代 trophy；而当 it 与 small 搭配时，也很容易识别出 it 指代 suitcase。

The trophy would not fit in the brown suitcase because it was too big（small）. What was too big（small）?

Answer 0: the trophy　　　　Answer 1: the suitcase

这个看似非常容易的问题，机器却毫无办法。正如自然语言理解的先驱 Terry

Winograd 所说的，当一个人听到一句话或看到一段句子的时候，会使用自己所有的知识和智能去理解。这不仅包括语法，也包括其拥有的词汇知识、上下文知识，更重要的是对相关事物的理解。

5. 辅助设备互联

人机对话的主要挑战是语义理解，即让机器理解人类语言的语义。另外一个问题是机器之间的对话，这也需要技术手段来表示和处理机器语言的语义。语义技术也可被用来辅助设备之间的语义互联。OneM2M 是 2012 年成立的全球最大的物联网国际标准化组织，其主要是为物联设备之间的互联提供“标准化黏合剂”。OneM2M 关注了语义技术在封装设备数据的语义，并基于语义技术实现设备之间的语义互操作的问题。此外，OneM2M 还关注设备数据的语义和人类语言的语义怎样适配的问题。如图 1-6 所示，一个设备产生的原始数据在封装了语义描述之后，可以更加容易地与其他设备的数据进行融合、交换和互操作，并可以进一步链接进入知识图谱中，以便支持搜索、推理和分析等任务。

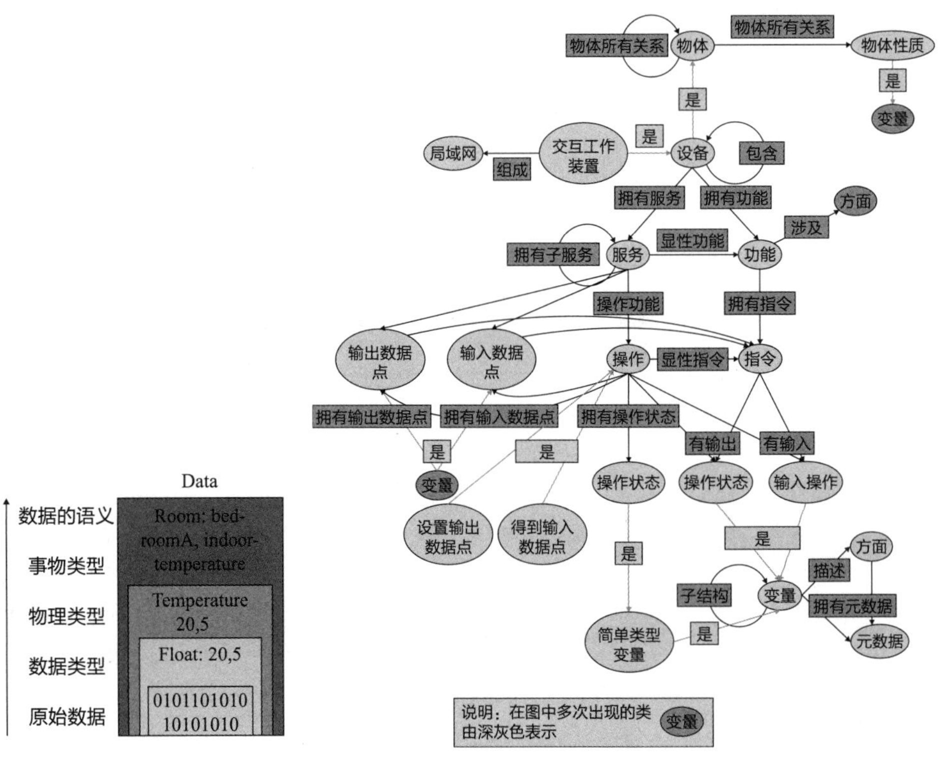

图 1-6 设备语义的封装

1.4 国内外典型的知识图谱项目

从人工智能的概念被提出开始，构建大规模的知识库一直都是人工智能、自然语言理解等领域的核心任务之一。下面分别介绍早期的知识库项目、互联网时代的知识图谱、中文开放知识图谱和垂直领域知识图谱。

1.4.1 早期的知识库项目

Cyc 是持续时间最久、影响范围较广、争议也较多的知识库项目。Cyc 最初的目标是要建立人类最大的常识知识库。典型的常识知识如“Every tree is a plant”“Plants die eventually”等。Cyc 知识库主要由术语（Term）和断言（Assertion）组成。术语包含概念、关系和实体的定义。断言用来建立术语之间的关系，既包括事实（Fact）描述，也包含规则（Rule）描述。最新的 Cyc 知识库已经包含有 50 万条术语和 700 万条断言。Cyc 的主要特点是基于形式化的知识表示方法刻画知识。形式化的优势是可以支持复杂的推理，但过于形式化也导致知识库的扩展性和应用的灵活性不够。

WordNet 是最著名的词典知识库，由普林斯顿大学认知科学实验室从 1985 年开始开发。WordNet 主要定义了名词、动词、形容词和副词之间的语义关系。例如，名词之间的上下位关系，如“猫科动物”是“猫”的上位词；动词之间的蕴涵关系，如“打鼾”蕴涵着“睡眠”等。

ConceptNet 最早源于 MIT 媒体实验室的 OMCS（Open Mind Common Sense）项目。与 Cyc 相比，ConceptNet 采用了非形式化、更加接近自然语言的描述，而不是像 Cyc 一样采用形式化的谓词逻辑。与链接数据和谷歌知识图谱相比，ConceptNet 比较侧重于词与词之间的关系。从这个角度来看，ConceptNet 更加接近于 WordNet，但是又比 WordNet 包含的关系类型多。

1.4.2 互联网时代的知识图谱

互联网的发展为知识工程提供了新的机遇。在一定程度上，互联网的出现帮助传统知识工程突破了在知识获取方面的瓶颈。从 1998 年 Tim Berners Lee 提出语义网至今，涌现出了大量以互联网资源为基础的新一代知识库。这类知识库的构建方法可以分为三类：互联网众包、专家协作和互联网挖掘。

Freebase 是一个开放共享的、协同构建的大规模链接数据库。Freebase 是由硅谷创业公司 MetaWeb 于 2005 年启动的一个语义网项目。2010 年，谷歌收购了 Freebase，并作为其知识图谱数据来源之一。Freebase 主要采用社区成员协作方式构建，主要数据来源包括 Wikipedia、世界名人数据库（NNDB）、开放音乐数据库（MusicBrainz）以及社区用户的贡献等。Freebase 基于 RDF 三元组模型，底层采用图数据库进行存储。Freebase 的一个特点是不对顶层本体做非常严格的控制，用户可以创建与编辑类和关系的定义。2016 年，谷歌宣布将 Freebase 的数据和 API 服务都迁移至 Wikidata，并正式关闭了 Freebase。

DBpedia 意指数据库版本的 Wikipedia，是早期的语义网项目，是从 Wikipedia 抽取出来的链接数据集。DBpedia 采用了一个较为严格的本体，包含人、地点、音乐、电影、组织机构、物种、疾病等类定义。此外，DBpedia 还与 Freebase、OpenCYC、Bio2RDF 等多个数据集建立了数据链接。DBpedia 采用 RDF 语义数据模型，总共包含 30 亿个 RDF 三元组。

Schema.org 是从 2011 年开始，由 Bing、Google、Yahoo 和 Yandex 等搜索引擎公司共同支持的语义网项目。Schema.org 支持各个网站采用语义标签（Semantic Markup）的方式将语义化的链接数据嵌入到网页中。搜索引擎自动收集和归集这些数据，快速地从网页中抽取语义化的数据。Schema.org 提供了一个词语本体，用于描述这些语义标签。目前，这个词汇本体已经包含 600 多个类和 900 多个关系，覆盖范围包括个人、组织机构、地点、时间、医疗、商品等。谷歌于 2015 年推出的定制化知识图谱支持个人和企业在其网页中增加包括企业联系方法、个人社交信息等在内的语义标签，并通过这种方式快速汇集高质量的知识图谱数据。谷歌的一份统计数据显示，超过 31%的网页和 1200 万家网站已经使用了 Schema.org 发布语义化的链接数据。其他采用了部分 Schema.org 功能的还包括 Cortana、Yandex、Pinterest、Siri 等。Schema.org 的本质是采用互联网众包的方式生成和收集高质量的知识图谱数据。

Wikidata 的目标是构建一个免费开放、多语言、任何人或机器都可以编辑修改的大规模链接知识库。Wikidata 由 Wikipedia 于 2012 年启动，早期得到微软联合创始人 Paul Allen、Gordon Betty Moore 基金会以及谷歌的联合资助。Wikidata 继承了 Wikipedia 的众包协作机制，但与 Wikipedia 不同的是，Wikidata 支持以三元组为基础的知识条目（Item）的自由编辑。一个三元组代表一个关于该条目的陈述（Statement）。例如，可以给“地球”的条目增加“<地球，地表面积是，五亿平方公里>”的三元组陈述。截至 2018 年，Wikidata 已经包含超过 5000 万个知识条目。

BabelNet 是类似于 WordNet 的多语言词典知识库。BabelNet 的目标是解决 WordNet 在非英语语种中数据缺乏的问题。BabelNet 采用的方法是将 WordNet 词典与 Wikipedia 集成。首先建立 WordNet 中的词与 Wikipedia 的页面标题的映射，然后利用 Wikipedia 中的多语言链接，再辅以机器翻译技术，给 WordNet 增加多种语言的词汇。BabelNet3.7 包含了 271 种语言、1400 万个同义词组、36.4 万个词语关系和 3.8 亿个从 Wikipedia 中抽取的链接关系，总计超过 19 亿个 RDF 三元组。BabelNet 集成了 WordNet 在词语关系上的优势和 Wikipedia 在多语言语料方面的优势，成功构建了目前最大规模的多语言词典知识库。

NELL（Never-Ending Language Learner）是卡内基梅隆大学开发的知识库。NELL 主要采用互联网挖掘的方法从 Web 中自动抽取三元组知识。NELL 的基本理念是：给定一个初始的本体（少量类和关系的定义）和少量样本，让机器能够通过自学习的方式不断地从 Web 中学习和抽取新的知识。目前，NELL 已经抽取了 300 多万条三元组知识。

Yago 是由德国马普研究所研制的链接数据库。Yago 主要集成了 Wikipedia、WordNet 和 GeoNames 三个数据库的数据。Yago 将 WordNet 的词汇定义与 Wikipedia 的分类体系进行了融合集成，使得 Yago 具有更加丰富的实体分类体系。Yago 还考虑了时间和空间知识，为很多知识条目增加了时间和空间维度的属性描述。目前，Yago 包含 1.2 亿条三元组知识。Yago 也是 IBM Watson 的后端知识库之一。

Microsoft ConceptGraph 是以概念层次体系为中心的知识图谱。与 Freebase 等知识图谱不同，ConceptGraph 以概念定义和概念之间的 IsA 关系为主。例如，给定一个概念“Microsoft”，ConceptGraph 返回一组与“微软”有 IsA 关系概念组“Company”“Software Company”“Largest OS Vender”等，被称为概念化“Conceptualization”。ConceptGraph 可以用于短文本理解和语义消歧。例如，给定一个短文本“the engineer is eating the apple”，可以利用 ConceptGraph 正确理解其中“apple”的含义是“吃的苹果”还是“苹果公司”。微软发布的第一个版本包含超过 540 万个概念、1255 万个实体和 8760 万个关系。ConceptGraph 主要通过从互联网和网络日志中挖掘数据进行构建。

LOD（Linked Open Data）的初衷是为了实现 Tim Berners-Lee 在 2006 年发表的有关链接数据（Linked Data）作为语义网的一种实现的设想。LOD 遵循了 Tim 提出的进行数据链接的四个规则，即：使用 URI 标识万物；使用 HTTP URI，以便用户可以（像访问网页一样）查看事物的描述；使用 RDF 和 SPARQL 标准；为事物添加与其他事物的 URI 链接，建立数据关联。LOD 已经有 1143 个链接数据集，其中社交媒体、政府、出版和生命科学四个领域的数据占比超过了 90%。56%的数据集对外至少与一个数据集建立了链接。被链接最多的是 DBpedia 的数据。LOD 鼓励各个数据集使用公共的开放词汇和术语，但也允许使用各自的私有词汇和术语。在使用的术语中，有 41%是公共的开放术语。

1.4.3 中文开放知识图谱

OpenKG 是一个面向中文域开放知识图谱的社区项目，主要目的是促进中文领域知识图谱数据的开放与互联。OpenKG.CN 聚集了大量开放的中文知识图谱数据、工具及文献，如图 1-7 所示。典型的中文开放知识图谱数据包括百科类的 Zhishi.me（狗尾草科技、东南大学）、CN-DBpedia（复旦大学）、XLore（清华大学）、Belief-Engine（中科院自动化所）、PKUPie（北京大学）、ZhOnto（狗尾草科技）等。OpenKG 对这些主要百科数据进行了链接计算和融合工作，并通过 OpenKG 提供开放的 Dump 或开放访问 API，完成的链接数据集也向公众完全免费开放。此外，OpenKG 还对一些重要的知识图谱开源工具进行了收集和整理，包括知识建模工具 Protege、知识融合工具 Limes、知识问答工具 YodaQA、知识抽取工具 DeepDive 等。

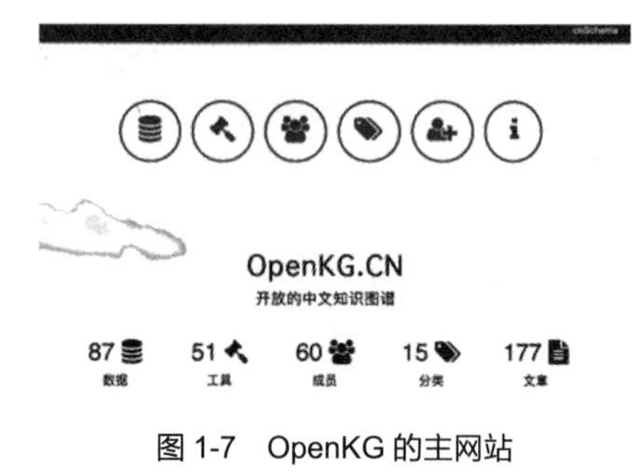

图 1-7 OpenKG 的主网站

知识图谱 Schema 定义了知识图谱的基本类、术语、属性和关系等本体层概念。cnSchema.ORG 是 OpenKG 发起和完成的开放的知识图谱 Schema 标准。cnSchema 的词汇集包括了上千种概念分类（classes）、数据类型（data types）、属性（propertities）和关系（relations）等常用概念定义，以支持知识图谱数据的通用性、复用性和流动性。结合中文的特点，复用、连接并扩展了 Schema.org、Wikidata、Wikipedia 等已有的知识图谱 Schema 标准，为中文领域的开放知识图谱、聊天机器人、搜索引擎优化等提供可供参考和扩展的数据描述和接口定义标准。通过 cnSchema，开发者也可以快速对接上百万基于 Schema.org 定义的网站，以及 Bot 的知识图谱数据 API。cnSchema 主要解决如下三个问题：①Bots 是搜索引擎后新兴的人机接口，对话中的信息粒度缩小到短文本、实体和关系，要求文本与结构化数据的结合，要求更丰富的上下文处理机制等，这都需要 Schema 的支持；②知识图谱 Schema 缺乏对中文的支持；③知识图谱的构建成本高，容易重新发明轮子，需要用合理的方法实现成本分摊。

OpenBase.AI 是 OpenKG 实现的类似于 Wikidata 的开放知识图谱众包平台。与 WikiData 不同，OpenBase 主要以中文为中心，更加突出机器学习与众包的协同，将自动化的知识抽取、挖掘、更新、融合与群智协作的知识编辑、众包审核和专家验收等结合起来。此外，OpenBase 还支持将图谱转化为 Bots，允许用户选择算法、模型、图谱数据等定制生成 Bots，即时体验新增知识图谱的作用。

1.4.4 垂直领域知识图谱

领域知识图谱是相对于 DBPedia、Yago、Wikidata、百度和谷歌等搜索引擎在使用的知识图谱等通用知识图谱而言的，它是面向特定领域的知识图谱，如电商、金融、医疗等。相比较而言，领域知识图谱的知识来源更多、规模化扩展要求更迅速、知识结构更加复杂、知识质量要求更高、知识的应用形式也更加广泛。如表 1-1 所示，从多个方面对通用知识图谱和领域知识图谱进行了比较分析。下面以电商、医疗、金融领域知识图谱为例，介绍领域知识图谱的主要特点及技术难点。

表 1-1 通用知识图谱与领域知识图谱的比较

比较项目 \ 分类	通用知识图谱	领域知识图谱
知识来源及规模化	以互联网开放数据，如 Wikipedia 或社区众包为主要来源，逐步扩大规模	以领域或企业内部的数据为主要来源，通常要求快速扩大规模
对知识表示的要求	主要以三元组事实型知识为主	知识结构更加复杂，通常包含较为复杂的本体工程和规则型知识
对知识质量的要求	较多地采用面向开放域的 Web 抽取，对知识抽取质量有一定容忍度	知识抽取的质量要求更高，较多地依靠从企业内部的结构化、非结构化数据进行联合抽取，并依靠人工进行审核校验，保障质量
对知识融合的要求	融合主要起到提升质量的作用	融合多源的领域数据是扩大构建规模的有效手段
知识的应用形式	主要以搜索和问答为主要应用形式，对推理要求较低	应用形式更加全面，除搜索问答外，通常还包括决策分析、业务管理等，并对推理的要求更高，并有较强的可解释性要求
举例	DBpedia、Yago、百度、谷歌等	电商、医疗、金融、农业、安全等

1. 电商领域知识图谱

以阿里巴巴电商知识图谱为例[27]，最新发布的知识图谱规模已达到百亿级别。其知识图谱数据主要以阿里已有的结构化商品数据为基础，并与行业合作伙伴数据、政府工商管理数据、外部开放数据进行融合扩展。在知识表示方面，除简单的三元组外，还包含层次结构更加复杂的电商本体和面向业务管控的大量规则型知识。在知识的质量方面，对知识的覆盖面和准确性都有较高的要求。在应用形式方面，广泛支持商品搜索、商品导购、天猫精灵等产品的智能问答、平台的治理和管控、销售趋势的预测分析等多个应用场景。电商知识也具有较高的动态性特征，例如交易型知识和与销售趋势有关的知识都具有较强的时效性和时间性。

2．医疗领域知识图谱

医疗领域构建有大量的规模巨大的领域知识库。例如，仅 Linked Life Data 项目包含的 RDF 三元组规模就达到 102 亿个①，包含从基因、蛋白质、疾病、化学、神经科学、药物等多个领域的知识。再例如国内构建的中医药知识图谱[28]，通常需要融合各类基础医学、文献、医院临床等多种来源的数据，规模也达到 20 多亿个三元组。医学领域的知识结构更加复杂[29-31]，如医学语义网络 UMLS 包含大量复杂的语义关系，GeneOnto[29]则包含复杂的类层次结构。在知识质量方面，特别涉及临床辅助决策的知识库通常要求完全避免错误知识。

3．金融领域知识图谱

金融领域比较典型的例子如 Kensho 采用知识图谱辅助投资顾问和投资研究，国内以恒生电子为代表的金融科技机构以及不少银行、证券机构等也都在开展金融领域的知识图谱构建工作。金融知识图谱构建主要来源于机构已有的结构化数据和公开的公报、研报及新闻的联合抽取等。在知识表示方面，金融概念也具有较高的复杂性和层次性，并较多地依赖规则型知识进行投资因素的关联分析。在应用形式方面，则主要以金融问答和投顾投研类决策分析型应用为主。金融知识图谱的一个显著特点是高度动态性，且需要考虑知识的时效性，对金融知识的时间维度进行建模。

由上面的例子可以看出，如图 1-8 所示，领域知识图谱具有规模巨大、知识结构更加复杂、来源更加多样、知识更加异构、具有高度的动态性和时效性、更深层次的推理需求等特点。

---

① http://linkedlifedata.com/sources.html。

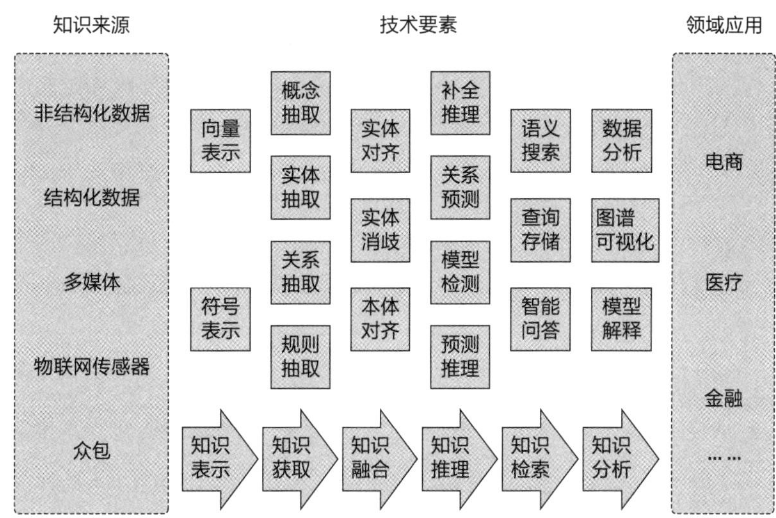

图 1-8　规模化的知识图谱系统工程

1.5　知识图谱的技术流程

知识图谱用于表达更加规范的高质量数据。一方面，知识图谱采用更加规范而标准的概念模型、本体术语和语法格式来建模和描述数据；另一方面，知识图谱通过语义链接增强数据之间的关联。这种表达规范、关联性强的数据在改进搜索、问答体验、辅助决策分析和支持推理等多个方面都能发挥重要的作用。

知识图谱方法论涉及知识表示、知识获取、知识处理和知识利用多个方面。一般流程为：首先确定知识表示模型，然后根据数据来源选择不同的知识获取手段导入知识，接着综合利用知识推理、知识融合、知识挖掘等技术对构建的知识图谱进行质量提升，最后根据场景需求设计不同的知识访问与呈现方法，如语义搜索、问答交互、图谱可视化分析等。下面简要概述这些技术流程的核心技术要素。

1. 知识来源

可以从多种来源获取知识图谱数据，包括文本、结构化数据库、多媒体数据、传感器数据和人工众包等。每一种数据源的知识化都需要综合各种不同的技术手段。例如，对于文本数据源，需要综合实体识别、实体链接、关系抽取、事件抽取等各种自然语言处理技术，实现从文本中抽取知识。

结构化数据库如各种关系数据库，也是最常用的数据来源之一。已有的结构化数据库通常不能直接作为知识图谱使用，而需要将结构化数据定义到本体模型之间的语义映射，再通过编写语义翻译工具实现结构化数据到知识图谱的转化。此外，还需要综合采用实体消歧、数据融合、知识链接等技术，提升数据的规范化水平，增强数据之间的关联。

语义技术也被用来对传感器产生的数据进行语义化。这包括对物联设备进行抽象，定义符合语义标准的数据接口；对传感数据进行语义封装和对传感数据增加上下文语义描述等。

人工众包是获取高质量知识图谱的重要手段。例如，Wikidata 和 Schema.org 都是较为典型的知识众包技术手段。此外，还可以开发针对文本、图像等多种媒体数据的语义标注工具，辅助人工进行知识获取。

2. 知识表示与 Schema 工程

知识表示是指用计算机符号描述和表示人脑中的知识，以支持机器模拟人的心智进行推理的方法与技术。知识表示决定了图谱构建的产出目标，即知识图谱的语义描述框架（Description Framework）、Schema 与本体（Ontology）、知识交换语法（Syntax）、实体命名及 ID 体系。

基本描述框架定义知识图谱的基本数据模型（Data Model）和逻辑结构（Structure），如国际万维网联盟（World Wide Web Consortium，W3C）的 RDF。Schema 与本体定义知识图谱的类集、属性集、关系集和词汇集。交换语法定义知识实际存在的物理格式，如 Turtle、JSON 等。实体命名及 ID 体系定义实体的命名原则及唯一标识规范等。

按知识类型的不同，知识图谱包括词（Vocabulary）、实体（Entity）、关系（Relation）、事件（Event）、术语体系（Taxonomy）、规则（Rule）等。词一级的知识以词为中心，并定义词与词之间的关系，如 WordNet、ConceptNet 等。实体一级的知识以实体为中心，并定义实体之间的关系、描述实体的术语体系等。事件是一种复合的实体。

W3C 的 RDF 把三元组（Triple）作为基本的数据模型，其基本的逻辑结构包含主语（Subject）、谓词（Predicate）、宾语（Object）三个部分。虽然不同知识库的描述框架的表述有所不同，但本质上都包含实体、实体的属性和实体之间的关系几个要素。

3．知识抽取

知识抽取按任务可以分为概念抽取、实体识别、关系抽取、事件抽取和规则抽取等。传统专家系统时代的知识主要依靠专家手工录入，难以扩大规模。现代知识图谱的构建通常大多依靠已有的结构化数据资源进行转化，形成基础数据集，再依靠自动化知识抽取和知识图谱补全技术，从多种数据来源进一步扩展知识图谱，并通过人工众包进一步提升知识图谱的质量。

结构化和文本数据是目前最主要的知识来源。从结构化数据库中获取知识一般使用现有的 D2R 工具[32]，如 Triplify、D2RServer、OpenLink、SparqlMap、Ontop 等。从文本中获取知识主要包括实体识别和关系抽取。以关系抽取为例，典型的关系抽取方法可以分为基于特征模板的方法[33-35]、基于核函数的监督学习方法[36-44]、基于远程监督的方法[45,46]和基于深度学习的监督或远程监督方法，如简单 CNN、MP-CNN、MWK-CNN、PCNN、PCNN+ Att 和 MIMLCNN 等[47-52]。远程监督的思想是，利用一个大型的语义数据库自动获取关系类型标签。这些标签可能是含有噪声的，但是大量的训练数据在一定程度上可以抵消这些噪声。另外，一些工作通过多任务学习等方法将实体和关系做联合抽取[46,53]。最新的一些研究则利用强化学习减少人工标注并自动降低噪声[54]。

4．知识融合

在构建知识图谱时，可以从第三方知识库产品或已有结构化数据中获取知识输入。例如，关联开放数据项目（Linked Open Data）会定期发布其经过积累和整理的语义知识数据，其中既包括前文介绍过的通用知识库 DBpedia 和 Yago，也包括面向特定领域的知识库产品，如 MusicBrainz 和 DrugBank 等。当多个知识图谱进行融合，或者将外部关系数据库合并到本体知识库时，需要处理两个层面的问题：通过模式层的融合，将新得到的本体融入已有的本体库中，以及新旧本体的融合；数据层的融合，包括实体的指称、属性、关系以及所属类别等，主要的问题是如何避免实例以及关系的冲突问题，造成不必要的冗余。

数据层的融合是指实体和关系（包括属性）元组的融合，主要是实体匹配或者对齐，由于知识库中有些实体含义相同但是具有不同的标识符，因此需要对这些实体进行合并处理[55,56]。此外，还需要对新增实体和关系进行验证和评估，以确保知识图谱的内容一致性和准确性，通常采用的方法是在评估过程中为新加入的知识赋予可信度值，据此进行知识的过滤和融合。实体对齐的任务包括实体消歧和共指消解，即判断知识库中的同名实体是否代表不同的含义以及知识库中是否存在其他命名实体表示相同的含义。实体消歧专门用于解决同名实体产生歧义的问题，通常采用聚类法，其关键问题是如何定义实体对象与指称项之间的相似度，常用方法有空间向量模型（词袋模型）[57]、语义模型[58]、社会网络模型[59]、百科知识模型[60]和增量证据模型[61]。一些最新的工作利用知识图谱嵌入方法进行实体对齐，并引入人机协作方式提升实体对齐的质量[62,63]。

本体是针对特定领域中 Schema 定义、概念模型和公理定义而言的，目的是弥合词汇异构性和语义歧义的间隙，使沟通达成共识。这种共识往往通过一个反复的过程达到，每次迭代都是一次共识的修改。因此，本体对齐通常带来的是共识模式的演化和变化，本体对齐的主要问题之一也可以转化为怎样管理这种演化和变化[64]。常见的本体演化管理框架有 KAON[65]、Conto-diff[66]、OntoView 等。

5. 知识图谱补全与推理

常用的知识图谱补全方法包括：基于本体推理的补全方法，如基于描述逻辑的推理[67-69]，以及相关的推理机实现，如 RDFox、Pellet、RACER、HermiT、TrOWL 等。这类推理主要针对 TBox，即概念层进行推理，也可以用来对实体级的关系进行补全。

另外一类的知识补全算法实现基于图结构和关系路径特征的方法，如基于随机游走获取路径特征的 PRA 算法[70]、基于子图结构的 SFE 算法[71]、基于层次化随机游走模型的 PRA 算法[72]。这类算法的共同特点是通过两个实体节点之间的路径，以及节点周围图的结构提取特征，并通过随机游走等算法降低特征抽取的复杂度，然后叠加线性的学习模型进行关系的预测。此类算法依赖于图结构和路径的丰富程度。

更为常见的补全实现是基于表示学习和知识图谱嵌入的链接预测[73-80]，简单的如前面介绍最基本的翻译模型、组合模型和神经元模型等。这类简单的嵌入模型一般只能实现单步的推理。对于更为复杂的模型，如向量空间中引入随机游走模型的方法，在同一个向量空间中将路径与实体和关系一起表示出来再进行补全的模型[81,82]。

文本信息也被用来辅助实现知识图谱的补全[83-88]。例如，Jointly(w)、Jointly(z)、DKRL、TEKE、SSP 等方法将文本中的实体和结构化图谱中的实体对齐，然后利用双方的语义信息辅助实现关系预测或抽取。这类模型一般包含三个部分：三元组解码器、文本解码器和联合解码器。三元组解码器将知识图谱中的实体和关系转化为低维向量；文本解码器则要从文本语料库中学习实体（词）的向量表示；联合解码器的目的是要保证实体、关系和词的嵌入向量位于相同的空间中，并且集成实体向量和词向量。

6. 知识检索与知识分析

基于知识图谱的知识检索的实现形式主要包括语义检索和智能问答。传统搜索引擎依靠网页之间的超链接实现网页的搜索，而语义搜索直接对事物进行搜索，如人物、机构、地点等。这些事物可能来自文本、图片、视频、音频、IoT 设备等各种信息资源。而知识图谱和语义技术提供了关于这些事物的分类、属性和关系的描述，使得搜索引擎可以直接对事物进行索引和搜索。

知识图谱和语义技术也被用来辅助做数据分析与决策。例如，大数据公司 Plantir 基于本体融合和集成多种来源的数据，通过知识图谱和语义技术增强数据之间的关联，使得用户可以用更加直观的图谱方式对数据进行关联挖掘与分析。近年来，描述性数据分析（Declarative Data Analysis）越来越受到重视[89]。描述性数据分析是指依赖数据本身的语义描述实现数据分析的方法。不同于计算性数据分析主要以建立各种数据分析模型，如深度神经网络，描述性数据分析突出预先抽取数据的语义，建立数据之间的逻辑，并依靠逻辑推理的方法（如 Datalog）实现数据分析[90]。

1.6 知识图谱的相关技术

知识图谱是交叉领域，涉及的相关领域包括人工智能、数据库、自然语言处理、机器学习、分布式系统等。下面分别从数据库系统、智能问答、机器推理、推荐系统、区块链与去中心化等角度介绍知识图谱有关的相关技术进展。

1.6.1 知识图谱与数据库系统

随着知识图谱规模的日益增长，知识图谱数据管理问题愈加突出。近年来，知识图谱和数据库领域均认识到大规模知识图谱数据管理任务的紧迫性。由于传统关系数据库无法有效适应知识图谱的图数据模型，知识图谱领域形成了 RDF 数据的三元组库（Triple Store），数据库领域开发了管理属性图的图数据库（Graph Database）。

知识图谱的主要数据模型有 RDF 图（RDF graph）和属性图（Property Graph）两种；知识图谱查询语言可分为声明式（Declarative）和导航式（Navigational）两类。

RDF 三元组库主要是由 Semantic Web 领域推动开发的数据库管理系统，其数据模型

RDF 图和查询语言 SPARQL 均遵守 W3C 标准。查询语言 SPARQL 从语法上借鉴了 SQL 语言，属于声明式查询语言。最新的 SPARQL 1.1 版本[91]为有效查询 RDF 三元组集合设计了三元组模式（Triple Pattern）、基本图模式（Basic Graph Pattern）、属性路径（Property Path）等多种查询机制。

图数据库是数据库领域为更好地存储和管理图模型数据而开发的数据库管理系统，其数据模型采用属性图，其上的声明式查询语言有：Cypher[92]、PGQL[93]和 G-Core[94]。Cypher 是开源图数据库 Neo4j 中实现的图查询语言。PGQL 是 Oracle 公司开发的图查询语言。G-Core 是由 LDBC（Linked Data Benchmarks Council）组织设计的图查询语言。考虑到关系数据库采用统一的查询语言 SQL，目前学术和工业界关于开发统一图数据库语言的呼声越来越高。

目前，基于三元组库和图数据库能够提供的知识图谱数据存储方案可分为三类：

（1）基于关系的存储方案。包括三元组表、水平表、属性表、垂直划分、六重索引和 DB2RDF 等。

三元组表是将知识图谱中的每条三元组存储为一行具有三列的记录（主语，谓语，宾语）。三元组表存储方案虽然简单明了，但三元组表的行数与知识图谱的边数一样，其问题是将知识图谱查询翻译为 SQL 后会产生大量三元组表的自连接操作，影响效率。

水平表存储方案的每行记录存储知识图谱中一个主语的所有谓语和宾语，相当于知识图谱的邻接表。但其缺点在于所需列数目过多，表中产生大量空值，无法存储多值宾语等。

属性表存储方案将同一类主语分配到一个表中，是对水平表存储方案的细化。属性表解决了三元组表的自连接问题和水平表的列数目过多问题。但对于真实大规模知识图谱，属性表的问题包括：所需属性表过多，复杂查询的多表连接效率，空值问题和多值宾语问题。

垂直划分存储方案为知识图谱中的每种谓语建立一张两列的表（主语，宾语），表中存放由该谓语连接的主语和宾语，支持“主语-主语”作为连接条件的查询操作的快速执行。垂直划分有效解决了空值问题和多值宾语问题；但其仍有缺点，包括：大规模知识图谱的谓语表数目过多、复杂查询表连接过多、更新维护代价大等。

六重索引存储方案是将三元组全部 6 种排列对应地建立为 6 张表。六重索引通过“空间交换时间”策略有效缓解了三元组表的自连接问题，但需要更多的存储空间开销和索引更新维护代价。

DB2RDF 存储方案[95]是一种较新的基于关系的知识图谱存储方案，是以往存储方案的一种权衡优化。三元组表的灵活性体现在“行维度”上，无论多少行三元组数据，表模式只有 3 列固定不变；DB2RDF 方案将这种灵活性推广到了“列维度”，列名称不再和谓语绑定，将同一主语的所有谓语和宾语动态分配到某列。

（2）面向 RDF 的三元组库。主要的 RDF 三元组库包括：商业系统 Virtuoso、AllegroGraph、GraphDB 和 BlazeGraph，开源系统 Jena、RDF-3X 和 gStore[96]。

RDF4J 目前是 Eclipse 基金会旗下的开源孵化项目，其功能包括 RDF 数据的解析、存储、推理和查询等。RDF4J 本身提供内存和磁盘两种 RDF 存储机制，支持全部的 SPARQL 1.1 查询和更新语言，可以使用与访问本地 RDF 库相同的 API 访问远程 RDF 库，支持所有主流的 RDF 数据格式，包括 RDF/XML、Turtle、N-Triples、N-Quads、JSON-LD、TriG 和 TriX。RDF4J 框架的主要特点是其模块化的软件架构设计。

RDF-3X 是德国马克斯·普朗克计算机科学研究所开发的三元组数据库，其特点是为 RDF 优化设计的物理存储方案和查询处理方法，是实现六重索引的典型系统。

gStore 是由北京大学、加拿大滑铁卢大学和香港科技大学联合研究项目开发的基于图的 RDF 三元组数据库。gStore 的底层存储使用 RDF 图对应的标签图（Signature Graph）并建立“VS 树”索引结构以加速查找。gStore 系统提出建立“VS 树”索引，其基本思想实际上是为标签图 G*建立不同详细程度的摘要图（Summary Graph）；利用“VS 树”索引提供的摘要图，gStore 系统提出可以大幅削减 SPARQL 查询的搜索空间，以加快查询速度。

Virtuoso 是由 OpenLink 公司开发的商业混合数据库产品，支持关系数据、对象-关系数据、RDF 数据、XML 数据和文本数据的统一管理。因为 Virtuoso 可以较为完善地支持 W3C 的 Linked Data 系列协议，包括 DBpedia 在内的很多开放 RDF 知识图谱选择其作为后台存储系统。

AllegroGraph 是美国 Franz 公司开发的 RDF 三元组数据库。AllegroGraph 遵循对 W3C 语义 Web 相关标准的严格支持，包括 RDF、RDFS、OWL 和 SPARQL 等。AllegroGraph 对语义推理功能具有较为完善的支持。AllegroGraph 除了三元组数据库的基本功能，还支持动态物化的 RDFS++推理机、OWL2 RL 推理机、Prolog 规则推理系统、时空推理机制、社会网络分析库、可视化 RDF 图浏览器等。

GraphDB 是由保加利亚的 Ontotext 软件公司开发的 RDF 三元组数据库。GraphDB 实现了 RDF4J 框架的 SAIL 层，与 RDF4J API 无缝对接，也就是说，可以使用 RDF4J 的 RDF 模型、解析器和查询引擎直接访问 GraphDB。GraphDB 的特色是良好支持 RDF 推理功能，其使用内置的基于规则的“前向链”（Forward-Chaining）推理机，由显式知识经过推理得到导出知识，对这些导出知识进行优化存储；导出知识会在知识库更新后相应地同步更新。

Blazegraph 是一个基于 RDF 三元组库的图数据库管理系统，在用户接口层同时支持 RDF 三元组和属性图模型，既实现了 SPARQL 语言，也实现了 Blueprints 标准及 Gremlin 语言。通过分布式动态分片 B+树和服务总线技术，Blazegraph 支持真正意义上的集群分布式存储和查询处理。正是缘于此，Blazegraph 在与 Neo4j 和 Titan 的竞争中脱颖而出，被 Wikidata 选为查询服务的后台图数据库系统。

Stardog 是由美国 Stardog Union 公司开发的 RDF 三元组数据库，支持 RDF 图数据模型、SPARQL 查询语言、属性图模型、Gremlin 图遍历语言、OWL2 标准、用户自定义的推理与数据分析规则、虚拟图、地理空间查询以及多用编程语言与网络接口支持。Stardog 虽然发布较晚，但其对 OWL2 推理机制具有良好的支持，同时具备全文搜索、GraphQL 查询、路径查询、融合机器学习任务等功能，能够支持多种不同编程语言和 Web 访问接口，使得 Stardog 成了一个知识图谱数据存储和查询平台。

（3）原生图数据库。Neo4j 是用 Java 实现的开源图数据库。可以说 Neo4j 是目前流行程度最高的图数据库产品。Neo4j 的不足之处在于其社区版是单机系统，虽然 Neo4j 企业版支持高可用性（High availability）集群，但其与分布式图存储系统的最大区别在于每个节点上存储图数据库的完整副本（类似于关系数据库镜像的副本集群），而不是将图数据划分为子图进行分布式存储，而并非真正意义上的分布式数据库系统。如果图数据超过一定规模，系统性能就会因为磁盘、内存等限制而大幅降低。

JanusGraph 是在原有 Titan 系统基础上继续开发的开源分布式图数据库，目前是 Linux 基金会旗下的一个开源项目。JanusGraph 的存储后端与查询引擎是分离的，由于其可使用分布式 Bigtable 存储库 Cassandra 或 HBase 作为存储后端，因此 JanusGraph 自然就成了分布式图数据库。JanusGraph 的主要缺点是分布式查询功能仅限于基于 Cassandra 或 HBase 提供的分布式读写实现的简单导航查询，对于很多稍复杂的查询类型，目前还不支持真正意义上的分布式查询处理，例如子图匹配查询、正则路径查询等。

OrientDB 最初是由 OrientDB 公司开发的多模型数据库管理系统。OrientDB 虽然支持图、文档、键值、对象、关系等多种数据模型，但其底层实现主要面向图和文档数据存储管理的需求设计。其存储层中数据记录之间的关联并不像关系数据库那样通过主外键的引用，而是通过记录之前直接的物理指针。

Cayley 是由谷歌公司工程师开发的一款轻量级开源图数据库，于 2014 年 6 月在 GitHub 上发布。Cayley 的开发受到了 Freebase 知识图谱和谷歌知识图谱背后的图数据存储的影响，目标是成为开发者管理 Linked Data 和图模型数据（语义 Web、社会网络等）的有效工具之一。

总体来讲，基于关系的存储系统继承了关系数据库的优势，成熟度较高，在硬件性能和存储容量满足的前提下，通常能够适应千万到十亿三元组规模的管理。官方测评显示，关系数据库 Oracle 12c 配上空间和图数据扩展组件（Spatial and Graph）可以管理的三元组数量高达 1.08 万亿条[97]。对于一般在百万到上亿三元组的管理，使用稍高配置的单机系统和主流 RDF 三元组数据库（如 Jena、RDF4J、Virtuoso 等）完全可以胜任。如果需要管理几亿到十几亿以上大规模的 RDF 三元组，则可尝试部署具备分布式存储与查询能力的数据库系统（如商业版的 GraphDB 和 BlazeGraph、开源的 JanusGraph 等）。近年来，以 Neo4j 为代表的图数据库系统发展迅猛，使用图数据库管理 RDF 三元组也是一种很好的选择；但目前大部分图数据库还不能直接支持 RDF 三元组存储，对于这种情况，可采用数据转换方式，先将 RDF 预处理为图数据库支持的数据格式（如属性图模型），再进行后续管理操作。

目前，还没有一种数据库系统被公认为是具有主导地位的知识图谱数据库。但可以预见，随着三元组库和图数据库的相互融合发展，知识图谱的存储和数据管理手段将愈加丰富和强大。

1.6.2　知识图谱与智能问答

基于知识图谱的问答（Knowledge-based Question Answering，KBQA，下称“知识问答”）是智能问答系统的核心功能，是一种人机交互的自然方式。知识问答依托一个大型知识库（知识图谱、结构化数据库等），将用户的自然语言问题转化成结构化查询语句（如 SPARQL、SQL 等），直接从知识库中导出用户所需的答案。

近几年，知识问答聚焦于解决事实型问答，问题的答案是一个实义词或实义短语。如“中国的首都是哪个城市？北京”或“菠菜是什么颜色的？绿色”。事实型问题按问题类型可分为单知识点问题（Single-hop Questions）和多知识点问题（Multi-hop Questions）；按问题的领域可分为垂直领域问题和通用领域问题。相对于通用领域或开放领域，垂直领域下的知识图谱规模更小、精度更高，知识问答的质量更容易提升。

知识问答技术的成熟与落地不仅能提高人们检索信息的精度和效率，还能提升用户的产品体验。无论依托的知识库的规模如何，用户总能像“跟人打交道一样”使用自然语言向机器提问并得到反馈，便利性与实用性共存。

攻克知识问答的关键在于理解并解析用户提出的自然语言问句。这涉及自然语言处理、信息检索和推理（Reasoning）等多个领域的不同技术。相关研究工作在近五年来受到越来越多国内外学者的关注，研究方法主要可分为三大类：基于语义解析（Semantic Parsing）的方法、基于信息检索（Information Retrieval）的方法和基于概率模型（Probabilistic Models）的方法。

大部分先进的知识问答方法是基于语义解析的，目的是将自然语言问句解析成结构化查询语句，进而在知识库上执行查询得到答案。通常，自然语言问句经过语义解析后，所得的语义结构能解释答案的产生。在实际工程应用中，这一点优势不仅能帮助用户理解答案的产生，还能在产生错误答案时帮助开发者定位错误的可能来源。

微软在利用语义解析技术解决单知识点问答（Single-hop Question Answering）中有突出贡献。2014 年，叶等人[98]指出，解决单知识点问答的关键在于将原任务分解为两个子任务——话题词识别和关系检测。如回答“姚明的妻子是谁?”，可先通过计算语义相似性将问句解析成形如“(姚明，妻子，?)”的查询。其中，话题词是“姚明”，问题中包含的关系为“妻子”(或“配偶”)，再在知识库中执行查询，得到答案。2015 年，叶等人[99]强调，直接从大型知识库中寻找与问句含义匹配的关系是比较困难的。论文中首先采用实体链接（Entity Linking）定位话题词，再从与话题词相关的关系子集中寻找与问句含义匹配的关系，从而将问句解析成一个结构化的查询。2016 年，叶等人[100]继承了斯坦福自然语言处理组开源的 WebQuestions 数据集，并在此基础上标注了问题的语义解析结果(SPARQL 查询)，贡献了 WebQuestionsSP 数据集。

在基于语义解析的方法训练过程中，问答模型隐式地学习了标注数据中蕴涵的语法解析规律。这使得模型能具有更好的可解释性。但是，数据标注需要花费大量的人力和财力，是不切实际的。而基于信息检索的方法回避了这个问题。基于信息检索的知识问答大致可分为两步：①通过粗粒度信息检索，在知识库中直接筛选出候选答案；②根据问句中抽取出的特征，对候选答案进行排序。这就要求模型对问句的语义有充分的理解。而在自然语言中，词语同义替换等语言现象提升了理解问题的难度。[102]

为了实现有效的信息检索式知识问答，学者们聚焦于如何让机器理解用户的问题，以及掌握问题与知识库间的匹配规律。可行的方法包括：

- 集成额外的文本信息[101]，如 Wikipedia 或搜索引擎结果；
- 提出更多、更复杂的网络结构，如多列卷积神经网络[102]（Multi-Column Convolutional Neural Networks，MCCNN）、深度残差双向长短时记忆网络[6]（Deep Residual Bidirectional Long Short-term Memory Network）和注意力最大池化层[103]（Attentive Max Pooling Layer）；
- 联合训练[104]实体链接和关系检测两个模块。

除上述两大流派外，有部分学者将知识问答问题看作是一个条件概率问题[105,106]，即是要求给定问句 Q 时，答案为 α 的概率 $P(A=\alpha|Q)$，进而引入概率分解[9]或变分推理[107]的技巧，将目标概率分而治之。

大部分已有的知识问答解决方案都停留在回答单知识点事实型问题上。在这类问题中，基于语义解析的方法和基于信息检索的方法并不呈完全割裂、对立的关系[1]。二者几乎都把知识问答看作是话题词识别和关系检测两个子任务串行。在一些论文中，学者们声称单知识点问答已接近人类水平[108]。

未来，学者们必然将更多的精力投入解决复杂的多知识点事实型问答上。这类问题涉及的自然语言现象更丰富，如关系词的词汇组合性[109]（Sub-Lexical Compositionality）、多关系词间语序等。另外一种思路是：研究如何将多知识点问题转化为单知识点问题。因此，先进的单知识点问答模型直接被复用。

除此之外，在理解问题、回答问题的过程中，模型应具备更强的推理能力和更好的可解释性。更强的推理能力能满足用户的复杂提问需求。更好的可解释性使用户在“知其然”的同时“知其所以然”。

1.6.3 知识图谱与机器推理

推理是指基于已知的事实或知识推断得出未知的事实或知识的过程。典型的推理包括演绎推理（Deductive Reasoning）、归纳推理（Inductive Reasoning）、溯因推理（Abductive Reasoning）、类比推理（Analogical Reasoning）等。在知识图谱中，推理主要用于对知识图谱进行补全（Knowledge Base Completion，KBC）和知识图谱质量的校验。

知识图谱中的知识可分为概念层和实体层。知识图谱推理的任务是根据知识图谱中已有的知识推理出新的知识或识别出错误的知识。其中，概念层的推理主要包括概念之间的包含关系推理，实体层的推理主要包括链接预测与冲突检测，实体层与概念层之间的推理主要包括实例检测。推理的方法主要包含基于规则的推理、基于分布式表示学习的推理、基于神经网络的推理以及混合推理。

1. 基于规则的推理

基于规则的推理通过定义或学习知识中存在的规则进行推理。根据规则的真值类型，可分为硬逻辑规则和软逻辑规则。硬逻辑规则中的每条规则的真值都为 1，即绝对正确，人工编写的规则多为硬逻辑规则。软逻辑规则即每条规则的真值为区间在 0 到 1 之间的概率，规则挖掘系统的结果多为软逻辑规则，其学习过程一般是基于规则中结论与条件的共现特征，典型方法有 AMIE[110]等。软逻辑规则可通过真值重写转化为硬逻辑规则。硬逻辑规则可写成知识图谱本体中的 SWRL 规则，然后通过如 Pellet、Hermit 等本体推理机进行推理。规则推理在大型知识图谱上的效率受限于它的离散性，Cohen 提出了一个可微的规则推理机 TensorLog[111]。

基于规则的推理方法最主要的优点是在通常情况下规则比较接近人思考问题时的推理过程，其推理结论可解释，所以对人比较友好。在知识图谱中已经沉淀的规则具有较好的演绎能力。

2. 基于分布式表示学习的推理

分布式表示学习的核心是将知识图谱映射到连续的向量空间中，并为知识图谱中的元素学习分布式表示为低维稠密的向量或矩阵。分布式表示学习通过各元素的分布式表示之间的计算完成隐式的推理。多数表示学习方法以单步关系即单个三元组为输入和学习目标，不同的分布式表示学习方法对三元组的建模基于不同的空间假设。例如，以 TransE[112]为代表的 Trans 系列模型基于的是关系向量表示在空间中的平移不变性，故将关系向量看作是头实体向量到尾实体向量的翻译并采用向量加法模拟；以 DistMult[113]为代表的线性转换模型将关系表示为矩阵，头实体的向量可经过关系矩阵的线性变换转换为尾实体；以 RESCAL[114]为代表的模型将知识图谱表示为高维稀疏的三维张量，通过张量分解得到实体和关系的表示。考虑到知识图谱中的多步推理的表示学习方法有 PTransE[115]和

CVSM[116]。

3. 基于神经网络的推理

基于神经网络的推理通过神经网络的设计模拟知识图谱推理，其中 NTN[117]用一个双线性张量层判断头实体和尾实体的关系，ConvE[118]等在实体和关系的表示向量排布出的二维矩阵上采用卷积神经网络进行链接预测，R-GCN[119]通过图卷积网络捕捉实体的相邻实体信息，IRN[120]采用记忆矩阵以及以递归神经网络为结构的控制单元模拟多步推理的过程。基于神经网络的知识图谱推理表达能力强，在链接预测等任务上取得了不错的效果。网络结构的设计多样，能够满足不同的推理需求。

4. 混合推理

混合推理一般结合了规则、表示学习和神经网络。例如，NeuralLP[121]是一种可微的知识图谱推理方法，融合了关系的表示学习、规则学习以及循环神经网络，由 LSTM 生成多步推理中的隐变量，并通过隐变量生成在多步推理过程中对每种关系的注意力。DeepPath[122]和 MINERVA[123]用强化学习方法学习知识图谱多步推理过程中的路径选择策略。RUGE[124]将已有的推理规则输入知识图谱表示学习过程中，约束和影响表示学习结果并取得更好的推理效果。文献[125]使用了对抗生成网络（GAN）提升知识图谱表示学习过程中的负样本生成效率。混合推理能够结合规则推理、表示学习推理以及神经网络推理的能力并实现优势互补，能够同时提升推理结果的精确性和可解释性。

基于规则的知识图谱推理研究主要分为两部分：一是自动规则挖掘系统，二是基于规则的推理系统。目前，二者的主要发展趋势是提升规则挖掘的效率和准确度，用神经网络结构的设计代替在知识图谱上的离散搜索和随机游走是比较值得关注的方向。

基于表示学习的知识图谱推理研究的主要研究趋势是，一方面提高表示学习结果对知识图谱中含有的语义信息的捕捉能力，目前的研究多集中在链接预测任务上，其他推理任务有待跟进研究；另一方面是利用分布式表示作为桥梁，将知识图谱与文本、图像等异质信息结合，实现信息互补以及更多样化的综合推理。

基于神经网络的知识表示推理的主要发展趋势是设计更加有效和有意义的神经网络结构，来实现更加高效且精确的推理，通过对神经网络中间结果的解析实现对推理结果的部分解释是比较值得关注的方向。

1.6.4 知识图谱与推荐系统

随着互联网技术的飞速发展，各种信息在互联网上汇集，信息呈指数级增长，人们面临着信息过载的问题，推荐系统的提出是解决这一问题的有力途径。但是，推荐系统在启动阶段往往效果不佳，存在冷启动问题，而且用户历史记录数据往往较为稀疏，使得推荐算法的性能很难让用户满意。知识图谱作为先验知识，可以为推荐算法提供语义特征，引入它们可以有效地缓解数据稀疏问题，提高模型的性能。

基于知识图谱的推荐模型大部分是以现有的推荐模型为基础的，如基于协同过滤和基于内容的推荐模型，将知识图谱中关于商品、用户等实体的结构化知识加入推荐模型中，通过引入额外的知识改善早期推荐模型中数据稀疏的问题。文献[126]提出了利用 DBpedia 知识图谱中的层次类别信息应用于推荐任务中，他们通过传播激活算法在知识图谱中寻找推荐实体。文献[127]通过计算知识图谱中蕴涵的语义距离建立音乐推荐模型。下面分别介绍三类利用知识图谱的推荐模型，分别为：基于知识图谱中元路径的推荐模型、基于概率逻辑程序的推荐模型、基于知识图谱表示学习技术的推荐模型。

考虑到知识图谱是一个表示不同实体之间关系的图，研究人员利用图上路径的连通信息计算物品之间的相似度[128]。研究人员通过元路径的概念利用图的信息[129,130]，元路径是图中不同类型实体和关系构成的路径。文献[130]利用元路径在图上传播用户偏好，并结合传统的协同过滤模型，最终实现了个性化的推荐模型。其具体方法如下：首先，沿着不同元路径利用路径相似度计算用户对不同物品的偏好，最终学得在元路径 P 下的偏好矩阵。针对每条元路径学得偏好矩阵，通过潜在因子模型对每个偏好矩阵进行分解，最终可获得每条路径下用户和物品的潜在因子矩阵，最终通过对每条路径下推荐结果的求和获得最终的全局推荐模型。其工作有效地利用了知识图谱中不同类型实体间路径的语义信息传递用户的偏好，但是路径需要人工选择。

文献[131]提出了基于概率逻辑程序的推荐模型，文献作者[133]将推荐问题形式化为逻辑程序，该逻辑程序对目标用户按查询得分高低输出推荐物品的结果，最终寻找到目标用户的推荐物品。文献作者提出了三种不同的推荐方法，分别为 EntitySim、TypeSim 和 GraphLF，性能超过了以前的最佳方法[132]。这三种方法都是基于通用目的的概率逻辑系统 ProPPR。其中，EntitySim 方法只使用图上的连接信息；TypeSim 方法使用了实体的 type 信息，GraphLF 提出了一个结合概率逻辑程序和用户物品潜在因子模型的方法。他们的基本思路类似于文献[131]的工作，通过规则在知识图谱中传递用户的偏好，解决了路径人工选择的问题。但是，他们将推荐的流程分为寻找用户偏好实体和通过偏好实体寻找物品两个步骤，导致无法有效地利用物品与物品之间的关系和用户与用户之间的关系。例如，在电影推荐的例子中，电影《谍影重重 4》是《谍影重重 3》的续集，但是《谍影重重 4》更换了主演，而如果通过他们方法中的规则，用户无法通过《谍影重重 3》的主演马特·达蒙寻找到《谍影重重 4》。

通过知识图谱表示学习技术，可以获得知识图谱中实体和关系的低维稠密向量，其可以在低维的向量空间中计算实体间的关联性，与传统的基于符号逻辑在图上查询和推理的方法相比，大大降低了计算的复杂度。文献[133]提出使用知识图谱表示学习技术提取知识图谱中的特征，以该特征向量使用 K 近邻的方法寻找用户最相近的物品，但是该模型与推荐模型结合较为松散，仅使用知识图谱表示学习作为特征提取的一种方法。

文献[134]在王灏等人[135]工作的基础上进行扩展，通过表示学习的方法将知识图谱中的信息加入推荐模型中，提出了协同知识图谱表示学习的推荐模型（Collaborative Knowledge Base Embedding Recommender System），他们方法的具体思路如下：首先，通过知识表示学习获得知识图谱中和推荐物品相关的结构化信息，通过去噪编码器网络从物品相关的文本中学习编码层的文本表示向量，并通过和文本建模相似的去噪编码器网络从图像中学习视觉表示向量，并将这些表示向量引入物品的潜在因子向量中，结合矩阵分解算法完成推荐。该工作通过贝叶斯理论的角度解释并联合了不同算法的优化目标。但是，在推荐领域的知识图谱中，实体之间的关系非常稠密，且关系类型较少。以 TransE 为代表的模型不适合处理一对多、多对多的关系，尽管 TransR 针对该问题进行了一定的改进，但当应对相同类型关系的一对多、多对一和多对多关系时，算法实际退化为 TransE。因此，本书在协同过滤算法上引入一类新的知识图谱表示学习的技术[136,137]提取知识图谱中的结构化信息，最终提出了一个基于知识图谱表示学习的协同过滤推荐系统。

1.6.5　区块链与去中心化的知识图谱

语义网的早期理念实际上包含三个方面：知识的互联、去中心化的架构和知识的可信。知识图谱在一定程度上实现了“知识互联”的理念，然而在去中心化的架构和知识可信两个方面都仍然没有出现较好的解决方案。

对于去中心化，相比起现有的多为集中存储的知识图谱，语义网强调知识以分散的方式互联和相互链接，知识的发布者拥有完整的控制权。近年来，国内外已经有研究机构和企业开始探索通过区块链技术实现去中心化的知识互联。这包括去中心化的实体 ID 管理、基于分布式账本的术语及实体命名管理、基于分布式账本的知识溯源、知识签名和权限管理等。

知识的可信与鉴真也是当前很多知识图谱项目面临的挑战和问题。由于很多知识图谱数据来源广泛，且知识的可信度量需要作用到实体和事实级别，怎样有效地对知识图谱中的海量事实进行管理、追踪和鉴真，也成为区块链技术在知识图谱领域的一个重要应用方向。

此外，将知识图谱引入智能合约（Smart Contract）中，可以帮助解决目前智能合约内生知识不足的问题。例如，PCHAIN[138]引入知识图谱 Oracle 机制，解决传统智能合约数据不闭环的问题。

1.7 本章小结

知识图谱本身可以看作是一种新型的信息系统基础设施。从数据维度上看，知识图谱要求用更加规范的语义提升企业数据的质量，用链接数据的思想提升企业数据之间的关联度，终极目标是将非结构、无显示关联的粗糙数据逐步提炼为结构化、高度关联的高质量知识。每个企业都应该将知识图谱作为一种面向数据的信息系统基础设施进行持续性建设。

从技术维度上看，知识图谱的构建涉及知识表示、关系抽取、图数据存储、数据融合、推理补全等多方面的技术，而知识图谱的利用涉及语义搜索、知识问答、自动推理、知识驱动的语言及视觉理解、描述性数据分析等多个方面。要构建并利用好知识图谱，也要求系统性地综合利用来自知识表示、自然语言处理、机器学习、图数据库、多媒体处理等多个相关领域的技术，而非单个领域的单一技术。因此，知识图谱的构建和利用都应注重系统思维是未来的一种发展趋势。

互联网促成了大数据的集聚，大数据进而促进了人工智能算法的进步。新数据和新算法为规模化知识图谱构建提供了新的技术基础和发展条件，使得知识图谱构建的来源、方法和技术手段都发生了极大的变化。知识图谱作为知识的一种形式，已经在语义搜索、智能问答、数据分析、自然语言理解、视觉理解、物联网设备互联等多个方面发挥出越来越大的价值。AI 浪潮愈演愈烈，而作为底层支撑的知识图谱赛道也从鲜有问津到缓慢升温，虽然还谈不上拥挤，但作为通往未来的必经之路，注定会走上风口。

参考文献

[1] Singhal，Amit.Introducing the Knowledge Graph：Things，Not Strings.Official Blog （of Google），2012.

[2] Berners-Lee Tim，James Hendler，Ora Lassila.The Semantic Web.Scientific American，2001.

[3] Shadbolt Nigel，Wendy Hall，Tim Berners-Lee.The Semantic Web Revisited. IEEE Intelligent Systems，2006.

[4] Tim Berners-Lee. Semantic Web Road Map. https://www.w3.org/DesignIssues/Semantic. html.

[5] Bollacker K，Cook R，Tufts P. Freebase：A shared database of structured general human knowledge. AAAI2007：1962-1963.

[6] Lehmann J，Isele R，Jakob M，et al. DBpedia－a large-scale，multilingual knowledge base extracted from Wikipedia. Semantic Web，2015，6（2），167-195.

[7] Farzaneh Mahdisoltani，Joanna Biega，Fabian M. Suchanek.Yago3：A Knowledge Base from Multilingual Wikipedias.Proceeding of Conference on Innovative Data Systems Research，2015.

[8] Guha R V，Brickley D，MacBeth S. Schema.org：Evolution of Structured Data on the Web. Queue，2015，13（9），10－37. DOI：10.1145/2857274.2857276.

[9] Vrandečić D，Krötzsch M .Wikidata: A Free Collaborative Knowledgebase. Communications of the ACM，2014，57（10），78–85. DOI：10.1145/2629489.

[10] Guha R，McCool R，Miller E. Semantic search. Proceedings of the 12th international conference on World Wide Web.ACM，2003：700-709.

[11] DONG X，Gabrilovich E，Heitz G，et al.Knowledge vault：A Web-Scale Approach to Probabilistic Knowledge Fusion. Proceedings of the 20th ACM SIGKDD International Conference on Knowledge Discovery and Data Mining，2014：601-610.

[12] CUI W，XIAO Y，WANG H，et al.KBQA：Learning Question Answering Over Qa Corpora and Knowledge Bases. Proceedings of the VLDB Endowment，2017，10（5）：565-576.

[13] YAO X，Van Durme B. Information Extraction over Structured Data：Question Answering with Freebase[C]//ACL. 2014：956-966.

[14] HAO Y，ZHANG Y，LIU K，et al.An End-to-End Model for Question Answering over Knowledge Base with Cross-Attention Combining Global Knowledge. Proceedings of the 55th Annual Meeting of the Association for Computational Linguistics （Volume 1：Long Papers），2017：221－231.

[15] YANG B，Mitchell T. Leveraging Knowledge Bases in LSTMs for Improving Machine Reading. Proceedings of the 55th Annual Meeting of the Association for Computational Linguistics （Volume 1：Long Papers），2017：1436－1446.

[16] WANG J，WANG Z，ZHANG D，et al. Combining Knowledge with Deep Convolutional Neural

Networks for Short Text Classification. Proceedings of the Twenty-Sixth International Joint Conference on Artificial Intelligence，2017：2915－2921.

[17] Kaminski M，Grau B C，Kostylev E V，et al. Foundations of Declarative Data Analysis Using Limit Datalog Programs，2017（2）：1123－1130. http：//arxiv.org/abs/1705.06927.

[18] Bellomarini L，Gottlob G，Pieris A，et al.Swift Logic for Big Data and Knowledge Graphs. IJCAI2017，2017：2－10.

[19]CHEN J Y，Freddy Lécué，Jeff Z Pan，CHEN H J.Learning from Ontology Streams with Semantic Concept Drift.IJCAI 2017，2017：957-963.

[20] CHEN J Y，Freddy Lécué，Jeff Z Pan，et al.Transfer Learning Explanation with Ontologies. International Conference on the Principles of Knowledge Representation and Reasoning . KR2018.

[21] WANG X，Ye Y，Gupta A. Zero-shot Recognition via Semantic Embeddings and Knowledge Graphs[C]// Proceedings of the IEEE Conference on Computer Vision and Pattern Recognition. 2018： 6857-6866.

[22] Lee C W，FANG W，Yeh C K，et al.Multi-Label Zero-Shot Learning with Structured Knowledge Graphs. arXiv preprint. arXiv：1711.06526. 2017.

[23] George A Miller. WordNet：A Lexical Database for English. Communications of the ACM 1995，38（11）：39-41.

[24] Speer R，Havasi C.Representing General Relational Knowledge in ConceptNet 5. Proceedings of the Eight International Conference on Language Resources and Evaluation .2012：3679-3686.

[25] R Navigli，S Ponzetto.BabelNet：The Automatic Construction，Evaluation and Application of a Wide-Coverage Multilingual Semantic Network. Artificial Intelligence，2012，193：217-250.

[26] Erik T Mueller.Commonsense Reasoning An Event Calculus Based Approach. Morgan Kaufmann. 2016.

[27] 阿里技术.阿里知识图谱：每天千万级拦截量，亿级别全量智能审核.http：//www.sohu.com/a/168239286_629652.

[28] 于彤，陈华钧，姜晓红. 中医药知识工程. 北京：科学出版社，2017.

[29] M Ashburner，C A Ball，J A Blake，et al. Gene Ontology：Tool for the Unification of Biolog. Nature genetics，2000，25（1）：25－29.

[30] F Belleau，M Nolin，N Tourigny，et al.Bio2rdf：Towards a Mashup to Build Bioinformatics Knowledge Systems.Journal of Biomedical Informatics，2008，41（5）：706－716.

[31] A Ruttenberg，J Rees，M Samwald，et al.Life Sciences on the Semantic Web： the Neurocommons and Beyond.Briefings in Bioinformatics，2009，10（2）：193－204.

[32] S Sahoo，W Halb，S Hellmann，et al. A Survey of Current Approaches for Mapping of Relational Databases to RDF. W3C RDB2RDF Incubator Group Report，2009，1：113-130.

[33] Kambhatla N. Combining lexical，Syntactic，and semantic features with maximum entropy models for extracting relations. Proceedings of the ACL 2004 on Interactive poster and demonstration sessions. Association for Computational Linguistics，2004：22.

[34] GUO D Z，JIAN S，JIE Z，et al. Exploring Various Knowledge in Relation Extraction. Proceedings of the

43rd Annual Meeting on Association for Computational Linguistics. Association for Computational Linguistics，2005：427-434.

[35] Nguyen D P T，Matsuo Y，Ishizuka M. Relation Extraction From Wikipedia Using Subtree Mining. Proceedings of the National Conference on Artificial Intelligence，1999，22（2）：1414.

[36] Mooney R J，Bunescu R C. Subsequence Kernels for Relation Extraction. Advances in Neural Information Processing Systems，2006：171-178.

[37] Collins M，Duffy N. Convolution Kernels for Natural Language. Advances in Neural Information Processing Systems. 2002：625-632.

[38] ZHANG M，ZHANG J，SU J. Exploring Syntactic Features for Relation Extraction Using A Convolution Tree Kernel. Proceedings of The Main Conference on Human Language Technology Conference of the North American Chapter of the Association of Computational Linguistics. Association for Computational Linguistics，2006：288-295.

[39] ZHU J，NIE Z，LIU X，et al. StatSnowball：A Statistical Approach to Extracting Entity Relationships. Proceedings of the 18th International Conference on World Wide Web. ACM，2009：101-110.

[40] QIAN L，ZHOU G，KONG F，et al. Exploiting Constituent Dependencies for Tree Kernel-Based Semantic Relation Extraction. Proceedings of the 22nd International Conference on Computational Linguistics. Association for Computational Linguistics，2008，1：697-704.

[41] SUN L，HAN X. A Feature-Enriched Tree Kernel for Relation Extraction. Proceedings of the 52nd Annual Meeting of the Association for Computational Linguistics .2014，2：61-67.

[42] Culotta A，Sorensen J. Dependency Tree Kernels for Relation Extraction. Proceedings of the 42nd Annual Meeting on Association for Computational Linguistics. Association for Computational Linguistics，2004：423.

[43] Zelenko D，Aone C，Richardella A. Kernel Methods for Relation Extraction. Journal of Machine Learning Research，2003，3：1083-1106.

[44] ZHANG M，ZHANG J，SU J，et al. A Composite Kernel to Extract Relations Between Entities with Both Flat and Structured Features. Proceedings of the 21st International Conference on Computational Linguistics and the 44th annual meeting of the Association for Computational Linguistics. Association for Computational Linguistics，2006：825-832.

[45] ZHANG C. DeepDive：A Data Management System for Automatic Knowledge Base Construction. University of Wisconsin-Madison，2015.

[46] ZHENG S，WANG F，BAO H，et al. Joint Extraction of Entities and Relations Based on a Novel Tagging Scheme. http：//doi.org/10.18653/v1/P17-1113.

[47] Liu C Y，Sun W B，Chao W H，et al. Convolution Neural Network for Relation Extraction. International Conference on Advanced Data Mining and Applications. Berlin：Springer，2013：231-242.

[48] ZENG D，LIU K，LAI S，et al. Relation Classification via Convolutional Deep Neural Network.COLING，2014：2335-2344.

[49] Nguyen T H，Grishman R. Relation Extraction：Perspective from Convolutional Neural Networks. NAACL - HLT.2015：39-48.

[50] ZENG D，LIU K，CHEN Y，et al. Distant Supervision for Relation Extraction via Piecewise Convolutional Neural Networks. Emnlp，2015：1753-1762.

[51] Lin Y，Shen S，Liu Z，et al.Neural Relation Extraction with Selective Attention over Instances. ACL，2016，（1）：2124 - 2133.

[52] JIANG X，WANG Q，LI P，et al.Relation Extraction with Multi-instance Multi-label Convolutional Neural Networks. COLING，2016：1471-1480.

[53] Katiyar A，Cardie C. Going out on a limb： Joint Extraction of Entity Mentions and Relations without Dependency Trees. Proceedings of the 55th Annual Meeting of the Association for Computational Linguistics，2017，1：917 - 928.

[54] FENG J. Reinforcement Learning for Relation Extraction from Noisy Data. AAAI，2018.

[55] 孟小峰.大数据管理概论. 北京：机械工业出版社，2017.

[56] 孟小峰，杜治娟.大数据融合研究：问题与挑战.计算机研究与发展，2016，53（02）：231-246.

[57] Bagga A，Baldwin B. Entity-Based Cross-Document Coreferencing Using the Vector Space Model. Proceedings of the 17th international conference on Computational linguistics，1998，1：79-85.

[58] Pedersen T，Purandare A，Kulkarni A. Name Discrimination by Clustering Similar Contexts. Proc of the 6th Int Conf on Intelligent Text Processing and Computational Linguistics，2005，3406：226-237.

[59] Malin B，Airoldi E，Carley K M. A Network Analysis Model for Disambiguation of Names in Lists. Computational & Mathematical Organization Theory，2005，11（2）：119-139.

[60] HAN X，ZHAO J. Named Entity Disambiguation by Leveraging Wikipedia Semantic Knowledge. Proceedings of the 18th ACM Conference on Information and Knowledge Management. ACM，2009：215-224.

[61] LI Y，WANG C，HAN F，et al. Mining Evidences for Named Entity Disambiguation. Proceedings of the 19th ACM SIGKDD International Conference on Knowledge Discovery and Data Mining. ACM，2013：1070-1078.

[62] ZHUANG Y，LI G，ZHONG Z，et al. Hike：A Hybrid Human-Machine Method for Entity Alignment in Large-Scale Knowledge Bases. Proceedings of the 2017 ACM on Conference on Information and Knowledge Management，CIKM 2017，2017：1917-1926.

[63] ZHU H，XIE R，LIU Z，et al. Iterative Entity Alignment via Joint Knowledge Embeddings. Proceedings of the Twenty-Sixth International Joint Conference on Artificial Intelligence.IJCAI 2017，2017：4258-4264.

[64] N Stojanovic，L Stojanovic，S Handschuh. Evolution in the Ontology-Based Knowledge Management System.In Proceedings of the European Conference on Information Systems-ECIS，2002.

[65] M Klein. Change Management for Distributed Ontologies.Vrije Universiteit Amsterdam，2004.

[66] M Hartung，A Groß，E Rahm. Conto - diff：Generation of Complex Evolutionmappings for Life Science

Ontologies. Journal of Biomedical Informatics，2013，46（1）：15－32.

[67] Baader F，Horrocks I，Lutz C，et al. An Introduction to Description Logic. Cambridge：Cambridge University Press，2017.

[68] Boris Motik，Yavor Nenov，Robert Piro，et al. Incremental Update of Datalog Materialisation. The Backward/Forward Algorithm in AAAI 2015，2015.

[69] PAN J Z，Calvanese D，Eiter T，et al. Reasoning Web：Logical Foundation of Knowledge Graph Construction and Query Answering. Gewerbestrasse：Springer，2016.

[70] Lao N，Mitchell T，Cohen W W. Random Walk Inference and Learning in A Large Scale Knowledge Base. Proceedings of the Conference on Empirical Methods in Natural Language Processing，2011：529－539.

[71] Matt Gardner，Tom Mitchell. Efficient and Expressive Knowledge Base Completion Using Subgraph Feature Extraction. In Proceedings of EMNLP，2015.

[72] LIU Q，JIANG L，HAN M，et al.Hierarchical Random Walk Inference in Knowledge Graphs. Proceedings of the 39th International ACM SIGIR Conference on Research and Development in Information Retrieval，2016：445－454.

[73] WANG Z，ZHANG J W，FENG J L，et al. Knowledge Graph Embedding by Translating on Hyperplanes. Proceedings of the Twenty-Eighth AAAI Conference on Artificial Intelligence，2014.

[74] LIN Yankai，LIU Zhiyuan，SUN Maosong，et al. Learning Entity and Relation Embeddings for Knowledge Graph Completion. Proceedings of the Twenty-Ninth AAAI Conference on Artificial Intelligence，2015：2181-2187.

[75] JI G L，HE S ZH，XU L H，et al. Knowledge Graph Embedding Via Dynamic Mapping Matrix. Proceedings of the 53rd Annual Meeting of the Association for Computational Linguistics and the 7th International Joint Conference on Natural Language Processing of the Asian Federation of Natural Language Processing，2015.

[76] JI G L，LIU K，HE SH Zh，ZHAO J. Knowledge Graph Completion with Adaptive Sparse Transfer Matrix. In Proceedings of the Thirtieth AAAI Conference on Articial Intelligence，2016：985-991.

[77] Maximilian Nickel，Volker Tresp，Hans-Peter Kriegel. A Three-Way Model for Collective Learning on Multi-Relational Data. In Proceedings of the 28th International Conference on Machine Learning，ICML 2011，2011：809-816.

[78] Rodolphe Jenatton，Nicolas Le Roux，Antoine Bordes，et al. A Latent Factor Model for Highly Multi-Relational Data. In Advances in Neural Information Processing Systems 25：26th Annual Conference on Neural Information Processing Systems 2012，2012.

[79] Maximilian Nickel，Lorenzo Rosasco，Tomaso A. Poggio. Holographic Embeddings of Knowledge Graphs. Proceedings of the Thirtieth AAAI Conference on Artificial Intelligence，2016：1955-1961.

[80] Richard Socher，Danqi Chen，Christopher D Manning，et al. Reasoning with Neural Tensor Networks for Knowledge Base Completion. In Advances in Neural Information Processing Systems 26：27th Annual Conference on Neural Information Processing Systems 2013，2013.

[81] LIN Y K，LIU Zh Y，LUAN H B，et al. Modeling Relation Paths for Representation Learning of Knowledge Bases. In Proceedings of the 2015 Conference on Empirical Methods in Natural Language Processing，2015：705-714.

[82] Kelvin Guu，John Miller，Percy Liang. Traversing Knowledge Graphs in Vector Space. Proceedings of the 2015 Conference on Empirical Methods in Natural Language Processing，EMNLP 2015，2015：318-327.

[83] WANG Z，ZHANG J，FENG J，et al.Knowledge Graph and Text Jointly Embedding.In Proceedings of the 2014 Conference on Empirical Methods in Natural Language Processing，2014：1591 - 1601.

[84] ZHONG H，ZHANG J，WANG Z，et al. Aligning Knowledge and Text Embeddings by Entity Descriptions. Proceedings of the 2015 Conference on Empirical Methods in Natural Language Processing，2015：267 - 272.

[85] XIE R，LIU Z，JIA J，et al. Representation Learning of Knowledge Graphs with Entity Descriptionsin.Proceedings of the Thirtieth AAAI Conference on Artificial Intelligence，2016：2659 - 2665.

[86] WANG Z，LI J. Text-Enhanced Representation Learning for Knowledge Graph.Proceedings of the Twenty-Fifth International Joint Conference on Artificial Intelligence，2016：1293 - 1299.

[87] XIAO H，HUANG M，MENG L，et al. Ssp：Semantic Space Projection for Knowledge Graph Embedding with Text Descriptions.Proceedings of the 31 AAAI Conference on Artificial Intelligence，2017：3104 - 3110.

[88] HAN X，LIU Z，SUN M. Neural Knowledge Acquisition via Mutual Attention between Knowledge Graph and Text. AAAI2018，2018.

[89] Kaminski M，Grau B C，Kostylev EV，et al. Foundations of Declarative Data Analysis Using Limit Datalog Programs，2017.

[90] Boris Motik，Yavor Nenov，Robert Piro，et al. Incremental Update of Datalog Materialisation：The Backward/Forward Algorithm in AAAI 2015，2015.

[91] Harris S，Seaborne A，Prud'hommeaux E. SPARQL 1.1 Query Language[J]. W3C Recommendation，2013，21（10）.

[92] Nadime Francis，Alastair Green，Paolo Guagliardo，et al.Cypher：An Evolving Query Language for Property Graphs.SIGMOD 2018，2018.

[93] Oskar van Rest，Sungpack Hong，Jinha Kim，et al.PGQL：a Property Graph Query Language.GRADES 2016，2016.

[94] Renzo Angles，Marcelo Arenas，Pablo Barceló，et al.G-CORE A Core for Future Graph Query Languages.SIGMOD 2018，2018.

[95] Bornea M A，Dolby J，Kementsietsidis A，et al. Building an Efficient RDF Store over A Relational Database//Proceedings of the 2013 ACM SIGMOD International Conference on Management of Data，2013：121-132.

[96] ZOU L，Özsu M T，CHEN L，et al. gStore：A Graph-Based SPARQL Query Engine. The VLDB

journal，2014，23（4）：565-590.

[97] https：//www.w3.org/wiki/LargeTripleStores.

[98] Yih W－t，He X，Meek C. Semantic Parsing for Single-Relation Question Answering. Proceedings of the 52nd Annual Meeting of the Association for Computational Linguistics，2014，2：643-648.

[99] Yih W-t，CHANG M W，He X，et al. Semantic Parsing Via Staged Query Graph Gen- Eration：Question Answering with Knowledge Base. In Proceedings of the 53rd Annual Meeting of the Association for Computational Linguistics and the 7th International Joint Conference on Natural Language Processing，2015，1：1321-1331.

[100] Yih W-t，Richardson M，Meek C，et al. The Value of Semantic Parse Labeling for Knowledge Base Question Answering.Proceedings of the 54th Annual Meeting of the Association for Computational Linguistics，2016，2.

[101] Savenkov D，Agichtein E. When a Knowledge Base Is not Enough：Question Answering Over Knowledge Bases With External Text Data. In Proceedings of the 39th International ACM SI- GIR conference on Research and Development in Information Retrieval，2016：235–244.

[102] DONG L，WEI F，ZHOU M，et al. Question Answering Over Freebase with Multi- Column Convolutional Neural Networks. In Proceedings of the 53rd Annual Meeting of the As- sociation for Computational Linguistics and the 7th International Joint Conference on Natural Language Processing，2015，1：260－269.

[103] YU Y，Hasan K S，YU M，et al. Knowledge Base Relation Detection Via Multi-View Matching，2018.

[104] YIN W，Yu M，XIANG B，et al. Simple Question Answering by at- Tentive Convolutional Neural Network. In Proceedings of COLING 2016，the 26th International Conference on Computational Linguistics：Technical Papers，2016：1746－1756.

[105] Dubey M，Banerjee D，Chaudhuri D，et al. Earl：Joint Entity and Relation Linking for Question Answering Over Knowledge Graphs，2018.

[106] DAI Z，LI L，XU W. Cfo：Conditional Focused Neural Question Answering with Large- Scale Knowledge Bases，2016.

[107] ZHANG Y，DAI H，Kozareva Z，et al. Variational Reasoning for Question Answering with Knowledge Graph，AAAI，2018.

[108] Petrochuk M，Zettlemoyer L. Simplequestions Nearly Solved：A New Upperbound and Baseline Approach，2018.

[109] WANG Y，Berant J，LIANG P .Building a Semantic Parser Overnight. Proceedings of the 53rd Annual Meeting of the Association for Computational Linguistics and the 7th Interna- tional Joint Conference on Natural Language Processing，2015，1：1332－1342.

[110] Luis Antonio Galárraga，Christina Teflioudi，Katja Hose，et al. AMIE：Association Rule Mining Under Incomplete Evidence in Ontological Knowledge Bases. WWW 2013，2013：413-422.

[111] William W Cohen，YANG Fan，Kathryn Mazaitis.TensorLog： Deep Learning Meets Probabilistic

DBs，2017.

[112] Antoine Bordes，Nicolas Usunier，Alberto García-Durán，et al.Translating Embeddings for Modeling Multi-relational Data. NIPS 2013，2013：2787-2795.

[113] YANG Bishan，Wen-tau Yih，HE Xiaodong，et al. Embedding Entities and Relations for Learning and Inference in Knowledge Bases.ICLR2015，2015.

[114] Maximilian Nickel，Volker Tresp，Hans-Peter Kriegel.A Three-Way Model for Collective Learning on Multi-Relational Data. ICML 2011，2011：809-816.

[115] LIN Y，Liu Z，SUN M. Modeling Relation Paths for Representation Learning of Knowledge Bases. EMNLP，2015：705－714.

[116] A Neelakantan，B Roth，A McCallum. Compositional Vector Space Models for Knowledge Base Completion. AAAI，2015.

[117] R Socher，D Chen，C D Manning，et al. Reasoning With Neural Tensor Networks for Knowledge Base Completion. In NIPS，2013：926－934.

[118] Tim Dettmers，Pasquale Minervini，Pontus Stenetorp，et al.Convolutional 2D Knowledge Graph Embeddings. AAAI 2018，2018.

[119] Michael Sejr Schlichtkrull，Thomas N. Kipf，Peter Bloem，et al.Modeling Relational Data with Graph Convolutional Networks. ESWC 2018，2018：593-607.

[120] SHEN Ye long，HUANG Po-Sen，CHANG Ming-Wei，et al.Modeling Large-Scale Structured Relationships with Shared Memory for Knowledge Base Completion. Rep4NLP@ACL 2017，2017：57-68.

[121] YANG Fan，YANG Zhilin，William W. Cohen：Differentiable Learning of Logical Rules for Knowledge Base Reasoning. NIPS 2017，2017：2316-2325.

[122] Rajarshi Das，Shehzaad Dhuliawala，Manzil Zaheer，et al.Go for a Walk and Arrive at the Answer：Reasoning Over Paths in Knowledge Bases using Reinforcement Learning.ICLR 2018，2018.

[123] GUO Shu，WANG Quan，WANG Lihong，et al.Knowledge Graph Embedding With Iterative Guidance From Soft Rules. AAAI 2018，2018.

[124] WANG PeiFeng，LI ShuangYin，PAN Rong.Incorporating GAN for Negative Sampling in Knowledge Representation Learning. AAAI2018，2018.

[125] XIONG W H，Thien Hoang，William Yang Wang.DeepPath：A Reinforcement Learning Method for Knowledge Graph Reasoning. EMNLP2017，2017：564-573.

[126] YANG D，HE J，QIN H，et al. A Graph-based Recommendation across Heterogeneous Do- mains[C]. Proceedings of the 24th ACM International Conference on Information and Knowledge Management，2015：463－472.

[127] Passant A. dbrec - Music Recommendations Using DBpedia[C]. Proceedings of The 9th International Semantic Web Conference，2010：209－224.

[128] de Campos L M，Fernάndez-Luna J M，Huete J F，et al. Combining Content-Based and Collaborative Recommendations：A Hybrid Approach Based on Bayesian Networks[J]. nternational Journal of Approximate Reasoning，2010，51（7）：785－799.

[129] SUN Y，HAN J，YAN X，et al. PathSim：Meta Path-Based Top-K Similarity Search in Het- erogeneous Information Networks[J]. PVLDB，2011，4（11）：992－1003.

[130] YU X，REN X，SUN Y，et al. Personalized Entity Recommendation：A Heterogeneous Infor- Mation Network Approach[C]. Proceedings of the 7th ACM International Conference on Web Search and Data Mining，2014：283－292.

[131] Catherine R，Cohen W W. Personalized Recommendations Using Knowledge Graphs：A Probabilistic Logic Programming Approach[C]. Proceedings of the 10th ACM Conference on Recommender Systems，2016：325－332.

[132] Ristoski P，Paulheim H. RDF2Vec：RDF Graph Embeddings for Data Mining[C]. Proceedings of The 15th International Semantic Web Conference，2016：498－514.

[133] WANG W Y，Mazaitis K，Cohen W W. Programming with Personalized Pagerank： A Locally Groundable First-Order Probabilistic Logic[C]. Proceedings of 22nd ACM International Conference on Information and Knowledge Management，2013：2129－2138.

[134] ZHANG F，YUAN N J，LIAN D，et al. Collaborative Knowledge Base Embedding for Recom- mender Systems[C]. Proceedings of the 22nd ACM SIGKDD International Conference on Knowledge Discovery and Data Mining，2016：353－362.

[135] WANG H，WANG N，Yeung D. Collaborative Deep Learning for Recommender Systems[C]. Proceedings of the 21th ACM SIGKDD International Conference on Knowledge Dis- covery and Data Mining，2015：1235－1244.

[136] Grover A，Leskovec J. node2vec：Scalable Feature Learning for Networks. Proceedings of the 22nd ACM SIGKDD International Conference on Knowledge Discovery and Data Mining，2016：855－864.

[137] Palumbo E，Rizzo G，Troncy R. entity2rec：Learning User-Item Relatedness from Knowl- edge Graphs for Top-N Item Recommendation[C]. Proceedings of the 7th ACM Con- ference on Recommender Systems，2017：32－36.

[138] PCHAIN Position Paper. https：//pchain.org/js/generic/web/viewer.html.

第 2 章 知识图谱表示与建模

漆桂林　东南大学，潘志霖　阿伯丁大学，陈华钧　浙江大学

知识图谱表示（Knowledge Graph Representation）指的是用什么语言对知识图谱进行建模，从而可以方便知识计算。从图的角度来看，知识图谱是一个语义网络，即一种用互联的节点和弧表示知识的一个结构[1]。语义网络中的节点可以代表一个概念（concept）、一个属性（attribute）、一个事件（event）或者一个实体（entity）；而弧表示节点之间的关系，弧的标签指明了关系的类型。语义网络中的语义主要体现在图中边的含义。为了给这些边赋予语义，研究人员提出了术语语言（Terminological Language），并最终提出了描述逻辑（Description Logic），描述逻辑是一阶谓词逻辑的一个子集，推理复杂度是可判定的。W3C 采用了以描述逻辑为逻辑基础的本体语言 OWL 作为定义 Web 术语的标准语言。W3C 还推出了另外一种用于表示 Web 本体的语言 RDF Schema（简称 RDFS）。目前基于向量的知识表示开始流行，这类表示将知识图谱三元组中的主谓宾表示成数值向量，通过向量的知识表示，可以采用统计或者神经网络的方法进行推理，对知识图谱中的实体直接的关系进行预测。本章将对知识表示的常见方法进行介绍，并且讨论如何用这些知识表示方法对知识进行建模。

2.1 什么是知识表示

20 世纪 90 年代，MIT AI 实验室的 R. Davis 定义了知识表示的五大用途或特点：

- 客观事物的机器标示（A KR is a Surrogate），即知识表示首先需要定义客观实体

的机器指代或指称。

- 一组本体约定和概念模型（A KR is a Set of Ontological Commitments），即知识表示还需要定义用于描述客观事物的概念和类别体系。
- 支持推理的表示基础（A KR is a Theory of Intelligent Reasoning），即知识表示还需要提供机器推理的模型与方法。
- 用于高效计算的数据结构（A KR is a medium for Efficient Computation），即知识表示也是一种用于高效计算的数据结构。
- 人可理解的机器语言（A KR is a Medium of Human Expression），即知识表示还必须接近于人的认知，是人可理解的机器语言。

有关知识表示的研究可以追溯到人工智能的早期研究。例如，认知科学家 M. Ross Quillian 和 Allan M. Collins 提出了语义网络的知识表示方法[2-3]，以网络的方式描述概念之间的语义关系。典型的语义网络如 WordNet 属于词典类的知识库，主要定义名词、动词、形容词和副词之间的语义关系。20 世纪 70 年代，随着专家系统的提出和商业化发展，知识库构建和知识表示更加得到重视。传统的专家系统通常包含知识库和推理引擎（Inference Engine）两个核心模块。

无论是语义网络，还是框架语言和产生式规则，都缺少严格的语义理论模型和形式化的语义定义。为了解决这一问题，人们开始研究具有较好的理论模型基础和算法复杂度的知识表示框架。比较有代表性的是描述逻辑语言（Description Logic）[4]。描述逻辑是目前大多数本体语言（如 OWL）的理论基础。第一个描述逻辑语言是 1985 年由 Ronald J. Brachman 等提出的 KL-ONE[5]。描述逻辑主要用于刻画概念（Concepts）、属性（Roles）、个体（Individual）、关系（Relationships）、元语（Axioms，即逻辑描述 Logic Statement）等知识表达要素。与传统专家系统的知识表示语言不同，描述逻辑家族更关心知识表示能力和推理计算复杂性之间的关系，并深入研究了各种表达构件的组合带来的查询、分类、一致性检测等推理计算的计算复杂度问题。

语义网的基础数据模型 RDF 受到了元数据模型、框架系统和面向对象语言等多方面的影响，其最初是为人们在 Web 上发布结构化数据提供一个标准的数据描述框架。与此同时，语义网进一步吸收描述逻辑的研究成果，发展出了用 OWL 系列标准化本体语言。现代知识图谱如 DBpedia、Yago、Freebase、Schema.ORG、Wikidata 等大多以语义网的表达模型为基础进行扩展或删减。

无论是早期专家系统时代的知识表示方法，还是语义网时代的知识表示模型，都属于以符号逻辑为基础的知识表示方法。符号知识表示的特点是易于刻画显式、离散的知识，因而具有内生的可解释性。但由于人类知识还包含大量不易于符号化的隐性知识，完全基于符号逻辑的知识表示通常由于知识的不完备而失去鲁棒性，特别是推理很难达到实用。由此催生了采用连续向量的方式来表示知识的研究。

基于向量的方式表示知识的研究由来已久。随着表示学习的发展，以及自然语言处理领域词向量等嵌入（Embedding）技术手段的出现，启发了人们用类似于词向量的低维稠密向量的方式表示知识。通过嵌入将知识图谱中的实体和关系投射到一个低维的连续向量空间，可以为每一个实体和关系学习出一个低维度的向量表示。这种基于连续向量的知识表示可以实现通过数值运算来发现新事实和新关系，并能更有效发现更多的隐式知识和潜在假设，这些隐式知识通常是人的主观不易于观察和总结出来的。更为重要的是，知识图谱嵌入也通常作为一种类型的先验知识辅助输入很多深度神经网络模型中，用来约束和监督神经网络的训练过程。如图 2-1 所示为基于离散符号的知识表示与基于连续向量的知识表示对比。

基于离散符号的知识表示

RDF，OWL，各种Rule Language等

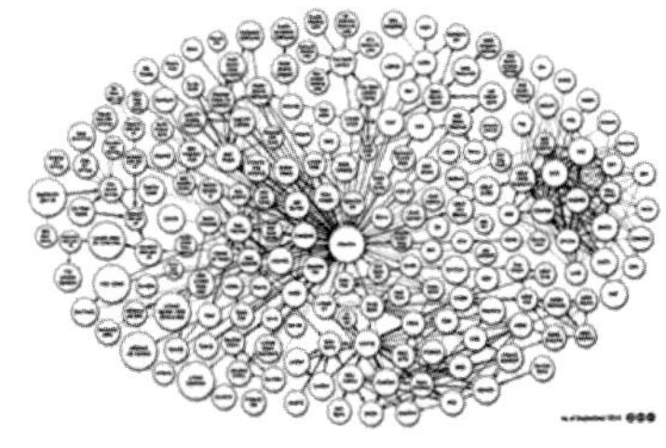

显式知识、强逻辑约束、易于解释、推理不易扩展

（a）基于离散符号的知识表示

基于连续向量的知识表示

Tensor，各种Embedding,神经网络表示等

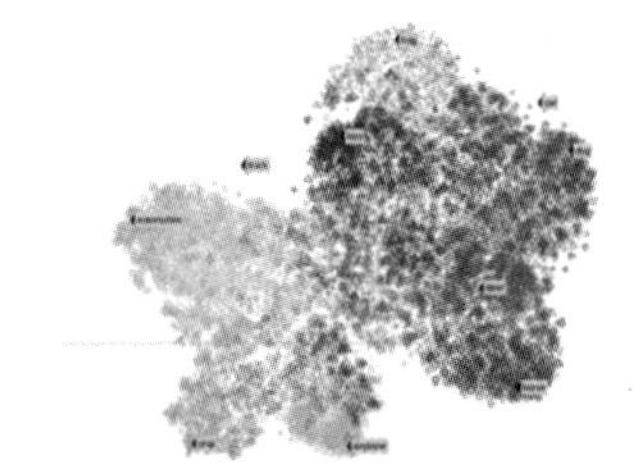

隐示知识、弱逻辑约束、不易解释、对接神经网络

（b）基于连续向量的知识表示

图 2-1 基于离散符号的知识表示与基于连续向量的知识表示对比

综上所述，与传统人工智能相比，知识图谱时代的知识表示方法已经发生了很大的变化。一方面，现代知识图谱受到规模化扩展的影响，通常采用以三元组为基础的较为简单实用的知识表示方法，并弱化了对强逻辑表示的要求；另一方面，由于知识图谱是很多搜索、问答和大数据分析系统的重要数据基础，基于向量的知识图谱表示使得这些数据更易于和深度学习模型集成，使得基于向量的知识图谱表示越来越受到重视。

由于知识表示涉及大量传统人工智能的内容，并有其明确、严格的内涵及外延定义，

为避免混淆，在本书中主要侧重于知识图谱的表示方法的介绍，因此用“知识表示”和“知识图谱的表示方法”加以了区分。

2.2 人工智能早期的知识表示方法

知识是智能的基础。人类智能往往依赖有意或无意运用已知的知识。与此类似，人工智能系统需要获取并运用知识。这里有两个核心问题：怎么表示知识？怎样在计算机中高效地存储与处理知识？本章主要阐述第一个核心问题。

2.2.1 一阶谓词逻辑

一阶谓词逻辑（或简称一阶逻辑）（First Order Logic）是公理系统的标准形式逻辑。不同于命题逻辑（Propositional Logic），一阶逻辑支持量词（Quantifier）和谓词（Predicate）。例如，在命题逻辑里，以下两个句子是不相关的命题：“John MaCarthy 是图灵奖得主”（p）、“Tim Berners-Lee 是图灵奖得主”（q）。

但是，在一阶逻辑里，可以用谓词和变量表示知识，例如，图灵奖得主（x）表示 x 是图灵奖得主。这里，图灵奖得主是一元谓词（Predicate），x 是变量（Variable），图灵奖得主（x）是一个原子公式（Atomic Formula）。“¬ 图灵奖得主（x）”是一个否定公式（Negated Formula）。在上面的例子中，若 x 为 John MaCarthy，图灵奖得主（x）为第一个命题 p。若 x 为 Tim Berners-Lee，图灵奖得主（x）为第二个命题 q。

1. 一阶谓词逻辑优点

- 结构性。能把事物的属性以及事物间的各种语义联想显式地表示出来。
- 严密性。有形式化的语法和语义，以及相关的推理规则。
- 可实现性。可以转换为计算机内部形式，以便用算法实现。

2. 一阶谓词逻辑缺点

- 有限的可用性。一阶逻辑的逻辑归结只是半可判定性的。
- 无法表示不确定性知识。

2.2.2 霍恩子句和霍恩逻辑

霍恩子句（Horn Clause）得名于逻辑学家 Alfred Horn[6]。一个子句是文字的析取。

霍恩子句是带有最多一个肯定（positive）文字的子句，肯定文字指的是没有否定符号的文字。例如，$\neg p_1 \vee \cdots \vee \neg p_n \vee q$ 是一个霍恩子句，它可以被等价地写为（$p_1 \wedge \cdots \wedge p_n$）$\rightarrow q$。Alfred Horn 于 1951 年撰文指出这种子句的重要性。

霍恩逻辑（Horn Logic）是一阶逻辑的子集。基于霍恩逻辑的知识库是一个霍恩规则的集合。一个霍恩规则由原子公式构成：$B_1 \wedge \cdots \wedge B_n \rightarrow H$，其中 H 是头原子公式，B_1，…，B_n是体原子公式。事实是霍恩规则的特例，它们是没有体原子公式且没有变量的霍恩规则。例如，“→图灵奖得主（Tim Berners-Lee）”是一个事实，可以简写为“图灵奖得主（Tim Berners-Lee）”。

1. 霍恩逻辑的优点

- 结构性。能把事物的属性以及事物间的各种语义联想显式地表示出来。
- 严密性。有形式化的语法和语义，以及相关的推理规则。
- 易实现性。可判定，可以转换为计算机内部形式，以便用算法实现。

2. 霍恩逻辑的缺点

- 有限的表达能力。不能定义类表达式，不能够任意使用量化。
- 无法表示不确定性知识。

2.2.3 语义网络

语义网络是由 Quillian 等人提出用于表达人类的语义知识并且支持推理[3]。语义网络又称联想网络，它在形式上是一个带标识的有向图。图中“节点”用以表示各种事物、概念、情况、状态等。每个节点可以带有若干属性。节点与节点间的“连接弧”(称为联想弧）用以表示各种语义联系、动作。语义网络的单元是三元组：（节点 1,联想弧,节点 2)。例如（Tim Berners-Lee,类型,图灵奖得主）和（Tim Berners-Lee,发明,互联网）是三元组。由于所有的节点均通过联想弧彼此相连，语义网络可以通过图上的操作进行知识推理。

1. 语义网络的优点

1）联想性。它最初是作为人类联想记忆模型提出来的。

2）易用性。直观地把事物的属性及其语义联系表示出来，便于理解，自然语言与语义网络的转换比较容易实现，故语义网络表示法在自然语言理解系统中的应用最为广泛。

3）结构性。语义网络是一种结构化的知识表示方法，对数据子图特别有效。它能把事物的属性以及事物间的各种语义联想显式地表示出来。

2. 语义网络的缺点

1）无形式化语法。语义网络表示知识的手段多种多样，虽然灵活性很高，但同时也由于表示形式的不一致提高了对其处理的复杂性。例如，“每个学生都读过一本书”可以表示为多种不同的语义网络，例如图 2-2 和图 2-3 中的语义网络。在图 2-2 中，GS 表示一个概念节点，指的是具有全称量化的一般事件，g 是一个实例节点，代表 GS 中的一个具体例子，而 s 是一个全称变量，是学生这个概念的一个个体，r 和 b 都是存在变量，其中 r 是读这个概念的一个个体，b 是书这个概念的一个个体，F 指 g 覆盖的子空间及其具体形式，而∀代表全称量词。而图 2-3 则把“每个学生都读过一本书”表示成：任何一个学生 s_1 都是属于读过一本书这个概念的元素。

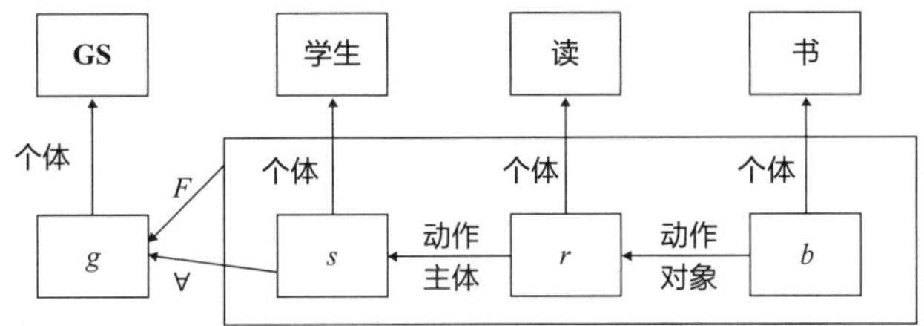

图 2-2　表示“每个学生都读过一本书”的语义网络

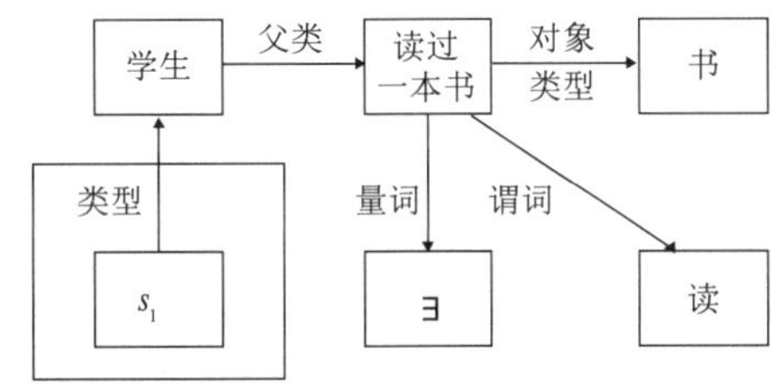

图 2-3　表示“每个学生都读过一本书”的语义网络

2）无形式化语义。与一阶谓词逻辑相比，语义网络没有公认的形式表示体系。一个给定的语义网络表达的含义完全依赖处理程序如何对它进行解释。通过推理网络而实现的推理不能保证其正确性。此外，目前采用量词（包括全称量词和存在量词）的语义网络表示法在逻辑上是不充分的，不能保证不存在二义性。

2.2.4 框架

框架（Frame）最早由 Marvin Minsky 在 1975 年提出[7]，目标是更好地理解视觉推理和自然语言处理。其理论的基本思想是：认为人们对现实世界中各种事物的认识都以一种类似于框架的结构存储在记忆中。当面临一个新事物时，就从记忆中找出一个合适的框架，并根据实际情况对其细节加以修改、补充，从而形成对当前事物的认识。

框架是一种描述对象（事物、事件或概念等）属性的数据结构。在框架理论中，类是知识表示的基本单位。每个类有一些槽，每个槽又可分为若干“侧面”。一个槽用于表示描述对象的一个属性，而一个侧面用语表示槽属性的一个方面，槽和侧面都可以有属性值，分别称为槽值和侧面值。除此之外，框架还允许给属性设默认值，以及设立触发器以维护框架。

1）下面是框架的基本组成的一个示例：

```
<框架名>
槽名 A     侧面名 A1     值 A11,值 A12,…,值 A1n
           侧面名 A2     值 A21,值 A22,…,值 A2n
槽名 B     侧面名 B1     值 B11,值 B12,…,值 B1n
           侧面名 B2     值 B21,值 B22,…,值 B2n
约束条件
          约束条件 1
          约束条件 2
```

2）表 2-1 给出一个带变量框架实例。

如果把框架“*tx* 未遂杀人案”的变量赋值，可以得到下面的一个框架实例，如表 2-2 所示。

表 2-1　带变量框架实例

变量名	变量值
框架名	*tx* 未遂杀人案
犯罪意图	x
犯罪结果	杀人
被杀者	y
杀人动机	x 未遂被 y 发现
知情人	$\{z_i \mid i \in \mathrm{I}\}$
罪犯	t
条件一	若 x 为强奸，则 t 必须是男性
条件二	有某个 z_i 指控 t
条件三	t 招认

表 2-2　变量赋值框架实例

变量名	变量值
框架名	马某杀夫夺财未遂杀人案
犯罪意图	杀夫夺财
犯罪结果	未遂
被杀者	王某
杀人动机	偷情被发现
知情人	张某
罪犯	马某
条件一	不成立
条件二	有张某指控马某
条件三	马某招认

1. 框架的优点

1）结构性：能把事物的属性以及事物间的各种语义联想显式地表示出来。

2）框架对于知识的描述比较全面，支持默认值以及触发器。

2. 框架的缺点

1）框架的构建成本非常高，对知识库的质量要求非常高。

2）默认值会增大推理的复杂度。

3）无法表示不确定性知识。

2.2.5 描述逻辑

描述逻辑是一阶逻辑的一个可判定子集。最初由 Ronald J. Brachman 在 1985 年提出。描述逻辑可以被看成是利用一阶逻辑对语义网络和框架进行形式化后的产物。描述逻辑一般支持一元谓词和二元谓词。一元谓词称为类，二元谓词称为关系。描述逻辑的重要特征是同时具有很强的表达能力和可判定性。描述逻辑近年来受到广泛关注，被选为 W3C 互联网本体语言（OWL）的理论基础。

1. 描述逻辑的优点

1）结构性。能把事物的属性以及事物间的各种语义联想显式地表示出来。

2）严密性。有形式化的语法和语义，以及相关的推理规则。

3）多样性。具有大量可判定的扩展，以满足不同应用场景的需求。

4）易实现性。可判定，可以转换为计算机内部形式，以便用算法实现。

2. 描述逻辑的缺点

1）有限的表达能力。不支持显式使用变量，不能够任意使用量化。

2）无法表示不确定性知识。

2.3 互联网时代的语义网知识表示框架

随着语义网的提出，知识表示迎来了新的契机和挑战，契机在于语义网为知识表示提供了一个很好的应用场景，挑战在于面向语义网的知识表示需要提供一套标准语言可以用来描述 Web 的各种信息。早期 Web 的标准语言 HTML 和 XML 无法适应语义网对知识表示的要求，所以 W3C 提出了新的标准语言 RDF、RDFS 和 OWL。这两种语言的语法可以跟 XML 兼容。下面详细介绍这几种语言。

2.3.1 RDF 和 RDFS

RDF 是 W3C 的 RDF 工作组制定的关于知识图谱的国际标准。RDF 是 W3C 一系列语义网标准的核心，如图 2-4 所示。

- 表示组（Representation）包括 URI/IRI、XML 和 RDF。前两者主要是为 RDF 提供语法基础。
- 推理组（Reasoning）包括 RDF-S、本体 OWL、规则 RIF 和统一逻辑。统一逻辑目前还没有定论。
- 信任组和用户互动组。

图 2-4 对 W3C 的语义网标准栈做了分组。目前，跟知识图谱最相关的有：

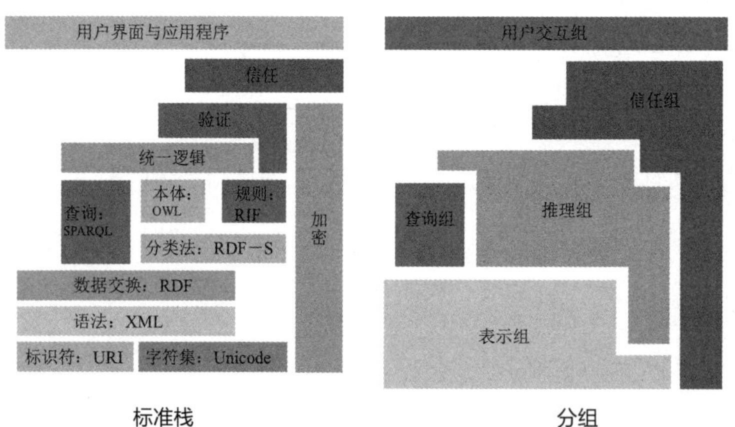

图 2-4 W3C 的语义网标准栈及其分组

2006 年，人们开始用 RDF 发布和链接数据，从而生成知识图谱，比较知名的有 DBpedia、Yago 和 Freebase。2009 年，Tim Berners-Lee 为进一步推动语义网开放数据的发展，进一步提出了开放链接数据的五星级原则，如表 2-3 所示。

表 2-3 开放链接数据的五星级原则

On the web	★
Machine-readable data	★★
Non-proprietary format	★★★
RDF standards	★★★★
Linked RDF	★★★★★

Tim Berners-Lee 提出了实现五星级原则的四个步骤：

- 使用 URIs 对事物命名；
- 使用 HTTP URIs，以方便搜索；
- 使用 RDF 描述事物并提供 SPARQL 端点，以方便对 RDF 图谱查询；
- 链接不同的图谱（例如通过 owl:sameAs），以方便数据重用。

2007 年，不少开放图谱实现与 DBpedia 链接。如图 2-5 为开放链接数据早期的发展。

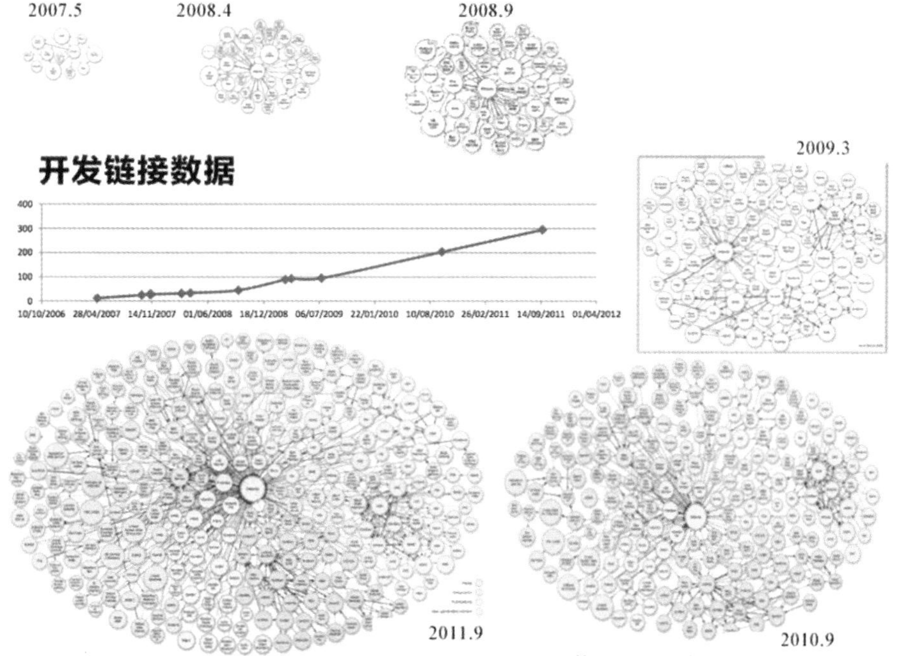

图 2-5 开放链接数据早期的发展

1. RDF 简介

在 RDF 中，知识总是以三元组的形式出现。每一份知识可以被分解为如下形式：(subject,predicate,object)。例如，“IBM 邀请 Jeff Pan 作为讲者，演讲主题是知识图谱”可以写成以下 RDF 三元组：（IBM-Talk,speaker,Jeff），（IBM-Talk,theme,KG）。RDF 中的主语是一个个体（Individual），个体是类的实例。RDF 中的谓语是一个属性。属性可以连接两个个体，或者连接一个个体和一个数据类型的实例。换言之，RDF 中的宾语可以是一个个体，例如（IBM-Talk,speaker,Jeff）也可以是一个数据类型的实例，例如（IBM-Talk,talkDate,“05-10-2012”^xsd:date）。

如果把三元组的主语和宾语看成图的节点，三元组的谓语看成边，那么一个 RDF 知识库则可以被看成一个图或一个知识图谱，如图 2-6 所示。三元组则是图的单元。

在 RDF 中，三元组中的主谓宾都有一个全局标识 URI，包括以上例子中的 Jeff、IBM_Talk 和 KG，如图 2-7 所示。

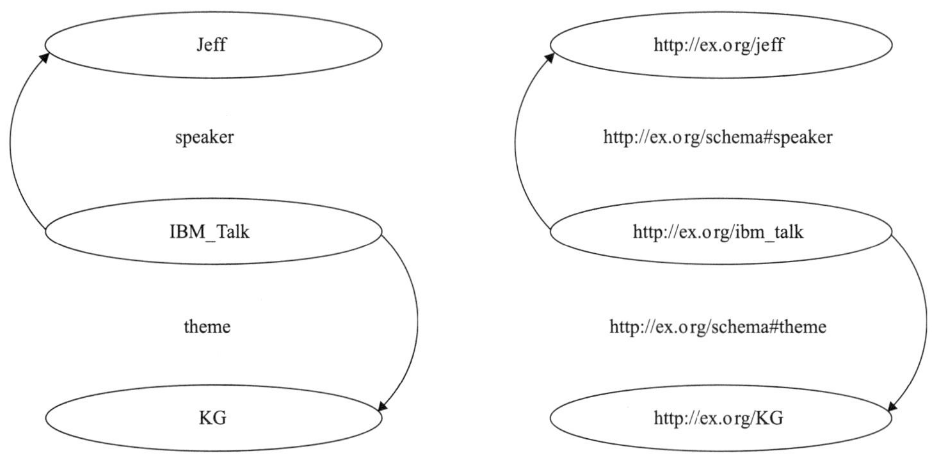

图 2-6 一个 RDF 知识库可以被看成一个图　　图 2-7 三元组的全局标识 URI

全局标识 URI 可以被简化成前缀 URI，如图 2-8 所示。RDF 允许没有全局标识的空白节点（Blank Node）。空白节点的前缀为“_”。例如，Jeff 是某一次关于 KG 讲座的讲者，如图 2-9 所示。

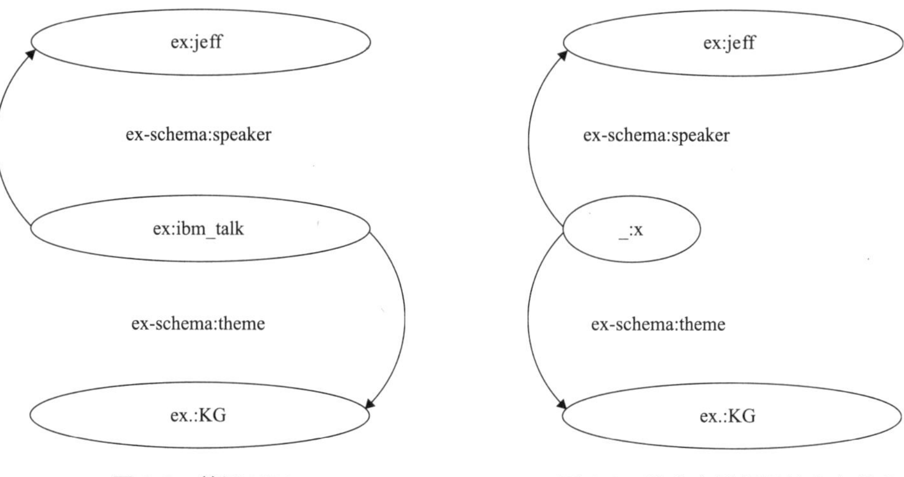

图 2-8 前缀 URI　　　　图 2-9 没有全局标识的空白节点

RDF 是抽象的数据模型，支持不同的序列化格式，例如 RDF/XML、Turtle 和 N-Triple，如图 2-10 所示。

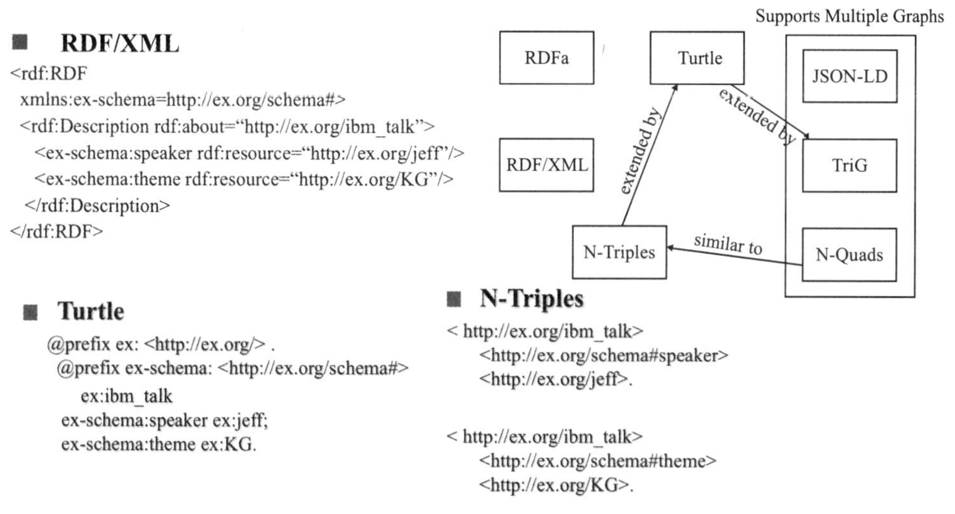

图 2-10 不同的序列化格式

2. 开放世界假设

不同于经典数据库采用封闭世界假设，RDF 采用的是开放世界假设。也就是说，RDF 图谱里的知识有可能是不完备的，这符合 Web 的开放性特点和要求。（IBM-Talk,speaker,Jeff）并不意味着 IBM 讲座只有一位讲者。换一个角度，（IBM-

Talk,speaker,Jeff）意味着 IBM 讲座至少有一位讲者。采用开放世界假设意味着 RDF 图谱可以被分布式储存，如图 2-11 所示。

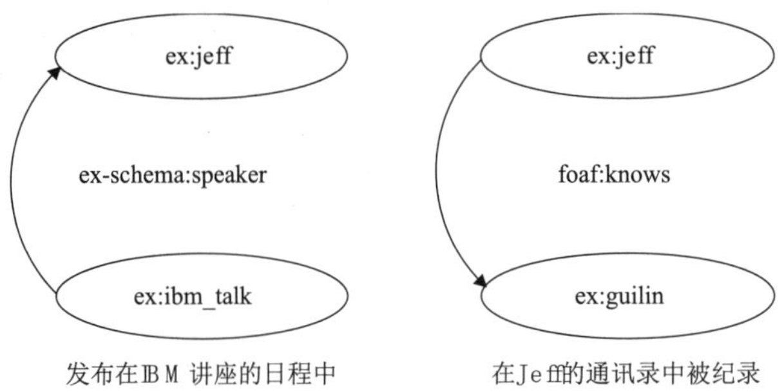

图 2-11 RDF 图谱可以被分布式储存

同时，分布式定义的知识可以自动合并，如图 2-12 所示。

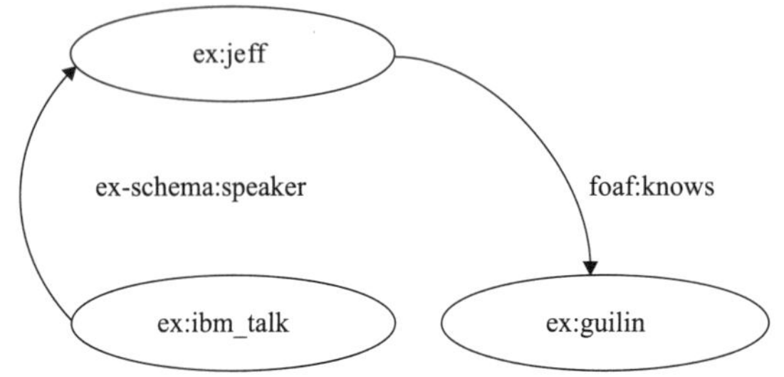

图 2-12 分布式定义的知识可以自动合并

3. RDFS 简介

RDF 用到了类以及属性描述个体之间的关系。这些类和属性由模式（schema）定义。RDF Schema（RDF 模式，简称 RDFS）提供了对类和属性的简单描述，从而给 RDF 数据提供词汇建模的语言。更丰富的定义则需要用到 OWL 本体描述语言。

RDFS 提供了最基本的对类和属性的描述元语：

- rdf:type ：用于指定个体的类；
- rdfs:subClassOf：用于指定类的父类；
- rdfs:subPropertyOf：用于指定属性的父属性；
- rdfs:domain：用于指定属性的定义域；
- rdfs:range：用于指定属性的值域。

举例来说，下面的三元组表示用户自定义的元数据 Author 是 Dublin Core 的元数据 Creator 的子类，如图 2-13 所示。

RDF Schema 通过这样的方式描述不同词汇集的元数据之间的关系，从而为网络上统一格式的元数据交换打下基础。下面用图 2-14 说明 RDFS，为了简便，边的标签省略了 RDF 或者 RDFS。知识被分为两类，一类是数据层面的知识，例如 haofen type Person（haofen 是 Person 类的一个实例），另外一类是模式层面的知识，例如 speaker domain Person（speaker 属性的定义域是 Person 类）。

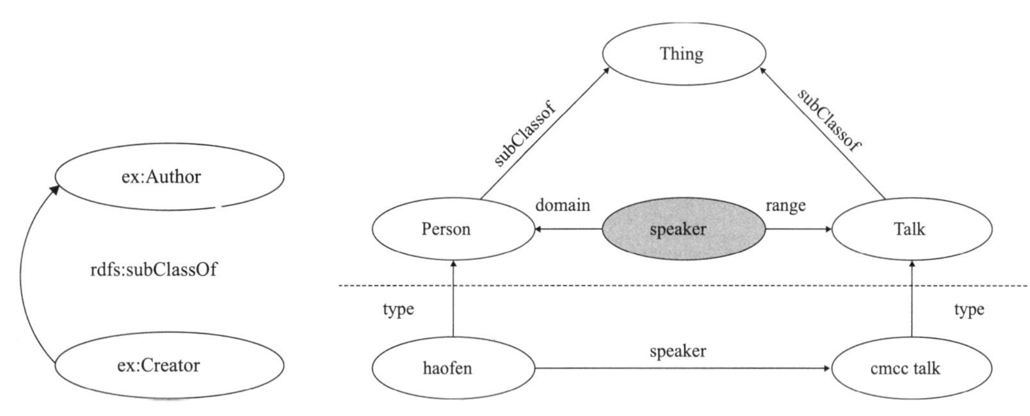

图 2-13　Author 是 Creator 的子类　　图 2-14　RDFS 示例

2.3.2 OWL 和 OWL2 Fragments

前面介绍了 RDF 和 RDFS，通过 RDF（S）可以表示一些简单的语义，但在更复杂的场景下，RDF（S）语义的表达能力显得太弱，还缺少常用的特征：

（1）对于局部值域的属性定义。 RDF（S）中通过 rdfs:range 定义了属性的值域，该值域是全局性的，无法说明该属性应用于某些具体的类时具有的特殊值域限制，如无法声明父母至少有一个孩子。

（2）类、属性、个体的等价性。 RDF（S）中无法声明两个类或多个类、属性和个体是等价还是不等价，如无法声明 Tim-Berns Lee 和 T.B.Lee 是同一个人。

（3）不相交类的定义。 在 RDF（S）中只能声明子类关系，如男人和女人都是人的子类，但无法声明这两个类是不相交的。

（4）基数约束。 即对某属性值可能或必需的取值范围进行约束，如说明一个人有双亲（包括两个人），一门课至少有一名教师等。

（5）关于属性特性的描述。即声明属性的某些特性，如传递性、函数性、对称性，以及声明一个属性是另一个属性的逆属性等，如大于关系的逆关系是小于关系。

为了得到一个表达能力更强的本体语言，W3C 提出了 OWL 语言扩展 RDF（S），作为在语义网上表示本体的推荐语言。W3C 于 2002 年 7 月 31 日发布了 OWL Web 本体语言（OWL Web Ontology Language）工作草案的细节，是为了更好地开发语义网。

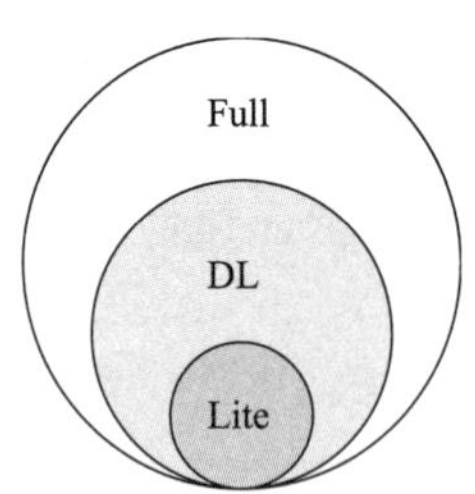

图 2-15　OWL 1.0 的主要子语言

1．OWL 的语言特征

如图 2-15 所示，OWL1.0 有 OWL Lite、OWL DL、OWL Full 三个子语言，三个子语言的特征和使用限制举例如表 2-4 所示。

表 2-4　三个子语言的特征和使用限制举例

子语言	特　征	使用限制举例
OWL Lite	用于提供给那些只需要一个分类层次和简单的属性约束的用户	支持基数（cardinality），但允许基数为 0 或 1
OWL DL	在 OWL Lite 基础上包括了 OWL 语言的所有约束。该语言上的逻辑蕴涵是可判定的	当一个类可以是多个类的一个子类时，它被约束不能是另外一个类的实例
OWL Full	它允许在预定义的（RDF、OWL）词汇表上增加词汇，从而任何推理软件均不能支持 OWL Full 的所有 feature。OWL Full 语言上的逻辑蕴涵通常是不可判定的	一个类可以被同时表达为许多个体的一个集合以及这个集合中的一个个体。具有二阶逻辑特点

可以采用以下原则选择这些语言：

- 选择 OWL Lite 还是 OWL DL 主要取决于用户需要整个语言在多大程度上给出约束的可表达性；
- 选择 OWL DL 还是 OWL Full 主要取决于用户在多大程度上需要 RDF 的元模型机制，如定义类型的类型以及为类型赋予属性；
- 当使用 OWL Full 而不是 OWL DL 时，推理的支持可能不能工作，因为目前还没有完全支持 OWL Full 的系统实现。

OWL 的子语言与 RDF 有以下关系。首先，OWL Full 可以看成是 RDF 的扩展；其次，OWL Lite 和 OWL Full 可以看成是一个约束化的 RDF 的扩展；再次，所有的 OWL

文档（Lite、DL、Full）都是一个 RDF 文档，所有的 RDF 文档都是一个 OWL Full 文档；最后，只有一些 RDF 文档是一个合法的 OWL Lite 和 OWL DL 文档。

2. OWL 的重要词汇

（1）等价性声明。声明两个类、属性和实例是等价的。如：

exp:运动员 owl:equivalentClass exp:体育选手

exp:获得 owl:equivalentProperty exp:取得

exp:运动员 A owl:sameIndividualAs exp:小明

以上三个三元组分别声明了两个类、两个属性以及两个个体是等价的，exp 是命名空间 http://www.example.org 的别称，命名空间是唯一识别的一套名字，用来避免名字冲突，在 OWL 中可以是一个 URL。

（2）属性传递性声明。声明一个属性是传递关系。例如，exp:ancestor rdf:type owl:TransitiveProperty 指的是 exp:ancestor 是一个传递关系。如果一个属性被声明为传递，则由 a exp:ancestor b 和 b exp:ancestor c 可以推出 a exp:ancestor c。例如 exp:小明 exp:ancestor exp:小林；exp:小林 exp:ancestor exp:小志，根据上述声明，可以推出 exp:小明 exp:ancestor exp:小志。

（3）属性互逆声明。声明两个属性有互逆的关系。例如，exp:ancestor owl:inverseOf exp:descendant 指的是 exp:ancestor 和 exp:descendant 是互逆的。如果 exp:小明 exp:ancestor exp:小林，根据上述声明，可以推出 exp:小林 exp:descendant exp:小明。

（4）属性的函数性声明。声明一个属性是函数。例如，exp:hasMother rdf:type owl:FunctionalProperty 指的是 exp:hasMother 是一个函数，即一个生物只能有一个母亲。

（5）属性的对称性声明。声明一个属性是对称的。例如 exp:friend rdf:type owl:SymmetricProperty 指的是 exp:friend 是一个具有对称性的属性；如果 exp:小明 exp:friend exp:小林，根据上述声明，有 exp:小林 exp:friend exp:小明。

（6）属性的全称限定声明。声明一个属性是全称限定。如：

exp:Person owl:allValuesFrom exp:Women

exp:Person owl:onProperty exp:hasMother

这个说明 exp:hasMother 在主语属于 exp:Person 类的条件下，宾语的取值只能来自 exp:Women 类。

（7）属性的存在限定声明。声明一个属性是存在限定。如：

exp:SemanticWebPaper owl:someValuesFrom exp:AAAI

exp:SemanticWebPaper owl:onProperty exp:publishedIn

这个说明 exp:publishedIn 在主语属于 exp:SemanticWebPaper 类的条件下，宾语的取值部分来自 exp:AAAI 类。上面的三元组相当于：关于语义网的论文部分发表在 AAAI 上。

（8）属性的基数限定声明。声明一个属性的基数。如：

exp:Person owl:cardinality “1”^^xsd:integer

exp:Person owl:onProperty exp:hasMother

指的是 exp:hasMother 在主语属于 exp:Person 类的条件下，宾语的取值只能有一个，“1”的数据类型被声明为 xsd:integer，这是基数约束，本质上属于属性的局部约束。

（9）相交的类声明。声明一个类是等价于两个类相交。如：

exp:Mother owl:intersectionOf _tmp

_tmp rdf:type rdfs:Collection

_tmp rdfs:member exp:Person

_tmp rdfs:member exp:HasChildren

指_tmp 是临时资源，它是 rdfs:Collection 类型，是一个容器，它的两个成员是 exp:Person 和 exp:HasChildren。上述三元组说明 exp:Mother 是 exp:Person 和 exp:HasChildren 两个类的交集。

此外，OWL 还有如表 2-5 所示词汇扩展。

表 2-5 OWL 词汇扩展

OWL 中的其他词汇	描 述
owl:oneOf	声明枚举类型
owl:disjointWith	声明两个类不相交
owl:unionOf	声明类的并运算
owl:minCardinality owl:maxCardinality	最小基数限定和最大基数限定
owl:InverseFunctionalProperty	声明互反类具有函数属性
owl:hasValue	属性的局部约束时，声明所约束类必有一个取值

3. OWL 版本

目前，OWL2 是 OWL 的最新版本，老的 OWL 版本也被称为 OWL1。OWL2 定义了一些 OWL 的子语言，通过限制语法使用，使得这些子语言能够更方便地实现，以及服务不同的应用。OWL2 的三大子语言是 OWL 2 RL、OWL 2 QL 和 OWL 2 EL。

OWL 2 QL 是 OWL2 子语言中最为简单的，QL 代表 Query Language，所以 OWL 2 QL 是专为基于本体的查询设计的。它的查询复杂度是 AC^0，非常适合大规模处理。它是基于描述逻辑 DL-Lite 定义的。表 2-6 给出了 OWL 2 QL 词汇总结。

表 2-6　OWL 2 QL 词汇总结

允许的核心词汇	对应的描述逻辑公理举例
rdfs:subClassOf	Mother ⊑ Person
rdfs:subPropertyOf	hasSon ⊑ hasChild
rdfs:domain	∃hasSon.⊤⊑ Person
rdfs:range	⊤⊑ ∀hasSon.Person
owl:inverseOf	hasChild≡hasParent
owl:disjointWith	Women ⊓ Man ⊑ ⊥

另外一个能够提供多项式推理的 OWL 是 OWL 2 EL。与 OWL 2 QL 不同，OWL 2 EL 专为概念术语描述、本体的分类推理而设计，广泛应用在生物医疗领域，如临床医疗术语本体 SNOMED CT。OWL 2 EL 的分类复杂度是 Ptime-Complete，它是基于描述逻辑语言 EL++定义的。表 2-7 给出了 OWL 2 EL 词汇总结。

表 2-7　OWL 2 EL 词汇总结

允许的核心词汇	对应的描述逻辑公理举例
rdfs:subClassOf	Mother ⊑ Person
rdfs:subPropertyOf	hasSon ⊑ hasChild
owl:someValuesOf	∃hasSon.Children ⊑ Person Parent ⊑ ∃hasSon.Children
owl:intersectionOf	Star ⊓ Women ⊑ Scandal
owl:TransitiveProperty	Tran(hasAncestor)

例如，OWL 2 EL 允许表达如下复杂的概念：

Female ⊓ ∃likes.Movie ⊓ ∃hasSon.(Student ⊓ ∃attends.CSCourse)

指的是所有喜欢电影、儿子是学生且参加计算机课程的女性。

下面给出一个例子。假设有一个本体，包含以下公理：

公理 1. Apple $\sqsubseteq$ ∃beInvestedBy.(Fidelity ⊓BlackStone)：苹果由富达和黑石投资。

公理 2. ∃beFundedBy.Fidelity $\sqsubseteq$ InnovativeCompanies：借助富达融资的公司都是创新企业。

公理 3. ∃beFundedBy.BlackStone $\sqsubseteq$ InnovativeCompanies：借助黑石融资的公司都是创新企业。

公理 4. beInvestedBy $\sqsubseteq$ beFundedBy：投资即是帮助融资。

由公理 1 可以推出公理 5：Apple $\sqsubseteq$ ∃beInvestedBy.Fidelity；由公理 5 和公理 4 可以推出公理 6：Apple $\sqsubseteq$ ∃beFundedBy.Fidelity；最后，由公理 6 和公理 2 可以推出公理 7：Apple $\sqsubseteq$ InnovativeCompanies。

还有一个推理复杂度是多项式时间的 OWL2 子语言叫 OWL 2 RL。OWL 2 RL 扩展了 RDFS 的表达能力，在 RDFS 的基础上引入属性的特殊特性（函数性、互反性和对称性），允许声明等价性，允许属性的局部约束。OWL 2 RL 的推理是一种前向链推理，即将推理规则应用到 OWL 2 RL 本体，得到新的知识，即 OWL 2 RL 推理是针对实例数据的推理。下面给出两个 OWL 2 RL 上的推理规则：

p rdfs:domain *x*,　　*s p o*　　⇒　*s* rdf:type *x*

p rdfs:range *x*,　　*s p o*　　⇒　*o* rdf:type *x*

其中，*s*、*p*、*o*、*x* 为变量。第一条规则表示如果属性 *p* 的定义域是类 *x*，而且实例 *s* 和 *o* 有关系 *p*（这里把属性与关系看成是一样的），那么实例 *s* 是类 *x* 的一个元素。第二条规则表示如果属性 *p* 的值域是类 *x*，而且实例 *s* 和 *o* 有关系 *p*，那么实例 *o* 是类 *x* 的一个元素。例如 exp:hasChild rdfs:domain exp:Person, exp:Helen exp:hasChild exp:Jack，由第一条规则可以推出 exp:Helen rdf:type exp:Person。OWL 2 RL 允许的核心词汇有：

- rdfs:subClassOf；
- rdfs:subPropertyOf；
- rdfs:domain；
- rdfs:range；

- owl:TransitiveProperty；
- owl:FunctionalProperty；
- owl:sameAs；
- owl:equivalentClass；
- owl:equivalentProperty；
- owl:someValuesFrom；
- owl:allValuesFrom。

OWL 2 RL 的前向链推理复杂度是 PTIME 完备的，PTIME 复杂度是针对实例数据推理得到的结果。

2.3.3　知识图谱查询语言的表示

RDF 支持类似数据库的查询语言，叫作 SPARQL[①]，它提供了查询 RDF 数据的标准语法、处理 SPARQL 查询的规则以及结果返回形式。

1. SPARQL 知识图谱查询基本构成

- 变量，RDF 中的资源，以“?”或者“$”指示；
- 三元组模板，在 WHERE 子句中列出关联的三元组模板，之所以称为模板，因为三元组中允许存在变量；
- SELECT 子句中指示要查询的目标变量。

下面是一个简单的 SPARQL 查询例子：

```
PREFIX exp: http://www.example.org/
SELECT ?student
WHERE {
  ?student exp:studies exp:CS328.
 }
```

这个 SPARQL 查询指的是查询所有选修 CS328 课程的学生，PREFIX 部分进行命名空间的声明，使得下面查询的书写更为简洁。

2. 常见的 SPARQL 查询算子

（1）OPTIONAL。可选算子，指的是在这个算子覆盖范围的查询语句是可选的。例如：

---

① https://www.w3.org/TR/rdf-sparql-query/。

```
SELECT ?student  ?email
WHERE {
    ?student exp:studies exp:CS328 .
OPTIONAL {
    ?student foaf:mbox ?email .
   }
}
```

指的是查询所有选修 CS328 课程的学生姓名，以及他们的邮箱。OPTIONAL 关键字指示如果没有邮箱，则依然返回学生姓名，邮箱处空缺。

（2）FILTER。过滤算子，指的是这个算子覆盖范围的查询语句可以用来过滤查询结果。例如：

```
SELECT ?module ?name ?age
WHERE {
    ?student exp:studies ?module .
    ?student foaf:name ?name .
OPTIONAL {
    ?student exp:age ?age .
FILTER （?age > 25） }
 }
```

指的是查询学生姓名、选修课程以及他们的年龄；如果有年龄，则年龄必须大于 25 岁。

（3）UNION。并算子，指的是将两个查询的结果合并起来。例如：

```
SELECT ?student ?email
WHERE {
     ?student foaf:mbox ?email .
    { ?student exp:studies exp:CS328 }
    UNION { ?student exp:studies exp:CS909 }
}
```

指的是查询选修课程 CS328 或 CS909 的学生姓名以及邮件。注意，这里的邮件是必须返回的，如果没有邮件值，则不返回这条记录。需要注意 UNION 和 OPTIONAL 的区别。

下面给出一个 SPARQL 查询的例子。给定一个 RDF 数据集：

```
finance :融创中国    rdf:type    finance :地产事业
finance :孙宏斌   finance :control    finance :融创中国
finance :贾跃亭   finance :control    finance :乐视网
finance :孙宏斌   finance :hold_share   finance :乐视网
```

```
finance :王健林    finance : control    finance :万达集团
finance :万达集团    finance :main_income    finance :地产事业
finance :融创中国    finance:acquire    finance :乐视网
finance :融创中国    finance:acquire    finance :万达集团
```

以及一个 SPARQL 查询：

```
SELECT ?P ?X
WHERE {
        ?P finance:control ?c .
        ?c finance:acquire ?X .
}
```

这个 SPARQL 查询期望查询所有的收购关系，可以得到查询结果如表 2-8 所示。

表 2-8　查询结果

?P	?X
孙宏斌	乐视网
孙宏斌	万达集团

给定论文一个 SPARQL 查询：

```
SELECT ?P ?X
WHERE {
        ?P finance:control ?c .
        ?c finance:acquire ?X .
}
```

这个查询期望查询所有具备关联交易的公司。假设有下面两条规则：

hold_share（X, Y）:- control（X, Y）

conn_trans（Y,Z）:- hold_share（X, Y），hold_share（X, Z）

第一条规则指的是如果 X 控制了 Y，那么 X 控股 Y；第二条规则指的是如果 X 同时控股 Y 和 Z，那么 Y 和 Z 具备关联交易。通过查询重写技术，可以得到下面的 SPARQL 查询：

```
SELECT ?X ?Y
WHERE {
        {?Z finance:control ?X .
       ?Z finance:control ?Y. }
    UNION {?Z finance:hold_share ?X.
```

```
    ?Z finance:hold_share ?Y. }
    UNION{?Z finance:control ?X .
          ?Z finance:hold_share ?Y.}
     UNION{?Z finance:hold_share ?X.
          ?Z finance:control ?Y.}
}
```

但是这个查询比较复杂，可以通过下面的 SPARQL 查询简化：

```
SELECT DISTINCT ?X ?Y
WHERE {
     {select ?U ?X where {?U finance:hold_share ?X .}}
     {select ?U ?Y where {?U finance:control ?Y .}}
}
```

在这个查询中，SPARQL 允许嵌套查询，即 WHERE 子句中包含 SELECT 子句。

2.3.4 语义 Markup 表示语言

语义网进一步定义了在网页中嵌入语义 Markup 的方法和表示语言。被谷歌知识图谱以及 Schema.Org 采用的语义 Markup 语言主要包括 JSON-LD、RDFa 和 HTML5 MicroData。

1. JSON-LD

JSON-LD（JavaScript Object Notation for Linked Data）是一种基于 JSON 表示和传输链接数据的方法。JSON-LD 描述了如何通过 JSON 表示有向图，以及如何在一个文档中混合表示链接数据及非链接数据。JSON-LD 的语法和 JSON 兼容。JSON-LD 处理算法和 API（JSON-LD Processing Algorithms and API）描述了处理 JSON-LD 数据所需的算法及编程接口，通过这些接口可以在 JavaScript、Python 及 Ruby 等编程环境中直接对 JSON-LD 文档进行转换和处理。

下面是一个简单的 JSON 例子：

```
{
"name": "Manu Sporny",
"homepage": "http://manu.sporny.org/",
"image": "http://manu.sporny.org/images/manu.png"
 }
```

JSON 文档表示一个人。人们很容易推断这里的含义：“name”是人的名字，

“homepage”是其主页，“image”是其某种照片。当然，机器不理解“name”和“image”这样的术语。JSON-LD 通过引入规范的术语表示，例如统一化表示“name”、“homepage”和“image”的 URI，使得数据交换和机器理解成为基础。如下所示：

```
    {
    "http://schema.org/name": "Manu Sporny",
    "http://schema.org/url": { "@id":"http://manu.sporny.org/" },
    "http://schema.org/image":
{ "@id":"http://manu.sporny.org/images/manu.png" }
    }
```

可以看出，JSON-LD 呈现出语义网技术的风格，它们有着类似的目标：围绕某类知识提供共享的术语。例如，每个数据集不应该围绕“name”重复发明概念。但是，JSON-LD 的实现没有选择大部分语义网技术栈（TURTLE/SPARQL/Quad Stores），而是以简单、不复杂以及面向一般开发人员的方式推进。

2. RDFa

RDFa（Resource Description Framework in attributes）是一种早期网页语义标记语言。RDFa 也是 W3C 推荐标准。它扩充了 XHTML 的几个属性，网页制作者可以利用这些属性在网页中添加可供机器读取的资源。与 RDF 的对应关系使得 RDFa 可以将 RDF 的三元组嵌入在 XHTML 文档中，它也使得符合标准的使用端可以从 RDFa 文件中提取出这些 RDF 三元组。

RDFa 通过引入名字空间的方法，在已有的标签中加入 RDFa 相应的属性，以便解析支持 RDFa 技术的浏览器或者搜索引擎，从而达到优化的目的。

```
    <div xmlns:dc="http://purl.org/dc/elements/1.1/"
    about="http://www.example.com/books/wikinomics">
<span property="dc:title">Wikinomics</span>
<span property="dc:creator">Mr right</span>
<span property="dc:date">2006-09-02</span>
</div>
```

上面的代码示例中用到了 RDFa 属性中的 about 属性和 property 属性。这段代码示例说明了一篇文章，然后描述了和这篇文章相关的信息，例如标题、创建者和创建日期，就可以让支持 RDFa 的机器识别这些属性。RDFa 可以从机器可理解的层面优化搜索，提升访问体验以及网页数据的关联。

3. HTML5 Microdata

Microdata（微数据）是在网页标记语言中嵌入机器可读的属性数据。微数据使用自定义词汇表、带作用域的键值对给 DOM 做标记，用户可以自定义微数据词汇表，在自己的网页中嵌入自定义的属性。微数据是给那些已经在页面上可见的数据施加额外的语义，当 HTML 的词汇不够用时，使用微数据可以取得较好的效果。下面是一个 HTML5 Microdata 的示例。

```
<section itemscope itemtype="http://data-vocabulary.org/Person">
<h1 itemprop="name">Andy</h1>
<p><img itemprop="photo" src="http://www.example.com/photo.jpg"></p>
<a itemprop="url" href="http://www.example.com/blog">My Blog</a>
</section>
```

这个例子给出了 Person 类下一个叫 Andy 的人的照片和 URL 地址。

通过 HTML5 Microdata，浏览器可以很方便地从网页上提取微数据实体、属性及属性值。

2.4 常见开放域知识图谱的知识表示方法

不同的知识图谱项目都会根据实际的需要选择不同的知识表示框架。这些框架有不同的描述术语、表达能力、数据格式等方面的考虑，但本质上有相似之处。这里以三个最典型的开放域知识图谱（Freebase、Wikidata、ConceptNet）为例，尝试比较不同的知识图谱项目选用的知识表示框架，并总结影响知识表示框架选择的主要因素。为便于比较分析，以 RDF、OWL 的描述术语和表达能力为主要比较对象。

2.4.1 Freebase

Freebase 的知识表示框架主要包含如下几个要素：对象-Object、事实-Facts、类型-Types 和属性-Properties。“Object”代表实体。每一个“Object”有唯一的 ID，称为 MID（Machine ID）。一个“Object”可以有一个或多个“Types”。“Properties”用来描述“Facts”。例如，“Barack Obama”是一个 Object，并拥有一个唯一的 MID：“/m/02mjmr”。这个 Object 的一个 type 是“/government/us_president”，并有一个称为“/government/us_president/presidency_number”的 Property，其数值是“44”。Freebase 使用复合值类型（Compound Value Types，CVT）处理多元关系。

如图 2-16 所示，示例的 CVT 描述了关于 Obama 的任职期限的多元关系 “government_position_held”。这个多元关系包含多个子二元关系：“office_holder” “office_position” “from” “to”等。一个 CVT 就是有唯一 MID 的 Object，也可以有多个 Types。为了以示区别，Freebase 把所有非 CVT 的 Object 也称为“Topic”。

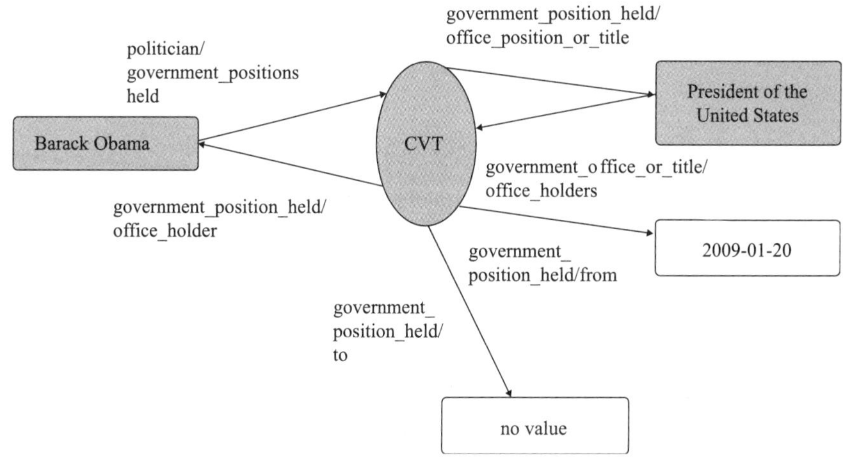

图 2-16　Freebase 的知识表示结构示例

2.4.2　Wikidata

Wikidata 的知识表示框架主要包含如下要素：页面-Pages、实体-Entities、条目-Items、属性-Properties、陈述-Statements、修饰-Qualifiers、引用-Reference 等。Wikidata 起源于 Wikipedia，因此与 Wikipedia 一样，以页面“Page”为基本的组织单元。Entities 类似于 OWL:Things，代指最顶层的对象。每一个 Entity 都有一个独立的维基页面。Entities 主要有两类：Items 和 Properties。Items 类似于 RDF 中的 Instance，代指实例对象。Properties 和 Statements 分别等价于 RDF 中的 Property 和 Statement。通常一个 Item 的页面还包含多个别名-aliases 和多个指向 Wikipedia 的外部链接-Sitelinks。

每个 Entities 有多个 Statements。一个 Statement 包含一个 Property、一个或多个 Values、一个或多个 Qualifiers、一个或多个 References、一个标识重要性程度的 Rank。

修饰-Qualifiers 用于处理复杂的多元表示。如一个陈述“spouse: Jane Belson”描述了一个二元关系。可以使用 Qualifiers 给这个陈述增加多个附加信息来刻画多元关系，如 “start date: 25 November 1991” and “end date: 11 May 2011”等。

引用-References 用于标识每个陈述的来源或出处，如来源于某个维基百科页面等。引用也是一种 Qualifiers，通常添加到 Statements 的附加信息中。

Wikidata 支持多种数值类型，包括其自有的 Item 类型、RDF Literal、URL、媒体类型 Commons Media，以及 Time、Globe coordinates 和 Quantity 三种复杂类型。

Wikidata 允许给每个 Statement 增加三种权重：normal（缺省）、preferred 和 deprecated。

Wikidata 定义了三种 Snacks 作为 Statement 的具体描述结构：PropertyValueSnack、PropertyNoValueSnack、PropertySomeValueSnack。PropertyNoValueSnack 类似于 OWL 中的 Negation，表示类似于“Elizabeth I of England had no spouse”的知识。PropertySomeValueSnack 类似于 OWL 中的存在量词 someValuesFrom，表示类似于“Pope Linus had a date of birth, but it is unknown to us”这样的知识。

Wikidata 的 URI 机制遵循了 Linked Open Data 的 URI 原则，采用统一的 URI 机制：http://www.wikidata.org/entity/<id>。其中，<id>可以是一个 Item，如 Q49，或者一个 Property，如 P234。

2.4.3 ConceptNet5

ConceptNet5 的知识表示框架主要包含如下要素：概念-Concepts、词-Words、短语-Phrases、断言-Assertions、关系-Relations、边-Edges。Concepts 由 Words 或 Phrases 组成，构成了图谱中的节点。与其他知识图谱的节点不同，这些 Concepts 通常是从自然语言文本中提取出来的，更接近自然语言描述，而不是形式化的命名。Assertions 描述了 Concepts 之间的关系，类似于 RDF 中的 Statements。Edges 类似于 RDF 中的 Property。一个 Concepts 包含多条边，而一条边可能有多个产生来源。例如，一个“化妆 Cause 漂亮”的断言可能来源于文本抽取，也可能来源于用户的手工输入。来源越多，该断言就越可靠。ConceptNet5 根据来源的多少和可靠程度计算每个断言的置信度。ConceptNet5 示例如图 2-17 所示。

ConceptNet5 中的关系包含 21 个预定义的、多语言通用的关系，如 IsA、UsedFor 等，以及从自然语言文本中抽取的更加接近自然语言描述的非形式化的关系，如 on top of，caused by 等。

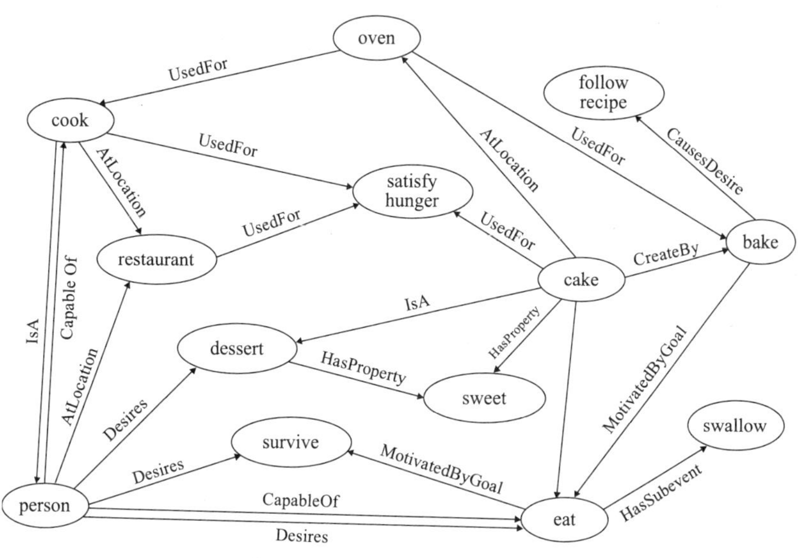

图 2-17　ConceptNet5 示例

ConceptNet5 对 URI 进行了精心的设计。URI 同时考虑了类型（如是概念还是关系）、语言、正则化后的概念名称、词性、歧义等因素。例如“run”是一个动词，但也可能是一个名词（如 basement 比赛中一个“run”），其 URI 为：“/c/en/run/n/basement”。其中，n 代指这是一个名词，basement 用于区分歧义。

在处理表示“x is the first argument of y”这类多元关系的问题上，ConceptNet5 把所有关于某条边的附加信息增加为边的属性，如图 2-18 所示。

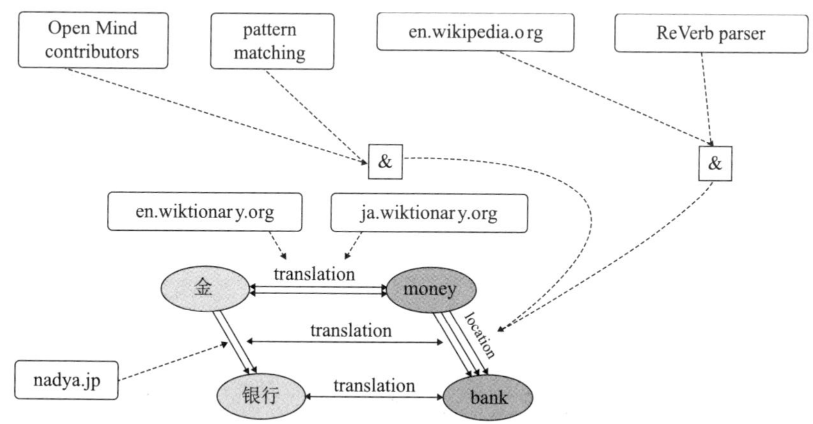

图 2-18　ConceptNet5 的知识表示结构

2.5 知识图谱的向量表示方法

与前面所述的表示方法不同的是，本节要描述的方法是把知识图谱中的实体和关系映射到低维连续的向量空间，而不是使用基于离散符号的表达方式。

2.5.1 知识图谱表示的挑战

在前面提到的一些知识图谱的表示方法中，其基础大多是以三元组的方法对知识进行组织。在具体的知识库网络中，节点对应着三元组的头实体和尾实体，边对应着三元组的关系。虽然这种离散的符号化的表达方式可以非常有效地将数据结构化，但是在当前的大规模应用上也面临着巨大的挑战。

知识以基于离散符号的方法进行表达，但这些符号并不能在计算机中表达相应语义层面的信息，也不能进行语义计算，对下游的一些应用并不友好。在基于网络结构的知识图谱上进行相关应用时，因为图结构的特殊性，应用算法的使用与图算法有关，相关算法具有较高的复杂度，面对大规模的知识库很难扩展。

数据具有一定的稀疏性，现实中的知识图谱无论是实体还是关系都有长尾分布的情况，也就是某一个实体或关系具有极少的实例样本，这种现象会影响某些应用的准确率。

从上面的问题可以看出，对于当前的数据量较大的知识图谱、变化各异的应用来说，需要改进传统的表示方法。

2.5.2 词的向量表示方法

在介绍有关知识图谱的向量表示方法之前，在此先介绍词的表示方法。在自然语言处理领域中，因为离散符号化的词语并不能蕴涵语义信息，所以将词映射到向量空间，这不仅有利于进行相应的计算，在映射的过程中也能使相关的向量蕴涵一定的语义。知识图谱中的向量表示方法也在此次有所借鉴。

1. 独热编码

传统的独热编码（One-Hot Encoding）方法是将一个词表示成一个很长的向量，该向量的维度是整个词表的大小。对于某一个具体的词，在其独热表示的向量中，除了表示该词编号的维度为 1，其余都为 0。如图 2-19 所示，假如词 Rome 的编号为 1，则在其独热编码中，仅有维度 1 是 1，其余都是 0。这种表示方法虽然简单，但是可以看出其并没有编码语义层面的信息，稀疏性非常强，当整个词典非常大时，编码出向量的维度也会很大。

2. 词袋模型

词袋模型（Bag-of-Words，BoW）是一种对文本中词的表示方法。该方法将文本想象成一个装词的袋子，不考虑词之间的上下文关系，不关心词在袋子中存放的顺序，仅记录每个词在该文本（词袋）中出现的次数。具体的方法是先收集所有文本的可见词汇并组成一个词典，再对所有词进行编号，对于每个文本，可以使用一个表示每个词出现次数的向量来表示，该向量的每一个维度的数字表示该维度所指代的词在该文本中出现的次数。如图 2-20 所示，在文本 doc_1 中，Rome 出现 32 次，Paris 出现 14 次，France 出现 0 次。

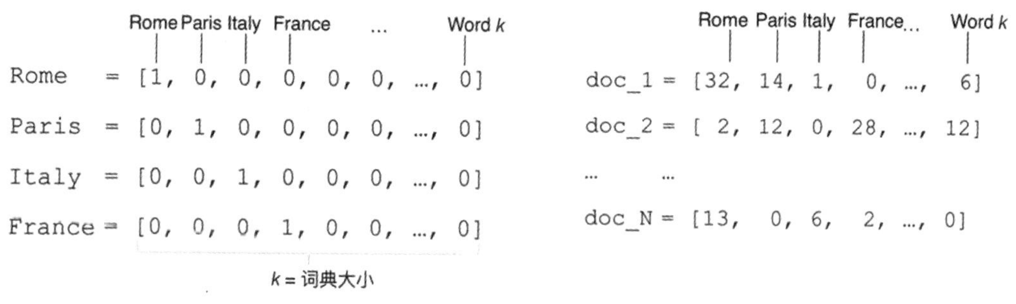

图 2-19　独热编码

图 2-20　词袋模型

3. 词向量

上面对词的表示方法并没有考虑语义层面的信息，为了更多地表示词与词之间的语义相似程度，提出词的分布式表示，也就是基于上下文的稠密向量表示法，通常称为词向量或词嵌入（Word Embedding）。产生词向量的手段主要有三种：

- Count-based。基于计数的方法，简单说就是记录文本中词的出现次数。
- Predictive。基于预测的方法，既可以通过上下文预测中心词，也可以通过中心词预测上下文。
- Task-based。基于任务的，也就是通过任务驱动的方法。通过对词向量在具体任务上的表现效果对词向量进行学习。

对词向量的产生方法到现在为止有较多的研究，在本章中并不展开讨论，下面简单介绍经典的开源工具 word2vec[8]中包含的 CBoW 和 Skip-gram 两个模型。

CBoW 也就是连续词袋模型（Continuous Bag-of-Words），和之前提到的 BoW 相似之处在于该模型也不用考虑词序的信息。其主要思想是，用上下文预测中心词，从而训练出的词向量包含了一定的上下文信息。如图 2-21（a）所示，其中$\boldsymbol{w}_n$是中心词，$\boldsymbol{w}_{n-2}$，$\boldsymbol{w}_{n-1}$，$\boldsymbol{w}_{n+1}$，$\boldsymbol{w}_{n+2}$为该中心词的上下文的词。将上下文词的独热表示与词向量矩阵$\boldsymbol{E}$相乘，提取相应的词向量并求和得到投影层，然后再经过一个 Softmax 层最终得到输出，输出的每一维表达的就是词表中每个词作为该上下文的中心词的概率。整个模型在训练的过程就像是一个窗口在训练语料上进行滑动，所以被称为连续词袋模型。

Skip-gram 的思想与 CBoW 恰恰相反，其考虑用中心词来预测上下文词。如图 2-21（b）所示，先通过中心词的独热表示从词向量矩阵中得到中心词的词向量得到投影层，然后经过一层 Softmax 得到输出，输出的每一维中代表某个词作为输入中心词的上下文出现的概率。

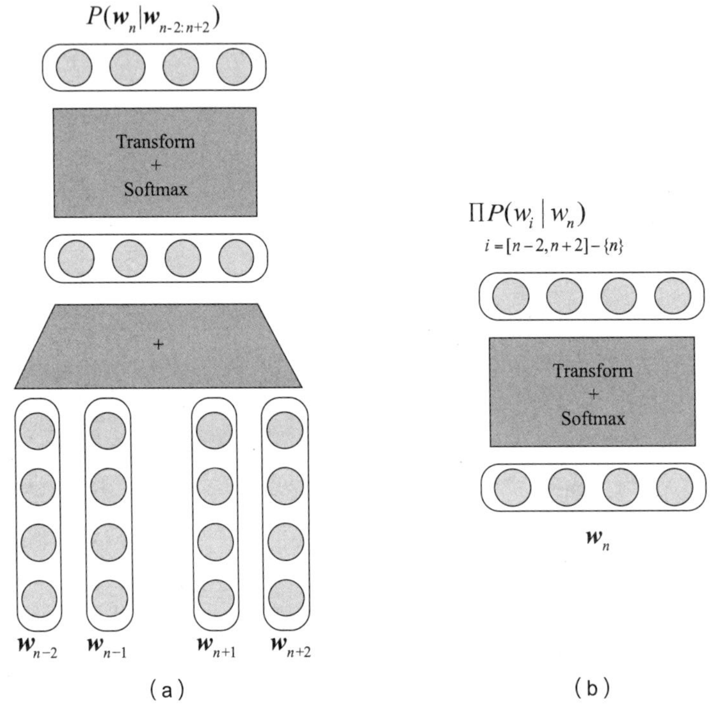

图 2-21　CBoW 模型

在训练好的词向量中可以发现一些词的词向量在连续空间中的一些关系，如图 2-22 所示。

$$\text{vec(Rome)} - \text{vec(Italy)} \approx \text{vec(Paris)} - \text{vec（France）}$$

可以看出，Rome 和 Italy 之间有 is-capital-of 的关系，而这种关系恰好也在 Paris 和 France 之间出现。通过两对在语义上关系相同的词向量相减可以得出相近的结果，可以猜想出 Rome 和 Italy 的词向量通过简单的相减运算，得到了一种类似 is-capital-of 关系的连续向量，而这种关系的向量可以近似地平移到其他具有类似关系的两个词向量之间。这也说明了经过训练带有一定语义层面信息的词向量具有一定的空间平移性。

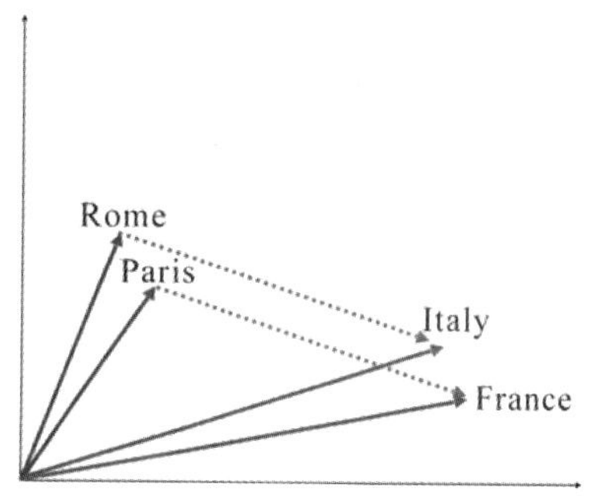

图 2-22 词向量在连续空间中的关系

上面所说的两个词之间的关系，恰好可以简单地理解成知识图谱中的关系（relation）、（Rome, is-capital-of, Italy）和（Paris, is-capital-of, France），可以看作是知识图谱中的三元组（triple），这对知识图谱的向量表示产生了一定的启发。

2.5.3 知识图谱嵌入的概念

为了解决前面提到的知识图谱表示的挑战，在词向量的启发下，研究者考虑如何将知识图谱中的实体和关系映射到连续的向量空间，并包含一些语义层面的信息，可以使得在下游任务中更加方便地操作知识图谱，例如问答任务[9]、关系抽取[10]等。对于计算机来说，连续向量的表达可以蕴涵更多的语义，更容易被计算机理解和操作。把这种将知识图谱中包括实体和关系的内容映射到连续向量空间方法的研究领域称为知识图谱嵌入（Knowledge Graph Embedding）、知识图谱的向量表示、知识图谱的表示学习（Representation Learning）、知识表示学习。

类似于词向量，知识图谱嵌入也是通过机器学习的方法对模型进行学习，与独热编码、词袋模型的最大区别在于，知识图谱嵌入方法的训练需要基于监督学习。在训练的过程中，可以学习一定的语义层信息，词向量具有的空间平移性也简单地说明了这点。类似于词向量，经典的知识图谱嵌入模型 TransE 的设计思想就是，如果一个三元组（h, r, t）成立，那么它们需要符合 $h+r \approx t$ 关系，例如：

$$\text{vec(Rome)} + \text{vec（is} - \text{capital} - \text{of）} \approx \text{vec（Italy）}$$

所以，在知识图谱嵌入的学习过程中，不同的模型从不同的角度把相应的语义信息嵌入知识图谱的向量表示中，如图 2-23 所示。

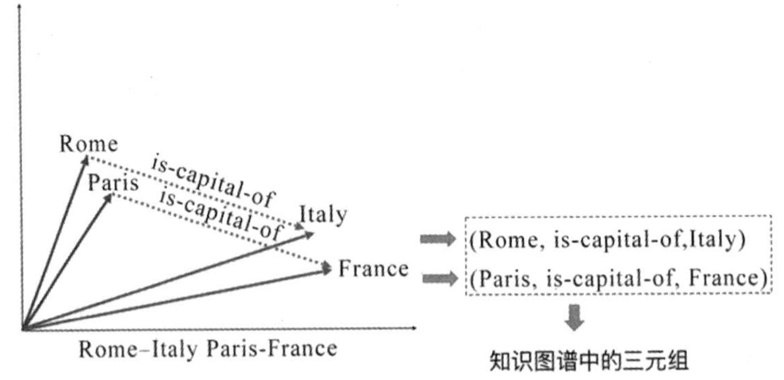

图 2-23　语义信息嵌入知识图谱的向量表示中

2.5.4　知识图谱嵌入的优点

研究者将目光从传统的知识图谱表示方法转移到知识图谱的嵌入方法，是因为与之前的方法相比，用向量表达实体和关系的知识图谱嵌入方法有很多优点。

使用向量的表达方式可以提高应用时的计算效率，当把知识图谱的内容映射到向量空间时，相应的算法可以使用数值计算，所以计算的效率也会同时提高。

增加了下游应用设计的多样性。用向量表示后，知识图谱将更加适用于当前流行的机器学习算法，例如神经网络等方法。因为下游应用输入的并不再是符号，所以可以考虑的方法也不会仅局限于图算法。

将知识图谱嵌入作为下游应用的预训练向量输入，使得输入的信息不再是孤立的不包含语义信息的符号，而是已经经过一次训练，并且包含一定信息的向量。

如上所述，知识图谱的嵌入方法可以提高计算的效率，增加下游应用的多样性，并可以作为预训练，为下游模型提供语义支持，所以对其展开的研究具有很大的应用价值和前景。

2.5.5　知识图谱嵌入的主要方法

多数知识图谱嵌入模型主要依靠知识图谱中可以直接观察到的信息对模型进行训练，也就是说，根据知识图谱中所有已知的三元组训练模型。对于这类方法，常常只需训练出来的实体表示和矩阵表示满足被用来训练的三元组即可，但是这样的结果往往并不能完全满足所有的下游任务。所以，当前也有很多的研究者开始关注怎么利用一些除知识图谱之外的额外信息训练知识图谱嵌入。这些额外的信息包括实体类型（Entity Types）、关系路径（Relation Paths）等。

根据有关知识图谱嵌入的综述[11]，将知识图谱嵌入的方法分类介绍如下。

1．转移距离模型

转移距离模型（Translational Distance Model）的主要思想是将衡量向量化后的知识图谱中三元组的合理性问题，转化成衡量头实体和尾实体的距离问题。这一方法的重点是如何设计得分函数，得分函数常常被设计成利用关系把头实体转移到尾实体的合理性的函数。

受词向量的启发，由词与词在向量空间的语义层面关系，可以拓展到知识图谱中头实体和尾实体在向量空间的关系。也就是说，同样可以考虑把知识图谱中的头实体和尾实体映射到向量空间中，且它们之间的联系也可以考虑成三元组中的关系。TransE[12]便是受到了词向量中平移不变性的启发，在 TransE 中，把实体和关系都表示为向量，对于某一个具体的关系（head, relation, tail），把关系的向量表示解释成头实体的向量到尾实体的向量的转移向量（Translation vector）。也就是说，如果在一个知识图谱中，某一个三元组成立，则它的实体和关系需要满足关系 head+relation≈tail。

2．语义匹配模型

相比于转移距离模型，语义匹配模型（Semantic Matching Models），更注重挖掘向量化后的实体和关系的潜在语义。该方向的模型主要是 RESCAL[13]以及它的延伸模型。

RESCAL 模型的核心思想是将整个知识图谱编码为一个三维张量，由这个张量分解出一个核心张量和一个因子矩阵，核心张量中每个二维矩阵切片代表一种关系，因子矩阵中每一行代表一个实体。由核心张量和因子矩阵还原的结果被看作对应三元组成立的概率，如果概率大于某个阈值，则对应三元组正确；否则不正确。其得分函数可以写成

$$f_r(\boldsymbol{h},\boldsymbol{t})=\boldsymbol{h}^{\mathsf{T}}\boldsymbol{M}_r\boldsymbol{t}=\sum_{i=0}^{d-1}\sum_{j=0}^{d-1}[\boldsymbol{M}_r]_{ij}\cdot[\boldsymbol{h}]_i\cdot[\boldsymbol{t}]_j.$$

DistMul[14]通过限制$\boldsymbol{M}_r$为对角矩阵简化 RESCAL 模型，也就是说其限制$\boldsymbol{M}_r=\mathrm{diag}(\boldsymbol{r})$。但因为是对角矩阵，所以存在$\boldsymbol{h}^{\mathsf{T}}\mathrm{diag}(\boldsymbol{r})\boldsymbol{t}=\boldsymbol{t}^{\mathsf{T}}\mathrm{diag}(\boldsymbol{r})\boldsymbol{h}$，也就是说这种简化的模型只天然地假设所有关系是对称的，显然这是不合理的。ComplEx[15]模型考虑到复数的乘

法不满足交换律，所以在该模型中实体和关系的向量表示不再依赖实数而是放在了复数域，从而其得分函数不具有对称性。也就是说，对于非对称的关系，将三元组中的头实体和尾实体调换位置后可以得到不同的分数。

3．考虑附加信息的模型

除了仅仅依靠知识库中的三元组构造知识图谱嵌入的模型，还有一些模型考虑额外的附加信息进行提升。

实体类型是一种容易考虑的额外信息。在知识库中，一般会给每个实体设定一定的类别，例如 Rome 具有 city 的属性、Italy 具有 country 的属性。最简单的考虑实体类型的方法是在知识图谱中设立类似于 IsA 这样的可以表示实体属性的关系，例如

$$(\text{Rome}, \text{IsA}, \text{city})$$

$$(\text{Italy}, \text{IsA}, \text{Country})$$

这样的三元组。当训练知识图谱嵌入的时候，考虑这样的三元组就可以将属性信息考虑到向量表示中。也有一些方法[16]考虑相同类型的实体需要在向量表示上更加接近。

关系路径也可以称为实体之间的多跳关系（Multi-hop Relationships），一般就是指可以连接两个实体的关系链，例如

$$(\text{Rome}, \text{is} - \text{capital} - \text{of}, \text{Italy})$$

$$(\text{Italy}, \text{is} - \text{country} - \text{of}, \text{Europe}).$$

从 Rome 到 Europe 的关系路径就是一条$\text{is} - \text{capital} - \text{of} \rightarrow \text{is} - \text{country} - \text{of}$关系链。当前很多方法也尝试考虑关系路径来提升嵌入模型，这里的关键问题是考虑如何用相同的向量表达方式来表达路径。在基于路径的 TransE，也就是 PTransE[17]中，考虑了相加、相乘和 RNN 三种用关系表达关系路径的方法：

$$\boldsymbol{p} = \boldsymbol{r}_1 + \boldsymbol{r}_2 + \cdots + \boldsymbol{r}_l$$

$$\boldsymbol{p} = \boldsymbol{r}_1 \cdot \boldsymbol{r}_2 \cdot \cdots \cdot \boldsymbol{r}_l$$

$$c_i = f(W[c_{i-1}; r_i]).$$

在基于 RNN 的方法中，令$c_1 = r_1$并且一直遍历路径中的关系，直到最终$p = c_n$。对

于某一个知识库中存在的三元组，其两个实体间的关系路径p需要和原本两个实体间关系的向量表示相接近。

文本描述（Textual Descriptions）指的是在一些知识图谱中，对实体有一些简要的文本描述，如图 2-24 所示，这些描述本身具有一定的语义信息，对提高嵌入的质量有一定的提升。除了某些知识库本身具有的文本描述，也可以使用外部的文本信息和语料库。Wang[18]提出了一种在知识图谱嵌入的过程中使用文本信息的联合模型，该模型分三个部分：知识模型、文本模型和对齐模型。其中，知识模型对知识图谱中的实体和关系做嵌入，这是一个 TransE 的变种；文本模型对语料库中词语进行向量化，这是一个 Skip-gram 模型的变种；对齐模型用来保证知识图谱中的实体和关系与单词的嵌入在同一个空间中。联合模型在训练时降低来自三个子模型的损失之和。

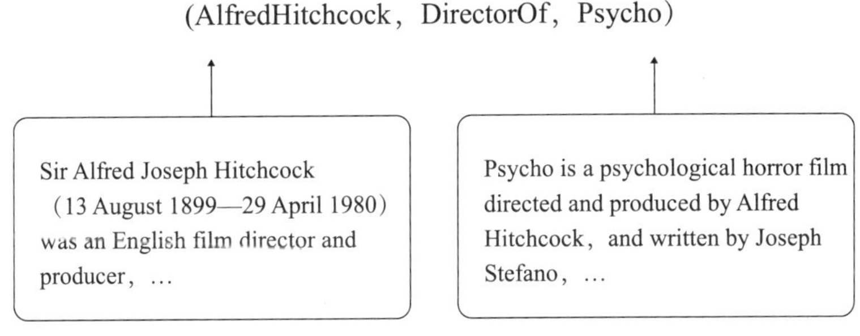

图 2-24 文本描述示例

逻辑规则（Logical Rules）也是常被用来考虑的附加信息，这里讨论的重点主要是霍恩子句，例如简单规则

$$\forall x, y: \text{IsDirectorOf}(x, y) \Rightarrow \text{BeDirectedBy}(y, x)$$

说明了两个不同的关系之间的关系。Guo[19]提出了一种以规则为指导的知识图谱嵌入方法，其中提出的软规则（Soft rule）指的是使用 AMIE+规则学习方法在知识图谱中挖掘的带有置信度的规则，该方法的整体框架是一个迭代的过程，其中包含两个部分，称为软标签预测阶段（Soft Label Prediction）和嵌入修正阶段（Embedding Rectification）。简单来说，就是讲规则学习和知识图谱嵌入学习互相迭代，最后使得知识图谱嵌入可以融入一定的规则信息。

2.5.6 知识图谱嵌入的应用

在知识图谱嵌入的发展中，也有很多的相关应用一起发展起来，它们和知识图谱嵌入之间有着相辅相成的关系。本小节将简单介绍一些典型的应用。

1．链接预测

链接预测（Link Prediction）指通过一个已知的实体和关系预测另一个实体，或者通过两个实体预测关系。简单来说，也就是$(h,r,?)$,$(?,r,t)$,$(h,?,t)$三种知识图谱的补全任务，被称为链接预测。

当知识图谱的嵌入被学习完成后，知识图谱嵌入就可以通过排序完成。例如需要链接预测(Roma, is-capital-of, ?)，可以将知识图谱中的每个实体都放在尾实体的位置上，并且放入相应的知识图谱嵌入模型的得分函数中，计算不同实体作为该三元组的尾实体的得分，也就是该三元组的合理性，得分最高的实体会被作为链接预测的结果。

链接预测也常被用于评测知识图谱嵌入。一般来说，会用链接预测的正确答案的排序评估某种嵌入模型在链接预测上的能力，比较常见的参数有平均等级（Mean Rank）、平均倒数等级（Mean Reciprocal Rank）和命中前 n（Hist@n）。

2．三元组分类

三元组分类（Triple Classification）指的是给定一个完整的三元组，判断三元组的真假。这对于训练过的知识图谱向量来说非常简单，只需要把三元组各个部分的向量表达带入相应的知识图谱嵌入的得分函数，三元组的得分越高，其合理性和真实性越高。

3．实体对齐

实体对齐（Entity Resolution）也称为实体解析，任务是验证两个实体是否指代或者引用的是同一个事物或对象。该任务可以删除同一个知识库中冗余的实体，也可以在知识库融合的时候从异构的数据源中找到相同的实体。一种方法是，如果需要确定 x、y 两个实体指代同一个对象有多大可能，则使用知识图谱嵌入的得分函数对三元组(x, EqualTo, y)打分，但这种方法的前提是需要在知识库中存在 EqualTo 关系。也有研究者提出完全根据实体的向量表示判断，例如设计一些实体之间的相似度函数来判断两个实体的相似程度，再进行对齐。

4．问答系统

利用知识图谱完成问答系统是该任务的一个研究方向，该任务的重心是对某一个具体的通过自然语言表达的问题，使用知识图谱中的三元组对其进行回答，如下：

A: Where is the capital of Italy?

Q: Rome（Rome, is-capital-of, Italy）

A: Who is the president of USA?

Q: Donald Trump（Donald Trump, is-president-of, USA）

文献[9]介绍了一种借助知识图谱嵌入完成该问题的方法。简单来说就是设计一种得分函数，使问题的向量表示和其正确答案的向量表示得分较高。$\boldsymbol{S}(q,a)$是被设计出来的得分函数

$$\boldsymbol{S}(q,a)=\left(\boldsymbol{W}\boldsymbol{\phi}(q)\right)^{\mathsf{T}}\left(\boldsymbol{W}\boldsymbol{\varphi}(a)\right).$$

式中，$\boldsymbol{W}$为包含词语、实体和关系的向量表示的矩阵；$\boldsymbol{\phi}(q)$为词语出现的稀疏向量；$\boldsymbol{\varphi}(a)$为实体和关系出现的稀疏向量。简单来说，$\boldsymbol{W}\boldsymbol{\phi}(q)$和$\boldsymbol{W}\boldsymbol{\varphi}(a)$可以分别表示问题和答案的向量表示。当$a$是$q$的正确答案时，得分函数$\boldsymbol{S}(q,a)$被期望得到一个较高的分数，反之亦然。

5. 推荐系统

推荐系统的本质是对用户推荐其没有接触过的、但有可能会感兴趣或者购买的服务或产品，包括电影、书籍、音乐、商品等。协同过滤算法（Collaborative Filtering）对用户和物品项目之间的交互进行建模并作为潜在表示取得了很好的效果。

在知识图谱嵌入的发展下，推荐系统也尝试借助知识图谱的信息提高推荐系统的能力。例如，Zhang[20]尝试知识图谱中的三元组、文本信息和图像信息对物品项目进行包含一定语义的编码得到相应的向量表示，然后使用协同过滤算法对用户进行向量表示，对两个向量表示相乘得到分数，得分越高说明该用户越喜好该商品。

2.6 开源工具实践：基于 Protégé 的本体知识建模

2.6.1 简介

本节使用 Protégé 演示如何进行知识建模。本实践相关工具、实验数据及操作说明由

OpenKG 提供，地址为 http://openkg.cn。Protégé 软件是斯坦福大学医学院生物信息研究中心基于 Java 语言开发的本体编辑和本体开发工具，也是基于知识的编辑器，属于开放源代码软件。该软件主要用于语义网中本体的构建，是语义网中本体构建的核心开发工具，本书采用的版本为 5.2.0 版本。Protégé 有以下特点：

- Protégé 是一组自由开源的工具软件，用于构建域模型与基于知识的本体化应用程序。
- Protégé 提供了大量的知识模型架构与动作，用于创建、可视化、操纵各种表现形式的本体。
- 可以通过用户定制实现域—友好（领域相关）的支持，用于创建知识模型并填充数据。
- Protégé 可以通过两种方式进行扩展：插件和基于 Java 的 API。
- 与其他的本体构建工具相比，Protégé 最大的好处在于支持中文。
- 在插件上，用 Graphviz 可实现中文关系的显示。

Protégé 的常见用途包括：类建模、实例编辑、模型处理和模型交换。

2.6.2 环境准备

1. 开发软件版本及其下载地址

Protégé5.2.0 的下载地址为 https://protege.stanford.edu/。

2. 环境的配置

在 Protégé 的官方网站可以下载对应系统的 Protégé 版本。本书以 Windows 平台下的 Protégé 作为示范。

2.6.3 Protégé 实践主要功能演示

1. 建模类

Protégé 的主页面中会出现 OWL Classes（OWL 类）、Properties（属性）、Forms（表单）、Individuals（个体）、Metedata（元类）几个标签，如图 2-25 所示。选择 OWL Classes。在 Asserted Hierarchy（添加阶层）中，会有所有类的超类 owl:Thing，单击 Asserted Hierarchy 旁边的【Create subclass】或者右击“OWL：Thing”选择“add subclass”。会出现 Protégé 自动定义名为 Class_1 的类。在对话框中，【Name】一栏输入名字“Animal”。

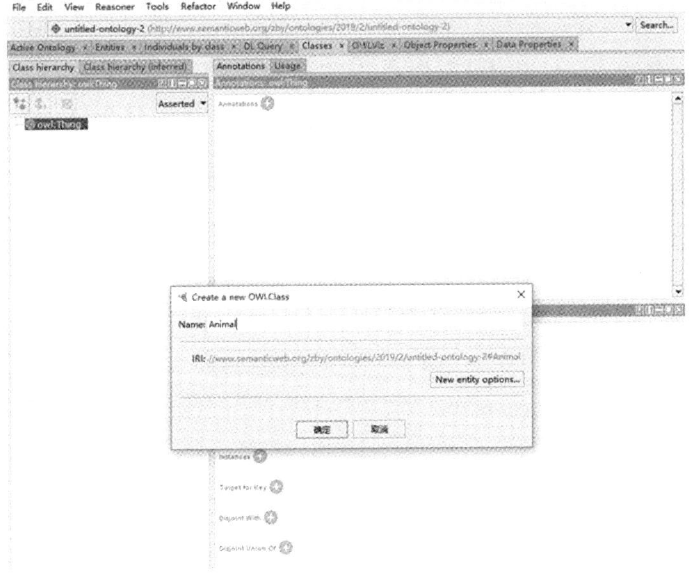

图 2-25　建模类

2．建立子类

右击“Animal”，选择“add subclass”，将名字改为“Herbivore”（素食动物）。然后建立 OWL：Thing 的另一个子类 Plant（植物），最后建立 Plant 的子类 Tree（树），如图 2-26 所示。

图 2-26　建立子类

3．建立属性

新建一个 Object Property（注意不是 DataProperty），右击“Object Properties”，选择“add sub-Properties”，输入 is_part_of，然后勾选“Transitive”复选框，说明这是一个传递

性属性。然后建立一个对象属性（owl:ObjectProperty）eat（吃），在 Domain（定义域）中定义该属性的主体的类是 Animal。最后建立一个属性 eated（被吃），它是属性 eat 的逆关系（owl:inverseOf），在 Inverse Of 中选择属性“eat”，如图 2-27 所示。

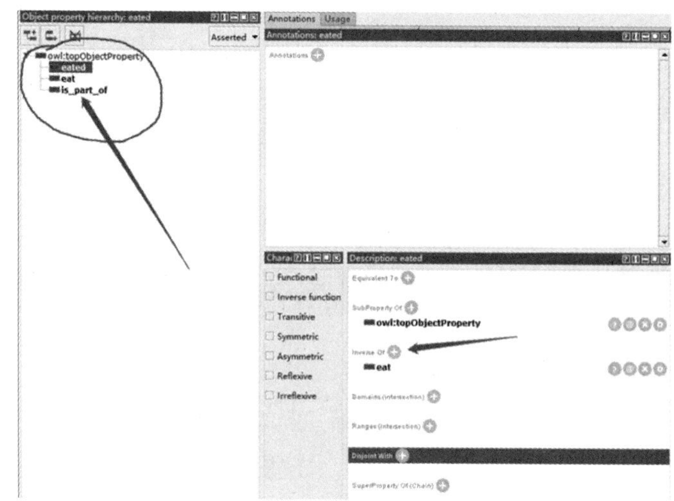

图 2-27　建立属性

2.7　本章小结

本章比较全面地介绍了知识图谱的表示与建模方法。目前大部分开放知识图谱的表示语言基于 RDF、RDFS 和 OWL，这几个语言是 W3C 推荐的标准本体语言。除了这些标准语言，本章还介绍了知识图谱的查询语言 SPARQL 和语义 Markup 语言。最后，介绍了知识图谱的嵌入式方法。

参考文献

[1] John F. Sowa：Principles of Semantic Networks: Exploration in the Representation of Knowledge，Morgan Kaufmann Publishers, INC. San Mateo, California, 1991.

[2] Allan M Collins，M R Quillian. Retrieval time from semantic memory. Journal of Verbal Learning and Verbal Behavior，1969，8（2）: 240–247.

[3] M Ross Quillian，Semantic Memory.Unpublished Doctoral Dissertation，Carnegie Institute of

Technology，1966.

[4] Franz Baader，Ian Horrocks，Ulrike Sattler . Description Logics//Frank van Harmelen，Vladimir Lifschitz，Bruce Porter.Handbook of Knowledge Representation. Elsevier，2008：135-179.

[5] Ronald J Brachman，James G Schmolze.An Overview of the KL-ONE Knowledge Representation System，Cognitive Science，1985，9（2）：171-216.

[6] Alfred Horn.On Sentences Which are True of Direct Unions of Algebras. Symbolic Logic，1951，16（1）：14-21.

[7] Marvin Minsky.A Framework for Representing Knowledge.Computation & intelligence，1995：163-189.

[8] Tomas Mikolov，Ilya Sutskever，Kai Chen，et al.Distributed Representations of Words and Phrases and Their Compositionality.Advances in Neural Information Processing Systems，2013：3111-3119.

[9] Antoine Bordes，Jason Weston，Nicolas Usunier.Open Question Answering with Weakly Supervised Embedding Models.Joint European Conference on Machine Learning and Knowledge Discovery in Databases，2014：165-180.

[10] Joachim Daiber，Max Jakob，Chris Hokamp，et al.Improving Efficiency and Accuracy in Multilingual Entity Extraction.Proceedings of the 9th International Conference on Semantic Systems，2013：121-124.

[11] WANG Quan，MAO Zhendong，WANG Bin，et al.Knowledge Graph Embedding：A Survey of Approaches and Applications.IEEE Transactions on Knowledge and Data Engineering，2017：2724-2743.

[12] Antoine Bordes，Nicolas Usunier，Alberto García-Durán，et al.Translating Embeddings for Modeling Multi-relational Data. NIPS，2013：2787-2795.

[13] Maximilian Nickel，Volker Tresp，Hans-Peter Kriegel.A Three-Way Model for Collective Learning on Multi-Relational Data.ICML，2011：809-816.

[14] YANG Bishan，Wen-tau Yih，HE Xiaodong，et al.Embedding Entities and Relations for Learning and Inference in Knowledge Bases. ICLR 2015.

[15] Théo Trouillon，Johannes Welbl，Sebastian Riedel，et al.Complex Embeddings for Simple Link Prediction. ICML，2016：2071-2080.

[16] GUO Shu，WANG Quan，WANG Bin，et al. Semantically Smooth Knowledge Graph Embedding. Proceedings of the 53rd Annual Meeting of the Association for Computational Linguistics and the 7th International Joint Conference on Natural Language Processing，2015：84-94.

[17] LIN Yankai，LIU Zhiyuan，LUAN Huanbo，et al.Modeling Relation Paths for Representation Learning of Knowledge Bases.EMNLP，2015：205-714.

[18] WANG Zhen，ZHANG Jianwen，FENG Jianlin，et al.Knowledge Graph and Text Jointly Embedding. EMNLP，2014：1591-1601.

[19] GUO Shu，WANG Quan，WANG Lihong，et al.Knowledge Graph Embedding with Iterative Guidance from Soft Rules.Thirty-Second AAAI Conference on Artificial Intelligence，2018.

[20] ZHANG Fuzheng，Nicholas Jing Yuan，LIAN Defu，et al.Collaborative Knowledge Base Embedding for Recommender Systems.KDD，2016：353–362.

第 3 章 知识存储

王鑫 天津大学

随着知识图谱规模的日益增长，数据管理愈加重要。一方面，以文件形式保存的知识图谱显然无法满足用户的查询、检索、推理、分析及各种应用需求；另一方面，传统数据库的关系模型与知识图谱的图模型之间存在显著差异，关系数据库无法有效地管理大规模知识图谱数据。为了更好地进行三元组数据的存储，语义万维网领域发展出专门存储 RDF 数据的三元组库；数据库领域发展出用于管理属性图的图数据库。虽然目前没有一种数据库系统被公认为具有主导地位的知识图谱数据库，但可以预见，随着三元组库和图数据库的相互融合发展，知识图谱的存储和数据管理手段将愈加丰富和强大。本章首先介绍图数据模型和图查询语言等基本知识；以演示操作的方式讲解各种主流知识图谱数据库，包括基于关系数据库的存储方案、面向 RDF 的三元组数据库和原生图数据库；以图数据库 Neo4j 为例介绍图模型数据的底层存储细节，同时梳理图数据索引和查询处理等关键技术；最后，以 Apache Jena 为例，针对知识图谱数据库开源工具进行实践。

3.1 知识图谱数据库基本知识

本节首先介绍目前表示知识图谱的两种主要图数据模型：RDF 图和属性图。

3.1.1 知识图谱数据模型

从数据模型角度来看，知识图谱本质上是一种图数据。不同领域的知识图谱均须遵循相应的数据模型。往往一个数据模型的生命力要看其数学基础的强弱，关系模型长盛不衰的一个重要原因是其数学基础为关系代数。知识图谱数据模型的数学基础源于有着近 300 年历史的数学分支——图论。在图论中，图是二元组$G = (V, E)$，其中V是节点集合，E是边集合。知识图谱数据模型基于图论中图的定义，用节点集合表示实体，用边集合表示实体间的联系，这种一般和通用的数据表示恰好能够自然地刻画现实世界中事物的广泛联系。

1. RDF 图

RDF 是 W3C 制定的在语义万维网上表示和交换机器可理解信息的标准数据模型[1]。在 RDF 三元组集合中，每个 Web 资源具有一个 HTTP URI 作为其唯一的 id；一个 RDF 图定义为三元组(*s*, *p*, *o*)的有限集合；每个三元组代表一个陈述句，其中 *s* 是主语，*p* 是谓语，*o* 是宾语；(*s*, *p*, *o*)表示资源 *s* 与资源 *o* 之间具有联系 *p*，或表示资源 *s* 具有属性 *p* 且其取值为 *o*。实际上，RDF 三元组集合即为图中的有向边集合。

如图 3-1 所示，是一个虚构的软件开发公司的社会网络图，其中有张三、李四、王五和赵六 4 名程序员，有“图数据库”和“RDF 三元组库”2 个项目；张三认识李四和王五；张三、王五和赵六参加“图数据库”的开发，该项目使用 Java 语言；王五参加“RDF 三元组库”的开发，该项目使用 C++语言。

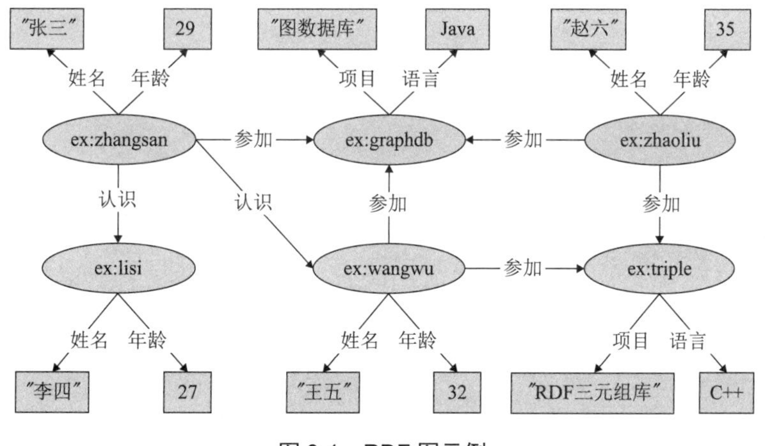

图 3-1 RDF 图示例

值得注意的是，RDF 图对于节点和边上的属性没有内置的支持。节点属性可用三元组表示，这类三元组的宾语称为字面量，即图中的矩形。边上的属性表示起来稍显烦琐，最常见的是利用 RDF 中一种叫作“具体化”（reification）的技术[2]，需要引入额外的点表示整个三元组，将边属性表示为以该节点为主语的三元组。例如在图 3-2 中，引入节点 ex:participate 代表三元组(ex:zhangsan, 参加, ex:graphdb)，该节点通过 RDF 内置属性 rdf:subject、rdf:predicate 和 rdf:object 分别与代表的三元组的主语、谓语和宾语建立起联系，这样三元组(ex:participate, 权重, 0.4)就实现了为原三元组增加边属性的效果。

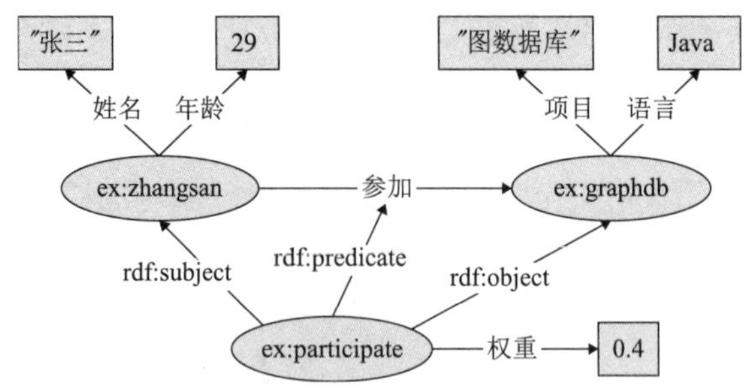

图 3-2　RDF 图中边属性的表示

2. 属性图

属性图可以说是目前被图数据库业界采纳最广的一种图数据模型[3]。属性图由节点集和边集组成，且满足如下性质：

（1）每个节点具有唯一的 id；

（2）每个节点具有若干条出边；

（3）每个节点具有若干条入边；

（4）每个节点具有一组属性，每个属性是一个键值对；

（5）每条边具有唯一的 id；

（6）每条边具有一个头节点；

（7）每条边具有一个尾节点；

（8）每条边具有一个标签，表示联系；

（9）每条边具有一组属性，每个属性是一个键值对。

图 3-3 给出的属性图不仅表达了 RDF 图的全部数据，而且还增加了边上的“权重”属性。

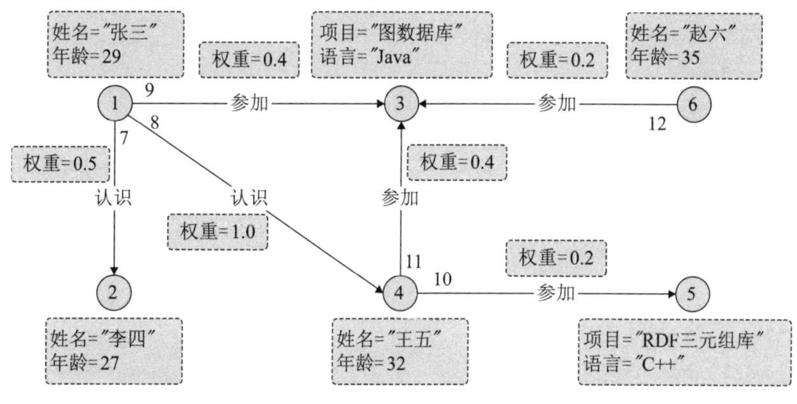

图 3-3　属性图示例

图 3-3 的每个节点和每条边均有 id。遵照属性图的要素，节点 4 的出边集合为{边 10, 边 11}，入边集合为{边 8}，属性集合为{姓名="王五", 年龄=32}；边 11 的头节点是节点 3，尾节点是节点 4，标签是“参加”，属性集合为{权重=0.4}。

3.1.2　知识图谱查询语言

在知识图谱数据模型上，需要借助知识图谱查询语言进行查询操作。目前，RDF 图上的查询语言是 SPARQL；属性图上的查询语言常用的是 Cypher 和 Gremlin。

1. SPARQL

SPARQL 是 W3C 制定的 RDF 图数据的标准查询语言[4]。SPARQL 从语法上借鉴了 SQL，同样属于声明式查询语言。最新的 SPARQL 1.1 版本为有效查询 RDF 图专门设计了三元组模式、子图模式、属性路径等多种查询机制。几乎全部的 RDF 三元组数据库都实现了 SPARQL 语言。下面通过几个例子介绍 SPARQL 语言的基本功能。查询使用的是 RDF 图数据。

（1）查询程序员张三认识的其他程序员

```
PREFIX ex: <http://www.example.com/>
SELECT ?p
WHERE { ex:zhangsan ex:knows ?p . }
```

输出：

```
ex:lisi
ex:wangwu
```

说明：PREFIX 关键字将 ex 定义为 URI“http://www.example.com/”的前缀缩写，WHERE 关键字指明了查询的三元组模式（Triple Pattern），SELECT 关键字列出了要返回的结果变量。三元组模式查询是最基本的 SPARQL 查询。

（2）查询程序员张三认识的其他程序员参加的项目

```
PREFIX ex: <http://www.example.com/>
SELECT ?pr
WHERE {
  ex:zhangsan ex:knows ?p .
  ?p ex:participate ?pr .
}
```

输出：

```
ex:graphdb
ex:triple
```

说明：这是由两个三元组模式组成的一个基本图模式（Basic Graph Pattern）查询，简称为 BGP 查询。实际上，这两个三元组模式之间通过公共变量?p 连接为一个链式查询。

（3）查询节点 ex:zhangsan 认识的 30 岁以上的程序员参加的项目名称

```
PREFIX ex: <http://www.example.com/>
SELECT ?name
WHERE {
  ex:zhangsan ex:knows ?p .
  ?p ex:age ?age .
  FILTER (?age > 30)
  ?p ex:participate ?pr .
  ?pr rdfs:label ?name .
}
```

输出：

```
图数据库
RDF 三元组库
```

说明：关键字 FILTER 用于指明过滤条件，对变量匹配结果进行按条件筛选。这里既有?p 和?pr 分别作为两个三元组模式的宾语和主语连接起来的链式模式，也有?p 作为两个三元组模式的主语连接起来的星形结构，该查询是一个更加一般的 BGP 查询。实际上，BGP 查询相当于一个带有变量的查询图，查询过程是在数据图中寻找与查询图映射匹配的所有子图，等价于图论中的子图同构（Subgraph Isomorphism）或子图同态（Subgraph

Homomorphism）问题[5]，所以也将 BGP 查询称为子图匹配查询。

（4）查询年龄为 29 的参加了项目 ex:graphdb 的程序员参加的其他项目及其直接或间接认识的程序员参加的项目

```
PREFIX ex: <http://www.example.com/>
SELECT ?name
WHERE {
  ?p ex:participate ex:graphdb .
  ?p ex:age 29 .
  ?p ex:knows*/ex:participate ?pr .
  ?pr rdfs:label ?name .
}
```

输出：

```
图数据库
RDF 三元组库
```

说明：这里使用了 SPARQL 1.1 引入的属性路径（Property Path）机制，ex:knows*/ex:participate 类似于正则表达式，其表示经过 0 条、1 条或多条 ex:knows 边，再经过一条 ex:participate 边。

SPARQL 实际上是一整套知识服务标准体系。SPARQL 1.1 语言的语法和语义的完整定义请参见 W3C 的推荐标准“SPARQL 1.1 查询语言”[4]，该标准连同其他 10 个推荐标准共同组成了 SPARQL 知识平台，包括查询[4]、更新[6]、服务描述[7]、联邦查询[8]、查询结果格式[9]、蕴涵推理[10]和接口协议[11]等。开放的 SPARQL 学习教程有 WikiBooks SPARQL 教程[12]、Wikidata SPARQL 教程[13]和 Apache Jena SPARQL 教程[14]等。本章 3.4 节将以 Apache Jena 作为实践工具，讲解如何使用 SPARQL 进行知识图谱的查询和更新。

2. Cypher

Cypher 最初是图数据库 Neo4j 中实现的属性图数据查询语言[15]。与 SPARQL 一样，Cypher 也是一种声明式语言，即用户只需要声明“查什么”，而无须关心“怎么查”，这就好比乘坐出租车到一个目的地，只需要告诉司机要到哪里，具体的行车路线可由司机安排，乘客并不需要关心。这类语言的优点是便于用户学习掌握，同时给予数据库进行查询优化的空间，缺点是不能满足高级用户导航式查询的要求，数据库规划的查询执行计划有可能并不是最优方案。2015 年，Neo4j 公司发起开源项目 openCypher[16]，旨在对 Cypher 进行标准化工作，为其他实现者提供语法和语义的参考标准。虽然 Cypher 的发展目前仍由 Neo4j 主导，但包括 SAP HANA Graph[17]、Redis Graph[18]、AgensGraph[19]和 Memgraph[20]等在内的图数据库产品已经实现了 Cypher。下面通过例子了解 Cypher 语言的基本功能。使用的知识图谱是图 3-3 中的属性图。

（1）查询图中的所有程序员节点

```
MATCH (p:程序员)
RETURN p
```

输出：

```
{姓名=张三, 年龄=29}
{姓名=李四, 年龄=27}
{姓名=王五, 年龄=32}
{姓名=赵六, 年龄=35}
```

说明：MATCH 关键字指明需要匹配的模式，这里将节点分为了程序员和项目两类，p 作为查询变量会依次绑定到每个类型为 Programmer 的节点，RETURN 关键字返回变量 p 的值作为查询结果。

（2）查询程序员与“图数据库”项目之间的边

```
MATCH (:程序员)-[r]->(:项目{name:'图数据库'})
RETURN r
```

输出：

```
(1)-[参加{权重=0.4}]->(3)
(4)-[参加{权重=0.4}]->(3)
(6)-[参加{权重=0.2}]->(3)
```

说明：此查询返回边及其属性，程序员类型节点与图数据库项目节点之前存在 3 条标签为参加的边。

（3）查询从节点 1 出发的标签为“认识”的边

```
MATCH (1:程序员)-[r:认识]->()
RETURN r
```

输出：

```
(1)-[认识{权重=0.5}]->(2)
(1)-[认识{权重=1.0}]->(4)
```

说明：从节点 1 出发沿“认识”边到达节点 2 和节点 4。

（4）查询节点 1 认识的 30 岁以上的程序员参加的项目名称

```
MATCH (1:程序员)-[:认识]->(p:程序员), (p)-[:参加]->(pr:项目)
WHERE p.年龄 > 30
RETURN pr.项目
```

输出：

```
图数据库
RDF 三元组库
```

说明：该查询 MATCH 子句等价于 SPARQL BGP 查询的链式查询。

（5）查询年龄为 29 的参加了项目 3 的程序员参加的其他项目及其直接或间接认识的程序员参加的项目

```
MATCH (p:程序员{年龄:29})-[:参加]->(3:项目), (p)-[:认识*0..]->()-[:参加]->(pr:项目)
RETURN pr
```

输出：

```
{项目=图数据库, 语言=Java}
{项目=RDF 三元组库, 语言=C++}
```

说明：“:认识*0..”表示由一个节点到达另一个节点的路径包括 0 个、1 个或多个“认识”边。对比该查询的 SPARQL 版本。

3. Gremlin

Gremlin 是 Apache TinkerPop 图计算框架[21]提供的属性图查询语言[22]。Apache TinkerPop 被设计为访问图数据库的通用 API 接口，其作用类似于关系数据库上的 JDBC 接口。Gremlin 的定位是图遍历语言，其执行机制好比是一个人置身于图中沿着有向边，从一个节点到另一个节点进行导航式的游走。这种执行方式决定了用户使用 Gremlin 需要指明具体的导航步骤，这和自己驾驶汽车到一个目的地需要知道行车路线是一个道理，所以将 Gremlin 归为过程式语言，即需要明确“怎么做”。这类语言的优点是可以时刻知道自己在图中所处的位置，以及是如何到达该位置的；缺点是用户需要“认识路”！与受到 SQL 影响的声明式语言 SPARQL 和 Cypher 不同，Gremlin 更像一种函数式的编程语言接口。下面通过几个例子认识 Gremlin 语言，假设用 g 代表图 3-3 中的属性图。

（1）列出图中所有节点的属性

```
g.V
```

输出：

```
{姓名=张三, 年龄=29}
{姓名=李四, 年龄=27}
{项目=图数据库, 语言=Java}
{姓名=王五, 年龄=32}
{项目=RDF 三元组库, 语言=C++}
{姓名=赵六, 年龄=35}
```

说明：V 表示节点集合。

（2）列出图中所有的边

```
g.E
```

输出：

```
e[7][1-认识->2]
e[8][1-认识->4]
e[9][1-参加->3]
e[10][4-参加->5]
e[11][4-参加->3]
e[12][6-参加->3]
```

说明：E 表示边集合。

（3）查询从节点 1 出发的标签为“认识”的边

```
g.v(1).outE('认识')
```

输出：

```
e[7][1-认识->2]
e[8][1-认识->4]
```

说明：v(1)选取 id 为 1 的节点；outE 表示节点的出边集合，outE('认识')是标签为“认识”的出边集合。

（4）查询节点 1 认识的 30 岁以上的程序员参加的项目名称

```
g.v(1).out('认识').filter{it.年龄 > 30}.out('参加').项目
```

输出：

```
图数据库
RDF 三元组库
```

说明：out('认识')选取标签为“认识”的出边指向的邻接节点集合；filter 为过滤器，filter{it.年龄 > 30}的意思是后面只处理年龄大于 30 的节点。

（5）查询年龄为 29 的参加了项目 3 的程序员参加的其他项目及其直接或间接认识的程序员参加的项目

```
g.v(3).in('参加').has('年龄', 29).as('x').out('认识
').loop('x'){it.loops >= 0}.out('参加').as('y')
```

输出：

```
{项目=图数据库, 语言=Java}
{项目=RDF 三元组库, 语言=C++}
```

说明：in('参加')选取标签为“参加”的入边连接的邻接节点集合；has('年龄', 29)的作用是只选取具有属性“年龄=29”的节点；as('x')将当前的导航步骤命名为 x；loop('x'){it.loops >= 0}为从 x 开始到当前的步骤循环 0 次、1 次或多次。对比该查询的 SPARQL 和 Cypher 版本。

3.2 常见知识图谱存储方法

本节介绍三类知识图谱数据库：基于关系数据库的存储方案、面向 RDF 的三元组数据库和原生图数据库，多数系统给出了演示操作步骤。

3.2.1 基于关系数据库的存储方案

关系数据库拥有 40 多年的发展历史，从理论到实践有着一整套成熟体系。在历史上，关系数据库曾经取代了层次数据库和网状数据库；成功吸收容纳了面向对象数据库和 XML 数据库，成为现今数据管理的主流数据库产品。商业数据库包括 Oracle、DB2 和 SQL Server 等，开源数据库包括 PostgreSQL 和 MySQL 等。因此基于历史上的成功经验，人们容易想到使用关系数据库存储知识图谱。基于关系数据库的存储方案是目前知识图谱采用的一种主要存储方法。本小节将按照时间发展顺序简要介绍各种基于关系表的知识图谱存储结构，包括三元组表、水平表、属性表、垂直划分、六重索引和 DB2RDF。

如图 3-4 所示，下面以摘自 DBpedia 数据集[23]的 RDF 数据作为知识图谱进行讲解和举例。该知识图谱描述了 IBM 公司及其创始人 Charles Flint 和 Google 公司及其创始人 Larry Page 的一些属性和联系。对于其他格式的知识图谱，这些存储方案同样适用。

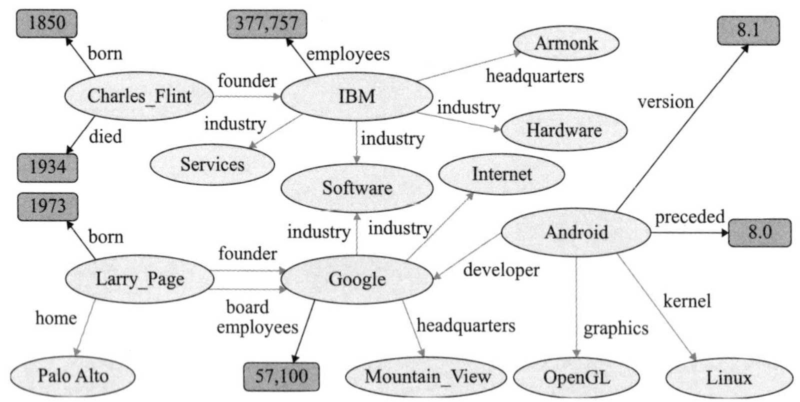

图 3-4　摘自 DBpedia 数据集的 RDF 知识图谱

1. 三元组表

三元组表是将知识图谱存储到关系数据库的最简单、最直接的办法，就是在关系数据库中建立一张具有 3 列的表，该表的模式为：

三元组表 (主语，谓语，宾语)

将知识图谱中的每条三元组存储为三元组表中的一行记录。表 3-1 是图 3-4 中知识图谱对应的三元组表，由于一共有 21 行，限于篇幅仅列出了前 5 行。

表 3-1　三元组表

主　语	谓　语	宾　语
Charles_Flint	born	1850
Charles_Flint	died	1934
Charles_Flint	founder	IBM
Larry_Page	born	1973
Larry_Page	founder	Google
…	…	…

三元组表存储方案虽然简单明了，但三元组表的行数与知识图谱的边数一样，其最大问题在于将知识图谱查询翻译为 SQL 查询后的三元组表自连接。例如，如图 3-5 所示的

SPARQL 查询是查找 1850 年出生且 1934 年逝世的创办了某公司的人，翻译为等价的 SQL 查询后如图 3-6 所示，这里三元组表的表名为 t。一般自连接的数量与 SPARQL 中三元组模式数量相当。当三元组表规模较大时，多个自连接操作会使 SQL 查询性能低下。采用三元组表存储方案的代表是 RDF 数据库系统 3store[24]。

```
SELECT ?person
WHERE {
    ?person born "1850" .
    ?person died "1934" .
    ?person founder ?company
}
```

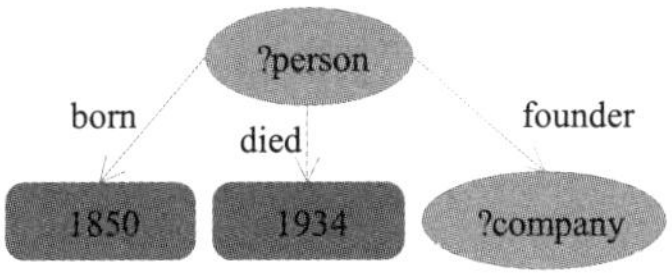

图 3-5 一个星形 SPARQL 查询

```
SELECT t1.主语
FROM t AS t1, t AS t2, t AS t3
WHERE
t1.主语 = t2.主语 AND t2.主语 = t3.主语
AND t1.谓语 = 'born' AND t1.宾语 = '1850'
  AND t2.谓语 = 'died' AND t2.宾语 = '1934'
  AND t3.谓语 = 'founder'
```

图 3-6 三元组表方案中 SPARQL 查询转换为等价的 SQL 查询

2. 水平表

水平表存储方案同样非常简单，与三元组表不同，其每行记录存储一个知识图谱中一个主语的所有谓语和宾语。实际上，水平表就相当于知识图谱的邻接表。表 3-2 是图 3-4 中知识图谱对应的水平表，共有 5 行、13 列，限于篇幅省略了若干列。不难看出，水平表的列数是知识图谱中不同谓语的数量，行数是知识图谱中不同主语的数量。

表 3-2 水平表

主语	born	died	founder	board	…	employees	headquarters
Charles_Flint	1850	1934	IBM		…		
Larry_Page	1973		Google	Google	…		
Android							
Google					…	54,604	Mountain_View
IBM					…	433,362	Armonk

在水平表存储方案中，图 3-5 所示的 SPARQL 查询可以等价地翻译为图 3-7 中的 SQL 查询。这里水平表的表名为 t。可见，与三元组表相比，水平表的查询大为简化，仅需单表查询即可完成该任务，不用进行连接操作。

```
SELECT 主语
FROM t
WHERE born = '1850' AND died = '1934'
      founder LIKE '_%'
```

图 3-7　水平表方案中 SPARQL 查询转换为等价的 SQL 查询

但是水平表的缺点在于：所需列的数目等于知识图谱中不同谓语数量，在真实知识图谱数据集中，不同谓语数量可能为几千个到上万个，很可能超出关系数据库允许的表中列数目的上限；对于一行来说，仅在极少数列上具有值，表中存在大量空值，空值过多会影响表的存储、索引和查询性能；在知识图谱中，同一主语和谓语可能具有多个不同宾语，即一对多联系或多值属性，而水平表的一行一列上只能存储一个值，无法应对这种情况（可以将多个值用分隔符连接存储为一个值，但这违反关系数据库设计的第一范式）；知识图谱的更新往往会引起谓语的增加、修改或删除，即水平表中列的增加、修改或删除，这是对于表结构的改变，成本很高。采用水平表存储方案的代表是早期的 RDF 数据库系统 DLDB[25]。

3．属性表

属性表（Property Table）存储方案是对水平表的细化，将同类主语分到一个表中，不同类主语分到不同表中。这样就解决了表中列的数目过多的问题。图 3-8 给出了图 3-4 中知识图谱对应的属性表存储方案，即把一个水平表分为了 person（人）、os（操作系统）和 company（公司）三个表。对于图 3-5 中的 SPARQL 查询，在属性表存储方案上等价的 SQL 查询如图 3-9 所示；该查询与图 3-7 中水平表上查询的唯一区别是将表名由 t 变为了 person。

person

主语	born	died	founder	board	home
Charles_Flint	1850	1934	IBM		
Larry_Page	1973		Google	Google	Palo_Alto

os

主语	developer	version	kernel	preceded
Android	Google	8.1	Linux	8.0

company

主语	industry	employees	headquarters
Google	Software, Internet	54,604	Mountain_View
Larry_Page	Software, Hardware, Services	433,362	Armonk

图 3-8　属性表

```
SELECT 主语
FROM person
WHERE born = '1850' AND died = '1934'
    founder LIKE '_%'
```

图 3-9 属性表方案中 SPARQL 查询转换为等价的 SQL 查询

属性表既克服了三元组表的自连接问题，又解决了水平表中列数目过多的问题。实际上，水平表方案是属性表存储方案的一种极端情况，即水平表是将所有主语划归为一类，因此属性表中的空值问题与水平表相比会大为缓解。但属性表方案仍有缺点：对于规模稍大的真实知识图谱数据，主语的类别可能有几千个到上万个，按照属性表方案，需要建立几千个到上万个表，这往往超过了关系数据库的限制；对于知识图谱上稍复杂的查询，属性表方案仍然会进行多个表之间的连接操作，从而影响查询效率；即使在同一类型中，不同主语具有的谓语集合也可能存在较大差异，这样会造成与水平表中类似的空值问题；水平表方案中存在的一对多联系或多值属性存储问题仍然存在。采用属性表存储方案的代表是 RDF 三元组库 Jena[26]。

4. 垂直划分

垂直划分（Vertical Partitioning）存储方案是由美国麻省理工学院的 Abadi 等人在 2007 年提出的 RDF 数据存储方法[27]。该方法以三元组的谓语作为划分维度，将 RDF 知识图谱划分为若干张只包含(主语, 宾语)两列的表，表的总数量即知识图谱中不同谓语的数量；也就是说，为每种谓语建立一张表，表中存放知识图谱中由该谓语连接的主语和宾语值。图 3-10 给出了图 3-4 中知识图谱对应的垂直划分存储方案，从中可以看到，13 种谓语对应着 13 张表，每张表都只有主语和宾语列。对于图 3-5 中的 SPARQL 查询，在垂直划分存储方案中等价的 SQL 查询如图 3-11 所示；该查询涉及 3 张谓语表 born、died 和 founder 的连接操作。由于谓语表中的行都是按照主语列进行排序的，可以快速执行这种以“主语-主语”作为连接条件的查询操作，而这种连接操作又是常用的。

与之前基于关系数据库的知识图谱存储方案相比，垂直划分有一些突出的优点：谓语表仅存储出现在知识图谱中的三元组，解决了空值问题；一个主语的一对多联系或多值属性存储在谓语表的多行中，解决了多值问题；每个谓语表都按主语列的值进行排序，能够使用归并排序连接（Merge-sort Join）快速执行不同谓语表的连接查询操作。

born

主语	宾语
Charles_Flint	1850
Larry_Page	1973

died

主语	宾语
Charles_Flint	1934

founder

主语	宾语
Charles_Flint	IBM
Larry_Page	Google

board

主语	宾语
Larry_Page	Google

home

主语	宾语
Larry_Page	Palo_Alto

developer

主语	宾语
Android	Google

version

主语	宾语
Android	8.1

kernel

主语	宾语
Android	Linux

preceded

主语	宾语
Android	8.0

industry

主语	宾语
Google	Internet
Google	Software
IBM	Hardware
IBM	Services
IBM	Software

employees

主语	宾语
Google	57,100
IBM	377,757

graphics

主语	宾语
Android	OpenGL

headquarters

主语	宾语
Google	Mountain_View
Larry_Page	Armonk

图 3-10 垂直划分存储方案

```
SELECT born.主语
FROM born, died, founder
WHERE born.宾语 = '1850' AND died.宾语 = '1934'
  AND born.主语 = died.主语 AND born.主语 = founder.主语
```

图 3-11 垂直划分方案中等价的 SQL 查询

不过，垂直划分存储方案依然存在几个缺点：需要创建的表的数目与知识图谱中不同谓语数目相等，而大规模的真实知识图谱（如 DBpedia、YAGO、Wikidata 等）中谓语数目可能超过几千个，在关系数据库中维护如此规模的表需要很大的开销；越是复杂的知识图谱查询操作，需要执行的表连接操作数量越多，而对于未指定谓语的三元组查询，将发生需要连接全部谓语表进行查询的极端情况；谓语表的数量越多，数据更新维护代价越大，对于一个主语的更新将涉及多张表，产生很高的更新时 I/O 开销。采用垂直划分存储方案的代表数据库是 SW-Store[28]。

5．六重索引

六重索引（Sextuple Indexing）存储方案是对三元组表的扩展，是一种典型的“空间换时间”策略，其将三元组全部 6 种排列对应地建立为 6 张表，即 *spo* (主语，谓语，宾语)、*pos* (谓语，宾语，主语)、*osp* (宾语，主语，谓语)、*sop* (主语，宾语，谓语)、*pso* (谓语，主语，宾语)和 *ops* (宾语，谓语，主语)。不难看出，其中 *spo* 表就是原来的三元组表。六重索引通过 6 张表的连接操作不仅缓解了三元组表的单表自连接问题，而且加速了某些典型知识图谱查询的效率。使用六重索引方法的典型系统有 RDF-3X[28]和 Hexastore[29]。

具体来说，六重索引方案的优点有：知识图谱查询中的每种三元组模式查询都可以直接使用相应的索引表进行快速的前缀范围查找，表 3-3 给出了全部 8 种三元组模式查询能够使用的索引表；可以通过不同索引表之间的连接操作直接加速知识图谱上的连接查询，如图 3-12 所示的链式 SPARQL 查询“查找生于 1850 年的人创立的公司的营业领域”，可以通过 *spo* 和 *pso* 表的连接快速执行三元组模式“?person founder ?company”与“?company industry ?ind”的连接操作，避免了单表的自连接。

表 3-3　三元组模式查询能够使用的索引表

序号	三元组模式查询	可用索引表
1	(*s*, *p*, *o*)	*spo*, *pos*, *osp*, *sop*, *pso*, *ops*
2	(*s*, *p*, ?*x*)	*spo*, *pso*
3	(*s*, ?*x*, *o*)	*sop*, *osp*
4	(?*x*, *p*, *o*)	*pos*, *ops*
5	(*s*, ?*x*, ?*y*)	*spo*, *sop*
6	(?*x*, ?*y*, *o*)	*osp*, *ops*
7	(?*x*, *p*, ?*y*)	*pos*, *pso*
8	(?*x*, ?*y*, ?*z*)	*spo*, *pos*, *osp*, *sop*, *pso*, *ops*

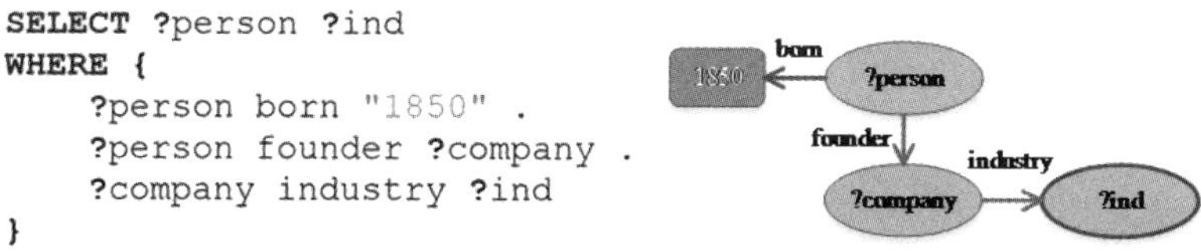
SELECT ?person ?ind
WHERE {
?person born "1850" .
?person founder ?company .
?company industry ?ind
}
1850
born
?person
founder
?company
industry
?ind

图 3-12　一个链式 SPARQL 查询

六重索引存储方案存在的问题包括：虽然部分缓解了三元组表的单表自连接问题，但需要花费 6 倍的存储空间开销、索引维护代价和数据更新时的一致性维护代价，随着知识图谱规模的增大，该问题会愈加突出；当知识图谱查询变得复杂时，会产生大量的连接索引表查询操作，索引表的自连接依然不可避免。

6．DB2RDF

DB2RDF 是由 IBM 研究中心于 2013 年提出的一种面向实体的 RDF 知识图谱存储方案[30]，该方案是以往 RDF 关系存储方案的一种权衡折中，既具备了三元组表、属性表和垂直划分方案的部分优点，又克服了这些方案的部分缺点。三元组表的优势在于“行维度”上的灵活性，即存储模式不会随行的增加而变化；DB2RDF 方案将这种灵活性扩展到“列维度”上，即将表的列作为谓语和宾语的存储位置，而不将列与谓语进行绑定。当插入数据时，将谓语动态地映射存储到某列；方案能够确保将相同的谓语映射到同一组列上。

DB2RDF 存储方案由 4 张表组成，即 dph 表、rph 表、ds 表和 rs 表；图 3-13 给出了图 3-4 中知识图谱对应的 DB2RDF 存储方案。dph（direct primary hash）是存储方案的主表，该表中一行存储一个主语（主语列）及其全部谓语（pred$i$ 列）和宾语（val$i$ 列），$0 \leqslant i \leqslant k$，$k$ 为图着色结果值或某个给定值。如果一个主语的谓语数量大于 k，则一行不足以容纳下一个实体，将在下一行存储第 k+1 到 2k 个谓语和宾语，以此类推，这种情况叫作溢出。spill 列是溢出标志，即对于一行能存储下的实体，该行 spill 列为 0，对于溢出的实体，该实体所有行的 spill 列为 1。例如，在图 3-13 的 dph 表中，除实体 Android 溢出外，其余实体均存储为一行。

对于多值谓语的处理，引入 ds（direct secondary hash）表。当 dph 表中遇到一个多值谓语时，则在相应的宾语处生成一个唯一的 id 值；将该 id 值和每个对应的宾语存储为 ds 表的一行。例如，在图 3-13 的 dph 表中，主语 Google 的谓语 industry（pred1 列）是多值谓语，则在其宾语列（val1）存储 id 值 lid:1；在 ds 表中存储 lid:1 关联的三个宾语 Software、Internet 和 Hardware。

实际上，dph 表实现了列的共享：一方面，不同实体的相同谓语总是会被分配到相同的列上；另一方面，同一列中可以存储多个不同的谓语。例如，主语 Charles_Flint 和 Larry_Page 的谓语 founder 都被分配到 pred3 列，该列也存储了主语 Android 的谓语 kernel 和 graphics。正是由于 DB2RDF 方案具备“列共享”机制，才使得在关系表中最大列数目上限的情况下可以存储远超出该上限的谓语数目，也能够有效地解决水平表方案中存在的谓语稀疏性空值问题。在真实的知识图谱中，不同主语往往具有不同的谓语集合，例如，谓语 born 只有人才具有，谓语 employees 只有公司才具有，这也是能够实现列共享的原因所在。

dph

主语	spill	pred1	val1	pred2	val2	pred3	val3	…	predk	valk
Charles_Flint	0	died	1934	born	1850	founder	IBM	…		
Larry_Page	0	board	Google	born	1973	founder	Google	…	home	Palo_Alto
Android	1	developer	Google	version	8.1	kernel	Linux	…	preceded	8.0
Android	1					graphics	OpenGL	…		
Google	0	industry	lid:1	employees	57,100				headquarters	Mountain_View
IBM	0	industry	lid:2	employees	377,757				headquarters	Armonk

rph

宾语	spill	pred1	val1	…	predk'	valk'
1850	0	born	Charles_Flint	…		
1973	0	born	Larry_Page	…		
1934	0			…	died	Charles_Flint
IBM	0			…	founder	Charles_Flint
				…		
Software	0	industry	lid:3	…		
Hardware	0	Industry	lid:4	…		

ds

lid	elm
lid:1	Software
lid:1	Internet
lid:1	Hardware
lid:2	Hardware
lid:2	Services

rs

lid	spill
lid:3	IBM
lid:3	Google
lid:4	IBM
lid:4	Google

图 3-13　DB2RDF 方案

从图数据模型的角度来看，dph 表和 ds 表实际上存储了实体节点（主语）的出边信息（从主语经谓语到宾语）；为了提高查询处理效率，还需要存储实体节点的入边信息（从宾语经谓语到主语）。为此，DB2RDF 方案提供了 rph（reverse primary hash）表和 rs（reverse secondary hash）表，如图 3-13 所示。

DB2RDF 方案中 SPARQL 查询转换为等价的 SQL 查询如图 3-14 所示。从中可以看出，对于知识图谱的星型查询，DB2RDF 存储方案只需要查询 dph 表即可完成，无须进行连接操作。

```
SELECT t.主语
FROM dph AS t
WHERE t.pred1 = 'died' AND t.val1 = '1934'
  AND t.pred2 = 'born' AND t.val2 = '1850'
  AND t.pred3 = 'founder'
```

图 3-14　DB2RDF 方案中 SPARQL 查询转换为等价的 SQL 查询

在 DB2RDF 方案中，谓语到列的映射是需要重点考虑的问题。因为关系表中最大列的数目是固定的，该映射的两个优化目标是：使用的列的数目不要超过某个值 m；尽量减少将同一主语的两个不同谓语分配到同一列的情况，从而减少溢出现象，因为溢出会导致查询时发生自连接。

谓语到列映射的一种方法是使用一组散列函数，将谓语映射到一组列编号，并将谓语及其宾语存储到这组列中的第一个空列上；在一个主语对应的一行中，如果存储某谓语（及其宾语）时，散列函数计算得出的这组列中的所有列都被之前存储的该主语的谓语占用了，则产生溢出，到下一行存储该谓语。例如，表 3-4 给出了谓语到列映射的散列函数表，其中包括 h_1 和 h_2 两个散列函数，映射了 5 个谓语到列编号组。现在开始存储以 Android 作为主语的三元组：当存储 (Android, developer, Google)时，在 dph 表中为主语 Android 插入一个新行，根据 h_1 的值将谓语 developer 存入列 pred1；当存储 (Android, version, 8.1)时，根据 h_1 的值将谓语 version 存储列 pred2；当存储 (Android, kernel, Linux) 时，谓语 kernel 被 h_1 映射到列 pred1，但该列已被占用，因而接着被 h_2 映射到列 pred3；当存储 (Android, preceded, 8.0)时，谓语 preceded 被 h_1 映射到列 predk；当存储 (Android, graphics, OpenGL)时，谓语 graphics 被 h_1 映射到列 pred3，被 h_2 映射到列 pred2，但这两列都已被占用，这时产生溢出，将谓语 graphics 溢出到下一行的列 pred3 中存储，如图 3-13 的 dph 表所示。

表 3-4　谓语到列映射的散列函数表

谓语	h_1	h_2
developer	1	3
version	2	1
kernel	1	3
preceded	k	1
graphics	3	2

如果可以事先获取知识图谱的一个子集，则可以利用知识图谱的内在结构优化谓语到列的映射。方法是将谓语到列的映射转化为图着色（Graph Coloring）问题[31]。将一个主语上出现的不同谓语称为共现谓语（Co-occurrence Predicates），目标是让共现谓语着上不同颜色（映射到不同列中），非共现谓语可以着上相同颜色（映射到同一列中）。为此，构建图着色算法的冲突图（Interference Graph）：图中节点为知识图谱中的所有谓语；每对共现谓语节点之间由一条边相连。图着色问题的要求是为冲突图中的节点着上颜色，使得每

个节点的颜色不同于其任一邻接节点的颜色，并使所用颜色数最少；对应到谓语映射问题，即为冲突图中的谓语节点分配列，使得每个谓语映射到的列不同于其任一共现谓语映射到的列，并使所用的列数目最少。图 3-15 给出了图 3-4 中知识图谱的冲突图。可见，对于 13 个谓语，仅使用了 5 种颜色，即只需使用 5 列。需要指出的是，图着色是经典的 NP 难问题，对于规模较大的冲突图可用贪心算法（如 Welsh-Powell 算法）[32]求得近似解。

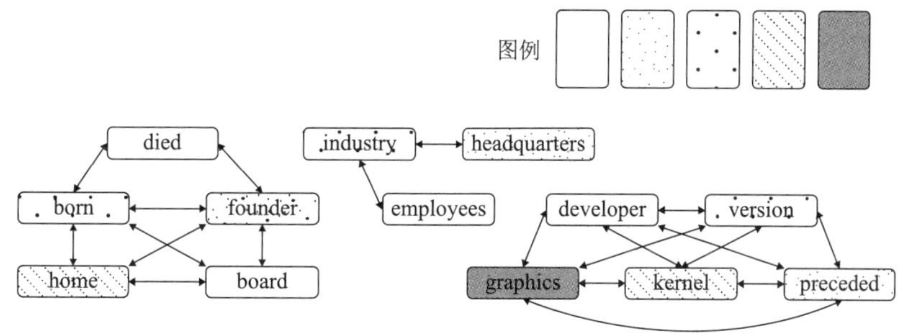

图 3-15　冲突图

如果在大规模真实知识图谱（如 DBpedia）中，图着色所需颜色数量超过了关系数据表的列数上限 m，则根据某种策略（如最频繁使用的前 k 个谓语）选取一个谓语子集，使得该谓语子集到列的映射满足图着色要求；对于不在该子集中的谓语，再使用前面提到的散列函数组策略进行映射。

3.2.2　面向 RDF 的三元组数据库

由于 RDF 是 W3C 推荐的表示语义网上关联数据（Linked Data）的标准格式，RDF 也是表示和发布 Web 上知识图谱的最主要数据格式之一。面向 RDF 的三元组数据库是专门为存储大规模 RDF 数据而开发的知识图谱数据库，其支持 RDF 的标准查询语言 SPARQL。本节将分别介绍几种主要的开源和商业 RDF 三元组数据库。

主要的开源 RDF 三元组数据库包括：Apache 旗下的 Jena、Eclipse 旗下的 RDF4J 以及源自学术界的 RDF-3X 和 gStore；主要的商业 RDF 三元组数据库包括：Virtuoso、AllegroGraph、GraphDB 和 BlazeGraph。Apache Jena 将以实践形式进行详细介绍；下面分别介绍 RDF4J、RDF-3X、gStore、Virtuoso、AllegroGraph、GraphDB 和 BlazeGraph。

1. 开源 RDF 三元组数据库 RDF4J

RDF4J 目前是 Eclipse 基金会旗下的开源孵化项目，其前身是荷兰软件公司 Aduna 开发的 Sesame 框架。Sesame 框架的历史可以追溯到 1999 年，当时作为 Aduna 公司的一个语义 Web 项目进行开发，后来发展成为语义 Web 领域一个非常有名的管理和处理 RDF 的开源 Java 框架，功能包括 RDF 数据的解析、存储、推理和查询等。2016 年 5 月，Sesame 框架改名为 RDF4J，并迁移为 Eclipse 开源项目继续开发。

RDF4J 本身提供内存和磁盘两种 RDF 存储机制，支持全部的 SPARQL 1.1 查询和更新语言，可以使用与访问本地 RDF 库相同的 API 访问远程 RDF 库，支持所有主流 RDF 数据格式，包括 RDF/XML、Turtle、N-Triples、N-Quads、JSON-LD、TriG 和 TriX。

RDF4J 框架的重要特点是其模块化的软件架构设计。图 3-16 给出了 RDF4J 的高层架构图，其设计采取典型的层次结构。

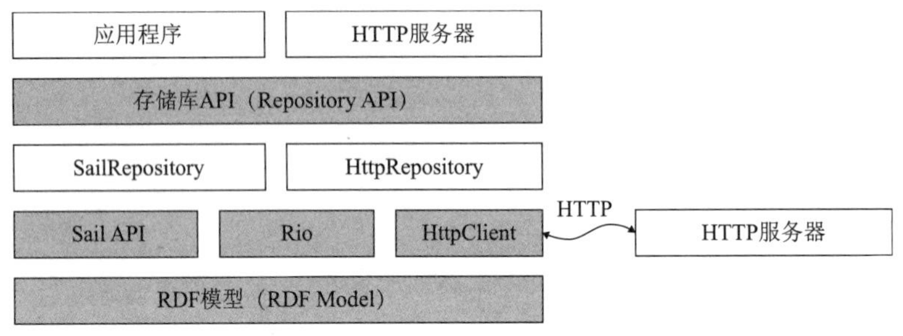

图 3-16　RDF4J 的高层架构图

（1）底层的 RDF 模型定义了 URI、空节点（Blank Node）、字面值（Literal）和语句（Statement）等 RDF 基本元素。

（2）Rio 代表“RDF I/O”，即 RDF 输入/输出，包括各种 RDF 文件格式的解析器（Parser）和编写器（Writer），解析器负责将 RDF 文件解析为 RDF 模型中的三元组语句，编写器负责将三元组语句写为 RDF 文件。

（3）Sail API 代表“存储和推理层 API”（Storage And Inference Layer API），是实现 RDF 存储和推理的底层系统（System）API（即 SPI），其作用是将 RDF 存储和推理功能从底层实现细节中抽象出来，使得底层存储和推理实现模块可以透明地被替换；Sail API 是 SAIL 底层存储开发者需要实现的 API，普通用户无须关心；RDF4J 自带了两种 Sail API 实现，即基于内存的 MemoryStore 和基于磁盘的 NativeStore。

（4）存储库 API（Repository API）是用户使用的 RDF 管理和处理高层 API，提供 RDF 的存储、查询和推理等服务，面向终端用户，简单易用；存储库 API 的一种实现是基于本地 SAIL 实现的 SailRepository，另一种是基于远程 HTTP 服务器实现的 HttpRepository。

（5）架构图的顶层是用户开发的应用程序和 HTTP 服务器，用户应用程序直接调用存储库 API；HTTP 服务器实现了通过 HTTP 访问存储库 API 的 Web 服务，可通过 HttpClient 库与 HTTP 服务器进行远程通信，从而访问远程 RDF4J 存储库。

RDF4J 可以通过其官方网站下载。下面给出部署 RDF4J 服务器和工作台的步骤。

步骤 1。下载 RDF4J SDK zip 压缩包，解压并安装到本机的任意位置。

步骤 2。开启 Tomcat Web 服务器，将 RDF4J 安装目录下的 war 子目录中的 rdf4j-server.war 和 rdf4j-workbench.war 复制到 Tomcat 的 Web 应用程序部署目录 webapps 中。

步骤 3。打开浏览器，访问 http://localhost:8080/rdf4j-workbench，出现 RDF4J 工作台管理 Web 界面。

步骤 4。选择左侧栏菜单项【Repositories】/【New repository】，Type 选择“Native Java Store”，即基于磁盘的本地 RDF 存储（默认是 In Memory Store，即基于内存的 RDF 存储），单击【Next】按钮，进入下一个页面。

步骤 5。输入新建存储库的 ID 为 testds，其他接受默认设置，单击【Create】按钮，创建存储库。

步骤 6。选择左侧栏菜单项【Modify】/【Add】，右侧出现 Add RDF 页面，在 RDF Data File 一栏，单击【选择文件】按钮，选择 3.4 节中的 RDF 知识图谱文件 music_1000_triples.nt，单击【Upload】按钮，将 RDF 文件上传至 RDF4J 存储库。

步骤 7。选择左侧栏菜单项【Explore】/【Summary】，右侧的 Summary 页面中显示存储库位置（Repository Location）和存储库规模（Repository Size）等信息。

步骤 8。选择左侧栏菜单项【Explore】/【Query】，出现查询界面 Query Repository，查询语言选择 SPARQL，在 Query 文本框中输入 SPARQL 查询，单击 Action 一栏中的【Execute】按钮，获得查询结果，如图 3-17 所示。

正是由于 RDF4J 规范的模块化设计，使其成为很多其他 RDF 三元组数据库（如 GraphDB）的上层标准框架，这些三元组库只需要实现各自的 SAIL API，依赖于 RDF4J 存储库 API 的应用程序而无须修改，便可以在不同的三元组库之间实现透明切换。

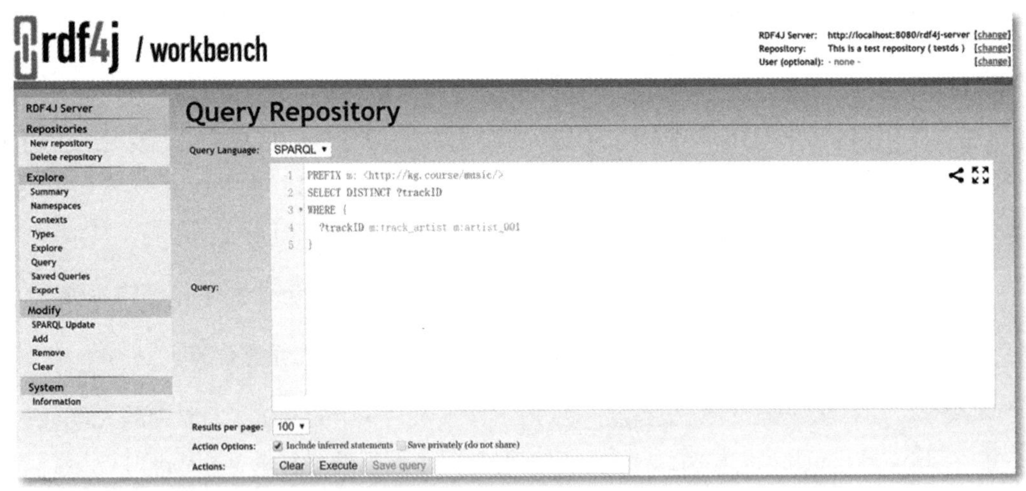

图 3-17 使用 RDF4J 工作台执行 SPARQL 查询

2. 开源 RDF 三元组数据库 RDF-3X

RDF-3X 是由德国马克斯·普朗克计算机科学研究所研发的 RDF 三元组数据库系统，其最初成果发表于 2008 年的数据库国际会议 VLDB[28]，后经功能扩展和完善，最新版本是 GH-RDF3X，源代码可以从 GitHub 上下载。目前，RDF-3X 只支持 Linux 系统。

RDF-3X 的最大特点在于其为 RDF 数据精心打造的压缩物理存储方案、查询处理和查询优化技术。在逻辑存储上，虽然以简单的三元组表为基础，但首次提出全索引方案：建立 6 种三元组索引 *spo*、*sop*、*osp*、*ops*、*pso* 和 *pos*；建立 6 种二元聚合索引 *sp*、*ps*、*so*、*os*、*po* 和 *op*；建立 3 种一元聚合索引 *s*、*p*、*o*。在物理存储上，采用基于 B+树的压缩方案：使用字典快速查找表建立 RDF 字符串到整数 id 的映射；使用面向字节的增量编码压缩技术，实现三元组的压缩存放；三元组压缩限于 B+树页面内部，不会跨越不同页面，避免了不必要的解压缩操作，能够提高查询效率。借助巧妙设计的三元组压缩技术，全索引方案的空间开销是可以接受的，全索引为查询处理和优化带来了巨大便利。

对于利用全索引方案的查找，仅以 *spo* 索引为例进行举例。如图 3-18 所示，利用 *spo* 索引查找三元组模式 (Albert_Einstein, invented, ?x)，*spo* 索引中存储的是已经进行字典编码之后的由整数 id 值组成的 (*s*, *p*, *o*)三元组，并且已按照 *s*、*p*、*o* 值由小到大的顺序进行了排序。查找步骤如下：

步骤 1。查找字典编码表，将主语 Albert_Einstein 映射为 16，将 invented 映射为 24，

将三元组模式查询变为 (16, 24, ?x)。

步骤 2。利用 B+树进行前缀为 (16, 24)的范围查找，该查找在 B+树中可以快速完成。

步骤 3。返回匹配的索引项三元组 (16, 24, 567)和 (16, 24, 876)。

步骤 4。最后再查找字典编码表，将整数 id 映射回字符串。

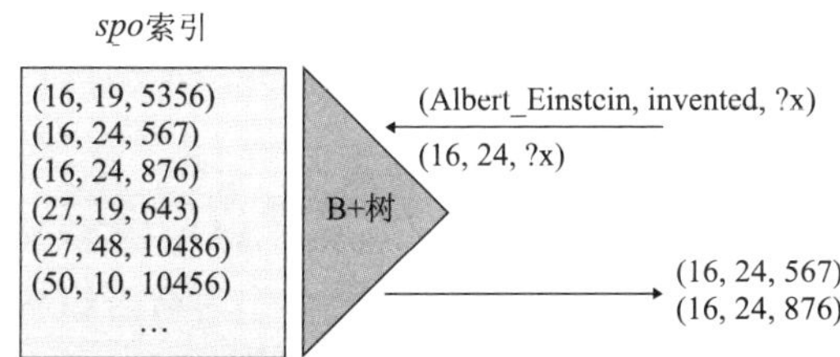

图 3-18　使用 *spo* 索引进行三元组模式查找

RDF-3X 的查询处理器首先对 SPARQL 查询进行转化，生成若干查询执行计划；对于仅包含一个三元组模式的查询，可以通过一次相应索引查找操作完成；对于由多个三元组模式组成的查询，需要对多个连接的顺序进行优化。RDF-3X 采用的是一种自底向上的动态规划优化算法，其优化过程充分考虑了 SPARQL 查询的特点，并且最大限度地保持了有利于用全索引方案进行归并连接的连接顺序。同时，RDF-3X 还开发了基于代价模型的选择度评估（Selectivity Estimates）机制，采用选择度直方图和频繁连接路径相结合的方法进行查询执行计划的选择度评估。

RDF-3X 是命令行程序，使用 RDF-3X 装载 RDF 文件 music_1000_triples.nt 的命令如图 3-19 所示，其中的 rdf3xload 是命令名称，testds 是数据库名称；进行 SPARQL 查询的命令如图 3-20 所示，rdf3query 是命令名称，sparql.rq 是 SPARQL 查询文件名称。

```
[xinwang@x1 gh-rdf3x]$ bin/rdf3xload testds ~/music_1000_triples.nt
RDF-3X turtle importer
(c) 2008 Thomas Neumann. Web site: http://www.mpi-inf.mpg.de/~neumann/rdf3x
Parsing /home/xinwang/music_1000_triples.nt...
Building the dictionary...
Resolving string ids...
Loading database into testds...
Loading triples...
Loading strings...
Computing statistics...
Done.
```

图 3-19　使用 RDF-3X 装载 RDF 文件

```
[xinwang@x1 gh-rdf3x]$ bin/rdf3xquery testds sparql.rq
RDF-3X query interface
(c) 2008 Thomas Neumann. Web site: http://www.mpi-inf.mpg.de/~neumann/rdf3x
(c) 2013 Hancel Gonzalez and Giuseppe De Simone. Web site: http://github.com/gh-
rdf3x/gh-rdf3x
<http://kg.course/music/track_00001>
<http://kg.course/music/track_00025>
<http://kg.course/music/track_00071>
<http://kg.course/music/track_00077>
<http://kg.course/music/track_00101>
<http://kg.course/music/track_00109>
<http://kg.course/music/track_00131>
<http://kg.course/music/track_00145>
```

图 3-20　使用 RDF-3X 进行 SPARQL 查询

3. 开源 RDF 三元组数据库 gStore

gStore 是基于图的 RDF 三元组数据库。gStore 将 RDF 图 G 中的每个实体节点及其邻居属性和属性值编码成一个二进制位串，由这些位串作为节点组成一张与 RDF 图 G 对应的标签图 G^*。在执行 SPARQL 查询时，将查询图 Q 也转化为一张查询的标签图 Q^*。gStore 的研究工作已经证明了 Q^*在 G^*上的匹配是 Q 在 G 上匹配的超集。为了支持在 G^* 上快速地查找到 Q^*的匹配位置，gStore 系统提出建立“VS 树”索引，其基本思想实际上是为标签图 G*建立不同详细程度的摘要图（summary graph）；利用“VS”树索引提供的摘要图，gStore 系统提出可以大幅削减 SPARQL 查询的搜索空间，加快查询速度。

目前，gStore 已经作为开源项目发布，源代码和文档可以从其 GitHub 项目网站下载。与 RDF-3X 一样，gStore 只能在 Linux 系统上运行。关于 gStore 内部实现的详细信息可参见文献[33]。

使用 gStore 提供的 gconsole 交互式命令行客户端装载 RDF 图数据和执行 SPARQL 查询的步骤如下：

步骤 1。在编译成功的 gStore 目录下，运行 bin/gconsole，进入交互式命令行客户端。

步骤 2。执行命令 build testds music_1000_triples.nt，构建数据库 testds，并将 RDF 文件 music_1000_triples.nt 装载到 testds 数据库。

步骤 3。执行命令 load testds，加载 testds 数据库。

步骤 4。执行命令 query sparql.rq，执行文件 sparql.rq 中的 SPARQL 查询。

4. 商业 RDF 三元组数据库 Virtuoso

Virtuoso 虽然是可以支持多种数据模型的混合数据库管理系统，但其基础源自开发了多年的传统关系数据库管理系统，因此具备较为完善的事务管理、并发控制和完整性机制。Virtuoso 同时发布了商业版本 Virtuoso Universal Server（Virtuoso 统一服务器）和开源版本 OpenLink Virtuoso。其开源版本可在其 GitHub 网站下载。在 Windows 系统上，Virtuoso 可安装为 Windows 服务的形式，启动 OpenLink Virtuoso Server 服务。在浏览器中，打开 http://localhost:8890/，进入 Virtuoso 的 Web 管理界面 Conductor。操作步骤如下：

步骤 1。以默认用户名密码 dba 登录。

步骤 2。单击菜单项【Linked Data】/【Quad Store Upload】，进入 RDF 文件上传页面。

步骤 3。在 File 栏选择文件 music_1000_triples.nt，在 Named Graph IRI 栏输入 http://localhost:8890/DAV/music，单击【Upload】按钮，上传 RDF 文件。

步骤 4。单击菜单项【Linked Data】/【SPARQL】，进入 SPARQL 查询页面。

步骤 5。在 Default Graph IRI 栏中输入 http://localhost:8890/DAV/music。

步骤 6。在 Query 文本框中输入要执行的 SPARQL 查询，单击【Execute】按钮执行，如图 3-21 所示。

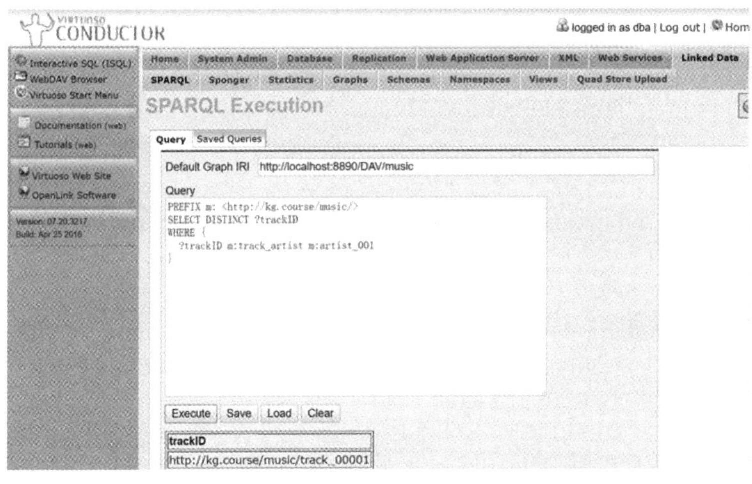

图 3-21　使用 Virtuoso 进行 SPARQL 查询

5. 商业 RDF 三元组数据库 AllegroGraph

AllegroGraph 是 Franz 公司开发的 RDF 三元组数据库。由于 Franz 公司有着深厚的人工智能背景，早期一直开发 Common Lisp 和 Prolog 语言的实现工具，这使得 AllegroGraph 对语义推理功能具有较为完善的支持。AllegroGraph 除了三元组数据库的基本功能外，还支持动态物化的 RDFS++推理机、OWL2 RL 推理机、Prolog 规则推理系统、时空推理机制、社会网络分析库、可视化 RDF 图浏览器等。同时，AllegroGraph 支持 Java、Python、C#、Ruby、Clojure/Scala、Lisp 等多种语言的编程访问接口。图 3-22 所示为 AllegroGraph 的系统架构。

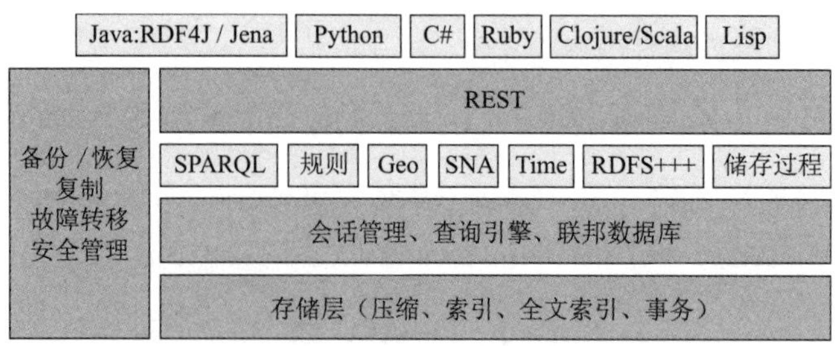

图 3-22 AllegroGraph 的系统架构

下面演示 AllegroGraph 的安装、RDF 知识图谱导入与 SPARQL 查询。从官方网站下载 AllegroGraph 服务器免费版（存储的 RDF 三元组数量不能超过 500 万条）。AllegroGraph 要求操作系统为 64 位 Linux。

步骤 1。解压缩下载的安装包文件：

tar zxf agraph-6.4.1-linuxamd64.64.tar.gz。

解压缩后的目录为 agraph-6.4.1。

步骤 2。进入 agraph-6.4.1 目录，执行安装脚本：install-agraph/home/xinwang/agraph。

将 AllegroGraph 安装到指定目录/home/xinwang/agraph 中。在安装过程中，需要回答一系列系统配置问题，作为测试环境，只需要输入两次管理员用户 super 的密码，对于其他问题直接按 Enter 键，接受默认值即可。

步骤 3。执行脚本，启动 AllegroGraph 服务器：

/home/xinwang/agraph/bin/agraph-control--config/home/xinwang/agraph/lib/agraph.cfg start

输出如下，表示服务器启动成功：

Daemonizing...

Server started normally: Running with free license of 5,000,000 triples; no-expiration.

Access AGWebView at http://127.0.0.1:10035

步骤 4。在浏览器中访问 http://127.0.0.1:10035，打开 AllegroGraph 服务器的 Web 管理界面 AGWebView。以 super 身份登录。

步骤 5。创建数据库。在“Create new repository”部分的“Name”文本框中输入 testds，单击【Create】按钮创建数据库，如图 3-23 所示。

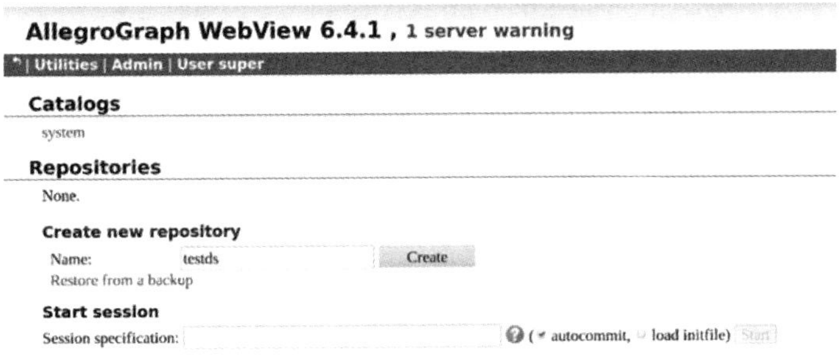

图 3-23　AllegroGraph 创建数据库

步骤 6。导入 RDF 知识图谱。在“Repository testds”页面中，选择【Load and Delete Data】/【Import RDF】/【from an uploaded file】，在该页面上方出现选择 RDF 文件的对话框，在“File:”字段中浏览并选择 music_1000_triples.nt 文件，单击对话框右下方的【OK】按钮。

步骤 7。查询知识图谱。选择页面上方菜单栏中的【Query】/【New】菜单项；转到【Edit query】页面，输入 SPARQL 查询，单击页面下方的【Execute】按钮执行查询，如图 3-24 所示，该查询的执行结果如图 3-25（a）所示。单击查询结果中的第一个实体 track_00001，得到以其为主语的全部三元组详细信息，如图 3-25（b）所示。

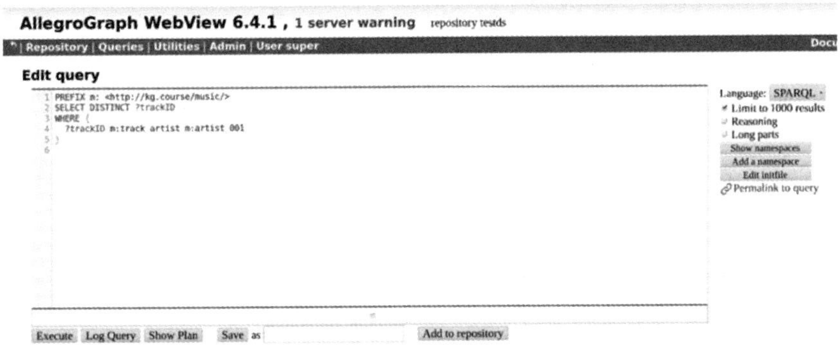

图 3-24　AllegroGraph 执行 SPARQL 查询

8 Results in 31.584 ms

trackID
track_00001
track_00025
track_00071
track_00077
track_00101
track_00109
track_00131
track_00145

（a）SPARQL 查询结果

Statements with track_00001 » **as the subject.**

Predicate	Object
track_name	"track_name_00001"
track_album	album_0001
track_artist	artist_001
track_tag	"tag_name_02"

Add statement...

（b）查询结果中 track_00001 实体的详细信息

图 3-25　AllegroGraph 执行 SPARQL 查询的结果

步骤 8。执行脚本，停止 AllegroGraph 服务器：

/home/xinwang/agraph/bin/agraph-control--config/home/xinwang/agraph/lib/agraph.cfg stop。

6. 商业 RDF 三元组数据库 GraphDB

GraphDB 是 RDF 三元组数据库，其前身 OWLIM 一直是支持 W3C 语义 Web 标准的主流产品。GraphDB 目前有社区免费版、标准版和企业版，其中企业版支持多台机器的集群分布式部署。

GraphDB 的高层架构如图 3-26 所示。

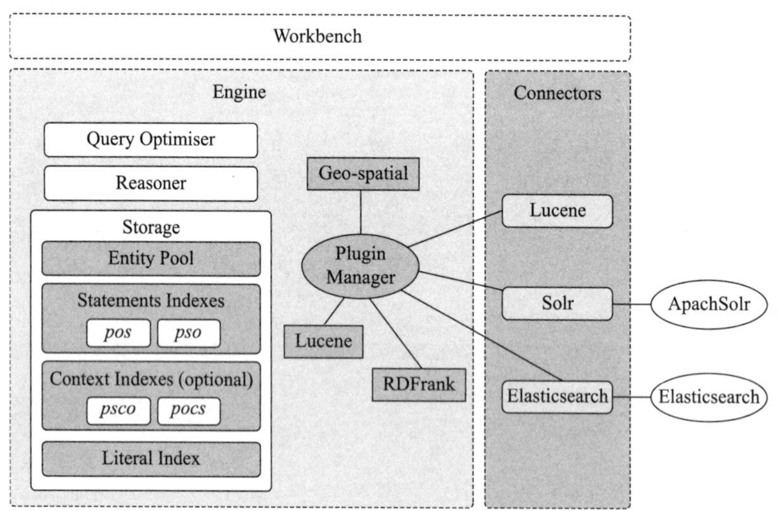

图 3-26　GraphDB 的高层架构

对于 GraphDB 的各部分组件自顶向下进行介绍：

（1）Workbench 是 GraphDB 的 Web 管理工具；

（2）Engine 是查询处理和推理引擎，由查询优化器（Query Optimiser）、推理机（Reasoner）、存储层（Storage）和插件管理器（Plugin Manager）组成；

- 查询优化器能够在多种查询执行计划中挑选出较高效的一种，查询经过解析后会交由查询优化器进行优化；
- 推理机执行基于 RDF 规则的前向链推理，由显式三元组推导出全部导出三元组，导出三元组会随显式三元组的更新而同步更新；
- 存储层使用 *pos* 和 *pso* 两种三元组索引、*psco* 和 *pocs* 两种带有上下文信息的四元组索引以及字面值（Literal）索引存储 RDF 数据；实体池（Entity Pool）是 GraphDB 存储层的核心部件，起到将 RDF 实体（URI、空节点和字面值）映射到内部整数 ID 的字典编码器的作用，同时还实现了对事务管理的支持机制。

（3）Connectors 是 GraphDB 连接外部工具的桥梁，包括用于建立快速关键字查找功能的 Lucene 和用于建立搜索引擎的 Solr 和 Elasticsearch。

（4）插件管理器在 Engine 内起到插件管理作用，既包括 GraphDB 内部实现的插件，也包括各种外部工具连接器。

7. 商业 RDF 三元组数据库 Blazegraph

Blazegraph 在 1.5 版本之前叫作 Bigdata，但众所周知的“大数据”的兴起使得这个不温不火的 RDF 三元组库软件被淹没其中。但这个软件在“大数据”兴起前很多年就叫 Bigdata，迫不得已改名叫 Blazegraph 之后，其开发理念也有所调整。原来仅仅是支持 RDF 三元组存储和 SPARQL，现在已经定位为全面支持 Blueprints 标准的图数据库。不过，其内部实现技术仍是面向 RDF 三元组和 SPARQL 的，因而可以理解为是“基于 RDF 三元组库的图数据库”。

从 2006 年发布至今，Blazegraph 一直由 SYSTAP 公司开发，虽然它既不是最知名的 RDF 三元组库，也不是最流行的图数据库，但开发进展稳扎稳打，积累了相对全面的功能。

Blazegraph 可以通过其官方网站下载。既可以将 Blazegraph 作为 War 包部署为 Web 程序，也可以将其配置为单机或分布式数据库服务器。下面给出通过可执行 jar 包配置单机服务器的步骤。

步骤 1。下载 bigdata-bundled.jar。

步骤 2。在命令行中执行 java -server -Xmx4g -jar bigdata-bundled.jar。

步骤 3。在浏览器中打开 http://localhost:9999，进入 Blazegraph 的 Web 用户界面。

在 Blazegraph Web 用户界面中执行 SPARQL 查询并返回结果的效果，如图 3-27 所示。

图 3-27 Blazegraph 的 Web 用户界面

8. 商业 RDF 三元组数据库 Stardog

Stardog 是由美国 Stardog Union 公司开发的 RDF 三元组数据库，其首个公开发布版本是 2012 年 2 月发布的 Stardog 0.9。Stardog 支持 RDF 图数据模型、SPARQL 查询语言、属性图模型、Gremlin 图遍历语言、OWL2 标准、用户自定义的推理与数据分析规则、虚拟图、地理空间查询以及多种编程语言与网络接口支持。虽然 Stardog 发布较晚，但其对 OWL2 推理机制具有良好的支持，同时具备全文搜索、GraphQL 查询、路径查询、融合机器学习任务等功能，能够支持多种不同编程语言和 Web 访问接口，使得 Stardog 成为一个知识图谱数据存储和查询平台。

Stardog 分为企业版和社区版，社区版可以免费用于非商业用途。下面演示 Stardog 社区版的安装与使用方法。在 Stardog 官方网站中填写邮箱等必要信息，通过邮件中的链接下载许可证文件 stardog-license-key.bin。按照 Stardog 用户手册，推荐在 Linux 操作系统下安装。

步骤 1。使用如下命令在 CentOS Linux 系统上安装 Stardog：

```
    curl http://packages.stardog.com/rpms/stardog.repo >
/etc/yum.repos.d/stardog.repo
    yum install -y stardog
```

默认安装位置为/var/opt/stardog。

步骤 2。设置 STARDOG_HOME 和 PATH 环境变量：

```
    export STARDOG_HOME=/var/opt/stardog
    export PATH="$PATH:/opt/stardog/bin"
```

步骤 3。将许可证文件复制到 STARDOG_HOME 目录：

```
    cp stardog-license-key.bin $STARDOG_HOME
```

步骤 4。启动 Stardog 服务器，默认端口为 HTTP 5820：

```
    stardog-admin server start
```

步骤 5。创建数据库并导入 RDF 文件：

```
    stardog-admin db create -n testds ~/music_1000_triples.nt
```

输出结果如下：

```
    Bulk loading data to new database testds.
    Loaded 821 triples to testds from 1 file(s)in 00:00:00.224 @ 3.7K
triples/sec.
    Successfully created database 'testds'.
```

表示创建数据库并导入 RDF 数据成功。

步骤 6。执行 SPARQL 查询，运行命令：

```
    stardog query testds "PREFIX m: <http://kg.course/music/> SELECT
DISTINCT ?trackID WHERE { ?trackID m:track_artist m:artist_001 }"
```

返回结果为：

```
    +-------------------------------------+
```

```
|             trackID                   |
+---------------------------------------+
| http://kg.course/music/track_00001 |
| http://kg.course/music/track_00025 |
| http://kg.course/music/track_00071 |
| http://kg.course/music/track_00077 |
| http://kg.course/music/track_00101 |
| http://kg.course/music/track_00109 |
| http://kg.course/music/track_00131 |
| http://kg.course/music/track_00145 |
+---------------------------------------+
```

还可以更方便地使用 Web 管理客户端 Stardog Studio 进行数据库管理和查询。在浏览器中访问 http://localhost:5820，使用默认的管理员账号，用户名和密码均为 admin。登录成功后，如图 3-28 所示。

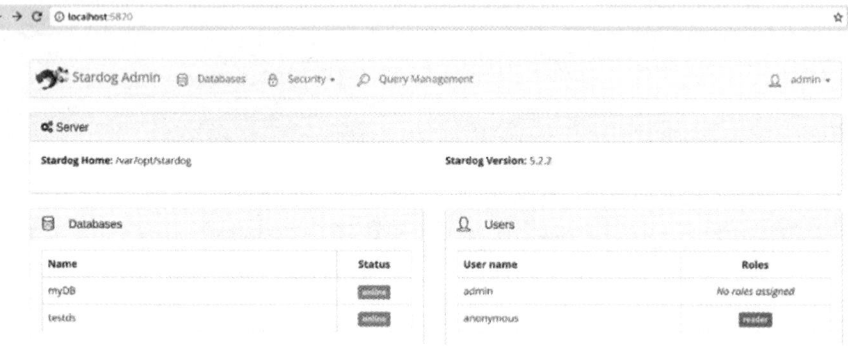

图 3-28 Stardog Studio 管理客户端

选择 testds 数据库，单击【Query】按钮，进入查询界面，输入相应的 SPARQL 语句进行查询，如图 3-29 所示。

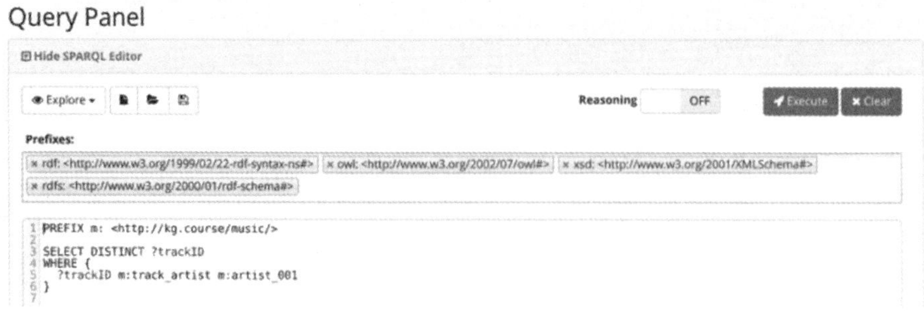

图 3-29 使用 Stardog Studio 执行 SPARQL 查询

3.2.3 原生图数据库

1. 最流行的图数据库 Neo4j

Neo4j 的 1.0 版本发布于 2010 年。Neo4j 基于属性图模型，其存储管理层为属性图结构中的节点、节点属性、边、边属性等设计了专门的存储方案。这使得 Neo4j 在存储层对于图数据的存取效率天生就优于关系数据库。同时，Neo4j 还具备 OLTP 数据库必需的 ACID 事务处理功能。

Neo4j 的不足之处在于其社区版是单机系统，虽然 Neo4j 企业版支持高可用性（High Availability）集群，但其与分布式图存储系统的最大区别在于每个节点上存储图数据库的完整副本（类似于关系数据库镜像的副本集群），不是将图数据划分为子图进行分布式存储，并非真正意义上的分布式数据库系统。如果图数据超过一定规模，系统性能就会因为磁盘、内存等限制而大幅降低。

开发者注册信息后可以免费下载 Neo4j 桌面打包安装版（Neo4j Desktop），其中包括 Neo4j 企业版的全部功能，即 Neo4j 服务器、客户端及全部组件。安装之后的 Neo4j Desktop 数据库管理界面如图 3-30 所示。

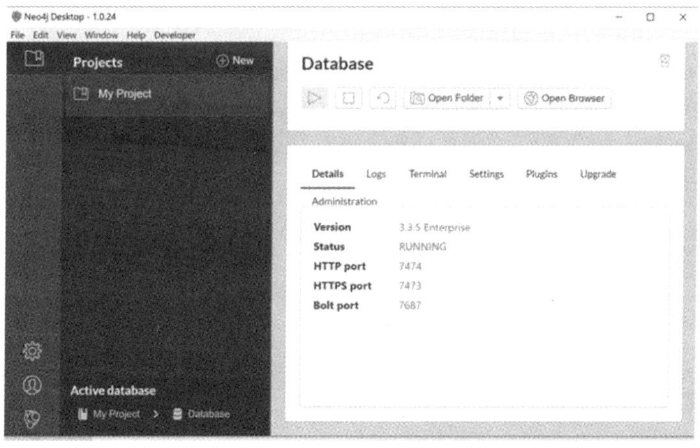

图 3-30 Neo4j Desktop 数据库管理界面

在 Neo4j Desktop 管理界面中选择【Open Browser】，打开 Neo4j 浏览器。Neo4j 浏览器是功能完善的 Neo4j 可视化交互式客户端工具，可以用于执行 Cypher 语言。使用 Neo4j 内置的 Movie 图数据库执行 Cypher 查询，返回“Tom Hanks”所出演的全部电影，如图 3-31 所示。此外，成功启动 Neo4j 服务器之后，会在 7474 和 7473 端口分别开启 HTTP 和

HTTPS 服务。例如，使用浏览器访问 http://localhost:7474/进入 Web 界面，执行 Cypher 查询，其功能与 Neo4j 浏览器是一致的。

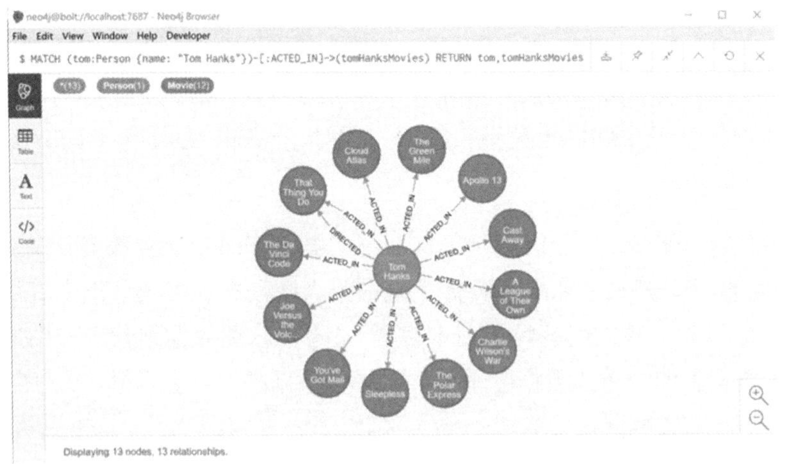

图 3-31 Neo4j 浏览器界面

2. 分布式图数据库 JanusGraph

JanusGraph 借助第三方分布式索引库 Elasticsearch、Solr 和 Lucene 实现各种类型数据的快速检索功能，包括地理信息数据、数值数据和全文搜索。JanusGraph 的前身 Titan 是由 Aurelius 公司开发的，而该公司的创始人 Rodriguez 博士恰恰就是 Blueprints 标准及 Gremlin 语言的主要开发者，Titan 对于 Blueprints 标准和 Gremlin 语言的全面支持便不难理解，JanusGraph 基本上继承了 Titan 的这一特性。同时，JanusGraph 也是 OLTP 图数据库，其支持多用户并发访问和实时图遍历查询。另一方面，JanusGraph 还具备基于 Hadoop MapReduce 的图分析引擎，其可以将 Gremlin 导航查询自动转化为 MapReduce 任务。从这个角度看，JanusGraph 也可作为图计算引擎使用。

3. 图数据库 OrientDB

OrientDB 对于数据模式的支持也相对灵活，可以管理无模式数据（Schema-less），也可以像关系数据库那样定义完整的模式（Schema-full），还可以适应介于两者之间的混合模式（Schema-mixed）数据。在查询语言方面，OrientDB 支持扩展的 SQL 和 Gremlin 用于图上的导航式查询；值得注意的是，在 2.2 版本引入的 MATCH 语句实现了声明式的模式匹配，这类似于 Cypher 语言查询模式。

从数据管理角度来看，OrientDB 是一个功能上相对全面的数据库管理系统，除对图数据基本的存储和查询外，还支持完整的事务处理 ACID 特性、基于多主机复制模式（Multi-Master Replication）的分布式部署、对于多种操作系统的支持（由于使用 Java 开发）和数据库安全性支持等。根据 2018 年 2 月 DB-Engines 的排名，OrientDB 排在最流行图数据库的第 3 位。

下面演示在 Windows 系统下使用 OrientDB 的 Studio 可视化管理界面建立和查询属性图的步骤：

步骤 1。进入 OrientDB 安装目录，执行命令 bin\server.bat，启动 OrientDB 服务器；如果是第一次启动，则需要输入 root 用户的密码。

步骤 2。在浏览器中访问 http://localhost:2480，打开 OrientDB Studio 界面；如果弹出对话框，要求输入用户名和密码，可输入用户名 admin、密码 admin，以管理员身份登录。

步骤 3。单击【NEW DB】按钮，新建数据库；在弹出的对话框中 Name 栏内输入要新建的数据库名称 testgraph，单击【CREATE DATABASE】按钮。

步骤 4。返回 Studio 首页，在“Database”下拉列表中选择刚刚新建的“testgraph”数据库，在“User”栏中输入用户名 root，在“Password”栏中输入 root 用户的密码，单击【CONNET】按钮；进入 Studio 管理操作界面。

步骤 5。单击上方菜单栏的“GRAPH”菜单项，打开图编辑器（Graph Editor），在文本框中输入如图 3-32 所示的语句，构建图 3-3 中的属性图，建立的属性图的可视化展示如图 3-33 所示。

```
CREATE CLASS Programmer EXTENDS V
CREATE CLASS Project EXTENDS V
CREATE VERTEX Programmer SET name='张三', age=29
CREATE VERTEX Programmer SET name='李四', age=27
CREATE VERTEX Programmer SET name='王五', age=32
CREATE VERTEX Programmer SET name='赵六', age=35
CREATE VERTEX Project SET name='图数据库', lang="Java"
CREATE VERTEX Project SET name='RDF三元组库', lang="C++"
CREATE CLASS Knows EXTENDS E
CREATE CLASS Participate EXTENDS E
CREATE EDGE Knows FROM ( SELECT FROM Programmer WHERE name='张三' ) TO ( SELECT FROM Programmer WHERE name='李四' ) SET weight=0.5
CREATE EDGE Knows FROM ( SELECT FROM Programmer WHERE name='张三' ) TO ( SELECT FROM Programmer WHERE name='王五' ) SET weight=1.0
CREATE EDGE Participate FROM ( SELECT FROM Programmer WHERE name='张三' ) TO ( SELECT FROM Project WHERE name='图数据库' ) SET weight=0.4
CREATE EDGE Participate FROM ( SELECT FROM Programmer WHERE name='王五' ) TO ( SELECT FROM Project WHERE name='图数据库' ) SET weight=0.4
CREATE EDGE Participate FROM ( SELECT FROM Programmer WHERE name='王五' ) TO ( SELECT FROM Project WHERE name='RDF三元组库' ) SET weight=0.2
CREATE EDGE Participate FROM ( SELECT FROM Programmer WHERE name='赵六' ) TO ( SELECT FROM Project WHERE name='图数据库' ) SET weight=0.2
```

图 3-32　OrientDB 中建立属性图的语句

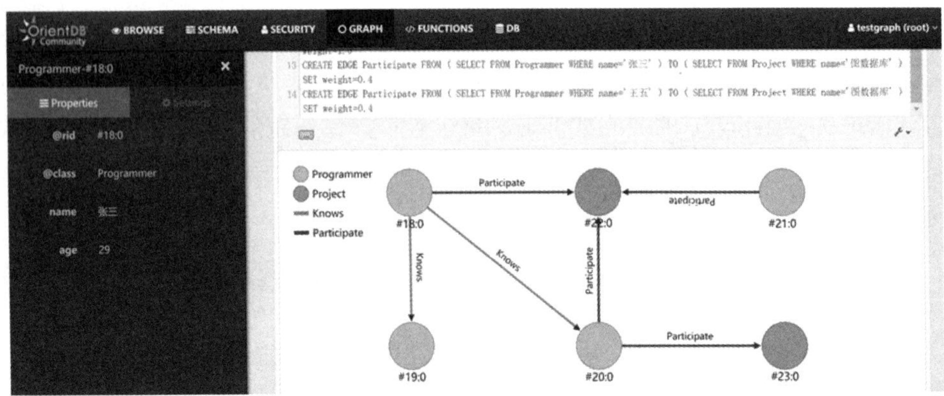

图 3-33 OrientDB Studio 的图编辑器

步骤 6。单击上方菜单栏的“BROWSE”菜单项，要“查询张三（节点编号#18:0）认识（Knows）的程序员”，在文本框中输入 Gremlin 查询语句 g.v('#18:0').out('Knows')，单击【RUN】按钮执行查询，返回查询结果，如图 3-34 所示。

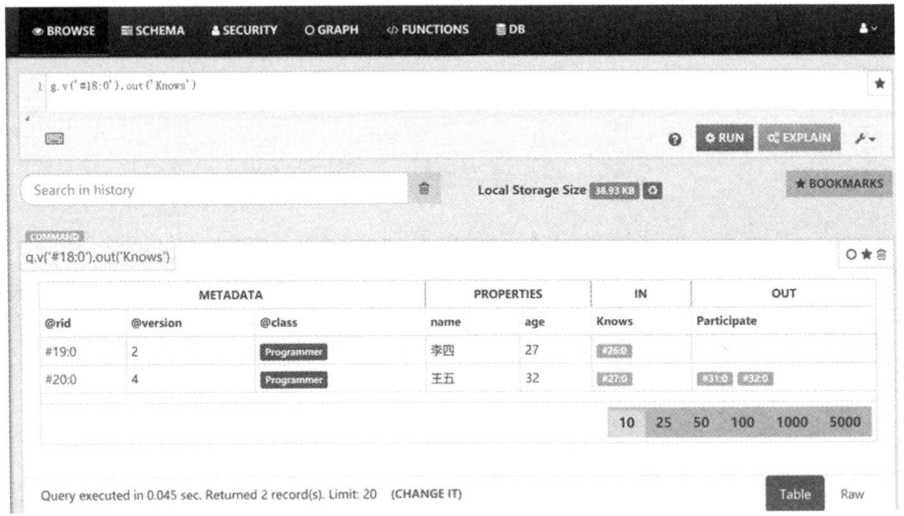

图 3-34 OrientDB Studio 中执行 Gremlin 查询

4. 图数据库 Cayley

Cayley 使用 Go 语言开发，可以作为 Go 类库使用；对外提供 REST API；具有内置的查询编辑器和可视化界面；支持多种查询语言，包括基于 Gremlin 的 Gizmo、GraphQL 和 MQL；支持多种存储后端，包括键值数据库 Bolt、LevelDB，NoSQL 数据库 MongoDB、

CouchDB、PouchDB、ElasticSearch，关系数据库 PostgreSQL、MySQL 等；具有良好的模块化设计，易于扩展，对新语言和存储后端有良好的支持。

Cayley 的最新发布版本可以从其 GitHub 网站下载。下面演示在 Windows 系统中，使用 Cayley 的 Web 界面将 RDF 数据装载到默认的内存存储后端并进行查询的步骤。

步骤 1。打开“命令提示符”，进入 Cayley Windows 版本的安装目录。

步骤 2。执行命令 cayley http，该命令将启动 Cayley 服务，以内置的内存存储作为后端数据库，并对外提供 HTTP 服务。

步骤 3。在浏览器中打开 http://127.0.0.1:64210，进入 Cayley 的 Web 可视化查询界面。

步骤 4。单击左侧栏的【Write】菜单项，在右侧的【Write an N-Quads file】栏选择要装载的 RDF 文件 music_1000_triples.nt，单击【Write file】，如装载成功，右上方将出现提示。

步骤 5。单击左侧栏的【Query】菜单项，在右侧上方文本框中输入查询：
g.V("<http://kg.course/music/artist_001>").In("<http://kg.course/music/track_artist>").All()
单击左侧栏上方的【Run Query】，如查询执行成功，则在右侧下方文本框返回 JSON 格式的查询结果。注意，这里使用的是基于 Gremlin 扩展的 Gizmo 查询语言，函数名称与标准 Gremlin 不尽相同。

步骤 6。单击左侧栏的 Visualize 菜单项，在右侧上方文本框输入查询：
g.V("<http://kg.course/music/track_00001>").Tag("source").Out("<http://kg.course/music/track_album>").Tag("target").All()。
单击左侧栏上方的 Run Query，如查询执行成功，则在右侧下方显示查询结果的可视化图形：从源节点（source 标签）<http://kg.course/music/track_00001>出发，链接到目标节点（target 标签），即查询结果节点，如图 3-35 所示。

需要指出的是，Cayley 虽然可以存储 N-Quads 格式的 RDF 文件，但目前尚不支持 SPARQL 查询。

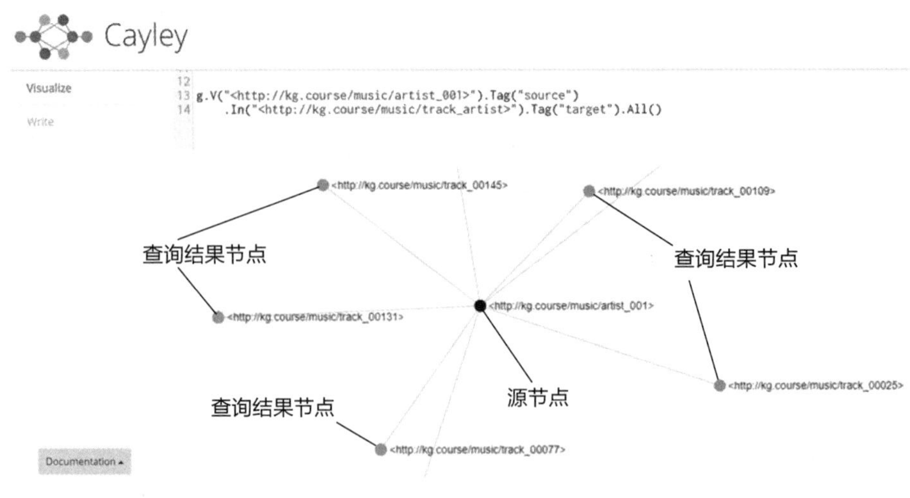

图 3-35 Cayley 查询结果的可视化

3.2.4 知识图谱数据库比较

下面对常用的知识图谱数据库进行比较，如表 3-5 所示。总体来讲，基于关系的存储系统继承了关系数据库的优势，成熟度较高，在硬件性能和存储容量满足的前提下，通常能够适应千万到十亿级三元组规模的管理。官方测评显示，关系数据库 Oracle 12c 配上空间和图数据扩展组件（Spatial and Graph）可以管理的三元组数量高达 1.08 万亿条[34]！当然，这样的性能效果是在 Oracle 专用硬件上获得的，所需软硬件成本投入很大。对于一般在百万到上亿级三元组的管理，使用稍高配置的单机系统和主流 RDF 三元组数据库（如 Jena、RDF4J、Virtuoso 等）完全可以胜任。如果需要管理几亿到十几亿以上大规模的 RDF 三元组，则可尝试部署具备分布式存储与查询能力的数据库系统（如商业版的 GraphDB 和 BlazeGraph、开源的 JanusGraph 等）。近年来，以 Neo4j 为代表的图数据库系统发展迅猛，使用图数据库管理 RDF 三元组也是一种很好的选择；但目前大部分图数据库还不能直接支持 RDF 三元组存储，对于这种情况，可采用数据转换方式，先将 RDF 预处理为图数据库支持的数据格式（如属性图模型），再进行后续管理操作。

表 3-5 主要知识图谱数据库的比较

类 型	名 称	许可证	存储方案	开发语言	特点描述
基于关系	3store	开源	三元组表	C	早期系统，三元组存储代表
	DLDB	研究原型	水平表	Java	早期系统，水平表存储代表
	Jena	开源	属性表	Java	主流语义 Web 框架与数据库

续表

类 型	名 称	许可证	存储方案	开发语言	特点描述
基于关系	SW-Store	研究原型	垂直划分	C	科研原型系统，垂直划分代表
	IBM DB2	商业	DB2RDF	Java	支持 RDF 的主流商业数据库
	Oracle 12*c*	商业	关系存储	Java	支持 RDF 的主流商业数据库
RDF 三元组库	RDF4J	开源	SAIL API	Java	主流语义 Web 框架与数据库
	RDF-3X	开源	六重索引	C++	科研原型系统，六重索引代表
	gStore	开源	VS 树	C++	科研原型系统，原生图存储
	Virtuoso	商业	多模型混合	C/C++	语义 Web 项目常用 RDF 数据库
	AllegroGraph	商业	三元组索引	Common Lisp	擅长语义推理功能
	GraphDB	商业	三元组索引	Java	支持 SAIL 层推理功能
	Blazegraph	商业	三元组索引	Java	基于 RDF 三元组库的图数据库
	StarDog	商业	三元组索引	Java	支持 OWL2 推理机制
图数据库	Neo4j	开源/商业	原生图存储	Java	最流行的图数据库
	JanusGraph	开源	分布式存储	Java	分布式图数据库
	OrientDB	商业	原生图存储	Java	支持多模型数据管理
	Cayley	开源	外部存储	Go	轻量级开源图数据库

3.3 知识存储关键技术

为了适应大规模知识图谱数据的存储管理与查询处理，知识图谱数据库内部针对图数据模型设计了专门的存储方案和查询处理机制。本节首先以图数据库 Neo4j 为例介绍其内部存储方案，然后简要描述知识图谱数据库的两类索引技术。

3.3.1 知识图谱数据库的存储：以 Neo4j 为例

这一节将深入 Neo4j 图数据库底层，探究其原生的图存储方案。对于遵循属性图的图数据库，存储管理层的任务是将属性图编码表示为在磁盘上存储的数据格式。虽然不同图数据库的具体存储方案各有差异，但一般认为具有“无索引邻接”特性（Index-Free Adjacency）的图数据库才称为原生图数据库[35]。

在实现了“无索引邻接”的图数据库中，每个节点维护着指向其邻接节点的直接引用，这相当于每个节点都可看作是其邻接节点的一个“局部索引”，用其查找邻接节点比使用“全局索引”更能节省时间。这就意味着图导航操作代价与图大小无关，仅与图的遍历范围成正比。

作为对比，来看看在非原生图数据库中使用全局索引关联邻接节点的情形。图 3-36 给出了一个全局索引的示例，一般用 B+树实现，如查找“张三”认识的人，需要 $O(\log n)$ 的代价，其中 n 为节点总数。如果觉得这样的查找代价还是可以接受的话，那么换一个问题，“谁认识张三”的查找代价是多少？显然，对于这个查询，需要通过全局索引检查每个节点，看其认识的人中有没有张三，总代价为 $O(n\log n)$，这样的复杂度对于大图数据的遍历操作是不可接受的。有人说，可为“被认识”关系再建一个同样的全局索引，但那样索引的维护开销就会翻倍，而且仍然不能做到图遍历操作代价与图规模无关。

只有将图数据的边表示的关系当作数据库的“一等公民”（即数据库中最基本、最核心的概念，如关系数据库中的“关系”），才能实现真正的“无索引邻接”特性。图 3-37 给出的是将“认识”关系作为双向可导航边进行存储的逻辑图，在其中查找“张三”认识的人，只需沿着张三的“认识”出边导航；查找认识“张三”的人，只需沿着张三的“认识”入边导航；显然，这两种操作的代价均为 $O(1)$，即与图数据的规模无关。

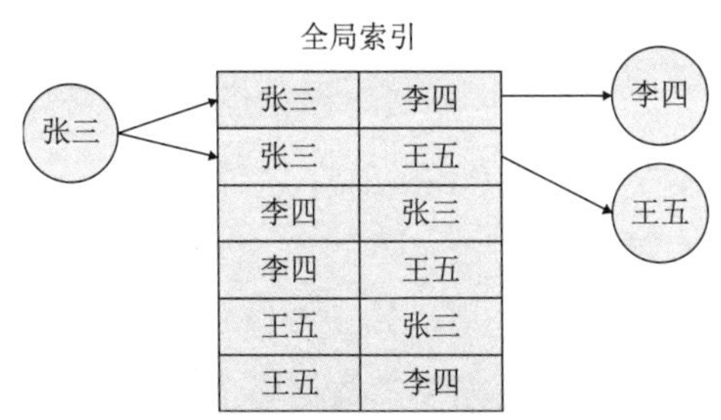

图 3-36 邻接关系的全局索引示例

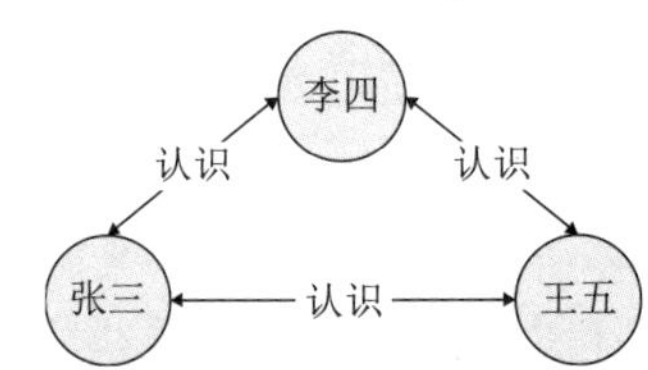

图 3-37 将关系作为“一等公民”

在 Neo4j 数据库中，属性图的不同部分是被分开存储在不同文件中的。正是这种将图结构与图上属性分开存储的策略，使得 Neo4j 具有高效率的图遍历操作。首先，来看在 Neo4j 中是如何存储图节点和边的。图 3-38 给出了 Neo4j 中节点和边记录的物理存储结构，其中每个节点记录占用 9 字节，每个边记录占用 33 字节。

节点记录存储在文件 neostore.nodestore.db 中。节点记录的第 0 字节 inUse 是记录使用标志字节的，告诉数据库该记录是否在使用中，还是已经删除并可回收用来装载新的记录；第 1~4 字节 nextRelId 是与节点相连的第 1 条边的 id；第 5~8 字节 nextPropId 是节点的第 1 个属性的 id。

边记录存储在文件 neostore.relationshipstore.db 中。边记录第 0 字节 inUse 含义与节点

记录相同，表示是否正被数据库使用的标志；第 1~4 字节 firstNode 和第 5~8 字节 secondNode 分别是该边的起始节点 id 和终止节点 id；第 9~12 字节 relType 是指向该边的关系类型的指针；第 13~16 字节 firstPrevRelId 和第 17~20 字节 firstNextRelId 分别为指向起始节点上前一个和后一个边记录的指针；第 21~24 字节 secPrevRelId 和第 25~28 字节 secNextRelId 分别为指向终止节点上前一个和后一个边记录的指针；指向前后边记录的 4 个指针形成了两个“关系双向链”；第 29~32 字节 nextPropId 是边上的第 1 个属性的 id。

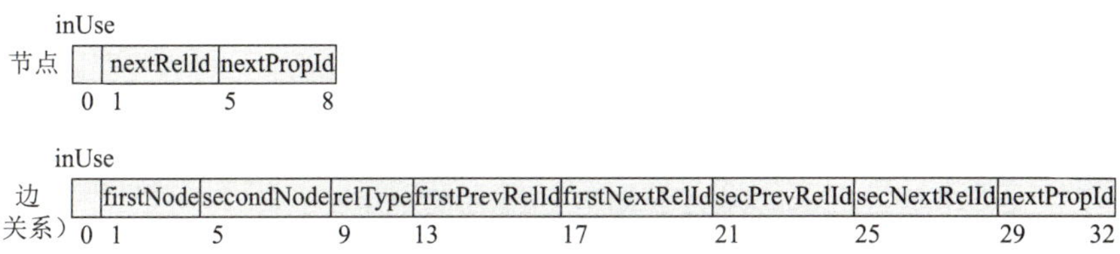

图 3-38　Neo4j 中节点和边记录的物理存储结构

Neo4j 实现节点和边快速定位的关键是“定长记录”的存储方案，将具有定长记录的图结构与具有变长记录的属性数据分开存储。例如，一个节点记录长度是 9 字节，如果要查找 id 为 99 的节点记录所在位置（id 从 0 开始），则可直接到节点存储文件第 891 个字节处访问（存储文件从第 0 个字节开始）。边记录也是“定长记录”，长度为 33 字节。这样，数据库已知记录 id 可以 $O(1)$的代价直接计算其存储地址，而避免了全局索引中 $O(n\log n)$的查找代价。

图 3-39 展示了 Neo4j 中各种存储文件之间是如何交互的。存储在节点文件中的节点 1 和节点 4 均有指针指向存储在属性文件中各自的第 1 个属性记录；也有指针指向存储在边文件中各自的第 1 条边，分别为边 7 和边 8。如要查找节点属性，可由节点找到其第 1 个属性记录，再沿着属性记录的单向链表进行查找；如要查找一个节点上的边，可由节点找到其第 1 条边，再沿着边记录的双向链表进行查找；当找到了所需的边记录后，可由该边进一步找到边上的属性；还可由边记录出发访问该边连接的两个节点记录（图 3-39 中的虚线箭头）。需要注意的是，每个边记录实际上维护着两个双向链表，一个是起始节点上的边，一个是终止节点上的边，可以将边记录想象为被起始节点和终止节点共同拥有，双向链表的优势在于不仅可在查找节点上的边时进行双向扫描，而且支持在两个节点间高效率地添加和删除边。

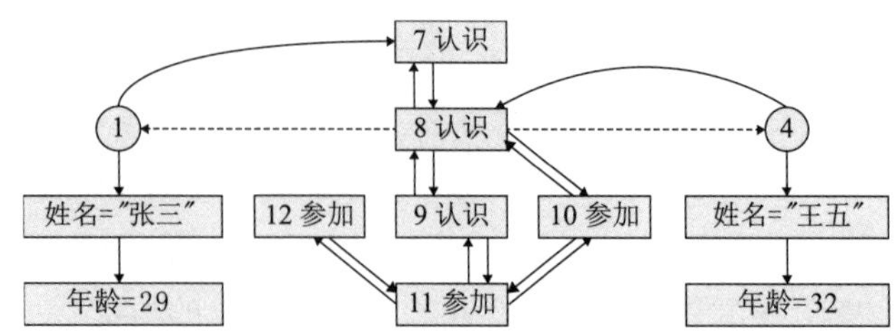

图 3-39 Neo4j 中图的物理存储

例如，由节点 1 导航到节点 4 的过程为：

（1）由节点 1 知道其第 1 条边为边 7；

（2）在边文件中通过定长记录计算出边 7 的存储地址；

（3）由边 7 通过双向链表找到边 8；

（4）由边 8 获得其中的终止节点 id（secondNode），即节点 4；

（5）在节点文件中通过定长记录计算出节点 4 的存储地址。

这些操作除了记录字段的读取，就是定长记录地址的计算，均是 $O(1)$时间的高效率操作。

可见，正是由于将边作为“一等公民”，将图结构实现为定长记录的存储方案，赋予了 Neo4j 作为原生图数据库的“无索引邻接”特性。

3.3.2 知识图谱数据库的索引

图数据上的索引一种是对节点或边上属性数据的索引，一种是对图结构的索引；前者可应用关系数据库中已有的 B+树索引技术直接实现，而后者仍是业界没有达成共识的、开放的研究问题。

1. 属性数据索引

Neo4j 数据库在前述存储方案的基础上还支持用户对属性数据建立索引，目的是加速针对某属性的查询处理性能。Neo4j 索引的定义通过 Cypher 语句完成，目前支持对于同一个类型节点的某个属性构建索引。

例如，对所有程序员节点的姓名属性构建索引。

```
CREATE INDEX ON :程序员(姓名)
```

在一般情况下，在查询中没有必要指定需要使用的索引，查询优化器会自动选择要用到的索引。例如，下面的查询查找姓名为张三的程序员，显然会用到刚刚建立的索引。

```
MATCH (p:程序员{姓名: '张三'})
RETURN p
```

应用该索引无疑会根据姓名属性的值快速定位到姓名是“张三”的节点，而无须扫描程序员节点的全部属性。

删除索引的语句为：

```
DROP INDEX ON :程序员(姓名)
```

不难发现，为图节点或边的属性建立索引与为关系表的某一列建立索引在本质上并无不同之处，完全可以通过 B+树或散列表实现。这种索引并不涉及图数据上的任何图结构信息。

2. 图结构索引

图结构索引是为图数据中的点边结构信息建立索引的方法。利用图结构索引可以对图查询中的结构信息进行快速匹配，从而大幅削减查询搜索空间。大体上，图结构索引分为“基于路径的”和“基于子图的”两种。

（1）基于路径的图索引。一种典型的基于路径的图索引叫作 GraphGrep[36]。这种索引将图中长度小于或等于一个固定长度的全部路径构建为索引结构。索引的关键字可以是组成路径的节点或边上属性值或标签的序列。

图 3-40 是在图 3-3 的属性图上构建的 GraphGrep 索引。这里构建的是长度小于或等于 2 的路径索引，关键字为路径上的边标签序列，值为路径经过的节点 id 序列。例如，索引将关键字“认识.参加”映射到节点 id 序列(1, 4, 3)和(1, 4, 5)。

利用该路径索引，类似前面出现过的“查询年龄为 29 的参加了项目 3 的程序员参加的其他项目及其直接或间接认识的程序员参加的项目”的查询处理效率会大幅提高，因为由节点 1 出发，根据关键字“认识.参加”，可以快速找到满足条件的节点 3 和节点 5。

（2）基于子图的索引。基于子图的索引可以看作是基于路径索引的一般化形式，是将图数据中的某些子图结构信息作为关键字，将该子图的实例数据作为值而构建的索引结构。

图 3-41 是在图 3-3 的属性图上构建的一种子图索引。满足第 1 个关键字子图的节点序列为(1, 2, 4)，满足第 2 个关键字子图的节点序列为(1, 4, 3)。

如果查询中包含某些作为关键字的子图结构，则可以利用该子图索引，快速找到与这些子图结构匹配的节点序列，这样可大幅度减小查询操作的搜索空间。

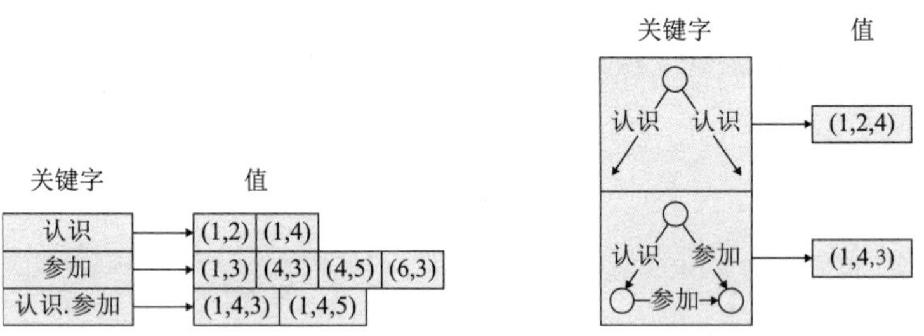

图 3-40 基于路径的图索引示例　　图 3-41 基于子图的图索引示例

不过，一个图数据的子图有指数个，将哪些子图作为关键字建立索引尚未得到很好的解决。一种叫作 gIndex[37]的索引方法，首先利用数据挖掘方法，在图数据中发现出现次数超过一定阈值的频繁子图，再将去掉冗余之后的频繁子图作为关键字建立子图索引。但 gIndex 建立索引的过程是相当耗时的，而且用户查询中还有可能没有包含任何一个频繁子图，这样就无法利用该子图索引。一种更合理的方法是从用户的查询日志中挖掘频繁使用的子图模式，并以此作为关键字建立索引。

3.4 开源工具实践

3.4.1 三元组数据库 Apache Jena

1. 开源工具简介

Apache Jena 是 Apache 顶级项目，其前身为惠普实验室开发的 Jena 工具包。Jena 是语义 Web 领域主要的开源框架和 RDF 三元组库，较好地遵循 W3C 标准，其功能包括：RDF 数据管理、RDFS 和 OWL 本体管理、SPARQL 查询处理等。Jena 具备一套原生存储引擎，可对 RDF 三元组进行基于磁盘或内存的存储管理；同时具有一套基于规则的推理引擎，用于执行 RDFS 和 OWL 本体推理任务。本实践相关工具、实验数据及操作说明由 OpenKG 提供，地址为 http://openkg.cn。

2. 开源工具的技术架构

Apache Jena 框架如图 3-42 所示。自底向上看，Jena 的存储 API 为上层提供基本三元组存储和本体存储功能，支持的底层存储类型包括：基于内存的存储、基于关系数据库的 SDB 存储、基于原生三元组的 TDB 存储和用户定制的存储。推理 API 为上层提供本体推理服务，可以使用 Jena 内置基于规则的推理机进行 RDFS 和 OWL 本体上的推理任务，或者选择通过接口调用第三方外部推理机。Jena 对外界应用程序的 API 包括实现基本三元组管理功能的 RDF API、实现 RDFS 和 OWL 本体推理功能的本体 API 和实现查询处理功能的 SPARQL API。Java 应用程序代码可以通过导入类库的形式直接调用这些 API。Jena 还提供了支持各种 RDF 三元组格式的解析器和编写器，支持的三元组格式包括：RDF/XML、Turtle、N-Triple 和 RDFa。

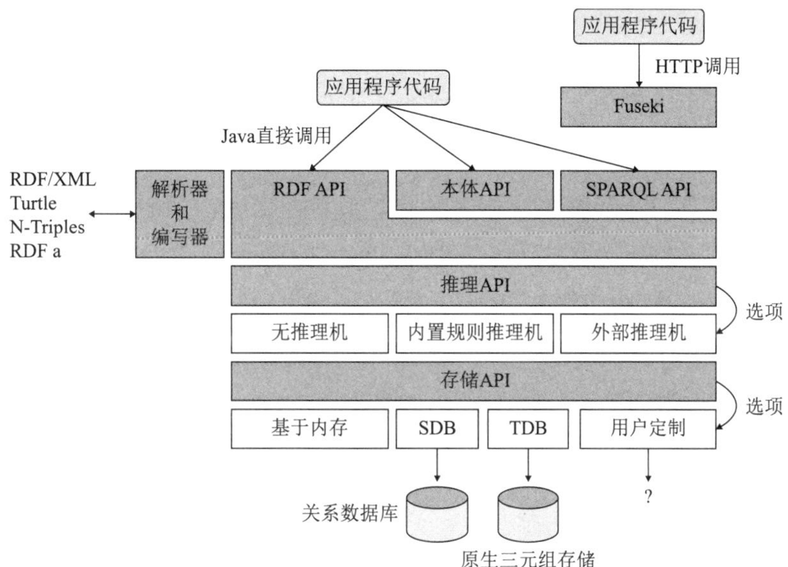

图 3-42　Apache Jena 框架

实质上，Jena 是一个 Java 框架类库。在一般情况下，上述功能需要在 Java 程序中进行调用。Jena 为了用户使用方便，提供了一个名为 Fuseki 的独立 RDF 数据库 Web 应用程序。本实践将使用 Fuseki 作为认识知识图谱数据库的入门工具。

Fuseki 是基于 Jena 的 SPARQL 服务器，可以作为独立的服务由命令行启动，也可以作为操作系统服务或 Java Web 应用程序。Fuseki 底层存储基于 TDB，具有 SPARQL 查询处理的 Web 用户界面，同时提供服务器监控和管理功能界面。Fuseki 支持最新的

SPARQL 1.1 版本，同时支持 SPARQL 图存储 HTTP 协议。

本实践包括：Jena Fuseki 的安装，启动 Fusek，生成知识图谱数据，将知识图谱装载到 Fuseki，查询知识图谱，更新知识图谱。

访问 OpenKG 可以获取使用实例和整体配置细节。

3. 其他类似工具

RDF4J 是 Eclipse 基金会旗下的开源孵化项目，其前身是荷兰软件公司 Aduna 开发的 Sesame 框架，其功能包括：RDF 数据的解析、存储、推理和查询等。RDF4J 提供内存和磁盘两种 RDF 存储机制，支持 SPARQL 1.1 查询和更新语言。

gStore 是由北京大学开发的基于图的 RDF 三元组数据库。

AllegroGraph 是 Franz 公司开发的 RDF 三元组数据库。AllegroGraph 对语义推理功能具有较为完善的支持。除了三元组数据库的基本功能，AllegroGraph 还支持动态物化的 RDFS++推理机、OWL2 RL 推理机、Prolog 规则推理系统、时空推理机制、社会网络分析库、可视化 RDF 图浏览器等。

GraphDB 是由 Ontotext 软件公司开发的 RDF 三元组数据库。GraphDB 实现了 RDF4J 框架的 SAIL 层，可以使用 RDF4J 的 RDF 模型、解析器和查询引擎直接访问 GraphDB。GraphDB 的特色是对于 RDF 推理功能的良好支持。

3.4.2 面向 RDF 的三元组数据库 gStore

1. 开源工具简介

gStore 是由北京大学计算机科学技术研究所数据管理实验室自 2011 年开始研发的面向 RDF 知识图谱的开源图数据库系统，遵循 Apache 开源协议。不同于传统基于关系数据库的 RDF 数据管理方法，gStore 原生基于图数据模型，在存储 RDF 数据时维持并根据其图结构构建了基于二进制位图索引的新型索引结构——VS 树。本实践相关工具、实验数据及操作说明由 OpenKG 提供，下载链接为 http://openkg.cn/tool/gstore。

2. 开源工具的技术架构

如图 3-43 所示为 gStore 的整体处理流程，gStore 的 RDF 数据管理可分为两部分：离线数据存储和在线查询处理。

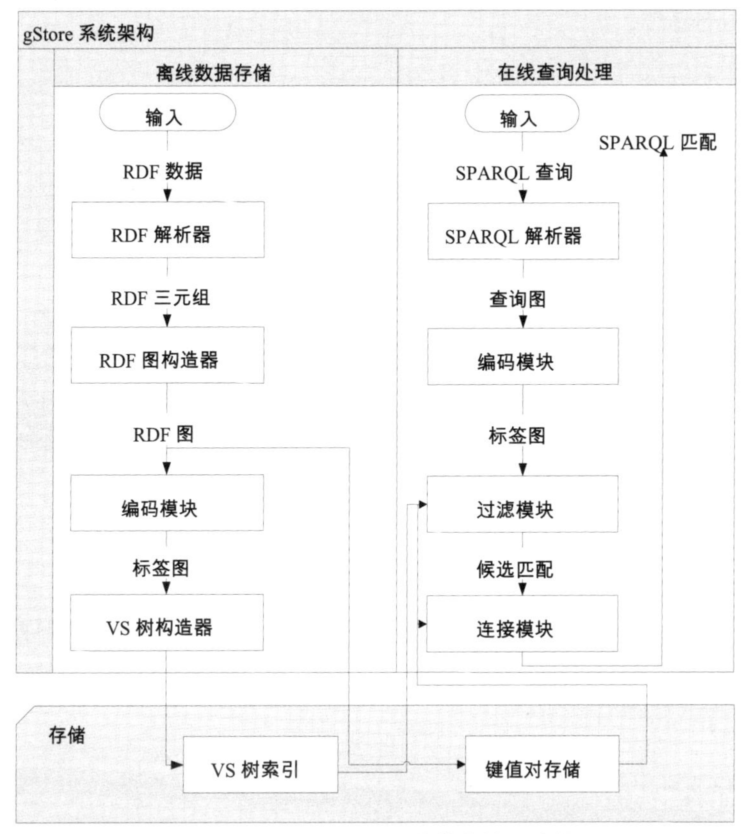

图 3-43　gStore 的整体处理流程

在离线数据存储阶段，gStore 将 RDF 数据解析成图格式并以邻接表的方式存储在键值数据库上。同时，gStore 将 RDF 数据上的所有点和边通过二进制编码的方式编码成若干位图索引，并将这些位图索引组织成 VS 树。

在在线查询处理阶段，gStore 也将 SPARQL 查询解析成查询图。然后，gStore 按照对 RDF 数据图的编码方式，将 SPARQL 查询图进行编码以形成一个标签图，并在 VS 树和 RDF 数据图的邻接表上进行检索以得到每个查询变量的候选匹配。最后，gStore 将所有查询变量的候选匹配连接成最终匹配。

目前，gStore 只能在 Linux 系统上通过 Shell 命令编译、安装与运行。同时，gStore 官网还提供了 gStore Workbench，方便用户操作 RDF 数据库。具体包括：

（1）环境配置。Linux 中编译、安装与运行 gStore 需要预安装一些 C++库，包括

readline、curl 和 boost 等。

可以从 OpenKG 网站或 gStore 官网上下载 gStore 源代码，然后通过 make 来编译得到 gStore 运行程序。

同时，通过 OpenKG 网站或 gStore 官网可以下载 gStore Workbench，进行编译安装后可以得到 gStore Workbench。

（2）数据导入。gStore 目前支持 NT 格式的 RDF 数据，利用 gStore 安装路径下 bin 目录中 gbuild 或者 gStore Workbench 中的数据库管理页面导入数据。

gStore Workbench 中的数据库管理页面还记录目前 gStore 包括的数据库统计信息。

（3）查询处理。gStore 目前完全支持 SPARQL 1.0 查询语法，利用 gStore 安装路径下 bin 目录中 gquery 或者 gStore Workbench 中的图数据库查询页面，就可以输入查询然后得到结果。

gStore 同时还提供 HTTP 接口，可以利用 gStore 安装路径下 bin 目录中 ghttp 启动 HTTP 服务，进而接收其他机器远程通过 HTTP 发来的 SPARQL 查询请求。

访问 OpenKG 网站可以获取使用实例和整体配置细节。

3. 其他类似工具

Jena 的前身是惠普实验室（HP Labs）2000 年开发的工具包。Jena 从发布起就一直是语义 Web 领域最为流行的开源 Java 框架和 RDF 数据库之一，并始终遵循 W3C 标准，其提供的 API 功能包括：RDF 数据管理、RDFS 和 OWL 本体管理、SPARQL 查询处理。针对 RDF 数据，Jena 维护了一张大的三元组表和三种属性表，包括单值属性表、多值属性表和属性类表。

Virtuoso 是 OpenLink 公司开发的知识图谱管理系统，有免费的社区版和收费的商业版。Virtuoso 是可以支持包括 RDF 在内的多种数据模型的混合数据库管理系统。其基础源自开发了多年的传统关系数据库管理系统，因此具备较为完善的事务管理、并发控制和完整性机制。

参考文献

[1] Graham Klyne，Jeremy J Carroll，Brian McBride. RDF 1.1 Concepts and Abstract Syntax. W3C Recommendation.（2014-2-25）. https://www.w3.org/TR/rdf11-concepts/.

[2] Tim Berners-Lee. Reification of RDF and N3 - Design Issues.（2004-12-17）.https://www.w3.org/DesignIssues/Reify.html.

[3] Tinkerpop/Blueprints. Property Graph Model. （2016-7-13）.https://github.com/tinkerpop/blueprints/wiki/Property-Graph-Model.

[4] Steve Harris，Andy Seaborne. SPARQL 1.1 Query Language.W3C Recommendation 21 March 2013. https://www.w3.org/TR/sparql11-query/.

[5] Wikipedia. Subgraph isomorphism problem.（2018-10-13）.https://en.wikipedia.org/wiki/Subgraph_isomorphism_problem.

[6] Paula Gearon，Alexandre Passant，Axel Polleres. SPARQL 1.1 Update. W3C Recommendation 21 March 2013. https://www.w3.org/TR/sparql11-update/.

[7] Gregory Todd Williams. SPARQL 1.1 Service Description. W3C Recommendation 21 March 2013. https://www.w3.org/TR/sparql11-service-description/.

[8] Eric Prud'hommeaux，Carlos Buil-Aranda. SPARQL 1.1 Federated Query. W3C Recommendation 21 March 2013. https://www.w3.org/TR/sparql11-federated-query/.

[9] Andy Seaborne. SPARQL 1.1 Query Results JSON Format. W3C Recommendation 21 March 2013. http://www.w3.org/TR/sparql11-results-json/.

[10] Birte Glimm，Chimezie Ogbuji. SPARQL 1.1 Entailment Regimes. W3C Recommendation 21 March 2013. http://www.w3.org/TR/sparql11-entailment/.

[11] Lee Feigenbaum，Gregory Todd Williams，Kendall Grant Clark，et al. SPARQL 1.1 Protocol. W3C Recommendation 21 March 2013. http://www.w3.org/TR/sparql11-protocol/.

[12] WikiBooks. SPARQL. https://en.wikibooks.org/wiki/SPARQL.

[13] Wikidata. SPARQL tutorial. https://www.wikidata.org/wiki/Wikidata:SPARQL_tutorial.

[14] Apache Jena. SPARQL Tutorial. https://jena.apache.org/tutorials/sparql.html.

[15] Neo4j. Cypher Query Language Developer Guides & Tutorials. https://neo4j.com/developer/cypher/.

[16] The openCypher Project. https://www.opencypher.org.

[17] Michael Rudolf，Marcus Paradies，Christof Bornhövd，et al. The Graph Story of the SAP HANA Database.BTW，2013，13：403–420.

[18] RedisGraph. https://oss.redislabs.com/redisgraph/.

[19] AgensGraph - The Performance-Driven Graph Database. （2017）. http://www.agensgraph.com/.

[20] Memgraph. https://memgraph.com/.

[21] Apache TinkerPop. TinkerPop3 Documentation v.3.3.3.（2018-8）.http://tinkerpop.apache.org/docs/3.3.3/reference/.

[22] Apache TinkerPop. The Gremlin Graph Traversal Machine and Language. https://tinkerpop.apache.org/gremlin.html.

[23] The DBpedia Project. https://wiki.dbpedia.org/.

[24] Harris S，Gibbins N. 3store: Efficient bulk RDF storage. 1st International Workshop on Practical and Scalable Semantic Systems，2003.

[25] PAN Zh X，Heflin J. DLDB:Extending Relational Databases to Support Semantic Web Queries. Proceedings of the First International Workshop on Practical and Scalable Semantic Systems，2003.

[26] Wilkinson K. Jena Property Table Implementation. The Second International Workshop on Scalable Semantic Web Knowledge Base，2016.

[27] Abadi D J，Marcus A，Madden S R，et al. Scalable Semantic Web Data Management Using Vertical Partitioning//Proceedings of the 33rd international conference on Very large data bases. VLDB Endowment，2007：411-422.

[28] Abadi D J, Marcus A, Madden S R. SW-Store: a vertically partitioned DBMS for Semantic Web data management. Vldb Journal, 2009, 18(2):385-406.

[29] Neumann T，Weikum G. RDF-3X: a RISC-style engine for RDF. Proceedings of the VLDB Endowment，2008，1（1）：647-659.

[30] Weiss C，Karras P，Bernstein A. Hexastore: Sextuple Indexing for Semantic Web Data Management. Proceedings of the VLDB Endowment，2008，1（1）：1008-1019.

[31] Bornea M A，Dolby J，Kementsietsidis A，et al. Building an Efficient RDF Store Over a Relational Database//Proceedings of the 2013 ACM SIGMOD International Conference on Management of Data. ACM，2013：121-132.

[32] Wikipedia. Graph coloring. https://en.wikipedia.org/wiki/Graph_coloring.

[33] https://en.wikipedia.org/wiki/Greedy_coloring.

[34] Zou L，Özsu M T，Chen L，et al. gStore：A Graph-Based Sparql Query Engine. The VLDB journal，2014，23（4）：565-590.

[35] W3C Wiki. LargeTripleStores. https://www.w3.org/wiki/LargeTripleStores.

[36] Ian Robinson，Jim Webber，Emil Eifrem. Graph Databases. . O'Reilly Media，2015.

[37] Giugno R，Shasha D. Graphgrep：A Fast and Universal Method for Querying Graphs//Pattern Recognition. Proceedingsof the 16th International Conference on IEEE，2002，2：112-115..

第4章 知识抽取与知识挖掘

王志春　北京师范大学，陈华钧　浙江大学，王昊奋　同济大学

知识抽取是构建大规模知识图谱的重要环节，而知识挖掘则是在已有知识图谱的基础上发现其隐藏的知识。知识抽取和知识挖掘对于知识图谱的构建及应用具有重要的意义。本章将首先介绍知识抽取的技术和方法，然后介绍知识内容挖掘和知识结构挖掘。

4.1 知识抽取任务及相关竞赛

4.1.1 知识抽取任务定义

知识抽取是实现自动化构建大规模知识图谱的重要技术，其目的在于从不同来源、不同结构的数据中进行知识提取并存入知识图谱中。知识抽取的数据源可以是结构化数据（如链接数据、数据库）、半结构化数据（如网页中的表格、列表）或者非结构化数据（即纯文本数据）。面向不同类型的数据源，知识抽取涉及的关键技术和需要解决的技术难点有所不同。

知识抽取的概念最早在 20 世纪 70 年代后期出现于 NLP 研究领域，是指自动化地从文本中发现和抽取相关信息，并将多个文本碎片中的信息进行合并，将非结构化数据转换为结构化数据，包括某一特定领域的模式、实体关系或 RDF 三元组。图 4-1 给出了一个知识抽取的典型例子。给定一段关于苹果公司的文字描述，知识抽取方法可以自动获取关于苹果公司的结构化信息，包括其总部地址、创始人以及创立时间。

苹果公司是一家美国跨国公司，总部位于美国加利福尼亚库比蒂诺，致力于设计、开发和销售消费电子、计算机软件、在线服务和个人计算机。苹果公司由史蒂夫·乔布斯、史蒂夫·沃兹尼克、罗纳德·韦恩创立于1976年4月1日，开发和销售个人计算机。该公司于1977年1月3日正式称为苹果电脑公司，并于2007年1月9日改名为苹果公司，反应其业务重点转向消费电子领域。

苹果公司	总部地址	美国加利福利亚库比蒂诺
苹果公司	创始人	史蒂夫·乔布斯
苹果公司	创始人	史蒂夫·沃兹尼克
苹果公司	创始人	罗纳德·韦恩
苹果公司	创立时间	1976年4月1日

图 4-1 知识抽取的典型例子

具体地，知识抽取包括以下子任务：

1. 命名实体识别

从文本中检测出命名实体，并将其分类到预定义的类别中，例如人物、组织、地点、时间等。图 4-1 中高灰色标记的文字就是命名实体，在一般情况下，命名实体识别是知识抽取其他任务的基础。

2. 关系抽取

从文本中识别抽取实体及实体之间的关系。例如，从句子“[王思聪]是万达集团董事长[王健林]的独子”中识别出实体“[王健林]”和“[王思聪]”之间具有“父子”关系。

3. 事件抽取

识别文本中关于事件的信息，并以结构化的形式呈现。例如，从恐怖袭击事件的新闻报道中识别袭击发生的地点、时间、袭击目标和受害人等信息。

4.1.2 知识抽取相关竞赛

一些重要的竞赛对知识抽取技术的发展起到了巨大的推动作用。这些竞赛一般与学术会议同时举办，在明确定义知识抽取相关任务的基础上，提供标准评测数据和评测指标，吸引了大量的参与者。本节将介绍知识抽取相关的重要竞赛。

1. 消息理解会议（Message Understanding Conference，MUC）

MUC 由美国国防部高级研究计划局（DARPA）启动并资助，目的是鼓励和开发更好的信息抽取方法。1987—1998 年，MUC 会议共举办了七届。MUC 不仅仅是学术会议，其更重要的是在于对信息抽取系统的评测。在每届 MUC 会议前，组织者向参加者提供消息文本的样例和信息抽取任务的说明；参加者开发参赛系统并提交系统的输出结果。各个系统的结果与标准结果比对后得到最终的评测结果，参与者最后在会议上交流技术和感受。

在 MUC 的评测中，召回率（Recall）和精确率（Precision）是评价信息抽取系统性能的两个重要评价指标。召回率是系统抽取的正确结果占标准结果的比例；精确率是系统抽取的正确结果占其抽取的所有结果的比例。为了综合两个方面的因素考量系统的性能，通常基于召回率和准确率计算 F1 值。

MUC 会议积极推动了命名实体识别和共指消解等技术的进步与发展。在 MUC 会议中，出现了一些 F1 值高达 90%左右的系统，接近于人工标注的质量。MUC 定义的一系列规范以及确立的评价体系也已经成为知识抽取领域的标准。

2．自动内容抽取（Automatic Content Extraction，ACE）

ACE 是一项由美国国家标准技术研究所（NIST）组织的评测会议，该会议从 1999 年至 2008 年共举办了八次评测。ACE 与 MUC 解决的问题类似，但是 ACE 对 MUC 定义的任务进行了融合、分类和细化。ACE 评测涉及英语、阿拉伯语和汉语三种语言，主要包括以下任务：

（1）实体检测和跟踪。这是 ACE 最基础和核心的任务，该任务要求识别文本中的实体，实体类型包括人物（Person，PER）、组织（Organization，ORG）、设施（Facility，FAC）、地缘政治实体（Geographical Political Entity，GPE）和位置（Location，LOC）等。

（2）关系检测与表征。该任务要求识别和表征实体间的关系，关系被分为五大类，包括角色（role）关系、部分整体（part-whole）关系、位于（at）关系、邻近（near）关系和社会（social）关系，每个大类关系又被进一步细分，总共有 24 种类型。

（3）事件检测与表征。该任务要求识别实体参与的五类事件，包括交互（interaction）、移动（movement）、转移（transfer）、创建（creation）和销毁（destruction）事件。任务要求自动标注每个事件的文本提及或锚点，并按类型和子类型对其进行分类；最后，还需要根据类型特定的模板进一步确定事件参数和属性。

3．知识库填充（Knowledge Base Population，KBP）

KBP 评测由文本分析会议（Text Analysis Conference，TAC）主办，其目标是开发和评估从非结构化文本中获取知识填充知识库的技术。KBP 评测从 2009 年开始，每年举办一次，截至 2017 年，已经举办了九届。KBP 评测覆盖了知识库填充的独立子任务以及被称为“冷启动”的端到端知识库构建任务。

独立子任务主要包括以下四个方面：

（1）实体发现与链接（Entity Discovery and Linking，EDL）。主要的 EDL 任务是在评估文档集合中提取特定个人（PER）、组织（ORG）、设施（FAC）、地缘政治实体（GPE）和位置（LOC）实体的名称和提及，并将每个提及链接到其对应的 KB 节点。

（2）槽填充（Slot Filling，SF）。插槽填充任务是搜索文档集合以填充特定实体的特定属性（“插槽”）值。

（3）事件跟踪（Event Track）。事件跟踪旨在从非结构化文本中提取关于事件的信息，使其作为结构化知识库的输入。该任务具体包括事件块（Event Nugget）任务（检测和链接事件块）和事件参数（Event Argument）任务（提取属于同一事件的事件参数和链接属于同一事件的参数）。

（4）信念和情感（Belief and Sentiment，BeSt）。信仰和情感跟踪检测实体对另一个实体、关系或事件的信念和情绪。

端到端冷启动知识库构建任务基于给定的知识库模式（KB schema）从文本中获取以下信息：实体，在实体发现与链接任务中定义的实体和实体提及；槽关系，在槽填充中涉及的实体属性（“槽”）；事件，在事件跟踪任务中的事件和事件块；事件参数，在事件跟踪任务中的事件参数；情绪，信念和情感任务中源实体向目标实体的情绪。

4．语义评测（Semantic Evaluation，SemEval）

SemEval 是由 ACL-SIGLEX 组织的国际权威的词义消歧评测，目标是增进人们对词义与多义现象的理解。该评测前期被称为 SenseEval，于 1998 年举办第一届。截至 2017 年，已经成功举办了十一届。早期评测比较关注词义消歧问题，后来出现了更多文本语义理解的任务，包括语义角色标注、情感分析、跨语言语义分析等。

4.2 面向非结构化数据的知识抽取

大量的数据以非结构化数据（即自由文本）的形式存在，如新闻报道、科技文献和政府文件等，面向文本数据的知识抽取一直是广受关注的问题。在前文介绍的知识抽取领域的评测竞赛中，评测数据大多属于非结构化文本数据。本节将对这一类知识抽取技术和方法进行概要介绍，具体包括面向文本数据的实体抽取、关系抽取和事件抽取。

4.2.1 实体抽取

实体抽取又称命名实体识别，其目的是从文本中抽取实体信息元素，包括人名、组织机构名、地理位置、时间、日期、字符值和金额值等。实体抽取是解决很多自然语言处理问题的基础，也是知识抽取中最基本的任务。想要从文本中进行实体抽取，首先需要从文本中识别和定位实体，然后再将识别的实体分类到预定义的类别中去。例如，给定一段新闻报道中的句子“北京时间 10 月 25 日，骑士后来居上，在主场以 119∶112 击退公牛”。实体抽取旨在获取如图 4-2 所示的结果。例句中的“北京”“10 月 25 日”分别为地点和时间类型的实体，而“骑士”和“公牛”均为组织实体。实体抽取问题的研究开展得比较早，该领域也积累了大量的方法。总体上，可以将已有的方法分为基于规则的方法、基于统计模型的方法和基于深度学习的方法。

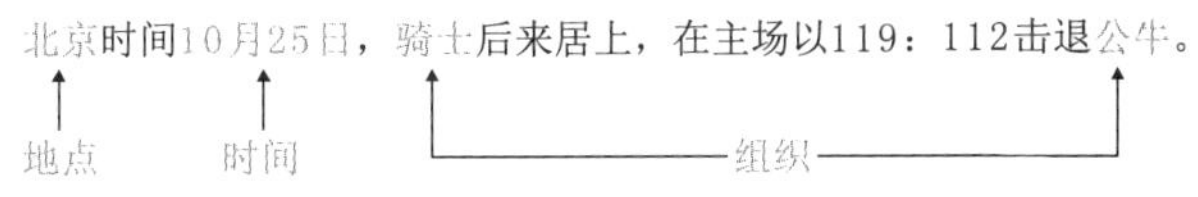
北京时间10月25日，骑士后来居上，在主场以119：112击退公牛。
地点
时间
组织

图 4-2 实体抽取举例

1. 基于规则的方法

早期的命名实体识别方法主要采用人工编写规则的方式进行实体抽取。这类方法首先构建大量的实体抽取规则，一般由具有一定领域知识的专家手工构建。然后，将规则与文本字符串进行匹配，识别命名实体。这种实体抽取方式在小数据集上可以达到很高的准确率和召回率，但随着数据集的增大，规则集的构建周期变长，并且移植性较差。

2. 基于统计模型的方法

基于统计模型的方法利用完全标注或部分标注的语料进行模型训练，主要采用的模型包括隐马尔可夫模型（Hidden Markov Model）、条件马尔可夫模型（Conditional Markov Model）、最大熵模型（Maximum Entropy Model）以及条件随机场模型（Conditional Random Fields）。该类方法将命名实体识别作为序列标注问题处理。与普通的分类问题相比，序列标注问题中当前标签的预测不仅与当前的输入特征相关，还与之前的预测标签相关，即预测标签序列是有强相互依赖关系的。从自然文本中识别实体是一个典型的序列标注问题。基于统计模型构建命名实体识别方法主要涉及训练语料标注、特征定义和模型训练三个方面。

（1）训练语料标注。为了构建统计模型的训练语料，人们一般采用 Inside–Outside–Beginning（IOB）或 Inside–Outside（IO）标注体系对文本进行人工标注。在 IOB 标注体系中，文本中的每个词被标记为实体名称的起始词（B）、实体名称的后续词（I）或实体名称的外部词（O）。而在 IO 标注体系中，文本中的词被标记为实体名称内部词（I）或实体名称外部词（O）。表 4-1 以句子“苹果公司是一家美国的跨国公司”为例，给出了 IOB 和 IO 实体标注示例。

表 4-1　IOB 和 IO 实体标注示例

标注体系	苹	果	公	司	是	一	家	美	国	的	跨	国	公	司
IOB 标注	B-ORG	I-ORG	I-ORG	I-ORG	O	O	O	B-ORG	I-ORG	O	O	O	O	O
IO 标注	I-ORG	I-ORG	I-ORG	I-ORG	O	O	O	I-ORG	I-ORG	O	O	O	O	O

（2）特征定义。在训练模型之前，统计模型需要计算每个词的一组特征作为模型的输入。这些特征具体包括单词级别特征、词典特征和文档级特征等。单词级别特征包括是否首字母大写、是否以句点结尾、是否包含数字、词性、词的 n-gram 等。词典特征依赖外部词典定义，例如预定义的词表、地名列表等。文档级特征基于整个语料文档集计算，例如文档集中的词频、同现词等。斯坦福大学的 NER[1]是一个被广泛使用的命名实体识别工具，具有较高的准确率。Stanford NER 模型中定义的特征包括当前词、当前词的前一个词、当前词的后一个词、当前词的字符 n-gram、当前词的词性、当前词上下文词性序列、当前词的词形、当前词上下文词形序列、当前词左侧窗口中的词（窗口大小为 4）、当前词右侧窗口中的词（窗口大小为 4）。定义何种特征对于命名实体识别结果有较大的影响，因此不同命名实体识别算法使用的特征有所不同。

（3）模型训练。隐马尔可夫模型（Hidden Markov Model，HMM）和条件随机场（Conditional Random Field，CRF）是两个常用于标注问题的统计学习模型，也被广泛应用于实体抽取问题。HMM 是一种有向图概率模型，模型中包含了隐藏的状态序列和可观察的观测序列。每个状态代表了一个可观察的事件，观察到的事件是状态的随机函数。HMM 模型结构如图 4-3 所示，每个圆圈代表一个随机变量，随机变量$\boldsymbol{x}_t$是 t 时刻的隐藏状态；随机变量$\boldsymbol{y}_t$是 t 时刻的观测值，图中的箭头表示条件依赖关系。 HMM 模型有两个基本假设：

- 在任意 t 时刻的状态只依赖于其前一时刻的状态，与其他观测及状态无关，即
  $P(\boldsymbol{x}_t|\boldsymbol{x}_{t-1},\boldsymbol{x}_{t-2},\dots,\boldsymbol{x}_1,\boldsymbol{y}_{t-1},\boldsymbol{y}_{t-2},\dots,\boldsymbol{y}_1)=P(\boldsymbol{x}_t|\boldsymbol{x}_{t-1})$；
- 任意时刻的观测只依赖于该时刻的马尔可夫链的状态，与其他观测及状态无关，即
  $P(\boldsymbol{y}_t|\boldsymbol{x}_t,\boldsymbol{x}_{t-1},\boldsymbol{x}_{t-2},\dots,\boldsymbol{x}_1,\boldsymbol{y}_{t-1},\boldsymbol{y}_{t-2},\dots,\boldsymbol{y}_1)=P(\boldsymbol{y}_t|\boldsymbol{x}_t)$。

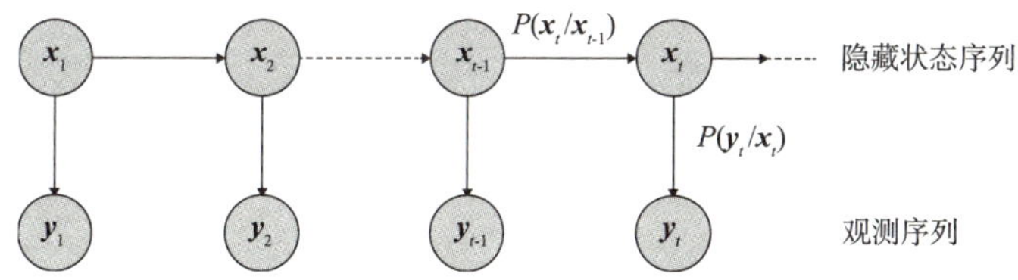

图 4-3　HMM 模型结构

在应用于命名实体识别问题时，HMM 模型中的状态对应词的标记，标注问题可以看作是对给定的观测序列进行序列标注。基于 HMM 的有代表性的命名实体识别方法可参考文献[2, 3]。

CRF 是给定一组输入随机变量条件下另一组输出随机变量的条件概率分布模型。在序列标注问题中，线性链 CRF 是常用的模型，其结构如图 4-4 所示。在序列标注问题中，状态序列变量 $\boldsymbol{x}$ 对应标记序列，$\boldsymbol{y}$ 表示待标注的观测序列。

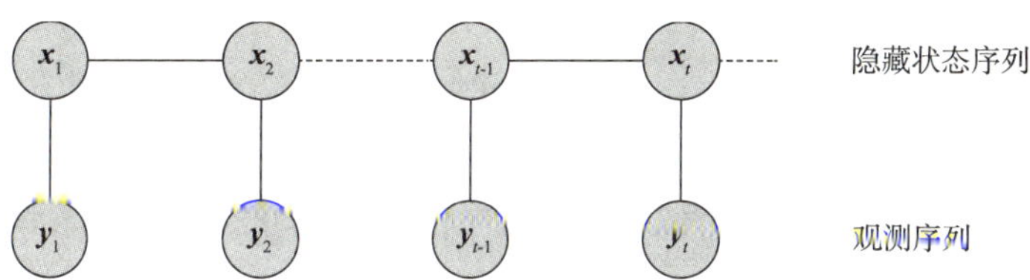

图 4-4　线性链 CRF 模型结构

给定训练数据集，模型可以通过极大似然估计得到条件概率模型；当标注新数据时，给定输入序列 $\boldsymbol{y}$，模型输出使条件概率$P(\boldsymbol{x}|\boldsymbol{y})$最大化的$\boldsymbol{x}^*$。美国斯坦福大学开发的命名实体识别工具 Stanford NER 是基于 CRF 的代表性系统[1]。

3．基于深度学习的方法

随着深度学习方法在自然语言处理领域的广泛应用，深度神经网络也被成功应用于命名实体识别问题，并取得了很好的效果。与传统统计模型相比，基于深度学习的方法直接以文本中词的向量为输入，通过神经网络实现端到端的命名实体识别，不再依赖人工定义的特征。目前，用于命名实体识别的神经网络主要有卷积神经网络（Convolutional Neural Network，CNN）、循环神经网络（Recurrent Neural Network，RNN）以及引入注意力机制（Attention Mechanism）的神经网络。一般地，不同的神经网络结构在命名实体识别过程中扮演编码器的角色，它们基于初始输入以及词的上下文信息，得到每个词的新向量表示；最后再通过 CRF 模型输出对每个词的标注结果。

（1）LSTM-CRF 模型。图 4-5 展示了 LSTM-CRF 命名实体识别模型，是 Guillaume Lample 等人 2016 年在 NAACL-HLT 会议论文中提出的[4]。该模型使用了长短时记忆神经网络（Long Short-Term Memory Neural Network，LSTM）与 CRF 相结合进行命名实体识别。该模型自底向上分别是 Embedding 层、双向 LSTM 层和 CRF 层。Embedding 层是句子中词的向量表示，作为双向 LSTM 的输入，通过词向量学习模型获得。双向 LSTM 层通过一个正向 LSTM 和一个反向 LSTM，分别计算每个词考虑左侧和右侧词时对应的向量，然后将每个词的两个向量进行连接，形成词的向量输出；最后，CRF 层以双向 LSTM 输出的向量作为输入，对句子中的命名实体进行序列标注。经过实验对比发现，双向 LSTM 与 CRF 组合的模型在英文测试数据上取得了与传统统计方法最好结果相近的结果，而传统方法中使用了大量的人工定义的特征以及外部资源；在德语测试数据上，深度学习模型取得了比统计学习方法更优的结果。

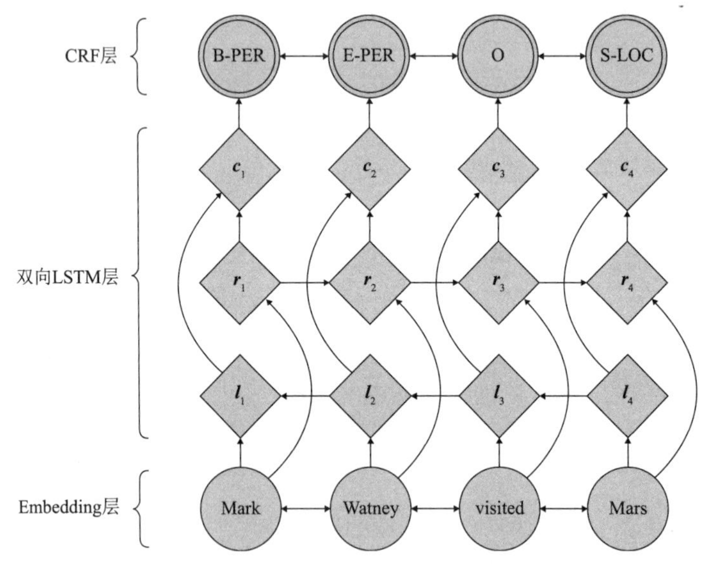

图 4-5 LSTM-CRF 命名实体识别模型[4]

（2）LSTM-CNNs-CRF 模型。MA Xuezhe 等人发表于 ACL2016 的论文提出了将双向 LSTM、CNN 和 CRF 相结合的序列标注模型[5]，并成功地应用于命名实体识别问题中。该模型与 LSTM-CRF 模型十分相似，不同之处是在 Embedding 层中加入了每个词的字符级向量表示。图 4-6 展示了获取词语字符级向量表示的 CNN 模型，该模型可以有效地获取词的形态信息，如前缀、后缀等。模型 Embedding 层中每个词的向量输入由预训练获得的词向量和 CNN 获得的字符级向量连接而成，通过双向 LSTM 和 CRF 层获得词的标注结果。LSTM-CNNs-CRF 序列标注模型框架如图 4-7 所示。在 CoNLL-2003 命名实体识别数据集上，该模型获得了 91.2%的 F1 值。

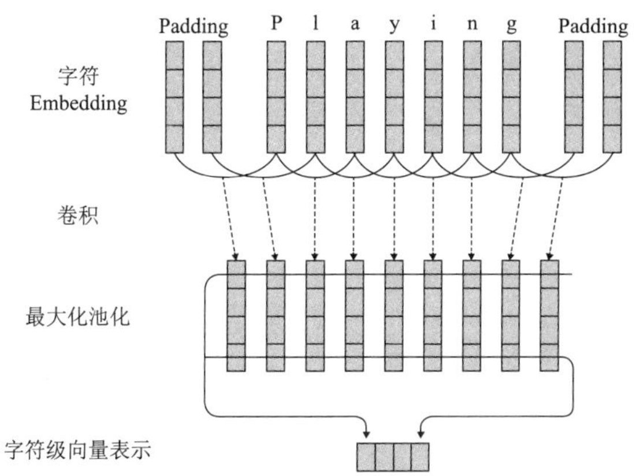

图 4-6　获取词语字符级向量表示的 CNN 模型[5]

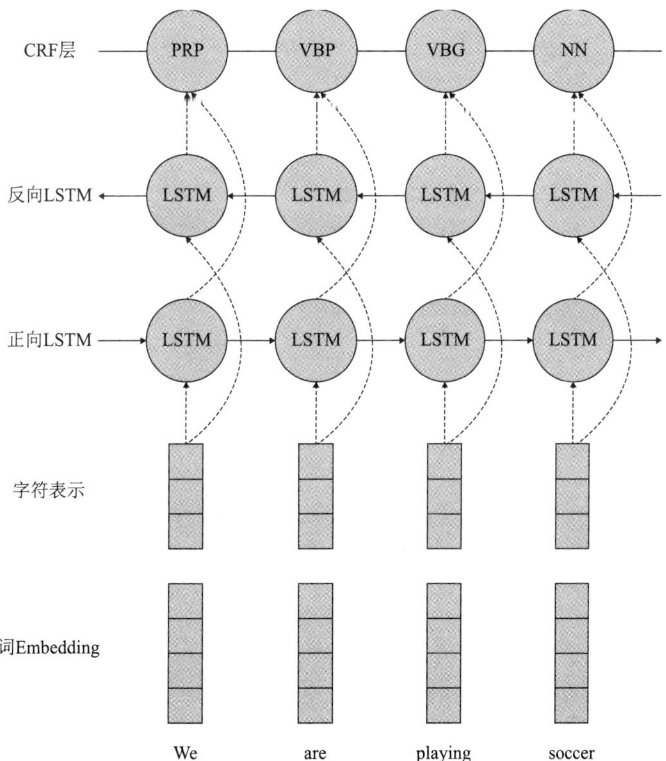

图 4-7　LSTM-CNNs-CRF 序列标注模型框架[5]

（3）基于注意力机制的神经网络模型。在自然语言处理领域，基于注意力机制的神经网络模型最早应用于解决机器翻译问题，注意力机制可以帮助扩展基本的编码器-解码器模型结构，让模型能够获取输入序列中与下一个目标词相关的信息。在命名实体识别问题方面，Marek Rei 等人在 COLING2016 的论文中提出了基于注意力机制的词向量和字符级向量组合方法[6]。该方法认为除了将词作为句子基本元素学习得到的特征向量，命名实体识别还需要词中的字符级信息。因此，该方法除了使用双向 LSTM 得到词的特征向量，还基于双向 LSTM 计算词的字符级特征向量。图 4-8 展示了基于注意力机制的词向量和字符级向量的组合方法。假设输入词为“big”，该方法将词中的字符看作一个序列，然后通过正、反向的 LSTM 计算字符序列的最终状态$\overleftarrow{\boldsymbol{h}_1^*}$和$\overrightarrow{\boldsymbol{h}_3^*}$，两者相连得到词“big”的字符级向量$\boldsymbol{h}^*$。$\boldsymbol{h}^*$通过一个非线性层得到$\boldsymbol{m}$之后，与“big”的词向量$\boldsymbol{x}$进行加权相加，而两者相加的权重$\boldsymbol{z}$是通过一个两层的神经网络计算获得的。在得到句子中每个词的新向量$\widetilde{\boldsymbol{x}}$之后，模型使用 CRF 对句子中的命名实体进行序列标注。注意力机制的引入使得模型可以动态地确定每个词的词向量和字符级向量在最终特征中的重要性，有效地提升了命名识别的效果。与基于词向量和字符级向量拼接的方法相比，基于注意力机制的方法在八个数据集上都获得了最好的实验结果。

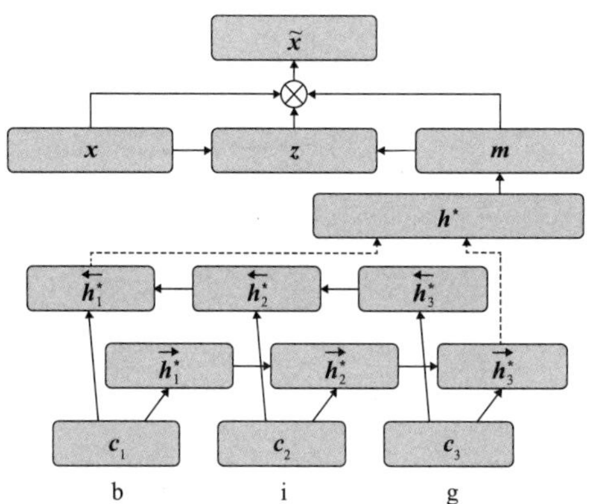

图 4-8　基于注意力机制的词向量和字符级向量组合方法[6]

4.2.2　关系抽取

关系抽取是知识抽取的重要子任务之一，面向非结构化文本数据，关系抽取是从文本中抽取出两个或者多个实体之间的语义关系。关系抽取与实体抽取密切相关，一般在识别出文本中的实体后，再抽取实体之间可能存在的关系。目前，关系抽取方法可以分为基于模板的关系抽取方法、基于监督学习的关系抽取方法和基于弱监督学习的关系抽取方法。

1. 基于模板的关系抽取方法

早期的实体关系抽取方法大多基于模板匹配实现。该类方法基于语言学知识，结合语料的特点，由领域专家手工编写模板，从文本中匹配具有特定关系的实体。在小规模、限定领域的实体关系抽取问题上，基于模板的方法能够取得较好的效果。

假设想从文本中自动抽取具有“夫妻”关系的实体，并且观察到包含“夫妻”关系的例句。

- 例句 1：[姚明]与妻子[叶莉]还有女儿姚沁蕾并排坐在景区的游览车上，画面十分温馨
- 例句 2：[徐峥]老婆[陶虹]晒新写真

可以简单地将上述句子中的实体替换为变量，从而得到如下能够获取“夫妻”关系的模板：

- 模板 1：[X]与妻子[Y] ……
- 模板 2：[X]老婆[Y] ……

利用上述模板在文本中进行匹配，可以获得新的具有“夫妻”关系的实体。为了进一步提高模板匹配的准确率，还可以将句法分析的结果加入模板中。

基于模板的关系抽取方法的优点是模板构建简单，可以比较快地在小规模数据集上实现关系抽取系统。但是，当数据规模较大时，手工构建模板需要耗费领域专家大量的时间。此外，基于模板的关系抽取系统可移植性较差，当面临另一个领域的关系抽取问题时，需要重新构建模板。最后，由于手工构建的模板数量有限，模板覆盖的范围不够，基于模板的关系抽取系统召回率普遍不高。

2. 基于监督学习的关系抽取方法

基于监督学习的关系抽取方法将关系抽取转化为分类问题，在大量标注数据的基础上，训练有监督学习模型进行关系抽取。利用监督学习方法进行关系抽取的一般步骤包括：预定义关系的类型；人工标注数据；设计关系识别所需的特征，一般根据实体所在句子的上下文计算获得；选择分类模型（如支持向量机、神经网络和朴素贝叶斯等），基于标注数据训练模型；对训练的模型进行评估。

在上述步骤中，关系抽取特征的定义对于抽取的结果具有较大的影响，因此大量的研究工作围绕关系抽取特征的设计展开。根据计算特征的复杂性，可以将常用的特征分为轻量级、中等量级和重量级三大类。轻量级特征主要是基于实体和词的特征，例如句子中实体前后的词、实体的类型以及实体之间的距离等。中等量级特征主要是基于句子中语块序列的特征。重量级特征一般包括实体间的依存关系路径、实体间依存树结构的距离以及其他特定的结构信息。

例如，对于句子“Forward [motion] of the vehicle through the air caused a [suction] on the road draft tube”，轻量级的特征可以是实体[motion]和[suction]、实体间的词{of,the,vehicle,through,the,air,caused,a}等；重量级的特征可以包括依存树中的路径“caused→nsubj→实体 1”“caused→dobj→实体 2”等。

传统的基于监督学习的关系抽取是一种依赖特征工程的方法，近年来有多个基于深度学习的关系抽取模型被研究者们提出。深度学习的方法不需要人工构建各种特征，其输入一般只包括句子中的词及其位置的向量表示。目前，已有的基于深度学习的关系抽取方法主要包括流水线方法和联合抽取方法两大类。流水线方法将识别实体和关系抽取作为两个分离的过程进行处理，两者不会相互影响；关系抽取在实体抽取结果的基础上进行，因此关系抽取的结果也依赖于实体抽取的结果。联合抽取方法将实体抽取和关系抽取相结合，在统一的模型中共同优化；联合抽取方法可以避免流水线方法存在的错误积累问题。

（1）基于深度学习的流水线关系抽取方法

- CR-CNN 模型[7]。图 4-9 展示了一个典型的基于神经网络的流水线关系抽取方法 CR-CNN 模型。给定输入的句子，CR-CNN 模型首先将句子中的词映射到长度为 $\boldsymbol{d_w}$ 的低维向量，每个词的向量包含了词向量和位置向量两部分。然后，模型对固定大小滑动窗口中的词的向量进行卷积操作，为每个窗口生成新的长度为 $\boldsymbol{d_c}$ 的特征向量；对所有的窗口特征向量求最大值，模型最终得到整个句子的向量表示 $\boldsymbol{d_x}$。在进行关系分类时，CR-CNN 模型计算句子向量和每个关系类型向量的点积，得到实体具有每种预定义关系的分值。CR-CNN 模型在 SemEval-2010 Task 8 数据集上获得了 84.1%的 F1 值，这个结果优于当时最好的非深度学习方法。

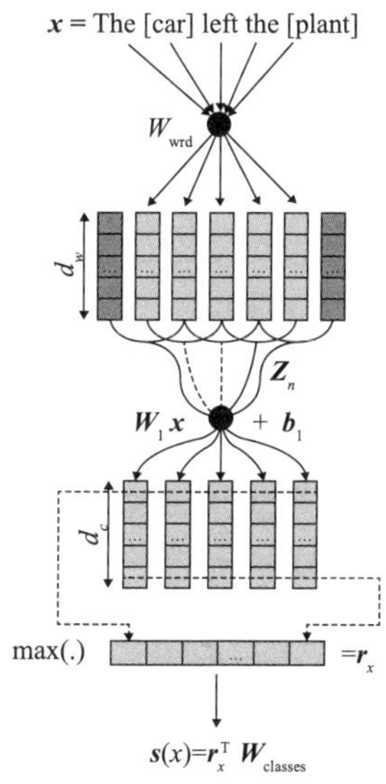

图 4-9　CR-CNN 模型[7]

- Attention CNNs 模型[8]。Wang 等人提出的多层注意力卷积神经网络（Multi-level Attention CNN），将注意力机制引入到神经网络中，对反映实体关系更重要的词语赋予更大的权重，借助改进后的目标函数提高关系提取的效果。其模型的结构如图 4-10 所示，在输入层，模型引入了词与实体相关的注意力，同时还在池化和混合层引入了针对目标关系类别的注意力。在 SemEval-2010 Task 8 数据集上，该模型获得了 88%的 F1 值。
- Attention BLSTM 模型[9]。Attention BLSTM 模型如图 4-11 所示，它包含两个 LSTM 网络，从正向和反向处理输入的句子，从而得到每个词考虑左边和右边序列背景的状态向量；词的两个状态向量通过元素级求和产生词的向量表示。在双向 LSTM 产生的词向量基础上，该模型通过注意力层组合词的向量产生句子向量，进而基于句子向量将关系分类。注意力层首先计算每个状态向量的权重，然后计算所有状态向量的加权和得到句子的向量表示。实验结果表明，增加注意力层可以有效地提升关系分类的结果。

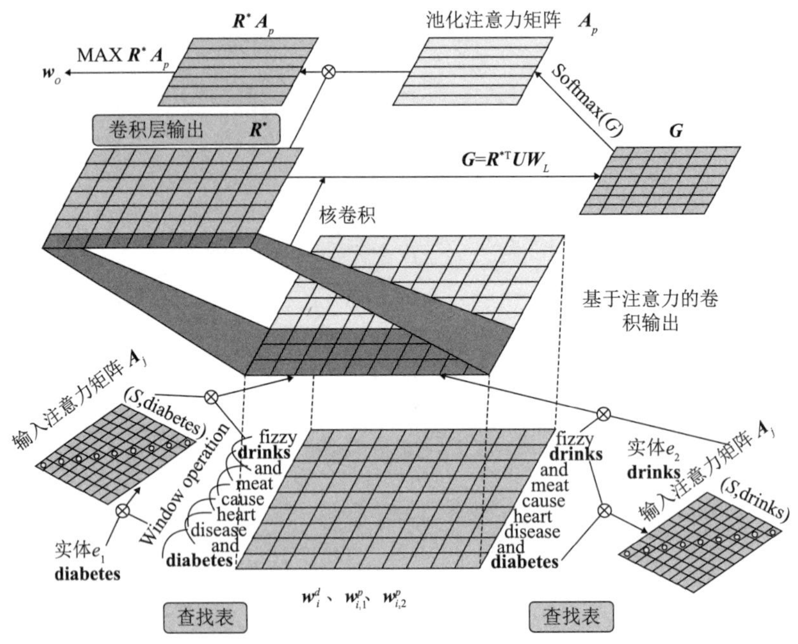

图 4-10　Attention CNNs 模型的结构[8]

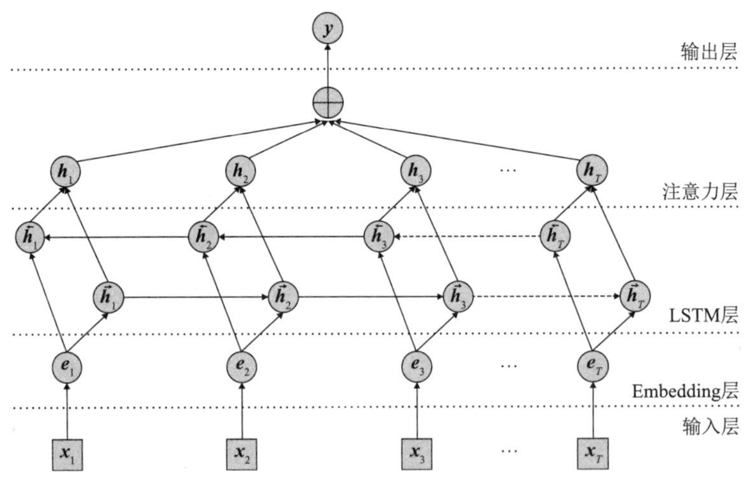

图 4-11　Attention BLSTM 模型[9]

在关系抽取问题方面，还有许多其他属于流水线方法的深度学习模型。图 4-12 列出了一些具有代表性的流水线方法在 SemEval-2010 Task 8 数据集上的结果对比（Att-BLSTM[9]，Att-Pooling-CNN[8]，depLCNN+NS[10]，DepNN[11]，CR-CNN[7]，CNN+Softmax[12]）。

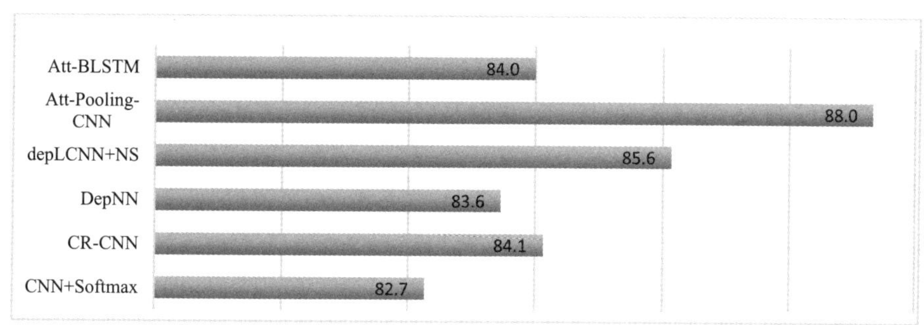

图 4-12　关系抽取模型在 SemEval-2010 Task 8 数据集 F1 值对比（%）

（2）基于深度学习的联合关系抽取方法。在流水线关系抽取方法中，实体抽取和关系抽取两个过程是分离的。联合关系抽取方法则是将实体抽取和关系抽取相结合，图 4-13 展示的是一个实体抽取和关系抽取的联合模型[13]。该模型主要由三个表示层组成：词嵌入层（嵌入层）、基于单词序列的 LSTM-RNN 层（序列层）以及基于依赖性子树的 LSTM-RNN 层（依存关系层）。在解码过程中，模型在序列层上构建从左到右的实体识别，并实现依存关系层上的关系分类，其中每个基于子树的 LSTM-RNN 对应于两个被识别实体之间的候选关系。在对整个模型结构进行解码之后，模型参数通过基于时间的反向传播进行更新。依存关系层堆叠在序列层上，因此嵌入层和序列层被实体识别和关系分类任务共享，共享参数受实体和关系标签的共同影响。该联合模型在 SemEval-2010 Task 8 数据集上获得了 84.4%的 F1 值；将 WordNet 作为外部知识后，该模型可以获得 85.6%的 F1 值。

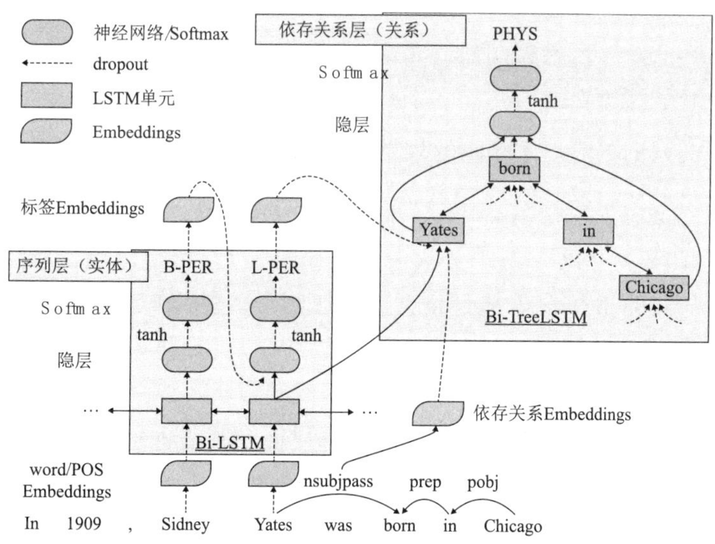

图 4-13　实体抽取和关系抽取的联合模型[13]

3. 基于弱监督学习的关系抽取方法

基于监督学习的关系抽取方法需要大量的训练语料，特别是基于深度学习的方法，模型的优化更依赖大量的训练数据。当训练语料不足时，弱监督学习方法可以只利用少量的标注数据进行模型学习。基于弱监督学习的关系抽取方法主要包括远程监督方法和Bootstrapping方法。

（1）远程监督方法。远程监督方法通过将知识图谱与非结构化文本对齐的方式自动构建大量的训练数据，减少模型对人工标注数据的依赖，增强模型的跨领域适应能力。远程监督方法的基本假设是如果两个实体在知识图谱中存在某种关系，则包含两个实体的句子均表达了这种关系。例如，在某知识图谱中存在实体关系创始人（乔布斯，苹果公司），则包含实体乔布斯和苹果公司的句子“乔布斯是苹果公司的联合创始人和 CEO”则可被用作关系创始人的训练正例。因此，远程监督关系抽取方法的一般步骤为：

- 从知识图谱中抽取存在目标关系的实体对；
- 从非结构化文本中抽取含有实体对的句子作为训练样例；
- 训练监督学习模型进行关系抽取。

远程监督关系抽取方法可以利用丰富的知识图谱信息获取训练数据，有效地减少了人工标注的工作量。但是，基于远程监督的假设，大量噪声会被引入到训练数据中，从而引发语义漂移的现象。

为了改进远程监督实体关系抽取方法，一些研究围绕如何克服训练数据中的噪声问题展开。最近，多示例学习、采用注意力机制的深度学习模型以及强化学习等模型被用来解决样例错误标注的问题，取得了较好的效果。下面介绍两个具有代表性的模型。

Guoliang Ji 等人在发表于 AAAI2017 的论文中提出了基于句子级注意力和实体描述的神经网络关系抽取模型 APCNNs[14]。模型结构如图 4-14 所示，图 4-14（a）是 PCNNs（Piecewise Convolutional Neural Networks）模型，用于提取单一句子的特征向量；其输入是词向量和位置向量，通过卷积和池化操作，得到句子的向量表示。图 4-14（b）展示的是句子级注意力模型，该模型是克服远程监督训练噪声的关键；该模型以同一关系的所有样例句子的向量作为输入，学习获得每个句子的权重，最后通过加权求和得到所有句子组成的包特征（bag features）。关系的分类是基于包特征上的 Softmax 分类器实现的。APCNNs 模型实际采用了多示例学习的策略，将同一关系的样例句子组成样例包，关系分类是基于样例包的特征进行的。实验结果表明，该模型可以有效地提高远程监督关系抽取的准确率。

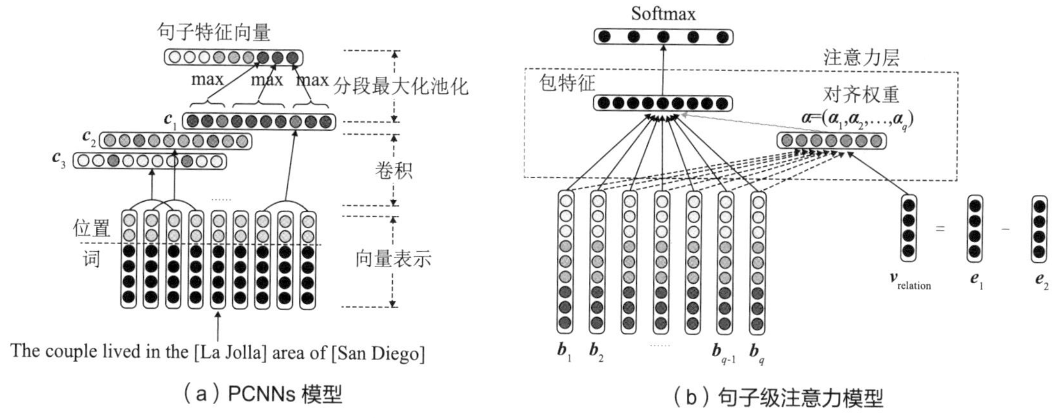

（a）PCNNs 模型　　（b）句子级注意力模型

图 4-14　APCNNs 模型[14]

在采用多示例学习策略时，有可能出现整个样例包都包含大量噪声的情况。针对这一问题，Jun Feng 等人提出了基于强化学习的关系分类模型 CNN-RL[15]。CNN-RL 模型框架如图 4-15 所示，模型有两个重要模块：样例选择器和关系分类器。样例选择器负责从样例包中选择高质量的句子，然后由关系分类器从句子级特征对关系进行分类。整个模型采用强化学习的方式，样例选择器基于一个随机策略，在考虑当前句子的选择状态情况下选择样例句子；关系分类器利用卷积神经网络对句子中的实体关系进行分类，并向样例选择器反馈，帮助其改进样例选择策略。在实验对比中，该模型获得了比句子级卷积神经网络和样例包级关系分类模型更好的结果。

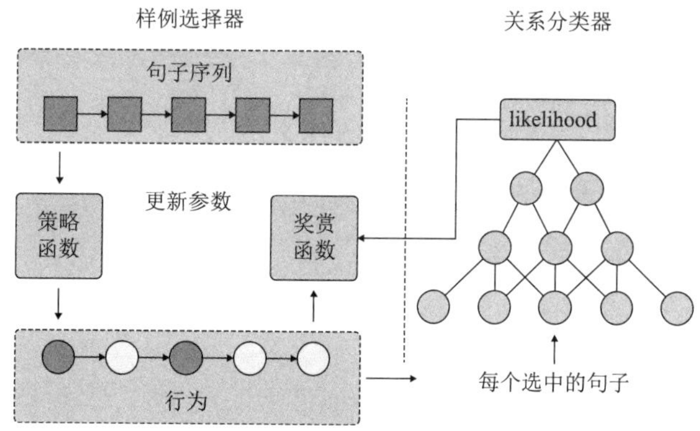

图 4-15　CNN-RL 模型[15]

（2）Bootstrapping 方法。Bootstrapping 方法利用少量的实例作为初始种子集合，然后在种子集合上学习获得关系抽取的模板，再利用模板抽取更多的实例，加入种子集合中。通过不断地迭代，Bootstrapping 方法可以从文本中抽取关系的大量实例。

有很多实体关系抽取系统都采用了 Bootstrapping 方法。Brin 等人[16]构建的 DIPER 利用少量实体对作为种子，从 Web 上大量非结构化文本中抽取新的实例，同时学习新的抽取模板，迭代地获取实体关系，是较早使用 Bootstrapping 方法的系统。Agichtein 等人[17]设计实现了 Snowball 关系抽取系统，该系统在 DIPER 系统基础上提出了模板生成和关系抽取的新策略。在关系抽取过程中，Snowball 可以自动评价新实例的可信度，并保留最可靠的实例加入种子集合。Etzioni 等人[18]构建了 KnowItAll 抽取系统，从 Web 文本中抽取非特定领域的事实信息，该系统关系抽取的准确率能达到 90%。此后，一些基于 Bootstrapping 的系统加入了更合理的模板描述、限制条件和评分策略，进一步提高了关系抽取的准确率。例如 NELL 系统[19]，它以初始本体和少量种子作为输入，从大规模的 Web 文本中学习，并对学习到的内容进行打分来提升系统性能。

Bootstrapping 方法的优点是关系抽取系统构建成本低，适合大规模的关系抽取任务，并且具备发现新关系的能力。但是，Bootstrapping 方法也存在不足之处，包括对初始种子较为敏感、存在语义漂移问题、结果准确率较低等。

4.2.3 事件抽取

事件是指发生的事情，通常具有时间、地点、参与者等属性。事件的发生可能是因为一个动作的产生或者系统状态的改变。事件抽取是指从自然语言文本中抽取出用户感兴趣的事件信息，并以结构化的形式呈现出来，例如事件发生的时间、地点、发生原因、参与者等。图 4-16 给出了一个事件抽取的例子。基于一段苹果公司举办产品发布会的新闻报道，可以通过事件抽取方法自动获取报道事件的结构化信息，包括事件类型、涉及公司、发生时间及地点、所发布的产品。

一般地，事件抽取任务包含的子任务有：

- 识别事件触发词及事件类型；
- 抽取事件元素的同时判断其角色；
- 抽出描述事件的词组或句子；
- 事件属性标注；
- 事件共指消解。

苹果公司将于西部时间9月12日上午10点（北京时间9月13日凌晨1点）举行新品发布会，这一次的发布会地点是全新建造的史蒂夫·乔布斯剧院。根据目前的消息，这次发布会上苹果将会发布iPhone 8（命名不确定，暂且称之为iPhone 8）、iPhone 7s、iPhone 7s Plus、Apple Watch 3以及全新Apple TV。

事件类型	发布会
公司	苹果公司
时间	西部时间9月12日上午10点
地点	史蒂夫·乔布斯剧院
产品	iPhone8、iPhone7s、iPhone7s plus、Apple Watch 3、Apple TV

图 4-16　事件抽取示例

已有的事件抽取方法可以分为流水线方法和联合抽取方法两大类。

1．事件抽取的流水线方法

流水线方法将事件抽取任务分解为一系列基于分类的子任务，包括事件识别、元素抽取、属性分类和可报告性判别；每一个子任务由一个机器学习分类器负责实施。一个基本的事件抽取流水线需要的分类器包括：

（1）事件触发词分类器。判断词汇是否为事件触发词，并基于触发词信息对事件类别进行分类。

（2）元素分类器。判断词组是否为事件的元素。

（3）元素角色分类器。判定事件元素的角色类别。

（4）属性分类器。判定事件的属性。

（5）可报告性分类器。判定是否存在值得报告的事件实例。

表 4-2 列出了在事件抽取过程中，触发词分类和元素分类常用的分类特征。各个阶段的分类器可以采用机器学习算法中的不同分类器，例如最大熵模型、支持向量机等。

表 4-2　触发词分类和元素分类常用的分类特征

<table>
<tr><th>分类特征</th><th colspan="2">特征说明</th></tr>
<tr><td rowspan="10">触发词分类</td><td>词汇</td><td>触发词和上下文单词的词块和词性标签</td></tr>
<tr><td>字典</td><td>触发词列表、同义词字典</td></tr>
<tr><td rowspan="4">句法</td><td>触发词在句法树中的深度</td></tr>
<tr><td>触发词到句法树根节点的路径</td></tr>
<tr><td>由触发词的父节点展开的词组结构</td></tr>
<tr><td>触发词的词组类型</td></tr>
<tr><td rowspan="2">实体</td><td>句法上距离触发词最近的实体的类型</td></tr>
<tr><td>句子中距离触发词物理距离最近的实体的类型</td></tr>
<tr><td rowspan="9">元素分类</td><td rowspan="2">事件类型和触发词</td><td>触发词的词块</td></tr>
<tr><td>事件类型和子类型</td></tr>
<tr><td rowspan="2">实体</td><td>实体类型和子类型</td></tr>
<tr><td>实体提及的词干</td></tr>
<tr><td>上下文</td><td>候选元素的上下文单词</td></tr>
<tr><td rowspan="4">句法</td><td>扩展触发词父节点的词组结构</td></tr>
<tr><td>实体和触发词的相对位置（前或后）</td></tr>
<tr><td>实体到触发词的最短路径</td></tr>
<tr><td>句法树中实体到触发词的最短长度</td></tr>
</table>

2．事件的联合抽取方法

事件抽取的流水线方法在每个子任务阶段都有可能存在误差，这种误差会从前面的环节逐步传播到后面的环节，从而导致误差不断累积，使得事件抽取的性能急剧衰减。为了解决这一问题，一些研究工作提出了事件的联合抽取方法。在联合抽取方法中，事件的所有相关信息会通过一个模型同时抽取出来。一般地，联合事件抽取方法可以采用联合推断或联合建模的方法，如图 4-17 所示。联合推断方法首先建立事件抽取子任务的模型，然后将各个模型的目标函数进行组合，形成联合推断的目标函数；通过对联合目标函数进行优化，获得事件抽取各个子任务的结果。联合建模的方法在充分分析子任务间的关系后，基于概率图模型进行联合建模，获得事件抽取的总体结果。

具有代表性的联合建模方法是 Qi Li 等人在 ACL2013 论文中提出的联合事件抽取模型[20]。该模型将事件触发词、元素抽取的局部特征和捕获任务之间关联的结构特征结合进行事件抽取。在图 4-18 所示的事件触发词和事件元素示例中，“fired”是袭击（Attack）

事件的触发词，但是由于该词本身具有歧义性，流水线方法中的局部分类器很容易将其错误分类；但是，如果考虑到“tank”很可能是袭击事件的工具（Instrument）元素，那么就比较容易判断“fired”触发的是袭击事件。此外，在流水线方法中，局部的分类器也不能捕获“fired”和“died”之间的依赖关系。为了克服局部分类器的不足，新的联合抽取模型在使用大量局部特征的基础上，增加了若干全局特征。例如，在图 4-18 的句子中，事件死亡（Die）和事件（Attack）的提及“died”和“fired”共享了三个参数；基于这种情况，可以定义形如图 4-19 所示的事件抽取全局特征。这类全局特征可以从整体的结构中学习得到，从而使用全局的信息来提升局部的预测。联合抽取模型将事件抽取问题转换成结构预测问题，并使用集束搜索方法进行求解。

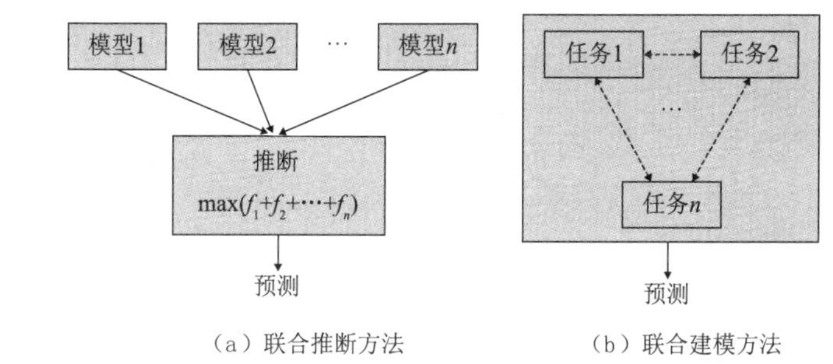

（a）联合推断方法　　（b）联合建模方法

图 4-17　联合事件抽取方法

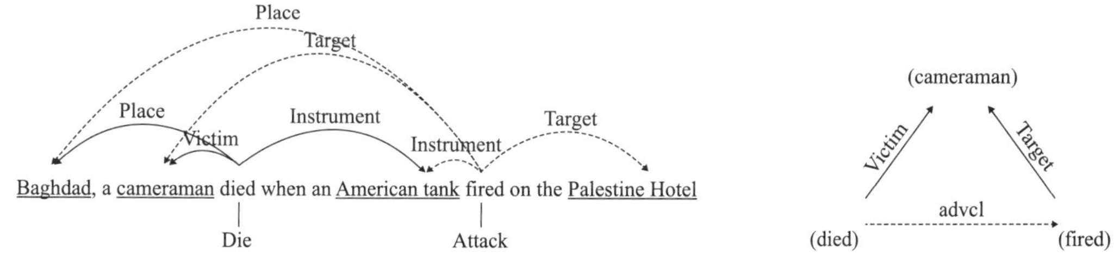

图 4-18　事件触发词和事件元素示例　　**图 4-19　事件抽取全局特征**

在事件抽取任务上，同样有一些基于深度学习的方法被提出。传统的事件抽取方法通常需要借助外部的自然语言处理工具和大量的人工设计的特征；与之相比，深度学习方法具有以下优势：

- 减少了对外部工具的依赖，甚至不依赖外部工具，可以构建端到端的系统；
- 使用词向量作为输入，词向量蕴涵了丰富的语义信息；
- 神经网络具有自动提取句子特征的能力，避免了人工设计特征的烦琐工作。

图 4-20 展示了一个基于动态多池化卷积神经网络的事件抽取模型。该模型由 Yubo Chen 等人于 2015 年发表在 ACL 会议上[21]。模型总体包含词向量学习、词汇级特征抽取、句子级特征抽取和分类器输出四个部分。其中，词向量学习通过无监督方式学习词的向量表示；词汇级特征抽取基于词的向量表示获取事件抽取相关的词汇线索；句子级特征抽取通过动态多池化卷积神经网络获取句子的语义组合特征；分类器输出产生事件元素的角色类别。在 ACE2005 英文数据集上的实验表明，该模型获得了优于传统方法和其他 CNN 方法的结果。

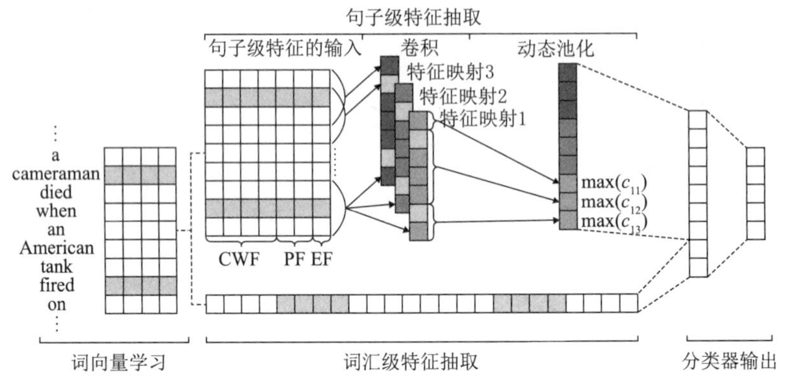

图 4-20　基于动态多池化卷积神经网络的事件抽取模型

4.3 面向结构化数据的知识抽取

垂直领域的知识往往来源于支撑企业业务系统的关系数据库，因此，从数据库这种结构化数据中抽取知识也是一类重要的知识抽取方法。在该领域，已经有一些标准和工具支持将数据库数据转化为 RDF 数据、OWL 本体等。W3C 的 RDB2RDF 工作组于 2012 年发布了两个推荐的 RDB2RDF 映射语言：DM（Direct Mapping，直接映射）和 R2RML。DM 和 R2RML 映射语言用于定义关系数据库中的数据如何转换为 RDF 数据的各种规则，具体包括 URI 的生成、RDF 类和属性的定义、空节点的处理、数据间关联关系的表达等。

4.3.1 直接映射

直接映射规范定义了一个从关系数据库到 RDF 图数据的简单转换，为定义和比较更复杂的转换提供了基础。它也可用于实现 RDF 图或定义虚拟图，可以通过 SPARQL 查询或通过 RDF 图 API 访问。直接映射将关系数据库表结构和数据直接转换为 RDF 图，关系数据库的数据结构直接反映在 RDF 图中。直接映射的基本规则包括：

- 数据库中的表映射为 RDF 类；
- 数据库中表的列映射为 RDF 属性；
- 数据库表中每一行映射为一个资源或实体，创建 IRI；
- 数据库表中每个单元格的值映射为一个文字值（Literal Value）；如果单元格的值对应一个外键，则将其替换为外键值指向的资源或实体的 IRI。

下面给出一个简单的例子，解释直接映射的基本思路。首先，假设通过 SQL 语句创建图 4-21 中的两个数据库表。

创建数据库表的 SQL 语句如下：

```
    CREATE TABLE "Addresses" (
    "ID" INT, PRIMARY KEY("ID"),
    "city" CHAR(10),
    "state" CHAR(2)
    )

    CREATE TABLE "People" (
    "ID" INT, PRIMARY KEY("ID"),
    "fname" CHAR(10),
    "addr" INT,
    FOREIGN KEY("addr")REFERENCES "Addresses"("ID")
    )

    INSERT INTO "Addresses" ("ID", "city", "state")VALUES (18, 'Cambridge',
'MA')
    INSERT INTO "People" ("ID", "fname", "addr")VALUES (7, 'Bob', 18)
    INSERT INTO "People" ("ID", "fname", "addr")VALUES (8, 'Sue', NULL)
```

People 表

FK		→ Addresses(ID)
ID	**fname**	**Addresses(ID)**
7	Bob	18
8	Sue	**NULL**

Addresses 表

FK		
ID	**city**	**state**
18	Cambridge	MA

图 4-21　数据库表

基于直接映射标准，上述两个表可以输出如下的 RDF 数据：

```
    @base <http://foo.example/DB/> .
```

```
@prefix xsd: <http://www.w3.org/2001/XMLSchema#> .


<People/ID=7> rdf:type <People> .
<People/ID=7> <People#ID> 7 .
<People/ID=7> <People#fname> "Bob" .
<People/ID=7> <People#addr> 18 .
<People/ID=7> <People#ref-addr> <Addresses/ID=18> .
<People/ID=8> rdf:type <People> .
<People/ID=8> <People#ID> 8 .
<People/ID=8> <People#fname> "Sue" .

<Addresses/ID=18> rdf:type <Addresses> .
<Addresses/ID=18> <Addresses#ID> 18 .
<Addresses/ID=18> <Addresses#city> "Cambridge" .
<Addresses/ID=18> <Addresses#state> "MA" .
```

在直接映射过程中，数据库表中的每一行（例如 People 表中的<7，“Bob”，18>）产生了一组具有共同主语（subject）的三元组。主语是由 IRI 前缀和表名（People）、主键列名（ID）、主键值（7）串联而成的 IRI。每列的谓词是由 IRI 前缀和表名、列名连接形成的 IRI。这些值是从列值的词汇形式形成的 RDF 文字。每个外键都会生成一个三元组，其谓词由外键列名、引用表和引用的列名组成。这些三元组的宾语是被引用三元组的行标识符（例如<Addresses / ID = 18>）。直接映射不会为 NULL 值生成三元组。

4.3.2 R2RML

R2RML 映射语言是一种用于表示从关系数据库到 RDF 数据集的自定义映射的语言。这种映射提供了在 RDF 数据模型下查看现有关系型数据的能力，并且可以基于用户自定义的结构和目标词汇表示原有的关系型数据。在数据库的直接映射中，生成的 RDF 图的结构直接反映了数据库的结构，目标 RDF 词汇直接反映数据库模式元素的名称，结构和目标词汇都不能改变。然而，通过使用 R2RML，用户可以在关系数据上灵活定制视图。每个 R2RML 映射都针对特定的数据库模式和目标词汇量身定制。R2RML 映射的输入是符合该模式的关系数据库，输出是采用目标词汇表中谓词和类型描述的 RDF 数据集。

R2RML 映射是通过逻辑表（Logic Tables）从数据库中检索数据的。一个逻辑表可以是数据库中的一个表、视图或有效的 SQL 语句查询。每个逻辑表通过三元组映射（Triples Map）映射至 RDF 数据，而三元组映射是可以将逻辑表中每一行映射为若干 RDF 三元组的规则。“逻辑表”突破了关系数据库表的物理结构的限制，为不改变数据库原有的结构而灵活地按需生成 RDF 数据奠定了基础。

三元组映射的规则主要包括两个部分，一个主语映射和多个谓词-宾语映射。主语映射从逻辑表生成所有 RDF 三元组中的主语，通常使用基于数据库表中的主键生成的 IRI 表示。谓词-宾语映射则包含了谓词映射和宾语映射，其过程与主语映射相似。

图 4-22 中给出了一个示例数据库，其包含两个表，分别是雇用表和部门表。

EMP（雇用）			
EMPNO INTEGER PRIMARY KEY	ENAME VARCHAR(100)	JOB VARCHAR(20)	DEPTNO INTEGER REFERENCES DEPT (DEPTNO)
7369	SMITH	CLERK	10

DEPT（部门）		
DEPTNO INTEGER PRIMARY KEY	DNAME VARCHAR(30)	LOC VARCHAR(100)
10	APPSERVER	NEW YORK

图 4-22 示例数据库

将上述数据库映射为 RDF 数据，期望的输出结果如下：

```
<http://data.example.com/employee/7369> rdf:type ex:Employee.
<http://data.example.com/employee/7369> ex:name "SMITH".
<http://data.example.com/employee/7369> ex:department
                        <http://data.example.com/department/10>.

<http://data.example.com/department/10> rdf:type ex:Department.
<http://data.example.com/department/10> ex:name "APPSERVER".
<http://data.example.com/department/10> ex:location "NEW YORK".
<http://data.example.com/department/10> ex:staff 1.
```

为了生成期望的输出结果，可以基于 R2RML 定义如下所示的映射文档：

```
@prefix rr: <http://www.w3.org/ns/r2rml#>.
@prefix ex: <http://example.com/ns#>.

<#TriplesMap1>
    rr:logicalTable [ rr:tableName "EMP" ];
    rr:subjectMap [
        rr:template "http://data.example.com/employee/{EMPNO}";
        rr:class ex:Employee;
   ];
    rr:predicateObjectMap [
```

```
        rr:predicate ex:name;
        rr:objectMap [ rr:column "ENAME" ];
    ].
```

在上述例子中，为了将图 4-22 中的 DEPT 表中数据转换为 RDF 数据，可以基于 SQL 语句查询定义一个 R2RML 视图，然后基于该视图定义 R2RML 映射文档。

用于创建 R2RML 视图的 SQL 语句如下所示。

```
<#DeptTableView> rr:sqlQuery """
SELECT DEPTNO,
       DNAME,
       LOC,
       (SELECT COUNT(*)FROM EMP WHERE EMP.DEPTNO=DEPT.DEPTNO)AS STAFF
FROM DEPT;
""".
```

用于 DEPT 表数据转换的 R2RML 映射文档如下所示。

```
<#TriplesMap2>
    rr:logicalTable <#DeptTableView>;
    rr:subjectMap [
        rr:template "http://data.example.com/department/{DEPTNO}";
        rr:class ex:Department;
    ];
    rr:predicateObjectMap [
        rr:predicate ex:name;
        rr:objectMap [ rr:column "DNAME" ];
    ];
    rr:predicateObjectMap [
        rr:predicate ex:location;
        rr:objectMap [ rr:column "LOC" ];
    ];
    rr:predicateObjectMap [
        rr:predicate ex:staff;
        rr:objectMap [ rr:column "STAFF" ];
    ].
```

此外，为了生成谓词 ex:department 的三元组，需要将 EMP 和 DEPT 表进行连接，可以通过定义下面的映射实现。

```
<#TriplesMap1>
    rr:predicateObjectMap [
        rr:predicate ex:department;
        rr:objectMap [
```

```
            rr:parentTriplesMap <#TriplesMap2>;
            rr:joinCondition [
                rr:child "DEPTNO";
                rr:parent "DEPTNO";
            ];
        ];
    ].
```

4.3.3　相关工具

目前，有许多工具支持以访问知识图谱的形式直接访问关系数据库，可以直接使用 SPARQL 语句查询数据库中的信息；这类工具也常被称为基于本体的数据库访问（Ontology Based Database Access，OBDA）系统。这里介绍几种重要的 OBDA 系统，表 4-3 列出了这些系统的主要特性。

表 4-3　OBDA 系统的主要特性对比

系统	支持推理	支持映射	开放许可	开发时间
D2RQ	无	D2RQ 映射、R2RML	Apache 2	2004
Mastro	OWL 2 QL	R2RML	Academic	2006
Ultrawrap	RDFS-Plus	R2RML	商业	2012
Morph-RDB	无	R2RML	Apache 2	2013
Ontop	OWL 2 QL / SWRL	Ontop 映射、R2RML	Apache 2	2010

（1）D2RQ[22]。D2RQ 是较早开发和发布的 OBDA 系统，它可以将关系数据库以 RDF 形式发布，其平台框架如图 4-23 所示。其中，D2R Server 是一个 HTTP Server，主要功能提供对 RDF 数据的查询访问接口，供上层的 RDF 浏览器、SPARQL 查询客户端以及 HTML 浏览器调用。D2R Server 使用了一种可定制的 D2RQ 映射文件将关系数据库内容映射为 RDF 格式，与本章前面介绍的映射语言十分相似。基于 D2RQ 映射，Web 端的请求被重写为 SQL 查询，这种即时转换允许从大型实时数据库发布 RDF，而无须将数据复制到专用的 RDF 三元组存储中。此外，D2RQ 系统还部分支持 R2RML 映射。

（2）Mastro[23]。Mastro 是一个基于 Java 语言开发的 OBDA 系统，系统中的本体使用属于 DL-Lite 轻量级描述逻辑系列的语言定义，通过数据库和本体元素之间的映射，用户可以通过 SPARQL 查询数据库。图 4-24 展示了 Mastro 的系统结构，其系统核心包含一个推理机，提供本体分类、一致性检查、推理和查询问答功能。Mastro 数据源管理器支持与最流行的商业和非商业 DBMS 的交互。除此之外，还为 Oracle、DB2、SQLServer、MySQL 和 PostgreSQL 提供支持。

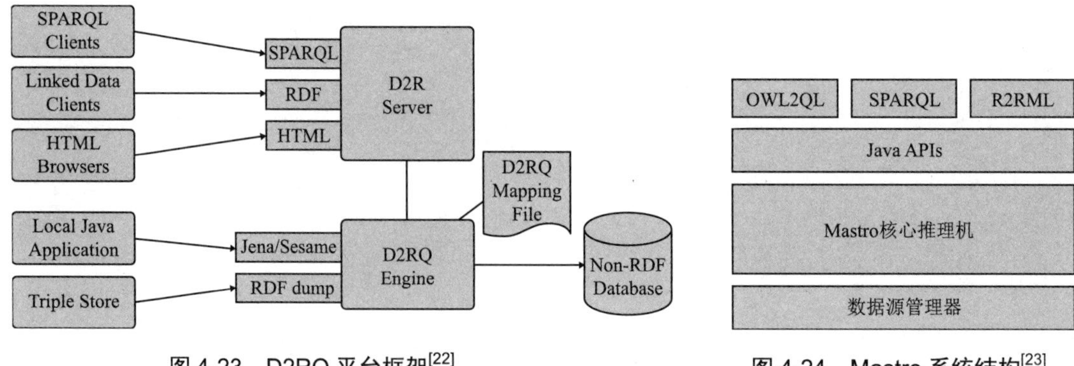

图 4-23 D2RQ 平台框架[22]　　图 4-24 Mastro 系统结构[23]

（3）Ultrawrap[24]。Ultrawrap 是一个商业化系统，其系统结构如图 4-25 所示，主要包含编译器和服务器两部分。其中，编译器负责建立数据库到 RDF 和 OWL 的映射；服务器负责在数据库上执行 SPARQL 查询。Ultrawrap 在执行 SPARQL 查询时可以获得与 SQL 语句查询相同的速度，它支持 R2RML 和 D2RQ 映射，并为用户提供图形界面个性化定制映射。

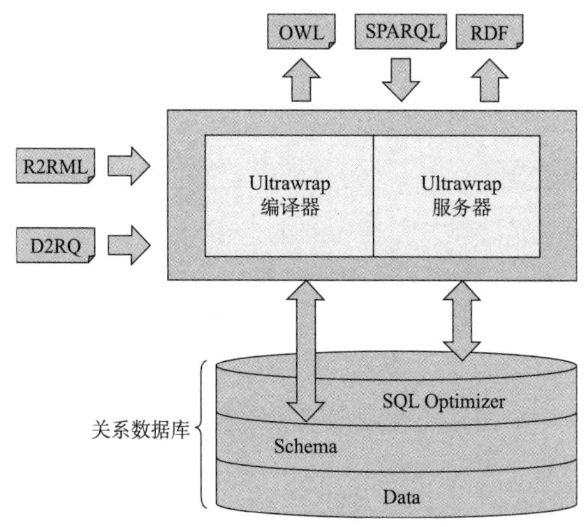

图 4-25 Ultrawrap 系统结构

（4）Morph-RDB[25]。Morph-RDB 是由马德里理工大学本体工程组开发的 RDB2RDF 引擎，遵循 R2RML 规范。Morph-RDB 支持两种操作模式：数据升级（从关系数据库中的数据生成 RDF 实例）和查询转换（SPARQL 到 SQL）。Morph-RDB 采用各种优化技术来生成高效的 SQL 查询，例如自连接消除和子查询消除。目前，Morph-RDB 支持 MySQL、PostgreSQL、H2、CSV 文件和 MonetDB 等数据源。

（5）Ontop[26]。Ontop 是一个将关系数据库作为虚拟的 RDF 图进行 SPARQL 查询的工具。Ontop 由 Bozen-Bolzano 自由大学开发，是基于 Apache 许可证的开源工具。通过将本体中的词汇（类和属性）通过映射链接到数据源，Ontop 系统将关系数据库转换为虚拟的 RDF 图。Ontop 支持 R2RML 映射，它可以将 SPARQL 查询翻译为关系数据库中的 SQL 查询，从而实现在数据库上的 SPARQL 查询。图 4-26 展示的是 Ontop 的系统结构，可以分为四个不同的层次：输入层，包括本体、数据库、映射和查询等；Ontop 核心层负责查询翻译、优化和执行；API 层向用户提供标准的 Java 接口；应用层允许终端用户执行 SPARQL 查询的应用程序。

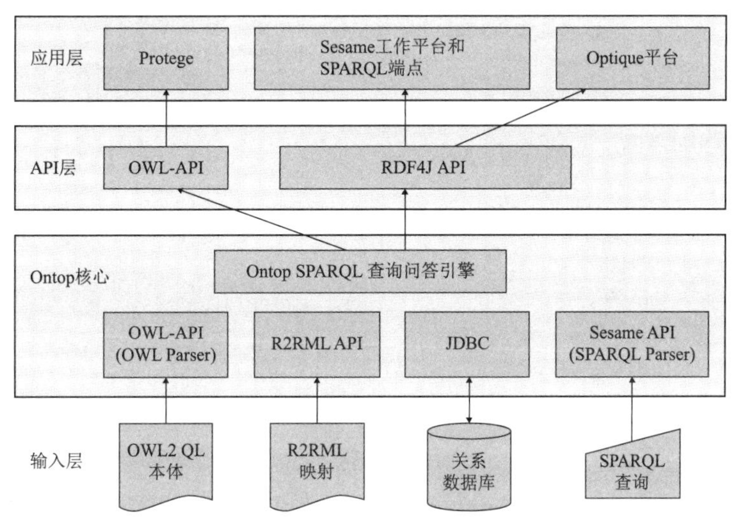

图 4-26　Ontop 的系统结构[26]

4.4　面向半结构化数据的知识抽取

半结构化数据是一种特殊的结构化数据形式，该形式的数据不符合关系数据库或其他形式的数据表形式结构，但又包含标签或其他标记来分离语义元素并保持记录和数据字段的层次结构。自万维网出现以来，半结构化数据越来越丰富，全文文档和数据库不再是唯一的数据形式，因此半结构化数据也成为知识获取的重要来源。目前，百科类数据、网页数据是可被用于知识获取的重要半结构化数据，本节将介绍面向此类数据的知识抽取方法。

4.4.1　面向百科类数据的知识抽取

以维基百科为代表的百科类数据是典型的半结构化数据。在维基百科中，词条页面结构如图 4-27 所示，包含了词条标题、词条摘要、跨语言链接、分类、信息框等要素，这些都是关于描述对象的半结构化数据。

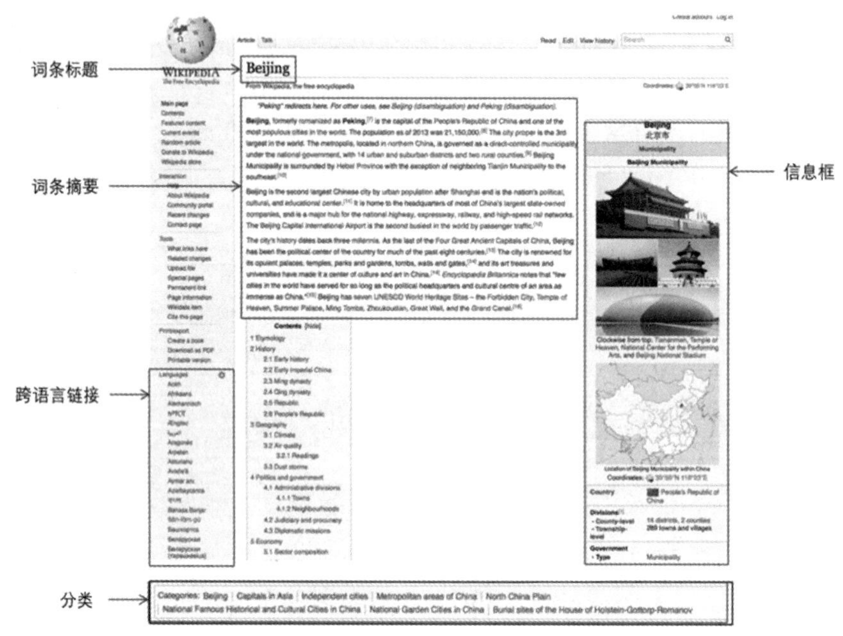

图 4-27　维基百科词条页面结构

因为词条包含丰富的半结构化数据，并且其中的信息具有较高的准确度，维基百科已经成为构建大规模知识图谱的重要数据来源。目前，基于维基百科已经构建起多个知识图谱，包括 DBpedia[27]和 Yago[28]等。随着中文百科站点的发展，如百度百科、互动百科，一些大规模的中文知识图谱也陆续基于百科数据被构建出来，包括 Zhishi.me[29]、XLore[30]和 CN-DBpedia[31]等。在基于百科数据构建知识图谱的过程中，关键问题是如何准确地从百科数据中抽取结构化语义信息。在基于百科数据构建的知识图谱中，DBpedia 是较早发布、具有代表性的知识图谱，下面对它的构建方法进行介绍。

DBpedia 是一个大规模的多语言百科知识图谱，是维基百科的机构化版本。DBpedia 采用固定模式对维基百科中的实体信息进行抽取，在 Linking Open Data 原则的指导下，将其以关联数据的形式在 Web 上发布与共享。得益于维基百科的数据规模，DBpedia 是目前最大的跨领域知识图谱之一。截至 2019 年 2 月，DBpedia 英文版描述了 458 万个实体，其中有 422 万个实体被准确地在一个本体中进行分类，其中包括 144.5 万个人物、73.5 万个地点、41.1 万件作品、24.1 万个组织、25.1 万个物种和 6000 种疾病。此外，

DBpedia 还提供了 125 种语言的本地化版本，共包含了 3830 万个事物。完整的 DBpedia 数据集包含超过 3800 万个来自 125 种不同语言的标签和摘要，2520 万个图片链接和 2980 万个外部网页链接。DBpedia 通过大约 5000 万个 RDF 链接与其他链接数据集连接，使其成为 LOD 数据集的重要核心。总体上，DBpedia 包含约 30 亿条 RDF 三元组，其中 5.8 亿条是从维基百科的英文版中抽取的，24.6 亿条是从其他语言版本中抽取的。根据抽样评测，DBpedia 中 RDF 三元组的正确率达 88%。

图 4-28 所示为 DBpedia 知识抽取的总体框架。框架的主要组成部分是：页面集合，包含本地及远程的维基百科文章数据；目标数据，存储或序列化提取的 RDF 三元组；将特定类型的维基标记转换为三元组的抽取器；支持提取器的解析器，其作用是确定数据类型，在不同单元之间转换值并将标记分解成列表；抽取作业，负责将页面集合、抽取器和目标数据分组到一个工作流程中；知识抽取管理器，负责管理将维基百科文章传递给抽取器并将其输出传递到目标数据的过程。

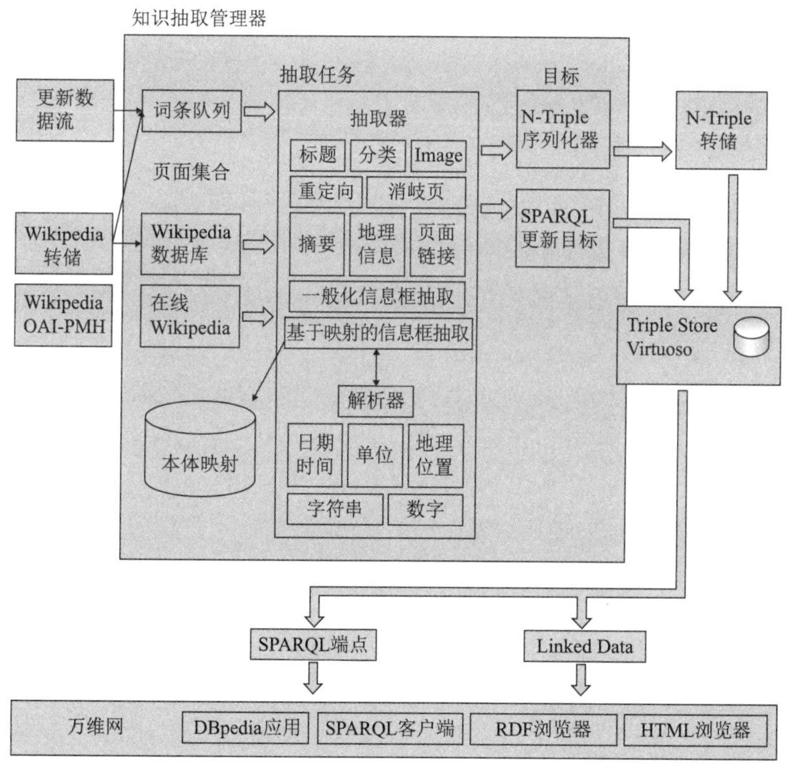

图 4-28　DBpedia 知识抽取的总体框架[27]

DBpedia 使用了多种知识抽取器从维基百科中获取结构化数据，具体包括：

- 标签（Labels）：抽取维基百科词条的标题，并将其定义为实体的标签；
- 摘要（Abstracts）：抽取维基百科词条页面的第一段文字，将其定义为实体的短摘要；抽取词条目录前最长 500 字的长摘要。
- 跨语言链接（Inter-language Links）：抽取词条页面指向其他语言版本的跨语言链接；
- 图片（Images）：抽取指向图片的链接；
- 重定向（Redirects）：抽取维基百科词条的重定向链接，建立其与同义词条的关联；
- 消歧（Disambiguation）：从维基百科消歧页面抽取有歧义的词条链接；
- 外部链接（External Links）：抽取词条正文指向维基百科外部的链接；
- 页面链接（Pagelinks）：抽取词条正文指向维基百科内部的链接；
- 主页（Homepages）：抽取诸如公司、机构等实体的主页链接；
- 分类（Categories）：抽取词条所属的分类；
- 地理坐标（Geo-Coordinates）：抽取词条页面中存在的地理位置的经纬度坐标。
- 信息框（infobox）：从词条页面的信息框中抽取实体的结构化信息。

在上述抽取器中，信息框抽取从维基百科中取获得大量的实体属性和实体关系，是 DBpedia 中最有价值的信息之一。信息框抽取有两种形式，一种为一般抽取，另一种为基于映射的抽取。信息框的一般抽取直接将信息框中的信息转换为 RDF 三元组。三元组的主语由 DBpedia 的 URI 前缀和词条名称相连组成，谓语由信息框属性 URI 前缀和属性名相连组成，宾语则基于属性值创建，可以是实体的 URI 或者数据类型的值。然而，这种抽取方式对于维基百科信息框中存在的属性名和信息框模板同义异名问题不作处理，因此抽取出的三元组存在数据不一致的问题。图 4-29 中展示了两个信息框示例，图 4-29（a）中使用 birthdate 表示出生日期属性，而图 4-29（b）中使用 datebirth 表示出生日期属性。为了处理该类问题，DBpedia 使用了基于映射的信息框抽取方法；该方法首先将信息框的模板、属性映射到人工定义的本体中的类型和属性，然后采用本体中的词汇描述抽取出的结构化信息，获得的三元组数据质量更高。

```
{{ Infobox Actor
 | birthname = Thomas Jeffrey Hanks
 | birthdate = {{birth date and age|1956|7|9}}
 | birthplace  = [[Concord, California|Concord]],
           [[California]]
 | yearsactive = 1979 - present
 | occupation  = Actor, producer, director,
           [[voice over artist]],
           writer, speaker
```

（a）Tom Hanks 信息框

```
{{ Infobox Tennis Player
 | country = United States
 | playername = Andre Agassi
 | residence  = [[Las Vegas metropolitan area|LasVegas]],
           [[Nevada]], United States
 | datebirth  = {{birth date and age| mf=yes|1970|5|29}}
 | placebirth = [[Las Vegas, Nevada]], United States
 | height = {{convert|1.80|m|ftin|abbr=on}}
 | weight = {{convert|177|lb|kg|abbr=on}}
```

（b）Andre Agassi 信息框

图 4-29　信息框示例[27]

4.4.2　面向 Web 网页的知识抽取

互联网中的网页含有丰富的数据，与普通文本数据相比，网页也具有一定的结构，因此也被视为是一种半结构化的数据。图 4-30 展示了某电商网站搜索结果页面及其 HTML 代码，结果页面中列出一些手机产品的信息。从页面的 HTML 代码中可以看到，产品的名称、价格等具体信息可以通过 HTML 中的标记区分获取到。

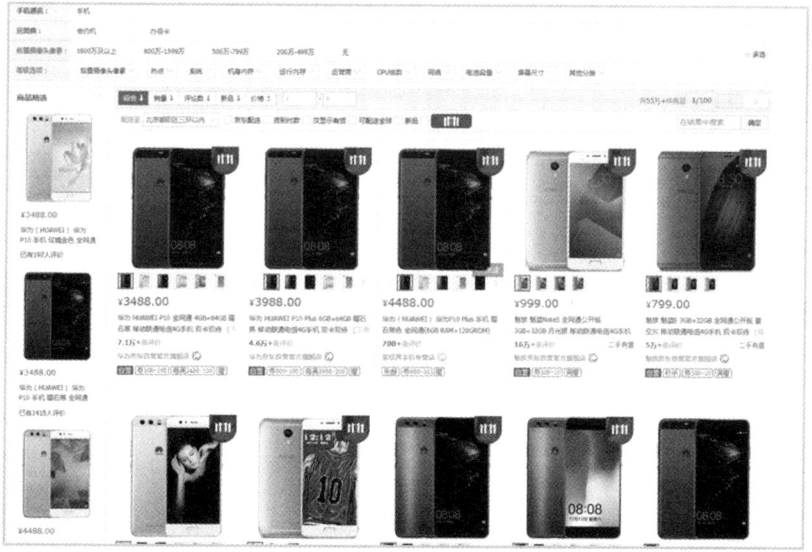

（a）产品检索结果页面

```
▼<div id="J_goodsList" class="goods-list-v2 gl-type-3 J-goods-list">
  ▼<ul class="gl-warp clearfix" data-tpl="3">
    ▼<li class="gl-item" data-sku="4483094" data-spu="4483110" data-pid="4483110">
      ▼<div class="gl-i-wrap">
        ▶<div class="p-img">…</div>
        ▶<div class="p-scroll">…</div>
        ▼<div class="p-price">
          ▼<strong class="J_4483094" data-done="1">
              <em>¥</em>
              <i>3488.00</i>
            </strong>
          </div>
        ▼<div class="p-name p-name-type-2">
          ▼<a target="_blank" title="【下单减150+白条6期免息】限量领券再减100! 成交价3238! 不憋着，现在买。如遇11月12号前降价，京东补差
          价! 猛戳我! " href="//item.jd.com/4483094.html" onclick="searchlog(1,4483094,0,1,'','flagsClk=1245713032')">
            ▼<em>
                "华为 HUAWEI "
                <font class="skcolor_ljg">P10</font>
                " 全网通 4GB+64GB 曜石黑 移动联通电信4G手机 双卡双待"
              </em>
              <i class="promo-words" id="J_AD_4483094">【下单减150+白条6期免息】限量领券再减100! 成交价3238! 不憋着，现在买。如遇11月12号
              前降价，京东补差价! 猛戳我! </i>
            </a>
          </div>
        ▶<div class="p-commit">…</div>
        ▶<div class="p-focus">…</div>
        ▶<div class="p-shop" data-selfware="1" data-score="5" data-reputation="96" data-done="1">…</div>
        ▶<div class="p-icons" id="J_pro_4483094" data-done="1">…</div>
        </div>
      </li>
```

（b）产品检索结果页面 HTML 代码

图 4-30　某电商网站产品搜索结果页面及其 HTML 代码

从网页中获取结构化信息一般通过包装器实现，图 4-31 展示了基于包装器抽取网页信息的框架。包装器是能够将数据从 HTML 网页中抽取出来，并将它们还原为结构化数据的软件程序。包装器的生成方法有三大类：手工方法、包装器归纳方法和自动抽取方法。

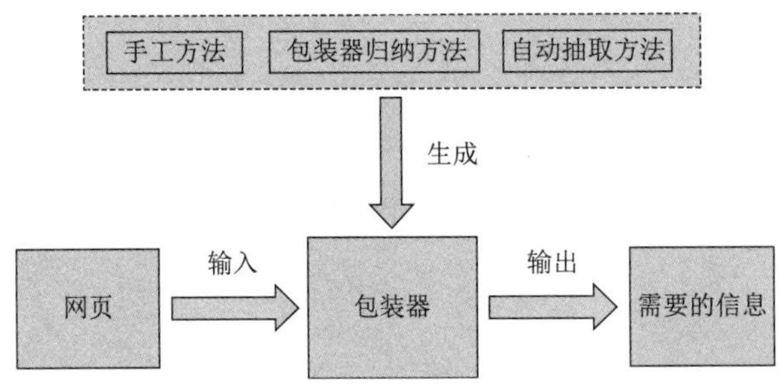

图 4-31　基于包装器抽取网页信息的框架

1. 手工方法

手工方法是通过人工分析构建包装器信息抽取的规则。手工方法需要查看网页结构和代码，在人工分析的基础上，手工编写出适合当前网站的抽取表达式；表达式的形式一般可以是 XPath 表达式、CSS 选择器的表达式等。

XPath 即为 XML 路径语言，它是一种用来确定 XML（标准通用标记语言的子集）文档中某部分位置的语言。借助它可以获取网页中元素的位置，从而获取需要的信息。在图 4-30 的例子中，如果要获取产品价格信息，则可以定义如下 XPath 进行抽取：

```
//*[@id="J_goodsList"]/ul/*/div/div[3]/strong
```

CSS 选择器是通过 CSS 元素实现对网页中元素的定位，并获取元素信息的。分析图 4-30 中的搜索结果页面，价格信息的 CSS 选择器表达式为：

```
#J_goodsList > ul > li:nth-child(1)> div > div.p-price > strong
```

2. 包装器归纳方法

包装器归纳方法是基于有监督学习方法从已标注的训练样例集合中学习信息抽取的规则，然后对相同模板的其他网页进行数据抽取的方法。典型的包装器归纳流程包括以下步骤：网页清洗、网页标注、包装器空间生成、包装器评估。

（1）网页清洗。纠正和清理网页不规范的 HTML、XML 标记，可采用 TIDY 类工具。

（2）网页标注。在网页上标注需要抽取的数据，标注过程一般是给网页中的某个位置打上特殊的标签，表明此处是需要抽取的数据。例如，在图 4-30 的例子中，如果需要抽取页面上“华为 P10”产品的信息和价格，则可以在产品信息和价格所在的标签里打上一个特殊的标记作为标注。

（3）包装器空间生成。基于标注的数据生成 XPath 集合空间，对生成的集合进行归纳，从而形成若干个子集。归纳的目标是使子集中的 XPath 能够覆盖尽可能多的已标注数据项，使其具有一定的泛化能力。

（4）包装器评估。包装器可以通过准确率和召回率进行评估。使用待评估包装器对训练数据中的网页进行标注，将包装器输出的与人工标注的相同项的数量表示为 N；准确率是 N 除以包装器输出标注的总数量，而召回率是 N 除以人工标注数据项的总数量。准确率和召回率越高，表示包装器的质量越好。

3. 自动抽取方法

包装器归纳方法需要大量的人工标注工作，因而不适用对大量站点进行数据的抽取。此外，包装器维护的工作量也很大，一旦网站改版，需要重新标注数据，归纳新的包装器。自动抽取方法不需要任何的先验知识和人工标注的数据，可以很好地克服上述问题。

在自动抽取方法中，相似的网页首先通过聚类被分成若干组，通过挖掘同一组中相似网页的重复模式，可以生成适用于该组网页的包装器。在应用包装器进行数据抽取时，首先将需要抽取的页面划分到先前生成的网页组，然后应用该组对应的包装器进行数据抽取。

上述三种 Web 页面的信息抽取方法各有优点和缺点，表 4-4 对它们进行了对比。

表 4-4 Web 页面的信息抽取方法对比

信息抽取方法	优点	缺点
手工方法	对于任何网页都是通用的，简单快捷 能抽取到用户感兴趣的数据	需要对网页数据进行标注，耗费大量的人力 维护成本高 无法处理大量站点
包装器归纳方法	需要人工标注训练数据 能抽取到用户感兴趣的数据 可以运用到中小规模网站的信息抽取	可维护性比较差 需要投入大量的人力进行数据标注
自动抽取方法	无监督的方法，无须人工进行数据的标注 可以运用到大规模网站的信息抽取	需要相似的网页作为输入 抽取的内容可能达不到预期，会抽取出一些无关信息

4.5 知识挖掘

知识挖掘是从已有的实体及实体关系出发挖掘新的知识，具体包括知识内容挖掘和知识结构挖掘。

4.5.1 知识内容挖掘：实体链接

实体链接是指将文本中的实体指称（Mention）链向其在给定知识库中目标实体的过程。实体链接可以将文本数据转化为有实体标注的形式，建立文本与知识库的联系，可以为进一步文本分析和处理提供基础。图 4-32 给出了一个实体链接的例子，图中左侧是给定的文本，右侧展示了知识库中的四个实体及它们之间的关系。通过实体链接，文本中的实体指称与其在知识库中对应的实体建立了链接。

实体链接的基本流程如图 4-33 所示，包括实体指称识别、候选实体生成和候选实体消歧三个步骤，每个步骤都可以采用不同的技术和方法。

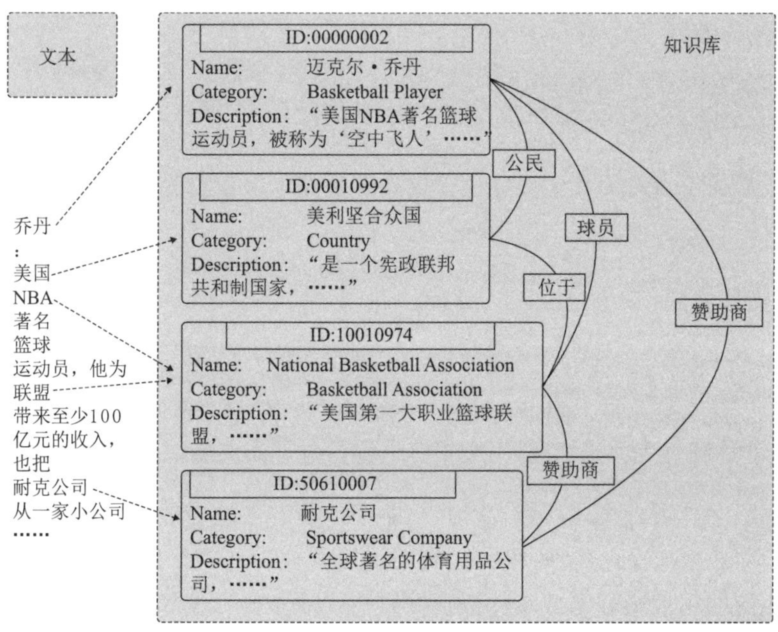

图 4-32　实体链接示例

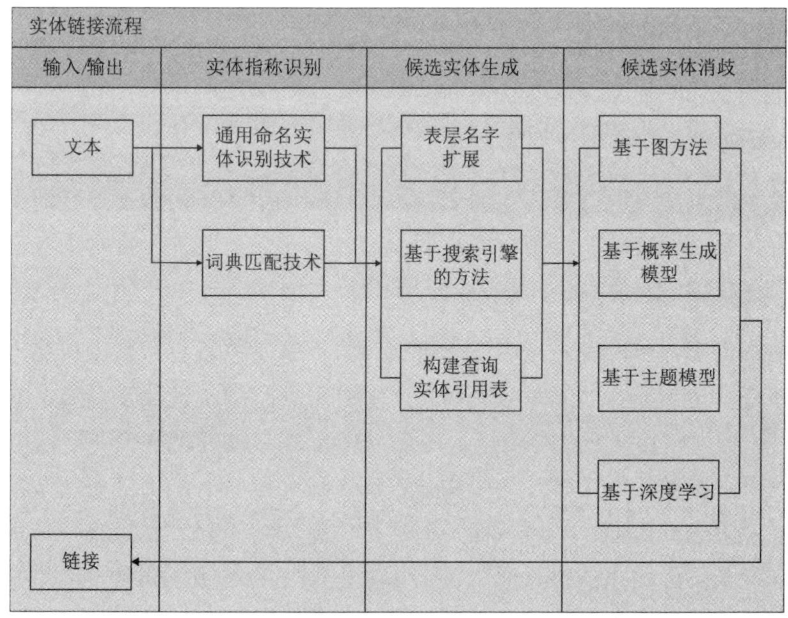

图 4-33　实体链接的基本流程

1．实体指称识别

实体链接的第一步是要识别出文本中的实体指称，例如从图 4-32 给出的文本中识别[乔丹]、[美国]、[NBA]等。该步骤主要通过命名实体识别技术或者词典匹配技术实现。命名实体识别技术在本章前面已经介绍过；词典匹配技术需要首先构建问题领域的实体指称词典，通过直接与文本的匹配识别指称。

2．候选实体生成

候选实体生成是确定文本中的实体指称可能指向的实体集合。例如，上述例子中实体指称[乔丹]可以指代知识库中的多个实体，如[篮球运动员迈克尔乔丹]、[足球运动员迈克尔乔丹]、[运动品牌飞人乔丹]等。生成实体指称的候选实体有以下三种方法：

（1）表层名字扩展。某些实体提及是缩略词或其全名的一部分，因此可以通过表层名字扩展技术，从实体提及出现的相关文档中识别其他可能的扩展变体（例如全名）。然后，可以利用这些扩展形式形成实体提及的候选实体集合。表层名字扩展可以采用启发式的模式匹配方法实现。例如，常用的模式是抽取实体提及邻近括号中的缩写作为扩展结果；例如“University of Illinois at Urbana-Champaign（UIUC）”“Hewlett-Packard（HP）”等。除了使用模式匹配的方法，也有一些方法通过有监督学习的技术从文本中抽取复杂的实体名称缩写。

（2）基于搜索引擎的方法。将实体提及和上下文文字提交至搜索引擎，可以根据搜索引擎返回的检索结果生成候选实体。例如，可以将实体指称作为搜索关键词提交至谷歌搜索引擎，并将其返回结果中的维基百科页面作为候选实体。此外，维基百科自有的搜索功能也可以用于生成候选实体。

（3）构建查询实体引用表。很多实体链接系统都基于维基百科数据构建查询实体引用表，建立实体提及与候选实体的对应关系。实体引用表示例如表 4-5 所示，它可以看作是一个<键-值>映射；一个键可以对应一个或多个值。在完成引用表构建后，可以通过实体提及直接从表中获得其候选实体。为了构建查询实体引用表，常用的方法是基于维基百科中的词条页面、重定向页面、消歧页面、词条正文超链接等抽取实体提及与实体的对应关系。维基百科词条页面描述的对象通常被当作知识库中的实体，词条页面的标题即为实体提及；重定向页面的标题可以作为其所指向词条实体的提及；消歧页面标题可作为实体提及，其对应的实体是页面中列出的词条实体。维基百科页面中的链接是以[[实体|实体提

及]]的格式标记的，因此处理所有的链接可以抽取实体和实体提及的对应关系。

表 4-5　实体引用表示例

实体提及	实　体
Michael Jordan	Michael I. Jordan Michael Jordan (footballer) Michael Jordan (mycologist) ……
Apple	Apple (fruit) Apple Inc. Apple (band) ……
HP	Hewlett-Packard

3．候选实体消歧

在确定文本中的实体指称和它们的候选实体后，实体链接系统需要为每一个实体指称确定其指向的实体，这一步骤被称为候选实体消歧。一般地，候选实体消歧被作为排序问题进行求解；即给定实体提及，对它的候选实体按照链接可能性由大到小进行排序。总体上，候选实体消歧方法包括基于图的方法、基于概率生成模型的方法、基于主题模型的方法和基于深度学习的方法等。下面介绍每类方法中具有代表性的工作。[32]

（1）基于图的方法。基于图的方法将实体指称、实体以及它们之间的关系通过图的形式表示出来，然后在图上对实体指称之间、候选实体之间、实体指称与候选实体之间的关联关系进行协同推理。该类方法比较具有代表性的是 Han 等人较早提出的基于参照图（Referent Graph）协同实体链接方法[33]。Han 等人提出在候选实体消歧时，首先建立如图 4-34 所示的参照图，图中对实体、提及-实体、实体-实体的关系进行了表示；图中实体提及和实体间的加权边表示了它们的局部依赖性；实体和实体间的加权边代表实体间的语义相关度，为进行全局协同的实体消歧提供了基础。在计算了实体提及的初始重要性度量后，Han 等人的方法将其作为实体消歧的初始依据并在参照图上进行传递，该过程与 PageRank 算法中节点 rank 值的传递与更新方式类似。最后，基于实体消歧依据的传递结果，计算一个结合局部相容度和全局依赖性的实体消歧目标函数，为每个实体提及确定能使目标函数最大化的目标实体，从而得到实体消歧结果。采用基于图的方法进行候选实体消歧的实体链接系统还有文献[34]、文献[35]等。

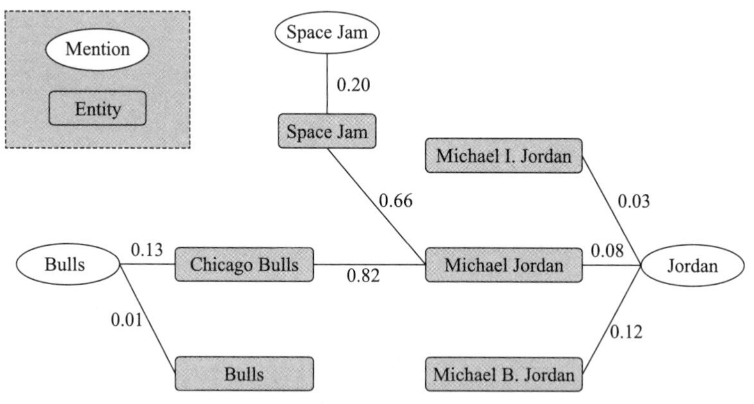

图 4-34　参照图[33]

（2）基于概率生成模型的方法。基于概率生成模型对实体提及和实体的联合概率进行建模，可以通过模型的推理求解实体消歧问题。在 Han 等人[36]提出的实体-提及概率生成模型中，实体提及被作为生成样本进行建模，其生成过程如图 4-35 所示。

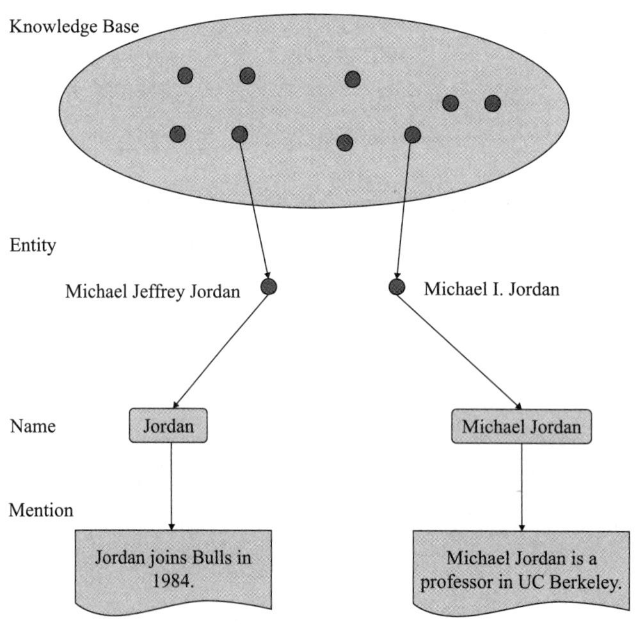

图 4-35　实体提及生成过程示例[36]

首先，模型依据实体的概率分布$P(e)$选择实体提及对应的实体，如例子中的[Michael

Jeffrey Jordan]和[Michael I. Jordan]；然后，模型依据给定实体 e 实体名称的条件概率 $P(s|e)$选择实体提及的名称，如例子中的[Jordan]和[Michael Jordan]；最后，模型依据给定实体 e 上下文的条件概率$P(c|e)$输出实体提及的上下文。根据上述实体提及的生成过程，实体和提及的联合概率可以定义为

$$P(m,e) = P(s,c,e) = P(e)P(s|e)P(c|e)$$

在该方法中，$P(e)$对应了实体的流行度，$P(s|e)$对应了实体名称知识，$P(c|e)$对应了上下文知识。当给定实体提及 m 时，候选实体消歧通过以下式子实现

$$e = \arg\max_e \frac{P(m,e)}{P(m)} = \arg\max_e P(e)P(s|e)P(c|e)$$

（3）基于主题模型的方法。Han 等人认为，在同一个文本中出现的实体应该与文本表述的主题相关。基于该思想，他们提出了实体-主题模型，可以对实体在文本中的相容度、实体与话题的一致性进行联合建模，从而提升实体链接的结果。实体-主题模型如图 4-36 所示，给定主题数量 T、实体数量 E、实体名称数量 K 和词的数量 V，实体-主题模型通过如下过程生成关于主题、实体名称和实体上下文的全局知识。首先，基于 E 维狄利克雷分布抽样得到每个主题 z 中实体的分布ϕ_z；然后，基于 K 维狄利克雷分布抽样得到每个实体 e 名称的分布ψ_e；最后，基于 V 维狄利克雷分布抽样得到实体 e 上下文词的分布ξ_e。通过吉布斯抽样算法，可以基于实体-主题模型推断获得实体消歧所需的决策信息。

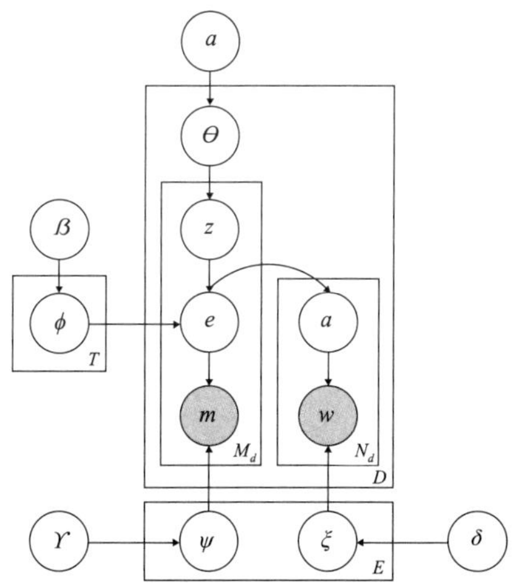

图 4-36　实体-主题模型[37]

（4）基于深度学习的方法。在候选实体消歧过程中，准确计算实体的相关度十分重要。因为在利用上下文中信息或进行协同实体消歧时，都需要评价实体与实体的相关度。Huang 等人[38]提出了一个基于深度神经网络的实体语义相关度计算模型，如图 4-37 所示。在输入层，每个实体对应的输入信息包括实体 E、实体拥有的关系 R、实体类型 ET 和实体描述 D。基于词袋和独热表示的输入经过词散列层进行降维，然后经过多层神经网络的非线性变换，得到语义层上实体的表示；两个实体的相关度被定义为它们语义层表示向量的余弦相似度。

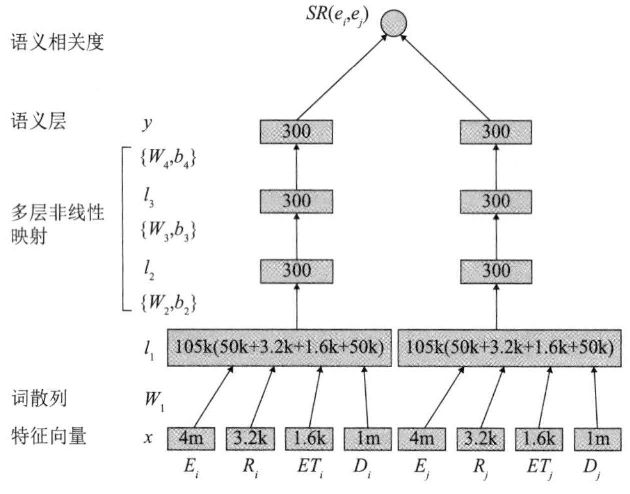

图 4-37　实体提及生成过程示例[38]

4.5.2　知识结构挖掘：规则挖掘

1．归纳逻辑程序设计

归纳逻辑程序设计（Inductive Logic Programming，ILP）是以一阶逻辑归纳为理论基础，并以一阶逻辑为表达语言的符号规则学习算法[39]。知识图谱中的实体关系可看作是二元谓词描述的事实，因此也可通过 ILP 方法从知识图谱中学习一阶逻辑规则。

给定背景知识和目标谓词（知识图谱中即为关系），ILP 系统可以学习获得描述目标谓词的逻辑规则集合。FOIL[40]是早期具有代表性的 ILP 系统，它采用顺序覆盖的策略逐条学习逻辑规则，在学习每条规则时，FOIL 采用了基于信息熵的评价函数引导搜索过程，归纳学习一阶规则。下面通过一个例子介绍 FOIL 的规则学习过程。

设有规则学习问题如表 4-6 所示。背景知识描述了某一家庭的成员关系，规则学习的目标谓词为 daughter，该目标谓词有若干正例和反例事实。FOIL 在规则学习过程中，从空规则$\text{daughter}(X,Y) \leftarrow$开始，逐一将可用谓词加入规则体进行考察，按照预定标准评估规则的优劣并选取最优规则；持续谓词的添加直至规则只覆盖正例而不覆盖任何反例。表 4-7 列出了 FOIL 学习单个规则的过程。当获得一个满足上述要求的规则后，FOIL 将未被该规则覆盖的反例移除，然后基于剩余的正例和反例再重复上述过程获得新的规则，直至所有反例都被移除。

表 4-6　规则学习问题

背景知识	female(ann) female(eve) parent(ann,mary) parent(tom,eve)
daughter 正例	daughter(mary,ann) daughter(eve,tom)
daughter 反例	¬daughter(tom,ann) ¬daughter(tom,eve)

表 4-7　FOIL 学习单个规则的过程

当前规则R_1	$\text{daughter}(X,Y) \leftarrow$		
覆盖样本	(mary,ann)	正例	n_1^+=2 n_1^-=2
	(eve,tom)	正例	
	(eve,ann)	反例	
	(tom,ann)	反例	
当前规则R_2	$\text{daughter}(X,Y) \leftarrow \text{female}(X)$		
覆盖样本	(mary,ann)	正例	n_2^+=2 n_2^-=1
	(eve,tom)	正例	
	(eve,ann)	反例	
当前规则R_3	$\text{daughter}(X,Y) \leftarrow \text{female}(X), \text{parent}(Y,X)$		
覆盖样本	(mary,ann)	正例	n_3^+=2 n_3^-=0
	(eve,tom)	正例	

注：n_i^+和n_i^-分别为被规则R_i覆盖正例和反例的数量。

在扩展规则体的每一步，FOIL 选择使得规则 FOIL_Gain 达到最大的谓词加入规则体。FOIL_Gain 的定义为：

$$\text{FOIL\_Gain}(R_i, L_{i+1}) = n_i^{++}(\log_2 \frac{n_{i+1}^+}{n_{i+1}^+ + n_{i+1}^-} - \log_2 \frac{n_i^+}{n_i^+ + n_i^-})$$

式中，R_i为当前待扩展的规则；L_{i+1}为由候选谓词构成的新文字；n_i^+和n_i^-分别为被规则R_i覆盖正例和反例的数量；n_{i+1}^+和n_{i+1}^-分别为被新规则R_{i+1}覆盖正例和反例的数量；n_i^{++}为同时被规则R_i和R_{i+1}覆盖的正例数量。基于 FOIL_Gain 评价函数，FOIL 在构建规则的每一阶段倾向于选择覆盖较多正例和较少反例的规则。

在早期的 ILP 系统中，还有以 Progol[41]为代表的基于逆语义蕴涵的学习方法。文献[39，42]对大量 ILP 方法进行了综述。多数 ILP 系统仅适用于小规模的数据集，在较大规模的数据集上运行效率不高。因此，近年来也有大量研究致力于提高 ILP 系统的可扩展性，这些工作包括 FOIL-D[43]、PILP[44]、QuickFOIL[45]和分布式并行的 ILP 系统[46]等。最近，针对大规模知识图谱的特点，Galarraga 等人研究并提出了 AMIE 系统[47]；AMIE 采用关联规则挖掘的方法，并定义了新的支持度和覆盖度度量对搜索空间进行剪枝，并可以在知识图谱不完备的条件下评价规则，在规则质量和学习效率方面都比传统 ILP 方法有很大的提升。在对 AMIE 多个计算过程进行优化后，Galarraga 等人又发布了其升级系统 AMIE+[48]，新系统具有更高的计算效率。

2. 路径排序算法（Path Ranking Algorithm，PRA）

PRA[49,50]是一种将关系路径作为特征的知识图谱链接预测算法，因为其获取的关系路径实际上对应一种霍恩子句，PRA 计算的路径特征可以转换为逻辑规则，便于人们发现和理解知识图谱中隐藏的知识。PRA 的基本思想是通过发现连接两个实体的一组关系路径来预测实体间可能存在的某种特定关系。如图 4-38 所示，若要预测球员和赛事联盟之间的 *AlthletePlaysForLeague* 关系，连接实体 HinesWard 和 NFL 的关系路径 <*AlthletePlaysForTeam, TeamPlaysInLeague*>可以作为预测模型的一个重要特征。实际上，该关系路径对应着一个常识知识，可以用图 4-39 中的霍恩子句表示。在链接预测过程中，PRA 会自动发现有用的关系路径来构建预测模型；PRA 具体的工作流程分为三个重要的步骤：特征选择、特征计算和关系分类。

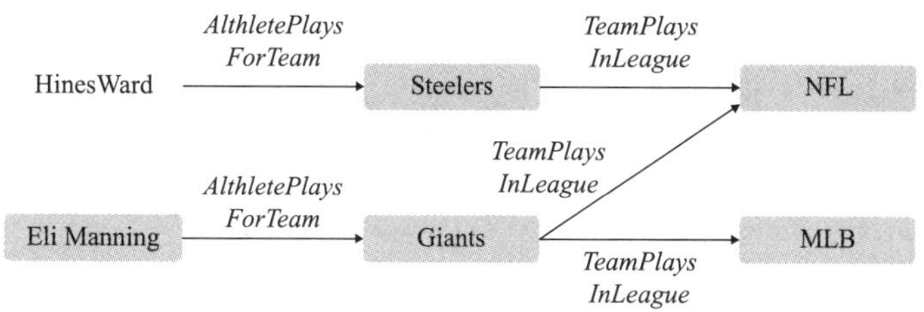

图 4-38　示例知识图谱子图[50]

AlthletePlaysForTeam(s,z)∧TeamPlayInleague(z,t)
→AlthletePlaysForLeague(s,t)

图 4-39　霍恩子句

（1）特征选择。因为知识图谱中连接特定实体对的关系路径数量可能会很多，特别是当允许的关系路径长度较长时，关系路径的数量将快速增长。PRA 并不使用连接实体对的所有关系路径作为模型的特征，所以第一步会对关系路径进行选择，仅保留对于预测目标关系潜在有用的关系路径。为了保证特征选择的效率，PRA 使用了基于随机游走的特征选择方法；对于某个关系路径π，PRA 基于随机游走计算该路径的准确度（precision）和覆盖度（coverage）。

$$\text{precision}(\pi)=\frac{1}{n}\sum_i P(s_i\rightarrow G_i;\pi)$$

$$\text{coverage}(\pi)=\sum_i I(P(s_i\rightarrow G_i;\pi)>0)$$

式中，P（$s_i \rightarrow G_i;\pi$）是以实体 s_i 为起点，沿着关系路径π进行随机游走能够抵达目标实体的概率。PRA 对于准确度和覆盖度都分别设定阈值，只有当两个度量值不小于阈值的关系路径时，才被作为特征保留。

（2）特征计算。在选择了有用的关系路径作为特征之后，PRA 将为每个实体对计算其特征值。给定实体对(h,t)和某一特征路径π，PRA 将从实体 s 为起点沿着关系路径π进行随机游走抵达实体 t 的概率作为该实体对在关系路径π特征的值。通过计算实体对在每个特征关系路径上的可达概率，就可以得到该实体对所有特征的值。

（3）关系分类。基于训练样例（目标关系的正例实体对和反例实体对）和它们的特征，PRA 为每个目标关系训练一个分类模型。利用训练完的模型，可以预测知识图谱中任意两个实体间是否存在某特定关系。关系分类可以使用任何一种分类模型，PRA 中使用了逻辑回归分类模型，并取得了较好的效果。PRA 在训练逻辑回归模型的过程中，可以获得关系路径的权重，从而可以对路径的重要性进行排序；而且关系路径具有很好的可解释性。图 4-40 中列出了 PRA 在 NELL 数据集上进行链接预测时获得的重要关系路径和相应解释。

ID	PRA Path (Comment)
	athletePlaysForTeam
1	$c \xrightarrow{\text{athletePlaysInLeague}} c \xrightarrow{\text{leaguePlayers}} c \xrightarrow{\text{athletePlaysForTeam}} c$ (teams with many players in the athlete's league)
2	$c \xrightarrow{\text{athletePlaysInLeague}} c \xrightarrow{\text{leagueTeams}} c \xrightarrow{\text{teamAgainstTeam}} c$ (teams that play against many teams in the athlete's league)
	athletePlaysInLeague
3	$c \xrightarrow{\text{athletePlaysSport}} c \xrightarrow{\text{players}} c \xrightarrow{\text{athletePlaysInLeague}} c$ (the league that players of a certain sport belong to)
4	$c \xrightarrow{\text{isa}} c \xrightarrow{\text{isa}^{-1}} c \xrightarrow{\text{athletePlaysInLeague}} c$ (popular leagues with many players)
	athletePlaysSport
5	$c \xrightarrow{\text{isa}} c \xrightarrow{\text{isa}^{-1}} c \xrightarrow{\text{athletePlaysSport}} c$ (popular sports of all the athletes)
6	$c \xrightarrow{\text{athletePlaysInLeague}} c \xrightarrow{\text{superpartOfOrganization}} c \xrightarrow{\text{teamPlaysSport}} c$ (popular sports of a certain league)
	stadiumLocatedInCity
7	$c \xrightarrow{\text{stadiumHomeTeam}} c \xrightarrow{\text{teamHomeStadium}} c \xrightarrow{\text{stadiumLocatedInCity}} c$ (city of the stadium with the same team)
8	$c \xrightarrow{\text{latitudeLongitude}} c \xrightarrow{\text{latitudeLongitudeOf}} c \xrightarrow{\text{stadiumLocatedInCity}} c$ (city of the stadium with the same location)
	teamHomeStadium
9	$c \xrightarrow{\text{teamPlaysInCity}} c \xrightarrow{\text{cityStadiums}} c$ (stadiums located in the same city with the query team)
10	$c \xrightarrow{\text{teamMember}} c \xrightarrow{\text{athletePlaysForTeam}} c \xrightarrow{\text{teamHomeStadium}} c$ (home stadium of teams which share players with the query)
	teamPlaysInCity
11	$c \xrightarrow{\text{teamHomeStadium}} c \xrightarrow{\text{stadiumLocatedInCity}} c$ (city of the team's home stadium)
12	$c \xrightarrow{\text{teamHomeStadium}} c \xrightarrow{\text{stadiumHomeTeam}} c \xrightarrow{\text{teamPlaysInCity}} c$ (city of teams with the same home stadium as the query)
	teamPlaysInLeague
13	$c \xrightarrow{\text{teamPlaysSport}} c \xrightarrow{\text{players}} c \xrightarrow{\text{athletePlaysInLeague}} c$ (the league that the query team's members belong to)
14	$c \xrightarrow{\text{teamPlaysAgainstTeam}} c \xrightarrow{\text{teamPlaysInLeague}} c$ (the league that the query team's competing team belongs to)
	teamPlaysSport
15	$c \xrightarrow{\text{isa}} c \xrightarrow{\text{isa}^{-1}} c \xrightarrow{\text{teamPlaysSport}} c$ (sports played by many teams)
16	$c \xrightarrow{\text{teamPlaysInLeague}} c \xrightarrow{\text{leagueTeams}} c \xrightarrow{\text{teamPlaysSport}} c$ (the sport played by other teams in the league)

图 4-40　PRA 在 NELL 数据集上进行链接预测时获得的重要关系路径和相应解释[50]

4.6　开源工具实践：基于 DeepDive 的关系抽取实践

本实践介绍了一个公司实体间的股权交易关系的实例，该案例是基于斯坦福大学 DeepDive 开源关系抽取框架实现的。本实践的相关工具、实验数据及操作说明由 OpenKG 提供，地址为 http://openkg.cn。该框架遵循 Apache 开源协议。

4.6.1　开源工具的技术架构

如图 4-41 所示为 DeepDive 的整体处理流程，主要分为数据准备和因子图模型构建两个部分，CNdeepdive 在此基础上添加了神经网络模型和增量操作。在具体应用中，可以选择使用因子图模型或神经网络模型。

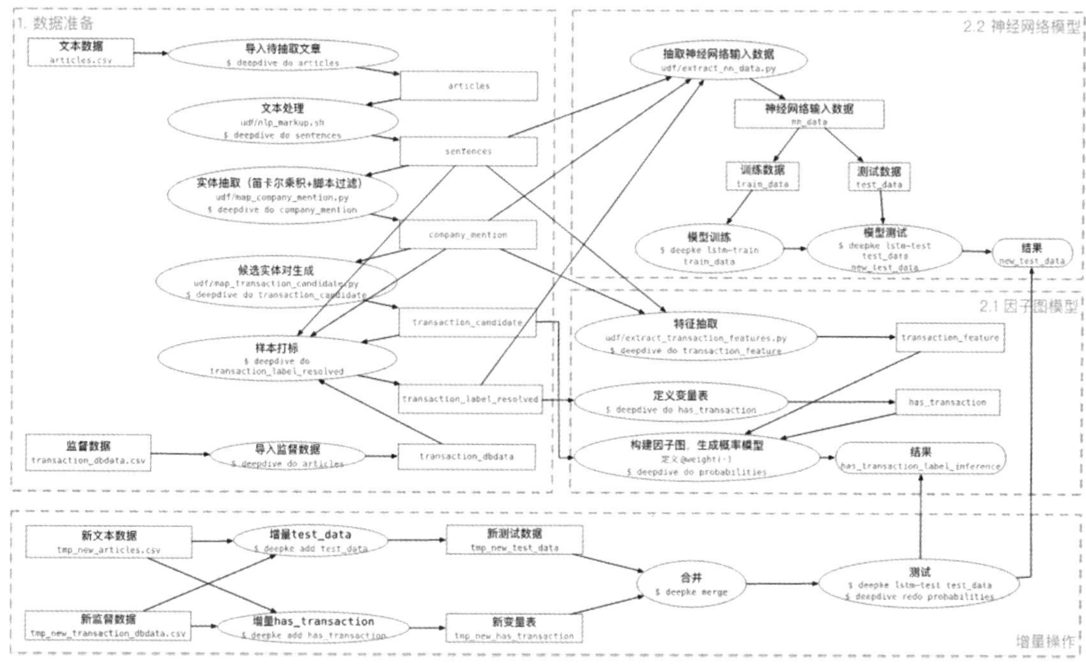

图 4-41　DeepDive 的整体处理流程

图中浅色字体部分是股权交易关系抽取实例在框架中对应的文件名、命令或需要配置的脚本文件。执行上述流程需要注意以下几点：

1．环境配置

运行该框架需要配置的 DeepDive、PostgreSQL 和中文 Standford NLP 环境。DeepDive 可以从 OpenKG 网站下载。可选择配置 deepke 的扩展功能。

2．数据准备

数据准备阶段需要进行的处理包括导入结构化的监督数据、导入文本数据、利用 NLP 模块进行文本处理、实体抽取、候选实体对生成及样本打标。

文本处理阶段可能会非常慢，可通过减少 articles 的行数来缩短时间。

3．因子图模型

在构建因子图模型之前，需要先进行特征抽取。

4．深度学习

深度学习模型需要准备训练和测试数据。模型输入的 train_data 和 test_data 需要符合神经网络的输入。

5．增量操作

并或清空操作。其他类似工具增量操作必须在原工作流程定下来之后进行。

对于添加新数据部分 input 文件下的所有初始数据，都需要做一份增量。如果没有增量的需要，则定义空文件。如果需要使用原数据，则复制原有文件。

需要先合并再进行新的测试或训练步骤，即增量只是数据准备过程中的增量。

若想单独测试新的测试数据，直接在合并之前执行 deepke lstm-test tmp_new_test_data tmp_new_new_test_data。查看结果后再执行合并或清空操作。

4.6.2 其他类似工具

Reverb 是华盛顿大学 Turing center 研发的开放三元组抽取工具，可以从英文句子中抽取形如（augument1, relation, argument2）的三元组。它不需要提前指定关系，支持全网规模的信息抽取。目前用于华盛顿大学开发的 KnowItAll 知识库系统。

OLLIE 和 Reverb 类似，都是华盛顿大学研发的知识库 KnowItAll 的三元组抽取组件，OLLIE 是第二代提取系统。Reverb 的抽取建立在文本序列上，而 OLLIE 则支持基于语法依赖树的关系抽取，对于长线依赖效果更好。

Wandora 是封装好的知识抽取桌面程序，支持主题图、RDF、OBO 等多种输入输出格式。它内置了 HTTP 服务器，有完整的交互界面，支持输出可视化。

参考文献

[1] Jenny Rose Finkel，Trond Grenager，Christopher Manning. Incorporating Non-Local Information into Information Extraction Systems by Gibbs Sampling. Proceedings of the 43rd Annual Meeting on Association for Computational Linguistics (ACL2005). Association for Computational Linguistics, 2005：363-370.

[2] Liu F，Zhao J，Lv B，et al. Product Named Entity Recognition Based on Hierarchical Hidden Markov

Model. Proceedings of the Fourth SIGHAN Workshop on Chinese Language Processing 2005.
[3] Morwal S，Jahan N，Chopra D.Named Entity Recognition Using Hidden Markov Model （HMM）. International Journal on Natural Language Computing （IJNLC），2012，1（4）：15-23.
[4] Lample G，Ballesteros M，Subramanian S，et al. Neural Architectures for Named Entity Recognition. Proceedings of Conference of the North American Chapter of the Association for Computational Linguistics，2016：260-270.
[5] Ma X，Hovy E. End-to-End Sequence Labeling via Bi-directional LSTM-CNNs-CRF. Proceedings of the 54th Annual Meeting of the Association for Computational Linguistics，2016：1064-1074.
[6] Rei M，Crichton G，Pyysalo S. Attending to Characters in Neural Sequence Labeling Models. Proceedings of COLING 2016，the 26th International Conference on Computational Linguistics：Technical Papers，2016 ：309-318.
[7] Santos，Cicero Nogueira Dos，B Xiang，et al. Classifying Relations by Ranking with Convolutional Neural Networks. Computer Science，2015：132-137.
[8] Wang L，Cao Z，de Melo G，et al. Relation Classification via Multi-Level Attention CNNs. Proceedings of the 54th Annual Meeting of the Association for Computational Linguistics (Volume 1: Long Papers)，2016，1：1298-1307.
[9] Zhou P，Shi W，Tian J，et al. Attention-based Bidirectional Long Short-Term Memory Networks for Relation Classification. Proceedings of the 54th Annual Meeting of the Association for Computational Linguistics （Volume 2: Short Papers），2016，2：207-212.
[10] Xu K，Feng Y，Huang S，et al. Semantic Relation Classification via Convolutional Neural Networks with Simple Negative Sampling. Proceedings of the 2015 Conference on Empirical Methods in Natural Language Processing，2015：536-540.
[11] Liu Y，Wei F，Li S，et al. A Dependency-Based Neural Network for Relation Classification. Proceedings of the 53rd Annual Meeting of the Association for Computational Linguistics and the 7th International Joint Conference on Natural Language Processing（Volume 2：Short Papers），2015，2：285-290.
[12] Zeng D，Liu K，Lai S，et al. Relation Classification via Convolutional Deep Neural Network. Proceedings of COLING 2014，the 25th International Conference on Computational Linguistics: Technical Papers，2014 ：2335-2344.
[13] Miwa M，Bansal M. End-to-End Relation Extraction using LSTMs on Sequences and Tree Structures. Proceedings of the 54th Annual Meeting of the Association for Computational Linguistics（Volume 1：Long Papers），2016，1：1105-1116.
[14] Ji G-L，Liu K，He S，et al. Distant Supervision for Relation Extraction with Sentence-Level Attention and Entity Descriptions. Proceedings of the Thirty-First AAAI Conference on Artificial Intelligence ：AAAI Press，2017：3060-3066.
[15] Feng J，Huang M，Zhao L，et al. Reinforcement Learning for Relation Classification From Noisy Data. Thirty-Second AAAI Conference on Artificial Intelligence，2018.
[16] Brin S. Extracting Patterns and Relations From the World Wide Web. International WorkSHOP on The

World Wide Web and Databases. Berlin：Springer，1998：172-183.

[17] Eugene A，Luis G. Extracting Relations from Large Plain-Text Collections. Proceedings of ACM 2000.

[18] Etzioni O，Cafarella M，Downey D，et al. Unsupervised Named-Entity Extraction from the Web: An Experimental Study. Artificial Intelligence，2005，165（1）：91-134.

[19] Carlson A，Betteridge J，Kisiel B，et al. Toward an Architecture for Never-Ending Language Learning. Twenty-Fourth AAAI Conference on Artificial Intelligence，2010.

[20] Li Q，Ji H，Huang L. Joint Event Extraction Via Structured Prediction with Global Features. Proceedings of the 51st Annual Meeting of the Association for Computational Linguistics （Volume 1: Long Papers），2013，1：73-82.

[21] Chen Y，Xu L，Liu K，et al. Event Extraction Via Dynamic Multi-Pooling Convolutional Neural Networks. Proceedings of the 53rd Annual Meeting of the Association for Computational Linguistics and the 7th International Joint Conference on Natural Language Processing（Volume 1：Long Papers），2015，1：167-176.

[22] D2RQ.http://d2rq.org.

[23] Mastro.http://www.dis.uniroma1.it/~mastro/.

[24] Ultrawrap.https://capsenta.com/ultrawrap/.

[25] Morph-RDB.https://github.com/oeg-upm/morph-rdb.

[26] Ontop.http://ontop.inf.unibz.it.

[27] Bizer C，Lehmann J，Kobilarov Get al. DBpedia-A Crystallization Point for the Web of Data. Web Semantics：Science,Services and Agents on the World Wide Web，2009，7（3）：154-165.

[28] Rebele T，Suchanek F，Hoffart J，et al. Yago：A Multilingual Knowledge Base from Wikipedia，Wordnet，and Geonames. International Semantic Web Conference 2016 Oct 17.Cham：Springer，2016：177-185.

[29] Niu X，Sun X，Wang H，et al. Me-Weaving Chinese Linking Open Data. International Semantic Web Conference 2011 Oct 23.Berlin：Springer，205-220.

[30] Li M，Shi Y，Wang Z，et al. Building a Large-Scale Cross-Lingual Knowledge Base from Heterogeneous Online Wikis. Natural Language Processing and Chinese Computing . Cham：Springer，2015：413-420.

[31] Xu B，Xu Y，Liang J，et al. CN-DBpedia：A Never-Ending Chinese Knowledge Extraction System. International Conference on Industrial，Engineering and Other Applications of Applied Intelligent Systems. Cham：Springer，2017：428-438.

[32] TIDY.http://www.html-tidy.org.

[33] Han X，Sun L. A Generative Entity-Mention Model for Linking Entities with Knowledge Base. Proceedings of the 49th Annual Meeting of the Association for Computational Linguistics: Human Language Technologies. Association for Computational Linguistics，2011，1：945-954.

[34] Hoffart J，Yosef MA，Bordino I，et al. Robust Disambiguation of Named Entities in Text. Proceedings of the Conference on Empirical Methods in Natural Language Processing. Association for Computational Linguistics，2011：782-792.

[35] Shen W，Wang J，Luo P，et al. Linking Named Entities in Tweets with Knowledge Base Via User Interest Modeling. Proceedings of the 19th ACM SIGKDD International Conference on Knowledge Discovery and Data Mining . ACM，2013：68-76.

[36] Han X，Sun L. A Generative Entity-Mention Model for Linking Entities with Knowledge Base. Proceedings of the 49th Annual Meeting of the Association for Computational Linguistics：Human Language Technologies. Association for Computational Linguistics，2011，1：945-954.

[37] Xianpei Han，Le Sun. 2012. An entity-topic model for entity linking. In Proceedings of the 2012 Joint Conference on Empirical Methods in Natural Language Processing and Computational Natural Language Learning（EMNLP-CoNLL '12）. Association for Computational Linguistics，Stroudsburg，PA，105-115.

[38] Huang H，Heck L，Ji H. Leveraging Deep Neural Networks and Knowledge Graphs for Entity Disambiguation. arXiv preprint，2015. arXiv：1504.07678.

[39] 戴望州，周志华. 归纳逻辑程序设计综述. 计算机研究与发展，2019，56（1）：138-154.

[40] J R Quinlan. Learning Logical Definitions from Relations. Machine Learning，1990，5（3）：239-266.

[41] Stephen Muggleton. Inverse Entailment and Progol. New Generation Computing，1995，13（3-4）：245－286.

[42] Stephen Muggleton，Luc Raedt，David Poole，et al. ILP Turns 20.Machine Learning，2011，86（1）：3-23.

[43] Joseph Bockhorst，Irene Ong. Inductive Logic Programming：The 14th International Con- ference.ILP 2004，Porto，Portugal，September 6-8，2004，Proceedings//Efficiently Scaling FOIL for Multi-relational Data Mining of Large Datasets. Berlin：Springer，2004：63-79.

[44] Hiroaki Watanabe，Stephen Muggleton. Can ilp be Applied to large Datasets? Proceedings of the 19th International Conference on Inductive Logic Programming，ILP’09. Berlin：Springer，2010：249-256.

[45] Qiang Zeng，Jignesh M Patel，David Page. Quickfoil：Scalable Inductive Logic Pro- Gramming. 2014，8（3）：197-208.

[46] Ashwin Srinivasan，Tanveer A Faruquie，Sachindra Joshi. Data and Task Parallelism in ILP Using Mapreduce. Machine Learning，2011，86（1）：141-168.

[47] Luis Antonio Galárraga，Christina Teflioudi，Katja Hose，et al. Amie：Association Rule Mining Under Incomplete Evidence in Ontological Knowledge Bases. Proceedings of the 22nd International Conference on World Wide Web，2013：413-422.

[48] Luis Galárraga，Christina Teflioudi，Katja Hose，et al. Fast Rule Mining in Ontological Knowledge Bases with Amie+. The VLDB Journal，2015：1-24.

[49] Ni Lao，WilliamW Cohen. Relational Retrieval Using a Combination of Path-Constrained Random Walks . Maching Learning，2010，81（1）：53-67.

[50] Ni Lao，Tom Mitchell，William W Cohen. Random Walk Inference and Learning in A Large Scale Knowledge Base. Proceedings of the Conference on Empirical Methods in Natural Language Processing.Association for Computational Linguistics，2011：529-539.

第 5 章 知识图谱融合

汪鹏　东南大学

5.1　什么是知识图谱融合

知识图谱包含描述抽象知识的本体层和描述具体事实的实例层。本体层用于描述特定领域中的抽象概念、属性、公理；实例层用于描述具体的实体对象、实体间的关系，包含大量的事实和数据。一方面，本体虽然能解决特定应用中的知识共享问题，但事实上不可能构建出一个覆盖万事万物的统一本体，这不仅是因为世界知识的无限性决定构建这样的本体在工程上难以实施，更重要的是由于本体构建所具有的主观性和分布性特点决定了这种统一本体的构建无法得到一致的认可；此外，过于庞大的本体也往往难以维护和使用。在实际应用中，不同的用户和团体根据不同的应用需求和应用领域来构建或选择合适的本体。这样一来，即使在同一个领域内也往往存在着大量的本体。这些本体描述的内容在语义上往往重叠或关联，但使用的本体在表示语言和表示模型上却具有差异，这便造成了本体异构。在知识图谱应用中，为了获取其他应用所拥有的信息，或者联合多个应用以实现更强大的功能，不同应用系统之间的信息交互非常的普遍和频繁。然而，如果不同的系统采用的本体是异构的，它们之间的信息交互便无法正常进行。在实际的知识图谱应用中，本体异构造成了大量的信息交互问题。因此，解决本体异构、消除应用系统间的互操作障碍是很多知识图谱应用面临的关键问题之一。另一方面，知识图谱中的大量实例也存在异构问题，同名实例可能指代不同的实体，不同名实例可能指代同一个实体，大量的共指问题会给知识图谱的应用造成负面影响。因此，知识图谱应用还需要解决实例层的异构问题。

知识融合是解决知识图谱异构问题的有效途径。知识融合建立异构本体或异构实例之间的联系，从而使异构的知识图谱能相互沟通，实现它们之间的互操作。为了解决知识融合问题，首先需要分析造成本体异构和实例异构的原因，这是解决知识融合问题的基础。其次，还需要明确融合针对的具体对象，建立何种功能的映射，以及映射的复杂程度，这对于选择合适的融合方法非常重要。知识融合的核心问题在于映射的生成。目前的各种本体匹配和实例匹配使用的技术基本可归结为基于自然语言处理进行术语比较、基于本体结构进行匹配，以及基于实例的机器学习等几类；不同的技术在效果、效率以及适应的范围方面都有不同，综合使用多种方法或技术往往能提高映射的结果质量。

5.2　知识图谱中的异构问题

在解决局部领域中信息共享问题的同时，知识图谱的使用也引入了新的问题。首先，由于同一领域中不同组织建立的知识图谱往往是异构的，基于不同知识图谱的系统间的互操作依然困难；其次，交叉领域中的知识通常是异构的，相互之间的信息交互问题依然没有解决；最后，由于人类本身知识体系的复杂性和对世界的不同主观看法，建立一个包罗万象的统一知识图谱并不现实。因此，随着知识图谱的广泛应用，知识图谱异构带来的信息互操作困难将普遍存在。在基于知识图谱的应用中，由于获取数据或者为了实现特定的功能，不同系统间常常要进行信息交互，同一系统也往往要处理来自多个领域的信息。这些具体应用都涉及知识图谱异构，处理知识图谱间的异构问题成为大量系统实现互操作的关键。

实际上，针对模型之间的异构问题的研究早在面向对象建模和数据库建模领域中就已经开展了[1]。模型间的不匹配是导致异构的根本原因。与这些模型相似，知识图谱之间的不匹配正是造成知识图谱异构的直接原因。然而，知识图谱中的本体远比面向对象模型或数据库模式更为复杂，造成本体异构的不匹配因素更多；知识图谱中的实例规模通常较大，其异构形式也具有多样性。尽管知识图谱的异构形式多种多样，但总的来说，这些异构的情形都可被划分为两个层次[2]：第一个层次是语言层不匹配，是指用来描述知识的元语言是不匹配的，其中既包括描述知识语言的语法和所使用的语言原语上的不匹配，还包括定义类、关系和公理等知识成分机制上的不匹配；第二个层次是模型层不匹配，是指由于本体建模方式不同所造成的不匹配，包括不同的建模者对事物的概念化抽象不匹配、对相同概念或关系的划分方式不匹配，以及对本体成分解释的不匹配。明确这些不匹配的因素是解决知识图谱异构问题的基础。下面分别阐述这两种层次上的异构。

5.2.1 语言层不匹配

在知识工程发展的过程中出现了多种知识表示语言。不同的时期都存在着几种流行的语言，如早期有 Ontolingua 和 Loom 等本体语言，近年则有 DAML+OIL、RDF(S)、OWL 和 OWL2 等。这些本体语言之间往往并非完全兼容。当不同时期构建的知识或同一时期采用不同语言表示的知识进行交互时，首先面临着由于知识表示语言之间的不匹配所造成的异构问题[3]。这类语言层次上不匹配的情形分为语法不匹配、逻辑表示不匹配、原语的语义不匹配和语言表达能力不匹配四类。

1．语法不匹配

不同的知识描述语言常采用不同的语法。近年来的本体语言基本采用 XML 的书写格式，而早期的本体语言则没有固定的格式可言。以如何定义一个概念为例：在 RDF Schema 中，定义一个概念可采用<rdfs:Class rdf:ID="CLASSNAME"/>的形式；在 Loom 中，可采用(defconcept CLASSNAME)定义一个类；而在 Ontolingua 中，定义一个类则采用(define-class COMPONENT (?x)…)的形式。这种语法上的差异是本体之间最简单的不匹配之一。一般来说，如果表示的成分在两种语言中都是存在的，则采用一个简单的重写机制就足以解决这类问题。但是，语法上的不匹配通常不会单独出现，而是与其他语言层上的差异同时出现。因此，尽量将不同的语言转化为同样的语法格式能方便解决其他本体不匹配问题。

2．逻辑表示不匹配

不同语言的逻辑表示也可能存在着不匹配。例如，为了表示两个类是不相交的，一些语言可能采用明确的声明，如在 OWL 中可表示为：<owl:Class rdf:ID="A"> <owl:disjointWith rdf:resource="#B"/> </owl:Class>，而另一些语言则必须借助子类和非算子来完成同样的声明，即采用 A subclass-of (NOT B)、B subclass-of (NOT A)来表示同样的结果。这就是说，不同的语言可能采用不同的形式来表示逻辑意义上的等价结果。这一类的不匹配与本体语言所采用的逻辑表示有关。相对而言，这类不匹配也容易解决，例如，通过定义从语言 L_1 逻辑表示到语言 L_2 的逻辑表示的转换规则。

3．原语的语义不匹配

在语言层的另一个不匹配是语言原语的语义。尽管有时不同的语言使用同样名称的原语来进行本体构建，但它们的语义是有差异的。例如，在 OWL Lite 和 OWL DL 语言中，原语“Class”声明的对象只能作为本体中的概念，而在 OWL Full 和 RDF(S)中，“Class”声明的对象既可以作为一个类，也可以作为一个实例。有时，即使两个本体看起来使用同样的语法，但它们的语义是有差别的。例如，在 OIL 和 RDF Schema 中，当定义一个关系时往往都需要声明关系的定义域，即<rdfs:domain>，但是 OIL 将<rdfs:domain>的声明解释为其中参数的交，而 RDF Schema 则将它解释为这些参数的并。因此，当采用不同语言的本体交互时，需要注意它们的原语表达的意义的差异。

4. 语言表达能力不匹配

最后一种语言层的不匹配是指不同本体语言表达能力上的差异。这种不匹配体现在一些本体语言能够表达的事情在另一些语言中不能表达出来。一些语言支持对资源的列表、集合以及属性上的默认值等功能，而一些语言则没有；一些语言已经具有表达概念间非、并和交，以及关系间的包含、传递、对称和互逆等功能，而一些语言则不具有这样的表达能力；一些语言具有表示概念空集和概念全集的概念，如 OWL 中的 owl:Thing 和 owl:Nothing。这一类的不匹配对本体的互操作影响很大[4]。一般来说，当本体语言的表达能力不同时，为了方便解决本体之间的异构，需要将表达能力弱的语言向表达能力强的语言转换；但是，如果表达能力强的语言并不完全兼容表达能力弱的语言，这样的转换可能会造成信息的损失。

5.2.2 模型层不匹配

当不同的本体描述相交或相关领域时，在本体的模型层次上也存在着不匹配。模型层次上的不匹配与使用的本体语言无关，它们既可以发生在以同一种语言表示的本体之间，也可以发生在使用不同语言的本体之间。Visser P R S 等人将本体模型层上的不匹配区分为概念化不匹配和解释不匹配两种情况[3]。概念化不匹配是由于对同样的建模领域进行抽象的方式不同造成的；解释不匹配则是由于对概念化说明的方式不同造成的，这包括概念定义和使用术语上的不匹配。

1. 概念化不匹配

概念化不匹配又可分为概念范围的不匹配和模型覆盖的不匹配两类。

（1）**概念范围的不匹配**。同样名称的概念在不同的领域内表示的含义往往有差异；同时，不同的建模者出于对领域需求或主观认识上的不同，在建模过程中对概念的划分往往也有差异，这些都统称为概念范围的不匹配。有时，不同本体中的两个概念从表面上看似乎表示同样的概念（如具有同样的名称），而且它们之间对应的实例可能有相交，但却不可能拥有完全一样的实例集合。以一个概念“Hero”为例，对于在文化和认识上差异较大的两个团体来说，各自本体中的概念“Hero”往往难以有一致的实例集合。此外，在本体建模过程中需要从现实事物抽象出概念，并根据概念抽象层次的不同进行划分。当不同的建模者对不同的概念进行划分时，可能会对一个概念的划分持有不同的观点。例如，在考虑对动物相关的知识进行本体建模时，一些建模者将概念“动物”划分为“哺乳动物”和“鸟”两个子类，而另一些人则是把“动物”划分为“食肉动物”和“食草动物”。最后，还存在将同一个概念定义在不同抽象层次上的不匹配。例如，本体 O_1 将人概念化为“Persons”，而本体 O_2 没有“Persons”这样的概念，它用“Males”和“Females”来表示人。

（2）模型覆盖的不匹配。不同本体对于描述的领域往往在覆盖的知识范围上有差异，而且对于所覆盖的范围，它们之间描述的详细程度也有差异，这就是模型覆盖的不匹配。一般来说，有三种不同维度的模型覆盖。

① 模型的广度，即本体模型描述的领域范围，也就是哪些领域内的事物是包含在本体内的，哪些领域内的事物不是当前本体所关心的。

② 模型的粒度，即本体对所建模的领域进行描述的详细程度，如有的本体仅仅列出概念，有的本体则进一步列出概念的属性，甚至概念之间所具有的各种关系等。

③ 本体建模的观点，这决定了本体从什么认识角度来描述领域内的知识。从上述不同的维度进行本体建模所得到的结果都是有差异的。例如，关于公共交通的本体可能包括也可能不包括有关“出租车”的知识（广度上的不匹配），可能区分不同类型的火车（如客车和货车），也可能不进行这样的区分（粒度上的不匹配），还可能从技术角度描述或从功能角度描述（观点的不匹配）。由于本体的建模反映了建模者的主观性，这一类的不匹配情况在实际应用中很普遍。

2. 解释不匹配

本体模型层上的另一类不匹配现象是解释不匹配，它又包含了模型风格的不匹配和建模术语上的不匹配。

（1）模型风格的不匹配

① **范例不匹配。**不同的范例可用来表示相同的概念，这也就出现了不匹配。例如，对时间的表示可以采用基于时间间隔的方式，也可以使用基于时间点的方式[5]。此外，在

建模过程中使用不同的上层本体也往往会造成这一类的不匹配，因为不同上层本体往往对时间、行为、计划、因果和态度等概念有着不同的划分风格。

② **概念描述不匹配。**在本体建模中，对同一个概念的建模可以有几种选择。例如，为了区别两个类，既可以使用一个合适的属性，也可以引入一个独立的新类。描述概念时，不同抽象层次的概念是以 Is-a 的关系建立的：概念抽象的区别可以通过层次的高层或低层体现出来。然而，有的本体从高层到低层描述这种概念层次，有的则是从低层到高层来描述，这便造成了概念描述的不匹配。

（2）建模术语上的不匹配

① **同义术语。**不同本体中含义上相同的概念常常由于建模者的习惯而被使用不同的名字表示。例如，为了表示“汽车”，一个本体中使用词汇“Car”，而另一个本体中使用词汇“Automobile”。这类的不匹配问题称为同义术语。同义术语引起的问题经常和其他的语义问题共同存在，如果没有人工或其他技术的帮助，机器是无法识别这些术语是否是同义的。

② **同形异义术语。**另一类重要的建模术语不匹配是术语之间的同形异义现象。例如，术语“Conductor”在音乐领域和电子工程领域的意义分别是“指挥家”和“导体”。这种本体不匹配问题更加难以处理，往往需要考虑术语所处的上下文并借助人类的知识来解决。

③ **编码格式。**最后的一种不匹配是由于本体表示中采用不同的编码格式造成的。例如，日期可被表示为“dd/mm/yyyy”或“mm-dd-yy”，距离可以用“Mile”描述，也可以用“Kilometer”描述，人的姓名可以用全名“FullName”形式，也可以用“FirstName+LastName”的形式。这样的不匹配种类很多，没有通用的自动识别和发现算法。但是，如果能发现这种不匹配，对它的处理则是很容易的，一般只需要做一个转换就能消除。

不同本体间的不匹配是造成本体异构的直接原因，明确这些异构便于选择合理的方法去处理实际中的问题。例如，如果异构是语言层不匹配造成的，则进行语言之间的转换即可；如果是模型层上不匹配造成的，可以根据匹配类型的不同选择正确的算法。

5.3 本体概念层的融合方法与技术

5.3.1 本体映射与本体集成

解决本体异构的通用方法是本体集成与本体映射[6-9]。本体集成直接将多个本体合并为一个大本体，本体映射则寻找本体间的映射规则，这两种方法最终都是为了消除本体异构，达到异构本体间的互操作。如图 5-1 所示的本体映射和本体集成的示意图，图中不同的异构本体分别对应着不同的信息源。为了实现基于异构本体的系统间的信息交互，本体映射的方法在本体之间建立映射规则，信息借助这些规则在不同的本体间传递；而本体集成的方法则将多个本体合并为一个统一的本体，各个异构系统使用这个统一的本体，这样一来，它们之间的交互可以直接进行，从而解决了本体异构问题。

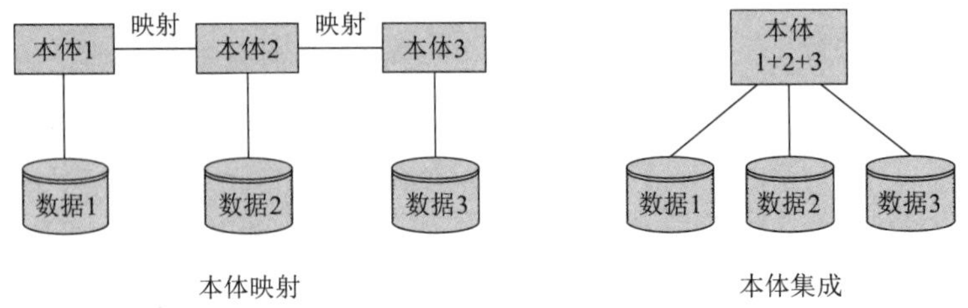

图 5-1 本体映射和本体集成的示意图

既然不同系统间的互操作问题是本体异构造成的，因此，将这些异构本体集成为一个统一的本体是解决此类问题的一种自然想法。对于本体集成，根据实施过程的不同，又可以将其分为单本体的集成和全局本体-局部本体的集成两种形式。

1. 基于单本体的集成

这种本体集成方法是直接将多个异构本体集成为一个统一的本体，该本体提供统一的语义规范和共享词汇。不同的系统都使用这个本体，这样便消除了由本体异构导致的互操作问题。显然，在本体集成的过程中产生了新的本体，因此也有人将本体集成看作一种生成新本体的过程。此外，集成过程通常利用了多个现有本体，因此这还是一种本体的重用[10]。Pinto H S 等人将本体集成划分成一系列的活动[11]，主要包括：决定本体集成的方式，即需要判断消除异构的单本体是应该从头建立，还是应该利用现有的本体来集成，这需要评估两种方法的代价和效率来进行取舍；识别本体的模块，即明确集成后的本体应该包含哪些模块，以便于在集成过程中对于不同的模块选择相关的本体；识别每个模块中应该被表示的知识，即需要明确不同模块中需要哪些概念、属性、关系和公理等；识别候选本体，即从可能的本体中选择可用于集成的候选本体；执行集成过程，基于上面的基础，根据一定的集成步骤完成本体集成。

这样的集成方法虽然看起来很有效，但在实际应用中往往存在明显的缺点。首先，使用这些异构本体的系统往往有着不同的功能和侧重点，这些系统之间通常不是等价或可相互替代的，某些系统能处理一些特定和深入的问题，某些系统则可能处理全面和基础的问题。这样，集成后的本体对于其中的一些系统来说可能过于庞大，况且它们往往只使用该集成本体的一部分。因此，这样的本体不方便系统使用，而且在涉及本体操作（如推理和查询）时会降低系统的效率。其次，单个本体的方法容易受到其中某个系统变化的影响[6]，当某个系统要求改变本体以适应它的新需求时，集成的本体需要重新进行修改，这种修改往往并不简单，因为它很可能会影响到与之进行交互的其他系统，还需要与其他系统进行反复协商。所以，从这些方面能看出单本体的集成缺乏灵活性。

2. 基于全局本体-局部本体的集成

为了克服单本体的本体集成方法的缺陷，另一种途径是采用全局本体-局部本体来达到本体集成。这种方法首先抽取异构本体之间的共同知识，根据它建立一个全局本体。全局本体描述了不同系统之间一致认可的知识。同时，各个系统可以拥有自己的本体，称为局部本体。局部本体既可以在全局本体的基础上根据自己的需要进行扩充，也可以直接建立自己特有的本体，但无论哪种方式，都需要建立局部本体与全局本体之间的映射[12,13]。这样，局部本体侧重于特定的知识，而全局本体则保证不同系统间异构的部分能进行交互。这种方法既避免了局部本体存在过多的冗余，本体规模不会过于庞大，同时也达到了解决本体间异构的目的。每个局部本体可以独立开发，对它们进行修改不会影响其他的系统，只要保证与全局本体一致就可以。

但是全局本体—局部本体的本体集成方法也并不完美。除了需要维护全局本体和各个系统中的局部本体，为了保证全局本体和局部本体始终一致，还需要建立和维护它们之间的映射。但总的来说，全局本体—局部本体的集成方法较单本体的集成方法灵活。

本体映射和集成都是为了解决本体间的异构问题，虽然它们的事实过程存在着差别，但相互之间也存在着联系。一方面，在很多本体集成过程中，映射可看作集成的子过程。在单本体的本体集成中，需要分析不同本体之间的映射，才能够将它们集成为一个新的本体；在基于全局本体—局部本体的集成过程中，需要在局部本体和全局本体之间建立映射。另一方面，通过本体映射在异构本体间建立联系规则后，本体就能根据映射规则进行交互，因此，建立映射后的多本体又可视为一种虚拟的集成。

然而，集成本体的工作耗时费力，而且缺乏自动方法支持；随着多本体的变化，集成过程需要不断地重复进行，代价过高。此外，集成的本体对于不同的应用不具有通用性，缺乏灵活性。因此，本体集成不适合解决语义 Web 中分布和动态的多本体应用问题。实际上，大多应用只需要实现本体间的互操作就可以满足需求，完全的集成是没有必要的。本体映射通过建立本体间的映射规则达到本体互操作，其形式比较灵活，更能适应分布动态的环境。

5.3.2 本体映射分类

明确本体映射的分类是建立异构本体间映射的基础。虽然本体间的不匹配揭示了本体异构的原因，但通常的本体映射并不直接以各种不匹配准则来划分，因为那样的映射分类过于抽象和宽泛，不方便实现。尽管很多研究者在本体映射上做了大量的相关工作[9]，但对于本体映射的分类这个基本问题却缺少系统的总结、分析和论述。这里在总结前人研究的基础上，从三个角度来探讨本体映射的分类问题，即映射的对象、映射的功能以及映射的复杂程度。

1. 映射的对象角度

通过这个角度的分类，明确映射应该建立在异构本体的哪些成分之间。

本体间的不匹配是造成本体异构的根本原因，这种不匹配可分为语言层和模型层两个层次。从语言层来说，目前大多数的本体采用几种流行的本体语言表示，如 OWL 或 RDF(S)，很多本体工具都具有在这些语言之间进行相互转换的功能。由于不同本体语言之间表达能力上的差异，这种转换有时会造成本体信息的损失。因此，语言间的转换应该尽可能指向表达能力强的语言，以减少信息的损失。而实际上，通常的本体映射很少考虑语言层次上的异构。将不同语言表示的本体转换为相同的表示形式能方便映射处理。通常，这种转换带来的信息损失不应该对映射结果造成明显的影响。而从模型层来说，虽然模型层的不匹配划分能方便对本体映射进行统一处理，但对实际应用来说，依据模型层的不匹配来划分本体映射过于抽象。实际上，大多映射研究直接从组成本体的成分出发，即由于本体主要由概念、关系、实例和公理组成，本体间的映射应建立在这些基本成分之上。

建立异构本体的概念之间的映射是最基本的映射，因为概念是本体中最基本的成分，没有概念，其他的本体成分无从谈起。所以，概念间的映射是最基本的和必需的。对于本体中的关系来说，由于它可表示不同概念之间的关系或描述某个对象的赋值，对于很多应用来说（如查询），往往需要借助这些关系之间的映射进行信息交互。因此，关系之间的映射也很重要。需要注意的是，由于有些关系连接两个对象，而有些关系连接对象和它的赋值（即概念的属性），这两类关系的映射处理方法可能会有所不同。

不同本体之间的实例也会出现异构，例如不同的实例名实际上表示同一个对象。由于语义 Web 包含大量的实例，在有些情况下往往需要考虑实例的异构，并需要建立异构实例之间的映射。为了检查实例之间是否等价，目前的方法基于属性匹配或逻辑推理[14]。但是，逻辑推理的方法通常很耗时，而属性匹配的方法又很可能得到不确定的答案。Xu Baowen 等人提出了一种检查实例等价的框架[15]，这种方法同时使用了属性匹配和逻辑推理两种方法，并利用一种基于不相交集合并的算法来加速推理过程。但总的来说，由于实例之间的映射情况比其他对象的映射简单，但是实例的数目太多，处理起来非常耗时，因此很多映射工作并不着重考虑实例上的映射。

公理是本体中的一个重要成分，它是对其他本体成分的约束和限制。通常，一个公理由一些操作符和本体成分组合而成。因此，如果两个本体使用的表示语言都支持同样的操作符，那么公理之间的映射便可以转换为其他成分之间的映射。因此，通常并不需要考虑公理之间的映射。

综上所述，从映射的对象来看，可将本体映射分为概念之间的映射和关系之间的映射两类，其中概念之间的映射是最基本的映射。除非有特殊的要求，一般不考虑针对实例或公理之间的映射。

2．映射的功能角度

通过这个角度的分类，进一步明确应该建立具有何种功能的本体映射。

确定在本体的何种成分之间建立映射并不足够，还需要进一步明确这样的映射具有什么功能。例如，一些映射声明不同本体间的两个概念是相等的，而一些则声明不同本体间的两个关系是互逆的。现有大多数本体映射研究的问题在于只考虑几种最基本和常见的映射功能，如概念间的等价和包含，以及关系间的等价等，而没有充分考虑异构本体间各种有用的映射功能。实际上，本体的概念或关系之间可能存在的映射功能种类很多，Wang Peng 等人以概念间的映射和关系间的映射为基础，从功能上归纳出 11 种主要的本体映射，并称这些映射为异构本体间的桥[16]：表示概念间映射的桥包括等价（Equal）、同形异义（Different）、上义（Is-a）、下义（Include）、重叠（Overlap）、部分（Part-of）、对立（Opposed）和连接（Connect）共 8 种；表示关系间映射的桥包括等价（Equal）、包含（Subsume）和逆（Inverse）3 种。这 11 种桥基本能描述异构本体间具有的映射功能。

最基本的映射功能是等价映射，是为了建立不同本体的成分之间的等价关系。等价映射声明了概念之间和关系之间的对应，异构本体的等价成分之间在互操作过程中可以直接相互替代。同形异义的映射能够指出表示名称相同的本体成分实际上含义是不同的。上义和下义映射则说明了概念之间和属性之间的继承关系，关系间的包含映射对于关系来说也具有同样的功能。重叠映射表示概念之间的相似性。对立映射表示概念之间的对立。同样，逆映射表示关系之间的互逆。概念上的部分映射则表示了来自不同概念间的个体具有整体—部分关系。此外，通过一些特殊的连接映射，还能将不同的本体概念相互联系起来。

从功能上归纳和区分上述映射具有重要的意义。首先，不同功能的映射，其发现的方法和建立的难度都具有差别，即使是同一成分之间的映射，不同的映射功能都会影响着寻找映射的方法和过程；有的映射功能同时适用于概念和关系，在不同成分上发现这样的映射所使用的方法可能有相似性；有的映射功能则只针对特定的成分，发现这样的映射可能需要借助特殊的方法。其次，区分具体的映射功能对于实际应用来说非常重要，不同功能的映射在处理本体互操作中扮演的角色会有不同，有的映射仅仅为了建立本体之间的数据转换的规则，有的映射还能用于进行跨本体的推理和查询应用。

3. 映射的复杂程度角度

通过这个角度的分类，明确什么形式的映射是简单的，什么形式的映射是复杂的。

本体间的映射还具有复杂和简单之分，这需要同时考虑映射涉及的对象和映射具有的功能。实际上，复杂映射和简单映射的界限很难界定。通常，将那些基本的、必要的、组成简单的和发现过程相对容易的映射称作简单映射；将那些不直观的、组成复杂并且发现过程相对困难的映射称为复杂映射。

这里的复杂映射同时考虑映射对象和映射功能。从映射对象上，将那些包含复杂概念的映射看作是复杂映射，这里的复杂概念指通过概念的并、交和非等算子构成的复合概念，涉及这一类复杂概念的映射寻找方法相对单个的原子概念来说较为困难。而由于关系的映射发现方法通常都不容易，因此无论是原子关系还是复杂关系上的映射均看作复杂映射。从功能上看，除概念和关系上的等价映射以及概念上的上义和下义外，其余的映射功能都属于复杂映射。基于这种思想，本体映射的分类如表 5-1 所示，其中“+”表示这种映射存在，“×”表示这种映射不存在，背景为深色表示这种映射是复杂映射。从表中可以看出，存在的本体映射中大部分都属于复杂映射。然而，目前的研究表明，大多数的本体映射工作都是针对简单映射的，针对复杂映射的探讨并不多。

表 5-1 本体映射的分类

映射分类		原子概念	复杂概念	原子关系	复合关系
概念映射	等价	+	+	×	×
	同形异义	+	×	×	×
	上义	+	+	×	×
	下义	+	+	×	×
	重叠	+	+	×	×
	部分	+	+	×	×
	对立	+	+	×	×
	连接	+	+	×	×
关系映射	等价	×	×	+	+
	包含	×	×	+	+
	逆	×	×	+	+

Noy N F 将基于本体的语义集成研究划分为三个层次[17]：①发现映射，即给定两个本体，怎样寻找它们之间的映射；②表示映射，即对于找到的映射，应该能够进行合理表示，这种表示要方便推理和查询；③使用映射，即一旦映射被发现和表示后，需要将它使用起来，如进行异构本体间的推理和查询等。接下来从这些层次入手，逐步阐述映射的发现、表示和应用问题。

5.3.3 本体映射方法和工具

在确定本体映射的分类后，最重要也是最困难的任务在于如何发现异构本体间的映射。尽管本体间的映射可以通过手工建立，但非常耗时，而且很容易出错[18]。因此，目前的研究侧重于开发合理的映射发现方法和工具，采用自动或半自动的方式来构建。

尽管不同的本体映射方法使用的技术不同，但过程基本是相似的。图 5-2 描述了本体映射生成的过程，为了简化起见，图中只使用两个不同的本体 O_1 和 O_2。总的来说，本体映射的过程可分为三步：

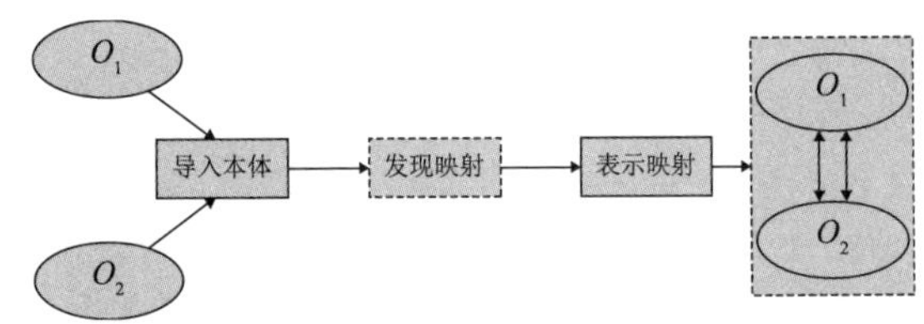

图 5-2 本体映射生成的过程

① 导入待映射的本体。待映射的本体不一定都要转换为统一的本体语言格式，但是要保证本体中需要进行映射的成分能够被方便获取。

② 发现映射。利用一定的算法，如计算概念间的相似度等，寻找异构本体间的联系，然后根据这些联系建立异构本体间的映射规则。当然，如果映射比较简单或者难以找到合适的映射发现算法，也可以通过人工来发现本体间的映射。

③ 表示映射。当本体之间的映射被找到后，需要将这些映射合理地表示起来。映射的表示格式是事先手工制定的。在发现映射后，需要根据映射的类型，借助工具将发现的映射合理表示和组织。

这三个步骤是一个粗略但却通用的本体映射过程，实际应用中的很多映射算法对于每一个阶段都有更详细的描述。

为了建立本体映射，不同的研究者从不同角度出发，采用不同的映射发现方法来寻找本体间的映射。同时，不同的映射发现方法能处理的映射类型和具体过程都有很大差别[17]。从已有的映射方法以及相关的工具来看，发现本体映射的方法可分为四种[19,20]：①基于术语的方法，即借助自然语言处理技术，比较映射对象之间的相似度，以发现异构本体间的联系；②基于结构的方法，即分析异构本体之间结构上的相似，寻找可能的映射规则；③基于实例的方法，即借助本体中的实例，利用机器学习等技术寻找本体间的映射；④综合方法，即在一个映射发现系统中同时采用多种寻找本体映射的方法，一方面能弥补不同方法的不足，另一方面还能提高映射结果的质量。

根据使用技术的不同，下面分别介绍一些典型的本体映射工作。很多映射工作可能同时采用了多种映射发现技术，如果其中的某一种技术较为突出，则将这个工作划分到这一种技术的分类下；如果几种技术的重要程度比较均衡，则将这样的工作划分为综合方法。此外，实际的研究和应用表明，仅仅是用基于术语的方法很难取得满意的映射结果，为此，很多方法进一步考虑了本体结构上的相似性来提高映射质量，所以将基于术语和基于结构的映射发现方法放在一处进行讨论。

1. 基于术语和结构的本体映射

从本体中术语和结构的相似性来寻找本体映射是比较直观和基础的方法。这里先介绍这种方法的思想，然后探讨一些典型和相关的工作。

（1）技术综述

1）**基于术语的本体映射技术。**这类本体映射方法从本体的术语出发，比较与本体成分相关的名称、标签或注释，寻找异构本体间的相似性。比较本体间的术语的方法又可分为基于字符串的方法和基于语言的方法。

① **基于字符串的方法。**基于字符串的方法直接比较表示本体成分的术语的字符串结构。字符串比较的方法有很多，Cohen W 等人系统地分析和比较了各种字符串比较技术[21]。主要的字符串比较技术如下。

（a）规范化。在进行严格字符串比较之前，需要对字符串进行规范化，这能提高后续比较的结果。规范化操作主要包括：大小写规范化，即将字符串中的每个符号转换为大写字母或小写字母的形式；消除变音符，即将字符串中的变音符号替换为它的常见形式，如 Montréal 替换为 Montreal；空白正规化，即将所有的空白字符（如空格、制表符和回车等）转换为单个的空格符号；连接符正规化，包括正规化单词的换行连接符等；消除标点，在不考虑句子的情况下要去除标点符号；消除无用词，去除一些无用的词汇，如“to”和“a”等。

这些规范化操作主要针对拉丁语系，对于其他的语言来说，规范化过程会有所不同。

（b）相似度量方法。在规范字符串的基础上，能进一步度量不同字符串间的相似程度。常用的字符串度量方法有：汉明距离、子串相似度、编辑距离和路径距离等。

如果两个字符串完全相同，它们间的相似度为 1；如果字符串间不存在任何相似，则相似度为 0；如果字符串间存在部分相似，则相似度为区间(0,1)中的某个值。

一种常用来比较两个字符串的直接方法是汉明距离，它计算两个字符中字符出现位置的不同。

定义 5.1 对于给定的任意两个字符串 s 和 t，它们的汉明距离相似度定义为：

$$\delta(s,t)=1-\frac{(\sum_{i=1}^{\min(|s|,|t|)}s[i]\neq t[i])+||s|-|t||}{\max(|s|,|t|)}$$

相似的字符串间往往具有相同的子串，子串检测就是从发现子串来计算字符串间的相似度，它的定义如下。

定义 5.2 任意两字符串 s 和 t，如果存在两个字符串 p 和 q，且 $s=p+t+q$ 或 $t=p+s+q$，那么称 t 是 s 的子串或 s 是 t 的子串。

还可进一步精确度量两字符串包含共同部分的比例，即子串相似度。

定义 5.3 子串相似度度量任意两个字符串 s 和 t 间的相似度 δ，令 x 为 s 和 t 的最大共同子串，则它们的子串相似度为：

$$\delta(s,t)=\frac{2|x|}{|s|+|t|}$$

字符串间的相似度还能通过编辑距离来度量。两字符串之间的编辑距离是指修改其中一个使之与另一个相同所需要的最小操作代价。这些编辑操作包括插入、删除和替代字符。

定义 5.4 给定一个字符串操作集合 op 和一个代价函数 w，对于任意一对字符串 s 和 t，存在将 s 转换为 t 的操作序列集合，两字符串间的编辑距离 $\delta(s,t)$ 是将 s 转换为 t 的最小操作序列的代价和：

$$\delta(s,t)=\min\sum_{i=1}^{n}w_{op_i}，\ \text{且}op_n(\cdots op_1(s))=t$$

注意，这里给出的编辑距离没有正规化，即 δ 的值可能不在区间[0,1]。显然，编辑距离越大，表示两字符串的相似程度越小。编辑距离是最基本的判断字符串间相似度的指标，以它为基础，能构造出很多更复杂的相似度度量公式，这里不一一介绍。

除了直接比较单个术语的字符串相似，还可以在比较时考虑与之相关的一系列的字符串。路径比较便是这类方法中的一种。例如，比较两个概念的相似度时，可以将它们的所有父概念集中起来，并在相似度计算中考虑这些路径上的概念。

定义 5.5 给定两个字符串序列 $<s_i>_{i=1}^{n}$ 和 $<s_j^{'}>_{j=1}^{m}$，它们之间的路径距离计算如下：

$$\delta(<s_i>_{i=1}^{n},<s_j^{'}>_{j=1}^{m})=\lambda\cdot\delta'(s_1,s_1^{'})+(1-\lambda)\cdot\delta(<s_i>_{i=2}^{n},<s_j^{'}>_{j=2}^{m})$$

式中，δ'是某种字符串度量函数，并且$\lambda \in [0,1]$；当比较的两条路径出现空路径时，有$\delta(< >, < s_j' >_{j=1}^{m}) = \delta(< s_i >_{i=1}^{n}, < >) = 0$。

②基于语言的方法。基于语言的方法依靠自然语言处理技术寻找概念或关系之间的联系。这类方法又可分为内部方法和外部方法，前者使用语言的内部属性，如形态和语法特点，后者则利用外部的资源，如词典等。

内部方法在寻找术语间的映射时利用词语形态和语法分析来保证术语的规范化。它寻找同一字符串的不同语言形态，如 Apple 和 Apples 等。寻找词形变化的算法很多，最著名的是 Porter M F 提出的 Stemming 算法[22]。

外部方法利用词典等外部资源来寻找映射。基于词典的方法使用外部词典匹配语义相关的术语。例如，使用 WordNet 能判断两个术语是否有同义或上下义关系。

尽管基于术语的相似度度量方法很多，但是根据它很难得到比较好的映射结果，一般仅能判断概念或关系之间等价的可能程度，而对于发现其他功能的映射来说，基于术语的方法难以达到满意的效果。

2）**基于结构的本体映射技术。**在寻找映射的过程中，同时考虑本体的结构能弥补只进行术语比较的不足，提高映射结果的精度。基于结构的方法又可分为内部结构和外部结构，前者考虑本体的概念或关系的属性和属性值的数据类型等，后者则考虑与其他成分间的联系。

① 内部结构。基于内部结构的方法利用诸如属性或关系的定义域、它们的基数、传递性或对称性来计算本体成分之间的相似度。通常，具有相同属性或者属性的数据类型相同的概念之间的相似度可能性较大。

② 外部结构。比较两本体的成分之间的相似也可以考虑与它们相关的外部结构，例如，如果两个概念相似，它们的邻居也很可能是相似的。从本体外部结构上判断本体成分的相似主要借助人们在本体使用过程中所获得的一些经验。有一些常用来判断本体成分相似的准则，这些准则包括：(*C*1)直接超类或所有的超类相似；(*C*2)兄弟相似；(*C*3)直接子类或所有的子类相似；(*C*4)所有或大部分后继（不一定是子类，可能通过其他关系连接）相似；(*C*5)所有或大部分的叶子成分相似；(*C*6)从根节点到当前节点的路径上的实体都相似。

对于通过 Part-of 关系或 Is-a 关系构成的本体，本体成分之间的关系比较特殊和常见，可以利用一些特定的方法来判断结构上的相似[23]。

计算概念之间的相似也可以考虑它们之间的关系。如果概念 A 和 B 通过关系 R 建立联系，并且概念 A' 和 B' 间具有关系 R'，如果已知 B 和 B' 以及 R 和 R' 分别相似，则可以推出概念 A 和 A' 也相似[24]。然而，这种方法的问题在于如何判断关系的相似性。关系的相似性计算一直是一个很困难的问题。

外部结构的方法无法解决由于本体建模的观点不同而造成的异构，如对于同一个概念“Human”，本体 O_1 将它特化为两个子类“Man”和“Woman”，而本体 O_2 却将它划分为“Adult”和“Young_Person”。基于结构的方法难以解决这种不同划分下的子类之间的相似度问题。

（2）方法和工具

1）AnchorPROMPT。 PROMPT 是 Stanford 大学开发的一套本体工具集[25]，其中包括：①一个交互式本体集成工具 iPROMPT，它帮助用户进行本体集成操作，能够提供什么成分能被合并的建议，能识别集成操作中造成的不一致问题和其他潜在的错误，并建议可能的策略来解决这些问题，为了达到集成本体的目的，iPROMPT 需要发现本体间的映射；②一个寻找本体间相似映射的工具 AnchorPROMPT，它扩展了 iPROMPT 发现映射的性能，能发现更多 iPROMPT 不能识别的本体间的相似；③一个本体版本工具 PROMPTDiff，它比较本体的两个版本，识别它们之间结构上的不同；④一个从大本体抽取语义完全的子本体工具 PROMPTFactor，它从现有本体创建一个新本体，并能保证结果子本体是良构的。除 AnchorPROMPT 直接处理映射外，其他工具都并非为了发现本体映射，但本体映射在每个工具中具有重要作用。PROMPT 的各个工具之间并非孤立存在，而是相互联系的，它们共享数据结构，并在需要时能相互借用算法。目前，PROMPT 的这些工具已集成到 Protégé 系统中。

本体映射是解决很多多本体问题的基础。为了发现本体间的映射，Noy N F 等人于 1999 年就开发了 SMART 算法[26,27]，该方法通过比较概念名的相似性，识别异构本体间的等价概念。AnchorPROMPT 算法正是以 SAMRT 为基础，通过扩展 SMART 而得到的[28]；它采用有向图表示本体，图中包括本体中的概念继承和关系继承等信息；算法输入两个本体和它们的相关术语对集合，然后利用本体的结构和用户反馈来判断这些术语对之间的映射。

① AnchorPROMPT 的思想。 AnchorPROMPT 的目标是在术语比较的基础上利用本体结构进一步判断和发现可能相似的本体成分。AnchorPROMPT 的输入是一个相关术语对的集合，其中每对术语分别来自两个不同本体，这样的术语对称为“锚”。术语对可以

利用 iPROMPT 工具中的术语比较算法自动生成，也可以由用户提供。AnchorPROMPT 算法的目标是根据所提供的初始术语对集合，进一步分析异构本体的结构，产生新的语义相关术语对。

AnchorPROMPT 将每个本体 O 视为一个带边有向图 G。O 中的每个概念 C 表示图中的节点，每个关系 S 是连接相关概念 A 和 B 之间的边。图中通过一条边连接的两节点称为相邻节点。如果从节点 A 出发，经过一系列边能到达节点 B，那么 A 和 B 之间就存在一条路径。路径的长度是边的数目。

为发现新的语义相关术语对，AnchorPROMPT 遍历异构本体中由“锚”限定的对应路径。AnchorPROMPT 沿着这些路径进行比较，以寻找两个本体间更多的语义相关术语。例如，假设现有两对相关术语对：概念对(A, B)和概念对(G, H)。它表示本体 O_1 中的概念 A 和本体 O_2 中的概念 B 相似；同样，O_1 中的 G 和 O_2 中的 H 也相似，如图 5-3 所示。图中显示了本体 O_1 中概念 A 到 G 之间存在一条路径以及本体 O_2 中概念 B 到 H 之间存在一条路径；两本体间的实线箭头表示初始的“锚”，虚线箭头表示路径上可能相关的术语对。AnchorPROMPT 算法并行遍历两条路径，对于在同样的步骤下到达的概念对，算法同时增加它们之间的相似度分数。例如，当遍历图 5-3 中的路径后，算法会增加概念对(C, D)之间和(E, F)之间的相似度分数。对所有起始节点和终止节点间的全部路径，算法重复这个过程，并累计概念对上的相似度分数。可见，AnchorPROMPT 算法基于这样的直觉：如果两对术语相似，并且存在着连接它们的路径，那么这些路径中的节点成员通常也是相似的。因此，根据最初给定的相关术语对的小集合，AnchorPROMPT 算法能够产生本体间大量可能的语义相似术语对。

② **AnchorPROMPT 算法。**为说明 AnchorPROMPT 的工作原理，这里以两个描述病人就诊的异构本体为例，如图 5-4 所示。对于这样的两个本体，假设输入的初始相关术语对是(TRIAL, Trial)和(PERSON, Person)。这样的术语对利用基本的术语比较技术能很容易识别出来。

根据输入的相关术语对，算法能寻找到相关术语对之间的路径集合。对于上面的两对相关术语，在本体 O_1 中存在一条“TRIAL”和“PERSON”之间的路径，在本体 O_2 中也存在二条从“Trial”到“Person”之间的路径。在实际应用中，这样的路径数目可能有很多，为了减少大量的比较操作，可以通过预先定义路径长度来限制路径的总数，如规定只考虑长度小于 5 的路径等。

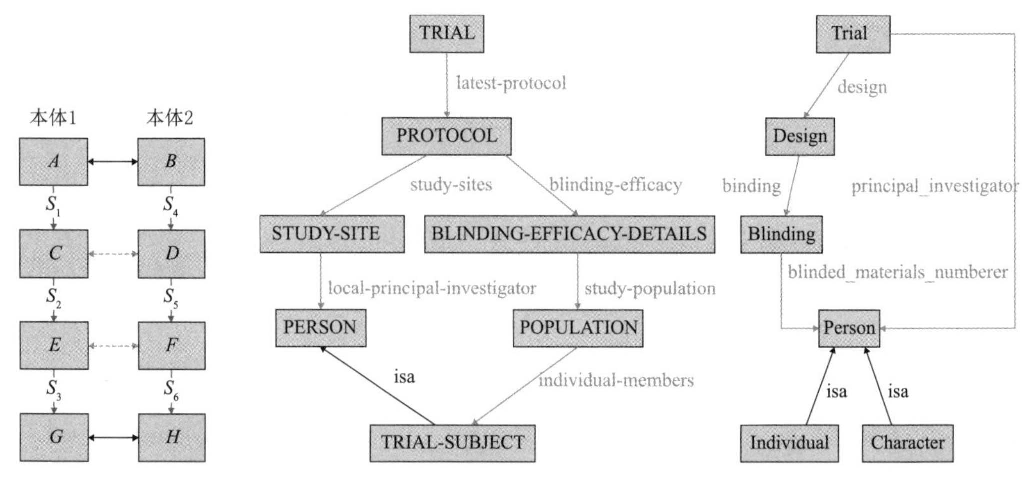

图 5-3 遍历术语对间的路径　　图 5-4 两个描述病人就诊的异构本体

这里考虑 O_1 中的路径 Path1：TRIAL→PROTOCOL→STUDY-SITE→PERSON 和 O_2 中的路径 Path2：Trial→Design→Blinding→Person。

当 AnchorPROMPT 遍历这两条路径时，它增加路径中同一位置的一对术语的相似度分数。在这个例子中，算法增加这两对概念的相似度分数，即概念对(PROTOCOL, Design)和(STUDY-SITE, Blinding)。

AnchorPROMPT 算法重复以上过程，直到并行遍历完相关术语对之间的这种路径，每次遍历都累加符合条件的概念对的相似度分数。结果，经常出现在相同位置的术语对间的相似度分数往往最高。

（a）等价组。在遍历本体图中的路径时，AnchorPROMPT 区别对待连接概念间的继承关系与其他普通关系，因为如把概念间的 Is-a 关系和普通关系同样看待，AnchorPROMPT 的方法不能很好地利用这种继承关系。与普通关系不同，Is-a 关系连接着已经相似的概念，如图 5-5 中的“PROTOCOL”和“EXECUTED-PROTOCOL”，事实上它们描述了概念之间的包含。AnchorPROMPT 算法将这种通过 Is-a 关系连接的概念作为一个等价组看待。考虑图 5-5 中从 TRIAL 到 CROSSOVER 的路径，其中将“PROTOCOL”和“EXECUTED-PROTOCOL”作为一个等价组，并用括号来做区别，这样的一条路径写为 Path：Trial→ [EXECUTED-PROTOCOL,PROTOCOL]→TREATMENT-POPULATION→ CROSSOVER。

这样，AnchorPROMPT 将等价组看作路径上的单个节点。等价组节点的入边是其中每个成员的入边的并；相似地，它的出边是每个成员的出边的并。显然图 5-5 中等价组节点有两条入边和一条出边。等价组的大小是节点中包括的概念总数，但对于 AnchorPROMPT 算法来说，它将这些概念视为一个节点。

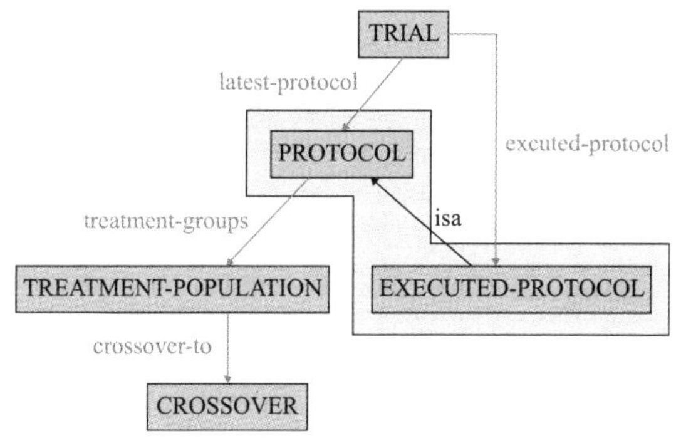

图 5-5　路径中的等价组

（b）相似度分数。给定两个术语：来自本体 O_1 中的概念 C_1 和本体 O_2 中的概念 C_2，计算它们之间相似度分数 $S(C_1, C_2)$的过程如下：

步骤 1：生成长度小于给定参数 L 的全部路径集合，这些路径连接着输入的两本体中的锚。

步骤 2：从步骤 1 生成的路径集合中，生成所有可能的等长路径对的集合，每一对路径中的一条来自 O_1，另一条来自 O_2。

步骤 3：在步骤 2 生成的路径对基础上，对于路径中处于相同位置的节点对 N_1 和 N_2，为节点中的所有概念对之间的相似度分加上一个常数 X。

如果概念 C_1 和 C_2 出现在上述路径中，则它们之间的相似度分数 $S(C_1, C_2)$反映了 C_1 和 C_2 出现在路径中的相同位置的频繁程度。

当进行比较的节点包含等价组时，增加相似度分数的情况有所不同。例如，对于处于同一位置的一对节点$(A_1, [B_2, C_2])$，需要分析如何对(A_1, B_2)以及(A_1, C_2)打分。这个问题在接下来的部分进行分析。

根据上述算法，AnchorPROMPT 算法生成很多可能的相似术语对，将这些术语对的相似分数进行排序，去除一些相似分数较低的术语对，就得到语义相关的术语对。

③ **AnchorPROMPT 评估**。Noy N F 等人对 AnchorPROMPT 进行了一系列的评估试

验，得到了一些有用的经验。

（a）等价组大小。试验表明，当等价组大小最大值为 0（0 是一个特殊的标记，表示算法不区分概念间的继承关系和普通关系 ）或 1（节点只包含单个概念，但区分概念间的继承关系和普通关系）时，87%的试验没有任何结果，不生成任何映射。当等价组的最大尺寸为 2 时，只有 12%的试验没有结果。因此，在随后的试验中设定等价组的最大尺寸大小为 2。

（b）等价组成员的相似度分数。为评价等价组成员如何打分合理而做了两类试验。第一类试验中对节点中的所有成员都加 X 分；而在第二类试验中为等价组中的成员只加 $X/3$ 或 $X/2$ 的分数不等。试验结果表明，对等价组成员打分不同能将结果的准确率提高 14%。

（c）锚的数目和路径最大长度。在大量的试验中表明，并非输入的锚数量越多和规定的最大路径长度越大能得到越好的映射结果，算法执行结果的正确率总体提高不明显，但运行时间明显增长[29]。试验表明，当最大长度路径设为 2 时，能获得最好的正确率。当限制路径最大长度为 3 时，平均正确率为 61%；当最大长度提高到 4 时，正确率只有少量的提升，达到 65%。

④ AnchorPROMPT 的讨论。当 AnchorPROMPT 算法考虑路径长度为 1 时，如果概念 A 和 A' 相似以及 B 和 B' 相似，则认为连接 A 和 B 的关系 S 和连接 A' 和 B' 的关系 S' 相似。以此类推，可以得到路径上更多的关系对也是相似的。实际上，AnchorPROMPT 算法正是基于这样的假设：本体中相似的术语通常也通过相似的关系连接。在实际应用中，随着路径的过长，这个假设的可行性就越小，因此生成结果的精度反而会降低。而路径长度过短又可能使得路径上不包含任何的术语对，例如路径长度为 1 时，算法生成的结果和只使用术语比较技术的 iPROMPT 是一样的。AnchorPROMPT 其他方面的讨论如下。

（a）减少负面结果的影响。概念间的相似度分数是一个累加值。两个不相关的术语可能出现在某一对路径的相同位置，但对于所有的路径来说，这两个不相关的术语总出现在不同路径对的同一位置上的概率很小。AnchorPROMPT 累加遍历所有路径过程中对应概念对的相似度分数，这能够消除这类负面结果的影响。试验中可以设定一个相似度分数的阈值，便于去掉相似度分数小于阈值的术语对。试验表明，AnchorPROMPT 的确可以去除大多数的这类术语对。

（b）执行本体映射。AnchorPROMPT 建立了术语之间的映射，它的结果可以提供给本体合并工具（如 iPROMPT）或其他的本体应用直接使用。

（c）局限性。AnchorPROMPT 的映射发现方法并非适用于所有的本体。当两个本体间的结构差别很大时，该方法处理的效果并不好。此外，当一个本体对领域描述得比较深入时，而另一个本体描述同样的领域比较肤浅时，AnchorPROMPT 算法获得的结果也不令人满意。

⑤ **AnchorPROMPT 的总结。**AnchorPROMPT 是基于结构的本体映射发现技术中的一项典型工作，它以基于术语技术得到的本体映射结果为基础，进一步分析本体图的结构相似性，从而发现更多的本体映射。

由 AnchorPROMPT 算法的过程可以看出，该算法只能发现异构本体原子概念间的等价映射，以及少量原子关系间的等价映射。对于复杂概念或复杂关系间的本体映射，AnchorPROMPT 是无法处理的。从技术上说，AnchorPROMPT 算法是基于一种直观的经验，缺乏严格的理论依据。

2）iPROMPT。PROMPT 工具中的 iPROMPT 利用术语技术发现不同本体间的映射，并根据映射结果给出一系列本体合并建议，用于指导用户进行本体合并。

iPROMPT 从语言角度判断本体间概念或关系的相似。然后以这些初始的术语相似为基础，执行合并算法完成本体合并的任务。在合并本体时要与用户进行交互，iPROMPT 的本体合并过程如图 5-6 所示，步骤和算法如下。

步骤 1：基于概念名或关系名相似，识别出潜在的合并候选术语，然后为用户生成一个可能的合并操作建议列表。

iPROMPT 中的操作包括合并概念、合并关系、合并实例、拷贝单个的概念和拷贝一系列的概念等。

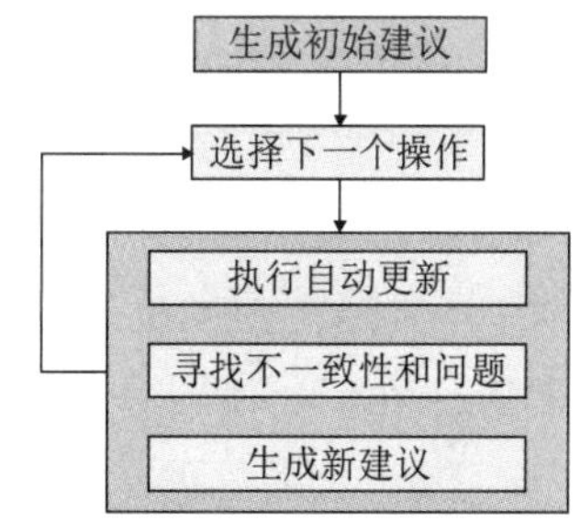

图 5-6　iPROMPT 的本体合并过程

步骤 2：从合并建议列表中选择一条建议（也可以由用户直接定义一条合并操作），系统执行建议的合并操作，并自动发现由于这样的操作对整个合并建议列表产生的变化，即实现建议列表的更新，然后系统自动判断新的本体合并建议列表中的冲突和潜在的其他问题，并寻找可能的解决方案，经过这些处理，系统生成新的且无冲突的建议列表。

当执行合并操作后，iPROMPT 检查合并后本体中的不一致性和潜在问题，主要包括：①名字冲突。合并后的本体中的每个术语名字必须是唯一的，例如一个拷贝本体 O_1 中的概念“Location”到本体 O_2 时，可能 O_2 中存在一个同名的关系，这便出现了名字冲突。这样的冲突可以通过重命名来解决。②当在本体间拷贝属性时，如果被拷贝属性的值域和定义域中包含概念，且这些概念并不在本体中存在时，便出现了不一致问题。在这种情况下可以考虑删除这些概念或为本体增加这些概念来解决。③概念继承冗余，本体合并可能造成一些概念继承连接出现冗余，即有些概念继承路径是不必要的。对于这种问题，iPROMPT 建议用户删除一些多余的概念来避免冗余。

Noy N F 等人从准确率和召回率来评估 iPROMPT 算法的效果。这里的准确率是指用户遵循 iPROMPT 给出的建议占所有建议的比例；召回率是指用户实际执行的合并操作占工具给出的建议的比例。试验表明，iPROMPT 算法的平均准确率是 96.9%，平均召回率是 88.6%。

总的来说，在发现本体映射的过程中，iPROMPT 主要利用术语相关性计算方法寻找本体间概念或概念的相关属性的映射，因此，它只能发现有限的概念间或属性间的等价映射。

3）MAFRA。MAFRA 是处理语义 Web 上分布式本体间映射的一个框架[30-32]，该框架是为了处理、表示并应用异构本体间的映射。MAFRA 引入了语义桥和以服务为中心的思想。语义桥提供异构本体间数据（主要是实例和属性值）转换的机制，并利用映射提供基于分布式本体的服务。

MAFRA 体系结构如图 5-7 所示，其结构由水平方向和垂直方向的两个模块组成。水平方向的五个模块具体包括：①正规化。要求各个本体必须表示为一个统一形式（如 RDF、OWL 等），以消除不同源本体之间语法和语言上的差异。MAFRA 的正规化过程还包括一些词语方面的处理，如消除常见词和扩展缩写等。②相似度。MAFRA 利用多种基本的术语或结构相似度方法来获取本体成分之间的关系。在计算概念间关系的过程中还考虑了概念的属性。③语义桥。根据本体成分间的相似度，利用语义桥来表示本体映射。这些语义桥包括表示概念桥和属性桥，前者能实现实例间转换，后者表示属性间转换的规则。还能利用推理建立一些隐含的语义桥。④执行。在获得本体间交互的请求时，利用语义桥中的映射规则完成实例转换或属性转换。⑤后处理。映射执行产生的转换结果需要进一步处理，以提高转换结果的质量，例如，需要识别转换结果中表示同一对象的两个实例等。

垂直方向四个模块具体包括：①演化。当本体发生变化时，对生成的“语义桥”进行维护，即同步更新语义桥。②协同创建。对于某些本体成分可能存在多个不同的映射建议，此时一般通过多个用户协商，选择一致的映射方案。③领域限制和背景知识。给出一些领域限制能避免生成不必要的映射；提供一些特定领域的背景知识，如同义词典能提高映射结果的质量。④用户界面交互。给出图形化的操作界面能让本体建立的过程更容易。

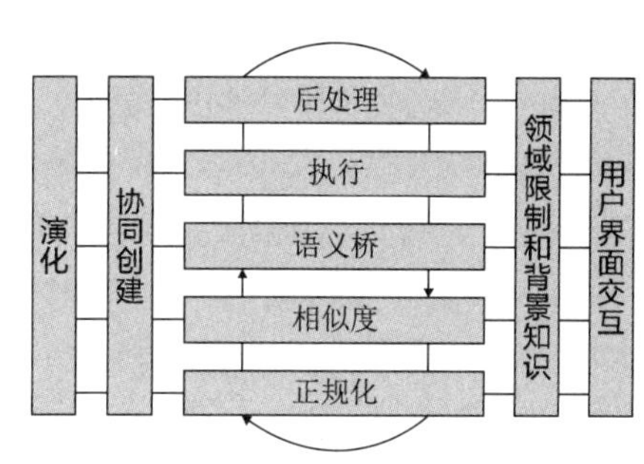

图 5-7 MAFRA 体系结构

MAFRA 主要给出一套本体映射方法学，用来表示映射，将映射划分为概念桥和属性桥两类，并利用映射实现异构本体间的数据转换。尽管 MAFRA 支持通过手工建立一些复杂的映射，但它缺乏自己特有的映射发现技术。因此，MAFRA 更多只是一个处理异构本体映射的框架。

4）ONION。ONION 是 Mitra P 等人设计的一个解决本体互操作的系统[33-34]。该系统采用半自动算法生成本体互操作的映射规则，解决本体之间的异构。

为了使异构本体具有统一格式，ONION 采用图的形式表示本体，具体保存时采用 RDF 的格式。本体图中包含了有五种明确定义的语义关系：{*SubClassOf*; *PartOf*; *AttributeOf*; *InstanceOf*; *ValueOf*}。本体映射的生成是半自动的，生成算法将可能的映射结果提供给专家，专家可以通过设定相似度阈值或直接选择的形式来接受、修改或改变建议。专家还可以添加新的映射，以补充算法无法生成的映射规则。

ONION 的映射生成过程同时使用了术语匹配和本体图匹配。对于每一种术语匹配算法，专家为其分配一定的置信度，最终的术语匹配结果是几个算法结果的综合[35]。在计算两个本体的映射过程中，很多算法都需要比较两个本体之间所有可能的术语对，对于大本体而言，这样的计算过程非常耗时。为避免这种问题，ONION 在计算本体映射时提出一个“窗口算法”，即算法首先将每个本体划分为几个“窗口”，一个“窗口”包括本体中的一个连通子图。在发现映射的过程中，并不对所有可能的“窗口”对都进行比较，比较只在那些可能会有映射的窗口对之间进行。“窗口算法”虽然降低了比较过程的时间复杂度，但同时也可能造成映射的遗漏。

ONION 的映射发现算法分为非迭代算法和迭代算法两种。①非迭代算法，利用几种语言匹配器来发现本体术语间的关系，最后将各个匹配器发现的相似度进行综合，并将结果提供给本体专家进一步确认。在这个过程中，专家可以事先设定一些阈值，使算法自动去除一些不可能的相似度结果。同时，非迭代算法还借助词典（如 Nexus 和 WordNet），利用字典中的同义词集来提高映射发现的映射质量。②迭代算法，迭代寻找本体子图间结构上的同态以得到相似的概念，每一次迭代都利用上一次生成的映射结果。ONION 的试验表明，如果映射发现过程只使用子图比较技术的话，得到的结果往往不令人满意。因此，迭代算法一般以基本匹配器生成的结果为基础，再进行子图匹配。ONION 算法的试验结果表明，采用这种方法得到的映射精度在 56%~73%之间，映射结果的召回率为 50%~90%。试验还表明，在映射发现过程中采用多种策略能提高精度。

ONION 中寻找的映射是原子概念之间的等价关系，属于本体间的简单映射。

5）Wang Peng 和 Xu Baowen 的方法。 Wang Peng 和 Xu Baowen 等人也探讨了建立本体映射规则的方法[36]。该方法借助各种本体概念相似度的度量[37]，寻找异构本体概念间的关系。该方法认为概念间的语义关系可以通过概念名、概念属性和概念在本体中的上下文得到。

这种方法认为不同本体间概念的相似度包括三个部分：① 概念的同义词集相似度。同义词集是语义相同或相近词的分组[38]。基于同名或同义词集的概念在多数情况下具有相同或是相近的含义，因此，这里将概念的名称作为相似度首要考虑的要素。② 概念特征上的相似度。概念的特征包含概念的属性、概念附带的关系以及属性和关系取值的限制，是从概念的内部组成上比较它们之间的相似度。③ 概念上下文上的相似度。以上的两种相似度都是基于概念自身的，上下文的相似度是由当前概念的语义邻居结构的相似度决定的。以下定义概念的语义邻居概念集。

定义 5.6 概念 C_o 的语义邻居概念集 $N(C_o,r)=\{C_i \mid \forall i, d(C_o,C_i)\leqslant r\}$。式中，$d$ 表示概念间的距离，其数值为联系两概念的最短的关系数目。这里的关系包含直接继承关系。$d\leqslant r$ 表明与当前的概念在语义距离上小于某一定常数。

在以上分析的基础上，给出了本体间概念相似度的计算公式：

$$S(C_p,C_q)=W_w\times S_w(C_p,C_q)+W_u\times S_u(C_p,C_q)+W_n\times S_n(C_p,C_q)$$

式中，W_w、W_u 和 W_n 是权重；S_w、S_u 和 S_n 分别代表概念名称、特征以及上下文三方面的相似性度量。计算采用 Tverski A 定义的非对称的相似度度量[39]：

$$S_i(a,b)=\frac{|A_i \cap B_i|}{|A_i \cap B_i|+\alpha(a,b)|A_i/B_i|+(1-\alpha(a,b))|B_i/A_i|}$$

式中，a、b 是待度量概念元素；A_i 和 $B_i, i\in\{w,u,n\}$ 分别对应概念的同义词集、特征集或语义邻居集；| |表示取集合的势；$\cap$ 表示两集合的并集；/表示两集合的差集；$\alpha(a,b)$ 由 a、b 所在类结构层次决定.

$$\alpha(a,b)=\begin{cases}\dfrac{\text{depth}(a)}{\text{depth}(a)+\text{depth}(b)} & \text{depth}(a)\leqslant\text{depth}(b)\\ \dfrac{\text{depth}(b)}{\text{depth}(a)+\text{depth}(b)} & \text{depth}(a)\geqslant\text{depth}(b)\end{cases}$$

式中，depth()是当前概念在层次结构中的深度，定义为从当前概念到顶层概念的最短路径长度。

该方法利用概念间的相似度辅助本体映射的生成。

① 如果两个概念有相同名称、相同特征和相同上下文，则它们必然是相同的，即

$$S_w(a,b)=S_u(a,b)=S_n(a,b)=1$$

事实上，①中的条件过于苛刻，两概念满足三种相似度都为 1 的情况极少。通常，如果两概念在三种相似度或总相似度中具有较高的值，它们相同的可能就很大。

② 更值得关注的结论是，在同一本体中，父概念与子概念的相似度通常小于子概念与父概念的相似度[38]，该结论可推广到不同本体中概念间存在父子关联的判别中。

根据上面的相似度量方法和分析，该方法得到生成概念上的等价关系和上/下义关系两种映射。生成规则如下。

定义 5.7 如果不同本体中两概念的互相相似度都大于定常数，那么这两概念是等价的，表示为 $\forall O_a:C_i,O_b:C_j,S(O_a:C_i,O_b:C_j)\geqslant\beta$ and $S(O_b:C_j,O_a:C_i)\geqslant\beta \Rightarrow$ AddBridge(BCequal (O_a:C_i, O_b:C_j))。

式中，AddBridge 表示添加一个映射的操作，BCequal 表示两个概念等价。

定义 5.8 如果在不同本体中，某一概念 C_i 对于另一概念 C_j 的相似度大于某一常数，同

时该相似度比 C_j 对于 C_i 的相似度大于定常数，那么将由这两概念构成上/下义关系，表示为：$\forall O_a:C_i,O_b:C_j,S(O_a:C_i,O_b:C_j)\geqslant\beta$ and $S(O_a:C_i,O_b:C_j)/S(O_b:C_j,O_a:C_i)\geqslant\gamma$ $\Rightarrow$ AddBridge(isa(O_a:C_i,O_b:C_j))。

式中，isa 表示两概念具有上义和下义关系。

从上面的论述可以看出，这种方法从多个角度综合考虑概念的映射，并能抽取简单概念之间的等价和继承关系，但这些映射仍然属于简单映射。

6）S-Match。S-Match 是一个本体匹配系统，能发现异构本体间的映射[40]。它输入两个本体的图结构，返回图节点之间的语义关系；其中可能的语义关系有等价（=）、泛化（⊏）、特化（⊐）、不匹配（⊥）和相交（⊓）。

S-Match 基于本体抽象层的概念继承结构树，不考虑本体中的实例。S-Match 的核心是计算异构本体间的语义关系。输入的本体树结构以标准的 XML 格式编码，这种编码能以手工编辑的文件格式调入，或者能通过相应的转换器产生。该方法首先以一种自顶向下的方式计算树中的每个标签的含义，这需要提供必要的先验词汇和领域知识，在目前的版本中，S-Match 利用 WordNet。执行结果的输出是一个被丰富的树。然后，用户协调两本体的匹配过程，这种方法使用三个外部库。第一个库是包含弱语义的元素匹配器，它们执行字符串操作（如前缀、编辑距离和数据类型等），并猜测编码相似的词之间的语义关系。目前的 S-Match 包含 13 个弱语义的元素层次匹配器，分成三类：①基于字符串的匹配器，它利用字符串比较技术产生语义关系；②基于含义的匹配器，它利用 WordNet 的继承结构特点产生语义关系；③基于注释的匹配器，它利用注释在 WordNet 中的含义产生语义关系。第二个库由强语义的元素层次匹配器组成，当前使用的是 WordNet。第三个库是由结构层次的强语义匹配器组成的。

输入给定的两个带标签的本体树 T_1 和 T_2，S-Match 算法分为 4 步：

步骤 1：对所有在 T_1 和 T_2 中的标签，计算标签的含义。

其中的思想是将自然语言表示的节点标签转换为一种内部的形式化形式，以此为基础计算每个标签的含义。其中的预处理包括：分词，即标签被解析为词，如 Wine and Cheese ⇒ <Wine, and, Cheese>；词形分析，即将词的形态转换为基本形式，如 Images ⇒ Image；建立原子概念，即利用 WordNet 提取前面分词后节点的含义；建立复杂概念，根据介词和连词，由原子概念构成复杂概念。

步骤 2：对所有 T_1 和 T_2 中的节点，计算节点上概念的含义。

扩展节点标签的含义，通过捕获树结构中的知识，定义节点中概念的上下文。

步骤 3：对所有 T_1 和 T_2 中的标签对，计算标签间的关系。

利用先验知识，如词汇、领域知识，借助元素层次语义匹配器建立概念间的关系。

步骤 4：对所有 T_1 和 T_2 中的节点对，计算节点上的概念间的关系。

将概念间的匹配问题转换为验证问题，并利用第 3 步计算得到的关系作为公理，通过推理获得概念间的关系。

与一些基于术语和结构的本体映射系统比较，S-Match 在查准率和查全率方面都比较好，但是试验发现该方法的执行时间要长于其他方法。

7）Cupid。Cupid 系统实现了一个通用的模式匹配算法[41]，它综合使用了语言和结构的匹配技术，并在预定义词典的帮助下，计算相似度获得映射结果。该方法输入图格式的模式，图节点表示模式中的元素。与其他的混合方法比较[42]，Cupid 得到更好的映射结果。

发现模式匹配的算法包含三个阶段。①语言匹配，计算模式元素的语言相似度，基于词法正规化、分类、字符串比较技术和查词典等方法；②结构匹配，计算结构相似度，度量元素出现的上下文；结构匹配算法的主要思想是利用一些启发式规则，例如两个非叶节点相似，如果它们在术语上相似，并且以两元素为根的子树相似；③映射生成，计算带权重相似度和生成最后的映射，这些映射的权重相似度应该高于预先设定的阈值。

Cupid 针对数据库模式（通常作为一种简单的本体），它只支持模式间元素的简单映射，但给出的方法也适用于处理本体映射。

8）其他方法。Chimaera 是一个合并和测试大本体的环境[43]。寻找本体映射是进行合并操作的一个主要任务。Chimaera 将匹配的术语对作为候选的合并对象，术语对匹配考虑术语名、术语定义、可能的缩写与展开形式以及后缀等因素。Chimaera 能识别术语间是否包含或不相关等简单的映射关系。

BUSTER 是德国不来梅大学开发的改善信息检索的语义转换中间件[44]，是为了方便获取异构和分布信息源中的数据。BUSTER 通过解决结构、语法和语义上的异构来完成异构信息源的集成。它认为不同系统的用户如果在一些基本词汇上达成一致，便能确保不同源本体间的信息查询相互兼容。因此，BUSTER 建立局部本体和基本词汇集之间的映射，通过这种映射来达到异构信息源查询。

COMA 是一个模式匹配系统[45]，它是一种综合的通用匹配器。COMA 提供一个可扩展的匹配算法库、一个合并匹配结果的框架，以及一个评估不同匹配器的有效性平台。它的匹配库是可扩展的，目前该系统包含 6 个单独的匹配器、5 个混合匹配器和 1 个面向重用的匹配器，它们大多数的实现基于字符串技术。面向重用的匹配器则力图重用其他匹配器得到的结果来得到更好的映射。模式被编码为有向无环图。COMA 支持在匹配过程中与用户进行交互，提高匹配结果的准确率。

ASCO 原型依靠识别不同本体间相关元素对的算法[46]来发现映射，这些元素对可以是概念对，也可以是关系对。ASCO 使用本体中包含的可用信息来处理映射，这些信息包括标识、标签、概念和标签的注释、关系和它的定义域和值域，概念和关系的结构，以及本体的实例和公理。该方法的匹配过程分为几个阶段：语言阶段应用语言处理技术和字符串比较度量元素间关系，并利用词汇数据库来计算概念或关系间的相似度；结构阶段利用概念和关系的结构计算概念或关系间的相似度。

（3）基于术语和结构的本体映射总结。尽管基于术语和结构的本体映射探索不少，但是总的来说取得的映射结果都不够让人满意，大多数的工作只能发现简单概念间的等价和包含映射，以及原子关系之间的等价。这一类方法大部分基于一些直观的思想，缺乏理论的依据和支持，因此适用范围窄，取得的映射结果质量低。

2. 基于实例的本体映射

基于实例的本体映射发现方法通过比较概念的外延，即本体的实例，发现异构本体之间的语义关联。

（1）技术综述。基于实例的本体映射技术可分为两种情况：本体概念间存在共享实例和概念之间没有共享实例。

① 共享实例的方法。当来自不同本体的两概念 A 和 B 有共享实例时，寻找它们之间关系最简单的方法是测试实例集合的交。当两概念等价时，显然有 $A \cap B=A=B$。然而，当两概念相似，即它们存在部分共享实例时，直接求交集的方法不合适，为此采用如下定义的对称差分来比较两概念。

定义 5.9 对称差分表示两集合的相似度，如果 x 和 y 是两个概念对应的实例集合，则它们的对称差分相似度为 $\delta(s,t)=\frac{|s\bigcup t-s\bigcap t|}{|s\bigcup t|}$。

可见，对称差分值越大，概念间的差异越大。此外，还可以根据实例集合的概率解释来计算相似度，在随后的方法中将详细介绍。

② 无共享实例的方法。当两概念没有共享实例时，基于共享实例的方法无能为力。事实上，很多异构本体间都不存在共享实例，除非特意人工构建共享实例集合。在这种情况下，可以根据连接聚合等数据分析方法获得实例集之间的关系。常用的连接聚合度量包括单连接、全连接、平均连接和 Haussdorf 距离。其中，Haussdorf 距离度量两个集合之间的最大距离。而 Valtchev P 提出的匹配相似度则通过建立实体间的对应关系来进一步计算集合之间的相似度[47]。

基于实例的映射发现方法很多采用机器学习技术来发现异构本体间映射。通过训练，有监督的学习方法可以让算法了解什么样的映射是好的（正向结果），什么样的映射不正确（负向结果）。训练完成后，训练结果用于发现异构本体间的映射。大量的本体实例包含了实例间具有的关系以及实例属于哪个概念等信息，学习算法利用这些信息能学习概念之间或关系之间的语义关系。常用的机器学习算法包括形式化概念分析[48]、贝叶斯学习[49]和神经网络[50]等。

（2）方法和工具

1）GLUE。GLUE 是著名的本体映射生成系统之一，它应用机器学习技术，用半自动的方法发现异构本体间的映射[51,8,52]。GLUE 是对半自动模式发现系统 LSD 的一个改进[53]。GLUE 认为概念分类是本体中最重要的部分，它着重寻找分类本体概念之间的 1∶1 映射。该方法还能扩充为发现关系之间的映射以及处理更复杂的映射形式（如 1∶n 或 n∶1）[54]。

① GLUE 的思想。GLUE 的目的是根据分类本体寻找本体间 1∶1 的映射。其中的主要思想包括：（a）相似度定义。GLUE 有自己特有的相似度定义，它基于概念的联合概率分布，利用概率分布度量并判断概念之间的相似度。GLUE 定义了 4 种概念的联合概率分布。（b）计算相似度。由于本体之间的实例是独立的，为了计算本体 O_1 中概念 A 和本体 O_2 中概念 B 之间的相似度，GLUE 采用了机器学习技术。它利用 A 的实例训练一个匹配器，然后用该匹配器去判断 B 的实例。（c）多策略学习。使用机器学习技术存在的一个问

题是：一个特定的学习算法通常只适合解决一类特定问题。然而，本体中的信息类型多种多样，单个学习器无法有效利用各种类型的信息。为此，GLUE 采用多策略学习技术，即利用多个学习器进行学习，并通过一个元学习器综合各学习器的结果。（d）利用领域约束。GLUE 利用领域约束条件和通用启发式规则来提高映射结果的精度。一个领域约束的例子是“如果概念 X 匹配 Professor 以及概念 Y 是 X 的祖先，那么 Y 不可能匹配概念 Assistant-Professor”；一个启发式规则如“两个概念的邻居都是匹配的，那么这两个概念很可能也匹配”。（e）处理复杂映射。为了能发现本体间的复杂映射，如 1∶n 类型的概念映射，GLUE 被扩展为 CGLUE 系统，以寻找复杂的映射。

以下给出 GLUE 方法的详细介绍。

② **相似度度量**。很多本体相似度定义过于依赖概念本身和它的语法表示，与这些方法不同，GLUE 定义了更精确的相似度表示。GLUE 将概念视为实例的集合，并认为该实例集合是无限大的全体实例集中的一个子集。在此基础上，GLUE 定义不同概念间的联合概率分布。概念 A 和 B 之间的联合概率分布包括 4 种：$P(A,B)$、$P(\overline{A},B)$、$P(A,\overline{B})$和$P(\overline{A},\overline{B})$。以 $P(A,\overline{B})$为例，它表示从全体实例集中随机选择一个实例，该实例属于 A 但不属于 B 的概率，概率的值为属于 A 但不属于 B 的实例占全体实例集的比例。

GLUE 的相似度度量正是基于这 4 种概念的联合分布，它给出了两个相似度度量函数。第一个相似度度量函数是基于 Jaccard 系数[55]：

$$\text{Jaccard}-\text{sim}(A,B)=P(A\cap B)/P(A\cup B)=\frac{P(A,B)}{P(A,B)+P(A,\overline{B})+P(\overline{A},B)}$$

当 A 与 B 不相关时，该相似度取得最小值 0；当 A 和 B 是等价概念时，该相似度取得最大值 1。

另一个相似度度量函数为“最特化双亲”，它定义为

$$\text{MSP}(A,B)=\begin{cases}P(A\mid B), & P(B\mid A)=1\\ 0, & P(B\mid A)\neq 1\end{cases}$$

其中，概率 $P(A|B)$和 $P(B|A)$能用 4 种联合概率来表示。这个定义表明，如果 B 包含 A，则 B 越特化，$P(A|B)$越大，那样 MSP(A,B)的值越大。这符合这样的直觉：A 最特化的双亲是包含 A 的最小集；或者说在 A 的所有父概念中，它与直接父概念的相似度最大。类似于“最特化双亲”，还可以定义“最泛化孩子”的相似度度量。

③ **GLUE 体系结构**。GLUE 主要由三个模块组成：分布估计、相似度估计和放松标记，如图 5-8 所示。

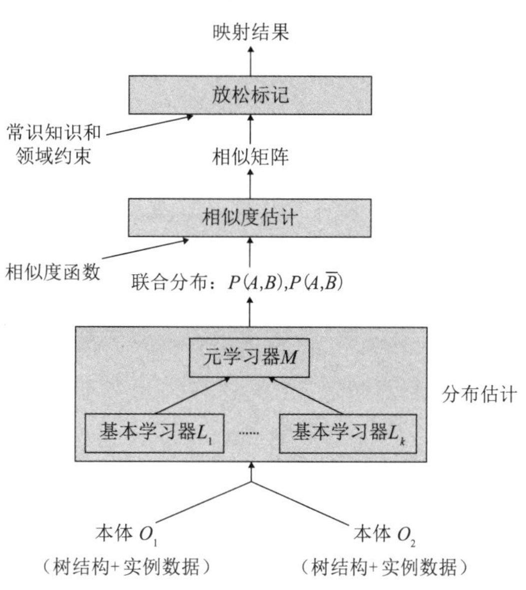

图 5-8　GLUE 体系结构

分布估计输入两个分类本体 O_1 和 O_2 以及它们的实例。然后利用机器学习技术计算每对概念的联合概率分布。由于联合概率分布包含 4 种，这样一共需要计算 $4|O_1||O_2|$个概率，其中$|O_i|$是本体 O_i 中概念的数目。分布评估使用一组基本学习器和一个元学习器。

相似度估计利用输入的联合概率分布，并借助相似度函数，计算概念对之间的相似度，输出两个分类本体之间的概念相似度矩阵。

放松标记模块利用相似度矩阵以及领域特定的约束和启发式知识，寻找满足领域约束和常识知识的映射，输出最终的映射结果。

④ **分布估计**。考虑计算 $P(A,B)$的值，其中 $A\in O_1$ 且 $B\in O_2$，这个联合概率分布是同时属于 A 和 B 的实例数与全体实例总数的比值。通常这个比值是无法计算的，因为不可能知道全体实例。因此，必须基于现有的数据来估计 $P(A, B)$，即利用两个本体的输入实例。注意，两个本体的实例可以重叠，但没有必要必须那样。

U_i 表示本体 O_i 的实例集合，它是全体实例中的本体 O_i 对应部分的抽样。$N(U_i)$是 U_i 中实例的数目，$N(U_i^{A,B})$是同时属于 A 和 B 的实例数目。这样，$P(A, B)$能用如下的公式来估计：

$$P(A,B)=[N(U_1^{A,B})+N(U_2^{A,B})]/[N(U_1)+N(U_2)]$$

这样将 $P(A,B)$的计算转化为计算$N(U_1^{A,B})$和$N(U_2^{A,B})$。例如，为了计算$N(U_2^{A,B})$的数值，需要知道 U_2 中的每个实例 s 是否同时属于 A 和 B；由于 B 是 O_2 的概念，属于 B 的那部分实例是很容易得到的，因为这已在本体中明确说明；而 A 并不在本体 O_2 中，因此只需要判断 O_2 中的实例 s 是否属于 A。为了达到这个目的，GLUE 使用了机器学习方法。特别地，将 O_1 的实例集合 U_1 划分为属于 A 的实例集和不属于 A 的实例集。然后，将这两个集合作为正例和反例，分别训练关于 A 的实例分类器。最后，使用该分类器预测 O_2 中的实例 s 是否属于 A。通常，分类器返回的结果并非是明确的“是”或“否”，而是一个[0,1]之间的置信度值。这个值反映了分类的不确定性。这里规定置信度大于 0.5 就表示“是”。常用的分类学习器很多，GLUE 使用的分类学习器将在随后部分介绍。

基于上述思想，通过学习的方法得到$N(U_1^{A,B})$和$N(U_2^{A,B})$等参数，就能估计 A 和 B 的联合概率分布。具体的过程如图 5-9 所示。

- 划分本体 O_1 的实例集合 U_1 为U_1^A和$U_1^{\bar{A}}$，分别表示属于 A 和不属于 A 的实例集合，如图 5-9（a）和图 5-9（b）所示。
- 使用U_1^A和$U_1^{\bar{A}}$作为正例和反例分别训练学习器 L，如图 5-9（c）。
- 划分本体 O_2 的实例集合 U_2 为U_2^B和$U_2^{\bar{B}}$，分别表示属于 B 和不属于 B 的实例集合，如图 5-9（d）和图 5-9（e）所示。
- 对U_2^B中的每个实例使用学习器 L 进行分类。将U_2^B划分为两个集合$U_2^{A,B}$和$U_2^{\bar{A},B}$。相似地，对$U_2^{\bar{B}}$应用学习器 L，得到两个集合$U_2^{A,\bar{B}}$和$U_2^{\bar{A},\bar{B}}$，如图 5-9（f）所示。
- 重复（a）~（d），得到集合$U_1^{A,B}$、$U_1^{\bar{A},B}$、$U_1^{A,\bar{B}}$和$U_1^{\bar{A},\bar{B}}$。
- 使用公式计算 $P(A,B)$。类似地，可以计算出其他 3 种联合概率分布。

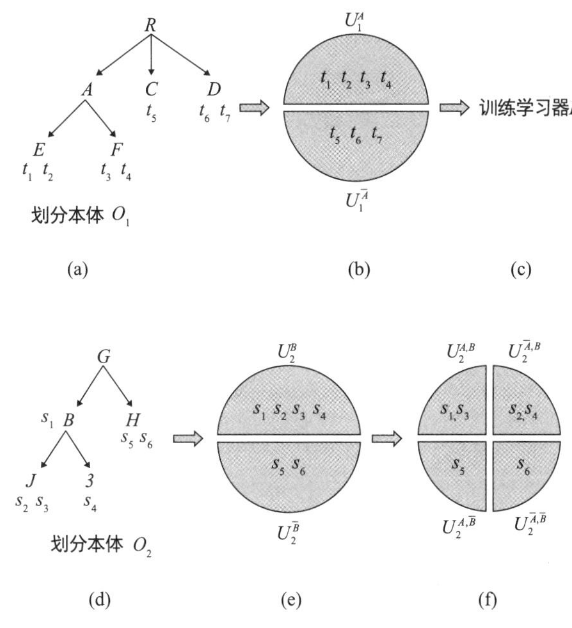

图 5-9　估计概念 A 和 B 的概率分布

⑤ **多策略学习**。训练实例分类器的过程可根据不同类型的信息，如可以利用词语出现的频率、实例名和实例属性的赋值格式等。基本的分类学习器有很多，但不同学习器通常只适合针对特定信息类型进行分类，分类的效果不一定让人满意。为了在学习过程中充分考虑信息类型，提高分类的精度，GLUE 采用多策略的学习方法。在分布估计阶段，系统会训练多个基本学习器 $L_1,\cdots,L_k$。每种学习器利用来自实例数据中某种类型的信息进行分类学习训练。训练完成后，当使用这些基本学习器进行实例分类时，借助一个元学习器合并各个学习器的预测结果。与采用单个学习器的方法相比，多策略的学习方法能得到较高的分类准确率，并可以得到较好的联合分布近似值。

目前实现的 GLUE 系统中有 2 个基本分类学习器：内容学习器和名字学习器。此外，还有 1 个元学习器将基本学习器的结果进行线性合并。内容学习器和名字学习器的细节如下：

（a）内容学习器。利用实例文本内容中的词频来进行分类预测。一个实例通常由名字、属性集合以及属性值组成。GLUE 将这些信息都作为实例的文本内容。例如，实例“Professor Cook”的文本内容是“R. Cook, Ph.D., University of Sydney, Australia”。

内容学习器采用贝叶斯学习技术[56]，这是最流行和有效的分类法之一。它采用分词和抽取词干技术将每个输入实例的文本内容表示为一组标记，即输入实例的内容表示为 $d=\{w_1,\cdots,w_k\}$，其中的 w_j 是标记。

内容学习器的目的是计算输入的一个实例（用它的内容 d 表示）属于概念 A 的概率，即 $P(A|d)$。根据贝叶斯原理，$P(A|d)$可被重写为 $P(d|A)P(A)/P(d)$。其中，$P(d)$是一个常量，而 $P(d|A)$和 $P(A)$能通过训练实例来估计。特别地，$P(A)$被估计为属于 A 的实例占全部训练实例的比例。因此，只需要计算 $P(d|A)$就可以得到 $P(A|d)$。

为计算 $P(d|A)$，假设实例的内容 d 中的标记 w_j 是独立的，这样便有：

$$P(d \mid A)=P(w_1 \mid A)P(w_2 \mid A)\cdots P(w_k \mid A)$$

式中，$P(w_j \mid A)$ 可用 $n(w_j, A)/n(A)$来估计，$n(A)$表示在属于 A 的训练实例中，所有标记出现的总次数，$n(w_j,A)$则表示标记 w_j 出现在属于 A 的训练实例中的次数。注意，尽管标记独立假设在很多时候并不成立，但贝叶斯学习技术往往在很多领域都取得了不错的效果，这种现象的相关解释见文献[60]。$P(\overline{A} \mid d)$ 可通过相似的方法来计算。

（b）名字学习器。相似于内容学习器，但名字学习器利用实例的全名而不是实例的内容来进行分类预测。这里的实例全名是指从根节点直到实例所在位置的路径上所有概念名的连接。例如，图 5-9（d）中 s_4 的全名为“GBJs4”。

（c）元学习器。基本学习器的预测结果通过元学习器来合并。元学习器分配给每个基本学习器一个权重，表示基本学习器的重要程度，然后合并全部基本学习器的预测值。例如，假设内容学习器和名字学习器的权重分别是 0.6 和 0.4；对于本体 O_2 中的实例 s_4，如果内容学习器预测它属于 A 的概率为 0.8，属于 $\overline{A}$ 的概率为 0.2，名字学习器预测它属于 A 的概率为 0.3，属于 $\overline{A}$ 的概率为 0.7，则元学习器预测 s_4 属于 A 的概率为 $0.8\times0.6+0.3\times0.4=0.6$，属于 $\overline{A}$ 的概率为 0.4。

这种基本学习器的权重往往由人工给定，但也可以使用机器学习的方法自动设置[57]。

⑥ **利用领域约束和启发式知识。**经过相似估计，得到了概念之间的相似度矩阵，进一步利用给定的领域约束和启发式知识，能获得最佳的正确映射。

放松标记是一种解决图中节点的标签分配问题的有效技术。该方法的思想是节点的标签通常受其邻居的特征影响。基于这种观察，放松标记技术将节点邻居对其标签的影响用公式量化。放松标记技术已成功用于计算机视觉和自然语言处理等领域中的相似匹配。

GLUE 将放松标记技术用于解决本体映射问题，它根据两本体的特征和领域知识寻找本体节点间的对应关系。

考虑约束能提高映射的精度。约束又可分为领域独立约束和领域依赖约束两种。领域独立约束表示相关节点间交互的通用知识，其中最常用的两种约束是邻居约束和并集约束。邻居约束是指“两节点的邻居匹配，则两节点也匹配”；并集约束指“如果节点 *X* 的全部孩子匹配 *Y*，那么节点 *X* 也匹配 *Y*”；该约束适用于分类本体，它基于这样的事实，即 *X* 是它的所有孩子的并集。领域依赖约束表示特定节点间交互的用户知识，在 GLUE 系统中，它可分为包含、频率和邻近三种。以一个大学组织结构的本体为例，包含约束如“如果节点 *Y* 不是节点 *X* 的后继，并且 *Y* 匹配 PROFESSOR，则 *X* 不可能匹配 FACULTY”；频率约束如“至多只有一个节点和 DEPARTMENT-CHAIR 匹配”；邻近约束如“如果 *X* 邻居中的节点匹配 ASSOCIATE-PROFESSOR，则 *X* 匹配 PROFESSOR 的机会增加”。GLUE 利用这些限制进一步寻找正确的映射或去除不太可能的映射。

⑦ **实验评估。**GLUE 系统的实验结果表明，对于 1∶1 的映射，正确率为 66%~97%。在基本学习器中，内容学习器的正确率为 52%~83%，而名字学习器的正确率很低，只有 12%~15%。在半数的实验中，元学习器只少量提高正确率，在另一半的实验中，正确率提高了 6%~15%。放松标记能进一步提高 3%~18%的正确率，只有一个实验例外。由实验可见，对于适量的数据，GLUE 能取得较好的概念间 1∶1 形式的映射结果。

尽管 GLUE 取得了不错的映射结果，但几个因素阻碍它取得更高的映射正确率。首先，一些概念不能被匹配是因为缺少足够的训练数据。其次，利用放松标签进行优化的时候可能没有考虑全局的知识，因此优化的映射结果对整个本体来说并不是最佳的。第三，在实现中使用的两个基本学习器是通用的文本分类器，使用适合待映射本体的特定学习器可以得到更好的正确率。最后，有些节点的描述过于含糊，机器很难判断与之相关的映射。

⑧ **扩充 GLUE 发现复杂映射。**GLUE 寻找给定分类本体概念之间 1∶1 的简单映射，但是实际应用中的复杂映射很普遍。为此，GLUE 被扩充为 CGLUE，用于发现异构本体间的复杂映射。目前的 CGLUE 系统主要针对概念间的复杂映射，如 O_1 中的概念“Course”等价于 O_2 中的“Undergrad-Courses”∪“Grad-Course”。

CGLUE 中的复杂映射形式如 $A=X_1\ op_1\ X_2\ op_2\ \cdots\ op_{n-1}\ X_n$，其中 A 是 O_1 中的概念，X_i 是 O_2 中的概念，op_i 是算子。这种 1∶n 的映射可扩展为 m∶n 的形式，如 $A_1\ op_1\ A_2=X_1\ op_1\ X_2\ op_2\ X_3$。由于将概念看作实例的集合，因此 op_i 可以是并、差和补等集合运算符。

CGLUE 将形如 $X_1\ op_1\ X_2\ op_2 \cdots op_{n-1}\ X_n$ 的复合概念称作映射对象。

CGLUE 还进一步假设概念 D 的孩子 $C_1, C_2, \cdots, C_k$ 要满足条件 $C_i \cap C_j = \varnothing$，$1 \leqslant i, j \leqslant k$，$i \neq j$，且 $C_1 \cup C_2 \cup \cdots \cup C_k = D$。这样的假设对实际本体的质量提出了很高的要求。CGLUE 将复合概念都可以重写为概念并的形式，便于统一处理。

对于 O_1 中的概念 A，CGLUE 枚举 O_2 中的所有概念并的组合，并比较它与 A 的相似度。比较的方法与 GLUE 中的相似。最后返回相似度最高的映射结果。由于概念并组合的数目是指数级的，上面的“暴力”方法是不实用的。因此需要考虑从巨量的候选复合概念中搜索 A 的近似。为提高搜索的效率，CGLUE 采用人工智能中的定向搜索技术，其基本思想是在搜索过程中的每一阶段，只集中关注最可能的 k 个候选对象。

定向搜索算法寻找概念 A 的最佳映射的步骤如下：

步骤 1。令初始候选集合 S 为 O_2 的全部原子概念集合。设 highest_sim=0。
步骤 2。循环：
(a) 计算 A 和 S 中每个候选对象的相似度分数。
(b) 令 new_highest_sim 为 S 中对象的最高相似度分数。
(c) 如果 |new_highest_sim - highest_sim| $\leqslant \varepsilon$，则停止，返回 S 中拥有最高相似度分数的候选对象；其中 ε 是预定的。
(d) 否则，选择 C 中有最高分的 k 个候选对象。扩展这些候选创建新的候选对象。添加新候选对象到 S。设置 highest_sim=new_highest_sim。

算法的步骤 2（a）采用 GLUE 中的学习方法计算概念 A 和候选概念间的相似度分数。在步骤 2（c）中，ε 最初设置为 0。在步骤 2（d）中，对于选择的 k 个候选对象，算法将它们与 O_2 中的节点分别进行并操作，这样一共产生 $k|O_2|$ 个新候的选对象；接着，去除前面使用的候选对象。因为每个候选对象只是 O_2 概念的并，去除过程很快。

CGLUE 的实验结果表明，该算法发现了 GLUE 不能发现的 1∶n 类型的概念映射。试验还表明，对于一部分实验，CGLUE 取得 50%~57%的正确率，对另外一部分实验只获得 16%~27%的正确率。实验还表明，CGLUE 能帮助用户确定 52%~84%的正确 1∶1 映射。CGLUE 的开发者认为，如果进一步利用领域约束等知识，能取得更好的映射结果。

⑨ GLUE 的总结。GLUE 是早期经典的本体映射工作之一，该方法取得的结果较早期大多的映射发现技术更好。GLUE 的语义相似基础建立在概念的联合概率分布上，它利用机器学习的方法，特别是采用了多策略的学习来计算概念相似度；GLUE 利用放松标记技术，利用启发式知识和特定领域约束来进一步提高匹配的正确率。试验表明，对于概念

之间 1∶1 的简单映射，GLUE 能得到很不错的结果。扩展后的 CGLUE 系统还能进一步发现概念间 1∶*n* 类型的映射。

尽管 GLUE 取得了很多不错的映射结果，但该方法还存在一些不足。首先，GLUE 和 CGLUE 的映射正确率并不是很高，即使应用相关的领域约束，对各种情况的映射仍然难以得到高精度的映射结果；这主要是由于 GLUE 建立在机器学习技术上，机器学习技术的特性决定了很难取得接近 100%的正确率；对不同本体之间的映射，都需要进行学习训练，使用起来很麻烦；学习器的类型有限，难以处理本体中各种类型的信息。其次，对于复杂概念间的映射，CGLUE 提出的算法并不能让人满意，这种算法寻找到的复杂概念映射不是完备的，很多正确的映射可能会被漏掉。最后，GLUE 无法处理关于异构本体的关系之间的映射。

2）概念近似的方法。在基于异构本体的信息检索中，为了得到正确和完备的查询结果，往往需要将原查询重写为近似的查询。本体间概念的近似技术是近似查询研究的重点，它不仅用于解决异构本体的近似查询，而且还提供了一类表示和发现概念间映射的方法。

① 方法的思想。在本体查询系统中，信息源和查询都是针对特定本体的。不同的信息系统可能使用不同的本体，一个查询用某个本体中的词汇表达，但系统可能使用另一个本体，因而无法回答这个查询。一般地，如果 S 是基于本体 O 的信息源，则 S 只能回答关于 O 的查询。因此，如果用户（查询提出者）和系统（查询回答者）使用不同的本体，便带来了查询异构问题。当不存在一个全局本体时，异构查询问题通常需要在这两个本体之间解决。令用户本体为 O_1，系统本体为 O_2，则必须把用户提出的关于 O_1 的查询重写为关于 O_2 的查询，系统才能够回答。查询重写的理想目标是把关于 O_1 的查询重写为关于 O_2 的解释相同的查询，这样系统才能准确地给出查询结果。但是对于 O_1 中的很多查询，可能不存在关于 O_2 的解释相同的查询，或者找到这样的查询所需的时间是不可接受的，因此常常需要重写为解释近似于原查询的查询。

令 Q 为关于 O_1 的查询，R 是重写 Q 得到的关于 O_2 的近似查询，称 R 是 Q 在 O_2 中的近似；令 O_2 中全部概念的集合为 T，则也称 R 是 Q 在 T 中的近似。R 作为 Q 在 T 中的近似，它在信息源 S 中的查全率和查准率可定义为：

$$\text{recall}(Q,R)=\frac{|Q^{I(S)}\cap R^{I(S)}|}{|Q^{I(S)}|}；\quad \text{precision}(Q,R)=\frac{|Q^{I(S)}\cap R^{I(S)}|}{|R^{I(S)}|}$$

查全率和查准率决定了近似的质量，较好的近似有较高的查全率和查准率。如果在所有 S 中都有 recall(Q,R)= 1，则近似查询结果包括了所有原查询的结果，称 R 是完备的；如果在所有 S 中都有 precision(Q,R)= 1，则所有近似查询结果都是原查询的结果，称 R 是正确的。查询间的蕴涵关系可用来寻找完备或正确的近似，如果 $Q \sqsubseteq R$，那么 R 一定是完备的，称 R 是 Q 在 T 中的一个上近似；反之，如果 $R \sqsubseteq Q$，那么 R 一定是正确的，称 R 是 Q 在 T 中的一个下近似。

本体间的概念近似技术正是基于上述思想，研究如何通过概念近似来重写查询表达式中的概念，以获得较高查全率和查准率的结果。这种方法虽然最终是为了处理查询，但它的核心过程是表示和寻找异构本体概念间的近似；寻找概念近似的过程通常是基于实例进行的，因此是一种重要的本体映射发现方法。

② **Stuckenschmidt H 的概念近似。**寻找 O_1 中概念 C 在 O_2 中的近似是近似查询中的关键问题，其质量决定了近似查询的质量。Stuckenschmidt H 提出了利用概念的最小上界和最大下界计算概念近似的方法[57]。

该方法首先定义了概念的最小上界和最大下界，并以此作为概念的上近似和下近似。从概念的蕴涵关系层次上看，概念的最小上界包括了概念在另一本体中所有的直接父类，概念的最大下界包括了概念在另一本体中所有的直接子类，如图 5-10 所示。C 为 O_1 中概念，概念 C 的最小上界 lub(C, T)包含 A_1, A_2,…,A_m，是 C 在 O_2 中的直接父类；概念 C 的最大下界 glb(C, T)包含 B_1, B_2,…,B_n，是 C 在 O_2 中的直接子类。

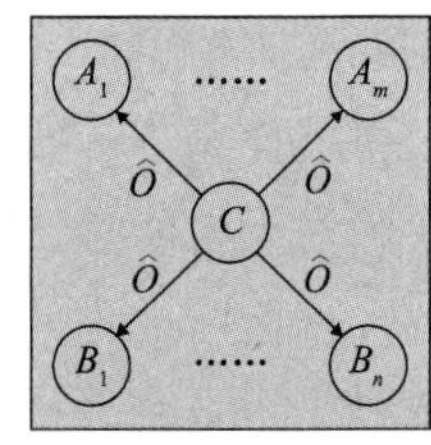

图 5-10　最小上界和最大下界

定义 5.10 令 C 为 O_1 中概念，T 为 O_2 中全部概念的集合。定义 C 在 T 中的最小上界 lub(C, T)是 T 中概念的集合，满足：

1．对于任何 $D \in$ lub(C, T)，有 $C \sqsubseteq D$；

2．对于任何 $A \in T$ 且 $C \sqsubseteq A$，存在 $B \in$ lub(C, T)满足 $B \sqsubseteq A$。

找到 C 在 T 中的最小上界后，定义其中元素的合取为 C 在 T 中的一个上近似，记为下式：

$$\text{ua}(C, T)=\text{top} \wedge \bigwedge_{D_i \in \text{lub}(C,T)} D_i$$

由于 C 被最小上界中的概念蕴涵，可知 $C \sqsubseteq \text{ua}(C, T)$，所以 $\text{ua}(C, T)$确实是 C 在 T 中的上近似。

定义 5.11 令 C 为 O_1 中概念，T 为 O_2 中全部概念的集合。定义 C 在 T 中的最大下界 $\text{glb}(C,T)$是 T 的一个子集，满足：

1．对于任何 $D \in \text{glb}(C,T)$，有 $D \sqsubseteq C$；

2．对于任何 $A \in T$ 且 $A \sqsubseteq C$，存在 $B \in \text{glb}(C,T)$满足 $A \sqsubseteq B$。

找到 C 在 T 中的最大下界后，定义其中元素的析取为 C 在 T 中的一个下近似，记为下式：

$$\text{la}(C,T)=\text{bot} \vee \bigvee_{D_i \in \text{glb}(C,T)} D_i$$

由于 C 蕴涵最大下界中的概念，可知 $\text{la}(C,T) \sqsubseteq C$，所以 $\text{la}(C,T)$确实是 C 在 T 中的下近似。

显然，这样得到的上近似和下近似都不包含非算子（¬），该方法只考虑不包含非算子的近似。因为非算子可以通过将查询化为否定正规形式（Negation Normal Form，NNF）消去[58]。任何查询都可以在线性时间内通过反复应用以下公式改写为等价的 NNF

$$\neg\neg Q = Q;$$
$$\neg(Q_1 \wedge Q_2) = \neg Q_1 \vee \neg Q_2;$$
$$\neg(Q_1 \vee Q_2) = \neg Q_1 \wedge \neg Q_2;$$

在 NNF 中，非算子只作用于单个概念，可以将其看作一个新的概念进行处理。这样概念数目最多翻倍，但所有非算子都被消去。

Akahani J 等人对定义 5.10 和定义 5.11 进行了扩展[59]，改写为 T 中概念 D 属于 O_1 中概念 C 在 T 中最小上界 $\text{lub}(C,\text{T})$，当且仅当 $C \sqsubseteq D$，且不存在 $A \in T$ 满足 $C \sqsubseteq A \sqsubset D$；$T$ 中概念 D 属于 O_1 中概念 C 在 T 中最大下界 $\text{glb}(C,T)$，当且仅当 $D \sqsubseteq C$，且不存在 $A \in T$ 满足 $D \sqsubset A \sqsubseteq C$。

上述扩展定义去除了最小上界和最大下界中的大量冗余成员，提高了效率。但由于最小上界和最大下界是 T 的子集，本身不会很大，效果并不明显。

在生成概念的近似过程中，该方法首先找到概念在系统本体中的超类和子类，然后生成概念的最小上界和最大下界，并将上界的合取作为概念的上近似，下界的析取作为概念的下近似。但这种方法无法得到概念的最佳近似，近似的质量有时是不可接受的。

如果概念远小于它的超类，那么它的上近似可能过大；最坏情况是找不到概念的超类，那么上近似的查询结果就会返回全集。同样，如果概念远大于它的子类，那么它的下近似可能过小；最坏情况是找不到概念的子类，那么下近似的查询结果就会返回空集。异构本体常常有全异的概念集合和概念层次，因此最坏的情况也时常会出现。这种现象出现的主要原因是现有方法只注意概念的超类和子类，也就是异构本体原子概念间的蕴涵关系，因而不能得到概念的最佳近似。实际上，在复杂概念，如概念的合取和析取之间，同样也存在着蕴涵关系。如果考虑这些蕴涵关系，也许可以提高近似查询的质量。

例如，令 O_1,O_2 为本体，C 为 O_1 中概念，T 是 O_2 中所有概念的集合，且 T 中没有概念能蕴涵 C 或被 C 蕴涵，则现有方法对 C 求上近似会返回全集 top，下近似返回空集 bot。但如果 T 中有概念 A, B 满足 $A\wedge B\sqsubseteq C\sqsubseteq A\vee B$，则 $A\vee B$ 是 C 的一个上近似，$A\wedge B$ 是 C 的一个下近似，它们显然比现有的近似要好。图 5-11 就描述了这种情况，图中阴影部分表示 C 的实例集合，斜线部分表示 A 的实例集合，竖线部分表示 B 的实例集合。显然，A, B, C 之间不存在任何蕴涵关系，但有 $A\wedge B\sqsubseteq C\sqsubseteq A\vee B$。这个例子表明在检查蕴涵关系时考虑复杂概念 $A\vee B$（概念 A 和 B 的析取）和 $A\wedge B$（概念 A 和 B 的合取）确实会得到更好的上近似和下近似。

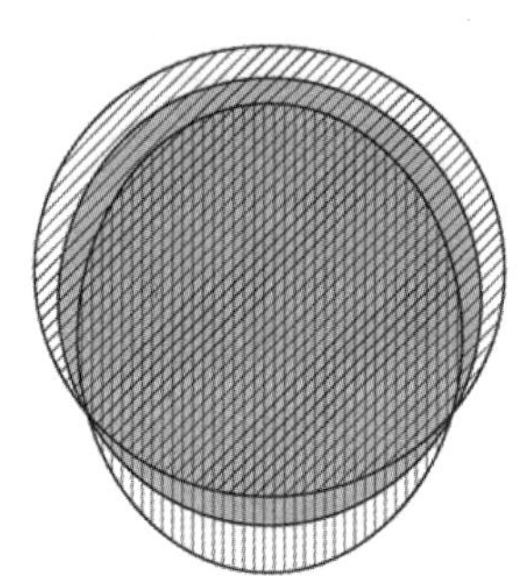

图 5-11 复杂蕴涵关系示例

③ **TzitzikasY 的概念近似**。为获得不同本体中概念的最佳近似，Tzitzikas Y 提出通过实例学习来进行近似查询的方法[60]。它根据每个查询结果中的实例进行查询重写：对每一个应该是原查询结果的实例，找到能返回该实例的另一个本体中的最小查询，最后把这些最小查询组合起来得到原查询的一个近似。

该方法需要一个训练实例集合。令与 O_2 中概念集合 T 相关的信息源 S 为训练集，K 是 S 中的一个非空对象集合。在不考虑非算子的情形下，该方法定义了两个关于 T 的查询集合：

$$K^{+}=\{Q\mid K\subseteq Q^{I(S)}\}；\quad K^{-}=\{Q\mid Q^{I(S)}\subseteq K\}$$

式中，$Q^{I(S)}$ 表示查询 Q 对应 S 中对象的集合；K^+表示包含 K 的查询集合；K^-表示 K 包含的查询集合。这样，对于非空对象集合 K，它的上界和下界可计算为：

$$\text{name}^+(K) = \bigwedge_{Q \in K^+} Q\text{；}\quad \text{name}^-(K) = \bigvee_{Q \in K^-} Q$$

显然，由于 K^+和 K^-中的查询表达式数目可能会很多，这样的上、下界表达式长度会很长，需要一种方法计算等价的且长度有限的查询。为此，引入一个将对象映射到概念合取的函数：$D_I(o) = \wedge\{D_i \in T \mid o \in D_i^{I(S)}\}$。可证明利用 $D_I(o)$ 能得到与上界和下界等价的近似表示形式，这种表示的长度是有限的：

$$\bigvee_{o \in K} D_I(o) \sim \text{name}^+(K)\text{；}\quad \vee\{D_I(o) \mid o \in K, (D_I(o))^{I(S)} \subseteq K\} \sim \text{name}^-(K)$$

对于概念 C，如果 $K = C^{I(S)}$，那么 $\text{name}^+(K)$ 是 C 关于 T 的最小上近似，$\text{name}^-(K)$ 是最大下近似。对于给定的查询，只需要将其中的概念按照这种近似表示就能重写概念近似查询。遗憾的是，Tzitzikas Y 并没有提出有效发现这种概念近似的方法。

与 Stuckenschmidt H 的方法相比，这种表示不会造成映射结果的丢失，即能得到完备的概念间近似，但这种方法存在着明显的缺点。第一是查询效率问题。该方法需要遍历所有实例计算概念近似。得到的近似查询是由很多小查询构成的，比较冗长，但表达式的长度却没有算法来简化。第二，该方法完全基于从训练集合中学习概念间的包含关系，而没有考虑本体间的语义关系。最后，该方法得到的近似不能传递，即不能从 $Q \sqsubseteq R_1$ 和 $R_1 \sqsubseteq R_2$ 得到 $Q \sqsubseteq R_2$，因为它们可能是根据不同的训练集得到的结果。

④ 基于多元界的概念近似。Kang Dazhou、Lu Jianjiang 和 Xu Baowen 等人提出一套表示和发现概念近似查询的有效方法[61-63]，该方法能有效发现异构本体间概念的近似，且这种近似是最佳的和完备的。这种方法能进一步推广到关系映射的发现。

由于其他的方法要不只考虑异构本体概念间一对一的蕴涵关系，概念的上下界中只包含独立的概念，因此无法得到概念的最佳近似；或者得到了概念间的最佳近似，但近似表示的形式冗余，且没有给出有效寻找映射的算法。基于多元界的概念近似方法的创新之处是考虑概念合取和析取之间的蕴涵关系来得到概念的最佳近似。将概念的最小上界和最大下界扩展为多元界：引入概念的析取定义概念的多元最小上界，引入概念的合取定义概念的多元最大下界。证明通过概念的多元最小上界可以得到概念的最小上近似，通过概念的多元最大下界可以得到概念的最大下近似。通常多元界中可能包含大量冗余，增加了概念近似表达的复杂度，降低了查询效率。该方法又定义了概念的最简多元最小上界和最简多元最大下界去除这些冗余，并提供两个有效的算法寻找概念的最简多元界，算法被证明是正确和完备的。

该方法首先结合查全率和查准率的评判标准和查询间蕴涵关系，给出概念最佳近似的定义，分别包括概念的最小上近似和最大下近似。引入复杂概念间的蕴涵关系，将概念析取扩充到概念的上界中，将概念合取扩充到概念的下界中。由于上下界中都含有多个概念组成的复杂概念，称新的上下界为概念的多元界。证明利用多元界可以求得概念的最佳近似，从而提高近似查询的质量。这是该方法的理论基础。

3）FCA。Stumme G 等人提出一种自底向上的本体合并方法 FCA-Merge[48,64]，它基于两本体和它们的实例，使用形式化概念分析技术 FCA 合并两个共享相同实例集的本体。该方法的结果是合并后的本体，但结果本体间接蕴涵着两个初始本体间的概念映射：被合并的概念可认为是等价映射，它们与对应的祖先或孩子节点之间存在包含关系的映射，与对应的兄弟概念存在着相似关系。当然，这些概念分别来自两个不同的初始本体。

① 形式化概念分析基础。首先介绍 FCA-Merge 方法采用的理论基础，即形式概念分析，也称为概念格。形式概念分析是由 Wille R 于 1982 年首先提出的[65]，它提供了一种支持数据分析的有效工具。概念格中的每个节点是一个形式概念，由两部分组成：外延，即概念对应的实例；内涵，即概念的属性，这是该概念对应实例的共同特征。另外，概念格通过 Hasse 图生动和简洁地体现了这些概念之间的泛化和特化关系。因此，概念格被认为是进行数据分析的有力工具。从数据集（概念格中称为形式背景）中生成概念格的过程实质上是一种概念聚类过程；然而，概念格可以用于许多机器学习的任务。形式背景可表示为三元组形式 $T=(S, D, R)$，其中 S 是实例集合，D 是属性集合，R 是 S 和 D 之间的一个二元关系，即 $R\in S\times D$。$(s, d)\in R$ 表示实例 s 有属性 d。一个形式背景存在唯一的一个偏序集合与之对应，并且这个偏序集合产生一种格结构。这种由背景(S, D, R)导出的格 L 就称为一个概念格。格 L 中的每个节点是一个序偶（称为概念），记为(X, Y)，其中 $X\in P(S)$，这里 $P(S)$是 S 的幂集，称为概念的外延；$Y\in P(D)$，这里 $P(D)$是 D 的幂集，称为概念的内涵。每一个序偶关于关系 R 是完备的，即有性质：

1） $X=\{x\in S \mid \forall y\in Y, xRy\}$

2） $Y=\{y\in D \mid \forall x\in X, xRy\}$

在概念格节点间能够建立起一种偏序关系。给定 $H_1=(X_1,Y_1)$ 和 $H_2=(X_2,Y_2)$，则 $H_2<H_1 \Leftrightarrow Y_1<Y_2$，领先次序意味着 H_2 是 H_1 的父节点或称直接泛化。根据偏序关系可生成格的 Hasse 图：如果 $H_2<H_1$，且不存在另一个元素 H_3 使得 $H_2<H_3<H_1$，则从 H_1 到 H_2 就存在一条边[66]。

② **自底向上的 FCA-Merge 本体合并**。该方法并不直接处理本体映射，而是使用形式化概念分析技术，以一种自底向上的方式来合并两个共享相同实例集的本体。整个本体合并的过程分三步。

（a）实例提取。由于 FCA-Merge 方法要求两个本体具有相同的实例集合，为达到这个目的，首先从同时与两本体相关的文本集合中抽取共享实例。从相同的文本集合为两个本体提取实例能够保证两本体相关的概念具有相近的共享实例集合。而共享实例是用来识别相似概念的基础，因此，提取共享实例是该方法实现的保证，同时提取出的实例质量也决定了最后结果的质量。这一步采用自然语言处理技术，得到两本体的形式背景。每个本体的形式背景表示为一张布尔表，表的行是实例，列是本体的概念，行列对应的位置表示实例是否属于概念；FCA-Merge 将每个文本视为一个实例，如果某个文档是一个概念的实例，则它们在表中对应的值为真。显然，一个文档可能是多个概念的实例。

（b）概念格计算。输入第一步中得到的两张布尔表来计算概念格。FCA-Merge 采用经典的形式化概念分析理论提供的算法，这些算法能根据两张形式化背景的布尔表自动生成一个剪枝的概念格[65,67,68]。

（c）交互生成合并的本体。生成的概念格已经将独立的两个本体合并在一起。本体工程师根据生成的概念格，借助领域知识，通过与机器交互创建目标合并本体。显然，合并的本体实际上蕴涵了两个初始本体概念间的映射关系。

② **FCA 总结**。形式化概念分析技术基于不同本体间的共享实例解决本体映射的发现问题，并有很好的形式化理论基础作为支持。这种方法能发现异构本体概念间的等价和包含映射，这样的映射是 1∶1 的简单类型。

FCA 具有一些不足。首先，该方法并没有考虑复杂概念间的映射，而且该方法的实现原理决定着它无法生成关系间的映射。其次，映射结果质量受提取共享实例过程的影响。最后，由概念格生成合并本体的工作由于人工参与，可能产生错误的映射结果。

4）IF-Map。为了弥补很多本体映射方法缺乏形式化的理论基础的问题，Kalfoglou Y

受形式化概念分析的影响，提出一个本体映射发现系统 IF-Map[69,70]。该方法是一种自动的本体映射发现技术，基于信息流理论[71]。

IF-Map 的基本原理是寻找两个局部本体间的等价，其方法是通过查看它们与一个通用的参考本体的映射。那样的参考本体没有实例，而实例只在局部本体中才考虑。因此，IF-Map 方法的核心在于生成参考本体和局部本体之间的可能映射，然后根据这些映射判断两局部本体间的等价关系。映射生成的过程包括 4 个阶段：①采集，即收集不同的本体；②转换，即将待映射本体转换为特定格式；③信息映射生成，即利用信息流理论生成本体间的映射；④映射投影，将生成的概念间等价映射用本体语言表示出来，如 owl:sameAs 等。

IF-Map 也只能生成异构本体概念间的简单等价映射。

（3）基于实例的本体映射总结。与基于术语和结构的映射发现方法相比，基于实例的本体映射发现方法更好，在映射的质量、类型和映射的复杂程度方面都取得了不错的结果。一些基于实例的方法能较好地解决异构本体概念间的映射问题，但对本体关系间的映射还缺乏有效方法和具体的实现。此外，基于实例的方法大多要求异构本体具有相同的实例集合，有些方法采用机器学习技术来弥补这个问题，而有的方法采用人工标注共享实例来解决这个问题；前一类方法的映射结果受到机器学习精度的影响，而后一类方法耗时费力，缺乏如何有效地建立共享实例集的方法。

3. 综合方法

不同的映射方法具有各自的优点，但仅仅使用某一种方法又都不能完善地解决映射发现的问题。因此，为了得到更好的本体映射结果，可以考虑将多种映射方法综合使用，以吸收每种方法的优势。

（1）方法和工具

1）QOM。QOM 是采用综合方法发现本体映射的典型工作[72-75]。该方法的最大特点在于寻找映射的过程中同时考虑了映射结果的质量与发现映射的时间复杂度，它力图寻找到二者间的平衡。QOM 通过合理组织各种映射发现算法，在映射质量的损失可接受的前提下，尽量提高映射发现效率，因此该方法可以处理大规模本体间的映射发现问题。

① QOM 的思路。大多数本体映射发现算法过于强调映射结果的质量，而往往忽略发现映射的效率。目前，绝大多数方法的时间复杂度为 $O(n^2)$，n 是映射对象的数目。对

于大本体间的映射需求，如 UMLS（10^7 个概念）与 WordNet（10^6 个概念）之间的映射而言，很多方法由于效率太低而无法实用。与这些方法不同，QOM 给出的映射发现方法同时考虑映射质量和运行时间复杂度，在提高映射发现效率的同时保证一定质量的映射结果。QOM 只考虑异构本体间 1∶1 等价映射，映射对象包括概念、关系和实例。

② **QOM 方法的过程**。QOM 处理本体映射的过程共分六步，输入异构本体，进行处理后得到本体间的映射。

步骤 1。特征工程：将初始的输入本体转换为相似度计算中使用的统一格式，并分析映射对象的特征。QOM 使用 RDF 三元组形式作为统一的本体形式，其中考虑的映射对象特征包括：标识，即表示映射对象的专用字符串，如 URIs 或 RDF 标签；RDF(S)原语，如属性或子类关系；推导出的特征，由 RDF(S)原语推导出的特征，如最特化的类；OWL 原语，例如考虑 sameAs 等表示等价的原语；领域中特定的特征，例如某领域中概念“Person”的实例都有“ID”属性，可用该属性值代替实例，方便处理。

步骤 2。搜索步骤的选择：由于各种相似度计算方法的复杂度与待映射的对象对直接相关，为了避免比较两个本体的全部对象，保证发现映射的搜索空间在能接受的范围内，QOM 使用启发式方法降低候选映射对象的数目，即它只选择那些必要的映射对象，而忽略其他不关心的映射对象。

步骤 3。相似度计算：对每一对候选映射对象，判断它们之间的相似度值。一个对象可被不同类型的信息描述，如 URIs 的标识和 RDF(S)原语等。QOM 定义了多种关于对象特征（包括概念、关系和实例）的相似度量公式，对于其中的每种度量，都预先分析它的时间复杂度。为了提高发现映射的效率，在选择度量公式的时候忽略那些复杂度过高的度量公式。

步骤 4。相似度累加：由于同时采用多种度量方法，一对候选对象通常存在多个相似度值。这些不同的相似度值需要累加，成为单个的相似度值。QOM 不采用直接累加方式，它强调一些可靠的相似度，同时降低一些并不可靠的相似度。

步骤 5。解释：利用设定的阈值或放松标签等技术，考虑本体结构和一些相似度准则，去除一些不正确的映射结果。根据处理后的最终相似度值判断本体之间的映射。

步骤 6。迭代：算法过程可迭代执行，每次迭代都能提高映射结果的质量，迭代可在没有新映射生成后停止。每次迭代时可基于贪婪策略从当前相似度最高的对象开始执行。

③ **实验评估和结果。**QOM 分析了几种典型的本体映射方法的时间复杂度。iPROMPT 的复杂度为$O(n \cdot \log(n))$，AnchorPROMPT 的复杂度为$O(n^2 \cdot \log^2(n))$，GLUE 的复杂度为$O(n^2)$。与这些方法相比，QOM 忽略一些造成较高复杂度的方法，将映射发现的时间复杂度控制为$O(n \cdot \log(n))$。注意，各种方法的时间复杂度并不是在同样的映射结果下给出的：iPROMPT 的时间复杂度虽然低，但映射结果的质量不尽如人意；GLUE 的时间复杂度虽然高，但映射结果质量却最好。试验结果表明，QOM 能在保证一定映射结果质量的前提下，尽量提高发现映射的效率。

2）OLA。OLA 也是一种本体映射发现综合方法[76,77]，具有如下特点：①覆盖本体所有可能的特征（如术语、结构和外延）；②考虑本体结构；③明确所有的循环关系，迭代寻找最佳映射。目前，OLA 实现了针对 OWL-Lite 描述的本体间的映射，并支持使用映射 API[78]。

OLA 算法首先将 OWL 本体编码为图，图中的边为概念之间的关系。图节点之间的相似度根据两方面来度量：①根据类和它的属性将节点进行分类；②考虑分类后节点中的所有特征，如父类和属性等。实体之间的相似度被赋予权重并线性累加。

OLA 能发现本体概念间的等价映射。

3）KRAFT。KRAFT 提出了一个发现 1∶1 的本体映射的体系结构[79,80]。这些映射包括：①概念映射，源本体和目标本体概念间的映射；②属性映射，源本体与目标本体属性值间的映射，以及源本体属性名和目标本体属性名的映射；③关系映射，源本体和目标本体关系名间的映射；④复合映射，复合源本体表达式与复合目标本体表达式之间的映射。KRAFT 并没有给出映射发现的方法。

4）OntoMap。OntoMap 是一个知识表示的形式化、推理和 Web 接口。它针对上层本体和词典[81]，提供访问大多流行的上层本体和词典资源的接口，并表示它们之间的映射。

为统一表示本体和它们之间的映射，OntoMap 引入相对简单的元本体 OntoMapO。这个表示语言比 RDF(S)复杂，与 OWL Lite 相似，但它包括描述本体映射的特定原语。OntoMapO 考虑的上层本体包括 Cyc、WordNet 和 SENSUS 等。映射语言中包括的映射原语有：①MuchMoreSpecific，表示两个概念的特化程度；②MuchMoreGeneral，与 MuchMoreSpecific 相反；③TopInstance，最特化的概念；④ParentAsInstance 和 ChildAsClass。这些原语表明了 OntoMapO 支持的映射类型。但遗憾的是，OntoMap 不能自动创建映射，它假设一个映射已存在或者能被手工创建。因此，OntoMap 更多只是提供了一个映射的表示框架。

5）OBSERVER。OBSERVER 系统是为了解决分布式数据库的异构问题，它通过使用组件本体和它们之间明确的映射关系解决数据库间的异构[82]，同时它能维护这些映射。

OBSERVER 使用基于组件的方法发现本体映射。它使用多个预先定义的本体来表示异构数据库的模式。映射建立在这些本体之间，通过一个内部管理器提供不同组件本体之间的互操作，以及维护这些映射。OBSERVER 能表示两个组件本体之间的 1∶1 映射，包括同义、上义、下义、重叠、不交和覆盖等。但是，该方法的本体映射依靠手工建立。

6）InfoSleuth。InfoSleuth 是一个基于主体的系统，能够支持通过小本体组成复杂本体，因而一个小本体可以在多个应用领域使用[83,84]。本体间的映射是概念间的关系。本体的映射由一个特殊的被称为“资源主体”的类完成。一个资源主体封装了本体映射的规则集，这些规则能被其他主体使用，辅助完成主体之间的信息检索。

7）基于虚拟文档的本体匹配。瞿裕忠和胡伟等研究者给出了一种基于虚拟文档的通用本体匹配方法[85]，该方法可有效地利用本体中的语义信息、文本信息和结构信息进行本体匹配，从而得到了广泛的推广和应用。

本体元素使用的词汇可能是独立的单词（如 Review），也可能是多个单词的组合形式（如 Meta_Reviewer），还可能是某些特殊的缩写（如 Stu_ID）。元素还可以通过自身注释中的简单语句，对其含义进行补充说明。此外，各种语义描述（例如概念的上下位关系等）也可转化为文本形式。因此，可以将本体中元素相关的文本组织为虚拟文档，然后用虚拟文档表示相应的元素。

一个元素的虚拟文档包含 3 种。①元素自身的描述文本Des(e)：包括 local name、rdfs:lable、rdfs:comment，以及其他的注释文本，这些不同类型的文本可赋予[0,1]区间的权重。②空节点的描述文档Des(e)：对于空节点类型的元素，虽然它没有描述自身的文本，但仍然可以根据和它相关的三元组中的其他非空节点进行描述，在这个描述过程中，如果存在其他的空节点，则这种描述迭代进行多次，直至收敛。在此过程中，越远的元素会被赋予越小的描述权重。③元素邻居的描述文本：根据三元组得到元素的邻居，并分别得到元素作为主语、谓语、宾语时的邻居文本。注意，如果这些邻居存在空节点，则采用空节点的描述方式进行描述。

在上述 3 种文档的基础上，给定一个元素 e，它对应的虚拟文档为：

$$VD(e) = \mathrm{Des}(e) + \gamma_1 \cdot \sum_{e' \in SN(e)} \mathrm{Des}(e') + \gamma_2 \cdot \sum_{e' \in PN(e)} \mathrm{Des}(e') + \gamma_1 \cdot \sum_{e' \in ON(e)} \mathrm{Des}(e')$$

构造虚拟文档后，便可通过计算语义描述文档相似度来寻找异构本体元素间的映射。两元素的语义描述文档相似度越高，它们相匹配的可能性越大。描述文档根据本体对元素描述的语义特点被划分为不同的类型，所以相似度计算是在相同类型的文档中进行的。

虚拟文档的表示形式为带权重的词汇集合，即 $DS=\{p_1\boldsymbol{W}_1,p_2\boldsymbol{W}_2,\cdots,p_x\boldsymbol{W}_x\}$，该描述形式类似于文本向量空间模型，故可利用文本向量空间的余弦相似度衡量语义描述文本间的相似度。

基于虚拟文档的方法思想直观，易于实现，可用于各种包含丰富的文本信息的本体匹配情形。

（2）本体映射的综合方法总结。考虑将多种映射方法综合使用，吸收每种方法的优点，能得到更好的本体映射结果。但综合使用多种方法要注意这些方法之间是否能改善映射质量，还要在映射的效率上进行权衡，因为可能引入一些方法会大大降低原有算法的效率。此外，将各种映射方法的结果进行综合也很重要。

5.3.4 本体映射管理

映射捕获了异构本体间的关系，但仅仅有映射还不足以解决多个异构本体间的知识共享。要在多本体环境中实现知识重用和协调多本体，还需要对多本体进行有效的管理。管理多个本体的好处在于：①方便处理多个本体的维护和演化问题；②合理组织本体间的映射，方便查询、数据转移和推理等应用；③将多个本体作为一个整体来使用，能为实际应用提供更强大的功能。这里讨论如何通过组织映射来达到管理异构的多本体的目的。

实际上，在数据库等领域中就有针对模式或模型管理的研究。Bernstein P A 等人讨论了如何利用通用的模型管理功能降低模型间互操作的编程量[86]，这种模型管理是为了支持模型的变化以及模型之间的映射。他们指出，模型间的映射和操作是模型管理的核心问题。

在本体研究领域，一些工作分析了本体管理的挑战[87,88]。这些研究将本体管理的任务分为两方面。一个方面是设计本体库系统以增强本体管理，包括存储、搜索、编辑、一致性检查、检测、映射，以及不同形式间的转换等。另一方面则包括本体版本或演化，研究如何提供相应的方法学和技术，在不同的本体版本中识别、表示或定义变化操作。

Stoffel K 等人设计了一个处理大规模本体的系统，使用高效内存管理、关系数据库二级存储，以及并行处理等方法，其目的是为在短时间内给出对大规模本体的复杂查询回答[89]。Lee J 等人描述了一个企业级的本体管理系统，它提供 API 和查询语言来完成企业用户对本体的操作[90]，他们还提供了如何用关系数据库系统有效地直接表示和存储本体的体系结构。Stojanovic L 等人提出一个本体管理系统 OntoManager[91]，它提供一种方法学，指导本体工程师更新本体，使本体与用户需求保持一致；该方法跟踪用户日志，分析最终用户和基于本体的系统间的交互。显然，这些工作都关注本体的表示、存储和维护。而且这些方法只处理单个本体，没有考虑多个本体之间的映射或演化问题。但这些工作为管理多个本体打下了基础。

Noy N F 和 Musen M 提出一个处理版本管理框架，使用 PROMPTDiff 算法识别出一个本体不同版本在结构上的不同[25]。PROMPTDiff 只使用结构不同检测两个版本的不同。而在 Klein M 的方法中则有更多的选择，如日志的变化、概念化关系和传递集合等，这些都能提供更丰富的本体变化描述[92]。Maedche A 等人提出一个管理语义 Web 上多本体和分布式本体的继承框架[93]，它将本体演化问题分为三种情况：单个本体演化、多个相互依赖的本体演化和分布式本体演化。Klein M 分析本体演化管理的需求和问题，提出了本体演化的框架[94]，基于一些变化操作，定义了一个变化说明语言。

从这些本体管理工作可以看出，目前多数本体管理工作关注本体演化或本体版本变化问题。这些工作在管理多本体的同时都忽略如何发挥多本体的潜在能量这一本质问题，即利用多本体实现更强大、灵活的、单本体无法提供的服务。

与目前大多工作侧重点不同，Xu Baowen 等人从功能角度来探讨多本体管理[95]。该思想认为，管理多本体的目标不仅是为了解决本体异构和最大限度地重用本体，而且要提供基于多本体的各种服务：多本体上的查询和检索，即通过有效管理本体间的简单和复杂映射，为本体间通信服务；本体间映射的管理是多本体中查询转换的保证；跨多本体的推理，即利用多本体间的映射支持跨多个本体的推理服务；抽取子本体，即从多本体抽取语义完全且功能独立的子本体，实现知识的重用；共享本体互操作，即描述多本体间概念和实例的转换规则；协调应用多个本体，进行多本体语义标注等应用。

传统的本体管理通常是二层结构：本体存储层和应用层。二层架构的多本体管理过于粗糙，提供的多本体功能嵌入具体的应用中，针对不同的应用都需要重新考虑本体间的映射，这导致大量工作的重复。Xu Baowen 等人从管理多本体的映射来处理这些问题，首先利用桥本体将本体间的映射抽取出来，映射抽取出来后并不影响每个本体的独立性，通过管理和组织本体间的映射来协调本体。这样的管理方式具有灵活的特点，适应动态 Web 环境。然后将多本体可提供的功能与应用分离，提供面向应用的通用功能，避免使用多本体时的大量重复工作。

Xu Baowen 等人设计了一个五层体系结构的多本体管理框架。框架包括本体库层、本体表示层、描述本体间映射的桥本体层、多本体功能层和应用层。五层的多本体管理体系结构面向发挥多本体功能，它通过组织本体间的映射，将多个本体有机协调，为应用提供灵活和强大的功能。各层的具体功能如下：

① 本体库层。本体库层存放不同渠道获得的本体。本体由于创建者与创建时间不同，模型和本体语言上具有差异，例如 DAML、RDF(S)或 OWL 等格式。

② 本体表示层。不同本体语言的语法、逻辑模型和表达能力都必然存在差异，因此需要将这些本体转换到统一的表示形式上来。这种转换会造成一些信息的损失。通常少许的非关键本体信息在转换中丢失是可容忍的。

③ 桥本体层。多本体间常常重叠，其间往往有关联。为有效使用多本体而避免本体集成，采用生成的桥本体来描述多本体间的沟通。桥本体是一特殊的本体，可表示本体间概念和关系的 12 种不同映射。在这层中，利用文献[62，36]的方法生成本体间的映射。桥的生成是半自动化的，并在桥本体中组织管理。

本体间映射生成过程无法避免语义冗余和冲突，有必要在使用前进行有效的化简。Xu Baowen 等人分析了引入桥后的多本体环境的语义一致性检查问题和冗余化简算法[96]。对于语义一致性问题，将引入桥后的多本体中的回路分为两种类型：良性回路和恶性回路。前者是由于引入等价桥后造成的，通过算法可消除。后者是由于原始本体中的错误或引入不当的桥造成的。算法能够找到环路，但区分恶性和良性环路需要人工参与。经过语义检查的多本体环境可当作有向无环图来处理，语义化简的目的就是要保证该图中的映射是无冗余的，同时化简操作不能改变整个多本体环境的连通性。

本体间映射抽取出来，可通过桥本体进行管理。当多本体环境中添加、删除或修改本体时，为减少重新生成映射的代价，需要设计高效的增量更新算法保证映射同步更新。

④ 多本体功能层。多本体的管理能提供满足应用需求的一些主要功能。第一，桥本体中的桥提供了大量的简单和复杂的本体映射。通过这些映射，很容易实现异构本体间的互操作问题。第二，利用多本体间的桥，能实现跨不同本体的推理。第三，能利用桥本体处理查询表达式的转换和重写，实现跨多本体的信息检索。第四，还可以从多本体中抽取满足需求的子本体。第五，还能利用多本体进行语义标注，提供比单本体更丰富的语义数据。

⑤ 多本体应用层。在应用层上，利用多本体的功能可以开发各种不同的应用，这些应用具有通用性。

5.3.5　本体映射应用

基于本体映射，能实现很多基于多本体的应用，例如子本体抽取与信息检索等，这里以子本体抽取为例给出本体映射在其中的应用；本体映射在信息检索中的应用将在随后的章节中详细讨论。

本体建模时总希望模型建立得尽量准确和完全，这往往导致大本体，如统一医学语言系统本体包括了多达 80 万个概念和 900 万个关系。大本体难以驾驭，而且在实际应用中往往只需其中与应用需求相关的一小部分。使用整个本体会大大增加系统的复杂性和降低效率。因此，从源本体中抽取一个小的子本体能让系统更有效。

子本体抽取是一个新的研究领域。Wouters C 等人提出物化本体视图抽取的顺序抽取过程[97]，通过优化模式来保证抽取质量。该方法计算代价较高。随后的研究者提出了一种分布式方法来降低从大的复杂本体中抽取子本体的代价[98]。Bhatt M 等人进一步分析了这种方法的语义完整性问题[99]。Noy N F 等提出的 PROMPTFactor 本体抽取工具也支持从单个本体中获得语义独立的子本体[25]，其主要思想是通过用户选择所需要的相关术语，并与 PROMPT 系统进行交互抽取子本体。

当前的方法都是从单个本体中抽取子本体。但多本体环境下的应用很多，多个本体的不同部分都可能是子本体需要的。从多本体中抽取子本体对于知识重用具有重要意义，目前相关的工作和工具并不多见。Kang Dazhou 等人探讨了从多本体中抽取子本体的方法[100]。抽取子本体是一种重要的知识重用手段。本体映射表示了多本体间的联系，对解决从多本体中抽取子本体具有重要的作用。

在语义搜索和智能问答中，本体映射和匹配结果用于辅助查询重写，能有效地提高对用户问题的语义理解能力。

5.4 实例层的融合与匹配

在实际应用中，由于知识图谱中的实例规模通常较大，因此针对实例层的匹配成为近年来知识融合面临的主要任务。实例匹配的过程虽然与本体匹配有相似之处，但实例匹配通常是一个大规模数据处理问题，需要在匹配过程中解决其中的时间复杂度和空间复杂度问题，其难度和挑战更大。

5.4.1 知识图谱中的实例匹配问题分析

在过去的几十年中，本体在知识表示中起着举足轻重的作用。人们通过艰苦的努力，建立了很多描述通用知识的大规模本体，并将其应用于机器翻译、信息检索和知识推理等应用。与此同时，很多领域中的研究人员为了整合、归纳和分享领域内的专业知识，也建立了很多领域本体。这些本体的规模正随着人类知识的增长而变得越来越大。近年来，不同领域知识的交叉和基于不同大本体的系统间的交互都提出了建立大规模本体间映射的需求。然而，多数映射系统不仅无法在用户可接受的时间内给出满意的映射结果，而且还往往会由于匹配过程申请过大的内存空间而导致系统崩溃。因此，大规模本体映射问题对映射系统的时间复杂度、空间复杂度和映射结果质量都提出了严峻的考验，成为目前本体映射研究中的一个挑战性难题。本章将在分析现有几种大规模本体映射方法的基础上，提出一种新的大规模本体映射方法，该方法具有较好的时间复杂度和空间复杂度，并能保证映射结果的质量。

从 20 世纪 80 年代起，人们就一直努力创建和维护很多大规模的本体，这些本体中的概念和关系规模从几千个到几十万个不等，有些本体的实例数目甚至达到亿级。这些大本体总体上可划分为三类：通用本体，即用于描述人类通用知识、语言知识和常识知识的本体，如 Cyc、WordNet 和 SUMO 等；领域本体，各个领域中的研究人员也建立了很多专业领域中的本体，如生物医学领域中的基因本体和统一医学语言系统本体 UMLS；企业应用本体，为了有效管理、维护和利用拥有的大量数据，很多企业都利用本体对自身的海量数据进行重组，以便为用户提供更高效和智能的服务。出于商业保密的目的，这些企业本体通常并不公开。大规模本体在机器翻译、信息检索和集成、决策支持、知识发现等领域中都有着重要的应用。表 5-4 是对 12 个大规模知识图谱的调查结果，其中列举了各知识图谱中概念、关系、实例和公理的数目，表中横线表示没有获得对应数据；另外，由于一些本体创建时间较早，它们并没有按近年提出的本体模型来组织知识，因此只提供了所包含的术语数目。从调查结果可见，大规模知识图谱中的元素数庞大，尤其是实例数据较多。

表 5-4 大规模知识图谱的规模调查

本体	说明	规模				
		术语	概念	关系/属性	实例	公理/断言
Open Directory	人工编辑的 Web 目录	—	590,000	—	4,592,647	—
Yahoo Directory	Yahoo Web 目录	—	41,000	—	224,000	—
LYCOS Directory	LYCOS Web 目录	—	57,000	—	48,000	—
UMLS	统一医学语言系统	—	1,000,000	189	—	—
Gene Ontology	基因本体	24,500	—	—	—	—
SUMO	上层本体	20,000	—	—	—	70,000
WordNet	语言本体	147,278	—	—	—	—
Cyc	常识知识库	—	300,000	15,000	—	3,200,000
OpenCyc	Cyc 的开源版本	—	6,000	—	—	60,000
FMA	人类解剖知识的本体	120,000	75,000	168	—	—
SENSUS	术语分类本体	—	70,000	—	—	—
OpenGALEN	开源的医学术语库	—	25,000	—	—	—
DBpedia	维基百科知识图谱	—	685	2795	4,233,000	—
Yago	大规模语义知识库	—	350,000	—	>10,000,000	—

大规模知识图谱的创建和维护仍然具有分布性和自治性的特点，知识图谱间同样存在无法避免的异构问题。基于不同大规模知识图谱的系统间可能需要进行交互。一些应用需要借助映射对多个知识图谱进行集成，如 Web 搜索中需要集成 Yahoo Directory 和 Google Directory。随着不同科学研究领域的交叉和融合，不同领域知识图谱中的知识有可能产生交叉重叠，如关于解剖学的本体需要用到 UMLS 本体中的语义信息。总之，大规模知识图谱间的异构现象依然普遍存在。在实际应用中，为集成同一领域中不同的大规模知识图谱，或者为满足基于不同大规模知识图谱的系统间的信息交互需求，都有必要建立大规模知识图谱间的匹配。

大规模知识图谱匹配是极具挑战性的任务。Reed 和 Lenat 为将 SENSUS、WordNet 和 UMLS 等本体映射到 Cyc 中，通过训练本体专家和借助交互式对话工具等半自动手段，前后耗费了 15 年的时间才完成这项大规模本体映射项目[101]。显然，人工和半自动的方法很难处理大规模知识图谱匹配问题，因此需要寻找有效的自动化方法。传统的模式匹配工作虽然提出处理大规模模式匹配的分治法[102,103]，但数据库模式和 XML 模式都是树状结构，位于不同树枝的信息相对独立，适于采用分治思想处理。然而，知识图谱具有复杂的图结构，传统模式匹配的分治方法并不能直接应用于知识图谱匹配。

可处理大规模知识图谱匹配的系统方法并不多。例如，在 2006 年的 OAEI 评估中，10 个系统中只有 4 个完成了 anatomy 和 food 两个大规模本体匹配任务。在 2007 年的 OAEI 中，参与评估的 18 个映射系统，只有 2 个完成了 anatomy、food、environment 和 library 这 4 个大规模知识图谱匹配任务。2008 年参与 OAEI 评估的 13 个映射系统，只有 2 个完成了 anatomy、fao、mldirectory 和 library 这 4 个大规模知识图谱匹配任务，而完成通用知识图谱匹配任务 vlcr 的系统只有 1 个。由此可见，大多数公开的系统仍然不能处理大规模知识图谱匹配问题。

大规模知识图谱匹配问题对空间复杂度、时间复杂度和匹配结果质量都提出了严峻考验，下面给出具体分析。

1. 空间复杂度挑战

在知识图谱匹配过程中，读入大规模知识图谱将占用相当一部分存储空间，随后的预处理、匹配计算和映射后处理均可能需要申请大量空间才能完成，这些步骤往往导致匹配系统无法得到足够的内存空间而崩溃。通常，知识图谱匹配中的主要数据结构（如相似矩阵）的空间复杂度是 $O(n^2)$，在处理大规模知识图谱匹配时，这样的空间复杂度会占用大量的存储资源。当系统申请的存储空间不能一次读入内存时，将造成操作系统不断在内存储器和虚拟存储器之间中进行数据交换；当操作系统无法满足映射系统的空间申请要求时，将导致内存不足的严重错误。很多匹配系统都采用二维数组来记录元素间的相似度矩阵，即使对于一个实例规模为 5000 的小型知识图谱，相似矩阵中的数值为双精度类型，则存储该矩阵所需的空间大约为 200MB。因此，大规模知识图谱匹配中需要设计合理的数据结构，并利用有效的存储压缩策略，才能减小空间复杂度带来的负面影响。目前来说，只要选择合理的数据结构，并利用一些数据压缩存储技术，现有计算机存储能力基本能满足多数大规模知识图谱匹配的需求。因此，虽然空间复杂度是大规模知识图谱匹配中的一个难题，但并不是不可能克服的问题。

2. 时间复杂度挑战

负责知识图谱读取和解析等操作的预处理过程和映射结果后处理过程一般不会成为匹配系统的时间瓶颈，知识图谱匹配系统的执行时间主要取决于匹配计算过程。为了得到最佳的映射结果，匹配过程需要计算异构实例间的相似度，早期大多数的知识图谱匹配系统的时间复杂度都是 $O(n^2)$（n 为元素数目）。虽然也有研究者提出 $O(n \log(n))$ 复杂度的匹配方法，但这种方法是以损失匹配质量为代价来换取匹配效率的。此外，不同匹配系统采用的匹配器在效率上差别很大，即求两个元素间的相似度这一过程所需要的时间复杂度存在差异，例如有的系统仅仅简单地计算元素标签的字符串相似度，有的则需要对知识图谱中的图做复杂的分析，二者之间的时间复杂度差别非常大；例如，我们通过实验比较发现，在本体映射系统 Lily 中，利用简单的编辑距离方法计算元素相似度的速度比利用语义描述文档的方法大约快 1000 倍。令计算两元素相似度过程的时间复杂度为 t，则匹配系统的总时间复杂度可表示为 $O(n^2t)$。因此，降低大规模知识图谱匹配问题的时间复杂度除了要考虑减少匹配元素对的相似度计算次数（即 n^2），还需要降低每次相似度计算的时间复杂度（即 t）。

3. 匹配结果质量挑战

在降低匹配方法的时间复杂度和空间复杂度的同时，有可能造成匹配结果质量降低。很多优秀的匹配方法往往比较复杂，如果在处理大规模知识图谱匹配时用简化的快速算法来代替，或者为了提高效率设置一些不能发挥算法优势的参数，都可能得不到满意的映射结果。此外，很多有效的匹配算法需要对知识图谱进行全局分析和整理，例如采用相似度传播的结构匹配方法等。然而，这种处理对大规模知识图谱来说并不可行，尽管可以采用简化或近似处理来替代，但由此得到的映射结果可能有损失。最后，一些算法采用分治的策略，将大规模知识图谱匹配问题转换为多个小规模匹配问题，但分治的过程会将原本相邻元素分割开，破坏某些实例语义信息的完整性，因此这部分位于边界位置的实例的匹配质量无法得到保证。

由于大量实际应用的需要，大规模知识图谱匹配问题备受关注。尽管目前能处理该问题的映射系统还较少，但一些研究者已进行了积极尝试，其中包括集成通用本体用于机器翻译[104]，建立 Web Directory 之间的映射用于信息检索[105]，以及匹配生物医学领域的本体用于不同医学系统间信息交互[106-108]等。最近几年的 OAEI 评估也给出一些实际的大规模知识图谱匹配任务，虽然完成这类匹配任务的系统较少，但处理该问题的方法每年都得到改进。本文将现有的大规模知识图谱匹配方法划分为三类：基于快速相似度计算的方法、基于规则的方法和基于分治的方法。就目前来看，现有的大规模知识图谱匹配系统都能克服空间复杂度问题，因为匹配过程中需要的大量空间可以借助数据压缩技术（如将稀疏矩阵压缩存储）、外部数据库或临时文件等方式解决。因此，下面着重分析三类方法的时间复杂度。

5.4.2 基于快速相似度计算的实例匹配方法

这类方法的思想是尽量降低每次相似度计算的时间复杂度，即降低 $O(n^2t)$中的因素 t，因此映射过程只能使用简单且速度较快的匹配器，考虑的映射线索也必须尽量简单，从而保证 t 接近常数 $O(1)$。

基于快速相似度计算的方法使用的匹配器主要包括文本匹配器、结构匹配器和基于实例的匹配器等。很多基于文本相似的匹配算法时间复杂度都较低，但为达到快速计算元素相似度的目的，文本匹配器还应避免构造复杂的映射线索，例如映射线索只考虑元素标签和注释信息。大规模知识图谱匹配中的结构匹配器借助概念层次或元素邻居文本相似的启发式规则计算相似度，例如两个实例的父概念相似，则这两个实例也相似等；为避免匹配时间复杂度过高，这些启发式规则不能考虑太复杂的结构信息。

采用上述思想的系统虽然能勉强处理一些大规模知识图谱匹配问题，但其弊端也很明显。首先，匹配器只能利用知识图谱中少量的信息构造匹配线索，得到的匹配线索不能充分反映元素语义，这会导致降低映射结果质量。其次，系统效率受相似度计算方法影响较大，即 t 的少量变化会给系统的效率带来较大影响。

Mork 和 Bernstein 尝试对 FMA 和 GALEN 两个大规模本体进行匹配[107]，匹配过程采用了一些通用的文本匹配器和结构匹配器，他们指出这种匹配处理的时间复杂度和空间复杂度都很高。Ichise 等人实现了 Web Directory 的匹配[109]，匹配方法依靠统计共享实例。此外，在相似度计算中，寻找最佳的相似函数和阈值也是一个重要问题，可采用最大可能消除匹配冗余计算的思想进行优化[110]。在 OAEI2007 的大规模本体匹配任务中，一些采用快速相似度计算思想的映射系统在计算时间上并没有优势，但其得到的映射结果质量却并不理想，例如，在 Anatomy 匹配任务中，采用简单文本匹配的 Prior+、Lily1.2 和 DSSim 等系统在运行时间和结果质量上都并不突出。

5.4.3 基于规则的实例匹配方法

在大规模知识图谱中，为了从海量的实例数据中有效发现匹配实例对，寻找匹配规则是一条可行的思路。但由于数据源的异构性，处理不同的数据源需要的匹配规则不尽相同，规则匹配方法往往需要人类手工构建的规则来保证结果质量。为避免过多的人工参与。基于规则的方法易于扩展到处理大规模知识图谱中的实例匹配，甚至可以扩展到基于概率的方法[111]。

上海交通大学的研究人员开发了一套基于 EM 算法的半监督学习框架以自动寻找实例匹配规则[112]，其实例匹配过程如图 5-12 所示。该框架以迭代的方式来自动发现匹配规则，并逐步提高匹配规则集的质量，再利用更新后的规则集来寻找高质量的匹配对。具体地，数据集中少量具有owl: sameAs属性的现存匹配对被视为种子（Seeds），匹配规则被视为似然函数中需要被估计的参数。该方法利用一种基于图的指标来度量匹配的精确度，并作为 EM 算法的目标似然函数。在不同的匹配规则下，同一个匹配对的匹配置信度是不一样的，如何集成不同规则的置信度是一个很重要的问题。该方法引入 Dempster's rule①来集成同一个匹配对的不同置信度。

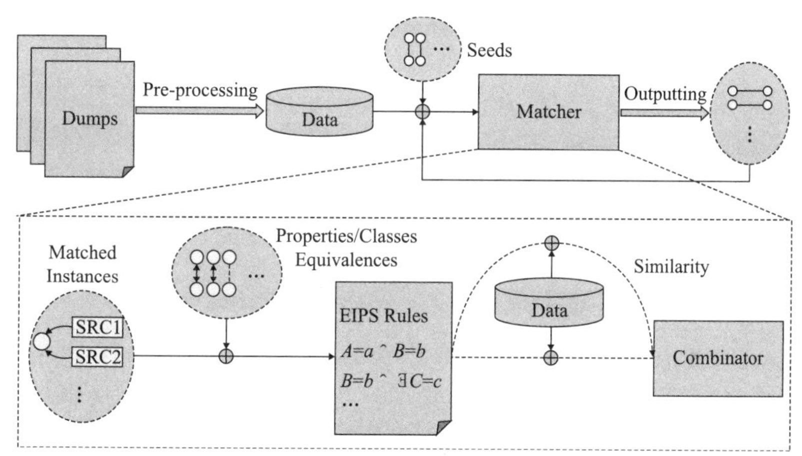

图 5-12 基于规则挖掘的实例匹配过程[112]

在进一步介绍该方法之前，需要定义一些基础概念。

定义 5.12（实例等价）记作$\sim I$，代表了两个实例在现实世界中为同一个物体。URI 不同的两个实例e_1, e_2是等价的，当且仅当$< e_1, e_2 > \in \sim I$。

① https://en.wikipedia.org/wiki/Dempster–Shafer_theory。

定义 5.13（匹配）由匹配器发现的一个匹配表示为$< e_1, e_2, \text{conf} >$，其中$e_1$, e_2为实例，conf 为匹配的置信度，它们满足$P(< e_1, e_2 > \in \sim I) = \text{conf}$。

如图 5-12 所示，预处理完成后，实例就包含了相应的属性-值对（Property-Value Pairs）信息。然后，种子匹配对被导入系统中，用来驱动发现新的匹配，高质量的新匹配对会加入种子匹配对中以进行下一轮迭代。重复迭代步骤直至满足终止条件。

前面提到，该框架通过学习规则来推导实例之间的等价关系。首先，已知匹配对中的属性等价关系（Property Equivalence）会被挖掘；然后，这些规则被利用到未匹配实例上发现新的等价实例。一些属性等价的例子如下所示：

$$\text{rdfs: label} \approx \text{gs: hasCommonName}$$
$$\text{foaf: name} \approx \text{gs: hsCanonicalName}$$
$$\text{dbpedia: phylum} \approx \text{gs: inPhylum}$$

在 dbpedia.org 中定义的属性 dbpedia:phylum 和 geospecies.org 中定义的属性 gs:inPhylum 有相同的内在含义：它们对应的值在生物分类中都属于同一个等级。

实例等价和属性等价可推导出如下规则：如果两个实例e_1, e_2满足

$$\bigwedge_{i=1}^{3}(p_{1i}(e_1,o_1) \wedge p_{2i}(e_2,o_2) \wedge o_1 \simeq o_2),$$

则有$< e_1, e_2 > \in \sim I$。（$p(e, o)$是三元组$< e, p, o >$的函数式表示，$o_1 \simeq o_2$表示o_1和o_2指向同一实例或者字面值相等）。

这样的规则可以推导出大量的等价实例，从而完成实例匹配。

定义 5.14（属性-值对等价）给定两个隐含等价属性(p_1, p_2)和两个值(o_1, o_2)，属性-值对$< p_1, o_1 >$和$< p_2, o_2 >$等价当且仅当 $< o_1, o_2 > \in \sim I$（o_1, o_2为实例），或者$o_1 = o_2$（o_1, o_2为字面值），记作$\sim P$。

将这种等价关系拓展到属性-值对集，给定一个实例 e 和属性集合 P，属性-值对集定义为$\text{PV}_{e,P} = \{< p, o > | p \in P, < e, p, o > \in G\}$。

定义 5.15（等价属性-值对集）给定两个实例(e_1, e_2)和一个等价属性对集$(< P_1, P_2 >)$，两个键值对集$(\text{PV}_{e_1,P_1}, \text{PV}_{e_2,P_2})$等价当且仅当存在一个从$\text{PV}_{e_1,P_1}$到$\text{PV}_{e_2,P_2}$的双射$f \in \sim P$，记作$\sim S$。

定义 5.16（逆功能属性集）一个等价属性对集 eps 是一个逆功能属性集（Inverse Functional Property Suite），当且仅当其满足若$< \mathrm{PV}_{e_1,\mathrm{eps}_1}, \mathrm{PV}_{e_2,\mathrm{eps}_2} > \in \sim S$，则$< e_1, e_2 > \in \sim I$。

定义 5.17（逆功能属性集规则）逆功能属性集规则（IFPS Rule）基于逆功能属性集 eps。对于所有 eps 里的属性对$< p_{i1}, p_{i2} >$，一个 IFPS 规则有如下形式：

$$\forall e_1 \forall e_2 . (\bigwedge_{i=1}^{|\mathrm{eps}|} \left(\forall o_1 \forall o_2 . \left(p_{i1}(e_1, o_1) \wedge p_{i2}(e_2, o_2) \wedge \sim P(< p_{i1}, o_1 >, < p_{i2}, o_2 >)\right)\right) \rightarrow \sim I(e_1, e_2))$$

定义 5.18（扩展的逆功能属性集规则）与 IFPS 规则相似，扩展的逆功能属性集规则（Extended IFPS Rule）基于逆功能属性集 eps。对于所有 eps 里的属性对$< p_{i1}, p_{i2} >$，EIFPS 规则有如下形式：

$$\forall e_1 \forall e_2 . (\bigwedge_{i=1}^{|\mathrm{eps}|} \left(\exists o_1 \exists o_2 . \left(p_{i1}(e_1, o_1) \wedge p_{i2}(e_2, o_2) \wedge \sim P(< p_{i1}, o_1 >, < p_{i2}, o_2 >)\right)\right) \rightarrow \sim I(e_1, e_2))$$

根据以上定义，该方法实现了一个基于 EM 算法的实例匹配框架，输入为待匹配三元组、初始匹配对阈值，输出为匹配结果集与 IFPS 规则集。该框架利用 EM 算法迭代：E 步，根据已经获得的 EIFPS 规则计算实例对应的置信度，把置信度高于阈值的对应放到匹配结果中；M 步，根据现有的匹配结果挖掘 EIFPS 规则，等同于最大化似然函数。

这里引入匹配图来估计算法的匹配进度，匹配图是一个无向带权图，图中的每一个顶点代表一个实例，边代表两个实例匹配的置信度。根据 EIPFS 规则集合，可以从所有的三元组中提取出一个匹配图。EM 算法中的似然函数定义为提取出的匹配图和实际匹配图的相似程度：给定一个匹配图 M，EM 算法中的似然函数被定义为：$L(\theta; M) = \Pr(M|\theta)$。采用准确度优先策略，可以得到以下的近似公式，用精确度来代表在一个 EIPFS 规则集合下，提取出来的对应图和真正的对应图之间的关系：

$$L(\theta; M) \approx \mathrm{Precision}(M|\theta)$$

最后，求出的匹配图 M 的精确度等于 M 中被连接的成分除以 M 中边的数量：

$$\mathrm{Precision}_{\mathrm{appro}}(M) = \mathrm{Divergence}(M) = \frac{|\mathrm{ConnectedComponent}(M)|}{|\mathrm{Edge}(M)|}$$

同一个匹配对可能会由不同的 EIFPS 规则导出，该匹配对有多个匹配置信度，因此集成两个置信度是一个很有必要的工作。传统上会选择取两者之间的较大值，但这种集成方式只利用了一次匹配的信息，我们倾向于认为利用了两次匹配的信息得出的结果更为准确。这里给出了另外的两种集成方式，具体如下：

第 1 种是基于概率理论：

$$\mathrm{conf}_1 \oplus \mathrm{conf}_2 = 1 - (1 - \mathrm{conf}_1)(1 - \mathrm{conf}_2)$$

第 2 种利用了一种特殊性形式下的贝叶斯理论的泛化理论（Dempster-Shafer theory）：

$$\mathrm{conf}_1 \oplus \mathrm{conf}_2 = \frac{\mathrm{conf}_1 - \mathrm{conf}_2}{1 - \mathrm{conf}_1 - \mathrm{conf}_2 + 2 \times \mathrm{conf}_1 \cdot \mathrm{conf}_2}$$

该方法先后用在 DBpedia、GeoNames、LinkedMDB、GeoSpecies 等知识图谱间进行实例匹配。该方法解决了 zhishi.me 等知识图谱构建中的实例匹配问题[113]。

5.4.4 基于分治的实例匹配方法

分治处理方法的思想是降低相似度计算总的时间复杂度，即降低 $O(n^2t)$中的因素 n^2。采用分治策略，将大规模知识图谱匹配划分为 k 个小规模的知识图谱匹配后，匹配的时间复杂度降为 $O(kn'^2t')$，其中 t' 表示计算两元素间相似度的时间复杂度，与分治前可能不同，n' 为分治处理后的小本体的平均规模，即 $n'=\frac{n}{k}$，所以分治处理的时间复杂度又可表示为 $O(\frac{n^2}{k}t')$。由此可见，系统效率取决于能将原有问题划分为多少个小规模。最常用的分治策略是将大规模本体划分为若干个小知识图谱，然后计算这些小知识图谱间的匹配。

分治法的思想已被用于处理大规模数据库模式和 XML 模式匹配问题[102,114]。Rahm 和 Do 提出一种基于模式片段（fragment）的大规模模式匹配分治解决方法，该方法包括 4 个步骤：①分解大模式为多个片段，每个片段为模式树中的一个带根节点的子树，若片段过大，则进一步进行分解，直到规模满足要求为止；②识别相似片段；③对相似片段进行匹配计算；④合并片段匹配结果即得到模式匹配结果。这种方法能有效处理大规模的模式匹配问题，然而由于知识图谱是图结构，模式的片段分解方法并不适用于划分大规模知识图谱。

本体模块化方法是对大规模本体进行划分的一种直观手段。已有多种本体模块化方法被提出。Grau 等人通过引入语义封装的概念，利用 ε-connection[115]将大本体自动划分为多个模块，该模块化算法可保证每个模块都能够捕获其中全部元素含义的最小公理集。然而，这种方法在实际应用中效果并不好。例如，该算法只能将 GALEN 划分为 2 个模块，只能将 NCI 本体划分为 17 个模块，而且所得模块的规模很不均匀，即某些模块对本体映射来说还是太大了，因此该方法并不能解决将大本体划分为适当大小的问题。Grau 等人还提出了其他确保局部正确性和完整性模块化算法[116]，但结果显示该算法也不能解决模块规模过大的问题。例如，该算法对 NCI 本体划分会得到概念数目为 15254 的大模块，而对 GALEN 本体模块化则失败。此外，一些本体模块化工作的目标是获得描述特定元素集含义的模块[117,118]，而不能将本体划分为多个不相交或只有少量重叠的模块。Stuckenschmidt 和 Klein 通过利用概念层次结构和属性约束，给出一种本体模块化方法[119]，但结果显示该方法得到的模块规模通常太小，并且只能处理概念结构层次构成的本体。总的来说，上述模块化工作并非以服务大规模本体映射为目的，它们都强调模块语义的完备性和正确性，而忽略给模块分配适当的规模。特别是知识图谱中存在大量的实例，上述模块化方法难以对大量的实例进行有效的划分。

目前采用分治思想处理大规模本体映射的典型系统有 Malasco、Falcon-AO、Lily 等。Malasco①是 Paulheim 提出的一种基于分治思想的大规模 OWL 本体映射系统[120]，该系统实际上是一个大规模本体映射框架，可重用现有的匹配器和本体模块化方法。Malasco 提供了三种本体划分算法：①基于 RDF 声明[121]的朴素划分算法；②Stuckenschmidt 和 Klein 的模块化算法[119]；③基于 Grau 的 ε-connection 模块化算法[116]。Paulheim 在大规模本体上对模块化处理前后的匹配结果进行了比较和优化处理：在不做优化处理时，映射结果的精度与不做模块化处理前相比有 50%的损失；采用覆盖模块化方法进行优化后，精度损失降低到 20%，覆盖模块化是为了弥补模块交界部分的信息损失；为匹配结果选取合适的相似度阈值后，精度损失降低到 5%。Paulheim 的工作表明了模块化方法经过适当优化，是可以处理大规模本体映射问题的。

Falcon-AO 中采用一种基于结构的本体划分方法解决大规模本体映射问题[122]。该方法首先通过分析概念层次、属性层次以及属性约束信息，然后利用聚类方法将本体中的元素划分为不相交的若干个集合，再利用 RDF 声明恢复每个集合中的语义信息，从而完成本体划分。接着，基于预先计算的参照点，对不同的本体块进行匹配，匹配计算只在具有较高相似度的块间进行。该方法的划分算法可将本体元素划分为合适大小的集合，从而能

① http://sourceforge.net/projects/malasco/。

利用现有的匹配器发现映射。Falcon-AO 的结果也表明该算法并未使映射结果质量有明显损失。

基于本体划分的分治处理方法较为直观，但该方法存在的主要缺点在于划分后的模块边界存在信息损失，即处于模块边界的元素的语义信息有可能不完整，由此得到的映射结果必然会有损失。一般来说，划分得到的块越多，边界语义信息损失也越多，因此，模块大小和边界信息损失是不可调和的，在实际应用中需要合理权衡。Malasco 中的覆盖模块优化方法是一种对该缺点的补救处理。

Lily 则巧妙地利用了大规模知识图谱匹配中的匹配局部性特点，不直接对知识图谱进行分块，而通过一些确定的匹配点（称为锚点）自动发现更多的潜在匹配点，从而达到实现高效实例匹配的目的且无须进行知识图谱划分。该方法的优点是实现过程简单，同时避免了划分知识图谱造成的语义信息损失。

1. 基于属性规则的分块方法

由于在知识图谱中实例一般都有属性信息，所以根据属性来对实例进行划分，减少实例匹配中的匹配次数以提高匹配的效率，成为一种很自然的思想。类似的方法在关系数据库领域和自然语言处理领域中的实体消解中早已得到了广泛的应用。如图 5-13 所示，对于数据库中的一组实例 r、s、t、u、v，为了在匹配的过程中减少匹配计算的次数，可以利用实例的属性值对其进行划分。这里如果用“zip”进行划分，则得到一种划分结果：$SC_1=\{\{r\}\ \{s,t\},\{u,v\}\}$，其中包含了 3 个块；如果用“姓的首字母”划分，则又得到了一种划分结果：$SC_2=\{\{r,s\}\ \{t\},\{u,v\}\}$。可见，不同的划分依据得到的结果也不相同。这种方法面临几方面的挑战：①划分规则，划分规则的确定需要对数据有深刻了解并由人工进行分析得到，特别是划分结果能否完全覆盖所有实例，即分块的完备性；②分块的冗余，在实际的大规模数据中也很难保证得到的集合中的各个块没有交叉，也就是一些实例被同时分到了多个块中，这种冗余会降低匹配效率，也会引起匹配结果的冲突，通常可以用冗余率判断分块的冗余程度；③分块的选择，不同的划分得到不同的集合，如何评价一种划分得到的集合是否最佳是很困难的，因此在匹配中往往会同时采用多种划分得到的结果，选择那些分块结果进行匹配是一个难题；④匹配结果的整合，在采用多种划分结果进行匹配的基础上，再把匹配结果整合起来是一个难题，其中要解决一些匹配结果的冲突或不一致问题。

Record	Name	Address（zip）	Email
r	John Doe	02139	jdoe@yahoo
s	John Doe	94305	
t	J. Doe	94305	jdoe@yahoo
u	Bobbie Browm	12345	bob@google
v	Bobbie Browm	12345	bob@google

图 5-13　数据库中的一组实例数据

为了降低分块结果的冗余性，一种典型的方法是实现将属性进行聚类，在聚类的基础上再进行分块[123]。但是无论使用什么属性分块技术，都面临着两个矛盾的问题：①匹配效果，分块越细，造成的分块冗余越多，但未命中的匹配也越少，即匹配效果会更好；②匹配性能，分块越细，造成的不必要匹配计算越多，降级了匹配的性能。所以，很多基于属性分块的方法都力图在匹配效果和匹配性能上达到平衡。可以通过对分块效果进行预估来判断什么分块规则在效果和性能上较为平衡[124]。为了降低分块冗余，可以把这种冗余的判断视为一个二分类问题，通过监督学习方法实现分块结果的精细调整[125]。

2．基于索引的分块方法

受数据库领域中索引分块思想的启发，实例匹配也可以借助实例相关信息进行分块。VMI 是清华大学研究人员提出的一套在大规模实例集上解决实例匹配任务的算法框架[126]，该方法的主要思想是运用了多重索引与候选集合，其中将向量空间模型和倒排索引技术相结合，实现对实例数据的划分。在保证了高质量匹配的前提下，VMI 模型显著地减少了实体相似度计算的次数，提高了整体匹配效率。

为了利用实例中包含的信息，VMI 方法将实例信息总结分为以下六类：

（1）URI。URI 实例的唯一标识符，如果两个实例有相同的 URI，那么可以判定这两个实例相同。

（2）元信息。实例的元信息包含实例的模式层信息，如实例所属的类、实例的属性等。

（3）实例名。人们利用实例名（标签）指代现实世界中的实例。一个实例的名称可从 RDFS: label属性获取。在匹配两个实体时，一个直观且有效的方法是比较名字。因此，实例名在实例匹配任务中是一种非常重要的信息。

（4）描述性属性信息。这类属性值由实例的描述性语言构成，典型的例子是

RDFS: comment属性。

（5）可区分属性信息。这类属性不是实例的描述，而是可以用来区分实例的属性。例如，性别属性为男的实例不与为女的实例匹配，拥有相同电子邮件地址的两个实例有极高的可能匹配。

（6）邻居信息。实例根据不同的属性信息可以连接到相邻的实例。例如实例 Person1 有一个属性haswife，对应的值是 Person2，那么 Person1 就和 Person2 连接起来了，同时称 Person1 和 Person2 互为邻居。

传统方法的思想是利用实例的相关信息对来自不同信息源的实例进行匹配。在源本体O_s中给定一个实例i，计算i与目标本体O_t中的每一个实例的相似度，然后选取匹配对。显然对于大规模知识图谱而言，这种暴力搜索方式的计算花销太大。VMI 选择先利用倒排索引的方式划分待选匹配集，然后在各个匹配集中进行匹配操作，从而大大缩小了搜索空间，实现了匹配性能的优化。

该方法的处理过程如图 5-14 所示，其主要流程包括 4 个步骤。

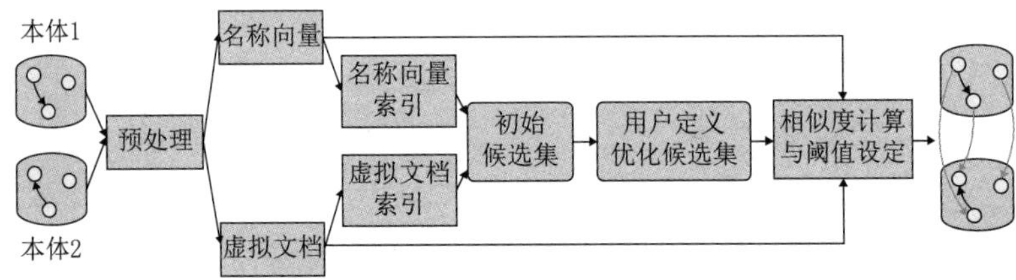

图 5-14　VMI 实例匹配过程[126]

（1）向量构造与索引。VMI 对实例包含的不同类型的信息进行了向量化处理，然后对这些向量构建待排索引，即向量中的每一项都索引到前一步构造的向量中包含该项的实例。

（2）候选匹配集。利用倒排索引检索出候选的匹配对，再利用设计好的向量规则形成候选匹配集。

（3）优化候选匹配集。根据用户自定义的属性对和值模式对候选匹配集合进行优化，去除不合理的候选匹配。

（4）计算匹配结果。利用实例的向量余弦相似度计算实例对的相似度，通过预设的阈值提取出最终的实例匹配结果。

VMI 方法首先为每个实例构建了名称向量和虚拟文档。为了获取名称向量，VMI 首先检查一个实例是否有rdfs: label这个属性，或者有没有其他与名字属性相关的值，如果没有，则选择 URI 中的一部分作为名称向量。构建名称向量的过程为：将抽取出来的名称进行分词；对分词结果进行停用词过滤；根据分词结果，统计出词频并构建向量。

实例的虚拟文档包含了除名字外的其他信息，如邻居节点的名称向量和邻居节点的信息。实例 i 的邻居节点对应的向量为：

$$\mathrm{NBI}(i)=\sum_{i'\in \mathrm{NB}(i)}(\mathrm{NV}(i')+\mathrm{LD}(i'))$$

式中，$\mathrm{NBI}(i)$表示邻居节点的信息所构成的向量；$\mathrm{NB}(i)$表示所有邻居节点构成的集合；$\mathrm{NV}(i')$表示邻居节点的名称向量；$\mathrm{LD}(i')$表示邻居节点的本地描述信息。

最终构建出来的虚拟文档向量如下所示：

$$\mathrm{VD}(i)=\mathrm{LD}(i)+\gamma\cdot \mathrm{NBI}(i)$$

虚拟文档由实例本身的本地描述信息向量和节点的信息向量构成，并取两者的线性组合，其中参数γ表示邻居文档信息的重要性。

VMI 方法认为名称向量中的每一个词都是重要的，所以对所有的分词项进行构建倒排索引的操作，如对于一个分词项i，VMI 维护一个所有向量中包含i的列表。

接下来，VMI 按照如下的规则选择候选实例匹配集合：

规则 1，2 个名称向量维数都大于 5，且两者名称向量中至少有 2 个关键词相同。

规则 2，2 个名称向量维数都小于 5，且两者名称向量中至少有 1 个关键词相同。

规则 3，2 个虚拟文档向量中至少有 1 个相同的关键词。

以上的规则可以在倒排索引的基础上快速实现，从而实现对实例的划分。

上面规则只能简单地排除不可能匹配上的匹配对，因此还要对待选匹配集进行优化。VMI 根据用户设定的属性进行筛选，有两种可能的情况：①检查用户设定的属性在待匹配的实例中是否存在；②检查用户设定的属性对应的值是否一致。VMI 将对应属性不一致的匹配对排除，实现候选实例匹配对的进一步过滤。

当待匹配集构建完成以后，就可以利用向量空间模型计算两个实例在向量空间中的距离，如余弦相似度。$\boldsymbol{V}_s,\boldsymbol{V}_t$代表待匹配的实例向量，$\boldsymbol{v}_{si},\boldsymbol{v}_{ti}$代表向量对应的分量。VMI 只计算待匹配实例与待匹配集里的向量对应的距离，这样大大降低了计算的复杂度。最后，将名称向量相似度和虚拟文档向量相似度加权求和，得到两个实例的最终相似度。通过预设的经验性阈值，过滤掉相似度低于阈值的匹配对，输出最终高于阈值的匹配对，得到最终的实例匹配结果。

3. 基于聚类的分块方法

胡伟等研究人员提出了一种基于分治算法的大型本体匹配算法[122]，该方法适合处理有大量概念和属性的知识图谱。该方法发展了一种基于结构的划分算法，其处理过程如图 5-15 所示，主要包括本体划分、块匹配和匹配结果发现三个过程。这个划分算法将一个本体中的概念聚类为多个小规模的簇，然后通过分配 RDF 声明的方式来构建块。来自不同知识图谱中的块根据事先计算好的锚进行相似性匹配，在这一步中，有着高相似度的映射块将会被选择。最终，虚拟文档和结构匹配两个匹配器将会从所有的映射对中找出匹配结果。

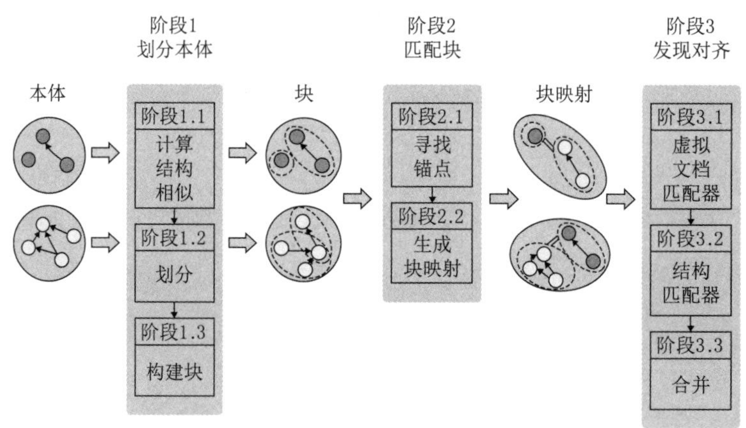

图 5-15　基于聚类分块的匹配过程[122]

令 O 为一个本体，D 为 O 包含的实体集合。一个 D 的划分称为 G，G 将 D 切分成簇的集合$\{g_1,g_2,g_3,\cdots,g_n\}$。块$b_i$对应一个簇$g_i(i=1,2,3,\cdots,n)$，$b_i$为簇$g_i$包含的 RDF 语句的并集($b_i=s_1\cup s_2\cup\cdots\cup s_m$)，其中每一个$s_k(k=1,2,3,\cdots,n)$满足$\text{subject}(s_k)\in g_i$。$\forall b_i b_j$，其中$i,j=1,2,\cdots,n$且$i\neq j, b_i\cap b_j=\emptyset$。

给定B,B'是两个分别由本体O,O'生成的块集合。将B与B'匹配将会找到一个块映射的集合 $\text{BM}=\{\text{bm}_1,\text{bm}_2,\text{bm}_3,\cdots,\text{bm}_n\}$。每一个 $\text{bm}_i(i=1,2,\cdots,n)$ 是一个四元组：

$< \text{id}, b, b', f >$，其中 id 是一个标识符；$b,, b'$分别是B, B'中的两个块；f是b, b'的相似度，取值范围为[0,1]。

对于大型的知识图谱，该方法将概念聚类并具体化，并尽可能保证聚类的块在不同粒度下保持稳定，其聚类的依据常常为结构相似度。类间的结构相似度表示rdfs: subClassOf关系中两个实例在继承关系中的远近。若c_i, c_j是本体 O 中的两个类，c_i, c_j的结构相似性被定义成：

$$\text{prox}(c_i, c_j) = \frac{2 \times \text{depth}(c_{ij})}{\text{depth}(c_i) + \text{depth}(c_j)}$$

式中，c_{ij}是c_i, c_j共同的父类；$\text{depth}(c_k)$为c_k在原始的继承关系中的深度。

属性的结构相似度没有类的结构相似度使用得那么频繁。属性的结构相似度不仅仅由继承关系中的距离决定，还由属性间是否有重叠的rdfs: domain(s)判定。领域的属性是为相同类别服务的，所以它们是相关的。若p_i, p_j是本体 O 中的两个属性，p_i, p_j的结构相似性被定义成:

$$\text{prox}(p_i, p_j) = \frac{2 \times \text{depth}(p_{ij})}{\text{depth}(p_i) + \text{depth}(p_j)} + \frac{|\text{dom}(p_i) \cap \text{dom}(p_j)|}{|\text{dom}(p_i)| + |\text{dom}(p_j)|}$$

式中，p_{ij}是p_i, p_j的共有的父属性；$\text{depth}(p_k)$为p_k在继承关系中的深度；$\text{dom}(p_k)$为p_k对应的领域信息。

在计算匹配相似度前，需要将大规模实例数据进行划分，划分的目标是将一个节点的集合划分成一个互不相交的聚合的集合$g_1, g_2, g_3, \cdots, g_m$，其中，在特定的判别方式下，聚类结果的类内节点的关联要尽可能高，同时类外节点的关联应尽可能低。基于这种思想，该方法使用了自底向上的聚合聚类算法，通过一个判别函数计算一个簇中的节点的聚合程度，以及不同簇中节点的聚合程度。给定两个簇g_1, g_2，两个簇中元素的结构相似度矩阵$\boldsymbol{W}$，g_i, g_j之间的判别函数为：

$$\text{cut}(g_i, g_j) = \frac{\sum_{d_i \in g_i} \sum_{d_j \in g_j} \boldsymbol{W}(d_1, d_2)}{|g_i| \cdot |g_j|}$$

当g_i, g_j相同时，这个公式计算了簇内部的聚合性；当g_i, g_j不同时，这个公式计算了两个簇之间的聚合性。

聚类算法的具体过程为：输入是一个待聚类的集合，为每一个元素创建一个类，则每一个类的聚合度就是这个元素在继承关系中的深度。在每一次迭代中，算法选择具有最大聚合性的簇g_s，并且寻找与g_s的聚合度最大的簇g_t，当将g_s, g_t合并以后得到簇g_p，算法会根据cut()函数重新计算g_p与其他簇之间的聚合程度，同时也会更新自身的聚合程度，当有一个簇的元素数量超过了限制或者没有聚合可以匹配的时候，聚类过程完成。

这样，一个本体中的所有实体就被划分成了一个互不相交的簇的集合。但是这些簇不能直接被用来对本体中的元素进行匹配，因为这些实体失去了 RDF 三元组的关联关系（注意上一步操作做的是一个划分，所有的簇之间都没有重合的三元组）。需要把具有关联关系的三元组还原到簇中。这里采用一种简单的方式，如果一个三元组t_i的主语和宾语都存在于一个簇g_i中，那么就把这个三元组t_i放入g_i中。但是这里的空白节点被遗漏了，需要采用了 RDF 语句保存更多的语义信息。

在匹配阶段，一个非常暴力的方式是依次比较本体中的两个块，但是实际上并没有必要，因为很大部分的本体之间没有匹配对应的部分。这里提出了一种启发式的算法来发现匹配的块。首先采用了一种字符匹配技术发现两个完整的本体之间的锚，之后两个本体中的块依据锚的分布被匹配起来。

最后，在匹配的块的基础上进一步计算匹配的概念对，其中采用了基于语言的匹配器 V-Doc 和基于结构的匹配器 GMO。

实验结果表明，该方法在很多大本体上都获得了较好的匹配性能。同时需要注意到，对于包含大量实例的知识图谱，由于该方法中采用的 RDF 声明并不适用于对实例的描述，因此聚类过程需要进行相应的调整。

4．基于局部性的分块方法

汪鹏和徐宝文等研究者利用了大规模知识图谱的结构特点和匹配中的区域性特点，提出了一种无须对大规模知识图谱进行分块的知识融合方法，该方法在匹配计算中根据当前得到的匹配结果，及时预测后继相似度计算中可跳过的位置，从而达到提高映射效率的目的。该方法可同时处理知识图谱中的本体匹配和实例匹配[127]。

大规模知识图谱融合中普遍存在两种事实：①大规模知识图谱中的本体包含大量由 Is-a 和 Part-of 关系构成的层次结构，正确的匹配不能破坏这种层次结构；②大规模知识图谱间的元素映射具有区域性特点，即知识图谱 O_1 的特定区域 D_i 中的元素大多会被映射到

知识图谱 O_2 的特定区域 D_j 中，以块为单位的本体匹配结果也证实了该事实[128,129]。这两种事实为寻找有效的大规模知识图谱融合方法提供了新思路。首先，由于匹配不能破坏原知识图谱的结构层次，当能够确定 O_1 中的概念 A 与 O_2 中的概念 B 匹配时，则 A 的子概念不必再与 B 的父概念做匹配计算，从而能减少很多无谓的相似度计算。其次，由于匹配的元素集具有区域性，则可认为元素及其邻居通常只与另一本体中的部分元素相关，而与其他大多数元素无关。因此，当能确定 A 与 B 不匹配时，就可以认为 A 的邻居与 B 也不会匹配，这同样能避免很多无谓的相似度计算。

图 5-16（a）显示了知识图谱本体层次结构与匹配。如果在计算 a_i 的相似度时，发现它与 b_p 或 b_q 具有较高的相似度，因此有理由相信：a_i 与 b_p 或 b_q 匹配的可能性较大。这样带来的直接好处是：在随后的相似度计算中，可以直接跳过 a_i 的子概念与 b_p 或 b_q 的父概念，以及 a_i 的父概念与 b_p 或 b_q 的子概念的相似度计算。称满足这种特点的 b_p 和 b_q 为 a_i 的正锚点。

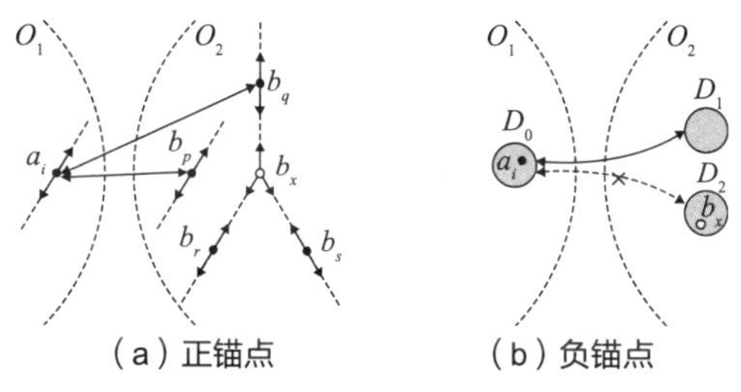

图 5-16 正锚点和负锚点[131]

定义 5-19 （正锚点） 给定 O_1 中概念 a_i，设它与 O_2 中的元素 $b_1,b_2,\cdots,b_n$ 的相似度为 $S_{i1},S_{i2},\cdots,S_{in}$，称相似度大于阈值 ptValue 的 O_2 中的概念构成的集合为 a_i 对应的正锚点（Positive Anchor），即 $\mathrm{PA}(a_i)=\{b_j|S_{ij}>\mathrm{ptValue}\}$。

如果相似度是对称的，则正锚点也是对称的，即如果 $b_p \in \mathrm{PA}(a_i)$，则有 $a_i \in \mathrm{PA}(b_p)$。

阈值 ptValue 一般取区间[0,1]中较大的值，具体取值要根据相似度计算方法的特点确定。由于 a_i 只可能与 O_2 中的少数元素具有较高相似度，因此 a_i 的正锚点包含的元素一般较少。

如果把知识图谱中的元素按照关联程度划分为多个区域，则观察映射结果可以发现 O_1 中区域 D_i 的元素大多数会与 O_2 中区域 D_j 内的元素匹配。基于分治思想的映射方法正是利用了匹配的区域性特点。图 5-16（b）显示了知识图谱匹配的区域性特点，其中实线

双箭头表示区域 D_0 与 D_1 中的元素匹配，虚线双箭头表示 D_0 与 D_2 不匹配。设 a_i 和 b_x 分别是 D_0 和 D_2 中的元素，则有理由相信 a_i 和 b_x 的相似度较小，由此可进一步推测 a_i 的邻居与 b_x 的相似度同样较小，于是在随后的相似度计算中，可以直接跳过 a_i 的邻居与 b_x 的相似度计算。称满足这种特点的 b_x 是 a_i 的负锚点。

定义 5-20 （负锚点） 给定 O_1 中元素 a_i，O_2 中的元素 $b_1,b_2,\cdots,b_n$ 的相似度为 $S_{i1},S_{i2},\cdots,S_{in}$，称相似度小于阈值 ntValue 的 O_2 中的元素构成的集合为 a_i 对应的负锚点（Negative Anchor），即 $\text{NA}(a_i)=\{b_j|S_{ij}<\text{ntValue}\}$。

当相似度计算是对称时，得到的负锚点同样具有对称性。

阈值 ntValue 一般取区间[0,1]中较小的值，具体取值也要由相似度计算方法的特点确定。由于 a_i 可能与 O_2 中的大多数元素都不相关，因此 a_i 的负锚点包含的元素一般较多。

正锚点和负锚点提供了两种提高大规模匹配效率的手段。利用这两种锚点，相似度计算过程中可跳过大多数位置的计算，从而降低计算的时间复杂度。显然，正锚点和负锚点无法事先确定，因此需要在相似度计算中动态确定锚点，并利用得到的锚点预测后继相似度计算中那些可直接跳过的位置。下面分别给出两种基于锚点的匹配预测算法，然后再讨论综合利用两种锚点的混合算法。

当计算 O_1 中概念 a_i 与 O_2 中全部概念的相似度后，便可以根据 a_i 的正锚点预测后继匹配计算中可跳过的位置，称这种根据正锚点预测得到的匹配位置为正约简集。显然，正约简集只有在 a_i 的正锚点中的概念集合不为空时才可能得到，正锚点中的概念可能不止一个，为保证正约简集中包含较多正确的可跳过位置，预测时取相似度最大的 top-k 个正锚点。

这里不失一般性，以图 5-16（a）为例分析正约简集的构造方法。当正锚点为空时，不会得到正约简集。下面分别讨论正锚点包含一个概念和多个概念时的正约简集计算。

（1）正锚点只包含一个概念。假设 $\text{PA}(a_i)=\{b_p\}$，则根据知识图谱结构层次的特点可得到正约简集：

$$\text{PS}(a_i)=[\text{sub}(a_i)\otimes\sup(b_p)]\cup[\sup(a_i)\otimes\text{sub}(b_p)]$$

式中，sup(e)和 sub(e)分别表示 e 的父类和子类的集合。符号 $\otimes$ 表示两集合构成的元素对集，即

$$A\otimes B=\{(a_i,b_j)\mid a_i\in A,b_j\in B\}$$

（2）正锚点包含多个概念。设 PA(a_i)={b_q,b_r}，由于 b_q 和 b_r 位于同一个层次结构中，令它们之间的元素集合为 mid(b_q,b_r)。又令 $\mathrm{PS}(a_i \mid b_r)$ 表示当 a_i 的正锚点为 b_r 时对应正约简集，即

$$\mathrm{PS}(a_i \mid b_r) = [\mathrm{sub}(a_i) \otimes \mathrm{sup}(b_r)] \cup [\mathrm{sup}(a_i) \otimes \mathrm{sub}(b_r)]$$

同理有：

$$\mathrm{PS}(a_i \mid b_q) = [\mathrm{sub}(a_i) \otimes \mathrm{sup}(b_q)] \cup [\mathrm{sup}(a_i) \otimes \mathrm{sub}(b_q)]$$

因为 $\mathrm{sup}(b_r) = \mathrm{mid}(b_r, b_q) \cup \mathrm{sup}(b_q)$ 和 $\mathrm{sub}(b_q) = \mathrm{mid}(b_r, b_q) \cup \mathrm{sub}(b_r)$，上面两式可进一步化为：

$$\mathrm{PS}(a_i \mid b_r) = [\mathrm{sub}(a_i) \otimes \mathrm{sup}(b_q)] \cup [\mathrm{sup}(a_i) \otimes \mathrm{sub}(b_r)] \cup [\mathrm{sub}(a_i) \otimes \mathrm{mid}(b_r, b_q)]$$

$$\mathrm{PS}(a_i \mid b_q) = [\mathrm{sub}(a_i) \otimes \mathrm{sup}(b_q)] \cup [\mathrm{sup}(a_i) \otimes \mathrm{sub}(b_r)] \cup [\mathrm{sup}(a_i) \otimes \mathrm{mid}(b_r, b_q)]$$

上面两式表示的正约简集都由三个子集合并构成，二者差别在于最后一个子集。如果取 a_i 的正约简集为两式的并集，则将导致 a_i 所在的层次结构中的其他元素与 mid(b_r,b_q)中元素的相似度计算都会被跳过，因此这样得到的正约简集包含某些不能跳过的匹配位置可能性会增大。所以，为了降低风险，此时应取两式交集作为 a_i 在这种情况下的正约简集，即

$$\mathrm{PS}(a_i) = \mathrm{PS}(a_i \mid b_r) \cap \mathrm{PS}(a_i \mid b_q) = [\mathrm{sub}(a_i) \otimes \mathrm{sup}(b_q)] \cup [\mathrm{sup}(a_i) \otimes \mathrm{sub}(b_r)]$$

再假设正锚点中的多个概念互为兄弟，如 PA(a_i)={b_r,b_s}。此时，b_x 为 b_r 和 b_s 的最小上界，设 $b_x = \mathrm{mub}(b_r, b_s)$，将 b_x 引入正约简集，得到如下两式：

$$\mathrm{PS}(a_i \mid b_r) = [\mathrm{sub}(a_i) \otimes \mathrm{sup}(b_x)] \cup [\mathrm{sup}(a_i) \otimes \mathrm{sub}(b_r)] \cup [\mathrm{sub}(a_i) \otimes \mathrm{mid}(b_r, b_x)]$$

$$\mathrm{PS}(a_i \mid b_s) = [\mathrm{sub}(a_i) \otimes \mathrm{sup}(b_x)] \cup [\mathrm{sup}(a_i) \otimes \mathrm{sub}(b_s)] \cup [\mathrm{sub}(a_i) \otimes \mathrm{mid}(b_s, b_x)]$$

为了避免正约简集引入过多不能跳过的匹配位置，上述两式应该取交集，也就是说上两式的集合中的后两部分都很可能预测错误的可跳过位置，于是有：

$$\mathrm{PS}(a_i) = \mathrm{PS}(a_i \mid b_r) \cap \mathrm{PS}(a_i \mid b_s) = \mathrm{sub}(a_i) \otimes \mathrm{sup}(b_x) = \mathrm{sub}(a_i) \otimes \mathrm{sup}(\mathrm{mub}(b_r, b_s))$$

如果这里的 b_r 和 b_s 有公共子类，设最大下界为 mlb(b_r,b_s)，则上述正约简集为：

$$\mathrm{PS}(a_i) = \mathrm{PS}(a_i \mid b_r) \cap \mathrm{PS}(a_i \mid b_s) = [\mathrm{sub}(a_i) \otimes \mathrm{sup}(\mathrm{mub}(b_r, b_s))] \cup [\mathrm{sup}(a_i) \otimes \mathrm{sub}(\mathrm{mlb}(b_r, b_s))]$$

显然，之前讨论的 $\text{PA}(a_i)=\{b_p,b_r\}$ 的正约简集计算是这种情形的一种特殊形式。

对上面的分析进行一般性推广，可以得到 $\text{PA}(a_i)=\{b_1,b_2,\cdots,b_k\}$ 时的正约简集计算公式：

$$\begin{aligned}\text{PS}(a_i)&=\bigcap_{j=1}^{k}\text{PS}(a_i\mid b_j)\\&=[\text{sub}(a_i)\otimes\text{sup}(\text{mub}(b_1,b_2,\cdots,b_k))]\cup[\text{sup}(a_i)\otimes\text{sub}(\text{mlb}(b_1,b_2,\cdots,b_k))]\end{aligned}$$

由上式可见，top-k 取值越大，得到的正约简集越小，但正约简集中引入不可跳过位置的风险也随之降低。在本文实现中，top-k 的取值一般为 1~4。

将 O_1 的全部概念对应的正约简集合并，便得到相似度计算中总的正约简集，即基于正锚点所能预测的全部可跳过匹配位置集合：

$$\text{PS}=\bigcup_{i=1}^{n}\text{PS}(a_i)$$

正约简集是在相似度计算过程中动态得到的，根据它对后继匹配的影响可将其中的匹配位置分为两部分：①匹配位置在之前已计算过，这类匹配位置对减少后继的相似度计算并无帮助，称为无效正约简集；②匹配位置还未被计算过，这类匹配位置可被用于跳过随后的相似度计算，称为有效正约简集。可见，有效正约简集大小才是提高相似度计算效率的因素。在匹配过程中，相似度计算的次序会影响到最终的有效正约简集大小，因此有必要讨论如何选择合理的相似度计算次序，以产生最大的有效正约简集。

为方便讨论，假设知识图谱 O_1 和知识图谱 O_2 相同，即对于 O_1 中的任意概念 a_i，O_2 中有且仅有 b_i 与之匹配，也就是 $\text{PA}(a_i)=\{b_i\}$。任选两本体对应的一条长为 L 的层次路径，对路径上的概念按层次编号为 $1,2,\cdots,L$。如果相似度计算的第 1 步选择路径两端的概念，即 $s_1=1$ 或 $s_1=L$ 时，产生的有效正约简集大小显然为 0。如果第 1 步选择第 k（$1<k<L$）个概念，得到的有效正约简集大小则为 $\text{PS}=2(k-1)(L-k)$。以此类推，可以看出，每次相似度计算选择的概念不同，产生的有效正约简集也可能有差别。因此，匹配顺序决定着能产生多少正约简集。

经过分析，匹配顺序与最大有效正约简集的关系可由定理 5-1 确定。

定理 5-1 当匹配过程中选择的概念次序可将层次路径不断等分时，正锚点生成的有效正约简集最大。

证明过程在此略去。

根据定理 5-1，对于完全等价的两本体中长度为 L 的路径，最优的一种匹配次序是 $\frac{L}{2},\frac{L}{4},\frac{3L}{4},\frac{L}{8},\frac{3L}{8},\frac{5L}{8},\frac{7L}{8},\cdots$ 这些点将层次路径不断等分为 $\frac{L}{2},\frac{L}{4},\frac{L}{8},\cdots$ 这种划分过程可以通过递归实现。

当两本体完全相等，且本体中所有概念构成一条长度为 n 且无分支的链状层次结构时，匹配过程可产生 $n(n\text{-}2)$大小的有效正约简集，即实际需要做匹配计算的位置个数为：$n^2\text{-}n(n\text{-}2)=2n$，此时算法时间复杂度最好为 $O(2n)$。然而，这种理想情况在实际本体匹配中几乎不存在。现实本体中的层次结构往往由多条带分枝的路径构成，假设层次结构从顶概念出发到底层孩子概念（即叶子节点）的路径共有 m 条，则路径平均长度或者说层次结构平均深度为 $\bar{d}=\frac{n}{m}$，如果忽略路径间的覆盖因素，所得到的最大有效正约简集平均大小为

$$m\times\frac{n}{m}\times(\frac{n}{m}-2)=n(\frac{n}{m}-2)$$

即需要计算相似度的位置数为：$(1-\frac{1}{m})n^2+2n$，因此匹配算法的时间复杂度为

$$O((1-\frac{1}{m})n^2)=O((1-\frac{\bar{d}}{n})n^2)$$

可见，只有当路径条数较少，或者层次结构平均深度较大时，才能有效提高匹配计算的效率，如果本体中的层次结构较浅，则会降低匹配算法的效果。

根据 a_i 的负锚点，同样可以预测后继相似度计算中可跳过的位置，称这种根据负锚点预测得到的匹配位置为负约简集。根据负锚点的定义，a_i 和它的负锚点具有较低的相似度，即 a_i 很可能与负锚点在语义上无关，因此可进一步推测 a_i 的邻居与 a_i 的负锚点同样不相关，这样 a_i 的邻居在做相似度计算时可跳过 a_i 的负锚点中包含的元素。这里的邻居不限于直接邻居，而包含在知识图谱中并与 a_i 距离为 nScale 的元素。

负约简集的计算方法比较简单。给定 a_i 和它对应的负锚点 $\mathrm{NA}(a_i)$，并令与 a_i 距离为 nScale 的邻居集合为 $\mathrm{Nb}(a_i)=\{a_x|d(a_x-a_i)<=\mathrm{nScale}\}$，则 a_i 产生的负约简集为 $\mathrm{NS}(a_i)=\mathrm{NA}(a_i)\otimes\mathrm{Nb}(a_i)$。得到负约简集的同时，$a_i$ 负锚点也通过负约简集传递给它的邻居。令 $a_j\in\mathrm{Nb}(a_i)$，且 a_j 的相似度在 a_i 之后计算，当计算 a_j 的相似度时，所有(a_j,b_x)且

$b_x \in \mathrm{NA}(a_i)$的位置都被跳过，这部分位置被视为 a_j 的负锚点的一部分，即 $\mathrm{NA}(a_j) \supset \mathrm{NA}(a_i)$，也就是说 a_i 的负锚点传播给了 a_j。

负锚点的无限制传播将会导致负约简集的可信度降低。在一条长度为 L 的概念层次路径 $P=(a_1,a_2,\cdots,a_L)$上，只要 nScale>0，a_1 的负锚点将最终传播给 a_L。考虑到 a_1 和 a_L 的距离可能较远，它们的语义关系实际可能并不密切，所以无法保证 a_1 的负锚点中的元素与 a_L 也无关。因此，这种无限制传播带来的风险是后继相似度计算会遗漏某些需要计算的位置，从而得到错误的匹配结果。图 5-17 可解释负锚点传播带来的风险。a_i 和 a_j 对应的负锚点分别为：$\mathrm{NA}(a_i)=N_s+N_p$，$\mathrm{NA}(a_j)=N_p+N_q$。$\mathrm{NA}(a_i) \cap \mathrm{NA}(a_j)=N_p$，即 N_p 是二者共有的负锚点。如果 a_j 的相似度计算在 a_i 之后，对 a_j 来说，由于得到了 a_i 的负锚点，计算相似度时将跳过 N_s，如果正确匹配包含在 N_s 中，则该匹配结果就被遗漏了，所以传播得到的 N_s 对 a_j 的相似度计算是危险的。同理，如果先计算 a_j，则 N_q 对 a_i 的相似度计算同样存在风险。

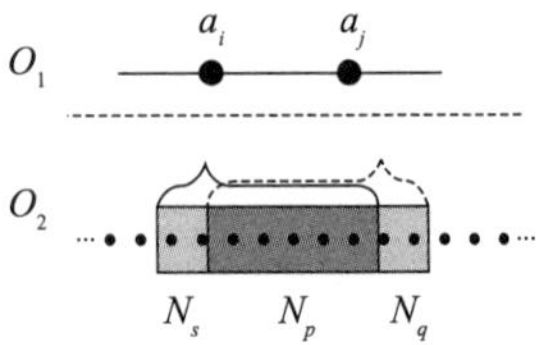

图 5-17　负约简集的风险[131]

为降低负锚点传播导致的风险，需要对负约简集的生成进行约束。这里采用的约束条件如下。

约束条件 1：可传播的负锚点必须是元素相似度计算中得到的，由邻居传播过来的负锚点不能再次被传播。

根据该约束条件，图 5-17 中 a_j 的负锚点包含两部分：a_i 传递过来的 N_p 和 a_j 自身相似度计算中得到的 N_q。a_j 只能将 N_q 传递给随后做相似度计算的其他邻居。约束条件 1 有效降低了负锚点传播带来的风险，但也减小了产生的负约简集规模。

这里还采取了其他两种约束条件进一步降低负约简集的风险。

约束条件 2：负锚点能传播的邻居必须在位于 a_i 的语义子图内，称为 SSG 约束。

约束条件 3：当元素的语义描述文档包含词条数大于阈值 t 时，产生的负锚点才能传播，称为 SDD 约束。

约束条件 2 通过语义子图保证负锚点只传播与元素语义关系密切的邻居，这样得到的负约简集的可信度更大。

约束条件 3 并不具备通用性，而仅仅是根据本章使用的语义文本匹配器而规定的。当某些元素缺乏足够的文本信息时，它的相似度计算得到的负锚点可能是错误的，在这种情况下的负锚点不应该被传播。这里用语义描述文档中的词条数来估计元素的文本信息。本文实现中取 t=8。

与正约简集生成时类似，元素相似度计算次序也将影响负约简集的大小。对于包含 n 个元素的本体，元素匹配顺序有 $n!$ 种可能，为了在匹配过程中得到最大的负约简集，需列举全部 $n!$种可能的匹配顺序，这样的代价显然太大。设相似度计算时第 k 个元素 a_k 对应的有效负约简集的大小为：

$$f(k) = R_k - S_k - T_k$$

式中，R_k 表示 a_k 的负约简集，S_k 和 T_k 均是 R_k 的一部分，S_k 表示 $\mathrm{Nb}(a_k)$中已做相似度计算的元素在 R_k 中对应的那部分负约简集；T_k 表示 R_k 中包含的之前相似度计算中已得到的负约简集。上式说明负约简集去除 S_k 和 T_k 两部分后，才是对后继匹配有益的有效负约简集。由于元素对应的负锚点大小通常差别不大，因此可视为常数 P。令 $w_k=|\mathrm{Nb}(a_k)|$，则 $R_k=Pw_k$。$\mathrm{Nb}(a_k)$中已做相似度计算的元素数目无法确定，但随着 k 的增加，元素邻居已被相似度计算过的可能性会增大，因此用 $w_k u(k)$来估计这类元素的数目，这里的 $u(k)$是关于 k 的单调上升函数，且 $0 \leqslant u(k) \leqslant 1$，所以 $S_k = Pw_k u(k)$。T_k 同样用一个关于 k 的单调上升函数 $v(k)$来估计 $T_k = Pw_k v(k)$。这样，上式可改为：

$$f(k) = Pw_k(1 - u(k) - v(k))$$

上式指出，随着 k 的增加，$1 - u(k) - v(k)$ 会不断减小，这便意味着为了匹配过程得到的有效负约简集最大，必须在匹配早期选择 w_k 较大的位置，即邻居较多的元素。在实际算法中，这里用度较大的元素近似替代邻居较多的元素。

上述这种产生最大有效负约简集的思想是贪心思想。由此得到基于负锚点预测的匹配处理过程。下面对该负锚点预测的复杂度进行分析。假设元素的邻居数目平均为 w，每个元素平均能产生的负锚点大小 P，且 P 通常与元素总数 n 成正比 $P = \lambda n (0 \leqslant \lambda \leqslant 1)$，每次相似度计算时的 S_k+T_k 平均为 ε，则匹配过程得到的有效负约简集大小约为 $V = n(w\lambda n - \varepsilon)$，也就是说需要计算的匹配位置总数为：$n^2 - n(w\lambda n - \varepsilon) = (1 - w\lambda)n^2 + n\varepsilon$，由于 ε 一般不大，因此匹配算法的时间复杂度为 $O((1 - w\lambda)n^2)$。显然，影响算法效率的主要因数是 w 和 λ，邻居平均数目 w 越大，算法越快；λ 越大，即负锚点平均大小 P 越大，算法也越快。w 的大小除与本体结构特征有关外，还受 3 个约束条件的影响。决定 λ 大小的参数主要是确定负锚点时选择的阈值 ntValue。

SiGMa 匹配的思想也可以视为一种利用了局部性的实例匹配方法[130]。在匹配开始，提供一些高质量的匹配对，然后在多次迭代过程中使用贪心策略发现更多的匹配；在迭代过程中，根据图的连通性，比较已匹配结果的邻居，从而发现更多的待匹配结果。

5.4.5 基于学习的实例匹配方法

大规模知识图谱的实例匹配可视为机器学习的一个二分类问题，因此可以利用知识图谱中丰富的网络结构信息和实例相关的信息来训练一个分类模型，从而实现实例匹配。同时，由于实例的规模较大，在分类之前需要对实例进行分块，通常采用基于属性的规则来进行分块处理。

胡伟等研究者较早采用半监督学习的自训练方法来解决实例匹配问题[131]。近年来，知识图谱嵌入技术也被用于实例匹配中，该方法在知识图谱嵌入结果的基础上将实体匹配视为一个二分类问题，期望学习的嵌入结果具有最大的实体匹配似然[132]。其中，该方法提出了 limit-based 目标函数，该目标函数除了可以区分正反三元组，还能控制三元组的具体得分；还提出解决训练的嵌入结果更具区分性的负例抽样方法；从全局最优的角度标记新的匹配；为了避免标记过程中的错误积累，提出了一种标签编辑方法来重标记或取消错误的新实体对齐。

在学术知识图谱中，同名的作者不是相同的人，以及同一个人的名字有多种写法，这是这类知识图谱构建中存在的一个重要挑战问题，通常称为作者指代消解问题。唐杰等研究者提出了一种基于隐马尔科夫随机场的概率框架以解决作者指代消解问题[133]，其中定义了该问题的消解目标函数和参数估计方法。随后，表示学习等技术也由唐杰等人引入作者指代消解中[134]，表示学习得到的向量不仅可以计算各种相似度，还可用于候选匹配集的聚类以及聚类大小的估计；此外，针对不断更新和增加的学者信息，给出了一种持续消解的解决思路。

东南大学的赵健宇和汪鹏等人针对学术知识图谱中的作者指代消解问题，提出了一种半监督的作者指代消解方法[135,136]。根据学术知识图谱的特点，该方法的解决思路主要关注数据集中三个方面的信息：基于作者发表文献的主题、年份、关键字和个人信息等特征构造的相似度信息；基于给定作者的合作者以及合作者的主题构造的合作网络的相似度信息；数据集中判断两个作者名是否需要消解的判断规则。该方法的技术路线如图 5-18 所示。其中，输入数据为学术知识图谱，包含学者、论文、学者合作信息和论文基本信息等；消解后的作者聚类为输出。该方法的指代消解技术路线分两大块，步骤①~⑤是基于无监督算法的指代消解，主要采用消解判定规则、主题特征和社交网络特征等信息通过聚类进行指代消解；步骤⑥、⑦步基于无监督算法的指代消解结果，通过离群点消除降噪生成训练数据并训练 SVM 分类器，完成监督学习的指代消解，并最终将两个阶段的消解结果合并作为整个技术路线的指代消解结果输出。该方法使用的技术路线能够很好地完成无标注指代消解数据集的消解任务。通过无监督算法产生可靠的标注，利用半监督学习的思想在数据集中传递标签，很好地解决了无标注数据集的冷启动（Cold Start）问题。上述 7 个处理步骤的描述如下。

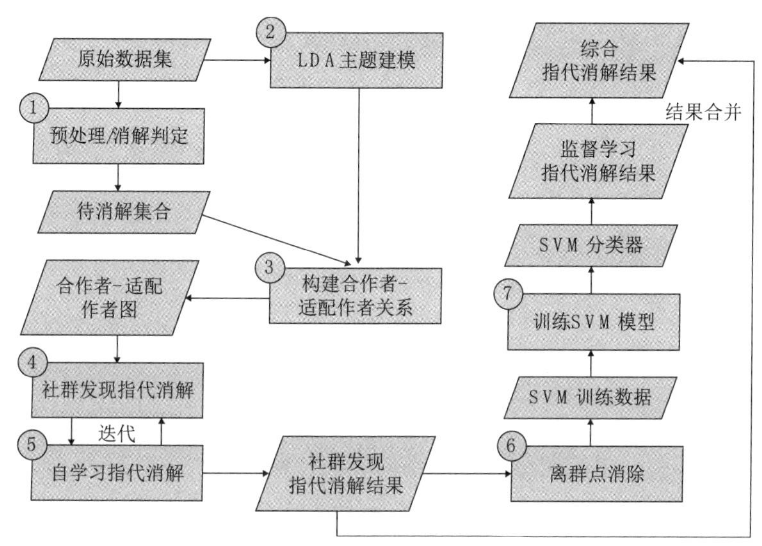

图 5-18　半监督作者指代消解技术路线

步骤①。基于作者和文献信息计算出签名频率、活跃年份等统计量，并根据消解判定规则分离需要进行命名消解的数据。

实际的指代消解过程往往需要处理大量的作者名数据，因此对作者名两两对比进行消解的代价十分高昂。因此，有必要给定一系列消解判定规则，既能够直接排除不需要消解的作者名对以提高消解效率，又能够照顾“同名异体”和“异体同名”问题，使得需要消解的作者名对能够进入消解过程。可能对应统一实体的两个作者名是“适配”的，系统将消解所有适配的名字对，并跳过不适配的名字对，以减少指代消解的计算量。

对于任意作者名，其名字的首字母和姓氏中长度为 4 的子串的组合被称为该作者名的签名形式。如“Chen Chen”与“Anoop Kumar”的签名形式分别为“C Chen”和“A Kumar”。对于属于同一实体的两个作者名，他们的签名形式必然相同。根据作者的签名形式可以将名字集合划分为多个集合，从而减少了指代消解过程的计算量，并可以通过多线程并行的方法增加指代消解系统的吞吐量。但是，对于签名形式相同的两个作者，很可能因为名字数据的缺失和研究方向的相似性而造成错误合并，因此还需要进一步优化消解判定规则。

对于“多义词”问题，即同名的作者数据实际对应着不同的作者，导致这种问题的原因主要有：常用名和高频姓氏的组合，如“Adam Smith”和“Mohammed Khan”等；多音字语言的英文写法冲突，如“Chen Chen”可能对应着“陈辰”和“陈晨”；缩写映射冲突，如“Anoop Kumar”和“Adam Kumar”都可能被简写为“A Kumar”。

根据上述分析，可以得到针对“多义词”问题相关的消解判定规则如下。

规则 1（高频签名形式规则）：对于签名频数超过阈值 T1 的两个作者名，标记为 D1 型适配；

规则 2（拼音规则）：对于汉语、粤语和韩语等语言的两个作者名，且满足签名形式相同，标记为 D2 型适配。

对于“同义词”问题，即单一作者的名字在文献和数据库中以不同的形式出现，导致这种问题的主要原因有：中间名缩写规则不同，如“Michael O J Thompson”可能被缩写为“M Thompson”和“Michael Thompson”；数据识别与收集的噪声，部分通过 OCR 识别的数据可能将“m”识别为“nn”，“i”识别为“l”；Unicode 兼容性噪声，一些数据库会将西文字符转换为相似的英文字符，如“ö”转换为“o”，“é”转换为“e”。

根据上述分析，可以得到针对“同义词”问题相关的消解判定规则如下。

规则 3（签名形式规则）：对于两个满足适配必要条件的作者名，若其中一个名字的完全形式与签名形式相同，标记为 D3 型适配；

规则 4（编辑距离规则）：对于满足适配必要条件的两个作者名，且任一名字的完全 v 姓氏不为签名形式，且名字和姓氏的拼接串编辑距离大于或等于 T2，则标记为 D4 型适配；

规则 5（中间名匹配规则）：对于满足适配必要条件的两个作者名，若一个作者的中间名缩写串不为另外一个名字中间名缩写串的子串，反之亦然，则标记为不适配；

规则 6（中间名缺失规则）：对于满足适配必要条件的两个作者名，若一个作者名的中间名缩写串为空，且另外一个作者名为签名形式，则标记为 D5 型适配；

规则 7（活跃年份规则）：对于签名形式相同，且活跃年份相似度小于阈值 T3 的两个作者名，标记为 D6 型适配；

规则 8（普通规则）：对于签名形式相同，且不满足上述适配型的作者名字对，标记为 D7 型适配。

根据上述消解判定规则，可以将知识图谱中的学者分成多个更小的部分，以提高指代消解的效率。

步骤②。基于作者人工确认的文献数据集利用 LDA 模型建立作者—主题分布特征。

针对作者指代消解问题，使用的 LDA 和 Gibbs Sampling 方法对每个作者发表的文献进行主题建模，以得到作者—主题分布及主题—词汇分布。

在学术知识图谱中，每条文献记录可能但不全含有标题、出版年份、发表地、作者信息及关键字，每条作者记录对应多条文献记录。因此，该方法将每个作者对应文献中的标题、发表地及关键字信息按照空格分词，看成一个文档，并使用作者记录在数据库中的编号唯一标识该文档。

通过 LDA 主题建模，将每个作者的文献信息映射为潜在主题分布所表示的主题向量。通过主题向量可以了解作者的研究领域信息，并对不同作者的领域相似度做比较。使用 LDA 进行主题建模具有以下优点：LDA 在词包（Bag-of-Words）假设下可以统计出词汇间的相关性，从而可以使用文献丰富作者的主题特征推测文献较少作者的主题特征；通过 LDA 对词汇进行主题聚类，可以将作者的文献信息表示为更方便计算和存储的主题向量，避免了使用词汇表向量所造成的空间复杂度和稀疏问题。

在后文提到的基于社交网络社群发现的指代消解算法中，可以发现使用 LDA 主题特征在消解效果上优于使用 TF-IDF 权重向量。

步骤③。结合作者人工确认的作者-文献关系及步骤①、②中的统计量和主题特征建立合作者关系图，并使用社群发现算法完成第一次指代消解。

给定学术知识图谱可以构建合作者-适配网络，用于描述作者之间共同发表文献的合作关系及潜在的消解关系，能够对挖掘作者的领域特征和合作特征提供良好的基础，并能够直接用于指代消解。

基于合作者—适配作者网络可视化的数据分析，可以做出一个假设：对应同一实体的作者，其对应的顶点拥有较高权重的适配边和一定数量的合作者边，属于同一合作者“圈子”。在社交网络分析问题中，社群发现算法是一种将网络分解为多个子网络的方法，每个子网络都在对应的相似度度量下具备高内聚特性。网络的内聚特性由模块化度（Modularity）衡量，给定一个网络 G 及其顶点集划分，可定义其模块化度。

这里使用快速展开社群发现算法[137]处理在上一节中构建的合作者—适配作者网络。算法包含两个阶段。第一个阶段遍历每个顶点，并将该顶点临时修改为邻接顶点的社群编号，计算模块化度增量，使用非负增量的修改作为最终修改，不断执行上述步骤直至模块化度收敛。第一阶段结束后，将社群编号相同的顶点合并为同一顶点，在新顶点组成的网络中，边的权重由社群间的边权重之和计算而得。

步骤④。在第一次指代消解的基础上，合并已消解的作者，重复步骤③直至作者消解结果无变化，从而得到第二次消解结果。

由于整个知识图谱中的所有作者都需要进行指代消解，因此合作者也存在指代消解问题。也就是说，在基于原始数据构造的合作者-适配作者网络中，可能因为合作者未消解而造成共享合作者顶点的缺失，即合作者边的缺失。如果两个适配作者的主题相似度较低（往往是由于研究方向变化造成的），又缺乏合作者边的信息补充，则基于原合作者—适配作者网络的指代消解结果的召回率会降低。因此，本方法使用自学习的指代消解进一步处理第一次指代消解结果。

由于自学习指代消解需要使用上一次指代消解的结果，因此需要能够保存并快速查询给定的两个作者名是否已经合并，以及给定作者名已消解的其他作者名。该方法使用并查集实现。给定一个作者，通过并查集找到与之相同的其他作者，并使用编号最小的作者名代表整个作者集合，称为代表作者。代表作者的合作者是所有已消解作者的合作者的并集。在新的合作者-适配作者网络中，两个代表作者边的权重由各自消解集合中最大的主题相似度确定。

对新的合作者-适配作者网络，使用上一节描述的社群发现算法，对每一个社群中适配的两个作者进行合并。在合并的基础上，继续进行自学习指代消解，直至没有作者再被合并。

步骤⑤首先利用文献信息中的作者名调整对应作者的名字信息，结合第二次指代消解结果生成以文献对为数据的训练数据集；然后根据不同特征组合分离上述数据集，并使用 SVM 分别训练分类模型。

该方法使用 LibSVM[138]训练支持向量机模型，除了对 SVM 模型的实现，LibSVM 还提供了方便的交叉验证和参数选择工具。使用 3 折的交叉验证，即用 70%的训练数据进行模型训练，30%的数据用于模型验证。

要使用监督学习的方法完成作者指代消解，必须要有训练数据。原始数据集中没有显式地提供任何与作者实体相关的数量和特征信息，因此无法直接根据原始数据生成 SVM 所需的训练数据。但由于第一次指代消解结果已经能够达到很好的 F 值，因此可以根据该结果生成训练数据。虽然这种做法会对模型的训练引入一定噪声，但通过消除离群点、选择合适的参数以及交叉验证可以削弱噪声对泛化能力的影响。

根据数据中的 Author、PaperAuthor、TrainDeleted、Paper、Conference 和 Journal 关系做联合查询，可得到和作者相关的文献详细数据。文献的详细数据包括论文标题、作者所属组织、出版日期、关键词、会议名、会议名缩写、期刊名和期刊名缩写，其中某些列的值可能为空（数据缺失）。将同一 ID 作者的文献按照相同列的方式合并形成作者文献档案，如将所有论文标题在去除停止词和词干处理后用空格衔接，作为该作者文献档案标题列的值。将正例和反例的文献档案两两对比，可形成基于文献档案相似度的特征向量，向量长度和文献档案的列数量相同。

由于第一次指代消解的结果也是由指代消解的传递性生成的，因此并非任意两个文献档案的相似度特征向量都具备很典型的正例特征。为了保证 SVM 的泛化能力，需要移除这些离群点。本文采用局部离群因子（Local Outlier Factor）[139]度量训练集中各数据的离群程度，并根据离群程度移除离群点。

步骤⑥。使用 SVM 分类模型对潜在需要消解作者的文献集合生成文献档案并进行分类，通过分类结果完成第三次指代消解。

通过使用高质量的初始消解结果生成训练数据，可将第二次指代消解变为一个监督学习问题。给定训练数据和参数调优后的分类器，基于支持向量机的作者指代消解过程描述的算法针对每一对需要进行命名消解的作者对进行 SVM 模型预测，并根据预测结果输出该作者对是否为同一实体。算法的时间复杂度取决于需要消解的作者对，如果假设有 N

对作者需要消解，该算法的复杂度为 $O(N)$。在实际的消解过程中，由于某一些名字变化造成更大的消解不确定性，因此对于不同的适配类型使用不同的特征组合模型。

步骤⑦。合并第二次和第三次指代消解结果，最终生成已消解的作者聚类输出。

根据上述方法实现的大规模作者指代消解方法已在多个学术知识图谱中得到应用，公开的实验结果表明，该技术路线能获得优秀的指代消解结果，并具有较高的消解效率，大幅降低了人工指代消解的工作量。

5.4.6 实例匹配中的分布式并行处理

在前面的分析中，可以看到影响实例匹配性能的一个瓶颈是对匹配的计算。随着多线程处理器和分布式计算平台的普及，通过多线程和分布式并发的方法也可以有效提高实例匹配的处理效率。

胡伟和瞿裕忠等研究者较早采用了分布式方法来处理大规模的实例匹配[140]，在典型的匹配过程中，大量的匹配时间消耗在虚拟文档构造、获取邻居的信息、计算相似度等过程中，通过借助 MapReduce 方法，将这些耗时的处理过程变为并行的处理，有效提高了实例匹配的效率。对于分块的方法，分块过程和分块后的匹配计算都是实例匹配的性能瓶颈，这些过程都同样可以解决分布式计算进行并行处理[141]。

总体而言，分布式并行处理的方法是通过借助硬件计算资源来提升实例匹配的性能，性能的提升和投入的硬件成本是线性正比的。

5.5 开源工具实践：实体关系发现框架 LIMES

5.5.1 简介

LIMES 是由德国莱比锡大学计算机科学研究所开发的 Web of Data 的链接发现框架，遵循 cc-by 协议。LIMES 基于度量空间的特征实现了用于大规模链接发现的高效方法，可以通过配置文件以及图形用户界面轻松配置，LIMES 也可以作为独立工具下载，用于执行链接发现或作为 Java 库。本实践的相关工具、实验数据及操作说明由 OpenKG 提供，地址为 http://openkg.cn。

5.5.2 开源工具的技术架构

LIMES 的核心是通过利用度量空间的三角不等式特征来过滤掉大量不满足映射条件的实例对，从而减少比较次数，使链接发现更加高效。对空间 A 上任意三个点x, y, z和度量空间m，有如下三角不等式：

$$m(x,z) \leqslant m(x,y)+m(y,z)$$

将上式中的y称为样本点 examplar。由上式易得：

$$m(x,y)-m(y,z)>\theta \Rightarrow m(x,z)>\theta$$

上式意味着如果空间 A 中的x, y 和样本点y之间的距离差大于阈值，意味着x, z之间的距离比阈值大，说明二者相似度低，在计算距离的过程中便不需要计算x, z之间的距离。具体的 examplar 计算参考原论文，地址为 http://svn.aksw.org/papers/2011/ WWW_LIMES/public.pdf。

1. 框架构成

整体的框架如图 5-19 所示。

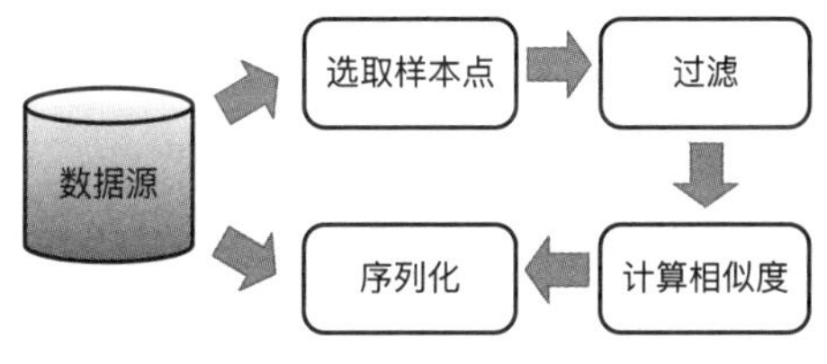

图 5-19　整体的框架

框架主要由 4 部分构成：

（1）选取样本点。为目标数据集 T 计算样本点集合 E，过程中可得$m(e,t)$。

（2）过滤。计算源数据集 S 中的点和样本点集合 E 中点的距离，得到$m(s,e)$，过滤掉$m(s,e)-m(e,t)>\theta$ 的实体对(s,t) 。

（3）计算相似度。计算剩余实体对(s,t)的距离$m(s,t)$。因为步骤（2）会过滤掉大量的数据，因此本步骤的比较次数会显著减小。

（4）序列化。以用户定义的格式存储步骤（3）得到的结果$(s,t,m(s,t))$。

2．编写配置文件

使用 LIMES 工具进行实体关系融合的关键步骤是配置文件的编写，包括数据源、融合算法、融合条件等信息。具体来说：

（1）数据源

1）通过<Source>和<Target>标签指定数据源。

2）数据源可以是 SPARQL 端点，也可以是本地文件（需要绝对路径）。

3）标签内可以通过<VAR>指定参与实体相似度计算的变量，通过<PAGESIZE>指定 SPARQL 端点每次查询返回的最大 Triple 数量以及其他的一些限制和预处理操作。

（2）融合算法。可以通过度量表达式或机器学习算法计算相似度。

1）通过<METRIC>标签指定度量表达式来计算相似度。多个 Mertic Expression 可以使用 MIN、MAX、ADD 操作符结合使用，目前所有操作符只支持两个 Expression 结合，但可以嵌套使用。

2）目前，METRIC 支持的原子表达式有：Cosine、ExactMatch、Jaccard、Jaro、JaroWinkler、Levenshtein、MongeElkan、Overlap、Qgrams、RatcliffObershelp、Soundex、Trigram。

3）通过<MLALGORITHM>指定机器学习算法自行计算相似度。

- 通过<NAME>指定选用的算法，支持 womabt simple、wombat complete、eagle。
- 通过<PARAMETER>制定训练参数。

（3）融合条件。包括接受条件和复审条件。

1）通过<ACCEPTANCE>指定接受条件，通过<REVIEW>指定复审条件。

2）两个标签中都需要通过<THRESHOLD>、<FILE>和<RELATION>指定阈值，输出文件路径和实体关系名称。

3）复审条件与接受条件类似，一般阈值比前者小。对于某些不满足接受的实体对，可根据复审条件输出到另一个文件进行复审。

访问 OpenKG 可获取使用实例和整体配置细节。

5.5.3 其他类似工具

Dedupe 基于主动学习的方法，只需用户标注框架在计算过程选择的少量数据，即可有效地训练出复合的 Blocking 方法和 record 间相似性的计算方法，并通过聚类完成匹配。Dedupe 支持多种灵活的数据类型和自定义类型。

SILK 关联发现框架的核心是关联发现引擎，其从数据源中获取数据，并对其进行 Blocking 处理，进行比较和发现关联，最后过滤结果并进行输出。用 SILK-LSL 语言写成的关联规则描述文件是关联发现引擎工作的依据，它定义了发现数据间关系的规则，供关联发现引擎读取。

值得一提的是，国内清华大学研发的 RIMOM 系统、南京大学研发的 Falcon-AO 系统以及东南大学研发的 Lily 系统，均能有效处理各种复杂情形下的知识融合问题，在著名的知识融合评估竞赛 OAEI 中取得优秀的成绩，是该领域经典的工作。

5.6 本章小结

映射和匹配是解决知识图谱异构问题的有效途径。通过映射和匹配建立知识图谱之间的联系，从而使异构的知识图谱能相互沟通，实现它们之间的互操作和集成。为了解决知识图谱异构，首先需要分析造成异构的原因，这是解决知识图谱异构问题的基础。其次，还需要明确匹配针对的元素类型、需要建立何种功能的映射以及映射的复杂程度，这对于选择合适的映射方法非常重要。知识融合的核心问题在于映射和匹配的生成。目前的各种知识图谱融合工作使用的技术基本可归结为基于自然语言处理进行术语比较、基于结构进行匹配以及基于实例的机器学习等几类。不同的技术在效果、效率以及适应的范围上都有所不同，采用多种方法或技术往往能提高映射结果的质量。根据知识图谱的特点，知识融合通常包括本体匹配和实例匹配两个任务。本体匹配可通过各种基础的匹配器完成。由于知识图谱中包含大量的实例，所以实例匹配是一个重要的融合任务。解决实例匹配通常需要通过分类、规则、聚类等方法实现大规模图谱的分块，同时并行处理技术能在此基础上进一步提高匹配结果质量。知识融合对于管理多个知识图谱、进行知识图谱合并、重用知识，以及实现异构数据源之间的语义互通都具有重要的作用。

参考文献

[1] W Litwin，L Mark，N Roussopoulos. Interoperability of Multiple Automous Database. ACM Comupting Surveys，1990，22（3）：267-293.

[2] M Klein. Combining and Relating Ontologies: An Analysis of Problems and Solutions. Workshop on Ontologies and Information Sharing，IJCAI2001，Seattle，2001.

[3] P R S Visser，D M Jones，T J M Bench-Capon，et al. An Analysis of Ontological Mismatches：Heterogeneity Versus Interoperability. AAAI 1997 Spring Symposium on Ontological Engineering，Stanford，1997.

[4] W E Grosso，J H Gennari，R W Fergerson，et al. When Knowledge Models Collide (how it happens and what to do). Proceedings of the 11th Workshop on Knowledge Acquisition, Modeling and Management（KAW1998），Banff，1998.

[5] H Chalupsky. OntoMorph：A Translation System for Symbolic Logic. KR2000：Principles of Knowledge Representation and Reasoning，San Francisco，2000：471–482.

[6] H Wache，T Vogele，U Visser，et al. Ontology-based integration of information---a survey of existing approaches. IJCAI Workshop on Ontologies and Information Sharing，2001：108-117.

[7] Calvanese，G Giacomo，M Lenzerini，et al. Description Logic Framework for Information Integration. Proceedings of the 6th International Conference on the Principles of Knowledge Representation and Reasoning，Trento，1998.

[8] A Doan，J Madhavan，P Domingos，et al. Learning to Map between Ontologies on the Semantic Web. Proceedings of the Eleventh International Conference on World Wide Web，Honolulu，Hawaii，2002.

[9] Y Kalfoglou，M Schorlemmer. Ontology Mapping：The State of the Art. The Knowledge Engineering Review，2003，18（1）：1-31.

[10] H S Pinto，A Gomez-Perez，J P Martins. Some Issues on Ontology Integration. Proceedings of IJCAI99's Workshop on Ontologies and Problem Solving Mcthods：Lessons Learned and Future Trends，Stockholm，1999.

[11] H S Pinto，J P Martins. A Methodology for Ontology Integration. Proceedings of the International Conference on Knowledge Capture（K-CAP'01），Columbia，2001.

[12] D Calvanese，G D Giacomo，M Lenzerini. A Framework for Ontology Integration. Proceedings of the first Int. Semantic Web Working Symposium （SWWS2001），Stanford University，California，2001：303-316.

[13] D Calvanese，G D Giacomo，M Lenzerini. Ontology of Integration and Integration of Ontologies. Proceedings of the 2001 Description Logic Workshop（DL2001），Stanford，CA，2001：10-19.

[14] R Guha. Semantic Negotiation：Co-Identifying Objects across Data Sources. Proceedings of AAAI Spring Symposium：Semantic Web Services，Palo Alto，2004.

[15] XU B W，KANG D Z，LU J J，et al. Equivalent Individuals on the Semantic Web. Proceedings of IEEE International Conference on Information Reuse and Integration（IRI2004），Las Vegas，Nevada，2004.

[16] WANG P，XU B W，LU J J，et al. Using Bridge Ontology for Detailed Semantic Annotation Based on Multi-ontologies. Journal of Electronics and Computer Science，2004，6（2）：19-29.

[17] N F Noy. Semantic Integration：A Survey of Ontology-Based Approaches. SIGMOD Record，2004，33（4）：65-70.

[18] M Uschold，M Gruninger. Ontologies and Semantics for Seamless Connectivity. SIGMOD Record，2004，33（4）：58-64.

[19] J D Bruijn，F Martin-Recuerda，D Manov，et al. D4.2.1 State-of-the-art Survey on Ontology Merging and Aligning. EU-IST Integrated Project（IP）IST-2003-506826 SEKT，2004.

[20] T L Bach，J Barrasa，P Bouquet，et al. D2.2.3 State of the art on Ontology Alignment. KWEB EU-IST-2004-507482，2004.

[21] W Cohen，P Ravikumar，S Fienberg. A Comparison of String Metrics for Matching Names and Records. Proceedings of the KDD-2003 Workshop on Data Cleaning，Record Linkage，and Object Consolidation，Washington，D.C，2003.

[22] M F Porter. An Algorithm for Suffix Stripping. Program Electronic Library and Information Systems，1980，14（3）：130–137.

[23] P Valtchev，J Euzenat. Dissimilarity Measure for Collections of Objects and Values. Proceedings of 2nd Symposium on Intelligent Data Analysis，London，1997.

[24] A Mädche，Steffen Staab. Measuring Similarity between Ontologies. Proceedings of the 13th Int. Conference on Knowledge Engineering and Management（EKAW2002），Siguenza，2002.

[25] N F Noy，M A Musen. The PROMPT Suite：Interactive Tools for Ontology Merging and Mapping. International Journal of Human-Computer Studies，2003，59（6）：983–1024.

[26] N F Noy，M A Musen. SMART：Automated Support for Ontology Merging and Alignment. In Twelfth Banff Workshop on Knowledge Acquisition，Modeling，and Management，Banff，Alberta，1999.

[27] N F Noy，M A Musen. An Algorithm for Merging and Aligning Ontologies：Automation and tool support. Proceedings of the Sixteenth National Conference on Artificial Intelligence（AAAI-99），Workshop on Ontology Management，Orlando，1999.

[28] N F Noy，M. A. Musen. Anchor-PROMPT：Using Non-local Context for Semantic Matching. Proc. IJCAI 2001 Workshop on Ontology and Information Sharing，Seattle，2001.

[29] N F Noy，M A Musen. Prompt：Algorithm and Tool for Automated Ontology Merging and Alignment. Proc. 17th Natl. Conf. On Artificial Intelligence（AAAI2000），Austin，Texas，2000.

[30] A Maedche，B Motik，N Silva，et al. Mafra a Mapping Framework for Distributed Ontologies. Proceedings of the 13th European Conference on Knowledge Engineering and Knowledge Management（EKAW2002），Madrid，2002.

[31] N Silva，J. Rocha. Service-oriented ontology Mapping System. Proceedings of the Workshop on Semantic

Integration of the International Semantic Web Conference（ISWC2003），Sanibel Island，2003.

[32] N Silva，J Rocha. Complex Semantic Web Ontology Mapping. Web Intelligence Agent Systems：An international journal，2003，1：235-248.

[33] P Mitra，G Wiederhold，S Decker.A Scalable Framework for Interoperation of Information Sources. Proceedings of the 1st International Semantic Web Working Symposium（SWWS 2001），Stanford University，Stanford，2001.

[34] P Mitra，G Wiederhold. Resolving Terminological Heterogeneity in Ontologies. Workshop on Ontologies Semantic Interoperability at the 15th European Conference on Artificial Intelligence（ECAI），2002.

[35] P Mitra. An Algebraic Framework For the Interoperation Of Ontologies. Ph.D. Thesis，Stanford University，2004.

[36] WANG P，XU B W，LU J J，et al. Theory Semi-Automatic Generation of Bridge Ontology in Multi-Ontologies Environment. Proceedings of the On The Move To Meaningful Internet Systems 2004：OTM 2004 Worshop on Ontologies，Semantics E-learning，Larnaca，2004.

[37] R M Andrea，M J Egenhofer. Determining Semantic Similarity Among Entity Classes from Different Ontologies. IEEE Transactions on Knowledge Data Engineering，2003，15：442-456.

[38] G Miller，R Bechwith，C Fellbaum，et al. Introduction to WordNet：An On-Line Lexical Database. Int'l J.Lexicography，1990，3：235-244.

[39] A Tverski. Features of similarity. Psychological Review，1977，84：327–352.

[40] Giunchiglia F，Shvaiko P，Yatskevich M. S-Match：an algorithm and an implementation of semantic matching. European semantic web symposium. Springer，Berlin，Heidelberg，2004：61-75.

[41] J Madhavan，P A Bernstein，E Rahm. Generic Schema Matching with Cupid. Proceedings of the 27th International Conference on Very Large Data Bases Roma，2001：49–58.

[42] L Palopoli，G Terracina，D Ursino. The System Dike：Towards the Semi-Automatic Synthesis of Cooperative Information Systems Data Warehouses. Proceeding of ADBIS-DASFAA，2000：108–117.

[43] D L McGuinness，R Fikes，J Rice，et al. An Environment for Merging Testing Large Ontologies. Proceedings of the Seventh International Conference on Principles of Knowledge Representation Reasoning（KR2000），Breckenridge，2000.

[44] U Visser，T Vögele，C Schlieder. Spatioterminological Information Retrieval Using the Buster System. Proceedings of the EnviroInfo，Wien，2002.

[45] H Do，E Rahm. Coma–a System for Flexible Combination of Schema Matching Approaches. Proceedings of the VLDB，2002：610–621.

[46] T L Bach，R Dieng-Kuntz，F Gandon. On ontology Matching Problems（for Building a Corporate Semantic Web in A Multi-Communities Organization）. Proceedings of the ICEIS 2004，Porto（PT），2004.

[47] P Valtchev. Construction automatique de taxonomies pour l'aide à lareprésentation de connaissances par objets. Thèse d'informatique，Université Grenoble 1，1999.

[48] G Stumme，A Mädche. FCA-Merge：Bottom-up Merging of Ontologies. Proceedings of the 17th IJCAI，Seattle，2001：225–230.

[49] J Berlin，A Motro. Database Schema Matching Using Machine Learning with Feature Selection. Proceedings of the 14th International Conference on Advanced Information Systems Engineering（CAiSE2002），Toronto，2002.

[50] W S Li，C Clifton. Semantic Integration in Heterogeneous Databases Using Neural Networks. Proceedings of the 20th International Conference on Very Large Data Bases（VLDB94），Santiago，1994.

[51] A Doan. Learning to Map between Structured Representations of Data. University of Washington，Seattle（WAUS），2002.

[52] A Doan，J Madhavan，R Dhamankar，et al. Learning to Map Ontologies on the Semantic Web. The VLDB journal，2003，12：303-319.

[53] A Doan，P Domingos，A Halevy. Reconciling Schemas of Disparate Data Sources：A Machine-Learning Approach. Proceeding of ACM SIGMOD 2001，Santa Barbara，California，2001.

[54] A Doan，J Madhavan，P Domingos，et al. Ontollogy Matching：A Machine Learning Approach// Handbook on Ontologies，Berlin：Springer Verlag，2004：385–404.

[55] C J Van Rijsbergen.Information retrieval，2nd ed .London：Butterworths，1979.

[56] P Domingos，M Pazzani. On the Optimality of the Simple Bayesian Classifier under Zero-One Loss. Machine Learning，1997，29：103-130.

[57] Stuckenschmidt H. Approximate Information Filtering with Multiple Classification Hierarchies. International Journal of Computational Intelligence Applications，2002，2（3）：295–302.

[58] Galton A. Logic for Information Technology. John Wiley&Sons，1990.

[59] Akahani J，Hiramatsu K，Satoh T. Approximate Query Reformulation based on Hierarchical Ontology Mapping. International Workshop on Semantic Web Foundations Application Technologies，2003：43–46.

[60] Tzitzikas Y. Collaborative Ontology-based Information Indexing Retrieval. Doctoral Dissertation，Department of Computer Science，University of Crete，Heraklion，2002.

[61] KANG D Z，XU B W，LU J J，et al. Refined Approximations of Concept in Ontology. Lecture Notes in Artificial Intelligence，2005，3637：82-85.

[62] LU J J，XU B W，KANG D Z，et al. Approximations of Concept Based on Multielement Bounds. Lecture Notes in Computer Science，2005，3588：676-685.

[63] 康达周. 基于多元界的近似信息检索技术研究. 硕士论文，南京：东南大学，2005.

[64] G Stumme，A Maedche. Ontology Merging for Federated Ontologies on the Semantic Web. Proceedings of the International Workshop for Foundations of Models for Information Integration（FMII2001），Viterbo，2001.

[65] R Wille. Restructuring Lattice Theory：An Approach Based on Hierarchies of Concepts//I Rival.Ordered Sets. Dordrecht：D Reidel Publishing Company，1982：445-470.

[66] 胡可云，陆玉昌，石纯一. 概念格及其应用进展. 清华大学学报（自然科学版），2000，40（9）：77-81.

[67] B Ganter，R Wille. Formal Concept Analysis：Mathematical Foundations. Berlin（DE）：Springer Verlag，1999.

[68] G Stumme，R Taouil，Y Bastide，et al. Fast Computation of Concept Lattices Using Data Mining Techniques. Proceeding of the KRDB，2000，129–139.

[69] Y Kalfoglou，M Schorlemmer. If-Map：An Ontology Mapping Method Based on Information Flow Theory. Journal of data semantics，2003，1：98–127.

[70] Y Kalfoglou，M Schorlemmer. Formal Support for Representing Automating Semantic Interoperability. Proceedings of the 1st European Semantic Web Symposium（ESWS2004），Heraklion，2004.

[71] J Barwise，J Seligman. Information Flow：The Logic of Distributed Systems. Cambridge University Press，1997，44.

[72] M Ehrig，S Staab. QOM-Quick Ontology Mapping. The 3rd International Semantic Web Conference（ISWC2004），Hiroshima，2004.

[73] M Ehrig，Y Sure. Ontology Mapping-An Integrated Approach. Proceedings of the First European Semantic Web Symposium（ESWS2004），Heraklion，Crete，2004.

[74] M Ehrig，S Staab. Efficiency of Ontology Mapping Approaches. International Workshop on Semantic Intelligent Middleware for the Web the Grid at ECAI 2004，Valencia，2004.

[75] M Ehrig，Y Sure. Ontology Mapping - An Integrated Approach . Institute AIFB，University of Karlsruhe，2004.

[76] J Euzenat，P Valtchev. An Integrative Proximity Measure for Ontology Alignment. Proceedings of the ISWC-2003 Workshop on Semantic Information Integration，Sanibel Island，2003：33–38.

[77] J Euzenat，P Valtchev. Similarity-based Ontology Alignment in OWL-lite. Proceedings of the 15th ECAI，Valencia（ES），2004.

[78] J Euzenat. An API for Ontology Alignment. Proceedings of the 3rd international semantic web conference，Hiroshima，2004.

[79] A Preece，K Hui，P Gray. Kraft：An Agent Architecture for Knowledge Fusion. International Journal of Cooperative Information Systems，1999，10（1）：171-195.

[80] P R S Visser，D M Jones，M D Beer，et al. Resolving Ontological Heterogeneity in the KRAFT Project. Proceedings of the 10th International Conference on Database Expert Systems Applications（DEXA1999），Florence，1999.

[81] A Kiryakov，K I Simov，M Dimitrov. Ontomap：The upper-ontology portal. Proceedings of Formal Ontology in Information Systems，Ogunquit，2001.

[82] E Mena，A Illarramendi，V Kashyap，et al. OBSERVER：An Approach for Query Processing in Global Information Systems Based on Interoperation Across Pre-Existing Ontologies. Distributed Parallel Databases，2000，8（2）：223–271.

[83] J Fowler，M Nodine，B Perry，et al. Agent-based Semantic Interoperability in Infosleuth. ACM Sigmod Record，1999，28（1）：60-67.

[84] M H Nodine，J Fowler，T Ksiezyk，et al. Active Information Gathering in Infosleuth. International Journal of Cooperative Information Systems，2000，9（1-2）：3-28.

[85] QU Y ZH，HU W，CHENG G. Constructing Virtual Documents for Ontology Matching. Proceedings of the 15th international conference on World Wide Web. ACM，2006.

[86] Bernstein P A，Levy A Y，Pottinger R A. A Vision for Management of Complex Models. Microsoft Research Technical Report MSR-TR-2000-53，2000.

[87] DING Y，Fensel D，Klein M，et al. Ontology Management：Survey，Requirements Directions. http：//www.ontoknowledge.org/downl/del4.pdf，2001.

[88] Noy N F，Musen M A. Ontology Versioning in An Ontology-Management Framework. IEEE Intelligent Systems，2004，19：6-13.

[89] Stoffel K，Taylor M，Hendler J. Efficient Management of Very Large Ontologies. Proceedings of American Association for Artificial Intelligence Conference（AAAI1997），Providence，1997.

[90] Lee J，Goodwin R，Akkiraju R，et al. Towards Enterprise-Scale Ontology Management. http：//www.alphaworks.ibm.com/g/g.nsf/img/semanticsdocs/$file/ent_ontmgmt.pdf，2001.

[91] Stojanovic L，Stojanovic N，Gonzalez J，et al. OntoManager – A System for the Usage-based Ontology Management. Proceedings of OTM Confederated International Conferences，CoopIS，DOA，and ODBASE，Catania，2003：858-875.

[92] M Klein. Change Management for Distributed Ontologies. Free University of Amsterdam，2004.

[93] Maedche A，Motik B，Stojanovic L. Managing Multiple Distributed Ontologies on the Semantic Web. The VLDB Journal，2000，12，286-302.

[94] Maedche A，Motik B，Stojanovic L. Managing Multiple Distributed Ontologies on the Semantic Web. The VLDB Journal，2000，12，286-302.

[95] XU B W，WANG P，LU J J，et al. A Framework for Managing Multiple Ontologies：the Function-Oriented Perspective. Proceedings of the 7th International Conference on Enterprise Information Systems（ICEIS2005），Miami，2005.

[96] XU B W，WANG P，LU J J，et al. Theory Semantic Refinement of Bridge Ontology Based on Multi-Ontologies. Proceedings of the 16th IEEE International Conference on Tools with Artificial Intelligence（ICTAI2004），2004.

[97] Wouters C，Dillon T，Rahayu W，et al. A practical approach to the derivation of Materialized Ontology View. Web Information Systems，2004：191-226.

[98] Bhatt M，Flahive A，Wouters C，et al. A Distributed Approach to Sub-Ontology Extraction. Proceedings of the 18th International Conference on Advanced Information Networking Application，2004：636-641.

[99] Bhatt M，Wouters C，Flahive A，Rahayu W，Taniar D. Semantic Completeness in Sub-ontology Extraction Using Distributed Methods. ICCSA（3），2004：508-517.

[100] KANG D ZH，XU B W，LU J J，et al. Extracting Sub-Ontology from Multiple Ontologies. LNCS，2004，3037：113~120.

[101] Stephen L Reed，Douglas B Lenat. Mapping Ontologies into Cyc. The Eighteenth National Conference on Artificial Intelligence（AAAI 2002）. Edmonton，Alberta，2002.

[102] Hong-Hai Do，Erhard Rahm. Matching Large Schemas：Approaches Evaluation. Information Systems，2007，32：857-885.

[103] Erhard Rahm，Hong-Hai Do，Sabine Maßmann. Matching Large XML Schemas. SIGMOD Record，2004，33（4）：26-31.

[104] Eduard Hovy. Combining Standardizing Large-Scale，Practical Ontologies for Machine Translation Other Uses. Proceedings of the First International Conference on Language Resources Evaluation（LREC98）. Granada，1998.

[105] Sabine Massmann Erhard Rahm. Evaluating Instance-based Matching of Web Directories. The 11th International Workshop on Web Databases 2008（WebDB2008），Vancouver，2008.

[106] ZHANG S M，Peter Mork，Olivier Bodenreider，et al. Comparing Two Approaches for Aligning Representations of Anatomy. Artificial Intelligence in Medicine 2007，39：227-236.

[107] Peter Mork，Philip A. Bernstein. Adapting a Generic Match Algorithm to Align Ontologies of Human Anatomy. Proceedings of the 20th International Conference on Data Engineering（ICDE2004），Boston，2004.

[108] ZHANG S M，Olivier Bodenreider. Alignment of Multiple Ontologies of Anatomy：Deriving Indirect Mappings from Direct Mappings to a Reference. Proceedings of the AMIA symposium，2003.

[109] Ryutaro Ichise，Hiedeaki Takeda，Shinichi Honiden. Integrating Multiple Internet Directories by Instance-based Learning. Proceedings of the Eighteenth International Joint Conference on Artificial Intelligence（IJCAI2003），Acapulco，2003.

[110] WANG J，LI G，YU J X，et al. Entity matching：How Similar is Similar. Proceedings of the VLDB Endowment，2011，4（10）：622-633.

[111] Suchanek F M，Abiteboul S，Senellart P. Probabilistic alignment of relations，Instances，Schema. Proceedings of the VLDB Endowment，2011，5（3）：157-168.

[112] NIU X，RONG S，WANG H，et al. An effective Rule Miner for Instance Matching in A Web of Data. Proceedings of the 21st ACM International Conference on Information Knowledge Management. ACM，2012：1085-1094.

[113] NIU X，SUN X，WANG H，et al. Zhishi.me-Weaving Chinese Linking Open Data. International Semantic Web Conference（ISWC2011），Bonn，2011：205-220.

[114] Erhard Rahm，Hong-Hai Do，Sabine Maßmann. Matching Large XML Schemas. SIGMOD Record，2004，33（4）：26-31.

[115] Oliver Kutz，Carsten Lutz，Frank Wolter，et al. E-connections of Abstract Description Systems. Artificial Intelligence，2004，156：1-73.

[116] B Cuenca Grau，B Parsia，E Sirin，et al. Modularity Web Ontologies. Proceedings of the KR-2006，2006.

[117] Bernardo Cuenca Grau，Ian Horrocks，Yevgeny Kazakov，et al. Just the right amount：Extracting Modules from Ontologies. Proceedings of the 16th International Conference on World Wide Web（WWW2007）. Banff，Alberta，2007.

[118] Julian Seidenberg Alan Rector. Web Ontology Segmentation：Analysis，Classification Use. Proceedings of the 15th International Conference on World Wide Web（WWW2006）. Edinburgh，2006.

[119] Heiner Stuckenschmidt Michel Klein. Structure-Based Partitioning of Large Concept Hierarchies. Third International Semantic Web Conference（ISWC2004）. Hiroshima，2004.

[120] Heiko Paulheim. On Applying Matching Tools to Large-Scale Ontologies. The Third International Workshop on Ontology Matching at ISWC2008. Karlsruhe，2008.

[121] ZHANG X ，CHENG G，QU Y ZH. Ontology Summarization Based on RDF Sentence Graph. Proceedings of the 16th International Conference on World Wide Web（WWW 2007）. Banff，Alberta，2007.

[122] HU W，X，CHENG G. Matching Large Ontologies：A Divide-and-Conquer Approach. Data & Knowledge Engineering，2008，67（1）：140-160.

[123] Papadakis G，Ioannou E，Palpanas T，et al. A blocking framework for Entity Resolution in Highly Heterogeneous Information Spaces. IEEE Transactions on Knowledge Data Engineering，2013，25（12）：2665-2682.

[124] Papadakis G，Ioannou E，Niederée C，et al. Beyond 100 million entities：Large-Scale Blocking-Based Resolution for Heterogeneous Data. Proceedings of the Fifth Acm International Conference on Web Search Data Mining. ACM，2012：53-62.

[125] Papadakis G，Papastefanatos G，Koutrika G. Supervised Meta-Blocking. Proceedings of the VLDB Endowment，2014，7（14）：1929-1940.

[126] LI J，WANG Z，ZHANG X，et al. Large Scale Instance Matching Via Multiple Indexes Candidate Selection. Knowledge-Based Systems，2013，50：112-120.

[127] WANG P，ZHOU Y M，XU B W. Matching Large Ontologies Based on Reduction Anchors.Twenty-Second International Joint Conference on Artificial Intelligence，2011.

[128] HU W，QU Y ZH. Block Matching for Ontologies. The 5th International Semantic Web Conference（ISWC2006），Athens，2006.

[129] HU W，ZHAO Y Y，QU Y ZH. Partition-Based Block Matching of Large Class Hierarchies. Proceedings of 1st Asian Semantic Web Conference（ASWC 2006）. Beijing，2006.

[130] Lacoste-Julien S，Palla K，Davies A，et al. Sigma：Simple Greedy Matching for Aligning Large Knowledge Bases. Proceedings of the 19th ACM SIGKDD International Conference on Knowledge discovery data mining. ACM，2013：572-580.

[131] HU W，CHEN J，QU Y. A Self-Training Approach for Resolving Object Coreference on the Semantic Web. Proceedings of the 20th International Conference on World Wide Web. ACM，2011：87-96.

[132] SUN Z，HU W，ZHANG Q，et al. Bootstrapping Entity Alignment with Knowledge Graph Embedding.

IJCAI，2018：4396-4402.

[133] TANG J，Fong A C M，WANG B，et al. A Unified Probabilistic Framework for Name Disambiguation in Digital Library. IEEE Transactions on Knowledge Data Engineering，2012，24（6）：975-987.

[134] ZHANG Y，ZHANG F，YAO P，et al. Name Disambiguation in AMiner：Clustering，Maintenance，Human in the Loop. Proceedings of the 24th ACM SIGKDD International Conference on Knowledge Discovery & Data Mining. ACM，2018：1002-1011.

[135] ZHAO J Y，WANG P，HUANG K. A Semi-Supervised Approach for Author Disambiguation in KDD CUP 2013. Proceedings of the 2013 KDD CUP 2013 Workshop.ACM，2013.

[136] WANG P，ZHAO J Y，HUANG K. A Unified Semi-Supervised Framework for Author Disambiguation in Academic Social Network.International Conference on Database Expert Systems Applications，Springer，2014：1-16.

[137] Blondel V D，Guillaume J L，Lambiotte R，et al. Fast Unfolding of Communities in Large Networks. Journal of Statistical Mechanics：Theory Experiment 2008，10：10008.

[138] CHANG Chih-Chung，LIN Chih-Jen. LIBSVM：A Library for Support Vector Machines. ACM Transactions on Intelligent Systems Technology（TIST），2011，2（3）：27.

[139] Markus M Breunig，Hans-Peter Kriegel，Raymond T. Ng，et al .LOF：Identifying Density-Based Local Outliers. ACM Sigmod Record，2000，29（2）：93-104.

[140] ZHANG H，HU W，QU Y. Constructing Virtual Documents for Ontology Matching Using MapReduce.Joint International Semantic Technology Conference. Springer，Berlin，2011：48-63.

[141] Efthymiou V，Papadakis G，Papastefanatos G，et al. Parallel meta-blocking for scaling entity resolution over big heterogeneous data. Information Systems，2017，65：137-157.

第 6 章 知识图谱推理

漆桂林　东南大学，肖国辉　博尔扎诺自由大学，陈华钧　浙江大学

知识图谱推理在一个知识图谱的发展演变过程中起着重要的作用，知识图谱推理能用来对知识图谱进行补全和质量检测等。本章将围绕知识图谱推理展开介绍，6.1 节从广义的推理角度介绍什么是推理以及推理的不同类型，并附以不同推理的实例以及不同推理之间的比较，再介绍知识图谱推理的定义及包含的任务。6.2 节和 6.3 节主要介绍知识图谱中两种最重要的推理，即基于演绎的知识图谱推理和基于归纳的知识图谱推理，并分别介绍常用的方法和思路，同时对典型的实验工具以及实验结果进行分析和展示。6.4 节将介绍知识图谱推理的最新进展，分别从时序预测、强化学习、元学习以及图神经网络的角度出发，并以最新发表的论文为例进行分析。6.5 节将介绍知识图谱开源工具并提供实践建议。6.6 节将对本章进行总结。希望阅读本章后，读者对知识图谱推理的定义、任务、方法以及常用工具有更准确的认识，并了解到知识图谱推理的最新进展和发展方向。

6.1　推理概述

6.1.1　什么是推理

推理在人类长期的社会发展和演变中扮演着重要的角色，包含了思考、认知和理解，是认知世界的重要途径。具体来说，推理是通过已有知识推断出未知知识的过程。推理的方法大致可以分为逻辑推理和非逻辑推理，其中逻辑推理的过程包含了严格的约束和推理过程，而非逻辑推理的过程相对模糊。逻辑推理由于其透明性，被广泛研究且定义比较清晰，所以本章讨论的推理主要也围绕逻辑推理展开。

逻辑推理按照推理方式的不同包含两大类：演绎推理（Deductive Reasoning）和归纳推理（Inductive Reasoning）。其中，归纳推理又包含了溯因推理（Abductive Reasoning）和类比推理（Analogy Reasoning）等。下面先介绍这四种基本的推理。

演绎推理[1]是一种自上而下（top-down logic）的逻辑推理，是指在给定的一个或多个前提的情况下，推断出一个必然成立的结论的过程。典型的演绎推理有肯定前件假言推理、否定后件假言推理（Modus Tollens）以及三段论（Law of Syllogism）。在假言推理中，给定的前提中一个是包含前件和后件的假言命题，一个是性质命题，假言推理根据假言命题前后件之间的逻辑关系进行推理。其中，肯定前件假言推理是指性质命题肯定了假言命题的前件，从而推理出肯定的假言后件。例如，通过假言命题“如果今天是星期二（前件）。那么小明会去上班（后件）”以及性质命题“今天是星期二”，能推理出“小明会去上班”。而否定后件假言推理是指性质命题否定了假言命题的后件，从而推理出否定的假言前件。例如，通过前文的假言命题和性质命题“小明不会去上班”，能推出“今天不是星期二”。在假言三段论中，给定两个假言命题，且第二个假言命题的前件和第一个假言命题的后件的申明内容相同，可以推理出一个新的假言命题，其前件与第一个假言命题的前件相同，其后件与第二个假言命题的后件相同。例如，给定两个假言命题“如果小明生病了，那么小明会缺席”以及“如果小明缺席了，他将错过课堂讨论”，可以推理出“如果小明生病了，他将错过课堂讨论”。从以上的例子可以看出，演绎推理是一种形式化的逻辑推理。

归纳推理[2]是一种自下而上的推理，是指基于已有的部分观察得出一般结论的过程。例如，如果到目前为止我们见到的天鹅都是白色的，那么由归纳推理得出天鹅很大概率是白色的。典型的归纳推理有归纳泛化（Inductive Generalization）、统计推理（Statistical Syllogism）。归纳泛化是指基于对个体的观察而得出可能适用于整体的结论，即在整体的一些样本中得到的结论可以泛化到整体上。例如，有 20 个球，每个球不是黑色的就是白色的，要估计黑球和白球大概的个数。可以从 20 个球中抽样 4 个球，如果发现 4 个球中有 3 个白色和 1 个黑色，那么可以通过归纳泛化推理出这 20 个球中可能有 15 个球是白色的，5 个球是黑色的。而统计推理是将整体的统计结论应用于个体。例如，经统计，90%就读于某高中的同学都上了大学，如果小明是这所高中的同学，那么可以由统计推理得出小明有 90%的概率会上大学。归纳推理是一种非形式化的推理，是由具体到一般的推理过程。它和演绎推理有本质的不同，因为即便是在最理想的归纳推理中，如果作为推理前提的部分已有观察为真，也不能保证结论一定成立，即在任何情况下前提的真值都不能完全肯定结论的真值。但在演绎推理中，如果前提均为真，那么一定可以推理得到结论也为真。

溯因推理[3]也是一种逻辑推理，是在给定一个或多个已有观察事实 O（Observation），并根据已有的知识 T（Theory）推断出对已有观察最简单且最有可能的解释的过程。例如，当一个病人显示出某种病症，而造成这个病症的原因可能有很多时，寻找在这个病人例子里最可能的原因的过程就是溯因推理。在溯因推理中，要使基于知识 T 而生成的对观察 O 的解释 E 是合理的，需要满足两个条件，一是 E 可以由 T 和 O 经过推理得出，可以是演绎、归纳推理等多种方式；二是 E 和 T 是相关且相容的。例如，我们知道下雨了马路一定会湿（T），如果观察到马路是湿的（O），可以通过溯因推理得到很大概率是因为下雨了（E）。溯因推理是归纳推理的一种，因为整个推理过程的前提和结论并没有必然的关系。

类比推理[4]可以看作只基于对一个事物的观察而进行的对另一个事物的归纳推理，是通过寻找两者之间可以类比的信息，将已知事物上的结论迁移到新的事物上的过程。例如，小明和小红是同龄人，他们都喜欢歌手 A 和歌手 B，且小明还喜欢歌手 C，那么通过类比推理可以得出小红也喜欢歌手 C。由于被类比的两个事物虽然有可类比的信息，却并不一定同源，而且有可能新推理出的信息和已知的可类比信息没有关系，所以类比推理常常会导致错误的结论，称为不当类比。例如在上例中，如果歌手 C 和歌手 A、歌手 B 完全不是一种类型或一个领域的歌手，那么小明喜欢歌手 C 与他喜欢歌手 A 和歌手 B 是完全无关的，所以将“喜欢歌手 C”的结论应用到小红身上不合适。造成不当类比的原因有很多，包括类比事物不相干、类比理由不充分以及类比预设不当等。尽管类比推理的结论相较于前面介绍的三种推理得到的结论错误率更高，但类比推理依然是一种普遍存在的推理方式。

除了以上介绍的四种常见的逻辑推理，还有很多其他类型的推理。例如，根据不确定的观察信息以及不确定性的知识进行推理的不确定性推理，不确定性推理与前述四种推理方式的最大区别是其所能利用的推理信息都具有很大的不确定性。又例如在知识演变的过程中，根据原有的推论可否被推翻可以分为不会被推翻的单调推理以及可能会被推翻的非单调推理。从推理过程精确性来看，又可分为精确推理和模糊推理。

不同的研究领域也有各自的推理问题。例如，在自然语言处理领域，典型的问题是自然语言推理（Natutal Language Inference)，其任务判断两个给定句子的蕴涵关系，给定的两个句子一个前提（Premise），一个是假设结论（Hypothsis），目标是判断在给定前提句子的情况下是否可以推理出假设结论的句子。答案分为三种，包括：表示假设结论句子和前提句子矛盾的“冲突（Contradiction）”、表示可以由前提句子推出假设结论句子的“蕴涵（Entailment）”以及表示前提句子和假设结论既不冲突也不蕴涵的“中立（Neutral）”。例如，前提句子“正在进行一场男子足球比赛”和假设结论句子“几个男运动员们在打比赛”应判断为“蕴涵”，而前提句子“两个小女孩在笑”和结论句子“两个小女孩因为这周末要去游乐场很开心”应判断为“中立”，将“一个男子沉睡在梦乡”和“男子眨了眨眼睛”判断为“冲突”。在计算机视觉领域也有视觉推理（Visual Reasoning），一般任务为根据给定的图片回答特定的需要推理的问题。例如，给定一个包含多个不同色彩、不同形状的几何体图片，回答问题“图中最小的正方体右边的几何体是什么颜色”。在知识图谱相关的研究中，也有面向知识图谱的推理，下面将重点介绍面向知识图谱的推理。

6.1.2 面向知识图谱的推理

面向知识图谱的推理主要围绕关系的推理展开，即基于图谱中已有的事实或关系推断出未知的事实或关系[5]，一般着重考察实体、关系和图谱结构三个方面的特征信息。如图6-1所示为人物关系图推理，利用推理可以得到新的事实(X, isFatherOf, M)，以及得到规则isFatherOf(x, y)<= fatherIs(y,x)等。具体来说，知识图谱推理主要能够辅助推理出新的事实、新的关系、新的公理以及新的规则等。

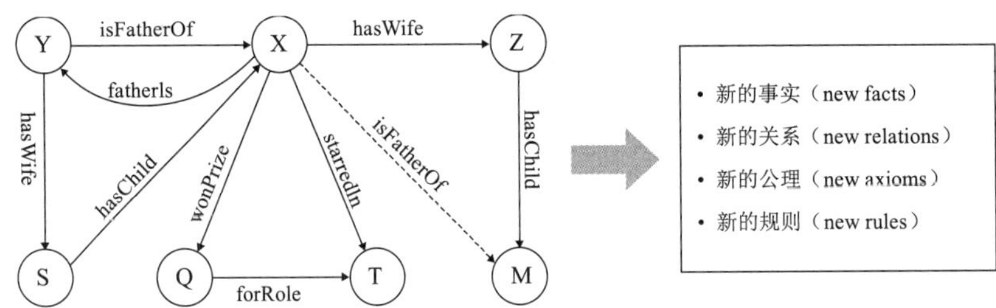

图 6-1 人物关系图推理

一个丰富、完整的知识图谱的形成会经历很多阶段，从知识图谱的生命周期来看，不同的阶段都涉及不同的推理任务，包括知识图谱补全[6]、不一致性检测、查询扩展等。将不同且相关的知识图谱融合为一个是一种有效地完善和扩大知识图谱的方式，而融合的过程包含两个重要的推理任务：有实体对齐（Entity Alignment）[7]和关系对齐（Relation Alignment），关系对齐也叫作属性对齐（Property Alignment）。即识别出分别存在两个知识图谱中的两个实体实际上表示的是同一个实体，或者两个关系是同一种语义的关系，从而在知识图谱中将其对齐，形成一个统一的实体或关系。由于现实世界的知识千千万万，想要涵盖所有的知识是很难的，所以知识图谱的不完整性很明显，在对知识图谱进行补全的过程中，链接预测是一种典型的推理任务[8]。知识图谱中的三元组可以通过人工定义得到，也可以通过文本抽取得到。由于人工知识的局限性以及算法的不确定性，一个知识图谱中不可避免地会存在冲突的信息，所以不一致性检测也是知识图谱中重要的推理任务，即检测知识图谱中有冲突或不正确的事实。存储了众多知识的知识图谱的一个重要作用是提供知识服务，为相关的查询返回正确的相关知识信息，但查询的模糊以及知识图谱本身的语义丰富性容易造成查询困难，而推理有利于查询重写，有效地提升查询结果的质量。

知识图谱的推理的主要技术手段主要可以分为两大类：基于演绎的知识图谱推理，如基于描述逻辑[9]、Datalog、产生式规则等；基于归纳的知识图谱推理，如图 6-1 所示的路径推理[10]、表示学习[11]、规则学习[12]、基于强化学习的推理[13]等。以演绎推理为核心的知识图谱推理主要是基于描述逻辑、Datalog 等进行的，而以归纳推理为核心的知识图谱推理主要是围绕对知识图谱图结构的分析、对知识图谱中元素的表示学习、利用图上搜索和分析进行规则学习以及应用强化学习方法等进行的。下面分别从这两类展开，介绍不同的推理实现方法。

6.2 基于演绎的知识图谱推理

6.2.1 本体推理

1. 本体与描述逻辑概述

演绎推理的过程需要明确定义的先验信息，所以基于演绎的知识图谱推理多围绕本体展开。本体的一般定义为概念化的显示规约，它给不同的领域提供共享的词汇。因为共享的词汇需要赋予一定的语义，所以基于演绎的推理一般都在具有逻辑描述基础的知识图谱上展开。对于逻辑描述的规范，W3C 提出了 OWL。OWL 按表达能力从低到高划分成 OWL Lite、OWL DL 和 OWL Full。OWL Lite 和 OWL DL 在语义上等价于某些描述逻辑（Description Logics，DLs）[14,15]，而 OWL Full 没有对应的描述逻辑。2009 年，为了适应更多应用的需求，W3C 组织又提出了 OWL 的新版本 OWL 2[15]。与 OWL 不同，OWL 2 仅有对应的 Full 和 DL 层次。OWL 2 Full 比 OWL Full 的表达能力更强，同样没有对应的描述逻辑。而 OWL 2 DL 比 OWL DL 的表达能力更强，仍有对应的描述逻辑[16]。为了适应高效的应用需求，W3C 组织从 OWL 2 中分裂出三种易处理的剖面 OWL 2 EL、OWL 2

QL 和 OWL 2 RL。这些剖面都有对应的描述逻辑。表 6-1 总结了 OWL 成员与描述逻辑之间的对应关系。目前，OWL 是知识图谱语言中最规范、最严谨、表达能力最强的语言，而且 OWL 基于 RDF 语法，使表示出来的文档具有语义理解的结构基础，OWL 的另外一个作用是促进了统一词汇表的使用，定义了丰富的语义词汇。

表 6-1 OWL 成员与描述逻辑之间的对应关系

OWL 成员	与描述逻辑之间的对应关系
OWL Full	不是描述逻辑
OWL DL	$\mathcal{SHOIN}(D)$[14]
OWL Lite	$\mathcal{SHIF}(D)$[14]
OWL 2 Full	不是描述逻辑
OWL 2 DL	$\mathcal{SROIQ}(D)$[16]
OWL 2 EL	$\mathcal{EL}^{++}$[17]
OWL 2 QL	DL-Lite[18]
OWL 2 RL	DLP[19]

基于 OWL 的模型论语义，在丰富逻辑描述的知识图谱中，除了包含实体和二元关系，还包含了许多更抽象的信息，例如描述实体类别的概念以及关系之间的从属信息等。从而有一系列实用有趣的推理问题，包括：

（1）概念包含。判定概念 C 是否为 D 的子概念，即 C 是否被 D 包含。例如，在包含公理 Mother⊑Women 和 Women⊑Person 的本体中，可以判定 Mother⊑Person 成立。

（2）概念互斥。判定两个概念 C 和 D 是否互斥，即不相交。需要判定 $C\sqcap D\sqsubseteq\bot$是否为给定知识库的逻辑结论。例如，在包含 Man⊓Women⊑⊥的本体中，概念 Man 和 Women 是互斥的。

（3）概念可满足。判定概念 C 是否可满足，需要找到该知识库的一个模型，使 C 的解释非空。例如，包含公理 Eternity⊑⊥的本体中，概念 Eternity 是不可满足概念。

（4）全局一致。判定给定的知识库是否全局一致（简称一致，Consistent），需要找到该知识库的一个模型。例如，包含公理 Man⊓Women⊑⊥、Man（Allen）和 Women（Allen）的本体是不一致的。

（5）TBox 一致。判定给定知识库的 TBox 是否一致，需要判定 TBox 中的所有原子概念是否都满足。例如，包含公理 Man⊓Women⊑⊥、Professor⊑Man 和 Professor⊑Women 的 TBox 是不一致的。

（6）实例测试。判定个体a是否是概念 C 的实例，需要判定 $C(a)$是否为给定知识库的逻辑结论。

（7）实例检索。找出概念 C 在给定知识库中的所有实例，需要找出属于 C 的所有个体a，即 $C(a)$是给定知识库的逻辑结论。

2．基于 Tableaux 的本体推理方法

基于表运算（Tableaux）的本体推理方法[20]是描述逻辑知识库一致性检测的最常用方法。基于表运算的推理方法通过一系列规则构建 Abox，以检测可满足性，或者检测某一实例是否存在某概念，基本思想类似于一阶逻辑的归结反驳。

以一个例子阐述该方法的基本思想。假设知识库 K 由以下三个声明构成：

$$C(a), C \sqsubseteq D, \neg D(a)$$

将以a作为实例的所有概念的集合记作 $L(a)$。我们使用$L \leftarrow C$表示$\mathcal{L}(a)$通过加入C进行更新。例如，如果$\mathcal{L}(a)$=｛D｝而且通过$\mathcal{L}(a) \leftarrow C$来对$\mathcal{L}(a)$进行更新，那么$\mathcal{L}(a)$将变成｛$C$，$D$｝。

在给出的例子中，不经推导可以得到$\mathcal{L}(a)$=｛C，$\neg D$｝。TBox 声明$C \sqsubseteq D$与$\neg D \sqsubseteq \neg C$等价。因此，通过$\mathcal{L}(a) \leftarrow \neg D$，得到$\mathcal{L}(a)$=｛$C$，$\neg D$，$\neg C$｝，得到了矛盾，这表明 K 是不一致的。

在上面例子中构建的东西实质上是表的一部分。表是表达知识库逻辑结论的一种结构化方法。如果在表构建过程中出现矛盾，那么知识库是不一致的。

以描述逻辑$\mathcal{ALC}$为例，在初始情况下，$\mathcal{L}$是原始的 Abox，迭代运用如下规则：

$\sqcap^+-$ 规则：若$C \sqcap D(x) \in \mathcal{L}$，且$C(x), D(x) \notin \mathcal{L}$，则 $\mathcal{L} \coloneqq \mathcal{L} \cup \{C(x), D(x)\}$;

$\sqcap^--$ 规则：若$C(x), D(x) \in \mathcal{L}$，且$C \sqcap D(x) \notin \mathcal{L}$，则 $\mathcal{L} \coloneqq \mathcal{L} \cup \{C \sqcap D(x)\}$;

$\exists -$ 规则：若$\exists R.C(x) \in \mathcal{L}$，且$R(x,y), C(y) \notin \mathcal{L}$，则 $\mathcal{L} \coloneqq \mathcal{L} \cup \{R(x,y), C(y)\}$;

其中，y是新加进来的个体。

$\forall -$规则：若$\forall R.C(x)R(x,y) \in \mathcal{L}$，且$C(y) \notin \mathcal{L}$，则$\mathcal{L} \coloneqq \mathcal{L} \cup \{C(y)\}$;

$\sqsubseteq -$规则：若$C(x) \in \mathcal{L}$，$C \sqsubseteq D$，且$D(x) \notin \mathcal{L}$，则$\mathcal{L} \coloneqq \mathcal{L} \cup \{D(x)\}$;

$\bot -$规则：若$\bot(x) \in \mathcal{L}$，则拒绝$\mathcal{L}$.

给定包含如下公理和断言的本体：Man⊓Women⊑⊥，Man(Allen)，检测实例 Allen 是否在 Woman 中。首先，加入待反驳的结论 Woman(Allen)，根据⊓⁻−规则，Man ⊓ Women(Allen)加入$\mathcal{L}$中，再通过⊑−规则得到⊥(Allen)，这样就得到了一个矛盾，所以拒绝现在的$\mathcal{L}$，即 Allen 不在 Woman 中。

为了提高 Tableaux 算法的效率，研究者提出了不少优化技术[20-22]，使该算法对于中小型描述逻辑知识库的推理达到了实用化的程度。目前，前沿的超表运算（Hypertableaux）技术[23]进一步提高了 Tableaux 算法的效率，并能处理表达能力很强的描述逻辑。

目前，已经有不少公开的基于表运算的 OWL 推理系统，比较著名的包括 FaCT++①、RacerPro②、Pellet③和 HermiT④，其中 HermiT 是目前唯一实现了 Hypertableaux 算法[23]的开源 OWL 推理系统。

虽然 Tableaux 算法是最通用的描述逻辑知识库一致性的检测方法，但是这类算法并不一定具有最优的最坏情况组合复杂度。例如，针对 SHOIN 知识库进行一致性检测的问题是 NExpTime-完全问题，但是针对 SHOIN 的 Tableaux 算法需要非确定性的双指数级的计算空间[22]，而能处理 SHOIN 的 Hypertableaux 算法的组合复杂度也达到了 2NExpTime 级别[23]。因此，如何为 SHOIN 等强表达力的描述逻辑设计最优组合复杂度的 Tableaux 算法仍有待研究。

3．常用本体推理工具简介

（1）FaCT++。FaCT++是曼彻斯特大学开发的描述逻辑推理机，使用 C++实现，且能与 Protégé 集成。Java 版本名为 Jfact，基于 OWL API。构建推理机采用下面的代码：

```
OWLReasonerFactory reasonerFactory = new JFactFactory();
OWLReasoner reasoner = this.reasonerFactory.createReasoner(ontology);
```

① http://owl.cs.manchester.ac.uk/tools/fact/。

② http://racerpro.software.informer.com/。

③ http://clarkparsia.com/pellet/。

④ http://hermit-reasoner.com/。

采用以下代码对本体进行分类：

```
reasoner.precomputeInferences(InferenceType.CLASS_HIERARCHY)。
```

（2）Racer。Racer 是美国 Franz Inc.公司开发的以描述逻辑为基础的本体推理机，也可以用作语义知识库，支持 OWL DL，支持部分 OWL 2 DL 并且支持单机和客户端/服务器两种模式，用 Allegro Common Lisp 实现。以下代码可以进行 TBox 推理：

```
(classify-tbox &optional (tbox (current-tbox)));
```

以下代码可对 ABox 进行推理：

```
(realize-abox &optional (abox (current-abox)))。
```

（3）Pellet。Pellet 是马里兰大学开发的本体推理机，支持 OWL DL 的所有特性，包括枚举类和 XML 数据类型的推理，并支持 OWL API 以及 Jena 的接口。构建推理机采用以下代码：

```
    PelletReasoner reasoner =
PelletReasonerFactory.getInstance().createReasoner( ontology);
```

通过查询接口进行推理，采用下面的代码：

```
    NodeSet<OWLNamedIndividual> individuals = reasoner.getInstances(Person,
true)。
```

（4）HermiT。HermiT 是牛津大学开发的本体推理机，基于 Hypertableaux 运算，比其他推理机更加高效，支持 OWL 2 规则。构建推理机采用以下代码：

```
Reasoner hermit = new Reasoner(ontology);
```

不一致推理采用以下代码：

```
System.out.println(hermit.isConsistent())
```

表 6-2 为本体推理工具总结。

表 6-2　本体推理工具总结

工具名称	支持本体语言	编程语言	算法
FaCT++	OWL DL	C++	tableau-based
Racer	OWL DL	Common Lisp	tableau-based
Pellet	OWL DL	Java	tableau-based
HermiT	OWL 2 Profiles	Java	hypertableau

6.2.2 基于逻辑编程的推理方法

1. 逻辑编程与 Datalog 简介

逻辑编程是一族基于规则的知识表示语言。与本体推理相比，规则推理有更大的灵活性。本体推理通常仅支持预定义的本体公理上的推理，而规则推理可以根据特定的场景定制规则，以实现用户自定义的推理过程。逻辑编程是一个很大的研究领域，在工业界应用广泛。逻辑编程也可以与本体推理相结合，集合两者的优点。

逻辑编程的研究始于 Prolog 语言[24,25]，后来由 ISO 标准化。Prolog 在多种系统中被实现，例如 SWI-Prolog、Sicstus Prolog、GNU Prolog 和 XSB。Prolog 在早期的人工智能研究中应用广泛，多用于实现专家系统。在通常情况下，Prolog 程序是通过 SLD 消解和回溯来执行的[25]。运行结果依赖对规则内部的原子顺序和规则之间的顺序，因此不是完全的声明式的（declarative）。在程序存在递归的情况下，有可能出现运行无法终止的情况。

为了得到完全的声明式规则语言，研究人员开发了一系列 Datalog 语言。从语法上来说，Datalog 程序基本上是 Prolog 的一个子集。它们的主要区别是在语义层面，Datalog 基于完全声明式的模型论的语义，并保证可终止性。在本节中，将简要回顾 Datalog 语言的语法和语义，并展示如何在实践中使用它们。读者可参考文献[26]获得更多关于逻辑程序的相关介绍。

2. Datalog 语言

Datalog 语言是一种面向知识库和数据库设计的逻辑语言。便于撰写规则，实现推理。Datalog 与 OWL 的关系如图 6-2 所示，其中 OWL RL 和 RDFS 处于 OWL 和 Datalog 的交集之中。OWL RL 的设计目标之一就是找出可以用规则推理来实现的一个 OWL 的片段。

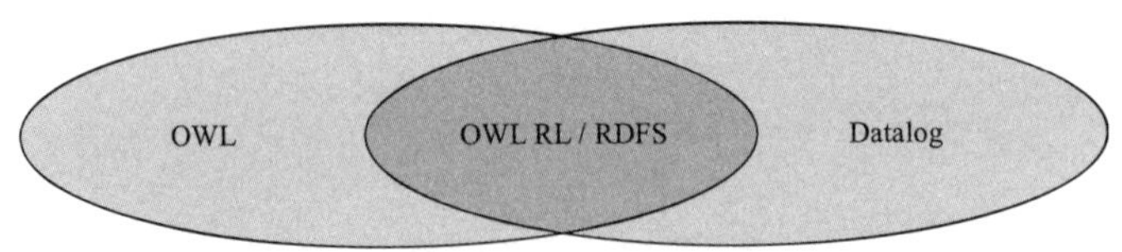

图 6-2 Datalog 与 OWL 的关系

Datalog 的基本符号有常量（constant）、变量（variable）和谓词（predicate）。常量通常用小写字母 *a*、*b*、*c* 表示一个具体的实例。变量用大写字母 *X*、*Y*、*Z* 表示，有时也会用问号（？）开头，例如?*x*、?*y*。项（term）包括常量和变量。原子（atom）形如

$p(t_1, \cdots, t_n)$，其中 p 是一个谓词，$t_1, \cdots, t_n$ 为项，n 被称为 p 的元数。例如，假定 has_child 为一个二元谓词，原子 has_child(X, Y)表示变量 X 和 Y 有 has_child 的关系，而原子 has_child(jim, bob)表示常量 jim 和 bob 有 has_child 的关系。

Datalog 规则形如

$$H\text{:-}B_1, B_2, \cdots, B_m.$$

其中，$H, B_1, B_2, \cdots, B_m$ 为原子。H 称为此规则的头部原子，$B_1, B_2, \cdots, B_m$ 称为体部原子。规则的直观含义为：当体部原子都成真时，头部原子也应成真。

例如，规则 has_child(Y, X): -has_son(X,Y)表示当 X 和 Y 有 has_son 的关系时，则 Y 与 X 有 has_child 的关系。

Datalog 事实（fact）是形如 $F(c_1, c_2, \cdots, c_n)$:-的没有体部且没有变量的规则。事实也常写成“$F(c_1, c_2, \cdots, c_n)$.”的形式。

例如，规则 has_child(alice, bob):- 即为一个事实，表示 alice 和 bob 有 has_child 的关系。

Datalog 程序是规则的集合。例如，下面的两条规则构成了一个 Datalog 程序：

has_child(X,Y):-has_son(X,Y).

has_child(Alice,Bob).

3. Datalog 推理举例

下面的规则集表达了给定一个图，计算所有的路径关系，即节点 X、Y 之间是否联通：

path(X, Y):-edge(X, Y).　　　　①

path(X, Y):-path(X, Z), path(Z, Y).　　　②

节点 X 和 Y 联通有两种情况：①X、Y 之间通过一条边（edge）直接连接；② 存在一个节点 Z，使得 X、Z 联通并且 Z、Y 联通。

下面的三个事实表示了一个图中的三条边。

edge(a,b). edge(b,c). edge(d,e).

Datalog 的语义通过结果集定义，直观来讲，一个结果集是 Datalog 程序可以推导出的所有原子的集合。

例如，上面的关于图联通的例子，结果集为{ path(a,b). path(b,c). path(a,c). path(d,e). edge(a,b). edge(b,c). edge(d,e)}，如图 6-3 所示。

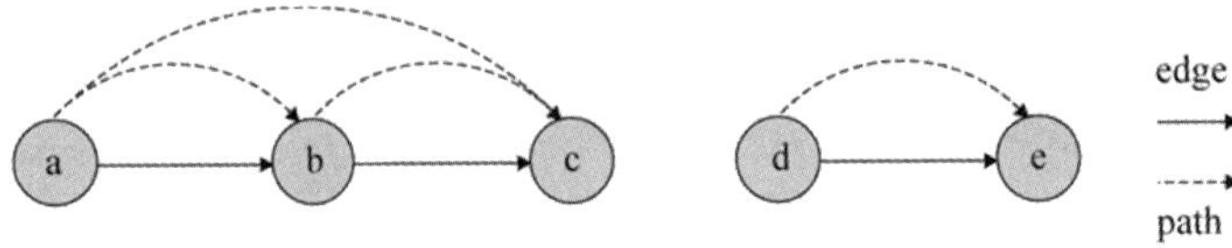

图 6-3 Datalog 推理举例

4. Datalog 与知识图谱

Datalog 程序可以应用在知识图谱中进行规则推理。一个知识图谱可以自然地被看作一个事实集。只需人为引入一个特殊的谓词 triple，每一个三元组(subject, property, object)便可以作为一个事实 triple(subject, property, object)。另一种方法是按照描述逻辑 ABox 的方式来看待，即三元组 (s, rdf:type, C)看作 $C(s)$，其他的三元组(s,p,o)看作 $p(s, o)$。这样一来，Datalog 规则就可以作用于知识图谱上。下面介绍的三种语言 SWRL、OWL RL、RDFS 与 Datalog 密切相关。

（1）SWRL（Semantic Web Rule Language）。SWRL 是 2004 年提出的一个完全基于 Datalog 的规则语言。SWRL 规则形如 Datalog，只是限制原子的谓词必须是本体中的概念或者属性。SWRL 虽然不是 W3C 的推荐标准，但在实际中被多个推理机支持，应用广泛。

（2）OWL RL。OWL RL 是 W3C 定义的 OWL 2 的一个子语言，其设计目标为可以直接转换成 Datalog 程序，从而使用现有的 Datalog 推理机推理。

（3）RDFS（RDF Schema）。RDFS 是 W3C 定义的一个基于 RDF 的轻量级的本体语言。RDFS 的推理也可以用 Datalog 程序表示。RDFS 的表达能力大体是 OWL RL 的一个子集。

5. 基于 Datalog 的推理工具 RDFox 介绍

目前，最主要的 Datalog 工具包括 DLV①和 Clingo②。这两个工具都是一般性的

① http://www.dlvsystem.com/dlv/。

② http://potassco.sourceforge.net/。

Datalog 推理机，而不是专用于知识图谱。知识图谱领域也有多个系统，包括 KAON2①、HermiT②、Pellet③、Stardog④、RDFox⑤等，支持 RL 或者 SWRL 推理。Datalog 相关工具总结如表 6-3 所示。下面简要介绍一下 RDFox。

表 6-3 Datalog 相关工具总结

工具名称	支持本体语言	实现编程语言	支持编程语言
KAON2	OWL DL/SWRL	Java	Java
RDFox	OWL 2 RL	C++	Java/C++/Python
Stardog	OW DL/SWRL	Java	Java
HerimT	OW DL/SWRL	Java	Java
Pellet	OW DL/SWRL	Java	Java

RDFox 是由牛津大学开发的可扩展、跨平台、基于内存的 RDF 三元组存储系统。其最主要的特点是支持基于内存的高效并行 Datalog 推理，同时也支持 SPARQL 查询。RDFox 的架构如图 6-4 所示。RDFox 的输入包括本体（TBox）、数据（ABox）和一个自定规则集。其核心为 RDFox 推理机，支持增量更新。

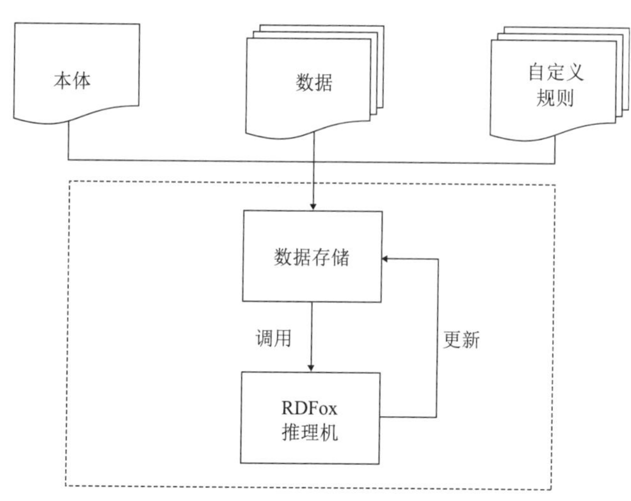

图 6-4 RDFox 的架构

① http://kaon2.semanticweb.org/。
② http://www.hermit-reasoner.com。
③ https://github.com/stardog-union/pellet。
④ https://www.stardog.com/。
⑤ https://www.cs.ox.ac.uk/isg/tools/RDFox/。

1. RDFox Java API 使用方法

（1）创建本体与存储

```
    OWLOntologyManager manager = OWLManager.createOWLOntologyManager();
    OWLOntology ontology =
manager.loadOntologyFromOntologyDocument(IRI.create("test.owl"));
    DataStore store = new DataStore(DataStore.StoreType.ParallelSimpleNN,
true);
```

（2）导入本体进行推理

```
    store.importOntology(ontology);
    store.applyReasoning();
```

2. RDFox Java API 使用举例

下面用一个具体的例子介绍 RDFox。假定有如图 6-5 所示的某金融领域相关的图。

首先把它转换成一个知识图谱。对每一个实体，要创建一个 IRI。为此引入命名空间 finance:来表示 http://www.example.org/kse/finance#。

<http://www.example.org/kse/finance#孙宏斌>这个 IRI 就可以使用命名空间简写为“ finance:孙宏斌”。

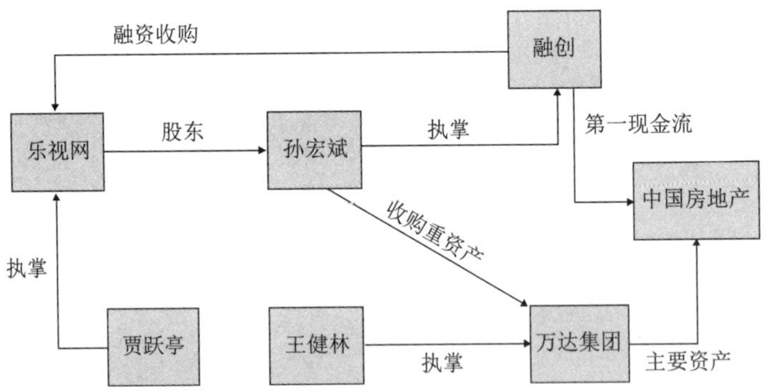

图 6-5　某金融领域相关的图

一个三元组例子为：

finance:融创中国　rdf:type　finance:地产事业本体（TBox）如下：

- SubClassOf (PublicCompany, Company)　//类 PublicCompany 是 Company 的子类
- ObjectPropertyDomain(Control, Person)　//属性 Control 的定义域是 Person

- ObjectPropertyRange(Control, Company)　//属性 Control 的值域是 Company

此本体用 RDF/XML 的格式描述如下：

```
<?xml version="1.0" encoding="UTF-8"?>
<!DOCTYPE rdf:RDF [
  <!ENTITY finance "http://www.example.org/kse/finance#">
  <!ENTITY owl "http://www.w3.org/2002/07/owl#">
  <!ENTITY rdf "http://www.w3.org/1999/02/22-rdf-syntax-ns#">
  <!ENTITY rdfs "http://www.w3.org/2000/01/rdf-schema#">
  <!ENTITY xsd "http://www.w3.org/2001/XMLSchema#">
]>
<rdf:RDF xml:base="&finance;"
         xmlns:owl="&owl;"
         xmlns:rdf="&rdf;"
         xmlns:rdfs="&rdfs;">

<!-- Ontology Information -->
  <owl:Ontology rdf:about=""/>

<owl:Class rdf:ID="PublicCompany">
  <rdfs:subClassOf rdf:resource="Company"/>
</owl:Class>


<owl:ObjectProperty rdf:ID="control">
  <rdfs:domain rdf:resource="Person"/>
  <rdfs:range rdf:resource="Company"/>
</owl:ObjectProperty>

</rdf:RDF>
```

数据（ABox）用 Triple 的语法，如下所示。

```
<http://www.example.org/kse/finance#融创中国> <http://www.w3.org/1999/02/22-rdf-syntax-ns#type> <http://www.example.org/kse/finance#地产事业> .
<http://www.example.org/kse/finance#孙宏斌> <http://www.example.org/kse/finance#control> <http://www.example.org/kse/finance#融创中国> .
<http://www.example.org/kse/finance#贾跃亭> <http://www.example.org/kse/finance#control> <http://www.example.org/kse/finance#乐视网> .
<http://www.example.org/kse/finance#王健林> <http://www.example.org/kse/finance#control> <http://www.example.org/kse/finance#万达集团> .
<http://www.example.org/kse/finance#孙宏斌> <http://www.example.org/kse/finance#hold_share> <http://www.example.org/kse/finance#乐视网> .
<http://www.example.org/kse/finance#万达集团> <http://www.example.org/kse/finance#main_income> <http://www.example.org/kse/finance#地产事业> .
<http://www.example.org/kse/finance#融创中国> <http://www.example.org/kse/finance#acquire> <http://www.example.org/kse/finance#乐视网> .
<http://www.example.org/kse/finance#融创中国> <http://www.example.org/kse/finance#acquire> <http://www.example.org/kse/finance#万达集团> .
```

自定义规则如下：

1）执掌一家公司就一定是这家公司的股东。

2）如果某人同时是两家公司的股东，那么这两家公司一定有关联交易。

用 Datalog 形式化，写成 SWRL 规则，具体如下：

```
    finance:hold_share(X,Y):- finance:control(X,Y).
    finance:conn_trans(Y,Z):- finance:hold_share(X,Y),
finance:hold_share(X,Z).
```

下面演示如何使用代码（Java）数据读取本体、数据，声明规则并进行推理。

读取本体、数据，声明规则。

```
File ontologyFile = new File(RDFox_tutorial.class.getResource("/data/finance/finance.owl").toURI());
File dataFile = new File(RDFox_tutorial.class.getResource("/data/finance/finance-data.ttl").toURI());

String userDefinedRules = "PREFIX p: <http://www.example.org/kse/finance#>"
        + "p:hold_share(?X, ?Y) :- p:control(?X, ?Y)."
        + "p:conn_trans(?Y, ?Z) :- p:hold_share(?X, ?Y), p:hold_share(?X, ?Z).";

OWLOntologyManager manager = OWLManager.createOWLOntologyManager();
DataStore store = new DataStore(DataStore.StoreType.ParallelSimpleNN);
store.setNumberOfThreads(2);
OWLOntology ontology = manager.loadOntologyFromOntologyDocument(ontologyFile);

store.importOntology(ontology);
store.importFiles(new File[] {dataFile});
store.importText(userDefinedRules);
```

推理，定义命名空间与查询操作（用于输出当前三元组）。

```
Prefixes prefixes = Prefixes.DEFAULT_IMMUTABLE_INSTANCE;
TupleIterator tupleIterator = store.compileQuery("SELECT DISTINCT ?x ?y ?z WHERE{ ?x ?y ?z }", prefixes);
System.out.println("Retrieving all triples before materialisation.");
evaluateAndPrintResults(prefixes, tupleIterator);

store.applyReasoning();

System.out.println("Retrieving all triples after materialisation.");
evaluateAndPrintResults(prefixes, tupleIterator);
```

将结果输出为结合规则推理的所有三元组实例化。

```
Retrieving all triples before materialisation.
==========================================================================
<http://www.example.org/kse/finance#融创中国>  <http://www.example.org/kse/finance#acquire>  <http://www.example.org/kse/finance#万达集团>
<http://www.example.org/kse/finance#融创中国>  <http://www.example.org/kse/finance#acquire>  <http://www.example.org/kse/finance#乐视网>
<http://www.example.org/kse/finance#万达集团>  <http://www.example.org/kse/finance#main_income>  <http://www.example.org/kse/finance#地产事业>
<http://www.example.org/kse/finance#孙宏斌>  <http://www.example.org/kse/finance#hold_share>  <http://www.example.org/kse/finance#乐视网>
<http://www.example.org/kse/finance#王健林>  <http://www.example.org/kse/finance#control>  <http://www.example.org/kse/finance#万达集团>
<http://www.example.org/kse/finance#贾跃亭>  <http://www.example.org/kse/finance#control>  <http://www.example.org/kse/finance#乐视网>
<http://www.example.org/kse/finance#孙宏斌>  <http://www.example.org/kse/finance#control>  <http://www.example.org/kse/finance#融创中国>
<http://www.example.org/kse/finance#融创中国>  rdf:type  <http://www.example.org/kse/finance#地产事业>
--------------------------------------------------------------------------
  The number of rows returned: 8
==========================================================================

Retrieving all triples after materialisation.
==========================================================================
<http://www.example.org/kse/finance#万达集团>  <http://www.example.org/kse/finance#conn_trans>  <http://www.example.org/kse/finance#万达集团>
<http://www.example.org/kse/finance#融创中国>  <http://www.example.org/kse/finance#conn_trans>  <http://www.example.org/kse/finance#乐视网>
<http://www.example.org/kse/finance#融创中国>  <http://www.example.org/kse/finance#conn_trans>  <http://www.example.org/kse/finance#融创中国>
<http://www.example.org/kse/finance#乐视网>  <http://www.example.org/kse/finance#conn_trans>  <http://www.example.org/kse/finance#乐视网>
<http://www.example.org/kse/finance#乐视网>  <http://www.example.org/kse/finance#conn_trans>  <http://www.example.org/kse/finance#融创中国>
<http://www.example.org/kse/finance#万达集团>  rdf:type  <http://www.example.org/kse/Company>
<http://www.example.org/kse/finance#王健林>  rdf:type  <http://www.example.org/kse/Person>
<http://www.example.org/kse/finance#王健林>  <http://www.example.org/kse/finance#hold_share>  <http://www.example.org/kse/finance#万达集团>
<http://www.example.org/kse/finance#乐视网>  rdf:type  <http://www.example.org/kse/Company>
<http://www.example.org/kse/finance#贾跃亭>  rdf:type  <http://www.example.org/kse/Person>
<http://www.example.org/kse/finance#贾跃亭>  <http://www.example.org/kse/finance#hold_share>  <http://www.example.org/kse/finance#乐视网>
<http://www.example.org/kse/finance#融创中国>  rdf:type  <http://www.example.org/kse/Company>
<http://www.example.org/kse/finance#孙宏斌>  rdf:type  <http://www.example.org/kse/Person>
<http://www.example.org/kse/finance#孙宏斌>  <http://www.example.org/kse/finance#hold_share>  <http://www.example.org/kse/finance#融创中国>
<http://www.example.org/kse/finance#融创中国>  <http://www.example.org/kse/finance#acquire>  <http://www.example.org/kse/finance#万达集团>
<http://www.example.org/kse/finance#融创中国>  <http://www.example.org/kse/finance#acquire>  <http://www.example.org/kse/finance#乐视网>
<http://www.example.org/kse/finance#万达集团>  <http://www.example.org/kse/finance#main_income>  <http://www.example.org/kse/finance#地产事业>
<http://www.example.org/kse/finance#孙宏斌>  <http://www.example.org/kse/finance#hold_share>  <http://www.example.org/kse/finance#乐视网>
<http://www.example.org/kse/finance#王健林>  <http://www.example.org/kse/finance#control>  <http://www.example.org/kse/finance#万达集团>
<http://www.example.org/kse/finance#贾跃亭>  <http://www.example.org/kse/finance#control>  <http://www.example.org/kse/finance#乐视网>
<http://www.example.org/kse/finance#孙宏斌>  <http://www.example.org/kse/finance#control>  <http://www.example.org/kse/finance#融创中国>
<http://www.example.org/kse/finance#融创中国>  rdf:type  <http://www.example.org/kse/finance#地产事业>
--------------------------------------------------------------------------
  The number of rows returned: 22
==========================================================================
```

6.2.3　基于查询重写的方法

本节介绍查询重写的方法实现知识图谱的查询。考虑两种情况，第一种情况是知识图谱已经存在，第二种情况是数据并不以知识图谱的形式存在，而是存在外部的数据库中（例如关系数据库）。

第一种情况直接在知识图谱之上的查询称为本体介导的查询回答（Ontology-Mediated Query Answering，OMQ）[27]。在 OMQ 下，查询重写的任务是将一个本体 TBox T 上的查询 q 重写为查询 q_T，使得对于任意的 ABox A，q_T 在 A 上的执行结果等价于 q 在(T, A)上的执行结果。

第二种情况称为基于本体的数据访问（Ontology-Based Data Access，OBDA）[28,29]。在 OBDA 的情况下，数据存放在一个或多个数据库中，由映射（Mapping）将数据库的数据映射为一个知识图谱。映射的标准语言为 W3C 的 R2RML 语言。OMQ 可以看作 OBDA 的特殊情况，即每个本体中谓词的实例都存储在一个特定的对应表中，而映射只是一个简单的同构关系。以下着重介绍 OBDA。

1．OBDA 框架

OBDA 框架包含外延（extensional）和内涵（intensional）两个部分。外延层为符合某个数据库架构（schema）S 的一个源数据库 D，S 通常包括数据库表的定义和完整性约束。内涵层为一个 OBDA 规范 $P=(T, M, S)$，其中 T 是本体，S 是数据源模式，M 是从 S 到 T 的映射。这样 OBDA 的实例定义为外延层和内涵层的一个对 $I=(P,D)$，其中 $P=(T,M,S)$，且 D 符合 S。用 $M(D)$表示将映射 M 作用于数据库 D 上生成的知识图谱。给定这样一个 OBDA 实例 I，OBDA 的语义即定义为一个知识库$(T,M(D))$。

OBDA 的主要推理任务为查询。当查询时，本体 T 为用户提供了一个高级概念视图数据和方便的查询词汇，用户只针对 T 查询，而数据库存储层和映射层对用户完全透明。这样 OBDA 可以将底层的数据库呈现为一个知识图谱，从而掩盖了底层存储的细节。

OBDA 有多种实现方式，最直接的方式是生成映射得到的知识图谱 $M(D)$，然后保存到一个三元组存储库中，这种方式也称作 ETL（Extract Transform Load），优点是实现简单直接。但是当底层数据量特别大或者数据经常变化时，或者映射规则需要修改时，ETL 的成本可能很高，也需要额外的存储空间。在此，我们更感兴趣的是虚拟 OBDA 的方式，此方式下的三元组并不需要被真正生成，而通过查询重写的方式来实现，OBDA 将在本体层面的 SPARQL 查询重写为在原始数据库上的 SQL 查询。相比于 ELT 的方式，虚拟 OBDA 方式更轻量化、更灵活，也不需要额外的硬件。为了保证可重写性，本体语言通常使用轻量级的本体语言 DL-Lite，被 W3C 标准化为 OWL 2 QL。

OBDA 查询重写的流程如图 6-6 所示。给定一个 OBDA 实例 $I=(P,D)$、$P=(T,S,M)$以及一个 SPARQL 查询 q，通过重写回答查询的具体步骤为：

（1）查询重写。对于 OMQ 的情况，利用本体 T 将输入的 SPARQL q 重写为另一个 SPARQL。

（2）查询展开。将 SPARQL 利用映射 M 展开，把每一个查询中的谓词替换成映射中的定义，生成 SQL 语句查询[30]。

（3）查询执行。将生成的 SQL 语句交给数据库引擎并执行。

（4）结果转换。SQL 语句查询的结果做一些简单的转换，变换成 SPARQL 的查询结果。

为了实现更好的性能，实际使用的 OBDA 系统做了非常多的优化，实际的流程更加复杂[29]。

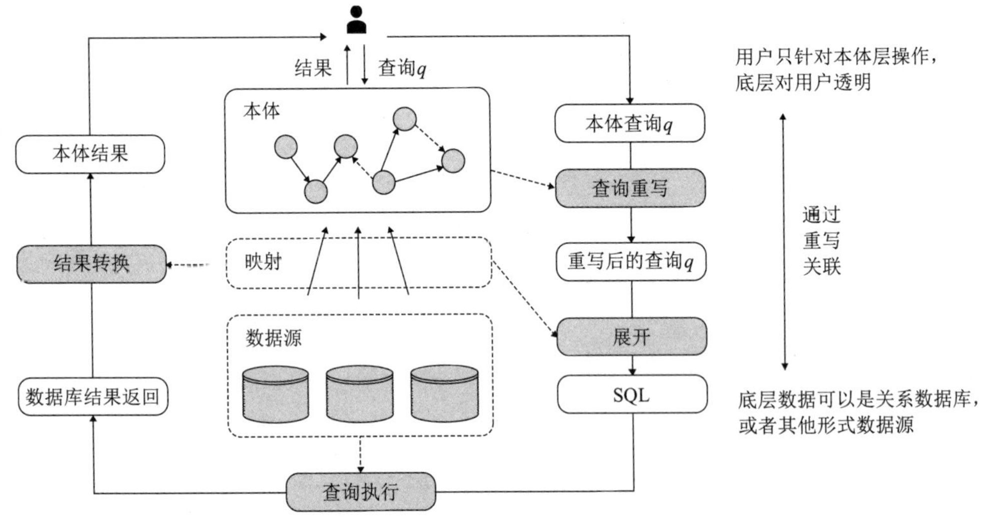

图 6-6 OBDA 查询重写的流程

2．查询重写举例（OMQ）

假定有如下一个关于学校信息系统的本体 T：

```
SubClassOf(AdminStaff, Person)
SubClassOf(Student, Person)
SubClassOf(GraduateStudent, Student)
SubClassOf(UnderGraduateStudent, Student)
SubClassOf(AssistantProfessor, Professor)
SubClassOf(AssociateProfessor, Professor)
SubClassOf(FullProfessor, Professor)
ObjectPropertyDomain(teaches, Teacher)
ObjectPropertyRange(teaches, Teacher)
SubPropertyOf(givesLab, teaches)
SubPropertyOf(givesLecture, teaches)
```

查询 q1 =　SELECT ?teacher WHERE {?teacher a Teacher} 试图查询所有的教师。

通过层次关系和定义域可以被重写为 q1'=

```
SELECT ?teacher FROM {
SELECT ?teacher WHERE {?teacher a Teacher} UNION
SELECT ?teacher WHERE {?teacher a Professor } UNION
SELECT ?teacher WHERE {?teacher a FullProfessor } UNION
SELECT ?teacher WHERE {?teacher a AssistantProfessor } UNION
SELECT ?teacher WHERE {?teacher a AssociateProfessor } UNION
SELECT ?teacher WHERE {?teacher teaches ?course } UNION
SELECT ?teacher WHERE {?teacher givesLab ?course} UNION
SELECT ?teacher WHERE {?teacher givesLecture ?course }
}
```

请注意 q1'包括了所有的已知教师和所有有教学任务的人。

查询 q2 =　SELECT ?teacher WHERE {?teacher a Teacher . ?teacher teaches ?course . ?course a Course .} 查询所有的教师和讲授的课程。

可以先利用 teaches 的定义域和值域将 q2 优化为

SELECT ?teacher ?course WHERE　{?teacher teaches ?course }

然后重写为 q2':

```
SELECT ?teacher ?course FROM {
SELECT ?teacher ?course WHERE  {?teacher teaches ?course }  UNION
SELECT ?teacher ?course WHERE  {?teacher givesLab ?course}  UNION
SELECT ?teacher ?course WHERE  {?teacher givesLecture ?course }
}
```

注意 q2'只包括有教学任务的人。

```
    查询 q3 =  SELECT ?fn ?ln ?course WHERE {?teacher a
Teacher . ?teacher :firstName ?fn. ?teacher:lastName ?ln . ?teacher
teaches ?course . ?course a Course .}  查询所有的教师的姓名和讲授的课程。
```

可以重写为：

```
    q3' =  SELECT ?fn ?ln ?course FROM {
    SELECT ?fn ?ln ?course  WHERE  {?teacher
firstName ?fn. ?teacher :lastName ?ln . ?teacher teaches ?course }  UNION
    SELECT ?fn ?ln ?course WHERE  {?teacher firstName ?fn. ?teacher
lastName ?ln . ?teacher givesLab ?course}  UNION
    SELECT ?fn ?ln ?course WHERE  {?teacher firstName ?fn. ?teacher
lastName ?ln . ?teacher givesLecture ?course }
    }
```

3. 查询重写举例（OBDA）

现在假设数据实际是存在于一个关系数据库中。此数据库包含以下三个数据库表，其中下画线的列构成数据表的主键：

```
    tbl_person(id, first_name, last_name, position)
    tbl_course(c_id, course_name,  teacher_id)
    tbl_teaching_assistant(c_id, ta_id)
```

同时，假设有如下的映射规则：

```
    :person/{id} firstName {first_name} . <- SELECT id, first_name FROM
tbl_person .
    :person/{id} lastName {last_name} . <- SELECT id, last_name FROM
tbl_person .
    :person/{id} a AdminStaff . <- SELECT id FROM tbl_person WHERE position
= 1
    :person/{id} a UnderGraudateStudent . <- SELECT id FROM tbl_person WHERE
position = 2
    :person/{id} a GraudateStudent . <- SELECT id FROM tbl_person WHERE position = 3
    :person/{id} a AssistantProfessor . <- SELECT id FROM tbl_person WHERE position
= 4
    :person/{id} a AssociateProfessor . <- SELECT id FROM tbl_person WHERE position
= 5
    :person/{id} a FullProfessor . <- SELECT id FROM tbl_person WHERE position = 6
    :person/{teacher_id} givesLecture :cource/{c_id}. <- SELECT teacher_id,
c_id FROM tbl_ course
    :person/{ta_id} givesLab :cource/{c_id}. <- SELECT id, c_id FROM
tbl_teaching_assistant
```

利用这些映射，q1'可以被展开为：

```
    SELECT teacher FROM (
    (SELECT CONCAT(':person/', id)AS teacher FROM tbl_person WHERE position =
4)UNION
    (SELECT CONCAT(':person/', id)AS teacher FROM tbl_person WHERE position =
5)UNION
    (SELECT CONCAT(':person/', id)AS teacher FROM tbl_person WHERE position =
6)UNION
    (SELECT CONCAT(':person/', teacher_id)AS teacher FROM tbl_course) UNION
    (SELECT CONCAT(':person/', ta_id)AS teacher FROM tbl_teaching_assistant)
    )
```

并进一步简化为：

```
    SELECT CONCAT(':person/', id)AS teacher FROM (
    (SELECT id AS id FROM tbl_person WHERE position = 4 OR position = 5 OR
position = 6) UNION
    (SELECT teacher_id AS id FROM tbl_course)UNION
    (SELECT ta_id AS id FROM tbl_teaching_assistant)
    )
```

查询 q2'可以展开为：

```
    SELECT teacher, y FROM (
    (SELECT CONCAT(':person/', teacher_id)AS teacher, CONCAT(':course/',
c_id)AS y
     FROM tbl_course) UNION
    ( SELECT CONCAT(':person/', teacher_ta_id)AS teacher, CONCAT(':course/',
c_id)AS y FROM        tbl_teaching_assistant)
    )
```

并进一步简化为：

```
    SELECT CONCAT(':person/', teacher_id)AS teacher, CONCAT(':course/',
c_id)AS y FROM (
    (SELECT teacher_id AS id,  c_id AS y FROM tbl_course) UNION
    (SELECT ta_id AS id, c_id FROM tbl_teaching_assistant)
    )
```

查询 q3'可以展开为：

```
    SELECT course, fn, ln FROM (
    (SELECT CONCAT(':course/', c_id)AS course, first_name AS fn, last_name
AS ln
```

```
    FROM tbl_person, tbl_course WHERE tbl_person.id = tbl_course.teacher_id)
UNION
   ( SELECT CONCAT(':person/', teacher_ta_id)AS teacher, CONCAT(':course/',
c_id)AS course, first_name AS fn, last_name AS ln
    FROM       tbl_person, tbl_teaching_assistant WHERE tbl_person.id =
tbl_teaching_assistant.ta_id)
   )
```

并进一步简化为：

```
   SELECT CONCAT(':course/', c_id)AS course, fn, ln FROM (
   (SELECT c_id, first_name AS fn, last_name AS ln
    FROM tbl_course, tbl_course WHERE tbl_person.id = tbl_course.teacher_id,
first_name AS fn, last_name AS ln) UNION
   (SELECT c_id, first_name AS fn, last_name AS ln
    FROM tbl_teaching_assistant, tbl_teaching_assistant, first_name AS fn,
last_name AS ln WHERE tbl_person.id = tbl_teaching_assistant.ta_id)
   )
```

这些生成的 SQL 语句可以直接在原始的数据库上运行。

4. 相关工具介绍

基于查询重写的推理机有多个，例如 Ontop①、Mastro②、Stardog③、Ultrawrap④、Morph⑤。这些工具的功能对比如表 6-4 所示。

表 6-4 基于查询重写的推理机工具的功能对比

工具名称	支持本体语言	支持映射语言	许可证
Ontop	OWL 2 QL	R2RML，Ontop Mapping	Apache 2
Mastro	OWL 2 QL	R2RML	学术/商业许可证
Ultrawrap	RDFS-Plus	R2RML	商业许可证
Stardog	OW 2 SL/SWRL	R2RML	商业许可证
Morph-RDB	OW DL/SWRL	R2RML	Apache 2

Ontop 是由意大利博尔扎诺自由大学开发的一个开源的（Apache License 2.0）OBDA 系统，现在由 Ontopic 公司提供技术支持。Ontop 兼容 RDFS、OWL 2 QL、R2RML、

① Ontop Website. http://ontop.inf.unibz.it/。
② Mastro Website. http://www.dis.uniroma1.it/~mastro/。
③ Stardog Website. https://www.stardog.com/。
④ Ultrawrap Website. https://capsenta.com/ultrawrap/。
⑤ Morph-rdb Website. http://mayor2.dia.fi.upm.es/oeg-upm/index.php/en/technologies/315-morph-rdb/。

SPARQL 标准，并支持主流关系数据库，如 Oracle、MySQL、SQL Server、PostgreSQL。Ontop 的 Protégé 插件可以用于编辑映射和测试查询。RDF4J 插件可以将编辑好的 OBDA 系统发布为一个 SPARQL endpoint。Ontop 也提供 Java API。

Mastro 最初是由意大利罗马大学开发的 OBDA 系统，现在由 OBDA Systems 商业化运行。此系统支持对 OWL2 QL 本体的推理。与此处提到的其他 OBDA 系统不同，它仅支持与合取查询相对应的 SPARQL 的受限片段。

Ultrawrap 是由 Capsenta 公司商业化的 OBDA 系统。它被扩展为支持对具有反向和传递属性的 RDFS 扩展的推断。

Morph-RDB 是西班牙马德里工业大学开发的开源 OBDA 系统，不支持本体层面的推理能力。

Stardog 原本是由 Stardog Union 开发的商业化的 Triple 存储工具。Stardog v4 版中集成了 Ontop 代码以支持虚拟 RDF 图上的 SPARQL 查询。因此，它现在也可以归为 OBDA 系统。在 v5 版本中有了自己的 OBDA 实现。

5. OBDA 的应用

OBDA 在学术界和工业级有着广泛的应用，如石油与天然气领域，挪威国家石油公司[31]；涡轮发电机故障诊断，西门子[32]；数据集成解决方案，SIRIS Academic SL Barcellona[33]；日志流程挖掘，KAOS 项目[34]；文化遗产，EPNet 项目[35]；海事安全，EMSec 项目[36]；制造业，工业 4.0[37]；医疗保健，电子健康记录[38]；政务信息，意大利公共债务[39]；智慧城市，IBM 爱尔兰[40]。限于篇幅，不展开讲解，有兴趣的读者可以查阅参考文献[41]。

6.2.4　基于产生式规则的方法

1. 产生式系统

产生式系统是一种前向推理系统，可以按照一定机制执行规则并达到某些目标，与一阶逻辑类似，也有区别。产生式系统可以应用于自动规划和专家系统等领域。

一个产生式系统由事实集合、产生式集合和推理引擎三部分组成。

（1）事实集合。事实集合是运行内存（Working Memory，WM）为事实（WME）的集合，用于存储当前系统中的所有事实。事实可描述对象，形如(type attr_1:val_1　attr_2:val_2…attr_n:val_n)，其中 type、attr_i、val_i 均为原子（常量）。例如，(student name:"Alice" age:24)表示一个学生，姓名为 Alice，年龄为 24。事实也可描述关系。例如，(basicFact relation:olderThan firstArg:John secondArg:Alice)表示 John 比 Alice 的年纪大，此事实也可简记为(olderThan John Alice)。

（2）产生式集合。产生式集合（Production Memory，PM）由一系列的产生式组成。

产生式形如：

- **IF** conditions **THEN** actions

其中，conditions 是由条件组成的集合，又称为 LHS；actions 是由动作组成的序列，又称为 RHS。

LHS 是 conditions 的集合，各条件之间为且的关系。当 LHS 中所有条件均被满足时，触发规则。每个条件形如(type attr_1:spec_1 attr_2:spec_2…attr_n:spec_n)。其中，spec_i 表示对 attr_i 的约束，形式可取下列中的一种：

- 原子，如：Alice　　(person name:**Alice**)
- 变量，如：*x*　　(person name:***x***)
- 表达式，如：[*n*+4]　　(person age:**[*n*+4]**)
- 布尔测试，如：{>10}　　(person age:{**>10**})
- 约束的与、或、非操作

RHS 是 action 的序列，执行时依次执行。动作的种类有如下三种：

- ADD pattern。向 WM 中加入形如 pattern 的 WME。
- REMOVE *i*。从 WM 中移除当前规则第 *i* 个条件匹配的 WME。
- MODIFY *i* (attr spec)。对于当前规则第 *i* 个条件匹配的 WME，将其对应于 attr 属性的值改为 spec。

例如，产生式 IF (Student name:)Then ADD (Person name:)表示如果有一个学生名为?x，则向事实集加入一个事实，表示有一个名为?x的人。

产生式具体语法因不同系统而异，某些系统中此产生式亦可写作 (Student name:x)⇒ADD (Person name:x)。

产生式系统执行流程如图 6-7 所示。

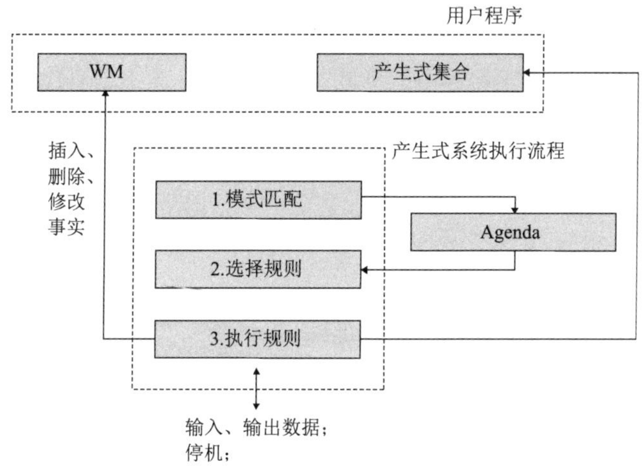

图 6-7　产生式系统执行流程

（3）推理引擎。推理引擎用于控制系统的执行，主要有三个部分：

- 模式匹配。用规则的条件部分匹配事实集中的事实，整个 LHS 都被满足的规则被触发，并被加入议程（Agenda）。
- 选择规则。按一定的策略从被触发的多条规则中选择一条。
- 执行规则。执行被选择出来的规则的 RHS，从而操作 WM。

模式匹配用每条规则的条件部分匹配当前的 WM，如图 6-8 所示为匹配规则过程。规则为：（type *x y*）, (subClassOf *y z*)⇒ADD (type *x z*)。

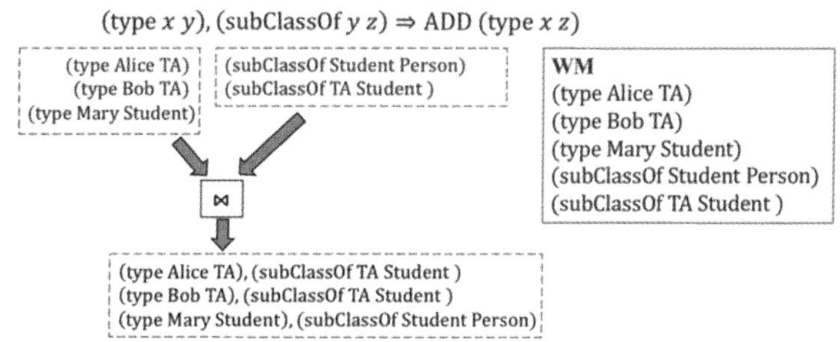

图 6-8　匹配规则过程

高效的模式匹配算法是产生式规则引擎的核心。目前，最流行的算法是 Rete 算法，在 1979 年由 Charles Forgy 提出[42]。其主要的想法为将产生式的 LHS 组织成判别网络形式，以实现用空间换时间的效果。

下面用图 6-9 和图 6-10 解释 Rete 算法的形状。最主要的部分为α网络和β网络。α和β的名字来源于产生式规则常写成$\alpha \Rightarrow \beta$的形式。α网络对应条件，检验并保存各个条件对应的 WME 集合。β网络对应结果，用于保存 join 的中间结果。

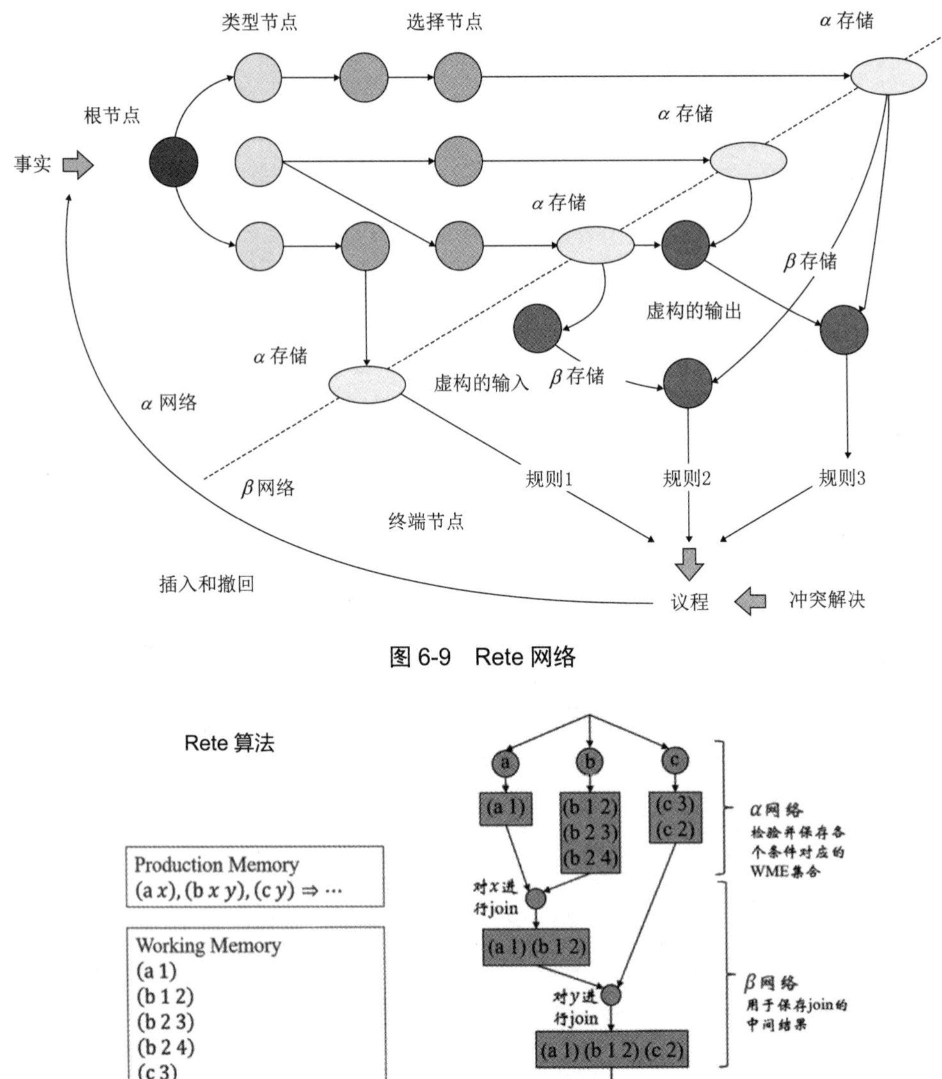

图 6-9 Rete 网络

图 6-10 Rete 算法的匹配过程

选择规则从被触发的多条规则中选择一条执行，常用的策略有：

- 随机选择。从被触发的规则中随机选择一条执行。注意在推理的场景下，被触发的多条规则可全被执行。
- 具体性（specificity）。选择最具体的规则，例如下面的第二条规则比第一条更具体，故当同时满足时触发第二条：

  (Student name:)⇒…

  (Student name: age:20)⇒…

- 新近程度（recency）。选择最近没有被触发的规则执行动作。

4. 相关工具介绍

表 6-5 为三个基于产生式规则的系统，它们都是基于 Rete 算法或其改进的。

表 6-5 三个基于产生式规则的系统

工具名称	实现语言	支持编程语言	是否开源	算法
Drools	Java	Java	是	ReteOO 和 Phreak
Jena	Java	Java	是	Rete
GraphDB	Java	Java、PHP、Python、Scala……	否	Tree

（1）**Drools**。Drools 是一个商用规则管理系统，提供了一个规则推理引擎。核心算法是基于 Rete 算法的改进。提供规则定义语言，支持嵌入 Java 代码。

Drools 使用举例：

创建容器与会话，如下：

```
KieServices ks = KieServices.Factory.get();
KieContainer kContainer = ks.getKieClasspathContainer();
KieSession kSession = kContainer.newKieSession("ksession-rules");
```

触发规则，如下：

```
kSession.fireAllRules();
```

（2）**Jena**。Jena 是一个用于构建语义网应用的 Java 框架。提供了处理 RDF、RDFS、OWL 数据的接口，还提供了一个规则引擎。提供三元组的内存存储于 SPARQL、查询。

Jena 使用举例：

创建模型，如下：

```
    Model m = ModelFactory.createDefaultModel();
```

创建规则推理机，如下：

```
    Reasoner reasoner = new
GenericRuleReasoner(Rule.rulesFromURL("file:rule.txt"));
    InfModel inf = ModelFactory.createInfModel(reasoner, m);
```

（3）GraphDB 。GraphDB（原 OWLIM）是一个可扩展的语义数据存储系统（基于 RDF4J)，其功能包含三元组存储、推理引擎、查询引擎，支持 RDFS、OWL DLP、OWL Horst、OWL 2 RL 等多种语言。

6.3 基于归纳的知识图谱推理

随着技术的发展，越来越多的知识图谱自动化构建方法被提出来，例如利用算法对文本进行三元组抽取，这使得大规模知识图谱能够迅速被建立起来，例如 NELL。但这类知识图谱的信息准确度稍差于利用专家知识人工构建的知识图谱，且冗余度较大。在这种自动化构建的大规模知识图谱上进行推理，知识的不精确性以及巨大的规模对演绎推理来说是很大的挑战，而归纳推理却很适用。

基于归纳的知识图谱推理主要是通过对知识图谱已有信息的分析和挖掘进行推理的，最常用的信息为已有的三元组。按照推理要素的不同，基于归纳的知识图谱推理可以分为以下几类：基于图结构的推理、基于规则学习的推理和基于表示学习的推理。下面分别介绍这三类推理的主要方法和现有进展。

6.3.1 基于图结构的推理

1．方法概述

对于那些自底向上构建的知识图谱，图谱中大部分信息都是表示两个实体之间拥有某种关系的事实三元组。对于这些三元组，从图的角度来看，可以看作是标签的有向图，有向图以实体为节点，以关系为有向边，并且每个关系边从头实体的节点指向尾实体的节点，如图 6-11 所示。

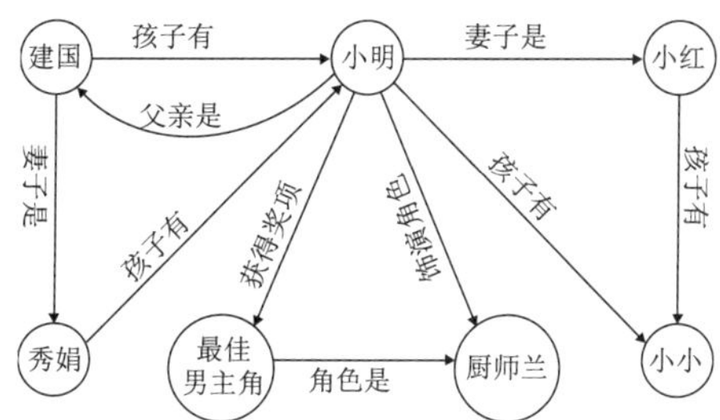

图 6-11 知识图谱中的实体关系图

有向图中丰富的图结构反映了知识图谱丰富的语义信息，在知识图谱中典型的图结构是两个实体之间的路径。例如，上面的示例中描述了不同人物之间的关系以及人物的职业信息，包含了如下的路径：

$$\text{小明} \xrightarrow{\text{妻子是}} \text{小红} \xrightarrow{\text{孩子有}} \text{小小}$$

这是一条从实体小明到实体小小的路径，表述的信息是小明的妻子是小红，小红的孩子有小小。从语义角度来看，这条由关系“妻子是”和“孩子有”组成的路径揭示了小明和小小之间的父子关系，这条路径蕴涵着三元组：

$$\text{小明} \xrightarrow{\text{孩子有}} \text{小小}$$

而这个推理过程不仅仅存在于这个包含小明、小红和小小的子图中，同样也存在于建国、秀娟和小明的子图中，而路径$A \xrightarrow{\text{妻子是}} B \xrightarrow{\text{孩子有}} C$和三元组$A \xrightarrow{\text{孩子有}} C$是常常同时出现在知识图谱中的。其中 A、B、C 是三个代表关系的变量，由“妻子是”和“孩子有”两种关系组成的路径与关系“孩子有”在图谱中是经常共现的，且其共现与 A、B、C 具体是什么实体没有关系。这说明了路径是一种重要的进行关系推理的信息，也是一种重要的图结构。除了路径，实体的邻居节点以及它们之间的关系也是刻画和描述一个实体的重要信息，例如在上例中的关于“小明”的 7 个三元组鲜明地描述了小明这个人物，包括（小明，父亲是，建国）、（小明，获得奖项，最佳男主角）以及（小明，妻子是，小红）等。一般而言，离实体越近的节点对描述这个实体的贡献越大，在知识图谱推理的研究中，常考虑的是实体一跳和两跳范围内的节点和关系。

当把知识图谱看作是有向图时，往往强调的是在知识图谱中的事实三元组，即表示两个实体之间拥有某种关系的三元组，而对于知识图谱的本体和上层的 schema 则关注较少，因为本体中许多含有丰富逻辑描述的信息并不能简单地转化为图的结构。下面将介绍常见的基于图结构的知识图谱推理算法。

2. 常见算法简介

典型的基于图结构的推理方法有 PRA（Path Ranking Algorithm）[10]利用了实体节点之间的路径当作特征从而进行链接预测推理。

（1）基于知识图谱路径特征的 PRA 算法。PRA 处理的推理问题是关系推理，其中包含了两个任务，一个是给定关系r和头实体h预测可能的尾实体t是什么，即在给定h,r的情况下，预测哪个三元组(h,r,t)成立的可能性比较大，叫作尾实体链接预测；另一个是在给定r,t的情况下，预测可能的头实体h是什么，叫作头实体链接预测。

PRA 针对的知识图谱主要是自底向上自动化构建的含有较多噪声的图谱，例如 NELL，并将关系推理的问题形式化为一个排序问题，对每个关系的头实体预测和尾实体预测都单独训练一条排序模型。PRA 将存在于知识图谱中的路径当作特征，并通过图上的计算对每个路径赋予相应的特征值，然后利用这些特征学习一个逻辑斯蒂回归分类器完成关系推理。在 PRA 中，每一个路径可以当作对当前关系判断的一个专家，不同的路径从不同的角度说明了当前关系的存在与否。

在 PRA 中，利用随机游走的路径排序算法首先需要生成一些路径特征，一个路径P是由一系列关系组成的，即：

$$P = T_0 \xrightarrow{r_1} T_1 \xrightarrow{r_2} \ldots \xrightarrow{r_{n-1}} T_{n-1} \xrightarrow{r_n} T_n.$$

式中，T_n为关系r_n的作用域（range)以及关系r_{n-1}的值域（domian)，即$T_n = \text{range}(r_n) = \text{domain}(r_{n-1})$，关系的值域和作用域通常指的是实体的类型。基于路径的随机游走定义了一个关系路径的分布，并得到每条路径的特征值$s_{h,P(t)}$，$s_{h,P(t)}$可以理解为沿着路径P从h开始能够到达t的概率。具体操作为，在随机游走的初始阶段，$s_{h,P(e)}$初始化为1，如果$e=h$，否则初始化为 0。在随机游走的过程中，$s_{h,P(e)}$的更新原则如下：

$$s_{h,P(e)} = \sum_{e' \in \text{range}(P')} s_{h,P'(e')}(e') \cdot P(e|e';r_l).$$

式中，$P(e|e';r_l) = \frac{r_l(e',e)}{|r_l(e',\cdot)|}$表示从节点$e'$出发沿着关系$r_l$通过一步的游走能够到达节点$e$的概率。对于关系$r$，在通过随机游走得到一系列路径特征$P_r = \{P_1, \cdots, P_n\}$之后，PRA 利用这些路径特征为关系$r$训练一个线性的预测实体排序模型，其中关系$r$下的每个训练样本，

即一个头实体和尾实体的组合的得分计算方法如下：

$$\text{score}(h,t) = \sum_{p_i \in P_r} \theta_i s_{h,p_i(t)} = \theta_1 s_{h,p_1(t)} + \theta_2 s_{h,p_2(t)} + \cdots + \theta_n s_{h,p_n(t)}.$$

基于每个样本的得分，通过一个逻辑斯蒂函数得到每个样本的概率，即：

$$p(r=1|\text{score}(h_i,t_i)) = \frac{\exp\left(\text{score}(h_i,t_i)\right)}{1+\exp\left(\text{score}(h_i,t_i)\right)}.$$

再通过一个线性变化加上最大似然估计，设计损失函数如下：

$$l_i(\theta) = w_i[y_i \ln p_i + (1-y_i)\ln(1-p_i)].$$

式中，y_i为训练样本(h_i,t_i)是否具有关系r的标记，如果(h_i,r,t_i)存在，则标记为 1；如果不存在，则标记为 0。w_i为二分类交互熵损失函数。

在路径特征搜索的过程中，PRA 增加了对有效路径特征的约束，来有效减小搜索空间：路径在图谱中的支持度（support）应大于某设定的比例α；路径的长度小于或等于某设定的长度；每条路径至少有一个正样本在训练集中。采集路径随机游走过程采用了 LVS（Low-Variance Sampling）的方法。

结合了有效采样和随机有走的 PRA 能够快速有效地利用知识图谱的路径结构对知识图谱进行关系推理，是典型的基于图结构的知识图谱推理算法。

（2）PRA 的演化算法。在 PRA 中的路径是连续的且在路径中的关系是同向的，这种路径特征可以理解为一种简单的霍恩规则（Horn rule），但是在知识图谱中，有很多种路径是含有常量的：

$$\text{小明} \xrightarrow{\text{雇主是}} e_x \xrightarrow{\text{是}} \text{运动队}$$

由这个路径可以推理出三元组小明$\xrightarrow{\text{服役于运动队}} e_x$，这种有明显语义的含有常量的且不是收尾闭合的路径特征是不能被 PRA 捕捉到的，又例如由$t=\text{NFL}$直接推理$e_x \xrightarrow{\text{服役于运动队}} t$，即将 NFL 直接设置为关系“服役于运动队”的值域，这种很明显的推理特征也是 PRA 无法捕捉的。所以，CoR-PRA（Constant and Reversed Path Ranking Algorithm）[43]通过改变 PRA 的路径特征搜索策略，促使其能够涵盖更多种语义信息的特征，主要是包含常量的图结构特征。给定关系 r 下的训练样本(h,t)，Co-PRA 中搜索图结构特征的步骤如下：

1）生成初步的路径。通过路径搜索算法生成以h为起点的小于长度l的路径集合P_h；通过路径搜索算法生成以t为起点的小于长度l的路径集合P_t。

2）通过 PRA 计算路径特征的概率。对于路径$\pi_h \in P_h$，计算沿着路径π_h正向地由h到达x的概率$P(h \rightarrow x;\ \pi_h)$，以及沿着路径$\pi_h$逆向地由$h$到达$x$的概率$P(h \leftarrow x;\ \pi_h^{-1})$；同理，对路径$\pi_t \in P_t$，计算沿着路径$\pi_t$正向地由$t$到达$x$的概率$P(t \rightarrow x;\ \pi_t)$，以及沿着路径$\pi_t$逆向地由$t$到达$x$的概率$P(t \leftarrow x;\ \pi_t^{-1})$；并将所有的$x$放入常量候选集$N$中。

3）生成候选的常量路径。对每一个$(x \in N, \pi \epsilon P_t)$的组合，如果$P(t \rightarrow x|\ \pi_t) > 0$，那么生成路径特征$P(c \leftarrow t;\ \pi_t^{-1})$，其中$c = x$，并且将路径特征对应的覆盖度值（coverage）加 1，即$\text{coverage}\big(P(c \leftarrow t;\ \pi_t^{-1})\big) \mathrel{+}= 1$；同理，对每一个$(x \in N, \pi \epsilon P_t)$的组合，如果$P(t \leftarrow x|\ \pi_t^{-1}) > 0$，那么生成路径特征$P(c \rightarrow t;\ \pi_t)$，其中$c = x$，并且将路径特征对应的覆盖度值加 1，即$\text{coverage}\big(P(c \rightarrow t;\ \pi_t)\big) \mathrel{+}= 1$。

4）生成更长的路径特征候选集（Long Concatenated Path Candidates）。对每一个可能的组合$(x\ \in N, \pi_h \in P_h,\ \pi_t \in P_t)$，如果$P(s \leftarrow x\ |\pi_s) > 0$ 且$P(t\ \leftarrow x|\pi_t^{-1}) > 0$，就生成路径$P(h \longrightarrow t; \pi_s, \pi_t^{-1})$并且更新其覆盖度，即$\text{coverage}\big((h \longrightarrow t; \pi_s, \pi_t^{-1})\big) \mathrel{+}= 1$，同时更新其准确度，即$\text{precision}\big((h \longrightarrow t; \pi_s, \pi_t^{-1})\big) =\ P(s \leftarrow x\ |\pi_s)P(t \leftarrow x|\pi_t^{-1})/n$。反向同理。

从路径搜索过程可以看出，相比 PRA，CoR-PRA 最重要的不同有两方面，一是增加了带有常量的路径特征的搜索，二是搜索过程由单项搜索变成了双向搜索。

尽管采用了随机游走策略来降低搜索空间，当 PRA 应用在关系丰富且连接稠密的知识图谱上时，依然会面临路径特征爆炸的问题。为了提高 PRA 的路径搜索效率以及路径特征的丰富度，Gardner[44]提出了 SFE（Subgraph Feature Extraction）模型，改变了 PRA 的路径特征搜索过程。为了提升路径搜索的效率，SFE 去除了路径特征的概率计算这个需要较大计算量的过程，而是直接保留二值特征，仅记录此路径是否在两个实体之间存在，SFE 首先通过随机游走采集每个实体的制定步数以内的子图特征，并记录下子图中所有的结束节点实体e，对于某个关系的训练样本实体对(h, t)，如果实体e_i同时存在于实体h和t的结束实体集中，那么就以e_i为链接节点，将h和t对应子图中的结构生成一条h和t之间的路径。为了进一步提升路径搜索效率，降低无意义的路径特征，对于图中的一个节点，如果这个节点有很多相同关系边r_i连接着不同的实体节点，那么沿着这个关系继续搜索路径会急剧增加子图大小的量级。为了进一步提升搜索效率，在 SFE 中，这个关系r_i将不会作为当前深度优先搜索路径中的一个关系，从而停止搜索，并把当前节点当作实体子图中的一个结束节点。为了增加子图特征的丰富性，除了 PRA 中用到的路径特征，SFE 还增加了二元路径特征，类似自然语言处理中的 bigram，即将两个具有连接的关系组成一个新的关系，例如“BIGRAM:对齐实体/妻子是”，除了二元路径特征，SFE 还增加了 one-sided feature，one-sided path 指的是一个存在在给定两个节点之间的路径的，是从起始节点开始，但不一定由另一个节点结束，类似 Co-PRA 中的带有常量的路径特征。SFE 还会对给定的两个节点进行 one-sided feature 的比较，如果两个节点都具有相同的关系r_i，例如“性别是”，那么将会把两个节点的r_i以及连接的实体记录下来。如果两个节点在关系r_i下连接的节点是一样的，那么这个特征是可以被 PRA 路径特征捕捉到的，但是如果取值不一样就只有 SFE 能捕捉到。SFE 同时还利用了关系的向量表示，通过训练好的关系的表示，将已有路径特征中的关系替换为向量空间中比较相似的关系。SFE 还增加了一个表示任意关系的关系 ANYREL 来增加路径特征的丰富性。总体来说，SFE 在 PRA 的路径特征搜索的效率和特征的丰富性方面做了比较大的提升。

从基于图结构的 PRA 系列研究可以看出，被研究得比较多的图结构是与路径相关的结构特征，在利用路径特征的过程中，一个重要的问题是如何有效地搜索到路径，涌现出了很多提升路径搜索效率的研究工作。但路径相关的特征还不能覆盖知识图谱中包含的所有语义信息，因而由相关工作通过引入带有实例的路径来丰富图特征所包含的语义信息的类型。但是，不是路径形式的图结构特征依然有待挖掘和分析。

2. 典型工具简介或实验对比分析

PRA 的提出主要是针对很不完整的知识图谱，所以论文中的实验是在知识图谱 NELL 上进行试验的，图 6-12 展示了 PRA 中在预测某一关系时权重最高的两个路径特征，可以看出，这些高权重的路径特征可以看作是预测当前关系的一条置信度较高的规则，具有明显的语义含义。

PRA 在链接预测上与 N-FOIL 的对比结果如图 6-13 所示，从结果中可以看出，p@10 方面 PRA 和 N-FOIL 效果差不多，但是在 p@100 和 p@1000 方面，PRA 的结果明显优于 N-FOIL。

ID	PRA Path (Comment)
	athletePlaysForTeam
1	$c \xrightarrow{\text{athletePlaysInLeague}} c \xrightarrow{\text{leaguePlayers}} c \xrightarrow{\text{athletePlaysForTeam}} c$ (teams with many players in the athlete's league)
2	$c \xrightarrow{\text{athletePlaysInLeague}} c \xrightarrow{\text{leagueTeams}} c \xrightarrow{\text{teamAgainstTeam}} c$ (teams that play against many teams in the athlete's league)
	athletePlaysInLeague
3	$c \xrightarrow{\text{athletePlaysSport}} c \xrightarrow{\text{players}} c \xrightarrow{\text{athletePlaysInLeague}} c$ (the league that players of a certain sport belong to)
4	$c \xrightarrow{\text{isa}} c \xrightarrow{\text{isa}^{-1}} c \xrightarrow{\text{athletePlaysInLeague}} c$ (popular leagues with many players)
	athletePlaysSport
5	$c \xrightarrow{\text{isa}} c \xrightarrow{\text{isa}^{-1}} c \xrightarrow{\text{athletePlaysSport}} c$ (popular sports of all the athletes)
6	$c \xrightarrow{\text{athletePlaysInLeague}} c \xrightarrow{\text{superpartOfOrganization}} c \xrightarrow{\text{teamPlaysSport}} c$ (popular sports of a certain league)
	stadiumLocatedInCity
7	$c \xrightarrow{\text{stadiumHomeTeam}} c \xrightarrow{\text{teamHomeStadium}} c \xrightarrow{\text{stadiumLocatedInCity}} c$ (city of the stadium with the same team)
8	$c \xrightarrow{\text{latitudeLongitude}} c \xrightarrow{\text{latitudeLongitudeOf}} c \xrightarrow{\text{stadiumLocatedInCity}} c$ (city of the stadium with the same location)
	teamHomeStadium
9	$c \xrightarrow{\text{teamPlaysInCity}} c \xrightarrow{\text{cityStadiums}} c$ (stadiums located in the same city with the query team)
10	$c \xrightarrow{\text{teamMember}} c \xrightarrow{\text{athletePlaysForTeam}} c \xrightarrow{\text{teamHomeStadium}} c$ (home stadium of teams which share players with the query)
	teamPlaysInCity
11	$c \xrightarrow{\text{teamHomeStadium}} c \xrightarrow{\text{stadiumLocatedInCity}} c$ (city of the team's home stadium)
12	$c \xrightarrow{\text{teamHomeStadium}} c \xrightarrow{\text{stadiumHomeTeam}} c \xrightarrow{\text{teamPlaysInCity}} c$ (city of teams with the same home stadium as the query)
	teamPlaysInLeague
13	$c \xrightarrow{\text{teamPlaysSport}} c \xrightarrow{\text{players}} c \xrightarrow{\text{athletePlaysInLeague}} c$ (the league that the query team's members belong to)
14	$c \xrightarrow{\text{teamPlaysAgainstTeam}} c \xrightarrow{\text{teamPlaysInLeague}} c$ (the league that the query team's competing team belongs to)
	teamPlaysSport
15	$c \xrightarrow{\text{isa}} c \xrightarrow{\text{isa}^{-1}} c \xrightarrow{\text{teamPlaysSport}} c$ (sports played by many teams)
16	$c \xrightarrow{\text{teamPlaysInLeague}} c \xrightarrow{\text{leagueTeams}} c \xrightarrow{\text{teamPlaysSport}} c$ (the sport played by other teams in the league)

图 6-12　PRA 关系预测路径

		PRA				N-FOIL				
Task	$P_{majority}$	**#Paths**	**p@10**	**p@100**	**p@1000**	**#Rules**	**#Query**	**p@10**	**p@100**	**p@1000**
athletePlaysForTeam	0.07	125	0.4	0.46	0.66	1(+1)	7	0.6	0.08	0.01
athletePlaysInLeague	0.60	15	1.0	0.84	0.80	3(+30)	332	0.9	0.80	0.24
athletePlaysSport	0.73	34	1.0	0.78	0.70	2(+30)	224	1.0	0.82	0.18
stadiumLocatedInCity	0.05	18	0.9	0.62	0.54	1(+0)	25	0.7	0.16	0.00
teamHomeStadium	0.02	66	0.3	0.48	0.34	1(+0)	2	0.2	0.02	0.00
teamPlaysInCity	0.10	29	1.0	0.86	0.62	1(+0)	60	0.9	0.56	0.06
teamPlaysInLeague	0.26	36	1.0	0.70	0.64	4(+151)	30	0.9	0.18	0.02
teamPlaysSport	0.42	21	0.7	0.60	0.62	4(+86)	48	0.9	0.42	0.02
average	0.28	43	0.79	0.668	0.615		91	0.76	0.38	0.07
teamMember	0.01	203	0.8	0.64	0.48					
companiesHeadquarteredIn	0.05	42	0.6	0.54	0.60					
publicationJournalist	0.02	25	0.7	0.70	0.64					
producedBy	0.19	13	0.5	0.58	0.68	N-FOIL does not produce results for non-functional predicates				
competesWith	0.19	74	0.6	0.56	0.72					
hasOfficeInCity	0.03	262	0.9	0.84	0.60					
teamWonTrophy	0.24	56	0.5	0.50	0.46					
worksFor	0.13	62	0.6	0.60	0.74					
average	0.11	92	0.650	0.620	0.615					

图 6-13　PRA 在链接预测上与 N-FOIL 的对比结果

图 6-14 展示了 CoR-PRA 在知识图谱推理和命名实体抽取上的实验比较，从实验结果可以看出，CoR-PRA 由于提升了路径特征的丰富性，其结果明显优于 PRA，但计算效率不及 PRA。

比较项目	KB inference		NE extraction	
	Time	MAP	Time	MAP
RWR	25.6	0.429	7,375	0.017
FOIL	18918.1	0.358	366,558	0.167
PRA	10.2	0.477	277	0.107
CoR-PRA-no-const	16.7	0.479	449	0.167
CoR-PRA-const_2	23.3	0.524	556	0.186
CoR-PRA-const_3	27.1	**0.530**	643	**0.316**

图 6-14　知识图谱推理及命名实体抽取结果对比

图 6-15 展示了 SFE 和 PRA 的性能比较，左边是在同样的拥有 10 个关系的 NELL 数据集上 PRA 和 SFE 的 MAP（Mean Average Precision）结果、平均抽取的特征数量以及运行时间的比较。从实验预测结果来看，用深度优先搜索策略（BFS）代替了随机游走（RW）的 SFE 表现最好，并且能够抽取到更多样的特征，且总耗时更短，效率提升明显。

Method	**MAP**	**Ave. Features**	**Time**
PRA	.3704	835	44 min.
SFE-RW	.4007	8275	6 min.
SFE-BFS	.4799	237853	5 min.

图 6-15　SFE 和 PRA 的性能比较

典型的 PRA 系列工具可以参考 https://github.com/noon99jaki/pra，集成了 PRA 以及 CoR-PRA 算法。

6.3.2　基于规则学习的推理

1．方法概述

基于规则的推理具有精确且可解释的特性，规则在学术界和工业界的推理场景都有重要的应用。规则是基于规则推理的核心，所以规则获取是一个重要的任务。在小型的领域知识图谱上，规则可以由领域专家提供，但在大型、综合的知识图谱方面，人工提供规则的效率比较低，且很难做到全面和准确。所以，自动化的规则学习方法应运而生，旨在快速有效地从大规模知识图谱上学习置信度较高的规则，并服务于关系推理任务。

规则一般包含了两个部分，分别为规则头（head）和规则主体（body），其一般形式为

$$\text{rule: head} \leftarrow \text{body.}$$

解读为有规则主体的信息可推出规则头的信息。其中，规则头由一个二元的原子（atom）构成，而规则主体由一个或多个一元原子或二元原子组成。原子（atom）是指包含了变量的元组，例如 isLocation(X)是一个一元原子表示实体变量 X 是一个位置实体；hasWife(X, Y)是一个二元原子，表示实体变量 X 的妻子是实体变量 Y。二元原子可以包含两个或一个，例如 liveIn(X, Hangzhou)是一个指含有一个实体变量 X 的二元原子，表示了变量 X 居住在杭州。在规则主体中，不同的原子是通过逻辑合取组合在一起的，且规则主体中的原子可以以肯定或否定的形式出现，例如如下规则：

$$\text{isFatherOf}(X,Z) \leftarrow \text{hasWife}(X,Y) \wedge \text{hasChild}(Y,Z) \wedge \neg\text{usedDivocied}(X) \wedge \neg\text{usedDivocied}(Y)$$

这里的规则示例说明了如果任意实体 X 的妻子是实体 Y，且实体 Y 的孩子有 Z 且 X 和 Y 都不曾离婚，那么可以推出 X 的孩子也有 Z。这条规则里的规则主体就包含了以否定形式出现的原子。所以，规则也可以表示为：

$$\text{rule: head} \leftarrow \text{body}^{+} \wedge \text{body}^{-}.$$

其中，body^{+}表示以肯定形式出现的原子的逻辑合取集合，而body^{-}表示以否定形式出现的原子的逻辑合取集合。如果规则主体中只包含有肯定形式出现的原子而不包含否定形式出现的原子，称这样的规则为霍恩规则（horn rules），霍恩规则是被研究得比较多的规则类型，可以表示为以下形式：

$$a_0 \leftarrow a_1 \wedge a_2 \wedge \ldots \wedge a_n .$$

其中，每个a_i都为一个原子。在知识图谱的规则学习方法中，另一种被研究得比较多的规则类型叫作路径规则（path rules），路径规则可以表示为如下形式：

$$r_0(e_1, e_{n+1}) \leftarrow r_1(e_1, e_2) \wedge r_2(e_2, e_3) \wedge \ldots \wedge r_n(e_n, e_{n+1}).$$

其中，规则主体中的原子均为含有两个变量的二元原子，且规则主体的所有二元原子构成一个从规则头中的两个实体之间的路径，且整个规则在知识图谱中构成一个闭环结构。这几种不同规则的包含关系如下：

$$\text{路径规则} \in \text{霍恩规则} \in \text{一般规则}.$$

即路径规则是霍恩规则的一个子集，而霍恩规则又是一般规则的一个子集，从规则的表达能力来看，一般规则的表达能力最强，包含各种不同的规则类型，而霍恩规则次之，规则路径的表达能力最弱，只能表达特定类型的规则。

在规则学习过程中，对于学习到的规则一般有三种评估方法，分别是支持度（support）、置信度（confidence）、规则头覆盖度（head coverage）。下面分别介绍这三种评价指标的计算方法。

对于一个规则rule，在知识图谱中，其支持度（support）指的是满足规则主体和规则头的实例个数，规则的实例化指的是将规则中的变量替换成知识图谱中真实的实体后的结果。所以，规则的支持度通常是一个大于或等于 0 的整数值，用 support(rule)表示。一般来说，一个规则的支持度越大，说明这个规则的实例在知识图谱中存在得越多，从统计角度来看，也越可能是一个比较好的规则。

规则的置信度（confidence）的计算方式为：

$$\text{confidence(rule)} = \frac{\text{support(rule)}}{\text{\#body(rule)}}.$$

即规则支持度和满足规则主体的实例个数的比值，即在满足规则主体的实例中，同时也能满足规则头的实例比例。一个规则的置信度越高，一般说明规则的质量也越高。由于知识图谱往往具有明显的不完整性，而前文介绍的规则置信度计算方法间接假设了不存在知识图谱中的三元组是错误的，这显然是不合理的。所以，基于部分完全假设（Partial Completeness Assumption，PCA）的置信度（PCA Confidence）也是一个衡量规则质量的方法，且考虑了知识图谱的不完整性。PCA 置信度的计算方法为

$$\text{confidence(rule)} = \frac{\text{support(rule)}}{\text{\#body(rule)} \wedge r_0(x, y')}.$$

从上面的式子可以看出，和前文介绍的置信度计算方法相比，PCA 置信度最大的区别是分母中需要多考虑一个条件$r_0(x, y')$，这里$r_0(x, y)$是规则头，而$r_0(x, y')$说明在知识图谱中，只有当规则头中的头实体x通过关系r_0连接到除y以外的实体时才能算进分母的计数，否则不作分母计数。这样考虑的原因是，如果头实体x和关系r_0没有在知识图谱中构成相关的三元组，而通过规则主体可以推出三元组$r_0(x, y)$，那么根据知识图谱的不完全假设，$r_0(x, y)$只是在知识图谱中缺失而不是错误的三元组，所以，不应该将这类实例化例子计算在分母中，否则会降低规则的置信度。所以，在 PCA 置信度中排除了来自这类

实例对置信度值的负向影响。

规则头覆盖度（Head Coverage）的计算方法为

$$\mathrm{HC(rule)} = \frac{\mathrm{support(rule)}}{\mathrm{\#head(rule)}}.$$

即规则支持度和满足规则头的实例个数的比值，即在满足规则头的实例中，同时也满足规则主体的实例比例。一个规则的头覆盖度越高，一般说明规则的质量也越高。

规则的支持度、置信度以及头覆盖度从不同的角度反映了规则的质量，但三者之间没有必然的关联关系。例如，置信度高的规则，其头覆盖度并不一定高，所以在规则学习中通常会结合这三个评价指标综合衡量规则的质量。

2. 常见算法简介

下面介绍具体的规则学习方法，首先介绍典型的规则学习方法 AMIE[12]。AMIE 能挖掘的规则形如：

$$\mathrm{father\ Of}(f, c) \leftarrow \mathrm{motherOf}(m, c) \wedge \mathrm{marriedTo}(m, f).$$

AMIE 是一种霍恩规则，也是一种闭环规则，即整条规则可以在图中构成一个闭环结构。在规则学习的任务中，最重要的是如何有效搜索空间，因为在大型的知识图谱上简单地遍历所有可能的规则并评估规则的质量效率很低，几乎不可行。AMIE 定义了 3 个挖掘算子（Mining Operators），通过不断在规则中增加挖掘算子来探索图上的搜索空间，并且融入了对应的剪枝策略。3 个挖掘算子如下：

- 增加悬挂原子（Adding Dangling Atom）。即在规则中增加一个原子，这个原子包含一个新的变量和一个已经在规则中出现的元素，可以是出现过的变量，也可以是出现过的实体。
- 增加实例化的原子（Adding Instantiated Atom）。即在规则中增加一个原子，这个原子包含一个实例化的实体以及一个已经在规则中出现的元素。
- 增加闭合原子（Adding Closing Atom）。即在规则中增加一个原子，这个原子包含的两个元素都是已经出现在规则中的变量或实体。增加闭合原子之后，规则就算构建完成了。

AMIE 的规则学习算法如图 6-16 所示。

```
Algorithm 1 Rule Mining
function AMIE(KB 𝒦)
    q = ⟨[]⟩
    Execute in parallel:
    while ¬q.isEmpty() do
        r = q.dequeue()
        if r is closed ∧ r is not pruned for output then
            Output r
        end if
        for all operators o do
            for all rules r′ ∈ o(r) do
                if r′ is not pruned then
                    q.enqueue(r′)
                end if
            end for
        end for
    end while
end function
```

图 6-16　AMIE 的规则学习算法

在探索规则结构的过程中，AMIE 还引入了两个重要的剪枝策略，来有效缩小搜索空间。AMIE 的剪枝策略主要包含两条：

- 设置最低规则头覆盖度过滤，头覆盖度很低的规则一般是一些边缘规则，可以直接过滤掉。在实践中，AMIE 将头覆盖度值设为 0.01。
- 在一条规则中，每在规则主体中增加一个原子，都应该使得规则的置信度增加，即 $\text{confidence}(a_0 \leftarrow a_0 \wedge a_2 \wedge \ldots \wedge a_n \wedge a_{n+1}) > \text{confidence}(a_0 \leftarrow a_0 \wedge a_2 \wedge \ldots \wedge a_n)$ 。如果在规则中增加一个新的原子a_{n+1}，但没有提升规则整体的置信度，那么就将拓展后的规则$a_0 \leftarrow a_0 \wedge a_2 \wedge \ldots \wedge a_n \wedge a_{n+1}$ 剪枝掉。

在规则学习过程中，AMIE 通过 SPARQL 在知识图谱上的查询对规则的质量进行评估。无论采用哪种挖掘算子来增加规则中的原子，每一个原子都伴随着需要选择一个知识图谱中的关系。在选择增加实例化算子时还涉及选择一个实体方面，为了满足选出来的实体和关系组成的原子，在添加到规则中以后，能够满足事先设置的头覆盖度的要求，AMIE 用对知识图谱的查询来筛选合适的选项，例如：

$$\text{SELECT } ?r \ \ \text{WHERE } \ a_0 \wedge a_1 \wedge \ldots \wedge a_n \wedge ?r(X,Y)$$

$$\text{HAVVING } \ \text{COUNT}(a_0) \geqslant \text{k}$$

这样经过查询筛选得到的关系候选项满足了一定符合头覆盖度的要求。

3. 典型工具简介

图 6-17 展示了 AMIE 在不同数据集上的运行效果，从中可以看出 AMIE 在大规模知识图谱上的效率较高。例如，在拥有 100 多万个实体以及近 700 万个三元组的 DBpedia 上，AMIE 仅需不到 3min 就能完成规则挖掘，产生 7000 条规则，并帮助推理出了 12 万多个新的三元组。

Dataset	Entities	Facts	Runtime	Rules	Hits
Yago2	470475	948044	3.62min	138	74K
Yago2 const	470475	948044	17.76min	18886	159K
DBpedia	1376877	6704524	2.89min	6963	122K

图 6-17 AMIE 不同数据集规则挖掘结果对比

规则挖掘的典型工具 AMIE 可参考 http://www.mpi-inf.mpg.de/departments/ontologies/projects/amie/，其中包括了进一步提升 AMIE 效率的 AMIE+[45]。

6.3.3 基于表示学习的推理

1. 方法概述

基于图结构的推理和基于规则学习的推理，都显式地定义了推理学习所需的特征，而基于表示学习的推理通过将知识图谱中包括实体和关系的元素映射到一个连续的向量空间中，为每个元素学习在向量空间中表示，向量空间中的表示可以是一个或多个向量或矩阵。表示学习让算法在学习向量表示的过程中自动捕捉、推理所需的特征，通过训练学习，将知识图谱中离散符号表示的信息编码在不同的向量空间表示中，使得知识图谱的推理能够通过预设的向量空间表示之间的计算自动实现，不需要显式的推理步骤。

知识图谱的表示学习受自然语言处理关于词向量研究的启发，因为在 word2vec 的结果中发现了一些词向量具有空间平移性，例如：

$$\mathrm{vec(king)} - \mathrm{vec(queen)} \approx \mathrm{vec(man)} - \mathrm{vec(woman)}$$

即“king”的词向量减去“queen”的词向量的结果约等于“man”的词向量减去“woman”的词向量的结果，这说明“king”和“queen”在语义上的关系与“man”和“woman”之间的关系比较近似。而拓展到知识图谱上，就可以理解为拥有同一种关系的头实体和尾实体对，在向量空间的表示可能具有平移不变性，这启发了经典的知识图谱表示学习方法 TransE 的提出以及知识图谱表示学习的相关研究。

2. 常见算法简介

首先介绍最经典的 TransE[11]模型，为了方便起见，将一个三元组表示成(h,r,t)，其中h表示头实体（head entity），r表示关系（relation），而t表示尾实体（tail entity）。在 TransE 中，知识图谱中的每个实体和关系都被表示成了一个向量，按照词向量的启示，TransE 将三元组中的关系看作是从头实体向量到尾实体向量的翻译（translation），并对知识图谱将要映射到的向量空间做了如下假设，即在理想情况下，对每一个存在知识图谱中的三元组都满足

$$\boldsymbol{h}+\boldsymbol{r}=\boldsymbol{t}.$$

式中，$\boldsymbol{h}$是头实体的向量表示；$\boldsymbol{r}$是关系的向量表示；$\boldsymbol{t}$是尾实体的向量表示。TransE 假设在任意一个知识图谱中的三元组(h,r,t)，头实体的向量表示$\boldsymbol{h}$加上关系的向量表示$\boldsymbol{r}$应该等于尾实体的向量表示$\boldsymbol{t}$。在需要映射到的向量空间中，TransE 将关系看作是从头实体向量到尾实体向量的翻译，即头实体向量通过关系向量的翻译得到尾实体，则说明这个三元组在知识图谱中成立。等式$\boldsymbol{h}+\boldsymbol{r}=\boldsymbol{t}$是一个理想情况的假设，根据这个假设，TransE 在训练阶段的目标是：

$$\text{对正样本三元组}: \boldsymbol{h}+\boldsymbol{r}\approx\boldsymbol{t};$$

$$\text{对负样本三元组}: \boldsymbol{h}+\boldsymbol{r}\not\approx\boldsymbol{t}.$$

$\boldsymbol{h}+\boldsymbol{r}$和$\boldsymbol{t}$之间的近似程度可以用向量相似度衡量，TransE 采用欧式计算两个向量的相似度，所以 TransE 的三元组得分函数设计为

$$f(h,r,t)=||\boldsymbol{h}+\boldsymbol{r}-\boldsymbol{t}\,||_{\boldsymbol{L_1/L_2}}$$

对于正样本三元组，得分函数值尽可能小；而对于负样本三元组，得分函数值尽可能大。然后通过一个正负样本之间最大间隔的损失函数，设计训练得到知识图谱的表示学习结果，其损失函数为

$$L=\sum_{(h,r,t)\in S}\sum_{(h',r,t')\in S'_{(h,r,t)}}[\gamma+f(h,r,t)-f(h',r',t')]_+$$

式中，S表示知识图谱中正样本的集合；$S'_{(h,r,t)}$表示(h,r,t)的负样本，在训练过程中三元组(h,r,t)的负样本通过随机替换头实体h或者尾实体t得到；$[x]_+$表示$\max(0,x)$；γ表示损失函数中的间隔，是一个需要设置的大于零的超参。TransE 的训练目标是最小化损失函数L，可以通过基于梯度的优化算法进行优化求解，直至训练收敛。

实践证明，TransE 由于其有效合理的向量空间假设，是一种简单高效的知识图谱表示学习方法，并且能够完成多种关系的链接预测任务。TransE 的简单高效说明了知识图谱表示学习方法能够自动且很好地捕捉推理特征，无须人工设计，很适合在大规模复杂的知识图谱上推广，是一种有效的知识图谱推理手段。

尽管有效，TransE 依然存在着表达能力不足的问题，例如按照关系头尾实体个数比例划分，知识图谱中的关系可以分为四种类型，分别为一对一（1-1）、一对多（1-N）、多对一（N-1）以及多对多（N-N），TransE 能够较好地捕捉一对一（1-1）的关系，却无法很好地表示一对多（1-N）、多对一（N-1）以及多对多（N-N）的关系。例如，实体“中国”在关系“拥有省份”这个关系下有很多个尾实体，根据 TransE 的假设，任何一个省份的向量表示都满足v(省份x)：v(中国) + v(拥有省份) = v(省份x)，这将会导致 TransE 无法很好地区分各个省份。所以，TransH[46]就提出了在通过关系将头实体向量翻译到尾实体向量之前，先将头实体和尾实体向量投影到一个和当前关系相关的平面上，由于向量空间中的不同向量在同一个平面上的投影可以是一样的，这就帮助 TransE 从理论上解决了难以处理一对多（1-N）、多对一（N-1）以及多对多（N-N）关系的问题，TransE 和 TransH 的对比向量空间假设对比如图 6-18 所示。

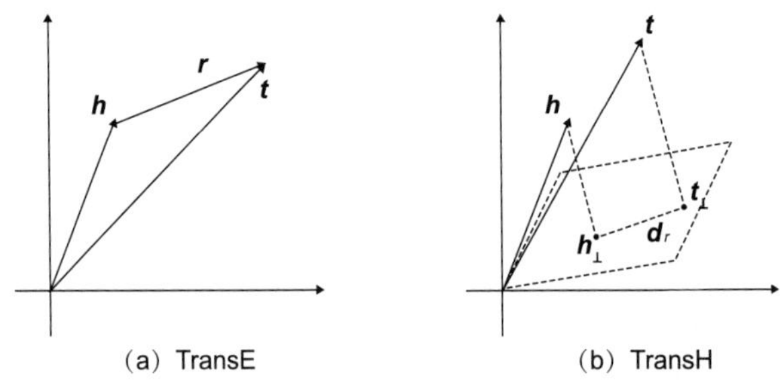

图 6-18 TransE 和 TransH 对比向量空间假设对比

TransH 为每个关系r都设计了一个投影平面，并用投影平面的法向量$\boldsymbol{w}_r$表示这个平面，h和t的投影向量的计算方法如下：

$$\boldsymbol{h}_\perp = \boldsymbol{h} - \boldsymbol{w}_r^\mathrm{T}\boldsymbol{h}\boldsymbol{w}_r, \quad \boldsymbol{t}_\perp = \boldsymbol{t} - \boldsymbol{w}_r^\mathrm{T}\boldsymbol{t}\boldsymbol{w}_r.$$

然后，利用投影向量进行三元组得分的计算，即

$$f(h,r,t) = ||\boldsymbol{h}_\perp + \boldsymbol{r} - \boldsymbol{t}_\perp||_{L_1/L_2}.$$

TransH 通过设计关系投影平面提升了 TransE 表达非一对一关系的能力，TransR[8]则

通过拆分实体向量表示空间和关系向量表示空间来提升 TransE 的表达能力。由于实体和关系在知识图谱中是完全不同的两种概念，理应表示在不同的向量空间而不是同一个向量空间中，所以 TransR 拆分了实体表示空间和关系表示空间，如图 6-19 所示。

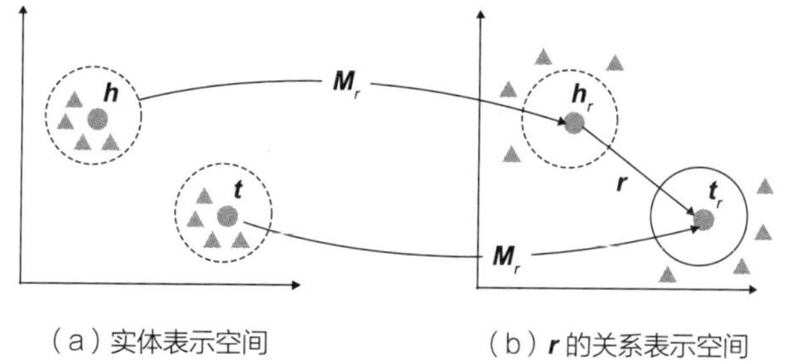

图 6-19　TransR 的实体表示空间和关系表示空间

TransR 设定所有的计算都发生在关系表示空间中，并在计算三元组得分之前首先将实体向量通过关系矩阵投影向关系表示空间，即：

$$\boldsymbol{h}_r = \boldsymbol{h}\boldsymbol{M}_r,\quad \boldsymbol{t}_r = \boldsymbol{t}\boldsymbol{M}_r.$$

然后，利用投影到关系表示空间的头实体向量和尾实体向量进行三元组得分的计算：

$$f(h,r,t) = ||\boldsymbol{h_r} + \boldsymbol{r} - \boldsymbol{t_r}\,||_{L_1/L_2}.$$

TransR 通过区分实体和关系表示空间增加了模型的表达能力，并提升了表示学习结果，但是在 TransR 中，每个关系除拥有一个表示向量以外，还对应了一个$d \times d$的矩阵，这相比起 TransE 增加了很多参数。为了减少 TransR 的参数量且同时保留其表达能力，TransD[47]提出了用一个与实体相关的向量以及一个与关系相关的向量通过外积计算，动态地得到关系投影矩阵，如图 6-20 所示。

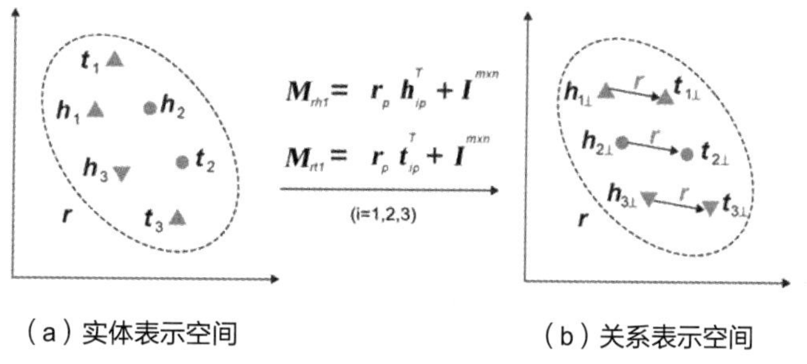

图 6-20　TransD 实体表示空间和关系表示空间

其动态矩阵的计算如下：

$$\boldsymbol{M}_{rh_i} = \boldsymbol{r}_p \boldsymbol{h}_{ip}^{\mathrm{T}} + \boldsymbol{I}^{m\times n},\ \boldsymbol{M}_{rt_i} = \boldsymbol{r}_p \boldsymbol{t}_{ip}^{\mathrm{T}} + \boldsymbol{I}^{m\times n}.$$

式中，m,n为关系和实体的向量表示维度；m,n可以相等也可以不相等。TransD 通过动态计算投影矩阵不仅可以显著减少关系数量较大且实体数量不多的知识图谱中的参数，而且增加了 TransD 捕捉全局特征的能力，使得其在链接预测任务上的表现比 TransR 更好。

之前介绍了以 TransE 为代表的基于翻译假设的表示学习模型，而知识图谱表示学习的推理能力和采用的向量空间假设有很大关系，除了翻译假设还有其他的空间假设，DistMult[48]采用了更灵活的线性映射假设将实体表示为向量，关系表示为矩阵，并将关系当作是一种向量空间中的线性变换。对于一个正确的三元组(h,r,t)，假设以下公式成立：

$$\boldsymbol{h}\boldsymbol{M}_{\boldsymbol{r}} = \boldsymbol{t}.$$

式中，$\boldsymbol{h}$和$\boldsymbol{t}$分别为头实体和尾实体的向量表示；$\boldsymbol{M}_{\boldsymbol{r}}$为关系$\boldsymbol{r}$的矩阵表示。上式表达的意思是头实体通过与关系矩阵相乘，经过空间中的线性变化以后，可以转变为尾实体向量。所以，训练目标是对正确的三元组让$\boldsymbol{h}\boldsymbol{M}_{\boldsymbol{r}}$与$\boldsymbol{t}$尽可能接近，而错误的三元组尽可能远离。与 TransE 不同的是，DistMult 采用向量点积衡量两个向量接近与否，故三元组的得分函数设计如下：

$$f(h,r,t) = \boldsymbol{h}\boldsymbol{M}_{\boldsymbol{r}}\boldsymbol{t}^{\mathrm{T}}.$$

损失函数与 TransE 系列的方法相同，设计为基于最大间隔的损失函数。由于向量与矩阵的运算比向量的加法运算更灵活，所以整体来说 DistMult 的效果比 TransE 效果要好。当将关系的矩阵设计为对角矩阵时，参数量与 TransE 相同，且效果比普通矩阵更好。所以，在 DistMult 系列的方法中，常常将关系的表示设置为对角矩阵。

基于 TransE 有很多丰富表达能力的模型，而基于 DistMult 也有很多提升方法。DistMult 中一个比较明显的问题是，得分函数的设计使得当关系设计为对角矩阵时，无法隐含所有关系都是对称关系的结论，因为对于一个存在的三元组(h,r,t)，经过模型训练以后，$f(h,r,t) = \boldsymbol{h}\boldsymbol{D}_{\boldsymbol{r}}\boldsymbol{t}^{\mathrm{T}}$的值会比较大，即表示三元组$(h,r,t)$是正确的。所以，三元组$(t,r,h)$的得分$f(t,r,h) = \boldsymbol{t}\boldsymbol{D}_{\boldsymbol{r}}\boldsymbol{h}^{\mathrm{T}}$的值也会比较大，因为$\boldsymbol{t}\boldsymbol{D}_{\boldsymbol{r}}\boldsymbol{h}^{\mathrm{T}} = \boldsymbol{h}\boldsymbol{D}_{\boldsymbol{r}}\boldsymbol{t}^{\mathrm{T}}$。这说明了 DistMult 天然地假设了所有的关系是对称关系，这显然是不合理的。从语义的角度分析，知识图谱中的关系既包含了对称关系如“配偶是”，也包含了不对称关系如“出生地”，而

且非对称关系一般还多于对称关系。为了解决这个问题，ComplEx[49]将原来基于实数的表示学习拓展到了复数，因为基于复数的乘法计算是不满足交换律的，从而克服了 DistMult 不能很好地表示非对称关系的问题。其得分函数的计算如下：

$$f(h,r,t) = < \mathrm{Re}(h), \mathrm{Re}(r), \mathrm{Re}(t) >$$
$$+< \mathrm{Re}(h), \mathrm{Im}(r), \mathrm{Im}(t) >$$
$$+< \mathrm{Im}(h), \mathrm{Re}(r), \mathrm{Im}(t) >$$
$$-< \mathrm{Im}(h), \mathrm{Im}(r), \mathrm{Im}(t) >$$

式中，$\mathrm{Re}(x)$表示复数 x 的实部，$\mathrm{Im}(x)$表示x的虚部，$< x,y,z >= xyz$。可以看出在 ComplEx 中，$f(h,r,t) \neq f(t,r,h)$，所以可以更灵活地表达对称与非对称关系。

类比推理是一种类型重要的推理类型，一个具有良好推理的知识图谱表示学习模型理应具有这种推理的能力，所以，ANALOGY[50]对知识图谱中的类比推理的基本结构进行了分析，并通过在 DistMult 的学习过程增加两个对于关系矩阵表示的约束，来提升 DistMult 的模型的类比推理能力，使得模型的整体推理能力得到了提升。

除目前提到的表示学习方法，还有很多其他思路的表示学习方法，例如纯神经网络方法 NTN[51]、ConvE[52]等，这里不再赘述。

3. 典型工具简介或实验对比分析

表 6-6 为常用知识图谱表示学习方法链接预测结果比较，采用的评价指标包括平均排序（Mean Rank，MR）、倒数平均排序（Mean Reciprocal Rank，MRR）以及排序 n 以内的占比(Hit@n)。从实验结果可以看出，整体来说线性变换假设模型的表现优于翻译模型系列。

表 6-6 常用知识图谱表示学习方法链接预测结果比较

表示学习方法	WN18					FB15k				
	MR (filter)	MRR (filter)	Hit@1	Hit@3	Hit@10	MR (filter)	MRR (filter)	Hit@1	Hit@3	Hit@10
TransE	251	0.454	0.089	0.823	0.892	125	0.380	0.231	0.472	0.471
TransH	303	—	—	—	0.867	84	—	—	—	0.584
TransR	219	—	—	—	0.920	77	—	—	—	0.687
TransD	212	—	—	—	0.925	67	—	—	—	0.773

续表

表示学习方法	WN18					FB15k				
	MR（filter）	MRR（filter）	Hit@1	Hit@3	Hit@10	MR（filter）	MRR（filter）	Hit@1	Hit@3	Hit@10
DistMult	—	0.822	0.930	0.945	0.936	—	0.654	0.402	0.613	0.824
ComplEx	—	0.941	0.936	0.945	0.947	—	0.692	0.599	0.759	0.840
ANALOGY	—	0.94	0.939	0.944	0.947	—	0.725	0.646	0.785	0.854

常用的关于知识图谱表示学习的工具包有清华开源的 OpenKE，它涵盖了常见的表示学习模型，并有 PyTorch、TensorFlow 以及 C++版本。全面的关于工具包的信息可以在网站主页获得。

6.4 知识图谱推理新进展

6.4.1 时序预测推理

知识推理中的时序预测新应用以 Chen 等人[53]提出的模型为例。传统的数据流学习主要是从连续和快速更新的数据记录中提取知识结构。在语义网中，数据根据领域知识被建模成本体，而数据流则被表示为本体流。本文通过探索本体流，重新审视有监督的流学习与上下文的语义推理，开发一种对本体语义进行嵌入的模型，解决了时序预测推理中的概念漂移问题（即数据分布的意外变化，导致大多数模型随着时间的推移不太准确）。

数据流学习中的概念漂移问题可以看成数据的语义随着时间的漂移。本体流可以看成随时间变化的本体，也就是语义增强的数据流。在描述逻辑中，本体流包含 TBox $\mathcal{T}$（术语成分）和 ABox $\mathcal{A}$（断言公理）。ABox entailment $\mathcal{G}$（蕴涵）是基于 ABox 中的断言公理推理出的隐含的断言。Snapshot（快照）反映的是本体流中某一时刻的本体，用于对连续的本体流进行离散化建模，而多个随时间连续的快照构成了本体流中的滑动窗口。快照从一个时刻转变到下一个时刻可以看成断言公理的更新，这被称为一阶预测突变；两个快照对于某些蕴涵具有足够大的概率差异，这被称突发预测变化。这两种预测变化构成了语义概念漂移。蕴涵的滑动窗口之间基于规则的一致性度量和预测可以表示和推断这些本体流中的语义概念漂移。

通过将传统机器学习中的特征嵌入扩展到本体语义嵌入，将语义推理和机器学习结合起来，即捕获本体流中的一致性和知识蕴涵的向量，然后在有监督的流学习的上下文中利用这种嵌入来学习模型。该模型被证明对概念漂移（即突然和不一致的预测变化）是稳健的，同时具有通用性和灵活性等特点，可用于增强基本的流学习算法。实验还表明，在模型中，编码语义是一种超越目前最先进模型的方法，具有语义嵌入的模型对知识推理和预测起到重要作用。

6.4.2 基于强化学习的知识图谱推理

基于强化学习的知识图谱推理是新兴的处理知识图谱推理的技术手段。比较有代表性的工作有文献[13]和[54]。

文献[13]将知识图谱推理简化为一个“事实判断”（Fact Prediction）问题，提出了 DeepPath 模型。“事实判断”即确定一个三元组是否成立。文献作者将“事实判断”看作是这样一个问题：寻找一条能连接已知头实体$\boldsymbol{h}$和尾实体$\boldsymbol{t}$的路径。文献作者将此问题建模为序列决策问题，并利用基于策略梯度的强化学习方法 REINFORCE 求解。

具体而言，强化学习中智能体的状态被定义为当前节点实体和目标节点实体的联合表示

$$s_t = (e_t, e_{\text{target}} - e_t).$$

智能体的动作则是在当前节点实体的出边（Outgoing edge）中选择一个适当的边作为组成路径的关系。在选择动作后，智能体的状态会随即更新。在奖励函数设计方面，文献作者同时考虑了准确率、路径效率和路径多样性。实验证明，DeepPath 能学习到等价的推理路径，相比基于表示学习的方法，有更好的可解释性和推理效果。

文献[54]考虑更有难度的“查询问答”（Query Answering）问题，提出了 MINERVA 模型。与“事实判断”相比，“查询问答”无法预知答案对应的尾实体，需要从知识图谱中寻找可作为答案的尾实体。在这类知识图谱推理问题中，需要尽可能避免遍历大规模知识图谱，影响算法的效率。

文献作者将这类问题建模成部分可观察的马尔科夫决策过程（POMDP）。我们可以想象一个智能体在知识图谱上游走，寻找目标尾实体。智能体的当前状态与它所处的当前实体有关，其动作即该实体可选的出边。尽管整个知识图谱中的关系总数可能繁多，但具体到某一实体，可选的出边往往减少一个或两个数量级，可大幅降低遍历的规模。

实验结果表明：在这类“查询问答”的推理任务上，MINERVA 模型远远超过了未使用强化学习的基于随机游走的模型。同时，当路径较长时，仍有良好的表现，具有鲁棒性。

6.4.3 基于元学习的少样本知识图谱推理

在以往常见的基于表示学习的推理模型中，往往都会利用大量的数据对模型进行训练，并且当前大多数的研究都会假设对于其实验使用的知识库，所有的关系都有充足的三元组用来训练。但在真实的知识图谱中，有大量的关系仅仅具有非常少的三元组实例，称这种关系为长尾关系（Long-Tail Relation），这类关系多被以往的研究忽视。但事实上，对于某一个关系，其具有的三元组实例越少，其对知识图谱的补全越有利用的价值。

元学习的目的是解决“学习如何学习”（Learning to Learn），旨在通过少量样本迅速完成学习，其相对主要的应用是少样本学习（Few-Shot Learning）。当前主要的元学习方法分为三类，基于度量（Metric-Based）、基于模型（Model-Based）和基于优化（Optimization-Based）的方法。关于元学习的研究，一开始主要应用于图像分类[55-57]，研究者近来尝试使用元学习的方法解决知识图谱中有关长尾关系的推理。

XIONG 等人[58]提出了使用基于度量的方法对长尾关系做少样本的链接预测，也就是在某一种关系的样本实例较少的情况下，通过头实体和关系对尾实体进行预测。HAN 等人[59]确切地描述了关系分类的少样本学习任务，并提出了一个用于测试少样本关系分类（Few-Shot Relation Classification）的数据集 FewRel，在将近来效果突出的少样本学习模型应用于该数据集后，对少样本知识图谱推理的难点进行了分析。

把元学习应用于少样本知识图谱推理的研究还相对较少，该领域还有很多可以挖掘和研究的地方。

6.4.4 图神经网络与知识图谱推理

近年来提出的图神经网络（Graph Neural Networks，GNNs）主要用于处理图结构的数据，随着信息在节点之间的传播以捕捉图中节点间的依赖关系，其图结构的表示方式使得模型可以基于图进行推理。而知识图谱作为一种典型的图结构数据，图神经网络在知识图谱的表示学习和推理方面贡献颇多，如知识库补全（链接预测、实体分类）等任务。

Takuo Hamaguchi [60]主要针对 KG 中的 OOKB（out-of-knowledge-base）实体进行知识库补全等任务。OOKB 实体，即在训练过程中未被训练到的实体，无法得到其 Embedding 表示，从而无法预测其与知识库中其他实体之间的关系。而文中将知识库补全的任务定义为：基于知识库中已存在的三元组和当前出现的包含新实体的三元组，推理当前新实体与知识库中其他实体之间的关系。基于此，可以通过知识库中现有的实体表示推理得到

OOKB 实体表示。因此，这篇文献利用 GNN 中节点表示的方式，以 OOKB 实体分别为头实体、尾实体的三元组集合为周围邻居，对当前 OOKB 实体进行表示。每个实体节点经 GNN 的信息传播获取新的表示。基于此，通过 TransE 等经典模型，进行知识库补全任务。

Schlichtkrull[61]利用 R-GCNs（Relational Graph Convolutional Networks）进行链接预测和实体发现等任务。本文的思想同样基于已知实体或关系在图结构中周围节点的结构，推理得到未知节点的表示，从而可对知识库中缺失的实体获取它们的 Embedding 向量。同时，结合 TransE 和 DisMult 等表示学习模型，进行知识库中缺失元素的补全任务。文献提出的 R-GCNs，基于 GCN 进行图中节点信息的传播，同时考虑到真实知识库场景中的多关系类型数据，本文提出了两个正则化的优化方法，以此对由不同类型的关系连接的实体进行表示。实验结果证明，本文提出的方法对比传统的表示学习模型具有很大的提升。

GNN 模型的引入丰富了知识库中实体和关系元素的表达，尤其是在得到未知实体或关系的表示等方面具备一定的推理能力，针对目前在知识图谱表示学习和推理等方面遇到的问题，相信 GNN 一定能发挥出重要的作用。

6.5 开源工具实践：基于 Jena 和 Drools 的知识推理实践

6.5.1 开源工具简介

Jena 是一个免费且开源的支持构建语义网络和数据连接应用的 Java 框架，提供了处理 RDF、RDFS、OWL 数据的接口，一个规则引擎，用于查询的三元组的内存存储。

Drools（JBoss Rules）具有一个易于访问企业策略、易于调整以及易于管理的开源业务规则引擎，符合业内标准，具有速度快、效率高的特点。业务分析师或审核人员可以利用它轻松查看业务规则，从而检验已编码的规则是否执行了所需的业务规则。

JBoss Rules 的前身是 Codehaus 的一个开源项目——Drools。现在被纳入 JBoss 门下，更名为 JBoss Rules，成为 JBoss 应用服务器的规则引擎。

Drools 是基于 Charles Forgy 的 RETE 算法的规则引擎为 Java 量身定制的实现，具有 OO 接口的 RETE，使得商业规则有了更自然的表达。

6.5.2 开源工具的技术架构

图 3-42 所示为 Jena 框架。如图 6-21 所示为 Drools 框架。

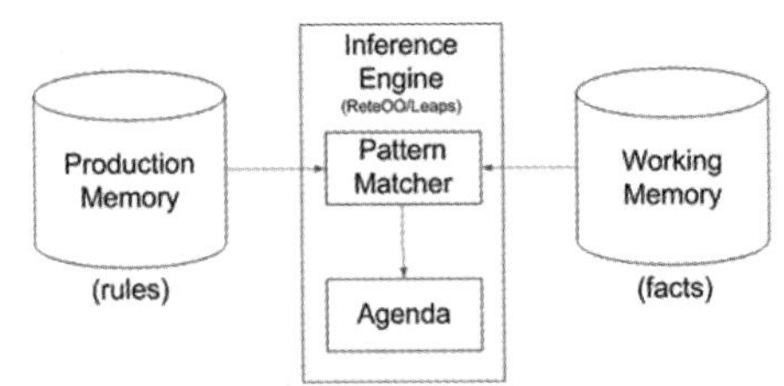

图 6-21 Drools 框架

规则引擎实现了数据同逻辑的完全解耦。规则并不能被直接调用，因为它们不是方法或函数，规则的激发是对 Working Memory 中数据变化的响应。结果（Consequence，即 RHS）作为 LHS events 完全匹配的 Listener。数据被 assert 进 WorkingMemory 后，和 RuleBase 中 rule 的 LHS 进行匹配，如果匹配成功，则这条 rule 连同和它匹配的数据（Activation）一起被放入 Agenda，等待 Agenda 激发 Activation（即执行 rule 的 RHS）。

6.5.3 开发软件版本及其下载地址

在本次实践中，使用的 IDE 是 IntelliJ IDEA。本次实践使用的 JDK 版本号为 1.8.0_25，下载地址为 http://www.oracle.com/technetwork/java/javase/downloads/index.html；Jena 的版本号为 3.10.0，下载地址为 http://jena.apache.org/；IntelliJ IDEA 的版本号为 2018.3.5，下载地址为 https://www.jetbrains.com/idea/download/#section=windows。本实践的相关工具、实验数据及操作说明由 OpenKG 提供，地址为 http://openkg.cn。

6.5.4 基于 Jena 的知识推理实践

1．环境的配置

本次实践使用了集成开发环境，可以直接在 IntelliJ IDEA 中进行实践。首先安装好 JDK 并配置好 Java 运行环境，安装好 IntelliJ IDEA。将 Jena 文件夹解压到指定文件夹。打开 IntelliJ IDEA，在设置中导入 Jena 的 jar 包。

2．建模所需模块

org.apache.jena.rdf.model 是建立模型最基本的包，用于建立模型。rg.apache.jena.vocabulary.OWL、org.apache.jena.vocabulary.RDF 和 org.apache.jena.vocabulary.RDFS 用于使用 RDF、RDFs 和 OWL 中二元关系。org.apache.jena.reasoner.Reasoner、org.apache.jena.reasoner.ReasonerRegistry 用于创建推理机。org.apache.jena. reasoner.ValidityReport 用于不一致检测。

3. 构建本体

Model 是 Jena 最核心的数据结构，其本质上就是 Jena 中的知识库结构，即本体。

4. 添加推理机

构建完本体，就可以进行推理了。推理时可以选取不同的推理机。常用的推理机有 RDFS 推理机和 OWL 推理机。可以完成上下位推理、类别推理等推理任务。

6.5.5 基于 Drools 的知识推理实践

1. 建模所需模块

org.kie.api.KieServices 是建立模型服务最基本的包，用于建立模型。org.kie.api.runtime.KieContainer 是 Drools 中的一个容器，用于存放数据。org.kie.api.runtime.KieSession 是 Drools 用于进行事务的一个类。

2. 初始化 Drools

首先初始化 Drools，随后向 Drools 中添加数据，也就是三元组。添加的数据分为本体数据和实例数据。

3. 进行自定义规则的编写

推理前必须自定义一些规则，这些规则以一定的方式存在一个名叫“规则文件”的文件当中，规则文件的编写和 Java 的语法类似。

6.6 本章小结

知识图谱是一种重要的组织知识的方式，知识图谱上的推理任务在其生命周期的各个阶段都存在，基于知识图谱的推理方法可大致分为基于演绎的推理和基于归纳的推理，而这两种不同的推理策略都包含了多种推理方法。

（1）基于演绎的知识图谱推理可能有以下发展趋势：

- 演绎推理方法的效率是阻碍它们被广泛应用的瓶颈之一，通过并行技术、模块化技术、递增式推理技术和其他优化技术，实现高效推理机是演绎推理研究的趋势。
- 目前的演绎推理方法在处理流数据和移动数据方面还缺少完善的理论以及实用化

算法，如何处理流数据的动态性以及时序性是值得研究的方向。

（2）基于归纳的知识图谱推理可能有以下发展趋势：

- 尽管归纳推理主要是基于对已有数据的观察总结，但在归纳推理中也将逐渐融入先验的语义信息，例如规则等，使得归纳推理不仅仅是基于大量数据的观察，同时也包含先验知识的约束，从而达到更精准的推理。
- 不同的归纳推理方法，例如基于图结构、基于规则学习和基于表示学习的推理应该互相融合，形成优势互补，完成更智能的推理。

（3）整体来说，知识图谱推理可能有以下发展趋势：

- 演绎和归纳两种不同的推理方式将逐渐融合，充分发挥各自的优势并互相补充，两者同时作用能完成更复杂、多样的知识图谱推理任务。
- 任何知识图谱都具有不完整性，仅仅基于知识图谱本身的推理无法突破不完整性的限制，因此外部信息，例如文本、图像等信息可能是很好的补充。

参考文献

[1] Clark，Herbert H. Linguistic Processes in Deductive Reasoning. Psychological Review，1969，76（4）：387.

[2] Arthur W Brian.Inductive Reasoning and Bounded Rationality.The American Economic Review，1994，84（2）：406-411.

[3] Kovács Gyöngyi，Karen M Spens. Abductive Reasoning in Logistics Research. International Journal of Physical Distribution & Logistics Management，2005，35（2）：132-144.

[4] Gentner Dedre.Structure-mapping：A theoretical Framework for Analogy. Cognitive Science，1983，7（2）：155-170.

[5] Pearl Judea，Azaria Paz. Graphoids：A Graph-Based Logic for Reasoning about Relevance Relations. ECAI，1985：357-363.

[6] Rudolf Kadlec，Ondrej Bajgar，Jan Kleindienst.Knowledge Base Completion：Baselines Strike Back. ACL 2017，2017：69-74.

[7] ZHANG Youmin，LIU Li，FU Shun，et al.Entity Alignment Across Knowledge Graphs Based on Representative Relations Selection. ICSAI 2018，2018：1056-1061.

[8] LIN Yankai，LIU Zhiyuan，SUN Maosong，et al.Learning Entity and Relation Embeddings for Knowledge Graph Completion. AAAI，2015：2181-2187.

[9] Francesco M. Donini，Maurizio Lenzerini，Daniele Nardi，et al. Reasoning in Description Logics.

Principles of Knowledge Representation. CSLI-Publications，1996，1：191-236.

[10] Ni Lao，Tom M Mitchell，William W Cohen.Random Walk Inference and Learning in A Large Scale Knowledge Base. EMNLP，2011：529-539.

[11] Antoine Bordes，Nicolas Usunier，Alberto García-Durán，et al. Translating Embeddings for Modeling Multi-relational Data. NIPS，2013：2787-2795.

[12] Luis Antonio Galárraga，Christina Teflioudi，Katja Hose，et al.AMIE：Association Rule Mining Under Incomplete Evidence in Ontological Knowledge Bases. WWW，2015：413-422.

[13] XIONG Wenhan，Thien Hoang，William Yang Wang.DeepPath：A Reinforcement Learning Method for Knowledge Graph Reasoning.Proceedings of the 2017 Conference on Empirical Methods in Natural Language Processing，2017：564-573.

[14] I Horrocks，P F Patel-Schneider. Reducing OWL Entailment to Description Logic Satisfiability. J Web Sem.，2004，1（4）：345-357.

[15] P Hitzler，M Kr otzsch，B Parsia，et al.OWL 2 Web Ontology Language： Primer. W3C Recommendation，2009. http://www.w3.org/TR/owl2- primer/.

[16] I Horrocks，O Kutz，U Sattler.The Even More Irresistible SROIQ. In KR，2006：57-67.

[17] F Baader，S Brandt，C Lutz.Pushing the EL Envelope. Proc. IJCAI. Morgan- Kaufmann Publishers，2005：364-369.

[18] A Artale，D Calvanese，R Kontchakov，et al. The DL-lite Family and Relations. Journal of Artificial Intelligence Research，2009，36：1-69.

[19] B N Grosof，I Horrocks，R Volz，et al. Description Logic Programs：Combining Logic Programs with Description Logic. Proc. WWW 2003，2003：48-57.

[20] BaaderF Baader，U Sattler. An Overview of Tableau Algorithms for Description Logics. Studia Logica，2001，69：5-40.

[21] I Horrocks，PF Patel-Schneider. Optimizing Description Logic Subsumption. Journal of Logic and Computation，1999，9（3）：267-293.

[22] R Goré，LA Nguyen. Optimised EXPTIME Tableaux for ALC Using Sound Global Caching，Propagation and Cutoffs. Manuscript，2007.

[23] B Motik，R Shearer，I Horrocks. Hypertableau Reasoning for Description Logics. Journal of Artificial Intelligence Research，2009，36：165-228.

[24] D H D Warren. Prolog：The Language and its Implementation Compared with Lisp. ACM SIGPLAN Notices，1977：109-115.

[25] J W Lloyd. Foundations of Logic Programming.2nd Ed. Springer，1987.

[26] T Eiter，G Ianni，T Krennwallner. Answer Set Programming：A primer//Reasoning Web：Semantic Technologies for Information Systems，Lecture Notes in Computer Science 5689.Berlin：Springer，2009：40-110.

[27] M Bienvenu，M Ortiz. Ontology-Mediated Query Answering with Data-Tractable Description Logics.RW

Tutorial Lectures，LNCS9203.Berlin：Springer，2015：218-307.

[28] A Poggi，D Lembo，D Calvanese，et al.Linking Data to Ontologies.Journal on Data Semantics，2018，10：133-173.

[29] XIAO Guohui，Diego Calvanese，Roman Kontchakov，et al.Ontology-Based Data Access.IJCAI，2018：5511-5519.

[30] R Kontchakov，M Rezk，M Rodriguez-Muro，et al.Answering SPARQL Queries over Databases under OWL 2 QL Entailment Regime. Proceedings of International Semantic Web Conference（ISWC 2014）.LNCS，Berlin：Springer，2014.

[31] E Kharlamov，T Mailis，G Mehdi，et al.Semantic Access to Streaming and Static Data.Web Siemens，2017，44：54-74.

[32] A Mosca，B Rondelli，G Rull.The OBDA-based“Observatory of Research and Innovation”of the Tuscany Region.JOWO，CEUR Workshop Proceedings，2017，2050.

[33] 同 32.

[34] D Calvanese，T E Kalayci，M Montali，et al.Ontology-Based Data Access for Extracting Event Logs from Legacy Data.The Onprom Tool and Methodology.Lecture Notes in Business Information Processing，Springer，2017，288：220-236.

[35] D Calvanese，P Liuzzo，A Mosca，et al. Ontology-Based Data Integration in Epnet：Production and Distribution of Food During the Roman Empire. Engineering Applications of Artificial Intelligence，2016，51：212-229.

[36] S Brüggemann，K Bereta，G Xiao，et al. Ontology-Based Data Access for Maritime Security. Proceedings of ESWC，2016.

[37] N Petersen，L Halilaj，I Grangel-González，et al. Realizing an RDF-Based Information Model for A Manufacturing Company：A Case Study.International Semantic Web Conference，Springer，2017（2）：350-366.

[38] A Rahimi，S Liaw，J Taggart,，et al. Validating an Ontology-Based Algorithm to Identify Patients with Type 2 Diabetes Mellitus in Electronic Health Records. International Journal of Medical Informatics，2014，83（10）：768-778.

[39] N Antonioli，F Castanò，S Coletta，et al. Ontology-Based Data Management for the Italian Public Debt. Frontiers in Artificial Intelligence and Applications，2014，267：372-385.

[40] V López，M Stephenson，S Kotoulas，et al. Data Access Linking and Integration with DALI：Building a Safety Net for an Ocean of City Data.International Semantic Web Conference，Springer，2015，9367：186-202.

[41] XIAO Guohui, DING Linfang, Benjamin Cogrel，Diego Calvanese. Virtual Knowledge Graphs：An Overview of Systems and Use Cases. Data Intelligence（2019）. In press.

[42] Charles Forgy. On the Efficient Implementation of Production Systems.Carnegie-Mellon University，979.

[43] Ni Lao，Einat Minkov，William W. Cohen：Learning Relational Features with Backward Random

Walks. ACL，2015：666-675.

[44] Matt Gardner，Tom M Mitchell. Efficient and Expressive Knowledge Base Completion Using Subgraph Feature Extraction. EMNLP，2015：1488-1498.

[45] Luis Galárraga，Christina Teflioudi，Katja Hose，et al. Suchanek：Fast Rule Mining in Ontological Knowledge Bases with AMIE+. VLDB J，2015，24（6）：707-730.

[46] WANG Zhen，ZHANG Jianwen，FENG Jianlin，et al.Knowledge Graph Embedding by Translating on Hyperplanes. AAAI，2014：1112-1119.

[47] JI Guoliang，HE Shizhu，XU Liheng，et al.Knowledge Graph Embedding via Dynamic Mapping Matrix. ACL，2015（1）：687-696,.

[48] YANG Bishan，Wen-tau Yih，HE Xiaodong，et al.Embedding Entities and Relations for Learning and Inference in Knowledge Bases. ICLR 2015.

[49] Théo Trouillon，Johannes Welbl，Sebastian Riede，et al. Complex Embeddings for Simple Link Prediction. ICML，2016：2071-2080.

[50] LIU Hanxiao，WU Yuexin，YANG Yiming.Analogical Inference for Multi-relational Embeddings. ICML，2017：2168-2178.

[51] Richard Socher，CHEN Danqi，Christopher D Manning，et al.Reasoning With Neural Tensor Networks for Knowledge Base Completion. NIPS，2013：926-934.

[52] Tim Dettmers，Pasquale Minervini，Pontus Stenetorp，et al.Convolutional 2D Knowledge Graph Embeddings. AAAI，2018：1811-1818.

[53] CHEN Jiaoyan，Freddy LeCue，Jeff Z Pan，et al.Learning from Ontology Streams with Semantic Concept Drift，IJCAI，2017：957-963.

[54] Rajarshi Das，Shehzaad Dhuliawala，Manzil Zaheer，et al. Go for a Walk and Arrive at the Answer: Reasoning Over Paths in Knowledge Bases using Reinforcement Learning.The Sixth International Conference on Learning Representations，2018.

[55] Oriol Vinyals，Charles Blundell，Timothy Lillicrap，et al. Matching Networks for One Shot Learning. NIPS，2016：3630-3638.

[56] Jake Snell，Kevin Swersky，Richard Zemel. Prototypical Networks for Few-Shot Learning. NIPS，2017：4077-4087.

[57] Tsendsuren Munkhdalai，YU Hong. Meta Networks. ICML，2017：2554-2563.

[58] XIONG Wenhan，YU Mo，CHANG Shiyu，et al. One-Shot Relational Learning for Knowledge Graphs. EMNLP，2018：1980-1990.

[59] HAN Xu，ZHU Hao，YU Pengfei，et al.A Large-Scale Supervised Few-Shot Relation Classification Dataset with State-of-the-Art Evaluation. EMNLP，2018：4803-4809.

[60] Takuo Hamaguchi.Knowledge Transfer for Out-of-Knowledge-Base Entities：A Graph Neural Network Approach.IJCAI，2017：1802-1808.

[61] Michael Sejr Schlichtkrull.Modeling Relational Data with Graph Convolutional Networks. ESWC，2018：593-607.

第 7 章 语义搜索

王昊奋　同济大学，王萌　东南大学

知识图谱能够赋予信息明确的结构和语义，使机器不仅可以直观地显示这些信息，更能够理解、处理和整合它们。近年来，随着链接开放数据 LOD（Linked Open Data）、OpenKG 等项目的全面展开，知识图谱数据源的数量激增，大量以 RDF 为数据模型的图结构语义数据被发布，如 DBpedia[1]、Wikidata[2]、zhishi.me[3]等。互联网从仅包含网页和网页之间超链接的文档万维网逐渐转变成包含大量描述各种实体和实体之间丰富关系的语义万维网。在这种背景下，以谷歌为代表的各大搜索引擎公司纷纷构建知识图谱来改善搜索质量，从而拉开了语义搜索的序幕。

与传统互联网中的文档检索不同，语义搜索需要处理粒度更细的结构化语义数据，因此也面临着前所未有的挑战[4]。原有成熟的针对非结构化的、Web 文档的存储与索引技术对知识图谱不再适用。现有的排序算法也不能直接应用到面向实体和关系的知识图谱语义搜索中。以 SPARQL 查询为代表的结构化查询语言的出现，为支持知识图谱的语义搜索提供了基础。此外，支持用户熟悉的关键词、自然语言查询对于知识图谱的语义搜索也至关重要。本章旨在全面系统地介绍以 RDF 为数据模型的知识图谱语义搜索基础技术以及面临的挑战。

7.1 语义搜索简介

搜索也称信息检索（Information Retrieval），是从信息资源集合获得与信息需求相关的信息资源的活动①。近年来，在互联网和企业应用上，搜索技术受到了广泛的关注和应用。其中，最广泛的信息检索主要是面向文档为单位的检索（Document Retrieval）。此外，面向数据的检索（Data Retrieval）也受到越来越多的关注，主要包括基于数据库的检索和基于知识库的检索，其特点是能够提供更精确的答案[5]。

面向文档和面向数据两种模式间的技术差异大致可以分为三个部分，即对用户需求的表示（Query Model）、对底层数据的表示（Data Model）和匹配技术（Matching Technique）。面向文档的信息检索主要通过轻量级的语法模型（Lightweight Syntax-Centric Model）表示用户的检索需求和资源的内容，即目前占主导地位的关键词模式——词袋模型（Bag-of-Words）。这种技术对主题搜索（Topic Search）的效果很好，即给定一个主题检索相关的文档，但不能应对更加复杂的信息检索需求。相比来说，基于数据库和基于知识库的检索系统能够通过使用表达能力更强的模型来表示用户的需求，并且利用数据内在的结构和语义关联，允许更为复杂的查询，进而提供更加精确和具体的答案。

语义关注的是能用于搜索的资源的含义。这些含义是通过语义模型构建的，例如语言学模型和概念模型。其中，语言学模型主要侧重对词语级别的关系建模、分类以及构建同义词库，而概念模型主要侧重对论域中的语法元素的关系建模，以及从语法元素到论域的映射。此外，语义模型要求必须具备表达能力，即语言和建模结构的数量。同时，语义模型还必须能够形式化，即解析过程必须是可计算的。可见，不同的语义模型对应的搜索技术也不同。也就是说，并不存在单一类型的语义搜索技术，而是利用各种不同表达能力的语义模型的搜索系统。

显然，基于数据库和基于知识库的检索系统属于重量级语义搜索系统，因为它们采用显式的和形式化的模型，例如关系数据库中的 E-R 图、RDF 和 OWL 中的知识模型。近年来，语义数据的数量不断增加，特别是 RDF 数据，通过标记的方式已经嵌入在许多网页文档中，或与文档形成了关联。通过在检索过程中结合使用这些表达能力更强的类型数据，纯粹面向文档的检索系统已经包含了一定程度的语义使用，已经变成了轻量级的语义搜索系统。

如图 7-1 所示，一个语义搜索系统的基本框架包括查询构建、查询处理、结果展示、查询优化、语义模型、资源及文档等。受益于结构化和语义数据的可用性的增加，重量级语义搜索系统的使用不再局限于专用领域，可能在更大规模的场景（例如 Web）中找到其

① https://en.wikipedia.org/wiki/Information_retrieval.

应用。目前，大量的语义网络搜索系统已经被构建，其目的是利用互联网上大量的 RDF 数据及表达 Web 上可用的 OWL 本体。一方面，可以采用应用于信息检索领域的方法和技术来解决可扩展性问题，以克服 Web 数据的质量问题，并处理与长文本描述相关的数据元素[6]。另一方面，也可以直接将数据库和语义网技术应用于信息检索问题，将丰富的结构化和高度表达的数据的可用性提高到搜索过程中。总的来说，不同的技术路线和语义搜索系统不仅在使用的数据方面存在趋同，而且在搜索中应用的技术也趋于一致。文档检索与数据检索之间逐渐因为语义搜索的出现变得没有明确的界限，语义在一定程度上始终参与检索过程。目前，最先进的语义搜索系统结合了一系列技术，包括结构化查询语言的构建、基于统计的信息检索排序方法、有效索引和查询处理的数据库方法以及复杂推理等技术。

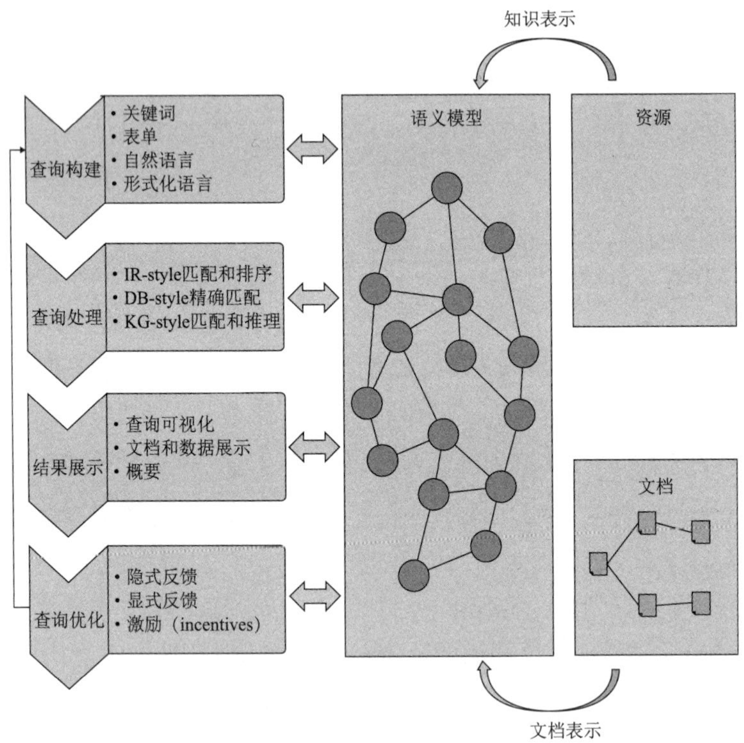

图 7-1　语义搜索基本框架

7.2　结构化的查询语言

语义搜索的核心在于查询的构建和理解，本小节主要介绍面向知识图谱的标准结构化查询语言。回顾前面章节中的内容，知识图谱的数据模型为 RDF，它是 W3C 推荐的用于表示语义信息的重要数据标准。RDF 的核心思想是通过 RDF 三元组的形式描述事实知识。多个 RDF 三元组组成的集合构成了 RDF 数据集。目前，RDF 已经成为知识图谱的主要描述格式，越来越多的知识图谱数据以 RDF 三元组的形式发布出来。多个知识图谱通过 RDF 三元组之间相互关联，形成了一个巨大的数据关联网络。以 LOD 为例，整个项目已经包含超过 1000 多亿条 RDF 三元组并依然在快速增加，蕴含了丰富的信息资源。精确查询并获取知识图谱中三元组中的有关信息是语义搜索的核心。

SPARQL 查询语言是面向 RDF 图的结构化查询语言，目前已被 W3C 推荐为 RDF 数据的标准查询语言①，其地位和查询形式都类似于关系数据库的 SQL 语言。W3C 推荐 RDF 数据集的发布者在发布数据的同时，能够提供相应的 SPARQL 检索引擎和查询接口。以 Apache 软件基金会的 Jena②项目为代表的一些 SPARQL 开源框架，进一步促进了组织机构和个人快速方便地搭建自己的 SPARQL 查询服务。

SPARQL 查询的核心处理单元是类似 RDF 三元组形式的三元组模式（Triple Pattern），不同之处在于 SPARQL 的三元组模式中，主语、谓语或宾语可以是变量（以“?”开头标识）。例如，三元组模式<?film, director, Tim burton>可以用来查询“蒂姆·伯顿执导的电影有哪些？”同样，类似于 RDF 三元组可以组成 RDF 图的道理，由多个 SPARQL 三元组模式组成的集合称作基本图模式（Basic Graph Pattern，BGP），基本图模式可以用来表示更为明确、复杂的查询需求。例如，基本图模式{<?film, director, Tim burton>，<?film, released, ?date>}可以用来查询“蒂姆·伯顿执导的电影和每部电影具体的上映时间”。除此之外，SPARQL 查询还定义了多个基本图模式之间进行的运算操作，以及基本图模式与 RDF 图匹配完成后的结果过滤操作（Filter Operator），如可以用?date 大于 1990（?date > 1990）对前面一个查询例子中的电影日期进行限制。最后，在 SPARQL1.1 版本中，还增加了联合查询功能，即支持通过 FROM 和嵌套查询的方式，进行多个数据源联合查询。据不完全统计③，目前互联网上 1.49×10^{11} 条三元组数据可以通过总计 557 个 SPARQL 查询终端查询获取，占全部三元组的 99.87%[7]。

为了便于读者更好地理解 SPARQL 查询、三元组模式、SPARQL 基本图模式以及约束条件，图 7-2 展示了一个有关电影信息的知识图谱和 SPARQL 样例。

① https://www.w3.org/TR/rdf-sparql-query/。

② https://jena.apache.org/。

③ http://lod-cloud.net/。

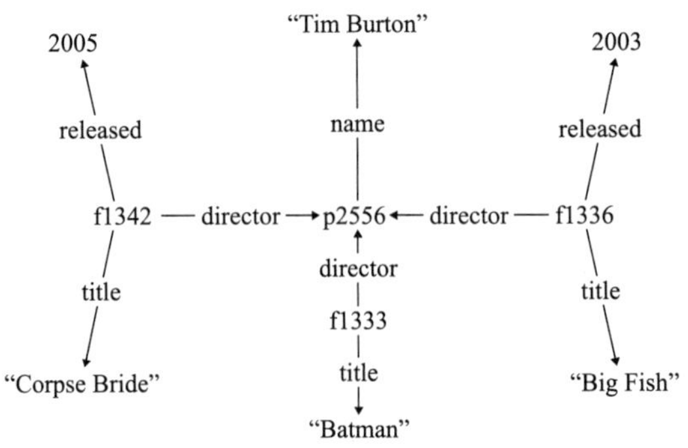

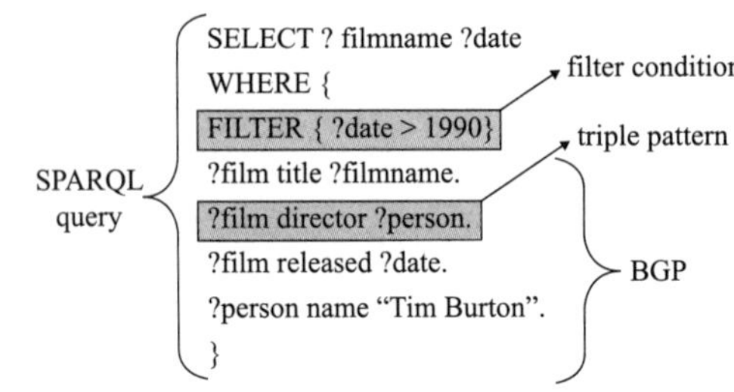

图 7-2 有关电影信息的知识图谱和 SPARQL 样例

SPARQL 查询包括查询、插入和删除操作。下面将以图 7-2 中的样例知识图谱和对应的 SPARQL 查询实例，分别介绍如何使用 SPARQL 对知识图谱进行数据查询、数据插入以及数据删除操作。注意，图中的 f1342、f1336、f1333 以及 p2556 用来代指电影节点的 IRIs。

7.2.1 数据查询

SPARQL 官方标准定义了四种最终返回给用户查询结果的形式，代表着四种基本的查询功能，即 SELECT、ASK、CONSTRUCT 和 DESCRIBE。其中，SELECT 是唯一可以返回知识图谱中图模式匹配具体结果给用户的形式，也是最常用的查询语句；ASK 查询语句主要用于测试知识图谱中是否存在满足给定查询约束条件的数据，结果以 Yes 或 No 的形式返回，除此之外没有额外的信息返回；CONSTRUCT 查询语句主要用于将图模式匹配结果生成新的 RDF 图；DESCRIBE 查询语句用于查询与指定 IRI 相关的数据，注意和 SELECT 有区别。下面结合实例分别对四种查询形式进行介绍。

1. SELECT 的基本语法

```
SELECT 变量1  变量2 …
FROM 数据源
```

```
WHERE {基本图模式 [过滤条件]}
[修饰符]
```

其中，“SELECT”指明了查询的形式。“SELECT”后面的“变量 1 变量 2...”表示图匹配后想要查询的具体目标。“FROM”指明了数据源，在通常情况下，在单个知识图谱中查询时，默认不指明数据集的名称，即可以省略 SPARQL 查询中的 FROM 字段（后续其他形式的查询语句介绍中将不再提及 FROM 部分）。“WHERE”语句后面的大括号中就是具体的基本图模式和约束条件（FILTER 字段给出）。值得注意的是，“WHERE”语句后面至少应该包含一个基本图模式（在查询语法中，不同的三元组模式在大括号中用英文句点“.”间隔），而约束条件为可选项。最后的修饰符[①]（Modifier）同样是可选项，主要用于对查询的结果进行一些处理，常见的有排序操作 ORDER、限制结果数量操作 LIMIT 等。图 7-2 中的 SPARQL 查询就是一个典型的 SELECT 查询，用来获取“蒂姆·伯顿 1990 年之后执导的电影名称和每部电影具体的上映时间”。典型的 SELECT 查询如图 7-3 所示。

?filmname	?date
“Corpse Bride”	2006
“Edward Scissorhands”	1990
“Planet of the Apes”	2001
“Big Fish”	2003
“Batman Returns”	1992
“Alice in Wonderland”	2010

图 7-3　典型的 SELECT 查询

2. ASK 的基本语法

```
ASK {基本图模式 [条件约束]}
```

其中，“ASK”指明了查询的形式。“ASK”后面的内容和 SELECT 中的“WHERE”部分类似。例如，如果想要查询图 7-2 中的知识图谱是否存在“Tim Burton”这个人，那么对应的 SPARQL 查询语句为

```
ASK { ?person name “Tim Burton” }
```

上述查询的结果将为“Yes”；假如图 7-2 中没有“Tim Burton”节点，结果将为“No”。

① https://www.w3.org/TR/rdf-sparql-query/#solutionModifiers。

3. CONSTRUCT 的基本语法

```
CONSTRUCT{图模板}
WHERE {基本图模式  [条件约束]}
```

其中，“CONSTRUCT”指明了查询的形式。“CONSTRUCT”后面的“图模板”类似于基本图模式，指明了生成的 RDF 应该具有的基本三元组内容。而“WHERE”语句后面的基本图模式和 SELECT 语句中的类似，用于图模式匹配和约束。CONSTRUCT 查询的基本流程为：首先执行“WHERE”语句进行图模式匹配，从知识图谱中抽取满足条件的目标变量；随后，针对每一个目标变量，替换图模板中的对应变量，生成最终的 RDF 图。例如，在图 7-2 中的知识图谱上运行如下 CONSTRUCT 查询语句：

```
CONSTRUCT{
    ? person type director.
        ?person type person}
WHERE {
?person name “Tim Burton”}
```

将得到如下新的 RDF 图：

```
p2556 type director.
p2556 type person
```

4. DESCRIBE 的基本语法

```
DESCRIBE 资源标识符（IRI）或 变量 …
WHERE {基本图模式 [过滤条件]}
```

其中，“DESCRIBE”指明了查询的形式。在“DESCRIBE”后面可以直接指明资源标识符，也可以用变量标识。“WHERE”语句后面的基本图模式和 SELECT 语句中的类似，用于图模式匹配和约束，不同之处在于 DESCRIBE 中的 WHERE 部分是可选项。例如，想要在图 7-2 的知识图谱中获取所有和“Tim Burton”相关的信息，可以运行如下的 DESCRIBE 查询语句：

```
DESCRIBE ? person
WHERE{ ?person name “Tim Burton” }
```

对应的结果为：

```
p2556  name  “Tim Burton”
f1342  director  p2556
f1336  director  p2556
f1333  director  p2556
```

7.2.2　数据插入

SPARQL 支持通过 INSERT DATA 语句，将新的 RDF 三元组插入已有的 RDF 图中。具体的基本语法为：

```
INSERT DATA {RDF 三元组（RDF 图）}
```

其中，INSERT DATA 指明了查询的形式。在 INSERT DATA 后面可以是单条三元组，也可以是多条三元组构成的 RDF 图。在查询语法中，英文分号“;”可以用来连续插入头实体相同的三元组。如果 RDF 图中已经存在某条将要插入的三元组，那么该条三元组将被忽略。例如，可以将如下的三元组插入图 7-2 的知识图谱中。

```
 f1333  released 1999
 f1333  type  film
 f1333  language English
```

对应的查询语句为：

```
INSERT DATA {
   f1333  released 1999;
      type  film;
         language English}
```

7.2.3　数据删除

SPARQL 的删除语句支持通过 DELETE DATA 语句将 RDF 图中已有的某些三元组删除。具体的基本语法为：

```
DELETE DATA {RDF 三元组（RDF 图）}
```

其中，DELETE DATA 指明了查询的形式。与插入语句类似，在 DELETE DATA 后可以是单条三元组，也可以是多条三元组构成的 RDF 图。如果 RDF 图中已经存在将要删除的三元组或 RDF 图，那么该条三元组或 RDF 图在语句执行后将被删除。例如，可以将如下的三元组从图 7-3 所示的知识图谱中删除：

```
   f1336  released 2003
```

对应的查询语句为：

```
DELETE DATA {
   f1336  released 2003}
```

以上主要介绍了 SPARQL 的查询、插入以及删除方法，这是最基本的三种查询形式。SPARQL 虽然没有支持更新操作的语法，不过可以通过 DELETE DATA 和 INSERT DATA 结合使用来实现。此外，在 SPARQL1.1 版本中增加了联合查询、简单蕴涵推理等内容，感兴趣的读者可以查阅相关标准规范。

7.3 语义数据搜索

目前，得益于 W3C 完成 RDF 语言和协议的标准化，互联网上的不同 RDF 数据能够以 RDF 链接的形式链接在一起，形成一个完整的语义链接数据网络，也称作数据 Web。并且，不同的场景都能够有一个公共的术语词汇表，以及精确的术语含义说明。数据 Web 提供了丰富的信息，很多传统的搜索引擎都尝试将链接数据整合到其搜索结果中，如图 7-4 所示。

图 7-4　基于链接数据的语义搜索

然而，有效地对整个数据 Web 进行精准的语义搜索还面临如下挑战：

- 可扩展性。对数据 Web 的有效利用要求基础架构能在大规模和不断增长的内链数据上扩展和应用。
- 异构性。如图 7-5 所示，主要包括：如何进一步整合数据源（补充 RDF 链接）；如何从不同的数据源中找到与查询相关的数据；如何合并来自不同数据源的查询结果。

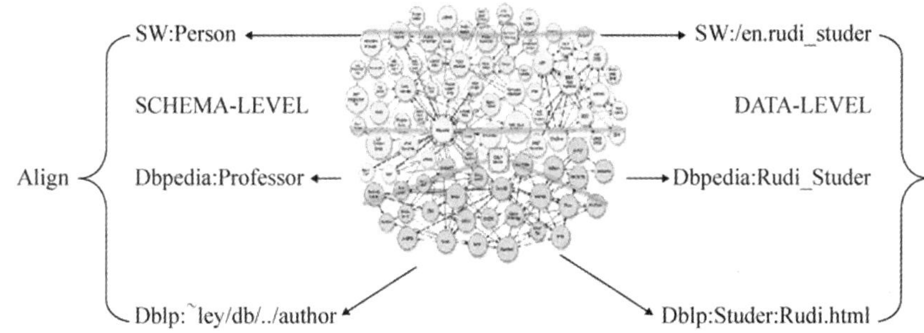

图 7-5　多源知识图谱的异构性

- 不确定性。用户事先不能准确地了解自己的需求，所以需求的描述往往不完整。这就要求语义搜索系统支持以不精确的方式匹配需求和数据，并对结果进行排序，能够足够灵活以应对条件的变化。

当前，链接数据比较成熟的语义搜索主要包括：面向本体的搜索引擎，如 Swoogle[8]、Watson[9]；面向实体的搜索引擎，如 Sigma on Sindice[10]、FalconS[11]；以及面向细粒度数据 Web 的搜索引擎，如 SWSE[12]、Hermes（SearchWebDB）[13]。这些搜索引擎的基本组成都包括三元组存储、索引构建、查询处理及排序等，具体内容如下：

1. 三元组存储

基于 IR 的存储方式，即单一的数据结构和查询算法，针对文本数据进行排序检索来优化。其优点是高度可压缩、可访问，且排序是整个存储索引的组成部分，缺点是不能处理结构化查询中简单的选择、联结等操作。

基于 DB 的存储方式，即多种索引和查询算法，以适应各种结构化数据的复杂查询需求。其优点是能够完成复杂的选择、联结等操作，进而支持 SPARQL 结构化查询，并且能应对高动态场景（许多插入或删除），缺点是空间开销增大和访问有一定的局限性，并且无法集成对检索结果的排序。

原生存储（Native Stores）即直接以 RDF 图形式的存储方式。其优点是高度可压缩，可访问类似 IR 的检索排序，支持选择、联结等操作，并且可在亚秒级时间内在单台机器上完成对 TB 级数据的查询，以及支持高动态场景，缺点是没有事务、恢复等功能。

2. 索引构建

目前主要的方式都是重用 IR 索引来索引 RDF 语义数据。IR 索引主要包括以下几个核心概念：文档、字段（例如，标题、摘要、正文……）、词语、Posting list 和 Position list[6]。而利用 IR 索引来索引 RDF 数据的核心思想是将 RDF 转换成具有 fields 和 terms 的虚拟文档，如图 7-6 所示。

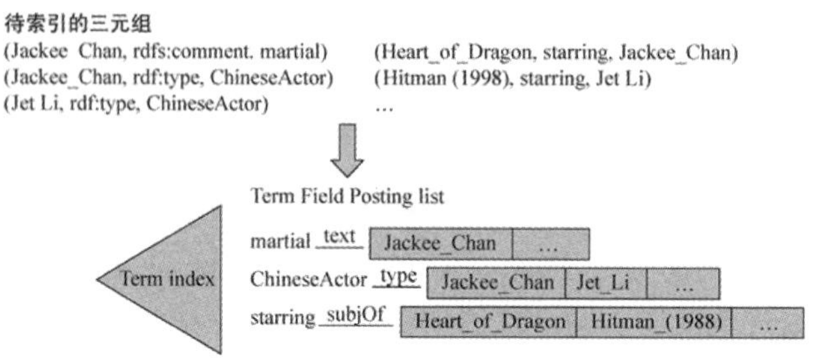

图 7-6　基于 IR 索引的 RDF 语义数据索引示例

值得一提的是，语义 Web 上的链接数据规模已经非常庞大，不可能对其完全重建索引，需要采用增量索引的方法。在增量索引的过程中，因为移动大量元素非常耗时，所以还需要设计基于块的索引扩展，同时考虑块大小对索引性能的影响，最后做到权衡索引更新、搜索和索引块大小之间的平衡。

3. 查询处理和排序

首先，查询处理的核心步骤是给定查询输入，将其构建成复杂的结构化查询。在此基础上，执行生成的结构化查询。不同拓扑结构的结构化查询的查询效率往往有很大不同[7]，如图 7-7 所示，从 DBpedia 和 LUBM[14]的查询日志中抽取的 5 个典型的查询拓扑结构，其相应时间明显不同。所以，合理利用缓存可以大大提高效率，精心设计的查询功能的优化算法也可以缩短响应时间，效率和查询表达式的复杂程度之间总是有一个折衷点。

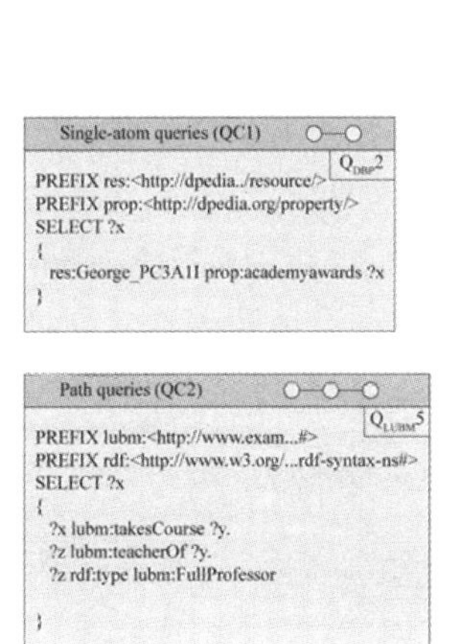

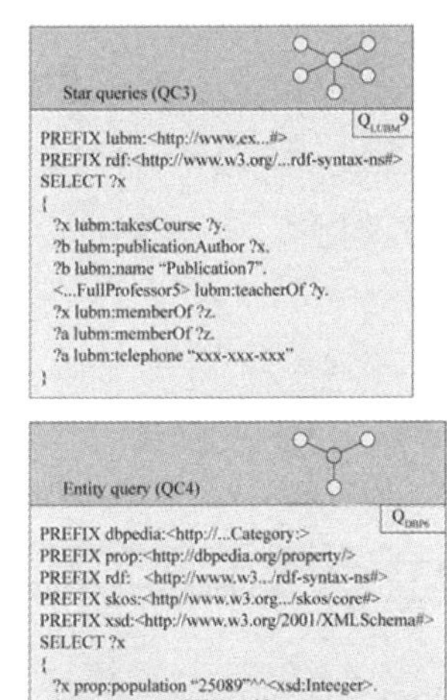

	LUBM(1000)				DBpedia			
	Detaplorer	RDF-3X	SOR	SOR(cold)	Detaplorer	RDF-3X	SOR	SOR(cold)
QC5	1485	2409	494	3240	550	646	1543	11181
QC5	277	999	83	1526	36	419	50	1171
QC5	619	1161	458	1922	107	52	24	2945
QC5	556	1163	306	1977	173	299	450	5998
QC5	463	844	630	1087	106	907	723	10484

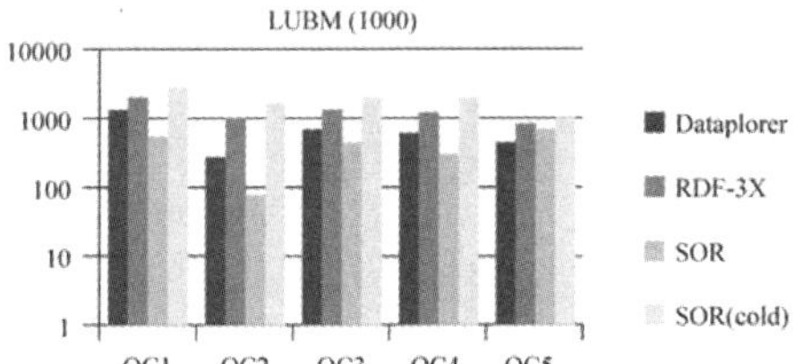

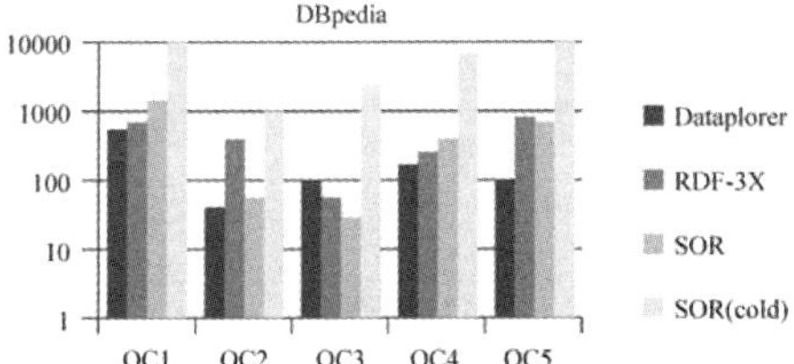

图 7-7 不同拓扑结构的查询和其相应时间

对于查询结果的排序，通常需要考虑以下原则：

- 质量传播（Quality Propagation）。一个元素的分数可以看成是其质量的度量，质量传播即通过更新这个分数，反映该元素的相邻元素的质量。例如，当查找匹配关键字“战争”的美国总统的接班人时，肯尼迪应该排在前面，因为他的前任总统艾森豪威尔与“战争”紧密相关。
- 数量聚合。除质量外，还要考虑邻居的数量。因此，如果有更多的邻居，元素排名会更高。例如，在查询“找到图灵奖获得者工作的机构”，CMU、UC 伯克利和 IBM 是排在前三名的机构，因为他们拥有最多的图灵奖获得者。并且，排序方案需要满足单调性。

数据 Web 的查询及答案在通常情况下都涉及多个数据源，如图 7-8 所示。

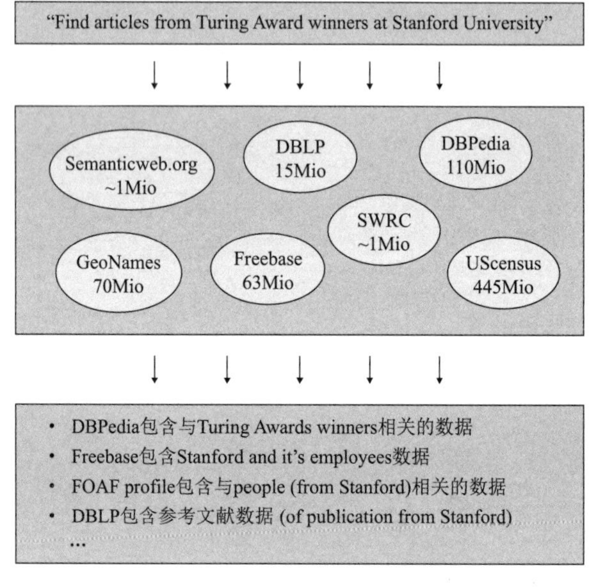

图 7-8　涉及多数源的查询及答案

针对多数据源的情况，前提是对分布在不同数据源的数据进行融合，进而查询及处理，在多数据源、多存储的场景下进行语义数据搜索。Hermes 系统[13]就是一个典型的多数据源语义数据搜索框架，如图 7-9 所示，包括数据源融合，用户意图理解以及搜索和优化。各个环节的详细内容感兴趣的读者可以查阅相关论文。

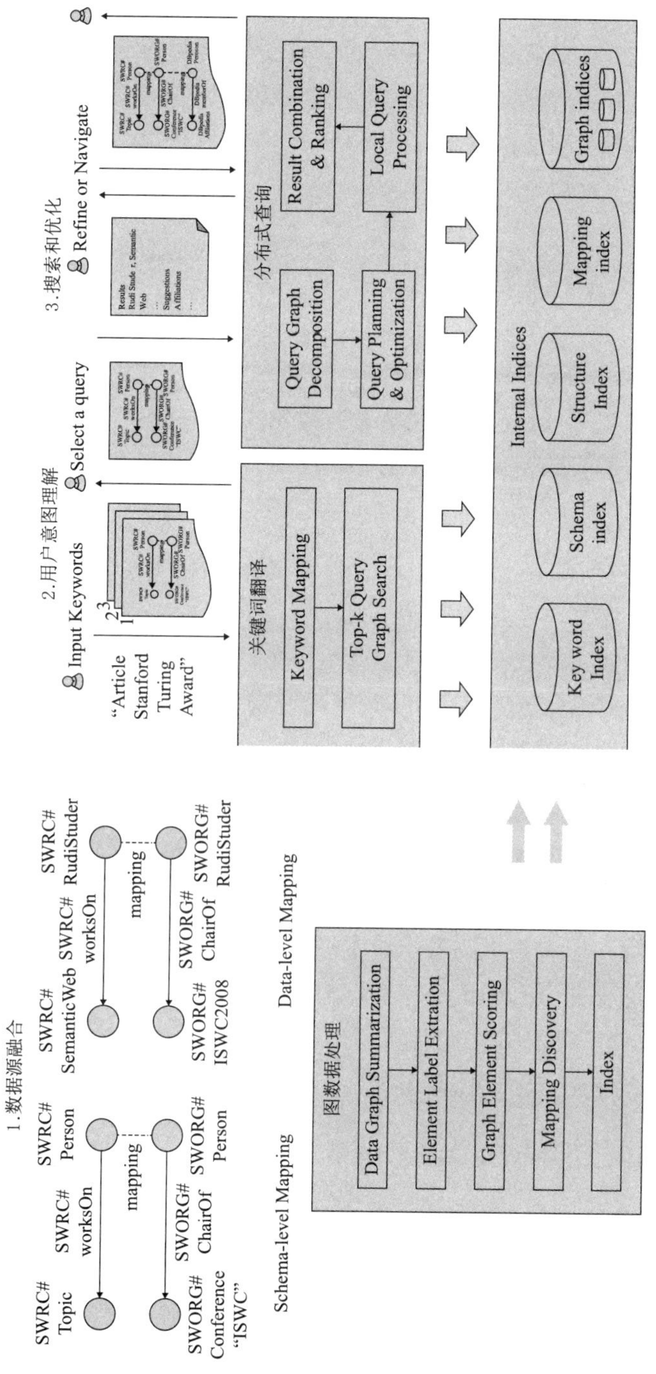

图 7-9　Hermes 多数据源语义数据搜索框架

语义数据搜索有多种研究原型，既可以直接应用 IR 技术以增强原有搜索系统的扩展性，也可以直接设计支持处理复杂查询的语义搜索系统，但是数据质量依然是一个问题，如何针对多数据源进行高质量的映射、理解用户的查询意图以及集成 IR 和 DB 排序以处理复杂查询，是未来设计语义数据搜索的关键。

7.4 语义搜索的交互范式

理解用户的查询意图在于将用户的查询输入构建成结构化的查询语言 SPARQL，或者让用户直接提出结构化的查询，然而这种方式需要用户具备以下基本能力：熟悉知识图谱数据源，熟悉知识图谱的数据模式，了解知识图谱中数据大致包含哪些内容，熟练掌握结构化的查询语言。

然而，大部分的情形是普通用户往往不具备以上的能力，即使是知识图谱的专家或开发者，也很难完全熟悉每一个图谱的模式和内容。所以，知识图谱的有效语义搜索需要一种简单高效的搜索范式，即允许用户以直观的、透明的、易用的方式对数据进行查询和浏览[13]。此类常见的交互范式主要包括：关键词查询、自然语言查询、分面查询、表单查询、可视化查询以及混合方式查询等[15]。

目前，最先进的语义搜索系统会结合一系列技术，从基于统计的 IR 排序方法、有效索引和查询处理的数据库方法到推理的复杂推理技术。在设计相应的交互范式和语义搜索系统时，需要明白语义搜索的核心在于能够支持表现形式丰富的信息需求，即查询的表达能力至关重要。然而，用户需求的表示通常不完整，表现在用户事先并不能准确了解自己的信息需求，进而无法完全准确地描述查询输入。所以，需要设计一种直观且支持复杂信息需求表达的方式，以不精确的方式匹配需求和数据，并对结果进行排序，足够灵活以应对条件的变化。在此基础上，设计查询处理、结果展示以及查询优化等其他环节。

7.4.1 基于关键词的知识图谱语义搜索方法

近年来，各大商业搜索引擎的成功表明用户使用关键字进行搜索非常舒适，这是由于关键词能够直观地表达信息需求[16]。基于关键词查询和自然语言自动问答形式的知识图谱语义搜索引起广泛关注。知识图谱上的关键词查询主要可以分为两类[17]：基于关键词直接在知识图谱上搜索答案；基于关键词生成结构化的查询，进而提交给查询引擎得到结果。

1. 基于关键词直接在知识图谱上搜索答案

将关键词在知识图谱上直接进行搜索的方法，其核心思想是采用知识图谱子图定位的策略。基本流程是建立有效的关键词和知识图谱子图的索引，对于给定的关键字查询，首先在索引上匹配得到候选的知识图谱子图，进而实现对搜索空间的剪枝。最后，在小范围的知识图谱子图上进行搜索，找到最终的查询答案。该类方法的核心在于索引的构建，其构建方式直接决定搜索的效率和结果的质量。常见的索引方式有：

（1）关键词倒排索引。通过构建索引，快速定位知识图谱中包含关键词的实体。

（2）摘要索引。主要是构建一些包含结构化查询实体和关系类别的索引，在线上处理时根据类别摘要进行扩充。

（3）路径索引。主要借助关键词中包含的查询起始和终止结点，在图上按路径搜索提高查询效率。

基于关键词直接在知识图谱上搜索答案主要可以解决简单的语义搜索，即查询答案仅仅出现在单条知识图谱三元组中，对于复杂的语义查询往往无法适用。基于此需求，将关键词转化为结构化的查询方法应运而生。

2. 基于关键词生成结构化的查询

将关键词集合转化为结构化的查询方法主要包括三个步骤：

（1）关键词映射。进行映射的主要原因是用户输入的关键词和知识图谱上的实体关系往往存在语义鸿沟，例如，关键词“妻子”在知识图谱可能对应的是“配偶”。所以，需要将关键词映射到知识图谱上实体、关系以及文本内容等。在此过程中，需要对知识图谱进行预处理，构建关键词和知识图谱实体和边的索引，进而在知识图谱上快速定位与关键词相关的实体和关系。

（2）候选结构化查询构建。映射关键词后，生成了对应的实体和关系。在知识图谱中，基于生成的实体和关系拓展，能够生成局部的知识图谱子图，就得到了结构化查询需要的查询图结构。在此基础上，根据查询意图，将局部子图中的部分实体和关系替换为变量，进而生成结构化的查询。

（3）候选结构化查询排序。在关键词映射过程中，一个关键词往往会映射到知识图谱中的多个实体或关系，进而发现多个局部子图，生成多个结构化的查询。因此，需要对生成的结构化查询集合进行排序。例如，可以基于关键词搜索相似度、实体的拓扑度分布等指标来计算排序评分。

值得一提的是，基于关键词的语义搜索还需要考虑对查询结果进行排序，让用户通过观察排序结果进而更新关键词。常见的 TF/IDF 等排序方法均可以采用，这里不再赘述。

7.4.2 基于分面的知识图谱语义搜索

分面（Facet）概念最早是由“印度图书馆学之父”S.R. Ranganathan 提出来的，用于表示图书文献的多维属性，并在此基础上提出了第一种图书分面分类法——冒号分类法（Colon Classification)。在该分面分类法中，每一个大类图书由五个基本的分面组成：主体、物质、动力、空间和时间。此后，很多文献进一步给出分面这一概念的特性和定义。典型的定义将分面描述为属性或一组分类体系（category)，或将分面定义为某个主题的维度或侧面。基于分面的语义搜索已经在工业界取得了广泛应用，如图 7-10 所示的是 Ebay 的商品分面搜索系统。

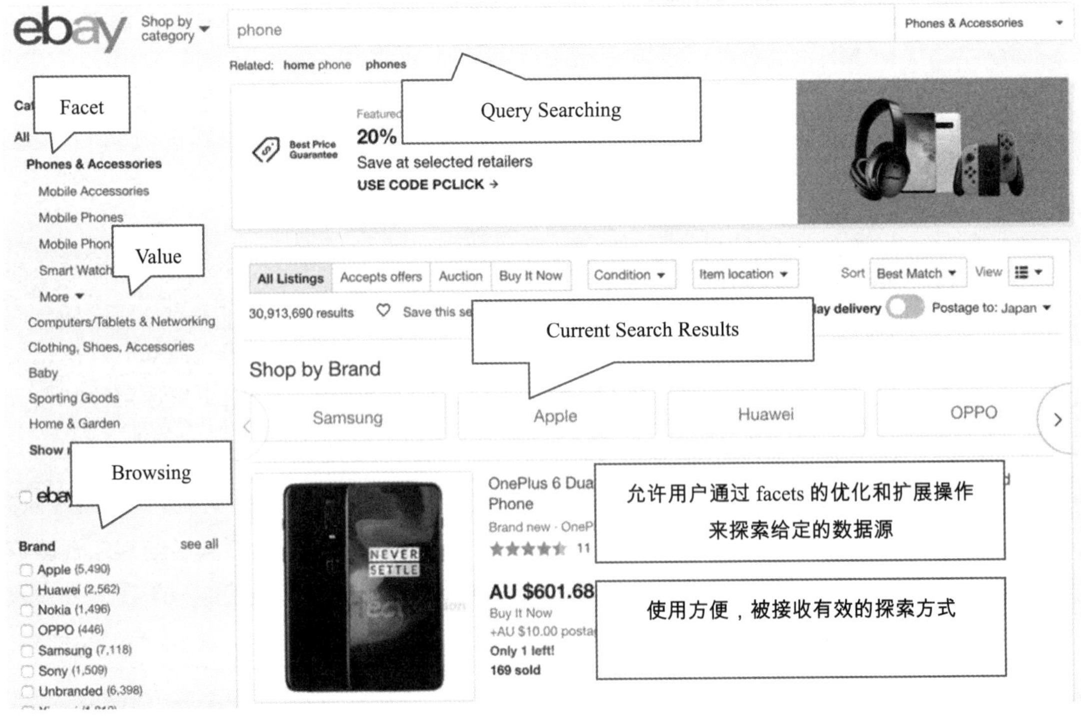

图 7-10 Ebay 的商品分面搜索系统

具体到知识图谱上的分面搜索，可以根据 RDF 三元组定义分面和值，即分面可以被看作一个在当前结果集中的 RDF 资源（实体）的属性，这些属性的 object 是分面的值[18,19]，如图 7-11 所示。

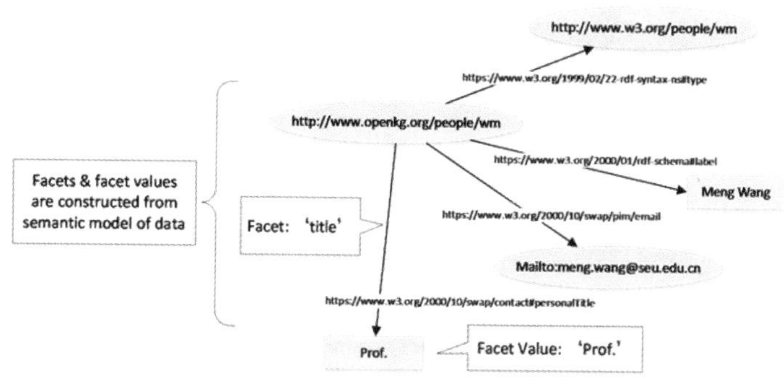

图 7-11　知识图谱分面实例

图 7-12 展示了面向 RDF 数据分面搜索系统 Dataplorer[18]的主要功能，可以看出构建知识图谱的分面搜索系统的主要环节包括：即时的计算生成分面、实时地计算分面的值以及根据用户的交互点击找到相关的分面。

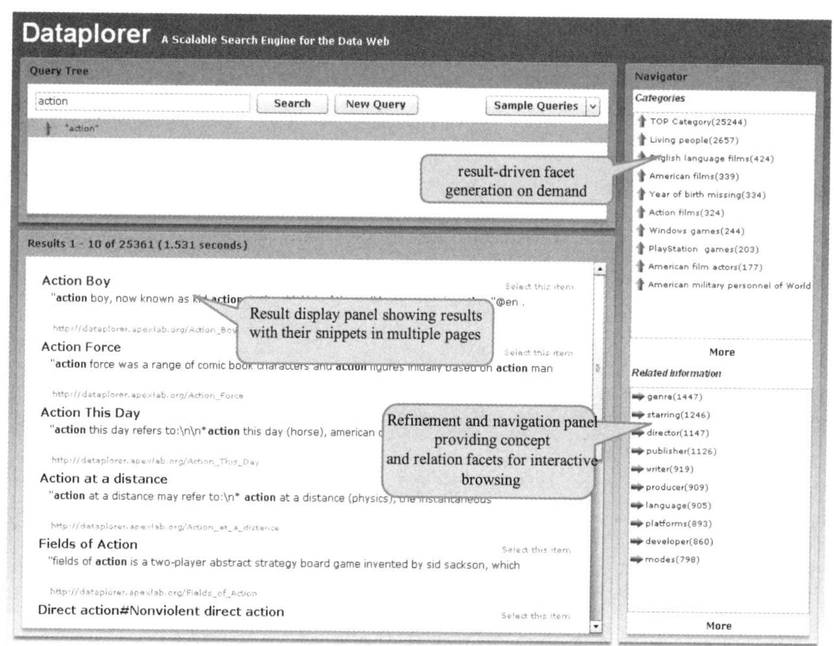

图 7-12　知识图谱分面搜索系统 Dataplorer

由于分面搜索的技术多种多样，本节不再详细展开。值得一提的是，一些高级的分面搜索系统还需要具备以下特征：

（1）考虑特定领域的分面、分面值和计数。分面能够根据它们的起点进行分组。

（2）支持全面的浏览。通过浏览可以达到每个分面的值，即没有值被跳过。

（3）支持动态分面和值的聚类。

此外，每一个当前浏览的知识图谱实体可能有大量分面，还需要对分面进行排序和分面隐藏。最终在整个分面搜索的过程中，分面应该以非常小的、相等的进度“引导”用户的，用户进而可以直观和明显地（用最少的必需知识）选择一类给定的分面。

7.4.3 基于表示学习的知识图谱语义搜索

近年来，知识图谱表示学习技术的出现，在知识图谱存储、构建、补全以及应用层面都产生了深远的影响。利用知识图谱表示学习技术来改善语义搜索的质量，也逐渐引起学术界和工业界的兴趣。知识图谱表示学习旨在通过机器学习技术，将知识图谱中的实体和关系投射到连续低维的向量空间中，同时保持原有知识图谱的基本结构和性质[20]。在知识图谱表示学习技术出现之前，通常以图数据库的形式组织和存储知识图谱。然而，随着开放知识图谱数据规模越来越大，即使是中等规模的知识图谱也可能包含了数以千计的关系类型、数百万的实体和数亿的三元组。传统的基于图存储和图算法的知识图谱应用越来越受限于数据稀疏性和计算效率低下的问题[21]。

通过知识图谱表示学习技术，将其投射到低维连续的向量空间中，对于语义搜索领域主要有两个好处。一是在连续向量空间中，可以直接进行数值型计算，对查询术语或者关键字进行扩展，效率极高。例如，衡量两个实体之间的相似度可以通过直接计算两个实体在向量空间中的欧式距离来实现。二是低维连续的知识图谱向量表示是通过机器学习技术学习得到的，其学习过程既考虑了知识图谱的局部特征，又考虑了全局特征，生成的实体和关系的向量在本质上是一种蕴涵语义更丰富的表示，可以进行高效率的简单查询推理。

下面从基于表示学习的结构化语义查询和基于表示学习的自然语言语义查询两个方面，介绍知识图谱表示学习技术可以带来哪些改进。

1. 基于表示学习的结构化语义查询

表示学习在结构化语义查询的应用主要是可以有效、高速地进行近似语义搜索。如图7-13 所示[22]，初始的结构化查询可以看作是一个查询图，虽然查询图中的查询目标在数据层中不存在，但可以基于查询图，利用翻译机制等表示学习算子计算出其在向量空间中的坐标（如图 7-13 中点 *A* 所示），进而通过最近邻搜索找到近似结果（如图 7-13 中点 *B* 所示），该近似结果很可能接近用户的初始查询意图。

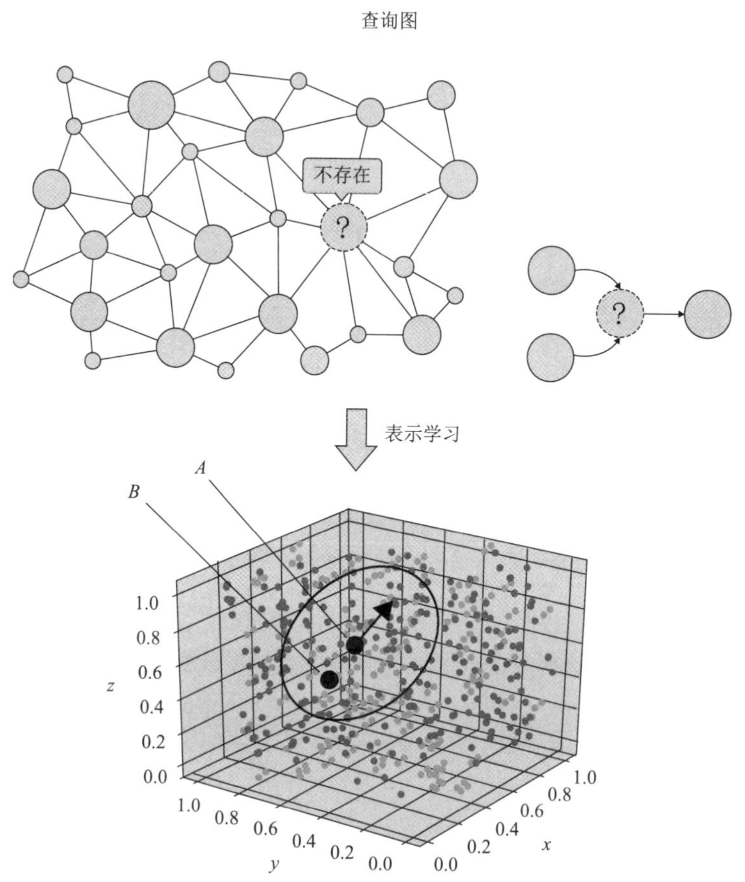

图 7-13 基于表示学习的知识图谱结构化查询示意图

2. 基于表示学习的自然语言语义查询

自然语言形式的语义查询的核心在于短语（phrase）到知识图谱上实体或边的映射，进而生成结构化的查询。在映射的过程中，主要难点在于关系（实体之间的边或实体属性）歧义的消除和查询图的构建。表示学习技术在这两个过程中都可以充分发挥作用。整个流程如图 7-14 中的例子所示[23]。

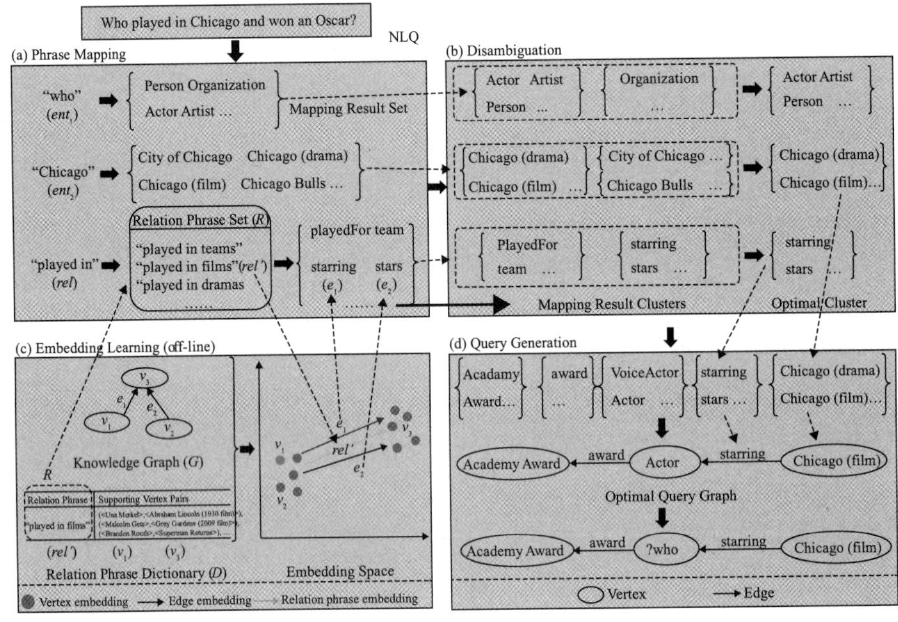

图 7-14 基于表示学习的知识图谱自然语言语义查询示意图

首先，在离线阶段，生成知识图谱的实值向量，并且将关系短语词典和知识图谱中的关系在向量空间中对齐。在线上阶段，将首先通过关键字检索的方式发现知识图谱中和自然语言短语对应的候选实体和边的集合。传统的语义搜索方法将对候选的实体和边进行消歧，容易出错；并且，在消歧后进行实体和边的组合，计算最优查询图，进而提交给查询引擎，效率较低。知识图谱的向量空间可以帮助模型省略消歧的过程，方法是将每一个候选实体集合中的实体平均实值向量作为查询图生成时的实体表示，进而并不需要某一个具体的实体向量。在计算查询图时，也可以利用翻译机制等原理提前预估查询图的评分好坏，提高生成效率和质量。

以上两个案例在本质上是在传统语义搜索的数据和查询之间提供了全新的向量空间维度，进而利用实值向量计算的优势对查询进行改进。以近似查询来说，基于表示学习的搜索可以在不修改初始查询的前提下直接返回近似结果，极大地提高近似查询的质量，为知识图谱近似查询提供了全新的思路。值得一提的是，表示学习技术为知识图谱的语义搜索提供了新思路，但同时面临三项挑战，需要在实际使用中予以考虑：

（1）最近邻搜索效率问题。无论是近似查询，还是自然语言问答中的关系拓展和候选查询图构建，在向量空间中进行最近邻搜索存在维度灾难造成的效率问题。

（2）链接预测的合取问题。在向量空间中利用基于链接预测的思想，对语义搜索的目标进行预估，但是当搜索目标受多个实体和关系共同约束时，需要考虑不同链接预测的结果进行叠加时的合取问题。

（3）结果可解释性问题。表示学习技术可以让语义检索绕过对查询本身的修改拓展，直接得到近似结果，在提高效率和精度的同时又带来结果的可解释问题。

7.5　开源工具实践

本节将简述基于 Elasticsearch[①]搭建一个简易实体语义搜索引擎的流程。该搜索引擎可以按照名称搜索实体、实体属性、多跳搜索以及搜索符合多对属性要求的实体。在功能逻辑完成后，可搭建网站将其可视化。本实践的相关工具、实验数据及操作说明由 OpenKG 提供，地址为 http://openkg.cn。

7.5.1 功能介绍

1. 实体搜索

实体搜索即输入实体名称，返回该实体的知识卡片（实体在知识图谱中的所有属性和属性值），如图 7-15 所示。

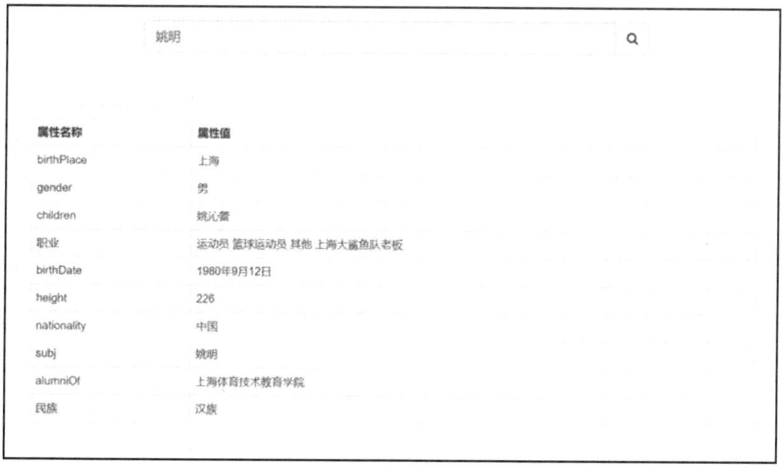

姚明

属性名称	属性值
birthPlace	上海
gender	男
children	姚沁蕾
职业	运动员 篮球运动员 其他 上海大鲨鱼队老板
birthDate	1980年9月12日
height	226
nationality	中国
subj	姚明
alumniOf	上海体育技术教育学院
民族	汉族

图 7-15　实体搜索功能示意图

① https://www.elastic.co/

2. 实体的属性搜索

输入实体名称和一个属性名称，如果该实体存在该属性值，则返回该属性值，如图 7-16 所示。

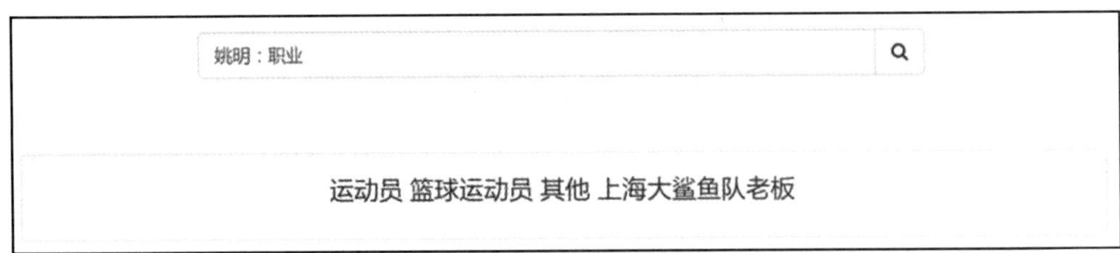

图 7-16 实体属性值搜索功能示意图

3. 多跳搜索

多跳搜索可以输入多个属性，实现多跳搜索，即形如“姚明的女儿的母亲的身高”，其中“姚明:女儿”查询得到的是实体“姚明”的一个属性，但同时这个属性值也作为一个实体存在于数据集中，那么就可以接着对该实体继续查询其属性和值，如图 7-17 所示。

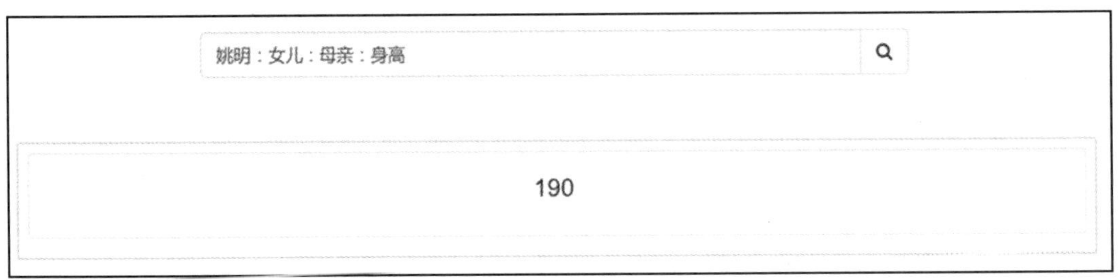

图 7-17 多跳搜索功能示意图

4. 按照多种属性条件检索实体

输入多对 [属性名 opearotr 属性值]，它们之间的关系可以是 AND、OR、NOT，同时属性值是等于、大于、小于一个输入值，返回满足这些属性限制的实体。例如，“职业：篮球运动员 or 职业：足球运动员 And Not 国籍：中国 And 身高>=180”，如图 7-18 所示。

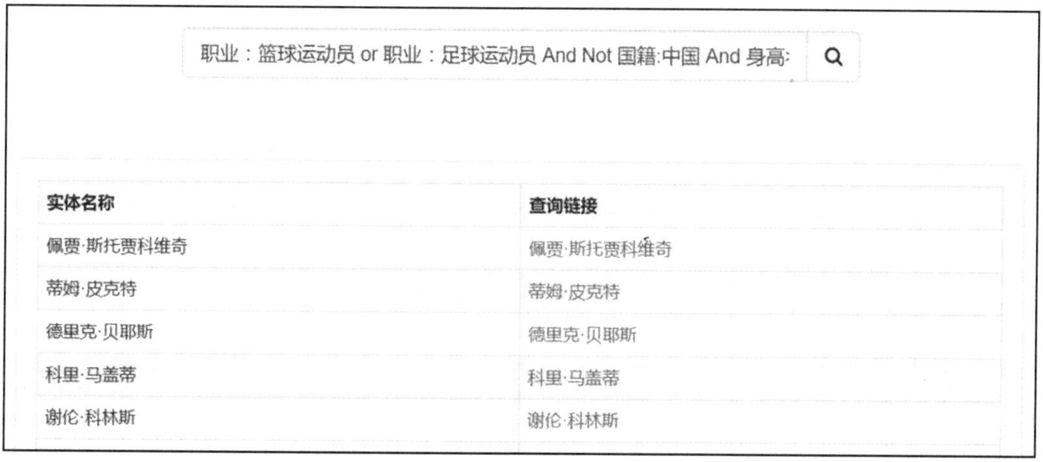

职业：篮球运动员 or 职业：足球运动员 And Not 国籍:中国 And 身高:

实体名称	查询链接
佩贾·斯托贾科维奇	佩贾·斯托贾科维奇
蒂姆·皮克特	蒂姆·皮克特
德里克·贝耶斯	德里克·贝耶斯
科里·马盖蒂	科里·马盖蒂
谢伦·科林斯	谢伦·科林斯

图 7-18　根据属性值检索实体示意图

7.5.2　环境搭建及数据准备

1．安装 Elasticsearch

在 Elasticsearch 官网下载 Elasticsearch 的安装包。运行安装包目录下的/bin/Elasticsearch. sh（在 Windows 系统中运行/bin/Elasticsearch.bat，本小节的实验内容在 Ubuntu 系统上完成，后续步骤会涉及一些 Linux 指令）。

注意：该命令已经运行了 Elasticsearch。可能提示不能在 Root 账户下运行，此时请切换到非 Root 账户下运行。如果想让 Elasticsearch 在后台一直运行，在上述命令最后加参数-d 即可。

至此安装完成，可以通过访问本地 9200 端口 curl 'http://localhost:9200'来访问 Elasticsearch。

注意：可通过修改配置文件使 Elasticsearch 实现远程访问。

7.5.3　数据准备

使用的数据集是一个基于 cnschema 标准的人物属性数据集。该数据集由三元组组成，每个三元组描述一个人物实体的某个属性。在将此数据集导入 Elasticsearch 之前，需要考虑其在 Elasticsearch 中存储的方式。最简单的方式是将每个三元组视作一个文档，其中包含 3 个字段，分别为三元组的(subject, predicate, object)，但本书采取的是另一种方式，即一个实体的所有属性和属性值为一个文档。

1. 知识库格式转换（preprocess.py）

数据集的格式如所示。

```
A.J.万德 affiliation 篮球
A.J.万德 description A.J.万德(A.J. Wynder)，1964年出生，美国篮球运动员。 A.J.万德
nationality 美国
A.J.万德 weight 82公斤
A.J.库克 birthDate 1978年7月22日
A.J.库克 description A.J.库克(A.J. Cook)，1978年7月22日在加拿大安大略省奥沙瓦出
生，演员。|||1997年出道在电视电影《父亲大人》饰演了配角Lisa。1999年在电影处女作《处女
之死》中饰演五女儿之一的Mary Lisbon 。2003年在电影《死神来了2》中出演主角。
A.J.库克 height 1.69m
A.J.库克 nationality 加拿大
A.J.库克 代表作品 《死神来了2》
A.J.库克 职业 演员
```

Elasticsearch 要求文档的输入格式为 JSON。将实验数据集转化为 JSON 格式后，每个实体对应一个 JSON 的 object，也即 Elasticsearch 中的一个文档。

```
{
"subj":"A.J.万德",
"weight":"82公斤",
"height":None, "po":[{"pred":"affiliation","obj":"篮球"},
{"pred":"description","obj":"A.J.万德(A.J. Wynder)，1964年出生，美国篮球运动员。
"},
{"pred":"nationality","obj":"美国"}, ]
  }
   {
...
}
```

数据集中"A.J.万德"的所有属性及属性值汇总在一起，存储在一个 JSON 对象中作为一篇文档导入 Elasticsearch，其他的实体类似。

其中，所有属性除了"height"及"weight"两个属性，都存在一个名为"po"的 list 对象中，每个属性及其属性值作为一个小的 object，分别用键"pred"和"obj"标识属性名和属性值。

之所以要将"height"和"weight"单独考虑，而不是和其他属性一样存储在 list 中，是因为这两个属性要支持范围搜索，即"height>200"的搜索。因此，要求它们在存储时的数据类型为 integer，而 list 中的所有属性的属性值的存储类型都为 keyword（不分词的

string，只支持全文匹配）。

之所以每一对(属性名，属性值)存储为一个 object，并放入一个 list 中，是因为这是 Elasticsearch 定义的一种 nested object 的数据类型。这种数据类型能存储大量拥有相同的 key 的对象，并且可以对之进行有效的检索。这样，无论数据集中有多少种不同的属性，都能以相同的格式存储。

之所以不是每一个三元组存储为一篇文档，而是一个实体相关的所有属性及属性值存储为一篇文档，是因为要支持通过多对(属性，属性值)联合检索满足要求的实体，以这种格式存储，能提高检索效率。

另外，数据集中某些属性的属性值不是很规范，例如 height、weight 的属性值存在单位不同、包含无关字符等问题，其他属性的属性值也存在多个值以空格等字符连接作为一个值（例如，"职业:运动员　足球运动员"，这个为了检索时匹配方便，应该将其拆成两个）的问题，因此在格式转换的同时也要对属性值做一些清理。

2. 属性同义词扩展 (attr_mapping.txt)

因为实验的数据集较小，包含的属性种类不多，因此可以人工增加一些同义的属性词。下面的文件中每一行第一个词为数据中存在的属性，后面的是后添加的同义属性词。在解析查询语句的时候，如遇到同义属性词，可将其映射到数据集中存在的属性上。

```
weight 重量 多重 体重
relatedTo 相关 有关
telephone 电话 号码 电话号 电话号码 手机 手机号 手机号码
birthDate 出生日期 出生时间 生日 时候出生 年出生
height 高度 海拔 多高 身高
sibling 兄弟 哥哥 姐姐 弟弟 妹妹 姐妹
workLocation 工作地点 在哪工作 在哪上班 上班地点
children 子女 孩子 女儿 儿子
age 年龄 几岁 多大
publications 代表作品 代表作 著作 成就 作品
homeLocation 家庭住址 住哪 住在哪 住在什么
occupatin 职业 工作 做什么 干什么
colleague 大学 高校 毕业于
birthPlace 出生地 在哪出生 出生在
description 简介 是什么 描述 什么是 概述
……
```

7.5.4 导入 Elasticsearch

1. Elasticsearch 的 index 和 type 简介

Elasticsearch 用 index 和 type 管理导入的文档。其中 index 可以类比为一个单独的数据库，存放的是结构相似的文档；type 是 index 的一个子结构，可以存放不同部分的数据，可以类比为一张表，而每一篇文档都存储在一个 type 中，类似于一条记录存储在一张表中。

2. 在 Elasticsearch 中新建 index 和 type

为实验数据集新建 index('demo')和 type('person')。Elasticsearch 使用 RESTful API 可以方便地交互，通过 Elasticsearch 的 mapping 文件可以创建 index 和 type，并指定每个字段在 Elasticsearch 中存储的类型。

下述示例用 curl 命令在命令行中与 Elasticsearch 交互。其中，height、weight 存储为 integer 数据类型，而实体名 subj 和其他属性存储为 keyword 类型。所有其他属性存储在一个 nested object 对象中。打开命令行，运行如下代码。

```
curl -XPUT 'localhost:9200/demo?pretty' -H 'Content-Type: application/json' -
d'
{
    "mappings": {
        "person": {
            "properties": {
                "subj": {"type": "keyword"},
                "height": {"type": "integer"},
                "weight": {"type": "integer"},
                "po":{
                    "type": "nested",
                    "properties":{
                        "pred":{"type":"keyword"},
                        "obj":{"type":"keyword"}
                        }
                    }
                }
            }
        }
}
```

3. 导入数据 (insert.py)

向新建的 type 中导入实验数据集，导入时同样使用 RESTful API，可以使用

Elasticsearch 提供的 insert 方法。

到这一步，已经可以检索该知识库了，解析查询中的实体名和属性名，以实体名为 keyword 检索实体，并解析出答案中属性名对应的属性值。例如，查询“姚明”，构造类似如下查询来检索实体。查询“姚明:身高”，先检索实体“姚明”，再获取结果中的“身高”属性的值。

```
curl -XGET 'localhost:9200/demo/person/_search?&pretty' -H 'Content- Type:
application/json' -d'
{
   "query":{
      "bool":{
         "must":{
            "term":{"subj":"姚明"}}
         }
   }
}
```

注意：Elasticsearch 的查询除了常见的 get 方式，即将参数和参数值作为链接的一部分提交，也支持如上所示将查询参数写入一个 JSON 结构体，用该请求体查询的方式。这种方式由于表达方式更加灵活，因此可以表达较为复杂的查询。

7.5.5　功能实现

1．按名称检索实体

按名称检索实体，并返回该实体的所有属性和属性值。这种检索的查询在第 3 步其实已经实现，只需要将查询的结果解析一下，写入一个 python dict 对象返回即可。代码如下：

```
def _search_single_subj(entity_name):
   query = json.dumps({"query": {"bool": {"filter": {"term":
{"subj":entity_name}}}}}) # 组装 query
   response = requests.get("http://localhost:9200/demo/person/_search",
data=query) # 查询
   res = json.loads(response.content)
   if res['hits']['total'] == 0:
      return None, 'none'
   else:
      card = dict() # 解析查询结果，将结果写入 dict 对象，该实体的知识卡片返回
      card['subj'] = entity_name
      s = res['hits']['hits'][0]['_source']
         if 'height' in s:
```

```
            card['height'] = s['height']
        if 'weight' in s:
            card['weight'] = s['weight']
        for po in s['po']:
            if po['pred'] in card:
                card[po['pred']] += ' ' + po['obj']
            else:
                card[po['pred']] = po['obj']
        return card, 'done'
```

2. 检索实体的属性以及多跳查询

检索一个实体的某个属性的值，也是先检索该实体，然后判断返回的结果中是否包含检索的属性，如果包含，则返回对应的值。因此，这种检索的查询语句同上。如果是多跳查询，则在检索出一个属性对应的属性值后，需要再判断知识库中是否存在以该属性值为名称的实体，如果存在，则以该属性值为实体名称检索对应的实体，再判断结果是否包含检索的第 2 个属性。如此循环，直到得到最终结果，如下所示。

```
def _search_multihop_SP(parts):
    has_done = parts[0]
    v = parts[0]
    for i in range(1, len(parts)):
        en = _entity_linking(v)#判断知识库中是否存在名称为 v 的实体 #
        if not len(en):
            return '执行到: ' + has_done, '==> 对应的结果为:' + v + ', 知识库中没
有该实体: ' + v
        card, msg = _search_single_subj(en[-1])# 同上，检索实体 v
        p = _map_predicate(parts[i])#判断知识库中是否存在以 part[i]为名称的属性
        if not len(p):
            return '执行到: ' + has_done, '==> 知识库中没有该属性: ' + parts[i]
        p = p[0]
        if p not in card: #判断该实体是否存在以 part[i]为名称的属性
            return '执行到: ' + has_done, '==> 实体 ' + card['subj'] + ' 没有属性
        v = str(card[p])
        has_done += ":" + parts[i]
        return v, 'done'
```

3. 根据多对(属性名，属性值)检索实体

该功能首先需要进行查询构建，在构建出查询语句后执行该查询，解析查询结果即可。

在查询构建部分要稍微复杂一些。假设已经解析好了查询语句的组成部分，即每对属

性值对，它们之间的 and 或 or 关系、not 操作以及每个属性值对的操作是等于还是范围检索，可以构造出一个查询直接返回满足这些要求的实体。这里注意部分属性，例如 height、weight 支持范围搜索，例如“身高 >= 200”对应的部分查询为：

```
{
    "range":{
        "height":{
            "gte":200}
    }
}
```

检索除 height、weight 外的其他存储在 nested object 中的属性，例如“Not 国籍:中国”。

如果关系是 or，那么对应 Elasticsearch 的 should 关键字；如果在属性值对前加了否定 not，那么对应的 Elasticsearch 关键字是 must_not，如下所示。

```
{
    "nested":{ # 查询 nested object
        "path":"po", # 制定 nested obect 位置
        "query":{
            "bool":{
                "must":[
                    {"bool":{"must_not":{"term":{"po.obj":"中国"}}}},
                    {"term":{"po.pred":"nationality"}}
                    ]
                }
            }
        }
}
```

7.5.6　执行查询

以上实现了几种不同种类的查询，对于用户的查询输入，先进行分类，判断属于哪一种查询，再调用对应的查询函数：

- 首先，由于定义的查询格式比较简单，可以在将查询按照操作符分割后，判断第一个词是否是属性名，操作符为 And、Or、Not、=、<、>等。
- 如果是，代表当前查询是依据属性条件检索实体。
- 否则代表当前的查询数据实体或实体的属性进行检索。

上述过程中判断一个词是否是属性词可以通过查询 Elasticsearch 完成。在对用户查询分类后，基于每种查询问题的模板，填充解析时识别出来的实体名和属性名，生成 Elasticsearch 查询。构造并执行用户查询对应的 Elasticsearch 查询后，解析查询结果。

```
def _search_single_subj(entity_name)
    query=json.dumps({"query":{"bool":{"must":{"term":{"subj":entity_
        name}}}}})
    response = requests.get("http://localhost:9200/demo/person/_search",
        data=query)
    res = json.loads(response.content)
    if res['hits']['total'] == 0:
        return None, 'none'
    else:
        ans = {}
        for e in res['hits']['hits']:
            name = e['_source']['subj']
            ans[name] = "/search?question=" + name
        return ans, 'done'
```

上述只是基于 Elasticsearch 实现了基本的查询功能，感兴趣的读者还可以在此基础上可通过一些扩展使其支持更复杂的查询，如别名检索、反向检索、路径检索等。

参考文献

[1] Sören Auer，Christian Bizer，Georgi Kobilarov，et al.DBpedia：A Nucleus for A Web of Open Data.The Semantic Web，Springer，2007：722-735.

[2] Vrandečić D，M Krötzsch.Wikidata：A Free Collaborative Knowledge Base.Communications of the ACM，2014，57（10）：78-85.

[3] NIU X，et al. Zhishi. me-Weaving Chinese Linking Open Data. International Semantic Web Conference. Springer，2011：205-220.

[4] Guha R，R McCool，E Miller.Semantic search. Proceedings of the 12th International Conference on World Wide Web，ACM，2003.

[5] WANG H, et al.Lightweight integration of IR and DB for scalable hybrid search with integrated ranking support. Journal of Web Semantics，2011，9（4）：490-503.

[6] WANG Haofen，LIU Qiaoling，Penin Thomas，et al.Semplore：A scalable IR approach to Search the Web of Data. Social Science Electronic Publishing，2009，7（3）：177-188.

[7] Bonifati A，W Martens，T Timm.An Analytical Study of Large SPARQL Query Logs. 2017，11（2）：

149-161.

[8] LI Ding，Tim Finin，Anupam Joshi，et al.Swoogle：A Search and Metadata Engine for the Semantic Web.Proceedings of the thirteenth ACM International Conference on Information and Knowledge Management.ACM，2004：652-659.

[9] CHEN Y，E Argentinis，G Weber. IBM Watson：How Cognitive Computing Can be Applied to Big Data Challenges in Life Sciences Research. 2016，38（4）：688-701.

[10] Tummarello G，R Delbru，E Oren.Sindice.com：Weaving the Open Linked Data.The Semantic Web.Springer，2007：552-565.

[11] CHENG G，GE W，QU Y.Falcons：Searching and Browsing Entities on the Semantic Web. Proceedings of the 17th International Conference on World Wide Web.ACM，2008

[12] H Andreas，H Aidan，U Jürgen，et al. Searching and Browsing Linked Data with SWSE.The semantic web search engine，2011，9（4）：365-401.

[13] WANG Haofen，Penin Thomas，XU Kaifeng，et al.Hermes：A Travel Through Semantics on the Data Web.Proceedings of the 2009 ACM SIGMOD International Conference on Management of data.ACM，2009.

[14] GUO Yuanbo，PAN Zhengxiang，Heflin Jeff，et al.LUBM：A Benchmark for OWL Knowledge Base Systems. 2005，3（2-3）：158-182.

[15] WANG Haofen，Thanh Tran，LIU Chang.Ce2：Towards A Large Scale Hybrid Search Engine with Integrated Ranking Support.Proceedings of the 17th ACM Conference on Information and Knowledge Management. ACM，2008.

[16] WANG Haofen，ZHANG Kang，LIUQiaoling，et al. Q2Semantic：A Lightweight Keyword Interface to Semantic Search.European Semantic Web Conference.Springer，2008.

[17] 杜方，陈跃国，杜小勇.RDF 数据查询处理技术综述.软件学报，2013，24（6）：1222-1242.

[18] WANG Haofen，LIU Qiaoling，XUE Gui Rong，et al. Dataplorer：A Scalable Search Engine for the Data Web. Proceedings of the 18th International Conference on World Wide Web.ACM，2009.

[19] Oren E，R Delbru，S Decker. Extending Faceted Navigation for RDF Data. International Semantic Web Conference.Springer，2006.

[20] WANG Quan，MAO Zhendong，WANG Bin，et al.Knowledge Graph Embedding：A Survey of Approaches and Applications. IEEE Transactions on Knowledge Data Engineering，2017，29（12）：2724-2743.

[21] 刘知远，孙茂松，林衍凯，等. 知识表示学习研究进展.计算机研究与发展，2016，53（2）：247-261.

[22] WANG Meng，WANG Ruijie，LIU Jun，et al. Towards Empty Answers in SPARQL: Approximating Querying with RDF Embedding. International Semantic Web Conference. Springer，2018.

[23] WANG Ruijie，WANG Meng，LIU Jun，et al. Graph Embedding Based Query Construction Over Knowledge Graphs. 2018 IEEE International Conference on Big Knowledge （ICBK）.IEEE，2018.

第 8 章 知识问答

丁力　海知智能，杨成彪　南京柯基数据科技有限公司

知识问答通过自然语言对话的形式帮助人们从知识库中获取知识，它不但是知识图谱的核心应用之一，也是自然语言处理的重要研究方向。随着新技术的不断涌现，知识问答技术取得了长足的进步，在工业界也有广泛的应用。本章介绍知识问答系统的基本概念、发展历史、评价体系以及最新进展。

8.1　知识问答概述

知识问答系统是一个拟人化的智能系统，它接收使用自然语言表达的问题，理解用户的意图，获取相关的知识，最终通过推理计算形成自然语言表达的答案并反馈给用户。例如，用户想了解“特朗普是哪里人”时，可以在网上搜索关键词“特朗普”，找到相关的百科网页，进而通过阅读文章定位出“纽约”是他的出生地。如果换一种思路，用户拿这个问题问身边的人，也许直接就会听到“纽约”这个答案。

8.1.1　知识问答的基本要素

知识问答或问答（Question Answering，QA）是对话的一种形态。它强调以自然语言问答为交互形式从智能体获取知识，不但要求智能体能够理解问题的语义，还要求基于自身掌握的知识和推理计算能力形成答案。问答是一种典型的智能行为，例如著名的图灵测试就是考验能否通过自然语言对话的方式判定答题者是人还是机器。在采用对话方式与用户沟通时，众多问答系统都需要使用一定的知识来解答问题，所以说问答系统实质上就是知识问答，本文后续也不再区分问答系统和知识问答系统。图 8-1 列举了一个问答系统应具备的四大要素：①问题，是问答系统的输入，通常以问句的形式出现（问答题），也会采用选择题、多选题、列举答案题和填空题等形式；②答案，是问答系统的输出，除了文本表示的答案（问答题或填空题），有时也需要输出一组答案（列举问答题）、候选答案的选择（选择题）、甚至是多媒体信息；③智能体，是问答系统的执行者，需要理解问题的语义，掌握并使用知识库解答问题，并最终生成人可读的答案；④知识库，存储了问答系统的知识，其形态可以是文本、数据库或知识图谱。也有工作将知识库编码到计算模型中，例如逻辑规则、机器学习模型和深度学习模型。

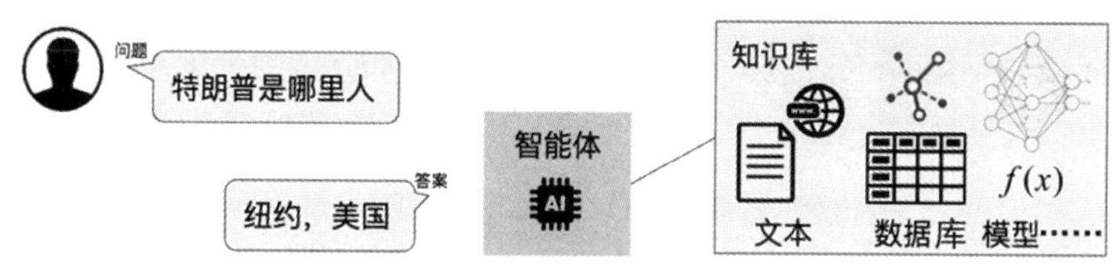

图 8-1　问答系统的四大要素

8.1.2　知识问答的相关工作

信息检索（Information Retrieval，IR）或搜索以关键词搜索为代表，帮助用户发现包含搜索关键词的网页或文档。近来的信息检索技术也在逐步利用语义信息，例如支持查询扩展[1]、语义相似度匹配[2]以及基于知识图谱的实体识别[3]。但是搜索与知识问答有明显差异。第一，搜索以文档来承载答案，用户需要阅读搜索找到的文档来发现相关答案，而问答直接将答案交付给用户，而且答案通常来自已经结构化的数据或抽取后结构化的数据，而且结构化数据可以用列表的形式返回，也支持进一步的数据统计分析。第二，搜索侧重更简单的用户体验，用户的知识检索诉求主要通过关键词而不是完整的句子，这样需要用户掌握一定的搜索技巧。例如同一个问题，大学教授和中学生会采用不同的搜索技巧和搜索关键词组合，而他们得到的搜索结果也会不一样。问答则会尝试理解不同自然语言表达方式中固有的语义，然后形成知识查询。第三，当用户的问题比较复杂，需要通过多个页面的知识来回答时，搜索是无法完成的。例如，需要寻找“在华盛顿的数据挖掘公司”，而公司的地址信息（?公司位于 华盛顿）和公司的专业信息（?公司 业务 数据挖掘）恰好在两个不同网页上，搜索引擎是无能为力的。

数据库查询（Database Query）同样可以帮助用户获取知识，但是知识问答和数据库查询仍然存在一定差异。第一，数据库查询通常需要用户熟悉结构化数据的组织（Schema），知道如何指代数据中的概念（包括实体名、属性名等），掌握数据库查询语言（包括使用 JOIN 等复杂操作逻辑），而知识问答降低了对这些知识的要求，人们可以用自然语言来查询数据。值得注意的是，自然语言查询需要处理歧义现象，例如“List all employees in the company with a driving license”（“列举有驾照的公司的雇员”），可以是找“有驾照的公司”也可以是“有驾照的公司雇员”，从常识判断只有后者才是用户的真正意图。类似的中文歧义的现象也很多，例如“南京市长江大桥”“教育部长江学者”都需要不同的语义理解歧义消解的方案。第二，数据库对知识库有严格限制，要求数据必须结构化存储。然而，大量知识存在于文本中而非数据库中，知识问答并不限制知识库的类型。第三，数据库查询结果不一定能形成用户可使用的最终答案。例如，数据库查询可以查到城市的编码，还需要再查询编码表得到城市的名称，而知识问答则需要直接返回城市的名称。

知识问答、信息检索和数据库查询的对比如表 8-1 所示。

表 8-1　知识问答、信息检索和数据库查询的对比

对比项目	知识问答	信息检索	数据库查询
典型交互形式	单轮对话或多轮对话	单轮查询	单轮查询
典型应用场景	回答问题，例如是什么（WHAT），怎么做（HOW），为什么（WHY）	简单且可预期的文档关键词搜索，支持大规模非结构化相关信息匹配	数据完善且组织明确的数据库的精准查询
问题表示	自然语言	关键词	结构化查询语言
知识组织	数据库、知识图谱、文本、知识库、问答对和分布式表示模型	文本文档	结构化且致密的数据表，有明确的组织
知识的可信度	通常经过领域专家审核，可信度高	搜索结果按重要性排序，通常不保障结果可信性	数据库通常都是可信的数据源
知识的体量	大。能较完整地覆盖特定领域，也可以有限地覆盖常见的通用领域	超大（全万维网）	有限。单一数据库的数据量一般不大
智能体的要求	不但要理解问题字面含义，还可以利用领域常识、用户画像等上下文信息消解问题歧义；同时要求在理解用户意图之后，利用知识库解答问题，形成用户可读的答案	基于词袋向量模型（VSM）的关键词匹配，支持关键词级别的关键词扩展、语义相似度匹配	处理结构化查询并返回结果

续表

对比项目	知识问答	信息检索	数据库查询
答案表示	自然语言	文本文档或者文档中截取的一段文字	结构化数据

8.1.3　知识问答应用场景

2011 年，IBM 研发的超级计算机“沃森”在美国知识竞赛节目《危险边缘》中上演了“人机问答大战”，并一举战胜了两位顶尖的人类选手，成为人工智能发展史上又一标志性事件，如图 8-2 所示。自人工智能概念出现开始，问答系统的研究与应用一直在演进：20 世纪 60 年代诞生了基于模板的问答专家系统，如 ELISA、BaseBall[4]、LUNAR[5]、SHRDLU；20 世纪 90 年代兴起了基于信息检索的问答[6]，如 MASQUE、TREC；到 21 世纪初，伴随搜索引擎和网络社区而生的社区问答，如搜狗问问、百度知道、YAHOO answers 等；直到今日，基于结构化数据的知识图谱问答技术、基于文本理解的机器阅读理解技术均取得了长足的进展。

案例 1．知识问答可以直接嵌入搜索引擎的结果页面，将问答的答案与搜索的结果列表同时展示。图 8-3 展示了谷歌搜索引擎对提问“2016 年 NBA 年度总冠军”所得到的结果页面，“克利夫兰骑士”是问答结果，下面则是搜索结果列表。

图 8-2　“沃森”在《危险边缘》中获得冠军

图 8-3　问答展示界面

案例 2．知识问答技术可以应用于智能对话系统、智能客服或智能助理（Intelligent Agent）[7]。除了帮助人们获取知识[8]，智能助理也可以跟人闲聊，帮助人执行任务（例如下订单、订酒店、叫外卖），将用户的问题转化为结构化查询，利用多轮对话补全用户的意图等[9]。图 8-4 展示了用户的同一个问题可以在不同的对话系统中得到不同的理解和解答。

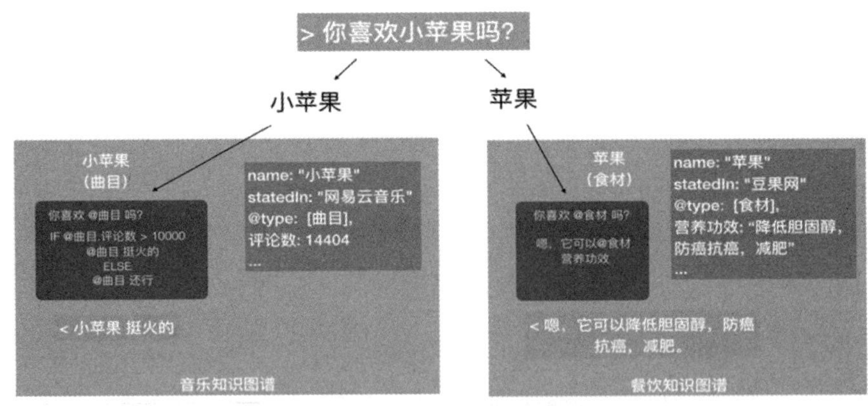

图 8-4　基于不同领域知识图谱的问答系统在对话中有不同的理解

案例 3．知识问答应用于阅读理解。各种答题机器人和对话机器人也是知识问答的一个重要应用方向。例如，2011 年，日本富士通联合日本国力信息学研究所的“多达一”考试机器人，以及国内“国家高技术研究发展计划（863 计划）”基于大数据的类人智能关键技术与系统，俗称“高考机器人”，其背后均有知识图谱问答技术的支持。以阅读理解为代表的应用也可以被看作是知识问答的特例，它主要限制了知识库的边界（虽然阅读理解的主体知识是指定的章，但是实现理解仍然需要语法、常用词汇概念以及常识等辅助），而问题的形式可以是选择题（判断哪个答案正确）、填空题（直接填写答案）抑或是简答题。图 8-5 展示了一种阅读理解的应用场景，智能体以一段文章（passage）为知识库，针对问题从文章中寻找一段文字形成答案。

SQuAD (span prediction)

passage: Super Bowl 50 was an American football game to determine the champion of the National Football League (NFL) for the 2015 season. The American Football Conference (AFC) champion Denver Broncos defeated the National Football Conference (NFC) champion Carolina Panthers 24–10 to earn their third Super Bowl title. The game was played on February 7, 2016, at Levi's Stadium in the San Francisco Bay Area at Santa Clara, California. As this was the 50th Super Bowl, the league emphasized the "golden anniversary" with various gold-themed initiatives, as well as temporarily suspending the tradition of naming each Super Bowl game with Roman numerals (under which the game would have been known as "Super Bowl L"), so that the logo could prominently feature the Arabic numerals 50.

question: Which NFL team won Super Bowl 50?

answer: Denver Broncos

图 8-5　SQuAD 阅读理解问题示例

8.2 知识问答的分类体系

本节围绕问答系统四大要素——问题、答案、知识库、智能体，简要梳理知识问答系统的特征并研究知识问答的分类体系。问答系统还有很多更深入的综述[10-14]。

8.2.1 问题类型与答案类型

在知识问答中，首先可以通过对问题的类型（Question Type）理解问答目标。问答系统可以针对问题类型，选择对应的知识库、处理逻辑来生成答案[15]。问题分类体系在很大程度上按照目标答案的差异而区分，所以这里将问题类型和答案类型合并，统一考虑为问题类型。通过对问题的类型（也就是用户问题所期望的答案的类型）的分析，问答系统可以有针对性地选择有效的知识库和处理逻辑解答一类问题。

早期的工作包括 TREC 测试集问题分类研究[15]和 ISI QA 问题类型分类体系[16]，另外还有更详细的综述[17]。LI 等人[15]通过观察 TREC 的 1000 个问题的数据，从答案类型出发建立了一个问题分类体系，包含 6 个大类和 50 个细分类，并对各类问题的占比进行了统计。从统计结果中可以看出，TREC 中的大部分问题都集中在这几类数据，占总体问题数量的 78%。其中，81 个问题询问地点（LOCATION）、138 个问题询问定义或描述（DESCRIPTION）、65 个问题询问人物（HUMAN）、94 个问题询问事物（例如动物、颜色、食品等）。可见，在知识问答中，一个合理的分类体系能够体现出问题的类型分布，从而帮助开发者有针对性地设计问答解决方案，并形成良好的问答系统。图 8-6 展示了 ISI QA 问题类型分类体系及实例[16]，例如“Who was Jane Goodall?”这类问题就可以归属为人物定义型问题(WHY-FAMOUS-PERSON)。

```
Abstract qtargets
        WHY-FAMOUS
            WHY-FAMOUS-PERSON
            - Who was Jane Goodall?
            - What is Jane Goodall famous for?
        DEFINITION - What is platinum?
        ABBREVIATION-EXPANSION - What does NAFTA stand for?
        ABBREVIATION - What's the abbreviation for limited partnership?
        SYNONYM - Aspartame is also known as what?
        CONTRAST - What's the difference between DARPA and NSF?
        POPULATION - How many people live in Greater Tokyo?
        VERACITY
            YES-NO-QUESTION - Does light have weight?
            TRUE-FALSE-QUESTION - Chaucer was an actual person. True or false?
        PHILOSOPHICAL-QUESTION - What is the meaning of life?
```

图 8-6　ISI QA 问题类型分类体系及实例

后续也出现了基于功能的问题分类体系。例如，在英文中一个以“Why”开头的问题侧重询问原因，而以“How”开头的问题侧重询问解决方式。但是在中文里，带有“怎么样”这个词的问题，其意图有可能是询问原因，也有可能是询问解决方式。BU 等人[18]根据百度知道的数据，建立了一个基于功能（Function-Based）的问题分类体系。和 LI 等人[15]从答案类型出发构建分类体系类似，BU 等人[18]从利用功能以达成用户目标的角度来构建分类体系。相比于 LI 等人[15]专注于面向事实的知识问答的分类，BU 等人[18]提出的分类体系更面向通用问题。表 8-2 展示了 BU 等人[18]提出的问题分类体系机制，其中的事实类别和 LI 等人[15]提出的分类体系中的大部分类别相对应。图 8-7 统计各个类在百度知道中的占比。

表 8-2　BU 等人提出的问题分类机制[18]

类型	描述	例子
事实	人们问这类问题一般是想得到概括性的事实。预期答案是一个短语	谁是美国总统?
列表	人们问这类问题一般是想得到一组答案。每个答案可能是一个独立的短语，也可能是带有解释或评论的短语	所有 1990 年诺贝尔的获得者? 你最喜欢哪些电影明星?
原因	人们问这类问题一般是想征求意见或解释。一个好的摘要答案应该包含多样的意见或全面的解释。可采用句子级的摘要技术实现	你觉得阿凡达怎么样?
解决方案	人们问这类问题一般是想解决问题。答案中的句子通常具有逻辑关系，因此不能使用句子级别的摘要技术	发生地震期间我该怎么做? 怎么做比萨?
定义	人们问这类问题一般是想到概念描述。通常这些信息可以在百科中找到。如果答案太长，我们应该总结成较简短的形式	谁是 Lady Gaga? 电影《黑客帝国》说了什么?
导航	人们问这类问题一般是想找到一个网站或资源。通常如果答案是网站则提供网站名称，如果答案是资源则直接提供	在哪可以下载测试版的《星际争霸 2》?

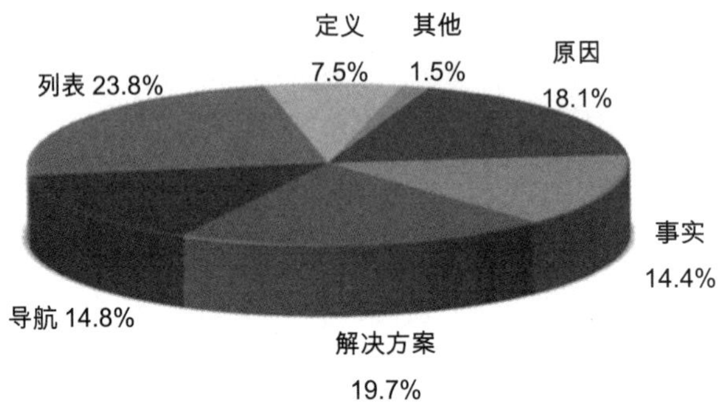

图 8-7　基于功能的问题分类体系在百度知道中的占比[18]

综合分类体系的探索工作，本文从问答的功能出发，面向知识图谱问答的构建（即假定知识库的主题为知识图谱）整理出两种问题类型：事实性客观问题和主观深层次问题。

（1）事实性客观问题。特点是语法结构简单（拥有明确的主谓宾结构，不包括例如并列、否定等复杂结构）、语义结构清晰（通常是关于某个事物或事件的简单描述性属性或关系型属性，可以通过简单的数据库查询解答）。事实型问题是知识问答中处理频度较高的一种问题类型，其中包含了谓词型问题（答案是一个单一的对象）、列表型问题（返回的不止一个答案，而是一列答案）。这两种主要是返回某些对象，从查询的角度来看，类似于数据库的 Select 操作。而对错型的问题更像 SPARQL 中的 Ask 类型的查询。实际上，这并不需要理解为一种“硬边界”的分类，也可能存在某些问题属于多个类别的情况。可以细分如下：

① 询问命名实体的基本定义（ENTITY）

- 事物的分类（IS-A），例如“热带水果有哪些？”
- 事物的别名（ALIASEs），例如“番茄是西红柿吗？”
- 事物的定义（WHAT-IS），例如“什么是西红柿？”

② 询问实体属性，包括描述性属性和关系性属性 （PROPERTY）

- 人（WHO），例如“谁写了《平凡的世界》？”
- 地点（WHERE），例如“《平凡的世界》的主人公是哪里人？”
- 时间（WHEN），例如“北京奥运会是在哪一年举办的？”
- 属性（ATTRIBUTE），例如“西红柿是什么颜色的？”.

③ 复杂知识图谱查询

- 询问实体列表或统计结果，例如“唐宋八大家是哪几位？”“北京奥运会中国得了多少枚金牌？”“北京四月份的平均气温是多少？”“北京最大的公园是哪一个？”
- 询问实体差异，例如“颐和园和圆明园哪里相似，哪里不同？”
- 询问实体关系，例如“王菲和章子怡有什么关系？”“A 公司和 B 公司有没有控制关系？”

（2）主观深层次问题。包括除事实型问题之外的其他问题，例如观点型、因果型、解释型、关联型与比较型等。这一类问题本身的语法结构并不复杂，但是这些问题需要一定的专业知识和主观的推理计算才能解答，而且这一类问题有时甚至不止一个答案，需要结合用户偏好和智能体的配置找到不同的最优解。可以细分如下：

① 问解释（WHY），例如“为什么天空是蓝色的？”“为什么眼睛会近视？”

② 问方法（HOW），例如“怎么做戚风蛋糕？”“如何在 Windows 上创建一个文件夹？”

③ 问专家意见（CONSULT），例如“左侧内踝骨折累及关节面多少天能下地走路？今年 89 岁。”

④ 问推荐（RECOMMENDATION），例如“哪个歌手跟刘德华类似？”

另外，问题类型并非问题理解中的唯一语义要素。问题焦点（Focus）指的是问句中出现的与答案实体或属性相关的元素，例如问句“In which city was Barack Obama born?”中的 city，以及“What is the population of Galway?”中的 population。问题主题（Topic）反映问题是关于哪些主题的，例如问句“What is the height of Mount Everest?”询问的是关于地理及山脉的信息，而“Which organ is affected by the Meniere's disease?”的问题主题则是医疗方面的内容。

8.2.2 知识库类型

从知识库的内容边界，或者知识库覆盖了哪些领域来看，知识问答可以分两类。一是领域相关的问答系统，只回答与选定领域相关的问题。这一类系统相对专注，需要领域专家的深入参与，虽然问题覆盖面小，但是答案的正确率高。早期的成功问答系统都是与领域相关的。近年来，企业的智能客服通常采用领域相关的问答系统，并且逐步转向基于知识图谱的解决方案。二是领域无关的问答系统，基于开放知识库回答任意问题。这一类系统答案虽然覆盖面大，但答案的正确率有限。开放域问答系统经常使用万维网数据（尤其是百科网站、社区问答等）作为数据源解答用户的问题。由于用户的期望较高，开放问题结构并不总是简单，开放域知识相对稀疏等原因，实用产品的用户体验还有待提高。

从知识库的信息组织格式来看，知识库可以是基于文本表示，也可以采用其他组织形式。第一，文本类知识库利用纯文本承载知识，也是最常见的知识组织形式。这类知识库不但支持基于搜索的问答系统，也可以与基于知识图谱的结构化抽取技术结合，支持基于语义查询的解决方案。另外，常见问答对（FAQ）或社区问答也是知识问答（尤其是智能客服）最容易获取的知识，可以直接通过问题匹配帮助用户获取答案。第二，半结构化或结构化的知识库。这一类知识库侧重知识的细粒度组织，利用结构体现知识的语义。电子表格、二维表或者关系数据库是最常见的结构化知识，实体和属性通过简单的二维表表示，大多数事实性客观问题都可以被此类知识解答。图数据库，例如 RDF、属性图、语义网络等，将通过节点、有向边来形成基于图的知识组织，并且利用节点和边的名称与上下文对接自然语言处理并支持语义相似度计算，同时还能支持复杂的结构化图查询机制。第三，除文字外，知识也可以存储在图片、音频、视频等媒体中，这些都可以作为知识问答中答案的一部分，更有效地反馈给终端用户，从而丰富答案的表示并满足更多的交互场景需求。第四，知识库并不限定于文本、符号系统或多媒体，也可以利用可计算的机器学习模型承载。例如近年来出现的端到端的问答系统可以直接使用分布式表示模型记录习得的知识。

另外，知识库的存储访问机制也是知识问答需要考虑的因素。知识问答的知识可以采用单一的集中数据存储（例如数据表、数据库），或者分布式存储（例如分布式数据、数据仓库），甚至是基于互联网的全网数据（例如 Linked Data）。

8.2.3 智能体类型

智能体利用知识库实现推理。根据知识库表示形式的不同，目前的知识问答可以分为传统问答方法（符号表示）以及基于深度学习的问答方法（分布式表示）两种类型。传统问答方法使用的主要技术包括关键词检索、文本蕴涵推理以及逻辑表达式等，深度学习方法使用的技术主要是 LSTM[19]、注意力模型[20]与记忆网络（Memory Network）[21]等。

传统的知识库问答将问答过程切分为语义解析与查询两个步骤。如图 8-8 所示，首先将问句“姚明的老婆出生在哪里”通过语义解析转化为 SPARQL 查询语句。这个例子中的难点是将问句中的“老婆”映射到知识图谱中的关系“配偶”，这也是传统的知识库问答研究的核心问题之一；再从知识库（知识图谱）中查询，得到问题的答案“上海”。

不同于传统方法，基于分布式表示的知识库问答利用深度神经网络模型，将问题与知识库中的信息转化为向量表示，通过相似度匹配的方式完成问题与答案的匹配。图 8-9 描述了一种精简的分布式知识问答过程。首先，利用神经网络模型，将问题“姚明的老婆出生在哪里”表示成向量，这里使用的是一个递归神经网络的表达形式；然后取知识图谱中与实体“姚明”相关的实体向量，计算与问句向量的语义相似度，从而完成知识问答的过程。在整个过程中，并不需要确定问句中的“老婆”与知识图谱中的关系“配偶”的映射，这也是基于深度学习的问答方法的优势所在。

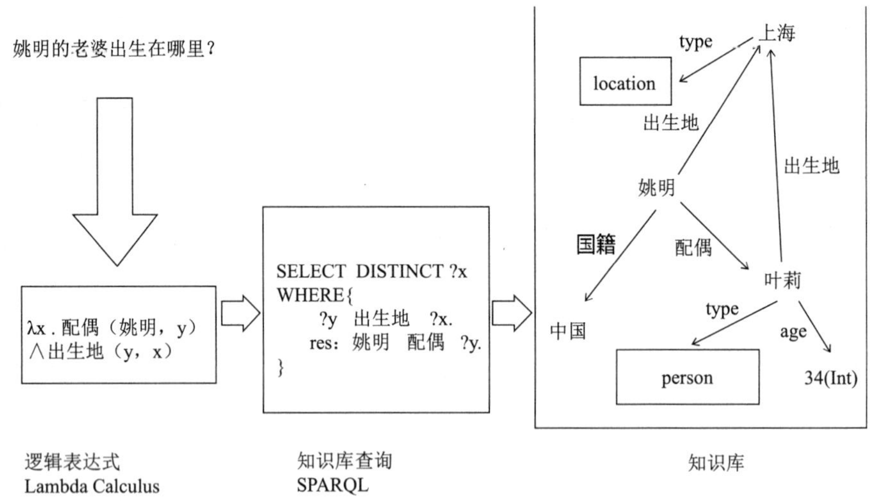

图 8-8 基于符号表示（传统）的知识问答

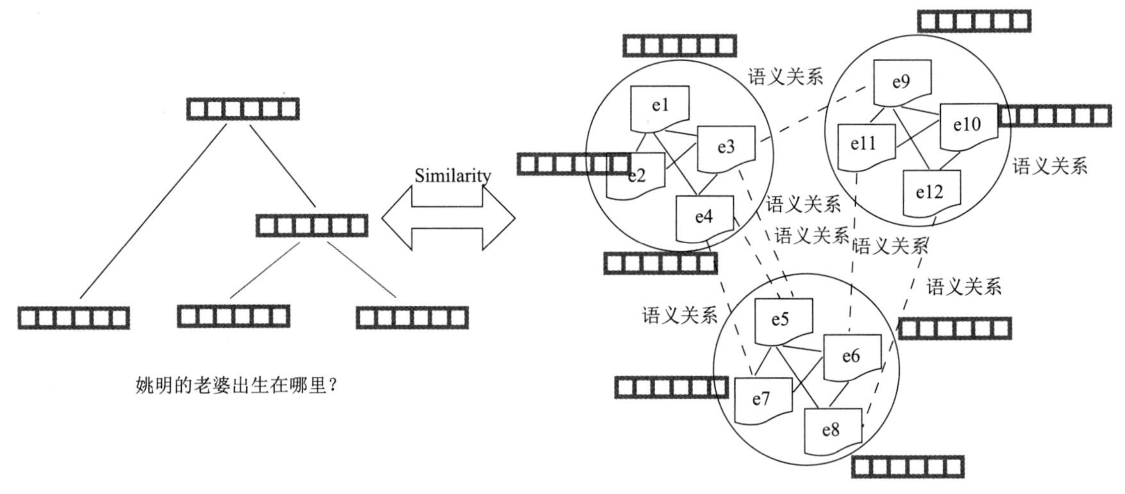

图 8-9 基于分布式表示的知识库问答

8.3 知识问答系统

8.3.1 NLIDB：早期的问答系统

20 世纪六七十年代，早期的 NLIDB（Natural Language Interface to Data Base）伴随着人工智能的研发逐步兴起[22]，以 1961 年的 BASEBALL 系统[4]和 1972 年的 LUNAR 系统[5]

（Woods 1973）为代表。BASEBALL 系统回答了有关一年内棒球比赛的问题。LUNAR 在阿波罗月球任务期间提供了岩石样本分析数据的界面。这些系统一般限定在特定领域，使用自然语言问题询问结构化知识库。这些数据库与如今讲的关系数据库不同，更像基于逻辑表达式的知识库。这一类系统通常为领域应用定制，将领域问题语义处理逻辑（自然语言问题转化为结构化数据查询）硬编码为特定的语法解析规则（例如模板或者简单的语法树），同时手工构建特定领域的词汇表，形成语法解析规则，很难转移到其他的应用领域。如图 8-10 所示为早期 NLIDB 型问答系统的设计思想。

依据文献[23]的介绍，NLIDB 系统大多采用的模块包括：①实体识别（Named Entity Recognition），通过查询领域词典识别命名实体；②语义理解（Question2Query），利用语法解析（例如词性分析，Part-Of-Speech）、动词分析（包括主动和被动）以及语义映射规则等技术，将问题解析成语义查询语句；③回答问题（Answer Processing），通常通过简单查询和其他复杂操作（例如 Count）获取答案。这些工作中的语义理解部分各具特色，也就此奠定了后续问答系统中问题解析的基本套路，下面详细举例说明。

Introduction

Men typically communicate with computers in a variety of artificial, stylized, unambiguous languages that are better adapted to the machine than to the man. For convenience and speed, many future computer-centered systems will require men to communicate with computers in natural language. The business executive, the military commander, and the scientist need to ask questions of the computer in ordinary English, and to have the computer answer questions directly. Baseball is a first step toward this goal.

[How many games] did

[the Yankees] play (in [July])?

When the question has been bracketed, any unbracketed preposition is attached to the first noun phrase in the sentence, and prepositional brackets added. For example, "Who did the Red Sox lose to on July 5?" becomes "(To [who]) did [the Red Sox] lose (on [July 5])?"

（a）问答系统 BASEBALL[4]

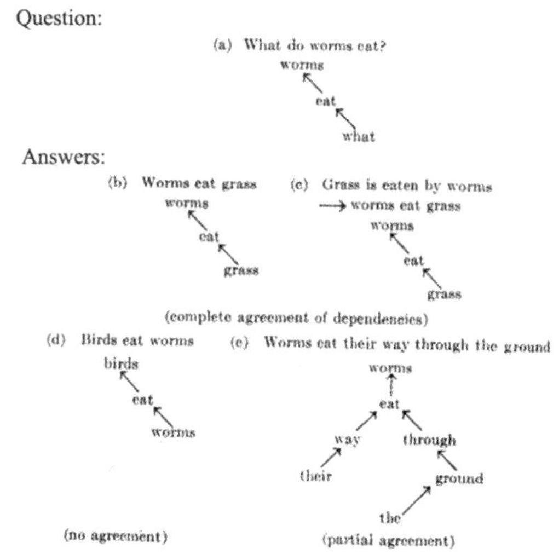

（b）利用语法树发现等价的问题[10]

图 8-10 早期 NLIDB 型问答系统的设计思想

（1）基于模式匹配（Pattern-Matching）。基于模式匹配的语义理解可以直接将问题映射到查询。如图 8-11 所示，例子“...capital...<country>.....”中，变量“<country>”用来表示 Country 类型的一个实体，例如 Italy，而“capital”是一个字符串。这个模板可以匹配不同的自然语言说法，例如“What is the capital of Italy?”“Could you please tell me what is the capital of Italy?”，然后将问题映射到查询“Report Capital of row where Country = Italy”（查询意大利的首都）。这种语义理解技术简便灵活且不依赖过多的语法分析工具，后来发展为 KBQA 中基于模板的语义理解方案。

COUNTRIES_TABLE

COUNTRY	CAPITAL	LANGUAGE
France	Paris	French
Italy	Rome	Italian
...	...	...

A primitive pattern-matching system could use rules like:

pattern: ... “capital” ... <country>
action : Report CAPITAL of row where COUNTRY = <country>

pattern: ... “capital” ... *“country”*
action : Report CAPITAL and COUNTRY of each row

图 8-11 基于模板匹配的 NLIDB 解决方案[23]

（2）基于语法解析（Syntactic-Parsing）。基于语法解析的语义理解将自然语言的复杂语义转化为逻辑表达式。如图 8-12 所示为展示了 LUNAR 系统利用语法树解析初步解析问题。句法分析器的树状结果仍然需要人工生成的语义规则和领域知识来理解，进而转化成一种中间层的逻辑表达式。通过一个简单的基于 Context-Free Grammar（CFG）的语法，主语（S）由一个名词短语（NP）加上一个动词短语（VP）组成；一个名词短语（NP）由一个确定词（Det）和一个名词（N）组成；确定词（Det）可以是“what”或“which”等。这样，“which rock contains magnesium”就可以解析为后面的语法分析结果，进而通过一系列转换规则，例如“which”映射到 for_every X，“rock”映射到（is rock X），形成最终的数据库查询。不少后来的系统也在系统的可移植性上有一些进展，包括允许为某一个新领域重新定制词典，构建通用知识表示语言来表达语义规则。有些系统甚至还可以允许用户通过交互界面添加新词汇和映射规制，包括 LUNAR 系统后期提出的 MRL 语言[23]，将自然语言问题转化为一种基于中间表示语言的逻辑查询表达式。这种中间表示语言承载了高层次世界概念以及用户问题的含义，独立于数据库存储结构，可以进一步转换成数据查询的表达式从而获取答案。这一类方案后来演进为 KBQA 中基于语义解析（Semantic Parsing）的语义理解方法。语法树分析为处理更为复杂的问题以及简单问题的语法变形提供了便利，但是这也同时依赖语法分析工具的正确性（包括词性分析、语法依存分析）。另外，当词汇具有多重词性时，也存在潜在问题。所以，还需要附加一些规则调整语法解析出来的查询。

S → NP VP
NP → DetN
Det → “what” |“which”
N → “rock” | “specimen” |“magnesium” |“radiation” |“light”
VP → V N
V → “contains” | “emits”

（a）语法

（b）语法分析结果　　（c）语义查询

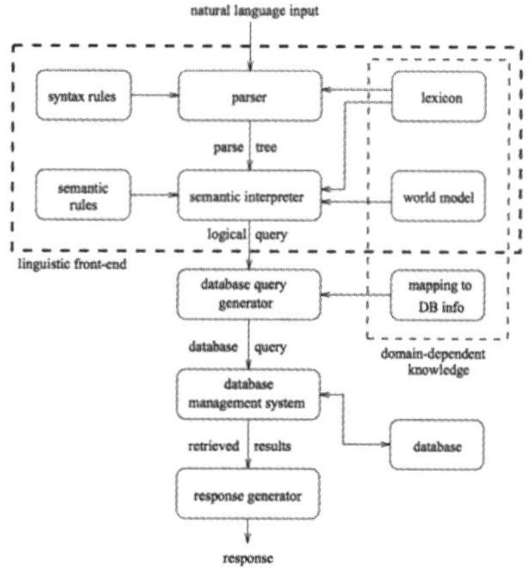

（d）基于中间表示语言的语义理解框架与流程

图 8-12　LUNAR 系统利用语法树解析初步解析问题[23]

8.3.2 IRQA：基于信息检索的问答系统

基于信息检索的问答系统（Information Retrieval based Question-Answering System，IRQA）[6]的核心思想是根据用户输入的问题，结合自然语言处理以及信息检索技术，在给定文档集合或者互联网网页中筛选出相关的文档，从结果文档内容抽取关键文本作为候选答案，最后对候选答案进行排序返回最优答案。如图 8-13 所示，参考斯坦福 IRQA 的基本架构[13]，问答流程大致分三个阶段：

（1）问题处理（Question Processing）。从不同角度理解问题的语义，明确知识检索的过滤条件（Query Formulation，即问句转化为关键词搜索）和答案类型判定（Answer Type Detection，例如“谁发现了万有引力？”需要返回人物类实体；“中国哪个城市人口数最多？”需要返回城市类实体）。

（2）段落检索与排序（Passage Retrieval And Ranking）。基于提取出的关键词进行信息检索，对检索出的文档进行排序，把排序之后的文档分割成合适的段落，并对新的段落进行再排序，找到最优答案。

（3）答案处理（Answer Processing）。最后根据排序后的段落，结合问题处理阶段定义的答案类型抽取答案，形成答案候选集；最终对答案候选集排序，返回最优解。此方法以文档为知识库，没有预先的知识抽取工作。

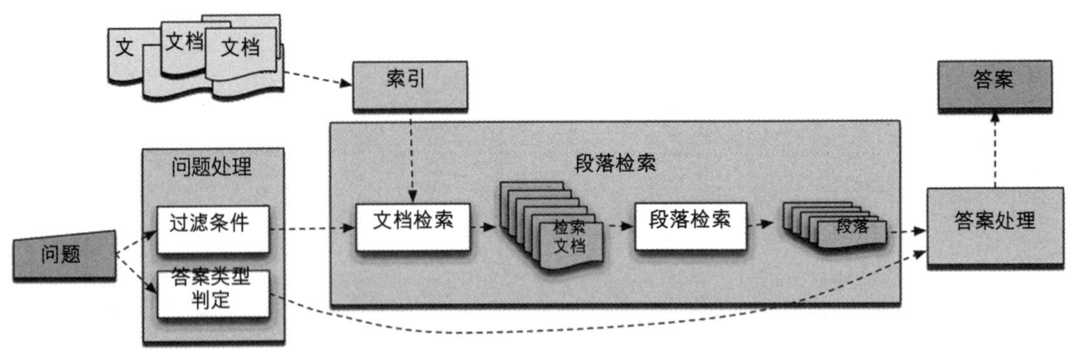

图 8-13 IRQA 的基本架构[13]

8.3.3 KBQA：基于知识库的问答系统

基于知识库的问答系统（Knowledge-Based Question Answering，KBQA)特指使用基于知识图谱解答问题的问答系统。KBQA 实际上是 20 世纪七八十年代对 NLIDB 工作的延续，其中很多技术都借鉴和沿用了以前的研究成果。其中，主要的差异是采用了相对统一的基于 RDF 表示的知识图谱，并且把语义理解的结果映射到知识图谱的本体后生成 SPARQL 查询解答问题。通过本体可以将用户问题映射到基于概念拓扑图表示的查询表达式，也就对应了知识图谱中某种子图。KBQA 的核心问题 Question2Query 是找到从用户问题到知识图谱子图的最合理映射。

QALD（Question Answering on Linked Data）[38]是 2011 年开始针对 KBQA 问答系统的评测活动。文献[14]分析了参与 QALD 的数十个问答系统，并从问题解析、词汇关联、歧义消解、构建查询以及分布式知识库五个阶段做了对比，而前四个问题都是 Question2Query 的关键步骤。

（1）问题分析。主要利用词典、词性分析、分词、实体识别、语法解析树分析、句法依存关系分析等传统 NLP 技术提取问题的结构特征，并且基于机器学习和规则提取分析句子的类型和答案类型。知识图谱通常可以为 NLP 工具提供领域词典，支持实体链接；同时，知识图谱的实体和关系也可以分别用于序列化标注和远程监督，支持对文本领域语料的结构化抽取，进一步增补领域知识图谱。

（2）词汇关联。主要针对在问题分析阶段尚未形成实体链接的部分形成与知识库的链接，包括关系属性、描述属性、实体分类的链接。例如“cities”映射到实体分类“城市”，“is married to”映射到关系“spouse”。也包括一些多义词，例如“Apple”（公司还是水果）。

（3）歧义消解。一方面是对候选的词汇、查询表达式排序选优，一方面通过语义的容斥关系去掉不可能的组合。例如，苹果手机是不能吃的，所以吃苹果中苹果的“电器”选项应去掉。在很多系统中，歧义消解与构建查询紧密结合：先生成大量可能的查询，然后通过统计方法和机器学习选优。

（4）构建查询。基于问题解析结果，可以通过自定义转化规则或者特定（语义模型+语法规则）将问题转化为查询语言表达式，形成对知识库的查询。QALD 的大多系统使用 SPARQL 表达查询。注意查询语言不仅能表达匹配子图的语义，还能承载一些计算统计功能（average、count 函数）。

8.3.4 CommunityQA/FAQ-QA：基于问答对匹配的问答系统

基于常见问答对（Frequently Asked Question，FAQ-QA[24]）以及社区问答

（Community Question Answering，CQA）[25]都依赖搜索问答 FAQ 库（许多问答对<Q，A>的集合）来发现以前问过的类似问题，并将找到的问答对的答案返回给用户。FAQ 与 CQA 都是以问答对来组织知识，而且问答对的质量很高，不但已经是自然语言格式，而且受到领域专家或者社区的认可。二者的差异包括：答案的来源是领域专家还是社区志愿者，答案质量分别由专家自身的素质或者社区答案筛选机制保障。

基于 FAQ-QA 的核心是计算问题之间的语义相似性。重复问题发现（Duplicate Question Detection，DQD）仅限于疑问句，这是短文本相似度计算的一个特例。事实上，语义相似性面临两个挑战：

（1）“泛化”。相同的语义在自然语言表达中有众多的表示方式，不论从词汇还是语法结构上都可以有显著差异，例如 “How do I add a vehicle to this policy?” 和 “What should I do to extend this policy for my new car?”。

（2）“歧义”。两个近似的句子可以具有完全不同的语义，例如“教育部/长江学者”和“教育部长/江学者”。语义相似度计算一直是 NLP 研究的前沿。一种类型的方法试图通过利用语义词典（例如 WordNet）计算词汇相似度，这些语义相似网络来自语言学家的经验总结，受限于特定的语言；另一种方法将此任务作为统计机器翻译问题处理，并采用平行语料学习逐字或短语翻译概率，这种方法需要大量的平行问题集学习翻译概率，通常很难或成本高昂。Rodrigues J A 等人[26]基于两个测试数据集（AskUbnuntu 领域相关问题集，和 Quora 领域无关）对比了基于规则（JCRD Jacard）、基于传统机器学习以及基于深度学习的方法。发现基于深度学习的方法在领域问题上效果显著，但是开放领域问题中效果与传统方法接近（甚至有所下降）。SemEval 2017 年[27]评测结果指出，英文句子相似度计算的最佳结果已经达到 F1=0.85。

8.3.5 Hybrid QA Framework 混合问答系统框架

从结构化数据出发的 KBQA 侧重精准的问题理解和答案查询，但是结构化的知识库总是有限；从非结构化文本出发的 IRQA 侧重于利用大量来自文本的答案，但是文本抽取存在精度问题且不容易支持复杂查询与推理。所以，在工业应用中，为了满足领域知识问答的体验，结合有限的高度结构化的领域数据与大量相关的文本领域知识，需要更通用的问答框架，以取长补短。

1. DeepQA：IRQA 主导的混合框架

如图 8-14 所示的 DeepQA[28]综合 IRQA 和 KBQA 形成混合问答系统的架构图，Watson 系统的问题处理大致分成四阶段：

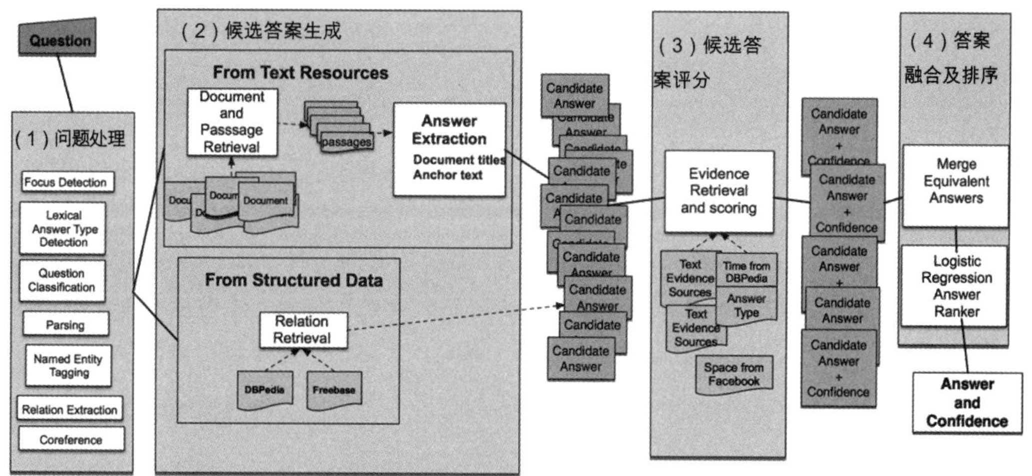

图 8-14　DeepQA 综合 IRQA 和 KBQA 形成混合问答系统的架构图[13]

（1）问题处理（Question Processing）。主要是理解问题的类型，解析问题语义元素等。

（2）候选答案生成（Candidate Answer Generation）。不仅从网络上搜索相关文档并抽取答案，还从知识库直接查询答案，然后合并构成答案候选集。

（3）候选答案评分（Candidate Answer Scoring）。针对每个候选答案选取一些重要特征，并对各个特征打分并形成答案的特征向量。Watson 会利用很多信息源的佐证对候选答案进行打分，例如答案类型（Lexical Answer Type）、答案中的时空信息等。以答案类型的人的问答为例，如果已知每个历史人物的出生日期和去世日期（从百科知识图谱获取），同时要求查找一个历史人物并且提到时间范围，则候选答案中非同时期的人物可以被认为是无关的。

（4）答案融合及排序（Confidence Merging And Ranking）。首先把相同的答案进行融合（例如两个候选人名 J.F.K.和 John F. Kemedy 会被合并成为一个候选答案），形成新的答案候选集，然后对新的答案候选集进行再排序，最终由训练好的逻辑回归分类器模型对每个候选答案计算置信度，并返回置信度最高的答案作为最终答案。总之，Watson 架构的创新点是同时从 IRQA 和 KBQA 获取大量候选答案，并以大量答案佐证作为特征形成答案特征评分向量，这一点正是单独 IRQA 系统和 KBQA 系统没有做到的。

2. QALD-Hybrid-QA：KBQA 主导的混合框架

在 QALD-6 启动的 Hybrid QA 要求 KBQA 可以同时利用知识图谱数据和文本数据。自然语言先转化为 SPARQL 查询，但是并非所有 SPARQL 查询中的三元组特征（Triple Pattern）都可以对应到知识图谱中的词汇，也并非所有知识都可以从掌握的知识图谱中查到，有一部分知识还需要从文档中抽取关系得到解答。这样可以避免前期过度的文本抽取工作，也能适应现实中更常见的图谱和文本混合的知识库。如图 8-15 所示[29]，当遇到包含“is the front man of”关系的三元组特征时，系统首先通过基于知识图谱的关系抽取技术，结合 DBpedia[30]和 OpenIE[31]从 Wikipedia 中抽取相关三元组。注意，在 OpenIE 抽取的三元组中，大量谓语 predicate 是没有经过归一融合的。然后利用平行语料模型将问句中的关系映射到抽取三元组的谓语上。例如，“front man of”映射到“lead vocalist of”上。

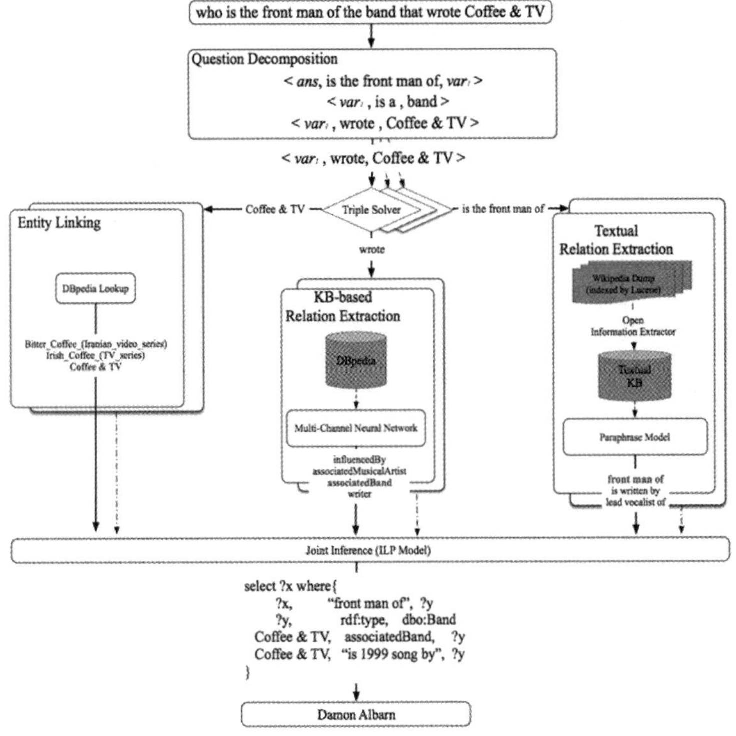

图 8-15 基于 SPARQL 的混合问答系统的架构[29]

3. Frankenstein：问答系统的流水线架构

Frankenstein[32]通过对 60 多种 KBQA 系统的研究，将 KBQA 分成基于四类核心模块的流水线，其架构如图 8-16 所示。模块化的流水线设计有利于将复杂的 QA 系统分解为细粒度可优化的部分，而且形成了可插拔的体系，便于系统优化更新。但是这样的流水线有两点要求：尽量使用统一的知识表示，例如基于 RDF 的知识库以及通用的 Ontology/Schema，这样才能保证各模块在接口上可以复用；模块的分解目前只考虑了 Question2Query 中针对结构化查询的部分，未覆盖非结构化文本的问答。这个框架首先制定了一个可配置的流水线框架，并且分解出 KBQA 的四个主要模块：

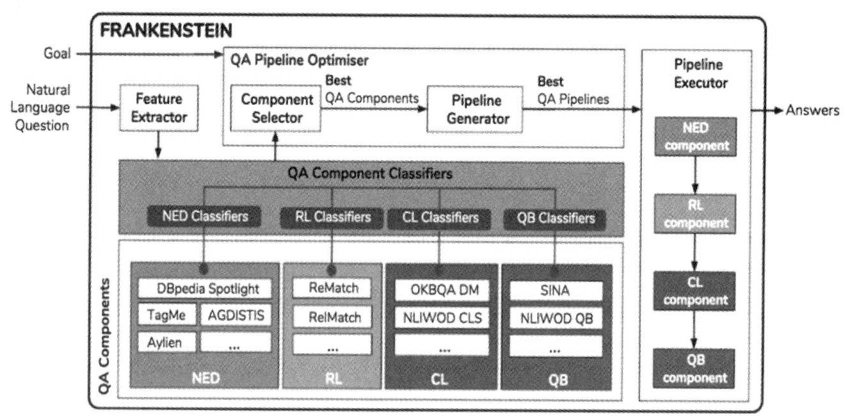

图 8-16　问答系统流水线的架构[32]

（1）命名实体识别与消解歧义（Named Entity Disambiguation，NED）。从问题的文本中标记其中涉及的实体。

（2）实体关系映射（Relation Linking，RL）。将问题文本提及的关系映射到知识库的实体属性或实体关系上。

（3）实体分类映射（Class Linking，CL）。将问题所需答案的类型映射到知识库的实体分类上。

（4）构建查询（Query Building，QB）。基于上述语义理解的结果综合后形成 SPARQL 查询。同时，框架也利用分类器技术（QA Pipeline Classifier）支持流水线自动配置，也就是说从 29 个不同的模块（18 个 NED、5 个 RL、2 个 CL、2 个 QB），针对每一个特定的 KBQA 问答系统选取最优的流水线组合。

如图 8-17 所示，对于“What is the capital of Canada?”，理想的 NED 组件应该将关键字“Canada”识别为命名实体，并将其映射到相应的 DBpedia 资源，即 dbr:Canada。然后，RL 模块需要找到知识图谱中对应的实体关系，因此“capital”映射到 dbo:capital。最后，QB 模块综合上述结果形成 SPARQL 查询 SELECT DISTINCT?uri WHERE {dbr:Canada dbo:capital ?uri.}。

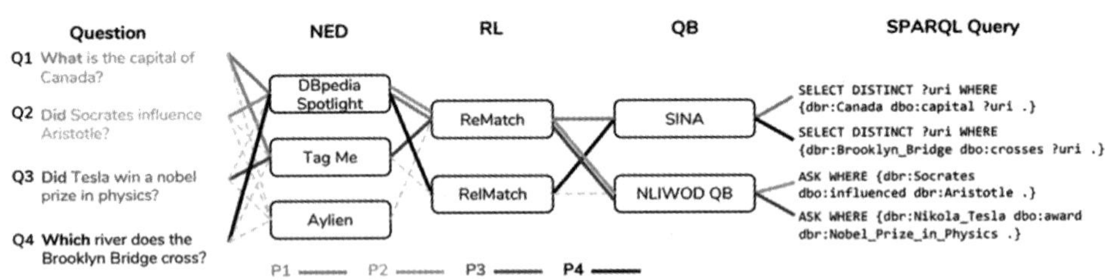

图 8-17 问答系统流水线举例说明[32]

8.4 知识问答的评价方法

8.4.1 问答系统的评价指标

1．功能评价指标

问答系统通常可以通过一组预定的测试问题集以及一组预定的维度来评价。问答系统的功能评价重点关注返回的答案，正确的答案应当同时具备正确度及完备度，正确但内容不完整的答案被称为不准确答案，没有足够证据及论证表明答案与问题相关性的则是无支撑答案，当答案与问题完全无关时，意味着答案是错误的。答案评价通常可以从如下角度考虑：

（1）正确性。答案是否正确地回答了问题，例如问美国总统是谁，回答“女克林顿”就错了。

（2）精确度。答案是否缺失信息，例如问美国总统是谁，回答“布什”可能存在二义性，到底是老布什，还是小布什；答案中是否包含了多余的信息，同样的问题，“特朗普在纽约州出生”就包含了多余的信息。

（3）完整性。如果答案是一个列表，应当返回问题要求的所有答案。例如，列举美国总统，应该把所有满足条件的人都列举出来。

（4）可解释性。在给出答案的同时，也给出引文或证明说明答案与问题的关联。根据 TREC 的测试结果，考虑与未考虑文章支持度的测试结果差距可达十几个百分点。

（5）用户友好性。答案质量由人工评分，很多非事实性问题并非一个唯一的答案，所以需要人工判定答案的质量。如果答案被认为没错就按质量打分，Fair 为 1 分、Good 为 2 分、Excellent 为 3 分，如果答不上来或答错则算零分。

（6）额外的评价维度。当答案类型更为复杂时，例如有排序、统计、对比等更多的要求，还应该有额外的评价维度。除了上述针对答案的评价，也有针对解答过程复杂程度的评价，例如 Semantic Tractability[33]，用于反映问答之间的词表差异性；Answer Locality[34]，答案是否零碎地分布在不同的文本或数据集录中；Derivability[34]，问题的答案是否是某种确定性答案，还是含蓄的、不确定的描述；Semantic Complexity，问题涉及的语义复杂程度。常用的问答指标采用 F1（综合正确率和召回率）和 P@1（第一个答案是否正确的比率）。

2. 性能评价指标

除了功能评价指标，参考 Usbeck R 等人[35]的评价体系，问答系统从性能角度可以考虑如下指标：

（1）问答系统的响应时间（Response Time）。问答系统对用户输入或者请求做出反应的时间。问答系统的响应时间是评价系统性能的一个非常重要的指标，如果响应时间过长，会使系统的可用性很低。一般问答系统的响应时间应控制在 1s 以内。

（2）问答系统的故障率（Error Rate）。在限定时间内给出答案即可，不考虑答案是否正确。系统返回错误或者系统运行过程中发生错误数的统计。

8.4.2 问答系统的评价数据集

1. TREC QA：评价 IRQA

TREC QA[36]是美国标准计量局在 1999—2007 年针对问答系统设定的年度评价体系，本文关注其问答的核心任务（MAIN TASK）。此评价体系主要针对基于搜索的问答解决方案（IRQA）。问题集主要来自搜索引擎的查询日志（也有少部分问题由人工设计）。知识库主要采用跨度几年的主流媒体的新闻。问答系统返回的结果包括两部分<答案，文档 ID>，前者为字符串，后者为问题答案来源的文档的 ID。评价方法主要是选取大约 1000

个测试问题，由 1～3 人标注评价答案的正确性（答案是否正确回答了问题）、精准度（答案中是否包含多余的内容）以及对应文章的支持度（对应的文章是否支持该答案）。评价指标区分了单一答案和列表答案的评价方法。

2. TREC LIVE QA：评价 CQA 社区问答

TREC LIVE QA 也[37]是美国标准计量局在 2015—2107 年从更真实的网络问答出发，主要面向 CQA 社区问答解决方案的评价体系。问题集主要来自 Yahoo Answer 的实时新问题。 知识库主要来自 Yahoo Answer 的社区问答数据，以及过往标注的千余条数据。评价方法主要选取大约 1000 个测试问题，每个问题要求在 1min 内回答。由于问题类型不限于简单知识问答，所有的答案由 1～3 人标注并直接按答案质量打{0，1，2，3}分。另外，评价系统也针对测试问题，获取赛后的社区人工答案做类似的评价，然后对比自动生成的答案和人工产生的答案的体验差异。

3. QALD：评价 KBQA

QALD[38]是指 2011—2017 年的链接数据的问答系统评测（Question Answering on Linked Data），为自然语言问题转化为可用的 SPARQL 查询以及基于语义万维网标准的知识推理提供了一系列的评价体系和测试数据集，对 QALD 的工作做了详细介绍。QALD 的主要任务如下：给定知识库（一个或多个 RDF 数据集以及其他知识源）和问题（自然语言问题或关键字），返回正确的答案或返回这些答案的 SPARQL 查询。这样，QALD 可以利用工业相关的实际任务评价现有的系统，并且找到现有系统中的瓶颈与改进方向，进而深入了解如何开发处理海量 RDF 数据方法。这些海量数据分布在不同的数据集之间，并且它们是异构的、有噪声的，甚至结构是不一致的。每一年 QALD 通过不同的任务覆盖了众多的评价体系，包括：面向开放领域的多语种问答，例如 Task 1：Multilingual question answering over Dpedia；面向专业领域的问答，例如 MusicBrainz（音乐领域）、Drugbank（医药领域）；结构化数据与文本数据混合的问答，例如 Task 2：Hybrid question answering；海量数据的问答，例如 Task 3：Large-Scale Question answering over RDF；新数据源的问答，例如 Task 4：Question answering over Wikidata。

4. SQuAD：评价端到端的问答系统解决方案

SQuAD[39]是斯坦福大学推出的一个大规模阅读理解数据集，由众多维基百科文章中的众包工作者提出的问题构成，每个问题的答案都是相应阅读段落的一段文字或跨度。在

500 多篇文章中，有超过 100,000 个问题—答案对，SQUAD 显著大于以前的阅读理解数据集。2017—2018 年，国内也有不少类似的阅读理解比赛，例如搜狗问答。SQuAD 评价指标主要分两部分：

（1）精准匹配。正确匹配标准答案，目前效果最好的算法达到 74.5%，人类表现是 82.3%。这个指标准确地匹配任何一个基本事实答案的预测百分比。

（2）F1 值。这个指标衡量了预测和基本事实答案之间的平均重叠数。在给定问题的所有基础正确答案中取最大值 F1，然后对所有问题求平均值。2018 年 3 月，谷歌公司的 QAnet[40]达到了 F1=89.737，非常接近人工对比指标 F1=91.221。

在此之前，斯坦福大学还发布过 Web Question 数据集[41]。首先通过 Google Suggest API 获取只包含单个实体的问题，然后选取实体前面或后面的语句作为 query，以此作为种子进行问题扩充，每个 query 大约扩充 5 个候选问题，形成体量大约为 100 万的问题集；然后随机选取 10 万个问题，交由众包工作者搜集答案，并对每个答案给出答案来源 URL；最后，对问答对进行筛选，形成包括 3778 条数据的训练集以及 2032 条数据的测试集。在 Web Questions 数据集上的 F1 值为 31.3%，后续不少研究者在 Web Questions 提出了一些新的有效模型，F1 值逐年更新。目前，效果最好的模型是 Sarthak Jain 提出的 Factual Memory Network 模型[42]，该模型的平均精确度为 55.2%，平均召回率为 64.9%，平均精确度和平均召回率的 F1 值为 59.7%，平均 F1 值为 55.7%。

5. Quora QA：评价问题相似度计算

Quora 于 2017 年在 Kaggle 发布的数据集包含约 40 万个问题对，每个问题包含两个问题的 ID 和原始文本，另外还有一个数字标记这两个问题是否等价，即对应到同一个意图上。这个数据集主要用于验证社区问答或 FAQ 问答的语义相似度计算算法，目前在 Kaggle 上的竞赛结果最优者的 Logloss 已经达到 0.11。这个数据集来自社区问答网站 Quora，这种规模抽样的数据的确存在少量噪声问题且话题分布并不一定与 Quora 网站的问题分布一致。另外，社区问答中只有少量问题是真正等价，因此通过 $C(n,2)$随机组合抽取两个问题，绝大多数问题对也不应该等价。这 40 万条数据首先加入了大量正例（等价的问题对），然后利用“related question”关系添加了负例（相关但不等价的问题对），这样才形成一个相对平衡的训练数据集。Elkhan Dadashov[43]在 Quora QA 数据集上尝试了多种不同的 LSTM 模型，最好的模型的 F1 值达到了 79.5%，准确率还到了 83.8%。

6．SemEval：词义消歧评测

SemEval 是由 ACL 词汇与语义小组组织的词汇与语义计算领域的国际权威技术竞赛。从 1998 年开始举办，竞赛包括多方面不同的词汇语义评测任务，如文本语义相似度计算、推特语义分析、空间角色标注、组合名词的自由复述、文本蕴涵识别、多语种的词义消歧等。2018 的 Sameval 比赛包含 12 个任务，主要包括以下几方面的内容：

（1）推特情感与创造性语句分析。该部分的处理对象来自推特的社交文本数据，其中涵盖英语、阿拉伯语以及西班牙语等多种语言的文本。分析的定位包括情感分析（情感的强弱、喜怒哀乐等类型的判断、情绪的积极消极以及识别推文中涵盖的多个情感类型）、符号预测（预测推文中可能嵌入的表情图片或颜文字）、反讽语义识别（识别推文中的讽刺表达）。

（2）实体关联。该部分包含两个子任务。一个子任务是多人对话中的人物识别，目标是识别对话中提及的所有人物。值得一提的是，这些人物并不一定是对话中的某个谈话者，可能是他们提及的其他人。如图 8-18 所示的多人对话场景，Ross 提到的“mom”并不是参与对话的某人，而是 Judy。如何有效地识别出对话中提及人物的字符具体指向什么人物实体，是本任务需要解决的重要问题之一。另一个子任务则是面向事件的识别以及分析，针对给定的问题，从给定文本中找出问题相关的一个事件或多个事件，以及参与角色之间的关系。

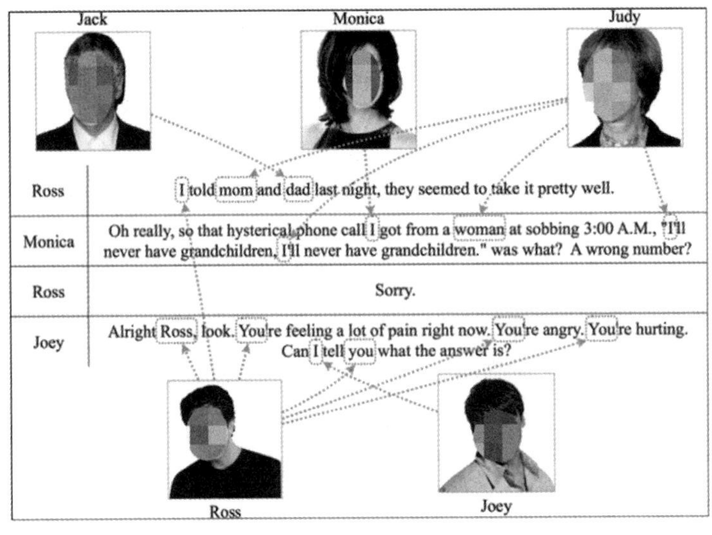

图 8-18 多人对话场景示例

（3）信息抽取。该部分介绍的信息抽取包含关系（关系抽取与分类）、时间（基于语义分析的时间标准化）等。如图 8-19 所示为时间信息的语义解析示例，对于文本“met every other Saturday since March 6”，其中的时间信息被解析为时间点与时间段并标准化表示出来。

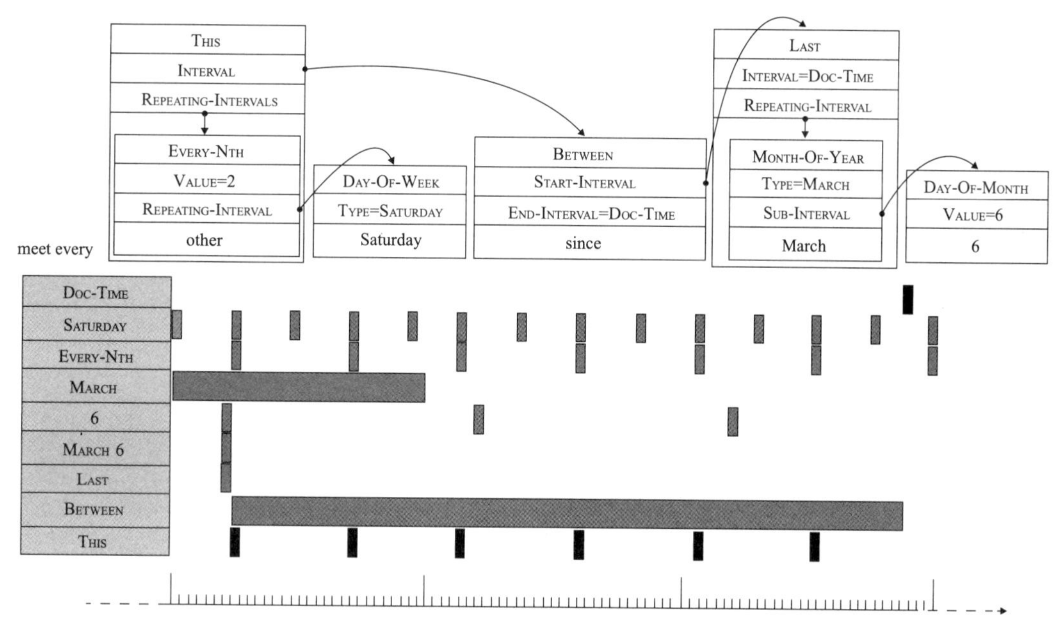

图 8-19　时间信息的语义解析示例

（4）词汇语义学。该部分从词汇语义的角度入手，提出了用于反映词汇之间高度关系的上位调发现以及判别属性识别。与传统计算词汇语义相似不同，本任务关注词的语义相异性，目标是预测一个词是其他词的一个判别属性。例如，给定词语“香蕉”与“苹果”，词语“红色”可以作为判别属性区分两者的相异性。红色是苹果的一个颜色属性，但是与香蕉无关。

（5）阅读理解与推理。该部分由两个子任务构成，一个子任务是研究任务包括如何利用常识完成文本阅读理解，另一个子任务是通过推理方式对给定的由声明和理由组成的论点，从两个候选论据中选出正确的论据。

8.5 KBQA 前沿技术

目前还存在两个很大的困难阻碍着 KBQA 系统被广泛应用。一个困难是现有的自然语言理解技术在处理自然语言的歧义性和复杂性方面还显得比较薄弱。例如，有时候一句话系统可以理解，但是换一个说法就不能理解了。另一个困难是此类系统需要大量的领域知识来理解自然语言问题，而这些一般都需要人工输入。一些系统需要开发一个专用于一个领域的基于句法或者语义的语法分析器。许多系统都引入了一个用户词典或者映射规则，用来将用户的词汇或说法映射到系统本体的词汇表或逻辑表达式中。通常还需要定义一个世界模型（World Model），来指定词典或本体中词汇的上下位关系和关系参数类型的限制。这些工作都是非常消耗人力的。以下围绕 KBQA 的关键阶段——“构建查询”，说明 KBQA 面临的挑战，然后介绍几种典型的解决方案。

8.5.1 KBQA 面临的挑战

图 8-20 反映了 KBQA 中一个简化的“问题→答案”映射过程，自然语言问题在关联知识库之前，需要转换成结构化查询，利用查询从知识图谱中找到答案后，还需要考虑一个自然语言答案生成的过程。这个过程中的主要挑战在于如何将自然语言表达映射到知识库的查询，也就是 Question2Query 语义理解。

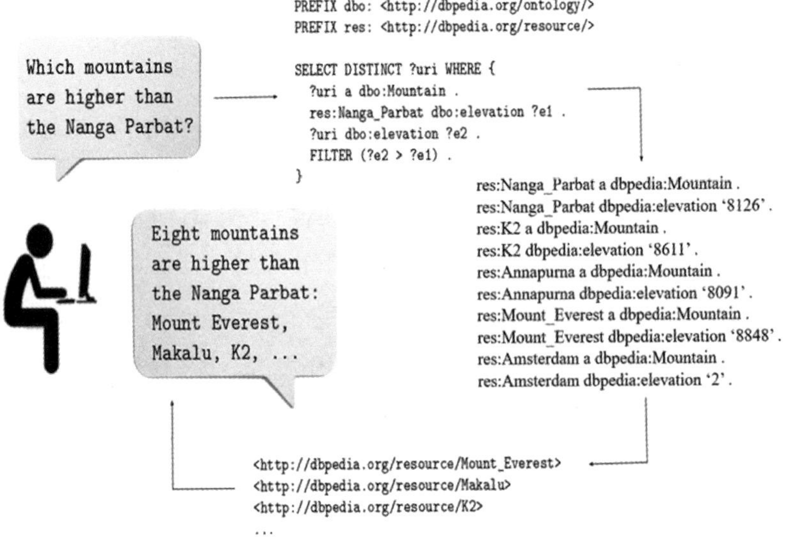

图 8-20 问题到答案的映射过程

1. 多样的概念映射机制

也就是将自然语言表达的查询语义映射知识库的原子查询。自然语言的表达的语义包罗万象，常见语义映射现象如表 8-3 所示。

表 8-3 常见的语义映射现象

概念映射的类型	举例说明
映射到原子三元组	问题“姚明的老婆是谁？”，可以映射到简单的三元组原子查询（ex:姚明, 老婆, ?Who）
映射到限制条件	问题“中国有哪些城市的人口超过 1000 万？”，其中的限制条件需要映射到一个 SPARQL 约束条件“FILTER（?population >10000000）”
映射到属性链条	当自然语言中的“外孙”关系没有出现在知识库的属性词表中，可以使用（“女儿”的“儿子”）合成“外孙”概念的查询，例如"（?person1 ex:女儿 ?person2)(?person2 ex:儿子 ?person3)"
复杂概念映射到复合属性（多样化的知识表示）	问题“英国哪一年加入欧盟”，知识库里的知识表示却是（英国，加入欧盟的时间，1973），这里的属性同时复合了欧盟和加入时间的概念
映射到排序条件	问题“谁导演的电影最多”，“最多”这个概念需要查询支持统计排序能力（GROUP 和 SORT 原语）
映射到有歧义的概念	问题“故宫在哪个城市？”“张三在哪个单位？”同样一个动词“在”，映射到对应的知识图谱属性却是不一样的，前者对应到（故宫，位于，北京），后者对应到（张三，所在单位，A 公司）

2. 不完美的知识库

首先，知识库未必全都是结构化的数据，还有大量的知识存在于文本中。这需要有动态知识抽取解决方案。其次，知识库的知识组织机制各不相同，同样的知识在不同的知识库中未必会采用同样的结构，例如三元组（英国，加入欧盟的时间，1973）等价于四个三元组（事件 1，加入方，英国）（事件 1，被加入方，欧盟）（事件 1，年份，1973）（事件 1，类型，加入组织），这样也为查询制造了困难。再次，用户使用的语言以及知识库采用的工作语言也会影响语义理解，例如用中文查询英文的 DBpedia，从中文的关系名称映射到英文的实体属性就不简单。最后，知识库本身并不是完整的，而用户的预期却是希望能找到答案，这样如何判定找不到答案从而避免答非所问也是很重要的。

3. 泛化语义理解的预期

当用户使用知识问答时，常见的抱怨就是同一个问题换一种说法就无法理解了。这个问题在智能客服中尤其明显，在保障精确度的前提下智能客服应该匹配尽量可解答的问题。泛化问题通常可以从词语和句子两个层面来研究。

（1）词语层面的泛化匹配[44]。

① 命名实体的不同说法，例如“上海”对应“沪”，需要从网络或领域专家获取背景知识，而“交通银行股份有限公司”可以通过简单的规则得到简称“交通银行”。

② 生成实体（日期，地址等）的不同说法。例如“2018 年 1 月 1 日”和“2018 年元旦”。注意，生成实体的识别和解析可以通过常规的语法分析工具达成，但是中英文数字的混合、语音识别错误等现象会令解析难度提升。

③ 实体分类和属性或关系的不同说法。例如“还活着吗”对应“死亡日期”，这样的平行语料学习不但可以通过基于知识图谱的关系抽取结果来充实，也可以利用深度学习的分布式表示 Embedding 来计算。另外，这些语料的目标是建立从自然语言表示到知识图谱表示的映射，所以部分词汇还应该直接映射到知识图谱的实体分类和实体（描述或关系）属性上。还要注意对知识图谱本体的语义融合归一化处理，例如在 Wikidata 里没有统一的“水果”分类，这样就不能通过简单的实体分类获取完整的水果列表。

（2）句子层面的泛化处理。主要是判断问题的语义相似度（Question-Question Similarity）[44]，常用思路通常采用语言模型、机器翻译模型、句子主题分析模型、句子结构相似度分析模型、基于知识图谱的句子成分相似度模型等，SemEval 的 Task1 和 Task3 SubTaskB[45]都对这一方面的关键技术做了评测。句子问题相似度算法可以被封装为独立的计算模块，然后将语法分析和前面基于知识图谱的语义解析结果作为特征交给基于 LSTM 的模型[46]计算相似度。

8.5.2 基于模板的方法

基于模板（Template）或模式（Pattern）的问答系统定义了一组带变量的模板，直接匹配问题文本形成查询表达式。这样简化了问题分析的步骤，并且通过预制的查询模板替代了本体映射。这样做的优势包括：简单可控，适于处理只有一个查询条件的简单问题；绕过了语法解析的脆弱性。这个方案在工业中得到广泛的应用。

图 8-21 描述了一个 TrueKnowledge[47]模板示例，其中包含了以下步骤，首先使用已知的模板成分匹配句子中的内容，包括疑问词（What、Which，反映问题的意图），以及

部分已知的模板（is a present central form of，某些固定表达词组），对于未知成分则使用变量字符加以替换（固定表达前后的 a、y 等），这种模板可以实现一对多的问题覆盖效果。但是其缺点也很明显：成熟的应用需要生成大量的模板，True Knowledge 就依赖手工生成了 1200 个模板，人工处理成本非常高昂；模板由人工生成，不易复用即一个问题可以用多个不同的模板回答，且需要通过全局排序来调优，容易发生冲突；即使生成的模板遵循知识库的 Schema，但由于知识库自身的不完整性以及语义组合的多样性，这些模板也未必就能保障能在知识库中找到答案。注意，TrueKnowledge 利用用户交互的界面降低人工编辑成本，让用户自己将系统无法回答的问题说法链接到一个相关的问题模板上，因此有效地减少了模板的生成数量。

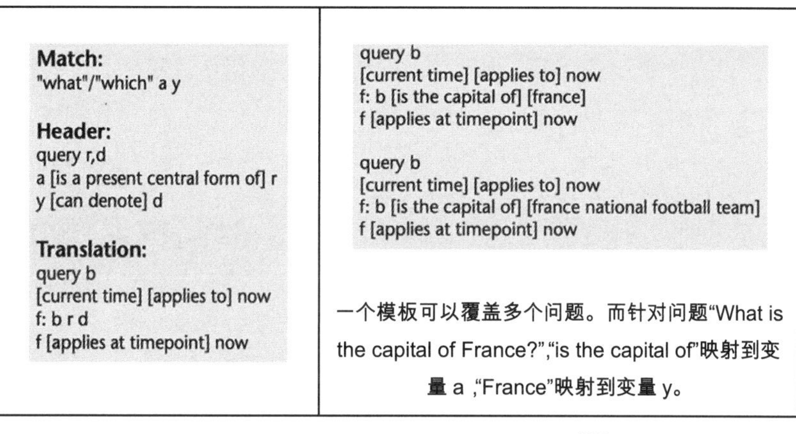

Match:
"what"/"which" a y
Header:
query r,d
a [is a present central form of] r
y [can denote] d
Translation:
query b
[current time] [applies to] now
f: b r d
f [applies at timepoint] now
query b
[current time] [applies to] now
f: b [is the capital of] [france]
f [applies at timepoint] now
query b
[current time] [applies to] now
f: b [is the capital of] [france national football team]
f [applies at timepoint] now
一个模板可以覆盖多个问题。而针对问题"What is the capital of France?","is the capital of"映射到变量 a ,"France"映射到变量 y。

图 8-21 TrueKnolwedge 的模板举例[47]

TBSL[48]在 QALD 2012 测评任务中提出了一种联合使用语义结构分析以及自然语言词汇—URI 间映射的问答方法。图 8-22 描述了典型的 TBSL 框架流程，对于用户提出的自然语言问题，经过标注之后，获取具有领域依赖以及独立于领域的两组词法信息；以此为基础进行语义解析，得到问题对应的语义表达；使用模板匹配上述语义表达，完成问题实体的定义过程，包括实体识别、链接以及候选实体排序等。根据模板匹配结果生成多组可能的 SPARQL 查询，通过筛选这些查询，最终生成答案并返回给用户。在基于模板的知识问答框架中，模板一般没有统一的标准或格式，只需结合知识图谱的结构以及问句的句式进行构建即可。TBSL 中的模板定义为 SPARQL 查询模板。

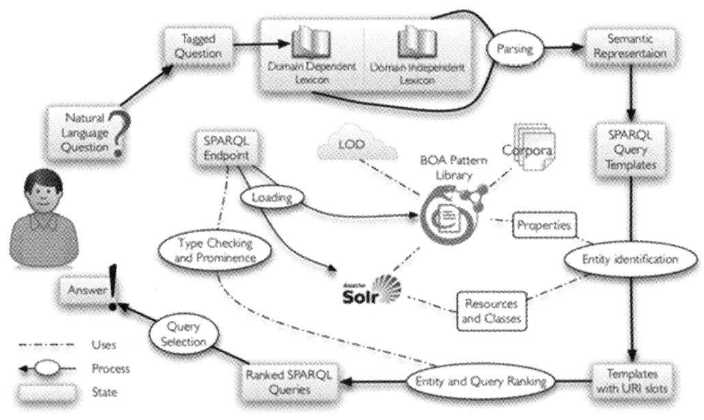

图 8-22　典型的 TBSL 框架流程

TBSL 方法有两个重要的步骤：模板生成和模板实例化。模板生成步骤解析问句结构并生成对应的 SPARQL 查询模板，该查询模板中可能包含过滤和聚合操作。生成模板时，首先需要获取自然语言问题中每个单词的词性标签，然后基于词性标签和语法规则表示问句，接下来利用与领域相关或与领域无关的词汇辅助分析问题，最后将语义表示转化为 SPARQL 模板。同一条自然语言问句可能对应着不止一条查询模板。因此，TBSL 就查询模板的排序也提出了一种方法：首先，每个实体根据字符串相似度以及显著度获得一个打分；其次，根据填充槽的多个实体的平均打分得到一个查询模板的分值。在此基础上，需要检查查询的实体类型。形式化来说，对于所有的三元组 ?x rdf: type <class>，对于查询三元组?x p e 和 e p ?x，我们需要检查 p 的定义域（domain）和值域（range）是否与<class>一致。模板实例化步骤将自然语言问句与知识库中的本体概念建立映射。对于 Resources 和 Classes，实体识别的常用方法主要有两点，一是用 WordNet 定义知识库中标签的同义词，二是计算字符串间的相似度。对于属性标签，还需要与存储在模式库中的自然语言表示进行比较。最高排位的实体将作为填充查询槽位的候选答案。

1．问题“列举所有的电影出品人”

2．模板生成

```
SELECT DISTINCT ?x WHERE {
    ?y rdf:type ?c .
    ?y ?p ?x .
}
ORDER BY DESC(COUNT(?y))
OFFSET 0 LIMIT 1

?c CLASS [films]
?p PROPERTY [produced]
```

3．资源绑定

?c = <http://dbpedia.org/ontology/Film>
?p = <http://dbpedia.org/ontology/producer>

TBSL 仍然存在的缺点是创建的模板结构未必和知识图谱中的数据契合。另外，考虑到数据建模的各种可能性，对应到一个问题的潜在模板数量会非常的多，同时手工准备海量模板的代价也非常大。针对此问题，CUI 等人[49]针对简单事实问答模板的大规模生成，在自动化处理方面做了进一步优化，如图 8-23 所示。离线过程（Offline Procedure）侧重基于问题生成模板。利用 NER 结果推算简单二元事实问题（Binary Factorid Question，BFQ）模板，将问题原文中的实体 e 替换为 e 的实体分类，多个实体分类可生成多个模板；基于 DBpedia 知识图谱和 Yahoo Answer 社区问答对数据的训练数据，利用远程监督技术建立从问题到知识图谱查询的映射。模板映射支持 BFQ，即询问知识图谱中的三元组，例如“how many people are there in Honolulu?”（实体的描述属性）或者“what is the capital of China”（实体的关系属性）。同时，模板映射也支持有特色的问题：排序，例如“which city has the 3rd largest population?”；对比，例如“which city has more people, Honolulu or New Jersey?”；列表，例如“list cities ordered by population”。此外，复杂的问题可以利用语法分析技术，先将问题拆分为多个 BFQ，然后再到本体中逐个映射到属性，最后再从这些结果中挑选合理的组合。例如，“when was Barack Obama’s wife born?”可以拆分为 who’s Barack Obama’s wife?（Michelle Obama）和 when was Michelle Obama born?（1964）。离线过程采用 E-M 方法计算条件概率分布 P（$p|t$），p 为属性，t 为模板。在线过程（Online Procedure）侧重模板选择。通过概率计算给定问题的最优答案。基于给定问题 q_0，可以提取出 c_1 个实体，每个实体至多有 c_2 个实体分类，因而至多有 c_3 个模板，这些实体至多有 p 个属性（p 为知识库里的所有属性），而每个（实体，属性）对最多对应 c_4 个值。其中，c_1、c_2、c_3、c_4 都是常数，所以寻求实体的时间复杂度为 O（p），这意味每个问题都能快速得到解答，文中报告在线过程回答单个问题的平均时间为 79ms。要注意的是，这里还包括高效率的内存知识图谱查询引擎。这种基于 BFQ 模板的解决方案提升了自动化处理程度，基于 2782 个意图从语料中学习生成了 2700 万个模板。当然，BFQ 也未必能覆盖用户的所有问题。

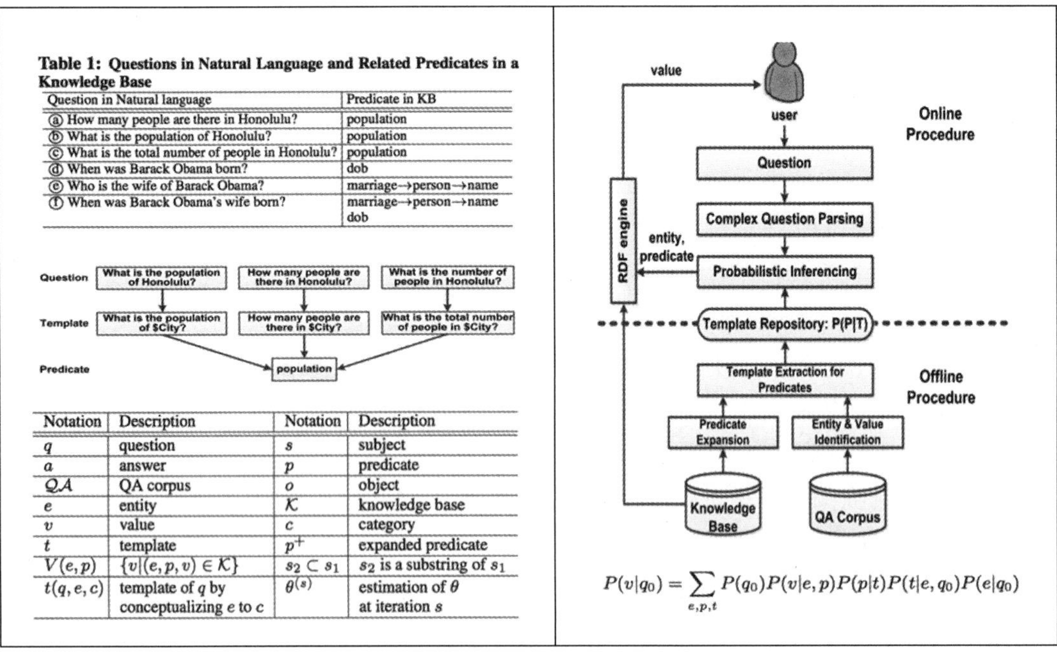

Table 1: Questions in Natural Language and Related Predicates in a Knowledge Base

Question in Natural language	Predicate in KB
ⓐ How many people are there in Honolulu?	population
ⓑ What is the population of Honolulu?	population
ⓒ What is the total number of people in Honolulu?	population
ⓓ When was Barack Obama born?	dob
ⓔ Who is the wife of Barack Obama?	marriage→person→name
ⓕ When was Barack Obama's wife born?	marriage→person→name dob

Notation	Description	Notation	Description
q	question	s	subject
a	answer	p	predicate
$\mathcal{QA}$	QA corpus	o	object
e	entity	$\mathcal{K}$	knowledge base
v	value	c	category
t	template	p^+	expanded predicate
$V(e,p)$	$\{v \mid (e,p,v) \in \mathcal{K}\}$	$s_2 \subset s_1$	s_2 is a substring of s_1
$t(q,e,c)$	template of q by conceptualizing e to c	$\theta^{(s)}$	estimation of θ at iteration s

图 8-23　CUI 等人提出的基于模板的 KBQA 的架构图及示例[49]

为了解决人工定义模板成本高的问题，Abujabal 等人[50]提出了 QUINT 模型，可以基于语料自动学习模板，然后基于生成的模板将自然语言查询转换成知识库查询。该方法在 WebQuestions 数据集上取得了接近最好成绩的效果，在 Free917 数据集上取得了当时最好的效果，同时人工监督的工作量也是最少的。

总的来说，基于模板方法的优点是模板查询的响应速度快、准确率较高，可以回答相对复杂的复合问题，而缺点是模板结构通常无法与真实的用户问题相匹配。如果为了尽可能匹配上一个问题的多种不同表述，则需要建立庞大的模板库，耗时耗力且会降低查询效率。

8.5.3　基于语义解析的方法

基于语义解析的方法是指通过对自然语言查询的语法分析，将查询转换成逻辑表达式，然后利用知识库的语义信息将逻辑表达式转换成知识库查询，最终通过查询知识库得到查询结果。

逻辑表达式是语义解析方法与基于模板的方法的主要差异。逻辑表达式是面向知识库的结构化查询，用于查找知识库中的实体及实体关系等知识。相比于模板预先生成且固定的表达方式，逻辑表达式作为人工智能知识表示的经典传承，具备更完备、灵活的知识查询生成体系，包括带参数的原子逻辑表达式，以及基于操作组合的复杂逻辑表达式。原子级别的逻辑表达式通常可分为一元形式（unary）与二元形式（binary），其中一元形式匹配知识库中的实体，二元形式匹配实体之间的二元关系。这两种原子逻辑表达式可以利用连接（Join）、求交集（Intersection）及聚合统计（Aggregate）等操作进一步组合为复杂逻辑表达式。自然语言转化逻辑表达式需要训练一个语法分析器将过程自动化。应注意两个关键步骤：资源映射和逻辑表达式生成。资源映射即将自然语言查询中的短语映射到知识库的资源（类别、关系、实体等），根据处理难度分为简单映射和复杂映射两类。简单映射是指字符形式上比较相似的，一般可以通过字符串相似度匹配来找到映射关系，例如 “出生”和“出生地”的映射。复杂映射是指无法通过字符串匹配找到对应关系的映射，例如“老婆”与“配偶”的映射，这类映射在实际问答中出现的概率更高，一般可以采用基于统计的方法来找到映射关系。逻辑表达式生成即自底向上自动地将自然语言查询解析为语法树，语法树的根节点即是最终对应的逻辑表达式。如图 8-24 所示，查询“where was Obama born”对应的逻辑表达式是 Type.Location ⊓ PeopleBornHere.BarackObama，其中 lexicon 是指资源映射操作，PeopleBornHere 和 BarackObama 用 Join 连接组合，此组合结果再与 Type.Location 用求交集组合成为最终的逻辑表达式。

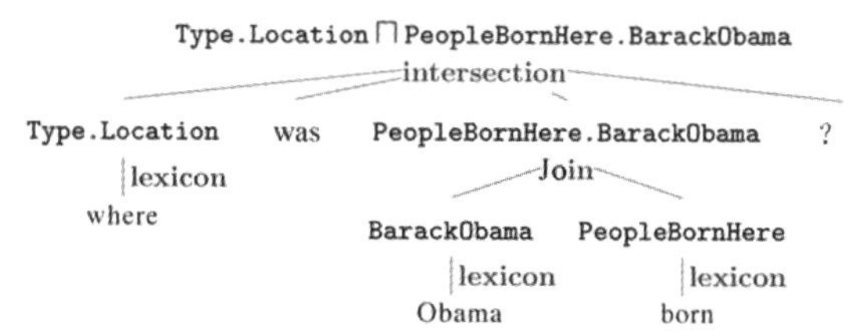

图 8-24　自然语言查询转换成逻辑表达式[41]

训练语法分析器需要大量的标注数据，传统的方法是基于规则生成标注数据，通过手工编写规则虽然直接，但是存在较明显的局限性：一方面，规则的编写需要语言学专家完成，导致规则的建立效率低且成本高，还不具备扩展性；另一方面，这种人工规则可能仅适用于某一类语言甚至某一特定领域，泛化能力较弱。为了改进传统方法的缺陷，有大量研究工作采用弱监督或者无监督的方法来训练语法分析器，一个经典的方法是 Berant[41]提出利用“问题/答案对”数据结合 Freebase 作为语法分析器的训练集。此方法不需要逻辑表示式的专家人工标注数据，可以低成本地获得。Berant 等人[41]提出的方法重点解决了逻辑表达式生成过程中的四个问题：资源映射（Alignment）、桥接操作（Bridging）、组合操作（Composition）和候选逻辑表达式评估。

（1）资源映射。自然语言实体到知识库实体的映射相对比较简单，属于简单映射，但自然语言关系短语到知识库关系的映射相对复杂，属于复杂映射。例如将“where was Obama born”中的实体 Obama 映射为知识库中的实体 BarackObama，Berant 在文中直接使用字符串匹配的方式实现实体的映射，但是将自然语言短语“was also born in”映射到相应的知识库实体关系 PlaceOfBirth 则运用了基于统计的方法。首先从文本中收集了大量(Obama, was also born in, August 1961)这样的三元组，然后将三元组中的实体进行对齐和并将常量进行归一化，把三元组转换成(BarackObama, was also born in, 1961-08)这样的标准形式，再通过知识库得到三元组中实体的类型，将三元组转换成 $r[t_1,t_2]$的形式，例如“was also born in[Person, Date]”。如图 8-25 所示，左边的“grew up in”是三元组中的自然语言关系短语 r_1，右边的“DateOfBirth”是知识库中的关系 r_2。统计所有自然语言三元组中符合 $r_1[t_1,t_2]$的实体对，得到集合 $F(r_1)$，统计知识库中符合 $r_2[t_1,t_2]$的实体对，得到集合 $F(r_2)$。通过比较集合 $F(r_1)$和集合 $F(r_2)$类似 Jaccard 距离特征确定是否建立 r_1 与 r_2 的资源映射。

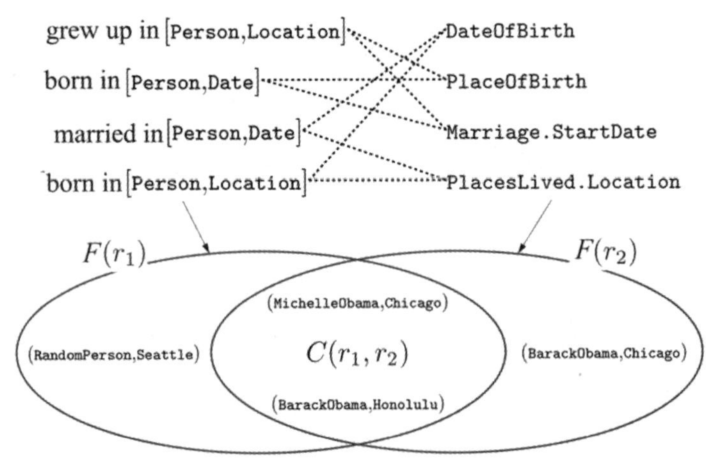

图 8-25　关系短语映射到知识库关系的方法[41]

（2）桥接操作。在完成资源映射后仍然存在一些问题，首先，例如 go、have、do 等轻动词（Light Verb）由于在语法上使用相对自由，难以通过统计的方式直接映射到实体关系上；其次，部分知识库关系的出现频率较低，利用统计也较难找到准确的映射方式。这样就需要补充一个额外的二元关系将这些词两端的逻辑表达式连接起来，这就是桥接操作。如图 8-26 所示，“Obama”和“college”映射为 BarackObama 和 Type.University，但是“go to”却难以找到一个映射，需要寻找一个二元关系 Education 使得查询可以被解析为 Type.University ⊓ Education.BarackObama 的逻辑表达式。由于知识库中的关系是有定义域和值域的，所以文献基于此特点在知识库中查找所有潜在的关系，例如 Education 的定义域和值域分别是 Person 和 University，则 Education 可以是候选的桥接操作。这里针对每一种候选的桥接操作都会生成很多特征，基于这些特征训练分类器，用于最后的候选逻辑表达式评估。

图 8-26　桥接操作示例[41]

（3）组合操作。即逻辑表达式间的连接、求交集以及聚合三种操作。至于最终应该用哪种操作，作者同样通过收集大量的上下文特征，基于这些训练分类器，用于最后的候选逻辑表达式评估。

（4）候选逻辑表达式评估。即训练一个分类器，计算每一种候选逻辑表达式的概率，Berant 等人基于前面候选逻辑表达式生成过程中的所有特征，训练了一个 Discriminative Log-Linear 模型，最终实现逻辑表达式的筛选。

8.5.4　基于深度学习的传统问答模块优化

基于深度学习的知识问答主要有两个方向，分别是利用深度学习对传统问答方法进行模块级的改进和基于深度学习的端到端问答模型。

深度学习可以直接用于改进传统问答流程的各个模块，包括语义解析、实体识别、意图分类和实体消歧等。实体识别模块可以使用 LSTM+CRF 以及近来兴起的 BERT 提升实体识别正确率；在关系分类、意图分类模块方面，可以使用基于字符级别的文本分类深度学习方法，甚至针对语言和领域提供预训练模型；实体消歧模块也可以使用基于深度学习的排序方法判定一组概念的语义融洽度。

下面通过 Yih[51]的工作，说明如何使用深度神经网络来提升知识问答的效果。传统的基于语义解析的方法需要将问题转换成逻辑表达式，如图 8-27 所示。这类方法最大的问题是找到问题中自然语言短语与知识库的映射关系，Yih 等人提出了一种语义解析的框架，首先基于问句生成对应的查询图（Query Graph），然后用该查询图在知识库上进行子图匹配，找到最优子图即找到问题的答案。因为查询图可以直接映射到 Lambda Calculus 形式的逻辑表达式，并且在语义上与 λ-DCS（Lambda Dependency-Based Compositional Semantics）紧密相关，因此就可以将语义解析的过程转换成查询图生成的过程。

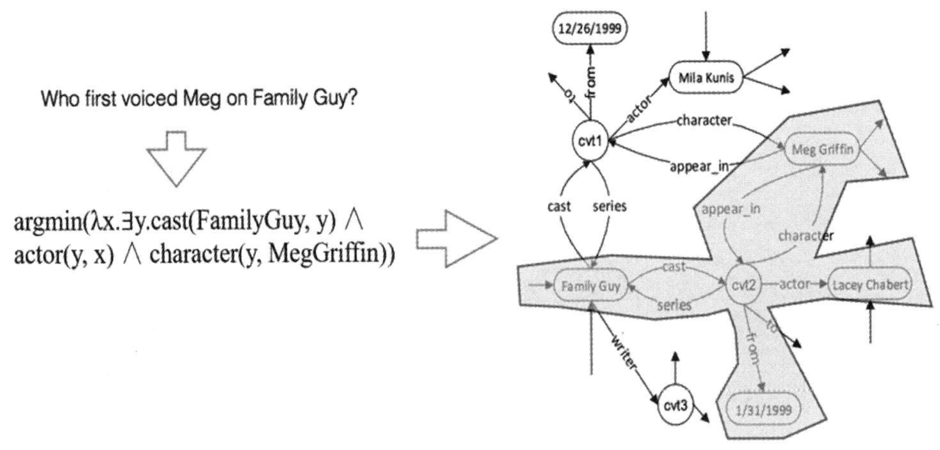

图 8-27　通过逻辑表达式转化成知识库查询的过程

查询图由四种节点组成，包括实体（Grounded Entity）、中间变量（Existential Variable）、聚合函数（Aggregation Function）和 Lambda 变量（Lambda Variable），图 8-28 是一个查询图示例，其中实体在图中用圆角矩形表示，中间变量在图中用白底圆圈表示，聚合函数用菱形表示，Lambda 变量（即答案节点）用灰底圆圈表示。这个例子对应的问句是“Who first voiced Meg on Family Guy?”，在不考虑聚合操作的情况下，该查询图对应的逻辑表达式是 λx.∃y.cast(FamilyGuy, y)∧ actor(y, x)∧ character(y, MegGriffin)。

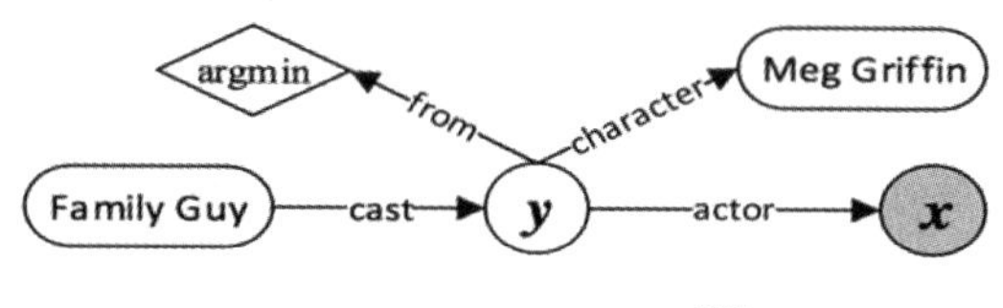

图 8-28　查询图示例[51]

下面介绍查询图的生成过程。第一步，选择一个主题实体（Topic Entity）作为根节点，如图 8-29（a）中可以选择 s_1“Family Guy”作为根节点。第二步，确定一条从根节点到 Lambda 变量（答案节点）的有向路径，路径上可以有一个或者多个中间变量，这条路径被称为核心推断链（Core Inferential Chain），如图 8-29（b）所示从三条路径 s_3、s_4、s_5 中选取 s_3 作为核心推断链。核心推断链上除了根节点为实体，其他的都只能是变量，节点间的关系都是知识库中的关系。第三步，给查询图添加约束条件和聚合函数（Augmenting Constraints & Aggregations），形式上就是把其他的实体或者聚合函数节点通过知识库中的关系与核心推断链上的变量连接起来，如图 8-29（c）所示对 $\boldsymbol{y}$ 增加两个限制 argmin 和 character(y, MegGriffin)。

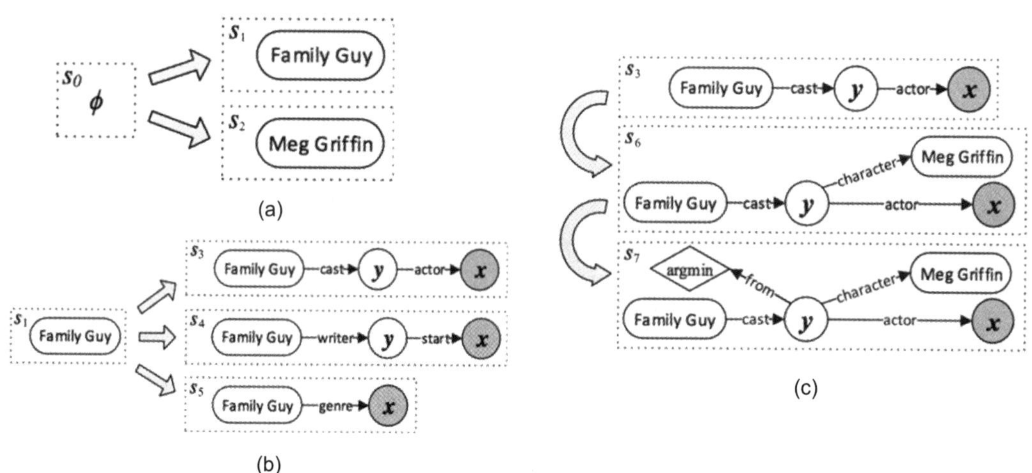

图 8-29　查询图的生成过程[51]

对于生成查询图的第二步，需要一种从众多候选核心推断链中选出最优核心推断链的方法，针对图 8-29（b）的例子，要评估{cast-actor,writer-start,genre}三个谓语序列中哪个最接近问题中“Family Guy”和“Who”的关系，该文献使用一个 CNN 网络将候选序列和问题文本中的关键词向量化，CNN 结构如图 8-30 所示，通过语义相似度计算找到最优的核心推断链。具体做法是将自然语言问题和谓语序列分别通过图 8-30 所示的网络得到两个 300 维的分布式表达，然后利用表达向量之间的相似度距离（如 cosine 距离）计算自然语言问题和谓语序列的语义相似度得分。该 CNN 网络的输入运用了词散列技术[52]，将句子中每个单词拆分成字母三元组，每个字母三元组对应一个向量，比如单词 who 可以拆为#-w-h，w-h-o，h-o-#，每个单词通过前后添加符号#来区分单词界限。然后通过卷积层将 3 个单词的上下文窗口中的字母三元组向量进行卷积运算得到局部上下文特征向量 $\boldsymbol{h}_t$，通过最大池化层提取最显著的局部特征，以形成固定长度的全局特征向量 $\boldsymbol{v}$，然后将全局特征向量 $\boldsymbol{v}$ 输送到前馈神经网络层以输出最终的非线性语义特征 $\boldsymbol{y}$，作为自然语言问题或核心推断链的向量表示。

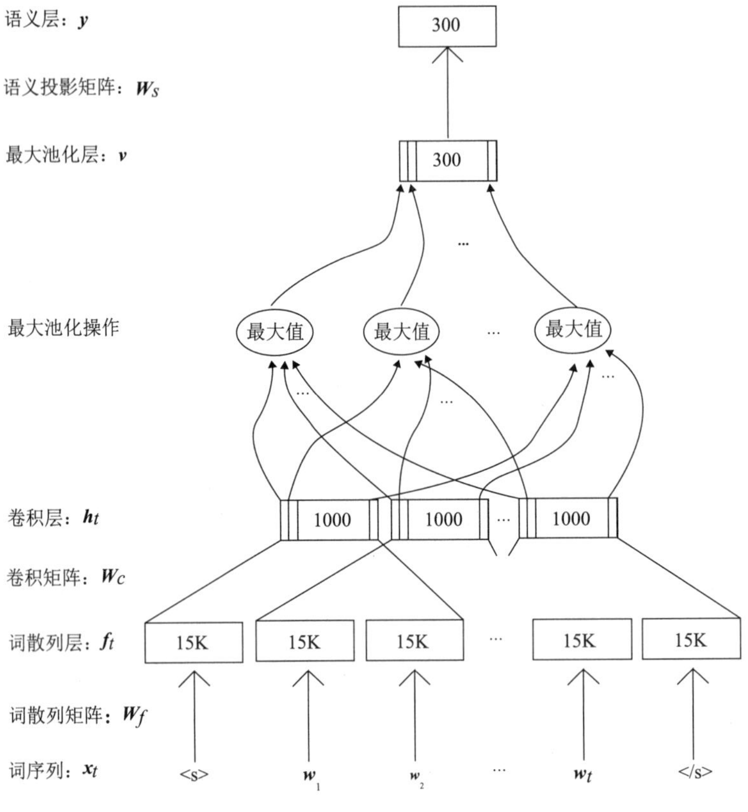

图 8-30　Yih[51]中的 CNN 结构

8.5.5 基于深度学习的端到端问答模型

端到端的深度学习问答模型将问题和知识库中的信息均转化为向量表示，通过向量间的相似度计算的方式完成用户问题与知识库答案的匹配。首先根据问题中的主题词在知识库中确定候选答案，然后把问题和知识库中的候选答案都通过神经网络模型映射到一个低维空间，得到它们的分布式向量（Distributed Embedding），则可计算候选答案分布式向量与问题向量的相似度得分，找出相似度最高的候选答案作为最终答案。该神经网络模型通过标注数据对进行训练，使得问题向量与知识库中正确答案的向量在低维空间的关联得分尽量高。

典型的工作有 Bordes A 等人[53]提出的方法，为解决 WebQuestions 上数据量不够的问题，文献作者使用一些规则从 Freebase、ClueWeb 等知识库中构建了大量（问题，知识库答案）的标注数据用于训练模型。如图 8-31 所示，自底向上计算。第一步，利用实体链接定位问题中的核心实体，对应到 Freebase 的实体；第二步，找到从问题中核心实体到候选答案实体的路径；第三步，生成候选答案的子图；第四步，分别将问题和答案子图映射成 Embedding 向量；第五步，进行点积运算，获得候选答案和问题之间的匹配度。该方法取得了比 Berant[41]更好的结果（F1=0.392, P@1=0.40）。

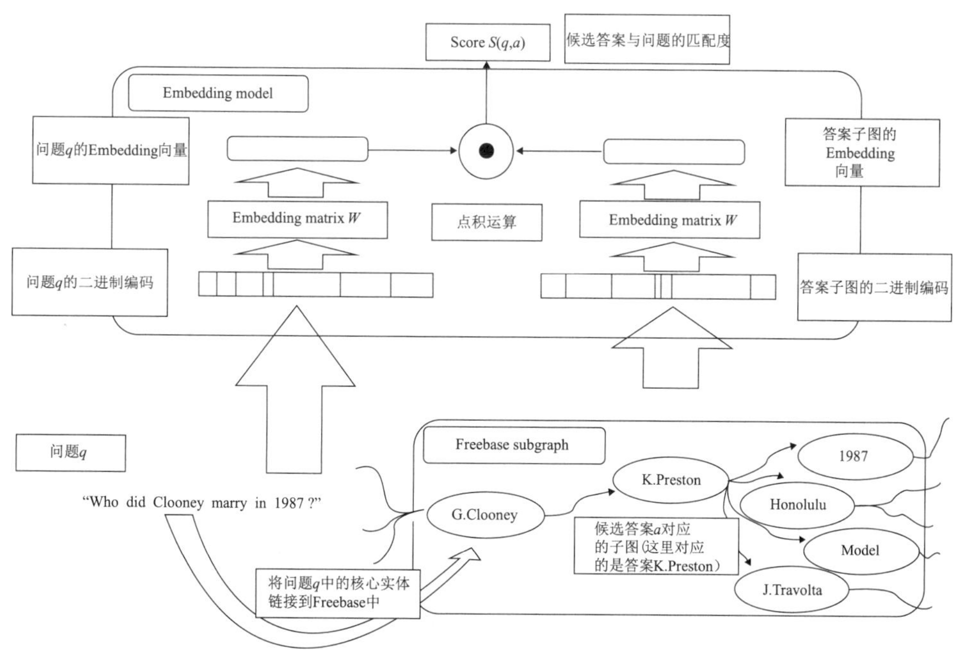

图 8-31 Bordes A 等人提出方法的核心流程[53]

另一个基于 Multi-Column CNN[54]的工作，该工作同时训练自然语言问句词向量与知识库三元组，将问题与知识库映射到同一个语义空间。该工作针对知识库的特点，定义了答案路径（Answer Path）、答案上下文（Answer Context）和答案类型（Answer Type）三类特征，每一类特征都对应一个训练好的卷积神经网络，以此计算问题和答案的相似度。这三个 CNN 被称为多列卷积神经网络（Multi-Column Convolutional Neural Network，Multi-Column CNN）。该方法的核心流程如图 8-32 所示，对于问题“when did Avatar release in UK”，首先通过 Multi-Column 卷积神经网络提取该问题的三个分布式向量。然后利用命名实体识别、实体链接等技术，从问题文本中找到能链接到知识库的实体，与该实体相关联的每一个实体都是候选答案实体；再基于候选答案实体形成三个分布式向量，包括斜线矩形（“Avatar”）对应主题词路径向量，虚线椭圆（“United Kingdom”“film.film_region”）对应上下文向量，“datetime”对应答案类型向量。最后，通过分别点乘运算再求和的方式得到最终的答案-问题对得分。在实验中，该方法取得了当时最好的效果（F1=0.408，P@1=0.45）。

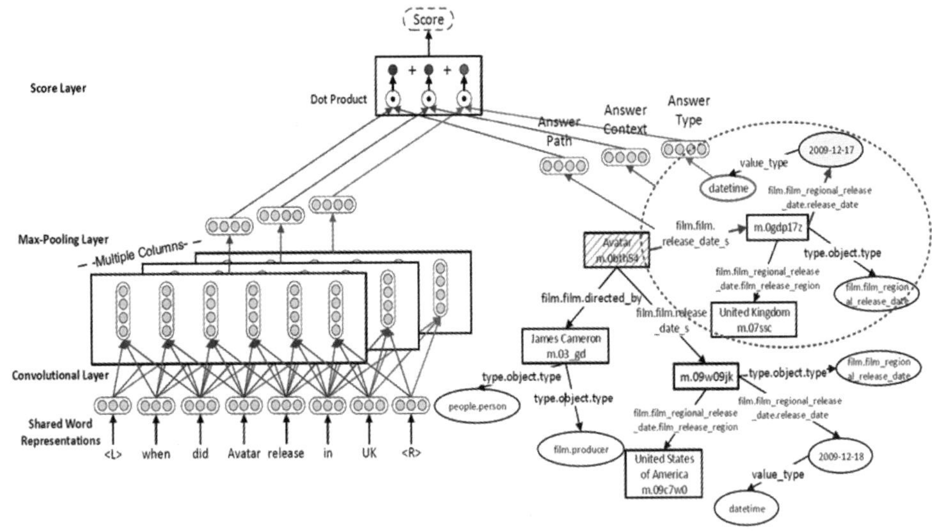

图 8-32 基于 Multi-Column CNN 方法的核心流程[54]

8.6 开源工具实践

8.6.1 使用 Elasticsearch 搭建简单知识问答系统

本书第 7 章介绍了如何基于 Elasticsearch 实现简单的语义搜索，本节则基于

Elasticsearch 展示简单的知识问答系统。两个案例的基本框架一致，而知识问答增加了将自然语言问题转化为对应逻辑表达式以及查询语句的过程。因此，本小节通过一个简单案例介绍自然语言问题到 Elasticsearch 查询语句的转化，而用 Elasticsearch 查询语句进行查询即可得到问答结果。注意，真实的知识问答系统的语义理解远比本文方案复杂。

自然语言问题对应的查询类型同本书第 7 章中的语义检索，如表 8-4 所示，主要包含四种类型的查询，即实体检索、实体属性检索、实体属性的多跳检索以及多种属性条件检索实体。

表 8-4　自然语言问题的四种类型

查询类型	自然语言查询语句	逻辑表达式
实体检索	姚明是谁	姚明
实体的属性检索	姚明有多高	姚明:身高
实体属性的多跳检索	姚明的女儿的母亲是谁	姚明:女儿:母亲
多种属性条件检索实体	身高大于 180cm 的中国或美国的作家	身高>180 And 国籍:中国 Or 国籍:美国 And 职业:作家

自然语言问题转化为逻辑表达式的过程如下：

（1）定义逻辑表达式模板。如表 8-5 所示，逻辑表达式的基本元素是三元组的成分，包含 S（Subject，主语）、P（Predicate，谓语）和 O（Object，宾语）。当 P 是属性时，可以定义属性条件的运算，相关运算符（OP）包括“<”（小于）、“>”（大于）、“<=”（小于或等于）、“>=”（大于或等于）、“:”（属性），属性条件形式表示为“<P> <OP> <O>”，例如“职业:演员”，“身高>180”。多个属性条件之间可以用逻辑链接符“And”和“Or”连接，表示条件间并且和或者的关系，例如“职业:作家 And 身高>180”。

表 8-5　自然语言问题对应的逻辑表达式模板

查询类型	逻辑表达式模板	示　例
实体检索	S	姚明
实体的属性检索	S:P	姚明:身高
实体属性的多跳检索	S:P1:P2…	姚明:女儿:母亲
多种属性条件检索实体	P1 OP O1 And/Or P2 OP O2…	身高>180 And 国籍:中国 Or 国籍:美国 And 职业:作家

（2）解析自然语言问题。从自然语言问题中识别出实体名、属性名和属性值等三类要素，并将实体名和属性名映射到知识库中的实体和属性。首先，实体和属性的识别可以采

用词典的方法，例如从知识库中抽取所有的实体名和属性名，构建分词器的自定义词典。然后，对自然语言问题进行分词，可直接识别其中的属性名和实体名。其次，属性值的识别比较困难，由于取值范围变化较大，可以采用模糊匹配的方法，也可以采用分词后 n-gram 检索 Elasticsearch 的办法。最后，查看自然语言问题中属性值和属性名的对应关系，当某属性值没有对应的属性名时，例如"(国籍是)中国(的)运动员"，缺省了"国籍"，就用该属性值对应的最频繁的属性名作为补全的属性名。例如下面的两段代码，分别实现了属性名识别和实体名识别。

```
#属性名识别
#找出一个字符串中是否包含知识库中的属性
def _map_predicate(nl_query,map_attr=True):
    #将同义属性映射到知识库中的属性
    def _map_attr(word_list):
        ans = []
        for word in word_list:
            ans.append(attr_map[word.encode('utf-8')][0].decode('utf-8'))
        return ans
    match = []
    # 预先读取字典，通过匹配的方法找出问句的属性名
    for w in attr_ac.iter(nl_query.encode('utf-8')):
        match.append(w[1][1].decode('utf-8'))
    if not len(match):
        return []

    ans = _remove_dup(match)
    if map_attr:
        ans = _map_attr(ans)
    return ans
```

```
#实体名识别
#找出一个字符串中是否包含知识库中的实体，这里是字典匹配，可以用检索代替
def _entity_linking(nl_query):
    parts = re.split(r'的|是|有', nl_query)
    ans = []
    for p in parts:
        pp = jieba.cut(p)#分词
        if pp is not None:
            for phrase in _generate_ngram_word(pp): #分词结果的 n-gram 查找
                if phrase.encode('utf-8')in ent_dict:    #匹配字典，数据量大时可以用搜
                                                         #索 ES 代替
                    ans.append(phrase)
    return ans
```

（3）后生成逻辑表达式。在识别出自然语言问题中所有的实体名、属性名和属性值后，依据它们的数目及位置，确定问题对应的查询类型，以便基于逻辑表达式模板生成对应的逻辑表达式。逻辑表达式生成流程如下：查询中含有实体名。如果有多个属性名，那么是属性值的多跳检索；如果有一个属性名，则需判断实体名和属性名的位置及中间的连接词(“是”“在”“的”等)，若实体名在前，则是实体的属性查询，例如“姚明的身高”，若属性名在前，则是依据属性查询实体，例如“女儿是姚沁蕾”。查询中没有实体名，则认为是依据属性查询实体，需要根据所有属性名和属性值位置的相对关系确定它们之间的对应关系。如果缺少属性名但有属性值，则需补全对应的属性名；如果缺少属性值但有属性名，例如“身高大于 180cm”，则需通过正则表达式识别出范围查询的属性值。工业应用中抽取属性也会采用文法解析器、序列化标注、数字识别与解析等技术。

在生成逻辑表达式之后，可基于查询的类型及要素，直接用对应的 Elasticsearch 查询模板将逻辑表达式翻译成 Elasticsearch 查询。本方法定义了一组 Elasticsearch 查询模板，基于该模板将逻辑表达式按照一定的层次结构自动转换成 Elasticsearch 查询语句。如表 8-6 所示，对于实体属性查询，包括多跳检索，都是先检索实体，然后获取对应的属性。如表 8-7 所示，对于多个属性条件检索实体，先为每种单个的属性条件创建 Elasticsearch 查询，最后组合成完整的查询，表中 part_query 表示单个属性条件对应的部分查询。

表 8-6　查询类型与 Elasticsearch 查询模板的映射关系

细分的查询类型	逻辑表达式模板	Elasticsearch 模板
检索实体	S1	"Query":{"bool":{"must":{ “term”:{“subj”:S1} }}}

属性检索（OP 为等于）	P1:O1	"Query":{"bool":{"must":[
		    {"term":{"po.obj":O1}},
		    {"term":{"po.pred":P1}}
		]}}

属性检索（OP 为范围检索）	P1>=O1	"range":{
		    P1:{"gte":O1}
		}

表 8-7　多属性条件组合与 Elasticsearch 查询模板的映射关系

连接条件	逻辑表达式模板	Elasticsearch 模板

And	P1 OP O1 And P2 OP O2	"Query":{"bool":{"must":[
		    part_query1,
		    part_query2
		]}}

Or	P1 OP O1 Or P2 OP O2	"Query":{"bool":{"should":[
		    part_query1,
		    part_query2
		]}}

8.6.2　基于 gAnswer 构建中英文知识问答系统

本节进一步介绍一个真实的知识问答系统的架构与接口，帮助开发者理解如何使用知识问答系统。

gAnswer 系统[55]是一个基于海量知识库的自然语言问答系统，针对用户的自然语言问题，能够输出 SPARQL 格式的知识库查询表达式以及查询答案的结果。gAnswer 同时支持中文问答和英文问答。gAnswer 参加了 QALD-9 的评测比赛，并取得了第一名的成绩。对于中文问答，使用 PKUBASE 知识库；对于英文问答，使用 DBpedia 知识库。本实践的相关工具、实验数据及操作说明由 OpenKG 提供，地址为 http://openkg.cn。此外，我们给出了一个使用 gAnswer 进行英文问答的示例网站 http://ganswer.gstore-pku.com/。如图 8-33 所示为 gAnswer 系统处理流程。主要分为三个阶段：构建语义查询图、生成 SPARQL 查询和查询执行。在构建语义查询图阶段，系统借助数据集的信息以及自然语言分析工具，对问句进行实体识别和关系抽取，构建语法依存树，并用这些结果构建对应的查询图。这时，并不对其中的实体和关系做消歧处理，而是利用谓词词典，记录词或短语可能对应的谓词或实体。在生成 SPARQL 查询阶段，系统利用查询图生成多个 SPARQL，并利用数据集中的部分信息对多个 SPARQL 进行过滤和优化，其中就包括歧义的消除。在查询执行阶段，借助 gStore 系统返回的 SPARQL 查询结果，返回并展示给用户。

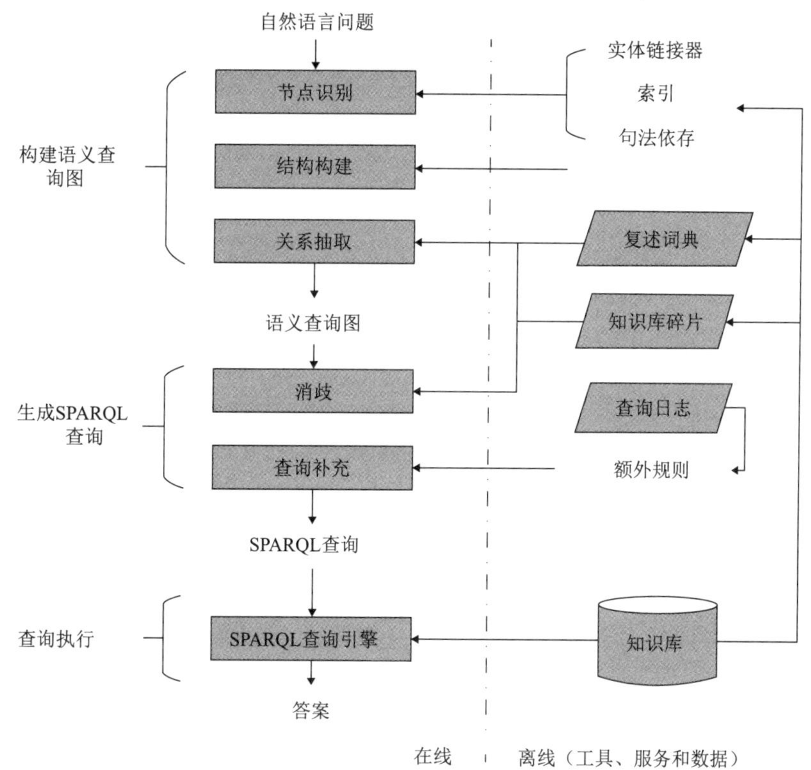

图 8-33　gAnswer 系统处理流程

1．系统配置需求

读者可以使用 gAnswer 系统构建自己的领域知识问答。在系统配置需求方面，gAnswer 系统使用 RDF 格式的数据集，默认的中文数据集是 PKUBASE，默认的英文数据集是 DBpedia2016。gAnswer 系统的运行需要借助支持 SPARQL 查询的图数据库系统来获取最终答案。在目前的版本中，使用 gStore 系统（http://openkg.cn/tool/gstore）。gAnswer 的部署还依赖一些外部工具包。包括 Maltparser、StanfordNLP，在生成 SPARQL 阶段，需要借助 Lucene 对辅助信息进行索引。gAnswer 为开发者提供了打包版本，安装流程如下：

（1）下载 Ganswer.jar。访问地址为 https://github.com/pkumod/gAnswer/releases。

（2）下载 dbpedia16.rar 数据文件。注意，完整的 dbpedia16.rar 数据文件需要较大的内存支持（20GB），也可以从 DBpedia 2016 中选择下载抽取生成的小规模数据（5GB）。访问地址为 https://github.com/pkumod/gAnswer/blob/master/README_CH.md。

（3）在控制台下解压 Ganswer.jar。用户可以解压到任意文件路径下，但需要保证 Ganswer.jar 文件与解压得到的文件处在统一路径下。

（4）在控制台下解压 data.rar。用户需要把解压得到的文件夹置于 Ganswer.jar 文件所在的路径下。

（5）在控制台下运行 Ganswer.jar，等待系统初始化结束，出现“Server Ready！”字样后，说明初始化成功，使可以开始通过 HTTP 请求访问 gAnswer 服务了。

（6）配置外部第三方 API 接口。目前的 gAnswer 系统需要借助一些外部系统接口。在公开的版本中，提供了远程的外部系统调用函数，因此用户并不需要在自己的计算机上安装这些外部系统。但是，开发者强烈建议用户安装自己的版本，以保证性能。gStore，qa.GAnswer.getAnswerFromGStore2()，版本大于或等于 v0.7.0，访问地址为 https://github.com/pkumod/gStore。DBpediaLookup，qa.mapping.DBpediaLookup，访问地址为 https://wiki.dbpedia.org/lookup/

2. 访问 gAsnwer 服务

KBQA 的问答接口与常规问答的差异主要在返回结果上，具体说就是返回结果可以包括找到的实体、知识图谱的子图等结构化信息，然后利用自然语言生成技术将结构化结果展示为自然语言格式。gAnswer 可以通过 RESTful HTTP API 通过发送 JSON 格式的数据进行交互。另外，在 gAnswer 源代码的 application.gAnswerHttpConnector 中给出了使用 Java 访问 gAnswer 系统的示例。

（1）配置输入参数。若提问“闻一多创作了哪些十四行诗？”输入参数如下：问题是“闻一多创作了哪些十四行诗？”要求最多返回 3 个不同的答案，1 条生成的 SPARQL 查询。

```
{
"maxAnswerNum": "3"
"needSparql": "1"
"question": "闻一多创作了哪些十四行诗？"
}
```

（2）调用服务。将此 JSON 格式的数据转化为字符串，进行 URL 转码，然后使用 ip:port/gSolve/?data=%json string%（在%json string%处放入 JSON 数据字符串）这一 URI

来调用 gAnswer 系统。本地运行 IP 为 localhost，默认端口为 9999。在样例中，实际访问的 URI 为：

```
http://localhost:9999/gSolve/?data={ maxAnswerNum:3, needSparql:1, question:
闻一多创作了哪些十四行诗？ }
```

（3）解析返回结果。对于上例，返回的结果如下。需要特别说明的是，其中“vars”代表识别到的变量名，“results”中为实际得到的答案，“value”中为实际答案的值，“status”则说明这是一次正常的请求返回。

```
{
        "query": "闻一多创作了哪些十四行诗？",
        "vars": [
                "?x"
        ],
        "sparql": [
                "select ?x where { ?x <作者> <闻一多> . ?x <文学体裁> <十四行
诗> . }"
        ],
        "results": {
                "bindings": [{
                        "?x": {
                                "type": "uri",
                                "value": "<回来_（闻一多创作现代诗）>"
                        }
                }]
        },
        "status": "200"
}
```

3. 在新的知识库上运行

若更换知识库，使 gAnswer 系统在新的知识库上运行，需要更新查询引擎、离线索引和词典。下面具体说明。

将新的知识库组织成三元组形式，如下所示：

```
kb.txt:
<库木库萨尔乡>      <电话区号>          "998" .
<库木库萨尔乡>      <地理位置>          <新疆维吾尔自治区喀什地区> .
<库木库萨尔乡>      <面积>    "3.9 万亩" .
<库木库萨尔乡>      <人口>    "11200" .
```

```
<库木库萨尔乡>        <车牌代码>          "新Q" .
<正清风痛宁缓释片>    <药品名称>          "正清风痛宁缓释片" .
<正清风痛宁缓释片>    <药品类型>          <处方药> .
<狐狸的梦想>          <书名>    "狐狸的梦想" .
<狐狸的梦想>          <又名>    "The fox's dream" .
<狐狸的梦想>          <原版名称>          "狐狸的梦想" .
<狐狸的梦想>          <类别>    <寓言故事> .
<ask insight>         <中文名>  "上海因尚企业管理咨询有限公司" .
<ask insight>         <外文名>  "ASK insight" .
<ask insight>         <总部>    <上海_(中华人民共和国直辖市)> .
......
```

将 kb.txt 文件置于 data/kb/中。通过 gStore 查询引擎建立基于 kb.txt 的查询服务，访问地址为 http://gstore-pku.com/。

根据 kb.txt 生成实体、谓词、类型的列表文件，如下所示：

```
entity_id.txt:
<库木库萨尔乡>        0
<正清风痛宁缓释片>    1
<狐狸的梦想>          2
<ask insight>         3
......
predicate_id.txt:
<电话区号>            0
<地理位置>            1
<面积>    2
<人口>    3
<车牌代码>            4
......
type_id.txt:
<寓言故事>            0
<教材>    1
<国家>    2
<城市>    3
......
```

将上述三个文件置于 data/kb/fragments/id_mappings 中。运行 src/fgmt/GenerateFragment.java，程序将产生三个编码后的碎片文件 entity_fragment.txt、predicate_fragment.txt 和 type_fragment.txt 并置于 data/kb/fragments/中。以 entity_fragment.txt 为例，格式为

```
eid \t in ent : in edge | out ent : out edge | inEdge list | outEdge list | type,
```

示例如下：

```
......
12        |229347:1639;2093;,||1639,2093,|102967,116252,
13        |2511063:2107;,||5899,2107,|102967,
14        ||||102967,116252,
15        |861779:2107;,||2107,|102967,
......
```

为提高效率，使用 lucene 建立索引。运行 src/lcn/BuildIndexForEntityFragments.java 和 src/lcn/ BuildIndexForTypeShortName.java。程序会在 data/kb/lucene 下生成索引文件。

提供新知识库的实体链接词典和谓词复述词典，示例如下所示：

```
mention2ent.txt
逆时针    逆时针_（汉语名词） 1
逆时针    逆时针_（张靓颖演唱歌曲）    2
逆时针    逆时针_（化妆品品牌）        3
张君宝    张君宝_（起点中文网作者）    1
张君宝    张三丰_（南宋至明初道士）    2
......
pred2phrase.txt
电话区号  区号      30
地理位置  位置      50
地理位置  在哪里    30
面积      多大      20
......
```

其中，“逆时针 逆时针_（张靓颖演唱歌曲） 2”是指短语“逆时针”可以链接到实体“逆时针_（张靓颖演唱歌曲）”，第三列数字 2 表示这个链接是在短语“逆时针”的所有链接中置信度处于第二高的；“地理位置 在哪里”表示短语“在哪里”可以匹配到谓词“地理位置”，数字“30”为该次匹配的置信度。mention2ent 和 pred2phrase 两个文件主要用来支撑实体链接和关系抽取两个子模块。将这两个词典文件置于 data/kb/parapharse 中。

以上操作完成后，gAnswer 即可在新的知识库上提供问答服务。

8.7 本章小结

本章介绍了问答系统的基本概念、主流方法以及评价体系，并详细阐述了知识图谱问答系统的主要方法与最新进展。知识问答以自然语言问答的方式简化了人们获取知识的过程，在知识检索过程中增加了泛化、联想、探索等智能化体验并拓展了知识获取的途径。KBQA 作为知识问答的重要分支，一方面强化了针对结构化信息的检索能力，另一方面也可以利用知识图谱提升问题理解的准确性。深度学习技术在 KBQA 也起到了重要的作用，不但可以优化传统 KBQA 的各个模块，尤其是实体识别和语义相似度匹配，而且可以直接作为知识库表示支持端到端的知识问答。

正如万维网是开放的一样，多种多样的领域知识是不可能被任何一家企业垄断的，所以知识问答应该走万维网一样的开放路线，允许不同的参与者形成生态体系。参与者可以从热门领域开始，从全局或细分覆盖不同领域的知识，提供不同特色的领域问答体验，这好比垂直领域的网站，进而组合形成跨领域的知识问答，最终通过一个开放的协作体系，完成全网的开放知识问答体验。

参考文献

[1] Lafferty J，Zhai C. Document Language Models，Query Models，and Risk Minimization for Information Retrieval[C]//Proceedings of the 24th Annual International ACM SIGIR Conference on Research and Development in Information Retrieval. ACM，2001：111-119.

[2] Mihalcea R，Corley C，Strapparava C. Corpus-based and Knowledge-Based Measures of Text Semantic Similarity[C]//AAAI. 2006，6：775-780.

[3] LING X，Weld D. Fine-grained Entity Recognition[C]//Proceedings of the Twenty-Sixth AAAI Conference on Artificial Intelligence. AAAI Press，2012：94-100.

[4] Green Jr B F，Wolf A K，Chomsky C，et al. Baseball：An Automatic Question-Answerer[C]// Western Joint IRE-AIEE-ACM Computer Conference. ACM，1961：219-224.

[5] Woods W A. Progress in Natural Language Understanding：An Application to Lunar Geology [C]//Proceedings of the National Computer Conference and Exposition. ACM，1973：441-450.

[6] Kolomiyets O，Moens M F. A Survey on Question Answering Technology from an Information Retrieval Perspective[J]. Information Sciences，2011，181（24）：5412-5434.

[7] Wooldridge M，Jennings N R. Intelligent agents：Theory and practice[J]. The knowledge engineering review，1995，10（2）：115-152.

[8] Mladenic D. Text-learning and Related Intelligent Agents：A Survey[J]. IEEE Intelligent Systems and Their Applications，1999，14（4）：44-54.

[9] Fast E，CHEN B，Mendelsohn J，et al. Iris：A Conversational Agent for Complex Tasks[C]//Proceedings of the 2018 CHI Conference on Human Factors in Computing Systems. ACM，2018：473.

[10] Simmons R F. Answering English Questions by Computer：A Survey[R]. SYSTEM DEVELOPMENT CORP SANTA MONICA CALIF，1964.

[11] Prager J. Open-domain Question–Answering[J]. Foundations and Trends in Information Retrieval，2007，1（2）：91-231.

[12] Lopez V，Uren V，Sabou M，et al. Is Question Answering Fit for the Semantic Web?：A Survey[J]. Semantic Web，2011，2（2）：125-155.

[13] Jurafsky D，Martin J H. Question Answering. Speech and Language Processing[M]，London：Pearson，2014，3：418-440.

[14] Diefenbach D，Lopez V，Singh K，et al. Core Techniques of Question Answering Systems over Knowledge Bases：A Survey[J]. Knowledge and Information systems，2018，55（3）：529-569.

[15] LI X，Roth D. Learning Question Classifiers[C]//Proceedings of the 19th International Conference on Computational Linguistics-Volume 1. Association for Computational Linguistics，2002：1-7.

[16] Hovy E，Hermjakob U，Ravichandran D. A Question/Answer Typology with Surface Text Patterns[C]//Proceedings of the Second International Conference on Human Language Technology Research. Morgan Kaufmann Publishers Inc.，2002：247-251.

[17] Mishra A，Jain S K. A Survey on Question Answering Systems with Classification[J]. Journal of King Saud University-Computer and Information Sciences，2016，28（3）：345-361.

[18] BU F，ZHU X，HAO Y，et al. Function-based Question Classification for General QA[C]//Proceedings of the 2010 Conference on Empirical Methods in Natural Language Processing. Association for Computational Linguistics，2010：1119-1128.

[19] TAN M，Santos C，XIANG B，et al. Lstm-based Deep Learning Models for Non-Factoid Answer Selection[J]. arXiv preprint arXiv：1511.04108，2015.

[20] YIN W，Schütze H，XIANG B，et al. Abcnn：Attention-based Convolutional Neural Network for Modeling Sentence Pairs[J]. Transactions of the Association for Computational Linguistics，2016，4：259-272.

[21] Miller A，Fisch A，Dodge J，et al. Key-value Memory Networks for Directly Reading Documents[J]. arXiv preprint arXiv：1606.03126，2016.

[22] Androutsopoulos I，Ritchie G D，Thanisch P. Natural Language Interfaces to Databases–an Introduction[J]. Natural Language Engineering，1995，1（1）：29-81.

[23] Woods W A. Semantics and Quantification in Natural Language Question Answering[M]//Advances in Computers. Elsevier，1978，17：1-87.

[24] Burke R D，Hammond K J，Kulyukin V，et al. Question Answering from Frequently Asked Question Files：Experiences with the Faq Finder System[J]. AI magazine，1997，18（2）：57-66.

[25] Soricut R，Brill E. Automatic Question Answering Using the Web：Beyond the Factoid[J]. Information Retrieval，2006，9（2）：191-206.

[26] Rodrigues J A，Saedi C，Maraev V，et al. Ways of Asking and Replying in Duplicate Question

Detection[C]//Proceedings of the 6th Joint Conference on Lexical and Computational Semantics （* SEM 2017）. 2017：262-270.

[27] Cer D，Diab M，Agirre E，et al. Semeval-2017 task 1：Semantic Textual Similarity-Multilingual and Cross-Lingual Focused Evaluation[J]. arXiv preprint arXiv：1708.00055，2017.

[28] Ferrucci D A. Introduction to “this is watson”[J]. IBM Journal of Research and Development，2012，56（3.4）1-1：15.

[29] FENG Y，HUANG S，ZHAO D. Hybrid Question Answering over Knowledge Base and Free Text[C]//Proceedings of COLING 2016，the 26th International Conference on Computational Linguistics：Technical Papers. 2016：2397-2407.

[30] Lehmann J，Isele R，Jakob M，et al. DBpedia–A Large-Scale，Multilingual Knowledge Base Extracted from Wikipedia[J]. Semantic Web，2015，6（2）：167-195.

[31] Angeli G，Premkumar M J J，Manning C D. Leveraging Linguistic Structure for Open Domain Information Extraction[C]//Proceedings of the 53rd Annual Meeting of the Association for Computational Linguistics and the 7th International Joint Conference on Natural Language Processing （Volume 1：Long Papers）. 2015，1：344-354.

[32] Singh K，Radhakrishna A S，Both A，et al. Why Reinvent the Wheel：Let's Build Question Answering Systems Together[C]//Proceedings of the 2018 World Wide Web Conference on World Wide Web. International World Wide Web Conferences Steering Committee，2018：1247-1256.

[33] Popescu A M，Etzioni O，Kautz H A. Towards a Theory of Question-Answering Interfaces to Databases[C]//New Directions in Question Answering. 2003：73-74.

[34] Webber C，Barton G J. Increased Coverage Obtained by Combination of Methods for Protein Sequence Database Searching[J]. Bioinformatics，2003，19（11）：1397-1403.

[35] Usbeck R，Röder M，Hoffmann M，et al. Benchmarking Question Answering Systems[J]. Semantic Web，2016 （Preprint）：1-12.

[36] DANG H T，Kelly D，LIN J J. Overview of the TREC 2007 Question Answering Track[C]//Trec. 2007，7：63.

[37] Agichtein E，Carmel D，Pelleg D，et al. Overview of the TREC 2015 LiveQA Track[C]//TREC. 2015.

[38] Lopez V，Unger C，Cimiano P，et al. Evaluating Question Answering over Linked Data[J]. Web Semantics：Science，Services and Agents on the World Wide Web，2013，21：3-13.

[39] Rajpurkar P，Zhang J，Lopyrev K，et al. Squad：100，000+ Questions for Machine Comprehension of Text[J]. arXiv preprint arXiv：1606.05250，2016.

[40] Yu A W，Dohan D，Luong M T，et al. Qanet：Combining Local Convolution with Global Self-Attention for Reading Comprehension[J]. arXiv preprint arXiv：1804.09541，2018.

[41] Berant J，Chou A，Frostig R，et al. Semantic Parsing on Freebase from Question-Answer Pairs[C]//Proceedings of the 2013 Conference on Empirical Methods in Natural Language Processing. 2013：1533-1544.

[42] Jain S. Question Answering over Knowledge Base Using Factual Memory Networks[C]//Proceedings of the NAACL Student Research Workshop. 2016：109-115.

[43] Dadashov E，Sakshuwong S，Yu K. Quora Question Duplication[J].

[44] Andy A，Sekine S，Rwebangira M，et al. Name Variation in Community Question Answering Systems[C]//Proceedings of the 2nd Workshop on Noisy User-generated Text （WNUT）. 2016：51-60.

[45] Nakov P，Hoogeveen D，Màrquez L，et al. SemEval-2017 task 3：Community Question Answering[C]//Proceedings of the 11th International Workshop on Semantic Evaluation （SemEval-2017）. 2017：27-48.

[46] Mueller J，Thyagarajan A. Siamese Recurrent Architectures for Learning Sentence Similarity[C]//Thirtieth AAAI Conference on Artificial Intelligence. 2016.

[47] Tunstall-Pedoe W. True knowledge：Open-Domain Question Answering Using Structured Knowledge and Inference[J]. AI Magazine，2010，31（3）：80-92.

[48] Unger C，Bühmann L，Lehmann J，et al. Template-based Question Answering over RDF Data[C]//Proceedings of the 21st International Conference on World Wide Web. ACM，2012：639-648.

[49] CUI W，XIAO Y，WANG H，et al. KBQA：Learning Question Answering over QA Corpora and Knowledge Bases[J]. Proceedings of the VLDB Endowment，2017，10（5）：565-576.

[50] Abujabal A，Yahya M，Riedewald M，et al. Automated Template Generation for Question Answering over Knowledge Graphs[C]//Proceedings of the 26th International Conference on World Wide Web. International World Wide Web Conferences Steering Committee，2017：1191-1200.

[51] Yih S W，CHANG M W，HE X，et al. Semantic Parsing Via Staged Query Graph Generation：Question Answering with Knowledge Base[J]. 2015.

[52] HUANG P S，HE X，GAO J，et al. Learning Deep Structured Semantic Models for Web Search Using Clickthrough Data[C]//Proceedings of the 22nd ACM international conference on Information & Knowledge Management. ACM，2013：2333-2338.

[53] Bordes A，Chopra S，Weston J. Question Answering with Subgraph Embeddings[J]. arXiv preprint，arXiv：1406.3676，2014.

[54] DONG L，WEI F，ZHOU M，et al. Question Answering over Freebase with Multi-Column Convolutional Neural Networks[C]//Proceedings of the 53rd Annual Meeting of the Association for Computational Linguistics and the 7th International Joint Conference on Natural Language Processing（Volume 1：Long Papers），2015，1：260-269.

[55] HU S，ZOU L，YU J X，et al. Answering Natural Language Questions by Subgraph Matching over Knowledge Graphs[J]. IEEE Transactions on Knowledge and Data Engineering，2018，30（5）：824-837.

第 9 章 知识图谱应用案例

王昊奋 同济大学，丁军 华东理工大学

知识图谱用以描述现实世界中的概念、实体以及它们之间丰富的关联关系。自从 2012 年谷歌公司利用知识图谱改善搜索体验并提高搜索质量后，引起了社会各界纷纷关注。随着知识图谱应用的深入，作为一种知识表示的新方法和知识管理的新思路，知识图谱不再局限于搜索引擎及智能问答等通用领域应用，而在越来越多的垂直应用领域开始崭露头角，扮演越来越重要的角色。通用知识图谱可以形象地看成一个面向通用领域的“结构化的百科知识库”，其中包含了现实世界中的大量常识，覆盖面极广。领域知识图谱又称为行业知识图谱或垂直知识图谱，通常面向某一特定领域。领域知识图谱基于行业数据构建，通常有着严格而丰富的数据模式，对该领域知识的深度、准确性有着更高的要求。本章重点介绍领域知识图谱的构建方法及系列应用案例。

9.1 领域知识图谱构建的技术流程

由于现实世界的知识丰富多样且极其庞杂，通用知识图谱主要强调知识的广度，通常运用百科数据进行自底向上的方法进行构建。而领域知识图谱面向不同的领域，其数据模式不同，应用需求也各不相同，因此没有一套通用的标准和规范来指导构建，而需要基于特定行业通过工程师与业务专家的不断交互与定制来实现。虽然如此，领域知识图谱与通用知识图谱的构建与应用也并非完全没有互通之处，如图 9-1 所示，其从无到有的构建过程可分为六个阶段，被称为领域知识图谱的生命周期①。本节以生命周期为视角来阐述领域知识图谱构建过程中的关键技术流程。

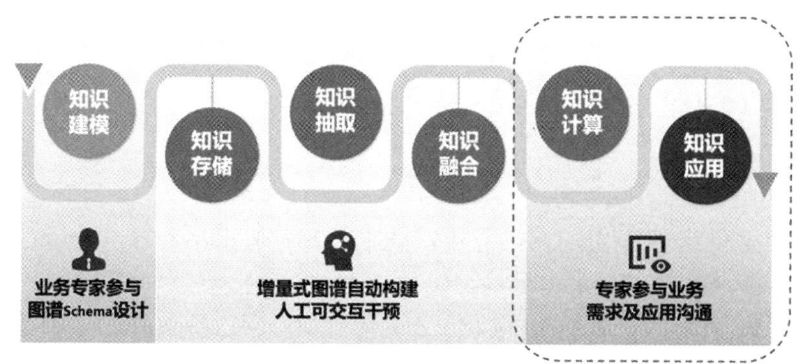

图 9-1　领域知识图谱生命周期

9.1.1　领域知识建模

知识建模是建立知识图谱的概念模式的过程，相当于关系数据库的表结构定义。为了对知识进行合理的组织，更好地描述知识本身与知识之间的关联，需要对知识图谱的模式进行良好的定义。一般来说，相同的数据可以有若干种模式定义的方法，设计良好的模式可以减少数据的冗余，提高应用效率。因此，在进行知识建模时，需要结合数据特点与应用特点来完成模式的定义。

知识建模通常采用两种方式：一种是自顶向下（Top-Down）的方法，即首先为知识图谱定义数据模式，数据模式从最顶层概念构建，逐步向下细化，形成结构良好的分类学层次，然后再将实体添加到概念中。

另一种则是自底向上（Bottom-Up）的方法，即首先对实体进行归纳组织，形成底层概念，然后逐步往上抽象，形成上层概念。该方法可基于行业现有标准转换生成数据模式，也可基于高质量行业数据源映射生成。

为了保证知识图谱质量，通常在建模时需要考虑以下几个关键问题：

1）概念划分的合理性，如何描述知识体系及知识点之间的关联关系[1]；

2）属性定义方式，如何在冗余程度最低的条件下满足应用和可视化展现；

---

① CCKS2017.行业知识图谱构建与应用。

3）事件、时序等复杂知识表示，通过匿名节点的方法还是边属性的方法来进行描述，各自的优缺点是什么[2]；

4）后续的知识扩展难度，能否支持概念体系的变更以及属性的调整。

关于知识建模的详细知识和技术，请参考本书第 2 章。

9.1.2 知识存储

知识存储，顾名思义为针对构建完成的知识图谱设计底层存储方式，完成各类知识的存储，包括基本属性知识、关联知识、事件知识、时序知识、资源类知识等。知识存储方案的优劣会直接影响查询的效率，同时也需要结合知识应用场景进行良好的设计。

目前，主流的知识存储解决方案包括单一式存储和混合式存储两种。在单一式存储中，可以通过三元组、属性表或者垂直分割等方式进行知识的存储[3]。其中，三元组的存储方式较为直观，但在进行连接查询时开销巨大[4]。属性表指基于主语的类型划分数据表，其缺点是不利于缺失属性的查询[5]。垂直分割指基于谓词进行数据的划分，其缺点是数据表过多，且写操作的代价比较大[6]。

对于知识存储介质的选择，可以分为原生（Neo4j、AllegroGraph 等）和基于现有数据库（MySQL、Mongo 等）两类。原生存储的优点是其本身已经提供了较为完善的图查询语言或算法的支持，但不支持定制，灵活程度不高，对于复杂节点等极端数据情况的表现非常差。因此，有了基于现有数据库的自定义方案，这样做的好处是自由程度高，可以根据数据特点进行知识的划分、索引的构建等，但增加了开发和维护成本。

从上述介绍中可以得知，目前尚没有一个统一的可以实现所有类型知识存储的方式。因此，如何根据自身知识的特点选择知识存储方案，或者进行存储方案的结合，以满足针对知识的应用需要，是知识存储过程中需要解决的关键问题。

关于知识存储的详细知识与技术，请参考本书第 3 章。

9.1.3 知识抽取

知识抽取是指从不同来源、不同数据中进行知识提取，形成知识并存入知识图谱的过程。由于真实世界中的数据类型及介质多种多样，所以如何高效、稳定地从不同的数据源进行数据接入至关重要，其会直接影响到知识图谱中数据的规模、实时性及有效性。

在现有的数据源中，数据大致可分为三类：一类是结构化的数据，这类数据包括以关系数据库（MySQL、Oracle 等）为介质的关系型数据，以及开放链接数据，如 Yago、Freebase 等；第二类为半结构化数据，如百科数据（Wikipedia、百度百科等），或是垂直网站中的数据，如 IMDB、丁香园等；第三类是以文本为代表的非结构化数据。

结构化数据中会存在一些复杂关系，针对这类关系的抽取是此类研究的重点，主要方法包括直接映射或者映射规则定义等；半结构化数据通常采用包装器的方式对网站进行解析，包装器是一个针对目标数据源中的数据制定了抽取规则的计算机程序。包装器的定义、自动生成以及如何对包装器进行更新及维护以应对网站的变更，是当前获取需要考虑的问题；非结构化数据抽取难度最大，如何保证抽取的准确率和覆盖率是这类数据进行知识获取需要考虑的科学问题。

关于知识抽取的详细知识和技术，请参考本书第 4 章。

9.1.4 知识融合

知识融合指将不同来源的知识进行对齐、合并的工作，形成全局统一的知识标识和关联。知识融合是知识图谱构建中不可缺少的一环，知识融合体现了开放链接数据中互联的思想。良好的融合方法能有效地避免信息孤岛，使得知识的连接更加稠密，提升知识应用价值，因此知识融合是构建知识图谱过程中的核心工作与重点研究方向。

知识图谱中的知识融合包含两个方面，即数据模式层的融合和数据层的融合。数据模式层的融合包含概念合并、概念上下位关系合并以及概念的属性定义合并，通常依靠专家人工构建或从可靠的结构化数据中映射生成。在映射的过程中，一般会通过设置融合规则确保数据的统一。数据层的融合包括实体合并、实体属性融合以及冲突检测与解决。

进行知识融合时需要考虑使用什么方式实现不同来源、不同形态知识的融合；如何对海量知识进行高效融合[7]；如何对新增知识进行实时融合以及如何进行多语言融合等问题[8]。

关于知识融合的详细知识和技术，请参考本书第 5 章。

9.1.5 知识计算

知识计算是领域知识图谱能力输出的主要方式，通过知识图谱本身能力为传统的应用形态赋能，提升服务质量和效率。其中，图挖掘计算和知识推理是最具代表性的两种能力，如何将这两种能力与传统应用相结合是需要解决的一个关键问题。

知识推理一般运用于知识发现、冲突与异常检测，是知识精细化工作和决策分析的主要实现方式。知识推理又可以分为基于本体的推理和基于规则的推理。一般需要依据行业应用的业务特征进行规则的定义，并基于本体结构与所定义的规则执行推理过程，给出推理结果。知识推理的关键问题包括：大数据量下的快速推理，记忆对于增量知识和规则的快速加载[9]。

知识图谱的挖掘计算与分析指基于图论的相关算法，实现对图谱的探索与挖掘。图计算能力可辅助传统的推荐、搜索类应用。知识图谱中的图算法一般包括图遍历、最短路径、权威节点分析、族群发现最大流算法、相似节点等，大规模图上的算法效率是图算法设计与实现的主要问题。

关于知识推理与分析的详细知识和技术，请参考本书的第 6 章。

9.1.6 知识应用

知识应用是指将知识图谱特有的应用形态与领域数据和业务场景相结合，助力领域业务转型。知识图谱的典型应用包括语义搜索、智能问答以及可视化决策支持。如何针对业务需求设计实现知识图谱应用，并基于数据特点进行优化调整，是知识图谱应用的关键研究内容。

其中，语义搜索是指基于知识图谱中的知识，解决传统搜索中遇到的关键字语义多样性及语义消歧的难题，通过实体链接实现知识与文档的混合检索。语义检索需要考虑如何解决自然语言输入带来的表达多样性问题，同时需要解决语言中实体的歧义性问题。

而智能问答是指针对用户输入的自然语言进行理解，从知识图谱或目标数据中给出用户问题的答案。智能问答的关键技术及难点包括：

1）准确的语义解析，如何正确理解用户的真实意图。

2）对于返回的答案，如何评分以确定优先级顺序。

可视化决策支持则指通过提供统一的图形接口，结合可视化、推理、检索等，为用户提供信息获取的入口。对于可视化决策支持，需要考虑的关键问题包括：如何通过可视化方式辅助用户快速发现业务模式；如何提升可视化组件的交互友好程度，例如高效地缩放和导航；大规模图环境下底层算法的效率。

关于知识图谱的搜索及问答技术，请参考本书的第 7 章和第 8 章。

9.2 领域知识图谱构建的基本方法

不同领域的数据情况不同，有的领域较为成熟，知识体系完备，涵盖面广，单单采用自顶向下的方法进行图谱的构建就足以满足领域的应用。但在一些新兴领域，知识体系欠缺完备性，一部分知识适用于自顶向下构建，但也有很大一部分数据未成体系，这时则需要通过自底向上的方式对这类知识进行基于数据驱动的方式进行构建。因此，通常在领域内，尤其新兴领域，建模时会将自顶向下和自低向上的构建方法相结合。

9.2.1 自顶向下的构建方法

针对特定的行业内有固定知识体系或由该行业专家梳理后可定义模式的数据，大多采用自顶向下的方式构建。国内外现有可借助的建模工具以 Protégé、PlantData 为代表。Protégé①是一套基于 RDF（S）、OWL 等语义网规范的开源本体编辑器，拥有图形化界面，适用于原型构建场景。Protégé 同时提供在线版本的 WebProtégé，方便在线进行知识图谱语义本体的自动构建。PlantData②知识建模工具是一款商用知识图谱智能平台软件。该软件提供了本体概念类、关系、属性和实例的定义和编辑，屏蔽了具体的本体描述语言，用户只需在概念层次上进行领域本体模型的构建，使得建模更加便捷。

为保证可靠性，数据模式的构建基本都经过了人工校验，因此知识融合的关键任务是数据层的融合。工业界在进行知识融合时，通常在知识抽取环节中就对数据进行控制，以减少融合过程中的难度及保证数据的质量。在这些方面，工业界均做了不同角度的尝试，如 DBpedia Mapping③采用属性映射的方式进行知识融合。zhishi.me 采用离线融合的方式识别实体间的 sameAs 关系，完成知识融合[10]，并通过双语主题模型，针对中英文下知识体系进行跨语言融合[11]。

接着，需要根据数据源的不同进行知识获取，其方法主要分为三种：第一种是使用 D2R 工具，该方法主要针对结构化数据，通过 D2R 工具将关系数据映射为 RDF 数据。常

① http://protege.stanford.edu/.

② http://www.plantdata.ai/.

③ http://mappings.dbpedia.org/.

用的开源 D2R 工具有 D2RQ①、D2R Server②、DB2triples③等。D2RQ 通过 D2RQ Mapping Language 将关系数据转化成 RDF 数据，同时支持基于该语言在关系数据上直接提供 RDF 形式的数据访问 API；D2R Server 提供对 RDF 数据的查询访问接口，以供上层的 RDF 浏览器、SPARQL 查询客户端以及传统的 HTML 浏览器调用；DB2triples 支持基于 W3C 的 R2RML 和 DM 的标准将数据映射成 RDF 形式。

第二种是使用包装器，该方法主要针对半结构化数据，通过使用构建面向站点的包装器解析特定网页、标记语言文本。包装器通常需要根据目标数据源编写特定的程序，因此学者们的研究主要集中于包装器的自动生成。Ion Muslea 等人[12]基于层次化信息抽取的思想，提出了一个包装器自动生成算法“STALKER”；Alberto Pan 等人[13]开发了一个名为“Wargo”的半自动生成包装器的工具。

第三种是借助信息抽取的方法，该方法主要针对非结构化的文本。按照抽取范围的不同，文本抽取可分为 OpenIE 和 CloseIE 两种。OpenIE 面向开放领域抽取信息，是一种基于语言学模式的抽取，无法得知待抽取知识的关系类型，通常抽取规模大、精度较低。典型的工具有 ReVerb④、TextRunner⑤等。CloseIE 面向特定领域抽取信息，因其基于领域专业知识进行抽取，可以预先定义好抽取的关系类型，且通常规模小、精度较高。DeepDive 是 CloseIE 场景中的典型工具，其基于联合推理的算法让用户只需要关心特征本身，让开发者更多地思考特征而不是算法。

9.2.2 自底向上的构建方法

在领域中部分没有完整知识体系的数据需要采用自底向上的方法进行构建，这与通用知识图谱的构建方法类似，主要依赖开放链接数据集和百科，从这些结构化的知识中进行自动学习，主要分为实体与概念的学习、上下位关系的学习、数据模式的学习。

开放链接数据集和百科中拥有丰富的实体和概念信息，数据通常以一定的结构组织生成，因此从这类数据源中抽取概念和实体较为容易。由于百科的分类体系都是经过了百科管理员或是高级编辑人员的校验，其分类系统中的数据可靠性非常高，因此从百科中抽取

---

① D2RQ [EB/OL].[2014-02-26]. http://d2rq.org/.

② Bizer C，Cyganiak R. D2r Server-Publishing Relational Databases on the Semantic Web[C]//Poster at the 5th International Semantic Web Conference，2006，175.

③ Db2triples [EB/OL].[2014-02-26]. http://www.antidot.net/en/ecosystem/db2triples/.

④ http://reverb.cs.washington.edu/.

⑤ https://www.researchgate.net/publication/220816876_TextRunner_Open_Information_Extraction_on_the_Web.

概念和实体，通常将标题作为实体的候选，而将百科中的分类系统直接作为概念的候选。对于概念的学习，关键[14]提出了一种基于语言学和基于统计学的多策略概念抽取方法，该方法提高了领域内概念抽取的效果。

实体对齐的目标是将从不同百科中学习到的、描述同一目标的实体或概念进行合并，再将合并后的实体集与开放链接数据集中抽取的实体进行合并。实体对齐过程主要分为六步：

- 从开放链接数据集中抽取同义关系。
- 基于结构化的数据对百科中的实体进行实体对齐。
- 采用自监督的实体对齐方法对百科的文章进行对齐。
- 将百科中的实体与链接数据中的实体进行对齐。
- 基于语言学模式的方法抽取同义关系。
- 实体基于 CRF 的开放同义关系抽取方法学习同义词关系。

黄峻福[15]提出了一种基于实体属性信息及上下文主题特征相结合进行实体对齐的方法。万静等人[16]提出了一种独立于模式的基于属性语义特征的实体对齐方法。

对于上下位关系，开放链接数据集中拥有明确的描述机制，针对不同的数据集，编写相应的规则直接解析即可获取。百科中描述了两种上下位关系，一种是类别之间的上下位关系，对应概念的层次关系；另一种则是类别与文章之间的上下位关系，对应实体与概念之间的从属关系。实体对齐可从开放链接数据集和百科中抽取上下位关系。WANG 等人[17]引入了弱监督学习框架提取来自用户生成的类别关系，并提出了一种基于模式的关系选择方法，解决学习过程中“语义漂移”问题。

数据模式的学习又称为概念的属性学习，一个属性的定义包含三个部分：属性名、属性的定义域、属性的值域。但概念的属性被定义好，属于该属性的实体则默认具备此属性，填充属性的值即可。概念属性的变更会直接影响到它的实体、其子概念以及这些概念下的实体。因此概念的属性定义十分重要，通常大部分知识库中的概念属性都是采用人工定义等方式生成的，通用知识图谱则可以从开放数据集中获取概念的属性，然后从在线百科中学习实体的属性，并对实体属性进行往上规约从而生成概念的属性。在进行属性往上规约的过程中，需要通过一定的机制保证概念属性的准确性，对于那些无法自动保证准确性的属性，需要进行人工校验。SU[18]提出了一种新的半监督方法，从维基百科页面自动提取属性。Logan I V 等人[19]提出了多模态属性提取的任务，用来提取实体的基础属性。

9.3 领域知识图谱的应用案例

典型的通用知识图谱项目有 DBpedia、WordNet、ConceptNet、YAGO、Wikidata 等，本书第 1 章已有详细介绍。如图 9-2 所示，领域知识图谱常常用来辅助各种复杂的分析应用或决策支持，在多个领域均有应用，不同领域的构建方案与应用形式则有所不同，本节将以电商、图书情报（以下简称“图情”）、生活娱乐、企业商业、创投、中医临床、金融证券七个领域为例，从图谱构建与知识应用两个方面介绍领域知识图谱的技术构建应用与研究现状。

图 9-2 行业知识图谱应用一览①

9.3.1 电商知识图谱的构建与应用②

当下，电商的交易规模巨大，对每个人的生活都有影响。随着 O2O 和零售行业的发展，电商交易场景不再是单纯的线上交易场景，而是新零售、多语言、线上线下相结合的复杂购物场景，电商企业对数据互联的需求越来越强烈。在此基础上，电商交易逐渐转变为集 B2C、B2B、跨境为一体，覆盖“实物+虚拟”商品，结合跨领域搜索发现、导购、交互多功能的新型电商交易。因而电商知识图谱变得非常重要。相对于通用知识图谱，它有很多不同之处。首先，电商平台是围绕着商品，买卖双方在线上进行交易的平台。故而

① 2017CCKS.行业知识图谱的构建与应用.

② http://blog.openkg.cn/领域应用-为电商而生的知识图谱，如何感应用户.

电商知识图谱的核心是商品。整个商业活动中有品牌商、平台运营、消费者、国家机构、物流商等多角色参与，相对于网页来说，数据的产生、加工、使用、反馈控制得更加严格，约束性更强。如果电商数据以知识图谱的方法组织，可以从数据的生产端开始，就遵循顶层设计。电商数据的结构化程度相对于通用域来说做得更好。此外，面向不同的消费者和细分市场，不同角色、不同市场、不同平台对商品描述的侧重都不同，使得对同一个实体描述时会有不同的定义。知识融合就变得非常重要。最后，与通用知识图谱比较而言，电商知识图谱有大量的国家标准、行业规则、法律法规对商品描述进行着约束。存在大量的人的经验来描述商品做到跟消费者需求的匹配，知识推理显得更为重要。下面以阿里巴巴知识图谱为例，介绍电商知识图谱的相应技术模块和应用。

在商品知识的表示方面，电商知识图谱以商品为核心，以人、货、场为主要框架。目前共涉及 9 大类一级本体和 27 大类二级本体。一级本体分别为人、货、场、百科知识、行业竞争对手、品质、类目、资质和舆情。人、货、场构成了商品信息流通的闭环，其他本体主要给予商品更丰富的信息描述。如图 9-3 所示为电商知识图谱的数据模型，数据来源包含国内—国外数据、商业—国家数据、线上—线下等多源数据。目前有百亿级的节点和百亿级的关系边。

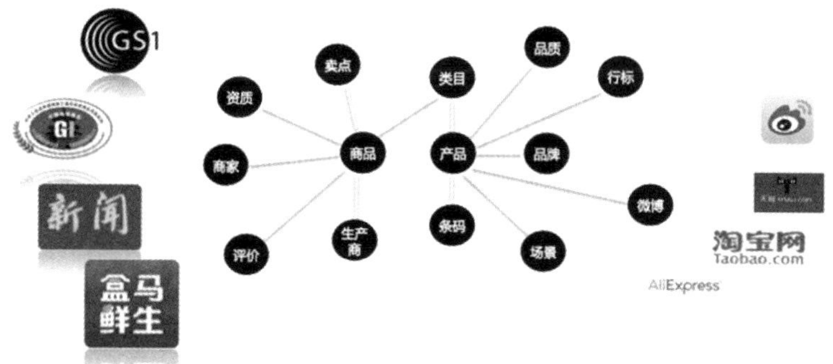

图 9-3　电商知识图谱的数据模型

电商知识图谱主要的获取来源为知识众包，这其中的关键就是知识图谱本体设计。在设计上要考虑商品本身，又要考虑消费者需求和便于平台运营管理。另一个核心工作是要开发面向电商各种角色的数据采集工具，例如面向卖家的商品发布端。此外，电商知识的另一个来源是文本数据，例如商品标题、图片、详情、评价，舆情中的品牌、型号、卖点、场景等信息。这就要求命名识别系统具有跨越大规模实体类型的识别能力，能够支持电商域数据、人机语言交互自然语言问题以及更广泛的微博、新闻等舆情域数据的识别，并且把识别出的实体与知识图谱链接，特别是商品属性和属性值涉及上千类别的实体类型。主要包括：

- 商品域：类目、产品词、品牌、商品属性、属性值、标准产品。
- LBS 域：小区、超市、商场、写字楼、公司。
- 通用域：人物、数字、时间。

最后，对知识图谱实体描述，除了基础的属性与属性值，很多是通过实体标签来实现的。相对来说，标签变化快、易扩展。很大一部分这类知识是通过推理获得的。例如，在食品的标签生成中，知识推理通过食品的配料表数据和国家行业标准，如：

- 无糖：碳水化合物含量小于或等于 0.5 g /100 g（固体）或 0.5g/100 mL（液体）;
- 无盐：钠含量小于或等于 5 mg /100 g 或 5mg/100 mL。

通过推理，可以把配料表数据转化为“无糖”“无盐”等知识点，从而真正地把数据变成了知识标签，并改善消费者的购物体验。

大量的多源异构数据的汇集需要考虑知识的融合，主要涉及商品和产品两个核心节点知识融合。主要利用大规模聚类、大规模实体链指、大规模层次分类等技术，依据商品或产品的图片、文本、属性结构化等数据。图片涉及相似图计算、OCR 等技术。

大规模层次分类需要把目标商品或产品归到上千个商品 1 级和 2 级类目中去。这里面的难度在于类目的细分和混淆度，以及大规模训练数据的生成和去噪。

大规模聚类的目的是把统一数据源的信息先做一次融合。大规模实体链指的核心是通过知识图谱的候选实体排序，把新的实体与知识图谱目标识别进行关联，从而把新知识融入知识图谱。在新知识融入工程中，涉及不同数据源属性名称和属性值的映射和标准化。这就需要大规模电商词林的建设和挖掘。

通常来说，电商知识图谱的实体量比通用知识图谱的实体量要大很多，选择存储方案时，需要考虑很多因素，例如支持的查询方式、支持的图查询路径长度、响应时间、机器成本等。因此，存储主要采取多种存储方式混合的方案。另一方面，考虑到成本因素，全量的图谱数据通过离线关系数据库存储，共包含实体表、关系表、类目表三种表类型。为了更好地支持在线图查询和逻辑查询，与在线业务相关的知识图谱子图采用在线图数据库来存储。离线关系数据库支持向在线图数据库导入。考虑图数据的查询性能与节点路径长度关系很大，为保证毫秒级的在线响应，部分数据采用在线关系数据库支持查询。

在应用方面，作为商品大脑，电商知识图谱的一个主要应用场景就是智能导购。而所谓导购，就是让消费者更容易找到他们想要的东西，例如说买家输入“我需要一件漂亮的真丝丝巾”，商品大脑会通过语法词法分析来提取语义要点“一”“漂亮”“真丝”“丝巾”这些关键词，从而帮买家搜索到合适的商品。在导购中，为了让发现更简单，商品大脑还学习了大量的行业规范与国家标准，比如说全棉、低糖、低嘌呤等。此外，商品大脑可以从公共媒体、专业社区的信息中识别出近期热词，跟踪热点词的变化，由运营确认是否成为热点词，这也是为什么买家在输入斩男色、禁忌之吻、流苏风等热词后，出现了自己想要的商品。最后，商品大脑还能通过实时学习构建出场景。例如输入“海边玩买什么”，结果中就会出现泳衣、游泳圈、防晒霜、沙滩裙等商品。

再者，电商平台管控从过去的“巡检”模式升级为发布端实时逐一检查。在海量的商品发布量的挑战下，最大限度地借助大数据和人工智能阻止坏人、问题商品进入电商生态。为了最大限度地保护知识产权，保护消费者权益，电商知识图谱推理引擎技术满足了智能化、自学习、毫秒级响应、可解释等更高的技术要求。例如，上下位和等价推理，检索父类时，通过上下位推理把子类的对象召回，同时利用等价推理（实体的同义词、变异词、同款模型等）扩大召回。以拦截“产地为某核污染区域的食品”为例，推理引擎翻译为“找到产地为该区域，且属性项与‘产地’同义，属性值是该区域下位实体的食品，以及与命中的食品是同款的食品”。

9.3.2 图情知识图谱的构建与应用①

图情知识图谱是指聚焦某一特定细分行业，以整合行业内图情资源为目标的知识图谱。提供知识搜索、知识标引、决策支持等形态的知识应用，服务于行业内的从业人员、科研机构及行业决策者。

图情领域与知识图谱的结合由来已久。英国的大英博物馆通过结合语义技术对馆藏品各类数据资源进行语义组织，通过语义细化、多媒体资源标注等方式提供多样化的知识服务形式②；英国广播公司 BBC[20]在其音乐、体育野生动物等板块定义了知识本体，将新闻转化为机器可读的信息源（RDF / XML、JSON 和 XML）进行内容管理与自动生成报道。国内图情领域也越来越重视对知识图谱技术的利用。上海图书馆③借鉴美国国会书目框架 BibFrame[21]对家谱、名人、手稿等资源构建知识体系，打造家谱服务平台，为研究者们提

---

① PlantData.知识图谱实战.行业知识图谱构建与应用. CCKS.

② 王昊奋.知识图谱概览[R].小象学院公开课，2017.

③ 翠娟，刘炜，陈涛，等.家谱关联数据服务平台的开发实践[J].中国图书馆学报，2016，42（3）：27-38.

供古籍循证服务；中国农业科学院[①]则聚焦于水稻细分领域，整合论文、专利、新闻等行业资源，构建水稻知识图谱，为科研工作者提供了行业专业知识服务平台。

图情知识图谱的构建一般采用自顶向下的方式进行知识建模，通常从资源类型数据入手，整理出资源的发表者（人物）、发表机构（机构）、关键词（知识点）、发表载体（刊物）等类型的实体及各自之间的关系，同时通过人物、机构的主页进行实体属性的扩充。如图 9-4 所示为图情知识图谱 Schema 模型，展示了概念与概念间的关系以及部分属性。

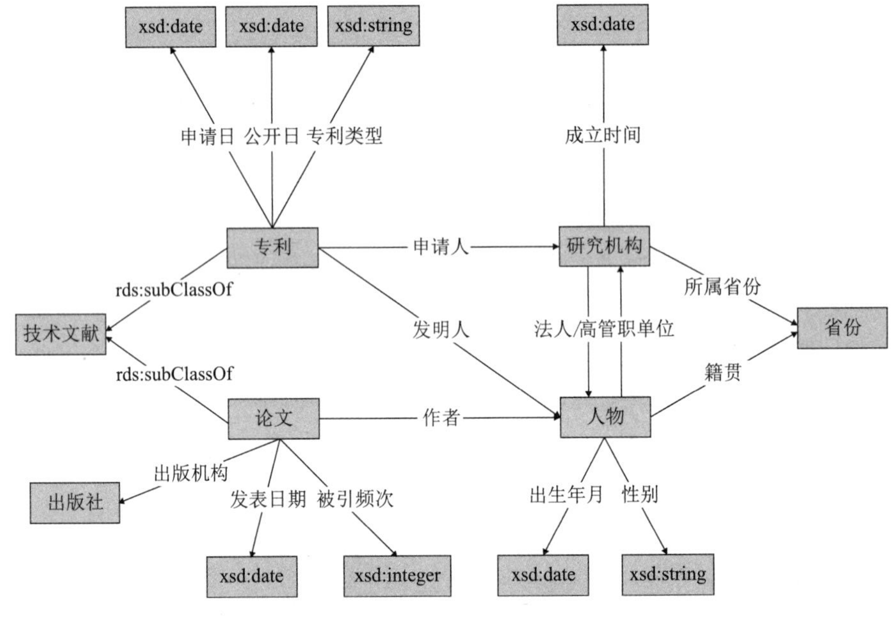

图 9-4　图情知识图谱 Schema 模型

接下来分别对图情领域的数据进行获取，数据源主要包括四类。第一类是知网、专利局等文献类网站，第二类是开放通用数据，包括百科类网站以及 DBpedia 等的开放链接数据集，第三类是行业垂直的新闻门户，第四类是行业内企业和科研机构内部积累的既有数据。知识获取的方法视数据类型而异，具体可参考本章 9.1.3 节的介绍。

图情领域的知识融合需要考虑实体层面的融合以及知识体系的融合。对于实体融合，主要解决不同来源实体的属性缺失、冲突等问题，一般采用多数投票的方式进行实体属性的对齐。对于多知识体系的融合，通常确定置信度最高的体系作为基准，如专利的 IPC 分

① 国家水稻数据中心. http://www.ricedata.cn.

类，继而将其他来源的知识点进行对齐。由于知识体系的质量影响到了整个知识图谱的知识描述能力与准确性，所以一般允许较多的人工介入来进行体系的融合梳理。

图情知识图谱的存储设计需要兼顾实体、概念等图谱数据与论文、新闻等资源类型数据。对于图谱数据，推荐使用基于 RDF 的存储，如 AllegroGraph、Jena 等，它们对数据中的语义描述有着天然的支持，能更快地实现语义搜索等应用。对于资源数据，则可以使用面向搜索设计的数据库，如 Elasticsearch、Solr 等，以获得更好的搜索支持。

图情领域中的知识计算主要包括图论算法、知识统计以及知识推理。通过实现基本图论算法来辅助进行各类业务分析。例如，通过图遍历算法进行机构合作的谱系分析；基于社区发现算法寻找学术研究热点；借助图排序算法进行权威分析等。通过统计学方法进行宏观层面的分析，如行业发展趋势、机构研究分布等。通过知识推理完成新知识的补充，如专家合作关系、公司上下游关系等。

图情知识图谱的典型应用包括知识搜索、知识标引、决策支持等。知识搜索是图情领域的基础性服务，而知识图谱技术可以从准确性和形态上为其赋能。图谱中的实体识别技术能够提高搜索的命中率，同时允许用户通过自然语言的方式进行知识的语义搜索。而通过知识卡片、知识推荐等结果的返回也可以提升用户的交互体验。如图 9-5 所示为大英博物馆语义搜索。

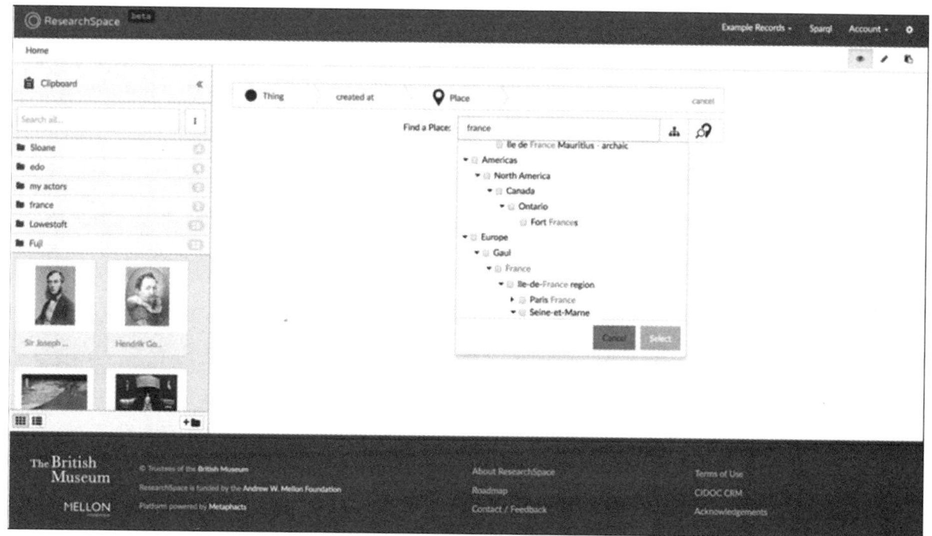

图 9-5 大英博馆院语义搜索

知识标引指的是根据构建完成的图情知识图谱，对新闻、文献等文本的内容进行知识标注的过程。知识标引既是图谱构建过程中的重要工作，又是图谱应用的一种形态，可以依托标引技术打造在线的阅读工具，或者集成 Office、PDF reader 等文档类应用，提供知识卡片、知识推荐等服务，辅助终端用户阅读，如图 9-6 所示。

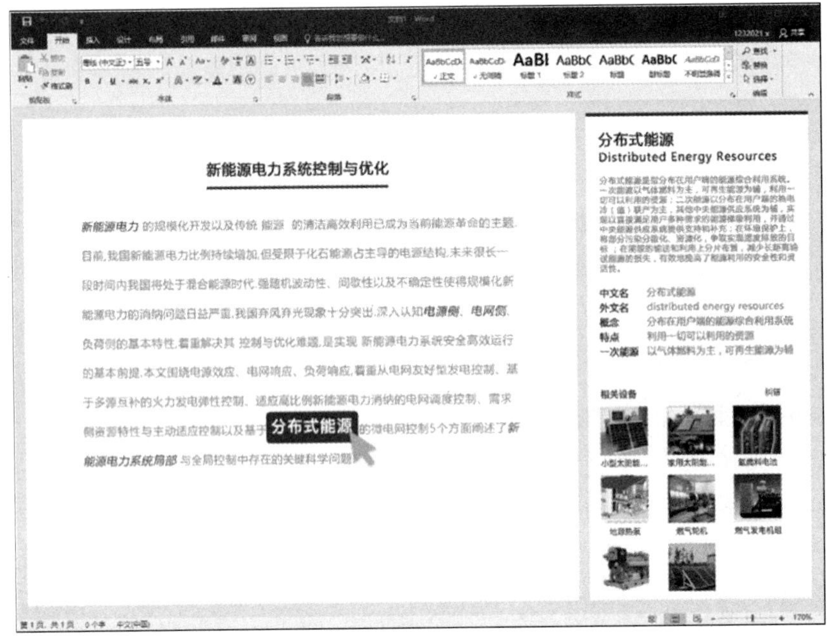

图 9-6 基于知识标引的辅助阅读

决策支持基于路径分析、关联分析、节点聚类等图算法进行辅助分析，并通过图谱可视化的方式展示知识间的关联。可以对关联参数，如步长、过滤条件等，以及可视化的形态，如节点颜色、大小、距离等进行定制，从而为可视化决策支持赋予不同的业务含义。如图 9-7 和图 9-8 所示为典型的可视化决策支持场景。

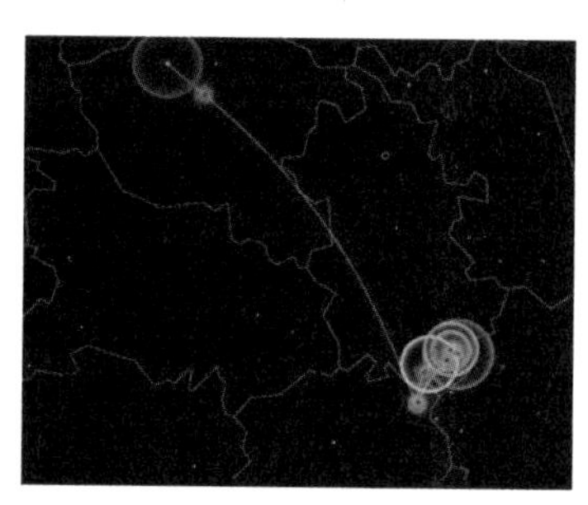

图 9-7　上川明经胡氏家族迁徙图

图 9-8　专家合作分析

9.3.3　生活娱乐知识图谱的构建与应用：以美团为例①②

1. 美团点评知识图谱概述

海量数据和大规模分布式计算力催生了以深度学习为代表的新一代人工智能高潮。深度学习技术在语音、图像领域均取得了突破性的进展。然而，随着深度学习被广泛应用，其局限性也愈发明显。主要表现在以下四个方面：

（1）缺乏可解释性。神经网络端到端学习的“黑箱”特性使得很多模型不具有可解释性，导致很多需要人去参与决策。在这些应用场景中，机器结果无法完全置信而需要谨慎使用，例如医学的疾病诊断、金融的智能投顾等。这些场景属于低容错高风险场景，必须需要显示的证据支持模型结果，从而辅助人进行决策。

（2）常识缺失。人的日常活动需要大量的常识背景知识支持，数据驱动的机器学习和深度学习学习到的是样本空间的特征、表征，而大量的背景常识是隐式且模糊的，很难在样本数据中体现。例如，下雨要打伞，但打伞不一定都是下雨天。

（3）缺乏语义理解。模型并不理解数据中的语义知识，缺乏推理和抽象能力，对于未见数据模型泛化能力差。

（4）依赖大量样本数据。机器学习和深度学习需要大量标注样本数据去训练模型，而

① 美团技术团队.美团大脑：知识图谱的建模方法及其应用. https://tech.meituan.com/2018/11/01/meituan- ai-nlp.html.

② 美团技术团队.美团餐饮娱乐知识图谱——美团大脑揭秘. https://tech.meituan.com/2018/11/22/meituan- brain-nlp-01.html.

数据标注的成本很高，很多场景缺乏标注数据来进行冷启动。

从人工智能整体发展来说，综上的局限性也是机器从感知智能向认知智能迁跃过程中必须解决的问题。认知智能需要机器具备推理和抽象能力，需要模型能够利用先验知识，总结出人可理解、模型可复用的知识。机器计算能力在整体上需要从数据计算转向知识计算，知识图谱就显得必不可少。知识图谱可以组织现实世界中的知识，描述客观概念、实体、关系。这种基于符号语义的计算模型，一方面可以促成人和机器的有效沟通，另一方面可以为深度学习模型提供先验知识，将机器学习结果转化为可复用的符号知识并累积起来。

作为人工智能时代最重要的知识表示方式之一，知识图谱能够打破不同场景下的数据隔离，为搜索、推荐、问答、解释与决策等应用提供基础支撑。美团点评作为在线本地生活服务平台，覆盖了餐饮娱乐领域的众多生活场景，连接了数亿个用户和数千万家商户，积累了宝贵的业务数据，蕴含着丰富的日常生活相关知识。因此，美团点评 NLP 中心开始围绕吃喝玩乐等多种场景，构建了生活娱乐领域超大规模的知识图谱，为用户和商家建立起全方位的链接。通过对应用场景下的用户偏好和商家定位进行更为深度的理解，进而为大众提供更好的智能化服务。目前在建的美团大脑知识图谱有数十类概念、数十亿实体和数百亿三元组，美团大脑的知识关联数量预计在未来一年内将上涨到数千亿的规模。

美团点评积累了 40 亿的公开评价数据、3450 万全球商家数据、1.4 亿店菜数据以及 10 万个性化标签。针对大量的数据，需要从实际业务需求出发，在现有数据表之上抽象出数据模型，以商户、商品、用户等为主要实体，其基本信息作为属性，商户与商品、与用户的关联为边，将多领域的信息关联起来，同时利用评论数据、互联网数据等，结合知识获取方法，填充图谱信息，从而提供更加多元化的知识。

另一方面，则需要采用 Language Model（统计语言模型）、Topic Model（主题生成模型）以及 Deep Learning Model（深度学习模型）等各种模型，对商家标签、菜品标签、情感分析进行挖掘。挖掘商户标签，需要先通过机器对用户评论进行阅读，这里采用了无监督模型与有监督的深度学习模型相结合的方式。无监督模型采用了 LDA，其特点是成本比较低，无须标注数据。当然，其他准确性比较不可控，同时对挖掘出来的标签还需要进行人工筛选。有监督的深度学习模型则采用了 LSTM，其特点是需要大量的标注数据。通过这两种模型挖掘出来的标签，再加上知识图谱里面的一些推理，最终构建出商户的标签。

其次，进行评论标签聚合，主要采用知识图谱推理技术与标签排序相结合的方式。举例来说，如果某商户的用户评价都围绕着宝宝椅、带娃吃饭、儿童套餐等话题，就可以得出很多关于这家商户的标签，如图 9-9 所示。例如可以知道它是一个亲子餐厅，环境比较别致，服务也比较热情等，这些新的标签可以基于知识图谱的推理来进行扩展。

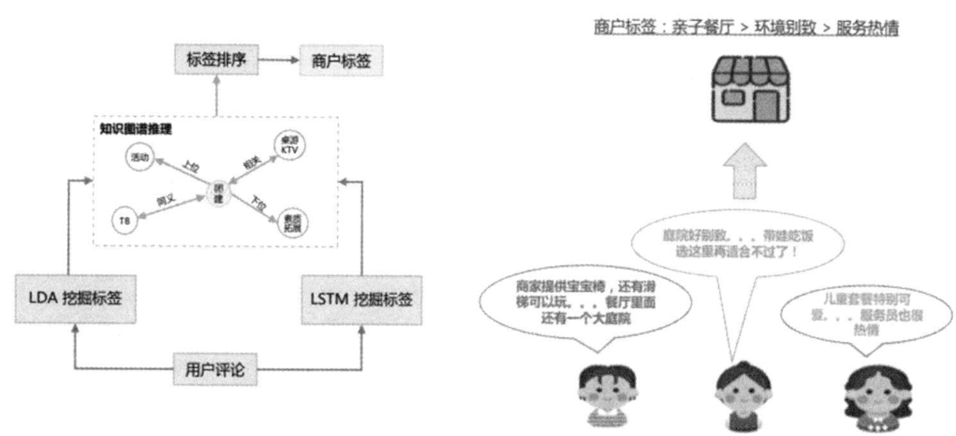

图 9-9　商户标签挖掘示意图

接下来，为了更精确地匹配菜品，丰富商户信息，需要对菜品标签进行挖掘。这需要对用户评论进行分析，提取菜品的描述信息。主要采用 Bi-LSTM 以及 CRF 模型。例如从某些评论里面可以抽取出一些实体，再通过与其他的一些菜谱网站做一些关联，建立关联更加丰富的菜品知识图谱，就可以得到它的食材、烹饪方法、口味等信息，这样就为每一个店菜挖掘出了非常丰富的口味标签、食材标签等各种各样的标签，如图 9-10 所示。

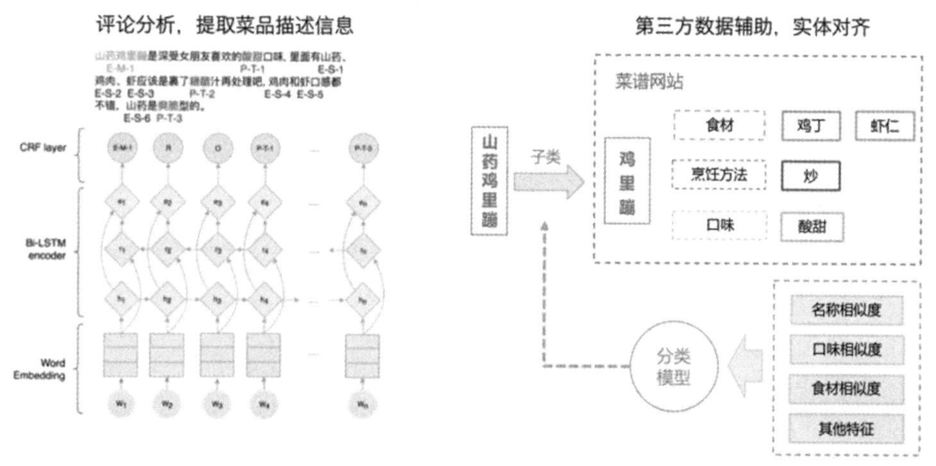

图 9-10　菜品标签挖掘示意图

最后再对评论数据进行情感挖掘，主要采用 CNN+LSTM 的模型，对每一个用户的评价进行分析，分析出用户的一些情感的倾向。同时，美团也正在做细粒度的情感分析，希望能够通过用户短短的评价，分析出用户在交通、环境、卫生、菜品、口味等不同维度方面的情感分析结果，如图 9-11 所示。

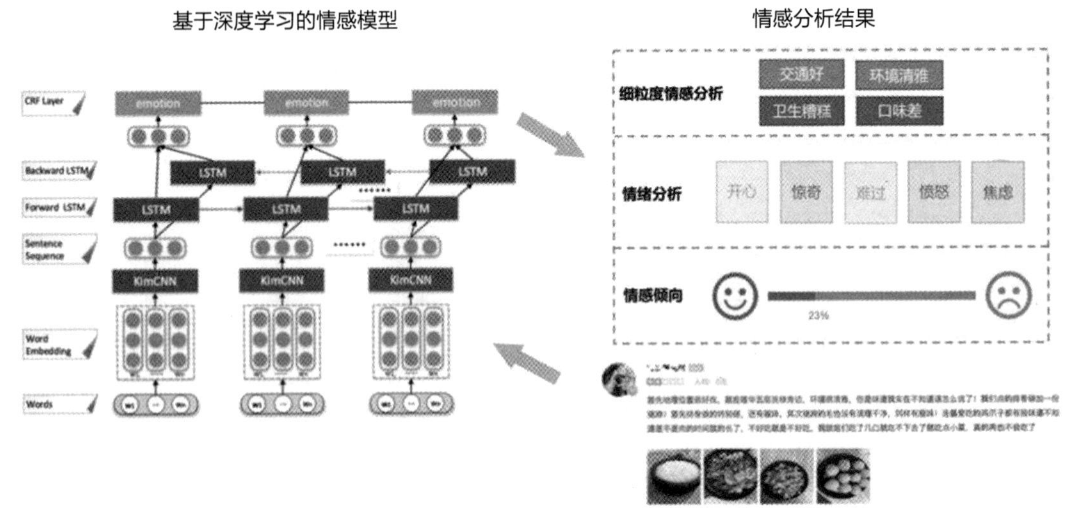

图 9-11　情感挖掘示意图

2. 美团“知识大脑”业务应用

依托深度学习模型，美团大脑充分挖掘、关联美团点评各个业务场景公开数据（如用户评价、菜品、标签等），构建餐饮娱乐“知识大脑”，并且已经开始在美团的不同业务中落地，利用人工智能技术全面提升用户的生活体验。主要业务应用有智能搜索、ToB 商户赋能、金融风险管理和反欺诈。

（1）智能搜索：帮助用户做决策。知识图谱可以从多维度精准地刻画商家，已经在美食搜索和旅游搜索中应用，为用户搜索出更适合的店。基于知识图谱的搜索结果，不仅具有精准性，还具有多样性。如图 9-12 所示，当用户在美食类目下搜索关键词“鱼”时，未通过图谱搜索出来展示给用户的信息仅仅是包含关键词的“鱼”的相关结果；通过图谱可以认知到用户的搜索词是“鱼”这种“食材”。因此搜索的结果不仅有“糖醋鱼”“清蒸鱼”等精准的结果，还有“赛螃蟹”这样以鱼肉作为主食材的菜品，大大增加了搜索结果的多样性，提升用户的搜索体验。并且对于每一个推荐的商家，能够基于知识图谱找到用户最关心的因素，从而生成“千人千面”的推荐理由。例如，在浏览到大董烤鸭店的时候，偏好“无肉不欢”的用户 A 看到的推荐理由是“大董的烤鸭名不虚传”，而偏好“环境优雅”的用户 B 看到的推荐理由是“环境小资，有舞台表演”，不仅让搜索结果更具有解释性，同时也能吸引不同偏好的用户进入商家。

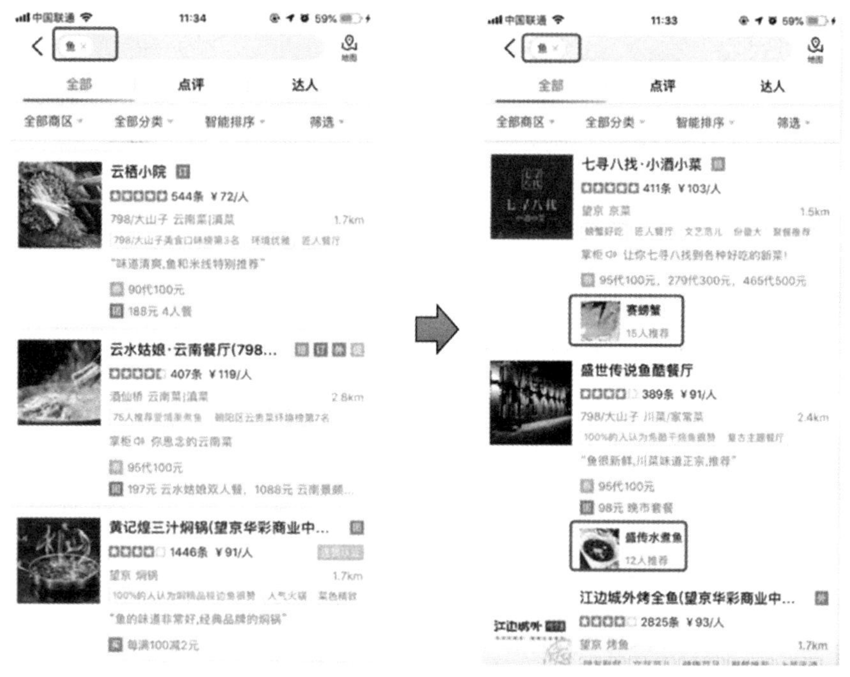

图 9-12　知识图谱在点评搜索中的应用

对于场景化搜索，知识图谱也具有很强的优势。以七夕节为例，通过知识图谱中的七夕特色化标签，如约会圣地、环境私密、菜品新颖、音乐餐厅、别墅餐厅等，结合商家评论中的细粒度情感分析，为美团搜索提供了更多适合情侣过七夕节的商户数据，用于七夕场景化搜索的结果召回与展示，极大地提升了用户体验和用户点击转化。

（2）ToB 商户赋能：商业大脑指导店老板决策。美团大脑正应用在 SaaS 收银系统专业版中，通过机器智能阅读每个商家的每一条评论，可以充分理解每个用户对商家的感受。将大量的用户评价进行归纳总结，从而可以发现商家在市场上的竞争力、用户对于商家的总体印象趋势、菜品的受欢迎程度变化。进一步通过细粒度用户评论全方位分析，可以细致刻画商家服务现状，以及对商家提供前瞻性经营方向。通过美团 SaaS 收银系统专业版，这些智能经营建议将定期触达到各个商家，智能化指导商家精准优化经营模式。

在给店老板提供的传统商业分析服务中，主要聚焦于单店的现金流、客源分析。美团大脑充分挖掘了商户及顾客之间的关联关系，可以提供围绕商户到顾客，商户到所在商圈的更多维度的商业分析，在商户营业前、营业中以及经营方向，均可以提供细粒度的运营指导。

在商家服务能力分析上，通过图谱中关于商家评论所挖掘的主观、客观标签，例如"服务热情""上菜快""停车免费"等，同时结合用户在这些标签所在维度上的 Aspect 细粒度情感分析，告诉商家在哪些方面做得不错，是目前的竞争优势；在哪些方面做得还不够，需要尽快改进。因而可以更准确地指导商家进行经营活动。更加智能的是，美团大脑还可以推理出顾客对商家的认可程度，是高于还是低于其所在商圈的平均情感值，让店老板一目了然地了解自己的实际竞争力。

在消费用户群体分析上，美团大脑不仅能够告诉店老板顾客的年龄层、性别分布，还可以推理出顾客的消费水平，对于就餐环境的偏好，适合他们的推荐菜，让店老板有针对性地调整价格、更新菜品、优化就餐环境。

（3）金融风险管理和反欺诈：从用户行为建立征信体系。知识图谱的推理能力和可解释性在金融场景中具有天然的优势，美团 NLP 中心和美团金融共建的金融好用户扩散以及用户反欺诈，就是利用知识图谱中的社区发现、标签传播等方法来对用户进行风险管理，能够更准确地识别逾期客户以及用户的不良行为，从而大大提升信用风险管理能力。

在反欺诈场景中，知识图谱已经帮助美团金融团队在案件调查中发现并确认多起欺诈案件。由于团伙通常会存在较多关联及相似特性，关系图可以帮助识别出多层、多维度关联的欺诈团伙，能通过用户和用户、用户和设备、设备和设备之间的四度、五度甚至更深度的关联关系，发现共用设备、共用 Wi-Fi 来识别欺诈团伙，还可在已有的反欺诈规则上进行推理预测可疑设备、可疑用户来进行预警，从而成为案件调查的有力助手。

9.3.4 企业商业知识图谱的构建与应用①

丰富多维度的企业信息在基本面分析中十分重要，中国企业数量十分庞大，数据多源，需要构建统一的企业商业知识图谱。企业商业知识图谱包含企业、人物、专利等实体类型，以及任职、股权、专利所属权等关系类型，以完善企业及个人画像，助力企业潜在客户获取、客户背景调查、多层次研究报告、风险管控；辅助发现不良资产、企业风险、

① PlantData.知识图谱实战.行业知识图谱构建与应用. CCKS.

非法集资等。

典型的企业知识图谱，如量子魔镜[①]以全国全量企业的全景数据资源为研究基础，打造企业信用风险洞察平台；天眼查[②]、启信宝[③]则专注服务于个人与企业信息查询工具，为用户提供企业、工商、信用等相关信息的查询；企查查[④]立足于企业征信，通过深度学习、特征抽取以及知识图谱技术对相关信息进行整合，并向用户提供数据信息；中信建投将全国企业知识图谱整合进客户关系管理系统中，构建全面、清晰的客户视图，以实现高效客户关系管理。下面将企业商业知识图谱的构建方式进行梳理。

构建企业商业知识图谱，通常从相应网站中抽取企业信息、人物形象、诉讼信息以及信用信息，再添加上市公司、股票等概念和相应属性。企业招投标信息、上市公司的股票信息可从相关网站进行采集。企业的竞争关系、并购事件则从百科站点中进行抽取。这些信息存在于信息框、列表、表格等半结构化数据以及无结构的纯文本中。企业商业知识图谱如图 9-13 所示。

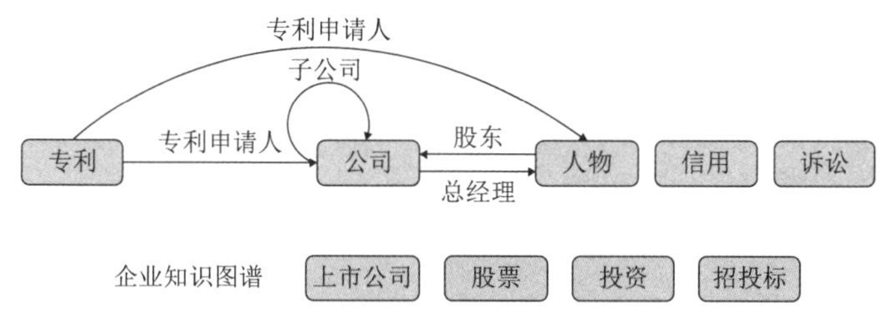

图 9-13　企业商业知识图谱

企业商业知识图谱数据源主要包含两大类：

1）半结构化的网页数据，其中包括全国企业信用信息公示系统、中国裁判文书网、中国执行信息公开网、国家知识产权局、商标局、版权局等。

2）文本数据，如招投标信息公告、法律文书、新闻、企业年报等。通过 D2R 工具、包装器、文本信息抽取等方式对以上数据分别进行抽取。由于数据来源多种多样，一方面涉及人物重名现象，另一方面，企业全称和简称产生的不一致问题也非常明显。因此，公

① https://www.datathea.com/.

② https://www.tianyancha.com/.

③ http://www.qixin.com/.

④ http://www.qichacha.com/.

司和人物两类实体是企业知识图谱融合的主要目标。公司的融合推荐基于公司名的全称进行链接，人物实例的融合推荐使用基于启发式规则进行集成。

全国企业商业知识图谱包含全国上千万家企业信息，10 亿级别的三元组，形成知识图谱庞大而复杂，因此对存储方式提出了挑战，要求能够对海量的图数据进行存储，且具有良好的可伸缩性和灵活性。对此，推荐采用图数据库的方式进行存储，并可以扩展分布式存储方案以提高服务可用性与稳定性。

企业商业知识图谱的应用主要集中于金融反欺诈、辅助信贷审核的功能。例如，在金融反欺诈中，多个借款人联系方式的属性相同，但地址属性不同，可通过不一致性验证的方式来判断借款人是否有欺诈风险。

除此之外，通过异常关联挖掘、企业风险评估、关联探索、最终控制人和战略发展等方式，全国企业知识图谱为行业客户提供智能服务和风险管理。

异常关联挖掘是通过路径分析、关联探索等操作，挖掘目标企业谱系中的异常关联。基于企业商业知识图谱从多维度构建数据模型，进行全方位的企业风险评估，有效规避潜在的经营风险与资金风险，如图 9-14 所示。

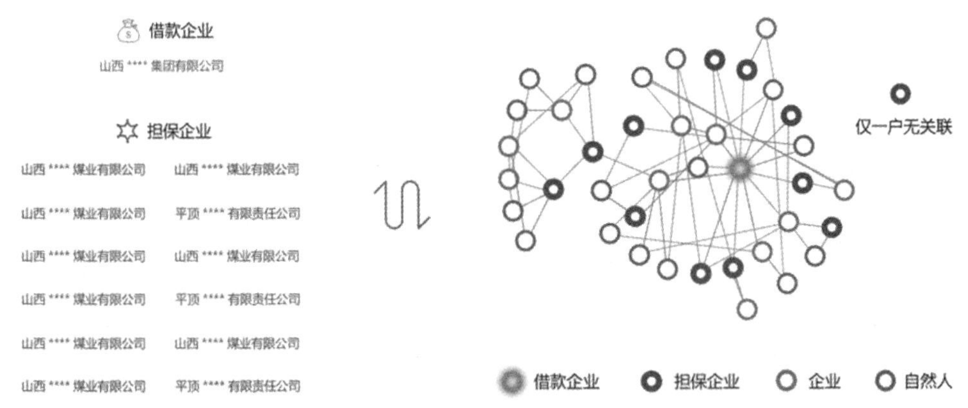

图 9-14 异常关联挖掘

最终控制人分析是基于股权投资关系寻找持股比例最大的股东，最终追溯至自然人或国有资产管理部门，如图 9-15 所示。

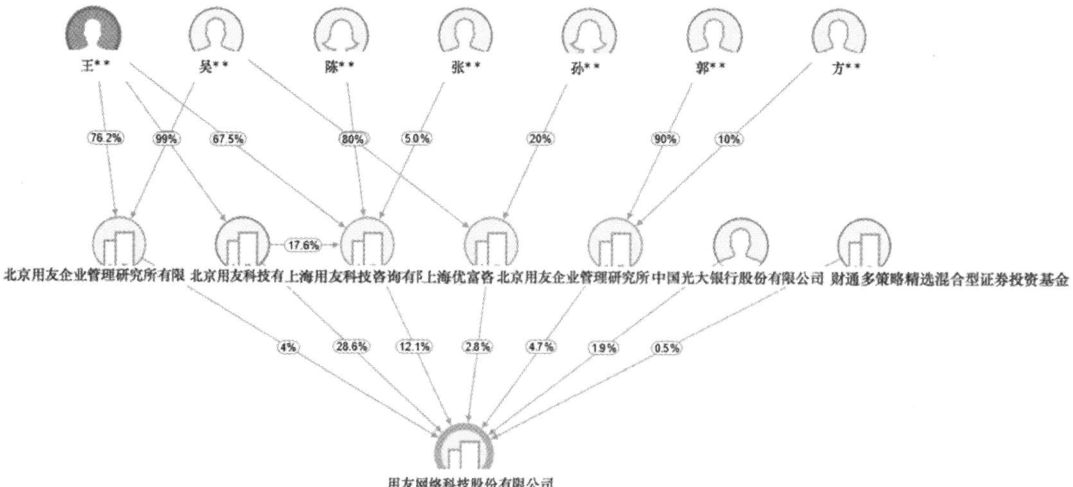

图 9-15　最终控制人分析示例

战略发展则以“信任圈”的展现形式，将目标企业的对外投资企业从股权上加以区分，探寻其全资、控股、合营、参股的股权结构及发展战略，从而理解竞争对手和行业企业的真实战略，发现投资行业结构、区域结构、风险结构和年龄结构等，如图 9-16 所示。

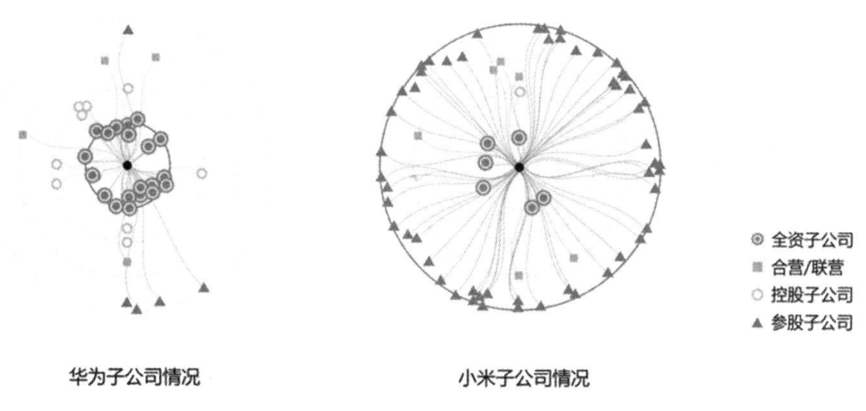

图 9-16　企业社交图谱

9.3.5　创投知识图谱的构建与应用①

创业投资（以下简称“创投”）知识图谱聚焦于工商知识图谱的一部分数据内容，旨

① PlantData.知识图谱实战.行业知识图谱构建与应用. CCKS.

在展现企业、投融资事件、投资机构之间的关系。据 IT 桔子的不完全统计，截至 2019 年 2 月，全国拥有初创公司超过 12 万家，投资机构超过 7000 家，有 12 万多名创业者，投资事件超过 6 万起。

作为公司发展过程中的重要阶段，创投领域的发展正得到越来越多数据与技术公司的关注。2007 年，在美国旧金山创立的 Crunchbase①，其核心业务是围绕初创公司及投资机构的生态为企业提供数据服务。国内企业中 TechNode 于 2017 年发布了数据棱镜平台②，构建创投知识图谱，为专业人员提供创业投资数据分析工具；因果树③是一家人工智能股权投融资服务平台，依托大数据和人工智能技术，提升一级市场效率，推动一级市场量化。

创投知识图谱的核心是投资，主要描述创业企业与投资机构之间以投资为主线的多种关系。因此，首先要理解创投领域的相关概念与关系。创投领域 Schema 中涉及的概念主要包括初创公司、投资机构、投资人、公司高管、行业以及投融资事件等。融资事件是创投领域的核心，不同于实体节点，融资事件描述的是一个事实，具有抽象性。典型的创投 Schema 如图 9-17 所示。

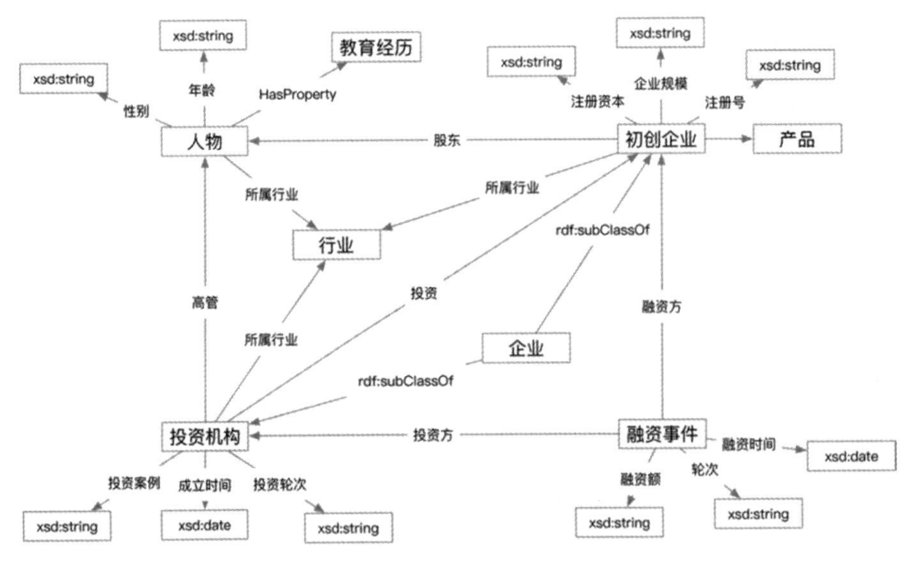

图 9-17　典型的创投 Schema

① https://www.crunchbase.com/.

② http://lengjing.io/.

③ https://www.innotree.cn/.

创投数据主要来源于虎嗅、IT 桔子、36Kr 等科技型媒体网站。IT 桔子是结构化的公司数据库和商业信息服务提供商，以融资事件为核心，关注 IT 互联网行业，其中包含了各类结构化的投资机构库和融资信息。虎嗅和 36Kr 则主要是以商业科技资讯为主的新闻数据来源网站。构建创投知识图谱时，同样需要考虑数据融合的问题，典型问题包括：

1）数值属性表示不一致，例如金额的阿拉伯数字与中文写法的区别；

2）实体同义，例如企业的全称与简称；

3）不同数据源中的数据冲突。一般采用先实体对齐后属性对齐的方法来进行融合操作。

创投知识图谱的存储主要考虑融资事件的存储设计，通常采用两种方式对此类信息进行存储。第一种是在传统三元组的基础上加入其他描述字段，存储时间、轮次等信息；第二种方式是通过匿名节点存储事件，把时间、地点等相关信息作为事件节点的属性。对于融资事件来说，虽然它不是客观世界中一个具体的事物，但它包含了丰富的属性信息，如融资时间、融资轮次、融资额等。因此比较适合单独引入一类节点来进行存储和表示。

对于创投知识图谱的知识计算，主要通过使用社区发现、基于图的排序、最短路径等图算法，对合作分析、时序、相似公司等应用进行能力输出。例如，通过最短路径算法辅助合作分析，基于社区发现算法寻找行业研究热点，利用图排序算法进行权威分析等，通过分析展现公司的发展情况。

创投领域知识图谱主要的应用形态包括知识检索以及可视化决策支持。依托创投知识图谱，知识检索可以在原有知识全文搜索的基础上实现语义搜索与智能问答的应用形态。其中，语义搜索提供自然语言式的搜索方式，由机器完成用户搜索意图识别，如图 9-18 所示为语义搜索示例。而作为知识搜索的终极形态，智能问答允许用户通过对话的方式对领域内知识进行问答交互，同时通过配置问题模板实现复杂业务问题的回答，如图 9-19 所示为智能问答示例。

图 9-18　语义搜索示例

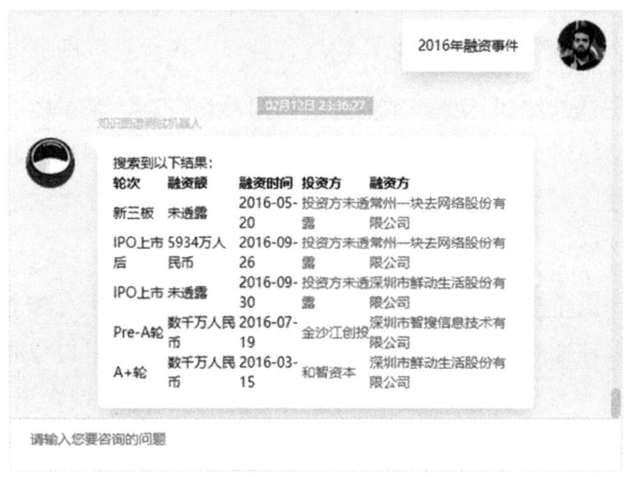

图 9-19　智能问答示例

通过图谱可视化技术，决策支持可对创投图谱中的初创公司发展情况、投资机构投资偏好等进行解读。通过节点探索、路径发现、关联探寻等可视化分析技术，展示公司的全方位信息；通过知识地图、时序图谱等形态，对地理分布、发展趋势等进行解读，为投融资决策提供支持。如图 9-20~图 9-22 所示分别为投融资知识图谱示例。

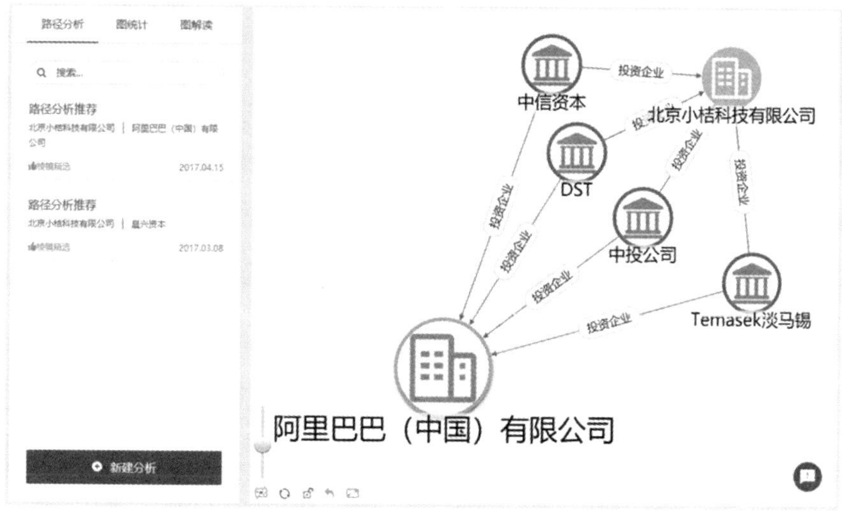

图 9-20　路径分析

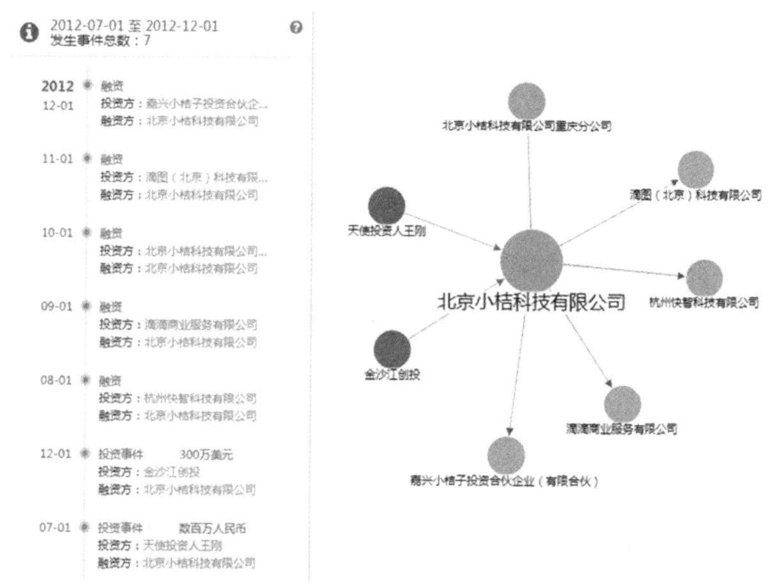

图 9-21　时序分析

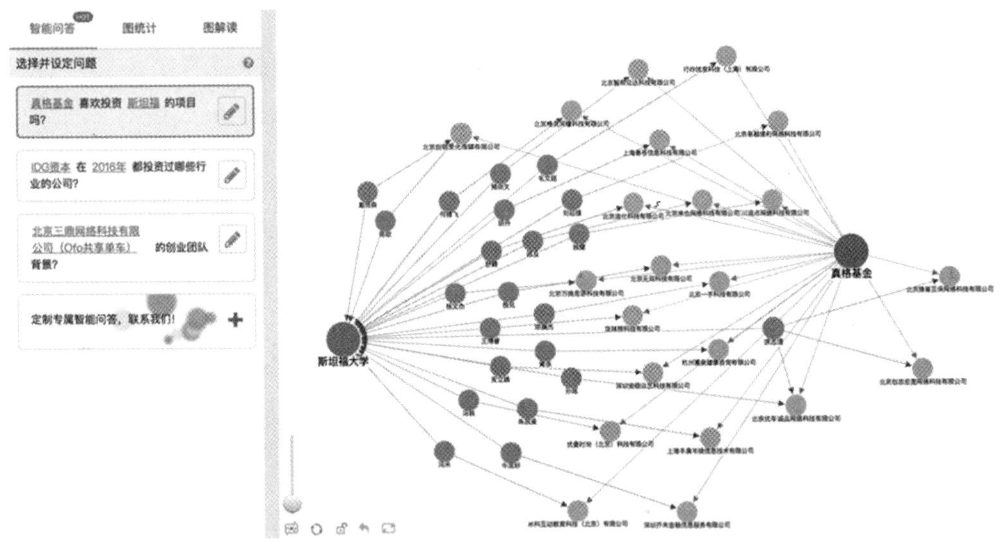

图 9-22 自然语言 BI

9.3.6 中医临床领域知识图谱的构建与应用①

中医药学是一门古老的医学，历代医家在数千年的实践中积累了丰富的临床经验，形成了完整的知识体系，产生了海量的临床文献。利用信息技术手段开展中医临床知识的管理和服务是一项开创性的探索，在临床上具有极大的应用价值。知识图谱有助于实现临床指南、中医医案以及方剂知识等各类知识的关联与整合，挖掘整理中医临证经验与学术思想，实现智能化、个性化的中医药知识服务，因此在中医临床领域具有广阔的应用前景。

中医临床领域有其自身的特点和需求，需要专门研究中医临床知识建模方法，以解决中医临床知识的获取、分类、表达、组织、存储等核心问题。只有采集加工高质量的中医临床知识，才能建立准确、实用、完整的中医临床知识图谱。中国中医科学院中医药信息研究所相关学者以“证、治、效”为中心，对中医临床领域庞大的知识内容进行系统梳理，初步建立了一个中医临床知识图谱系统。该系统以中医临床领域本体作为骨架，集成了名医经验、临床指南、中医医案、中医文献和方剂知识等多种知识资源，并实现了各类知识点之间的知识关联。知识图谱为中医临床知识体系的系统梳理和深度挖掘提供了新颖的方法，有助于实现中医临床知识的关联、整合与可视化，促进中医临床研究，辅助中医临床决策。

① 中医临床知识图谱的构建与应用. https://mp.weixin.qq.com/s/Rdftp377ocYLpDfb2J1KQA.

中医临床知识是解决中医临床实际过程中特定问题的结合，主要包括：看创指南、名医经验、临床术语、古籍和期刊文献资源（包括 RCT 文献质量评价结果）、中药方剂等。这些信息分散于不同的组织机构和信息系统之中，形成一个个“知识孤岛”，尚未得到有效整合，严重影响了临床应用的效果。

但通过疾病、症状、方剂、中药等核心概念构成的中医临床知识图谱，可在这些“知识孤岛”之间建立联系，增强中医药知识资源的连通性，面向中医药工作者提供临床知识的完整视图，如图 9-23 所示为中医临床知识图谱示意图。

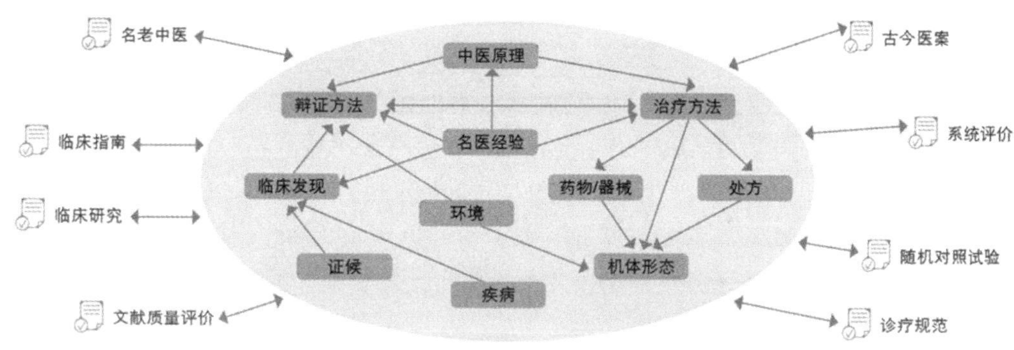

图 9-23　中医临床知识图谱示意图

中医临床知识图谱的构建包括以下三个部分：

首先，基于领域专家设计中医临床领域的顶层本体，形成业界公认的技术规范。知识工程师们都可依据该规范进行知识图谱的加工，所产生的知识图谱互相兼容并能最终融合在一起。

其次，构建目标领域的语义网络，作为知识图谱的骨架。例如，中医临床术语系统（Traditional Chinese Medicine Clinical Terminology System，TCMCTS）就是一个专门面向中医临床的大型语义网络，共收录约 11 万个概念、27 万个术语以及 100 多万条语义关系。①在建立语义网络之后，就可以进行领域知识的填充工作了。

最后，从术语系统、数据库和文本等知识源获取知识，对知识图谱内容进行填充。可将本领域中已有的术语系统和数据库的内容转换为知识图谱，从而避免知识资源的重复建

① 董燕，李海燕，崔蒙，等.中医临床术语系统建设概况与改进措施[J].医学信息学杂志，2014，35（8）：43-48.

设。针对自由文本，可采用自然语言处理和机器学习等方法，从古今中外的各类中医药文献中自动发现实体和语义关系，以自动或半自动的方式填充知识图谱。

在中医临床领域，构建知识图谱的一个核心的知识源是中医医案。中医医案是中医临床思维活动和辨证论治过程的记录，是中医理法方药综合应用的具体反映形式①。特别是名老中医的医案，对于中医理论和方法的传承具有重要意义。中医临床知识以医案形式分散于文献之中，这不利于知识检索以及临床数据的分析与挖掘。

从中医医案到知识图谱的知识转换是中医临床知识图谱构建中的核心任务。通过探索医案文本语义分析与知识获取的方法，中国中医科学院中医药信息研究所的学者们研发了中医医案语义分析与挖掘工具，实现医案文本预处理、分词、语义标注、语义检索、医案文本浏览等功能。通过这套工具，从中医古代医案中抽取结构化的中医临床知识，填入中医临床知识图谱。所产生的知识图谱主要包括：名医（如“施今墨”）的擅长疾病、经验方以及弟子等信息；方剂（如“竹叶石膏汤”）的作用、操作方法，以及相关疾病、症状等信息；疾病（如“肺胀”）的临床表现、治疗方法以及相关病症、养生方法、名医等信息；中药（如“杏仁”）所治疗的疾病以及相关方剂、名医等信息。

从知识学的角度分析，中医临床知识从低到高可分为“事实性知识”“概念性知识”“策略性知识”等多个层次。中医医案属于基础性的“事实型知识”，它直接记录中医临床活动中发生的事实。中医临床知识图谱则属于“概念性知识”，它用于梳理概念体系以及表示概念之间的关系。从医案知识向知识图谱的转换过程，实质上是一个知识抽象和归纳的过程。在这个过程中，一方面要完成知识抽取：对海量医案文本进行分析和标注，从中抽取中医知识；另一方面，要实现知识的结构化表示，也就是从医案文本到结构化知识的转换。在最高层则是问题求解和过程控制所需的“策略性知识”（通常用规则、过程等表示），它们是临床决策支持系统的基础。可见，知识图谱处于中间层，在多维度、多层次、多主题的知识点之间建立关联，在中医临床知识系统中起到重要的“粘合剂”作用。

知识图谱有助于对中医临床知识进行分类整理和规范化表达，促进中医临床知识的共享、传播与利用，在临床诊疗、临床研究、教育、培训等方面都具有应用价值。特别是可以将中医临床知识图谱集成到知识服务系统之中，用于改进知识检索、知识问答、决策支持和知识可视化等多种服务的效果，从而提升知识服务能力。如图 9-24 所示，知识图谱系统以图形化的方式呈现中医名家、疾病、特色疗法、方药、养生方法等概念之间的相互

① 彭笑艳.基于中医医案的知识库构建[D].北京：北京科技大学，2009.

关系，实现中医临床知识体系可视化。系统提供检索框，用于检索知识图谱中的概念。

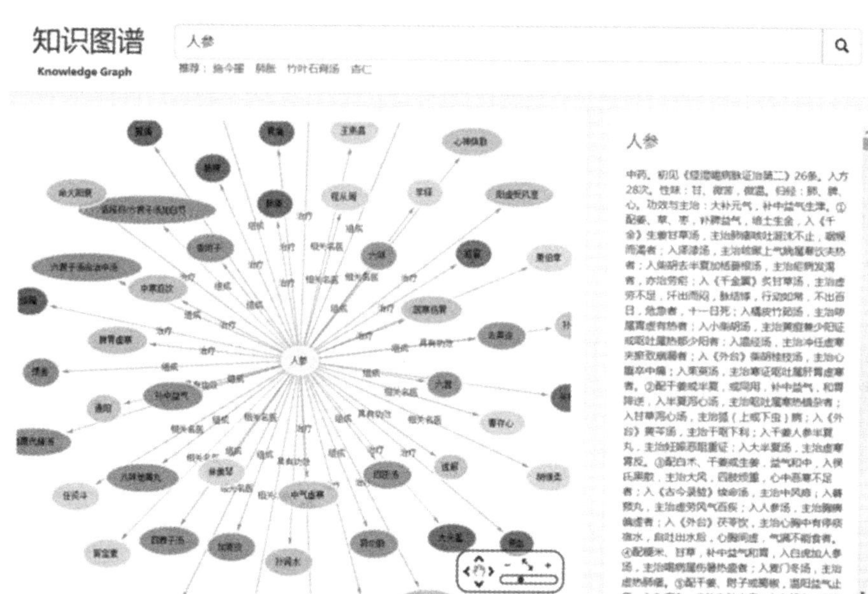

图 9-24 中医临床知识图谱界面示意图

知识图谱系统以图形化的方式呈现中医名家、疾病、特色疗法、方药、养生方法等概念之间的相互关系，实现中医临床知识体系可视化。系统提供检索框，用于检索知识图谱中的概念。

使用知识图谱，用户可快速找到与当前研究主题相关的医案、指南和知识库内容，辅助用户进行决策。系统协助用户在概念层次上浏览中医临床知识，发现概念或知识点之间的潜在联系，从而更好地驾驭复杂的中医药知识体系。

中医临床知识图谱分析和揭示“证、治、效”之间的相关关系，提供了新颖的理念和方法。“证、治、效”是中医临床的灵魂，揭示三者之间的关联关系对于提高中医临床疗效具有重要意义。由于中医疗效的判断十分复杂，加入疗效这个因素后，使得三者关系的维度过高，目前的计算机模型很难处理，但可以选择验案作为研究方证对应关系的数据资源，因为验案本身都具有良好疗效。可在验案的基础上构建中医临床知识图谱，全面收集中医临床中与“证、治、效”相关的信息，从而再现中医验案中蕴涵的相关关系（如方剂与证候的相关关系、症状组合与证候的相关关系、药物组合与方剂的相关关系等），揭示症状组合规律、方剂配伍规律以及基于药物组合和症状组合的方证对应规律等。最后，可将这些相关关系和规律提供给临床医生，作为支持临床决策的参考性依据。

知识图谱是在“大数据”时代背景下出现的一项新颖的知识管理技术。在“大数据”时代，不再热衷于寻找因果关系，转而将注意力放在相关关系的发现和使用上。知识图谱从多个维度来描述中医药领域对象，反映中医药事物之间的相关关系，它将是中医药大数据方法学体系中的核心组成部分。大数据通过识别有用的关联关系来分析一个现象，而不是揭示其内部的运作机制。基于相关关系分析的预测是大数据的核心。中医的思想方法不是严格的逻辑推理，而是一种关联式的思考。这种理念上的相似性，使得中医药工作者更易接受并使用“大数据”的方法与技术。利用中医临床知识图谱，能够发现中医药概念之间的相关关系，揭示各种临床规律，从而不断完善中医临床知识体系，直接推动中医临床研究的快速发展。

9.3.7 金融证券行业知识图谱应用实践①

金融证券行业正面临着数据爆炸的问题。传统的金融数据服务商历时数十年，已收集整理了大量高质量的结构化数据，并分门别类地展示给用户。如何有效地使用这些数据，需要用户具备专业的金融经济知识，深刻理解某个数据的变动可能引发的关联、传导效应，从而帮助用户做出各种投资决策。金融行业的研究人员相当于在大脑里存储或训练了一个知识图谱，将相关的行业、产品、公司等因素联系在一起，当观察到某个数据变量发生变化时，可以分析推理出各种观点并进行预测。

然而，一个人的脑容量或记忆是有限的，一位专业的行业分析师通常只能对几个行业了如指掌。因此，对市场进行全行业的分析服务需要一支分析师团队。通过人与人之间的交流，以及研报与研报之间的关联和对接，来实现整个经济金融体系的传导与联系。近年来，非结构化数据的井喷式涌现给这种传统的运作方式带来了挑战。财经新闻、经济产业信息每时每秒都在更新；上市公司的数目众多，所涉及的定期报告、临时报告数量巨大；基于互联网平台的股吧、论坛、门户网站、微信、微博等每时每刻也在产生着大量的资讯，上述信息都将可能对证券市场产生各种各样的影响。这使得从海量资讯触发源上，以及分析数据所需的知识的广度、深度上，均对传统的资讯处理模式提出了极大的挑战。

现代信息技术人工智能的发展已经可以在很多方面提高信息分析和利用的效率。对结构化数据的分析挖掘已经取得了很多进展，很多成熟的分析预测算法还是针对结构化、关

---

① 领域应用.从数据到智慧：证券行业知识图谱应用.http://blog.openkg.cn/.

系数据的。然而，非结构化数据的分析挖掘和利用尚处于起步阶段。领域知识建模在方法论上的正确性，是决定人工智能应用成功与否的关键因素。当前，“知识图谱”作为领域知识建模的工具正在受到越来越多的重视。基于知识图谱的领域建模、基于规模化大数据的处理能力、针对半结构化标签型数据的分析预测算法三者的结合，是人工智能的优势所在。构建金融证券领域知识图谱作为金融证券文本语义理解和知识搜索的关键基础技术，为未来金融证券领域文本分析、舆情监控、知识发现、模式挖掘、推理决策等提供了坚实支撑。

金融领域的知识图谱与其他专业领域图谱相比有着很大的不同。金融领域本就是连接各行各业、世间万物的，因此金融知识图谱涉及经济、投资、产业、公司等相关的知识，其实是覆盖全行业的。但金融领域知识图谱与通用或百科类知识图谱不同，其行业、产业链知识，经济金融重要指标等大多是以投资的视角来筛选和组织的。

金融知识图谱常见的实体包括：公司、产品、证券、人等。实体间的关系，如公司-人之间，主要有股权关系和任职关系；公司-公司间关系，有股权关系、供应商关系、竞争关系等；公司-产品间关系，有生产关系、采购关系等；产品-产品间关系，主要有上下游关系等。有些实体和关系可以自动抽取生成，如公司-公司间的股权关系、公司-人之间的股权关系和任职关系，均可来源于工商局注册登记公开信息，其结构化程度很高，实体、关系抽取难度不大。而对于产品-产品间上下游关系，则很难有系统性的半结构化数据源，其实体和关系呈碎片化分散在百科类网站、研究报告、专家资料等文本或图像中，这给抽取和甄别带来了很大挑战。如图 9-25 所示为金融知识图谱示例。

金融知识图谱的建立可以分为以下三个部分：从海量异构非结构化数据中辨别金融实体；定义并挖掘金融实体之间的各种关系，从而生成知识图谱；定义并表达业务逻辑，在知识图谱上实现各种具体任务，如推理等。

本书对构建过程中主要用的关键技术进行简单的梳理：

1．实体-关系抽取

从海量异构非结构化数据中辨别金融实体，主要采用实体-关系抽取技术，即从文本中抽取出特定的实体信息，如时间、人物、地点、公司、产品等；以及实体间的各种关系，如地理位置关系、雇佣关系、股权关系等。实体确定了知识图谱中的点，而关系则确定了点与点之间的边。

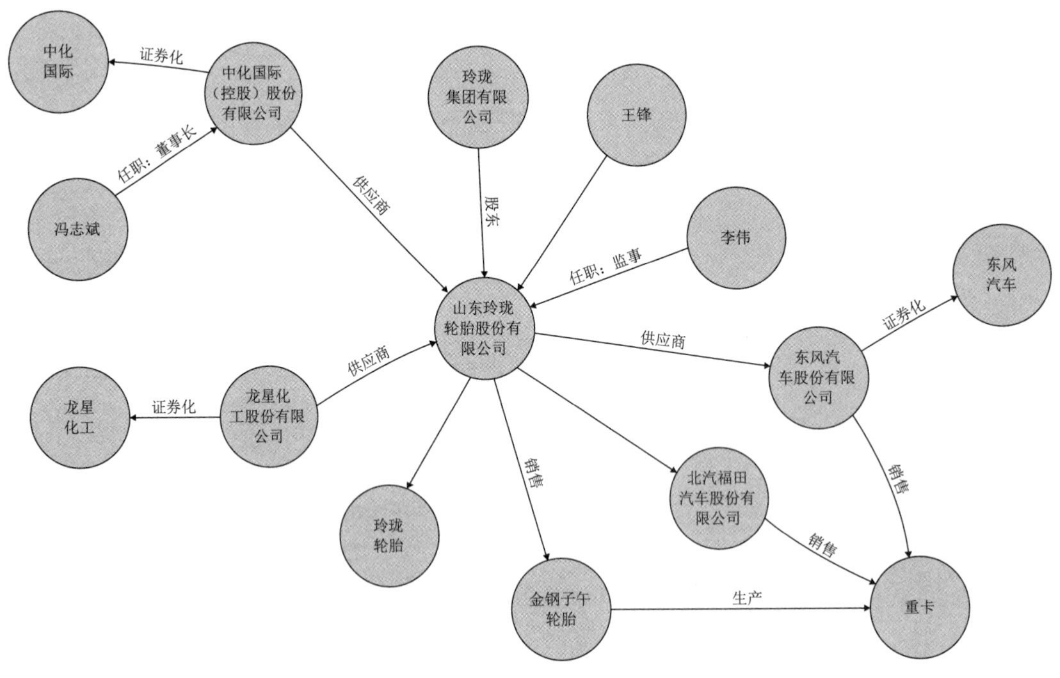

图 9-25　金融知识图谱示例

常用的实体关系抽取方法有基于专家知识库的方法和基于机器学习的方法等。基于专家知识库的方法需要专家构筑大规模的领域知识库，需要大量的专家劳动。机器学习方法需要构造特征向量形式的训练数据，然后使用各种机器学习算法，如支持向量机等作为学习机构造分类器。这种方法被称作基于特征向量的学习算法。

通常来说，构造领域知识图谱会从大量特定类型的文本（尤其是高质量、模板化的专业资料）中提取实体关系。这类文本，或者是半结构化，或者是模块格式相对明确固定的，例如上市公司公告的 XBRL 格式数据。这类规范化数据源降低了信息提取的难度，大大提高了知识提取的准确度和效率。对于非结构化文本，实体识别和关系抽取需要基于 NLP 算法，以及深度学习算法（例如，用词向量的方式寻找近义词，提高实体模糊识别的准确度），是一个反复迭代、不断精进的过程。其中，关系抽取可以划分为确定类型的关系抽取和不确定类型的关系抽取。确定类型的关系抽取，例如“is-a”关系，可使用语法模式抽取固定模式，使用迭代方法扩展“is-a”关系，并对生成的“is-a”进行清洗。不确定类型的关系抽取常基于 NLP 将目标实体间的谓词提取出来作为候选关系，再进行下一步的筛选鉴别。

2．定义并挖掘金融实体间的各种关系，从而生成知识图谱

基于领域知识图谱的推理与业务场景息息相关。基于通用知识图谱的推理沿边的传递性并不强，例如精准搜索常常只用到一步到二步的推理，再往下传递时，其可信程度将会大大降低。而金融知识图谱在与领域知识充分结合的前提下，是可以实现长链推理的。下面列举几个推理案例：

（1）关联关系推理。基于知识图谱中公司和人之间的股东、任职等关系，可以基于聚类算法发现利益相关团体。此时，当其中若干节点发生变动或大的事件时，可以通过沿知识图谱路径查询或子图发现等方法计算并绘制发生变动的实体间的关联情况，帮助监管层发掘潜在的关联或违规行为，大大提高关联发现的效率。如图 9-26 所示，该图为一个以某公司为核心的股权关系结构图，当该公司出现异常风险时，会影响到其核心关联节点。

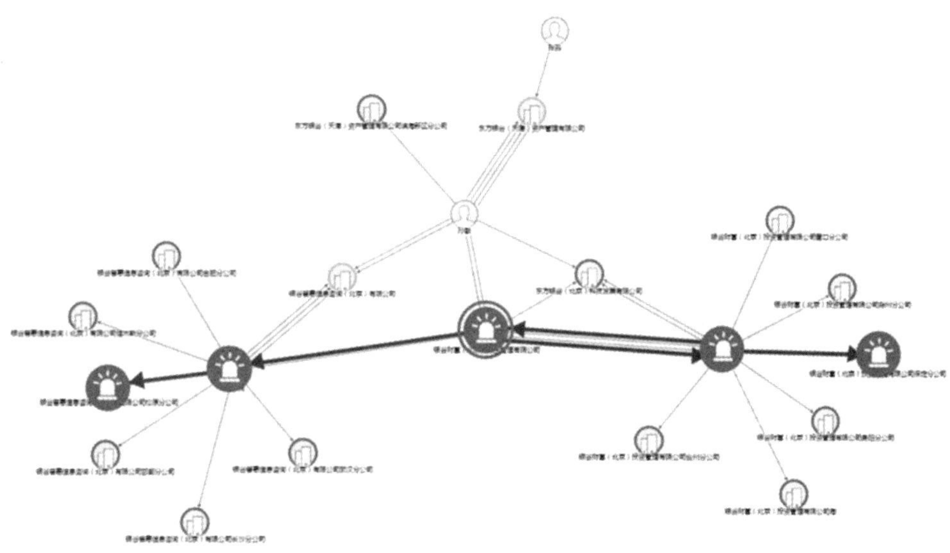

图 9-26 关联关系推理示意图

（2）产业链关系推理。基于产业链知识图谱，可模拟经济学的涟漪效应：某产业链下游销量大涨，对整个产业链中游、上游的拉动是非常显著的，且可以沿图谱用量化的方式建模并形成自动化推理传导模型。同样的，上游原材料成本的上涨对于产业链中下游也可能形成链状的传导效应。这将帮助判断事件的重要程度，并即时给出事件的影响范围和程

度，为各类投资决策做数据支持。如图 9-27 所示，某一稀有原材料上涨，其产业链中下游的产品可能因为成本上涨导致产品价格上涨等。

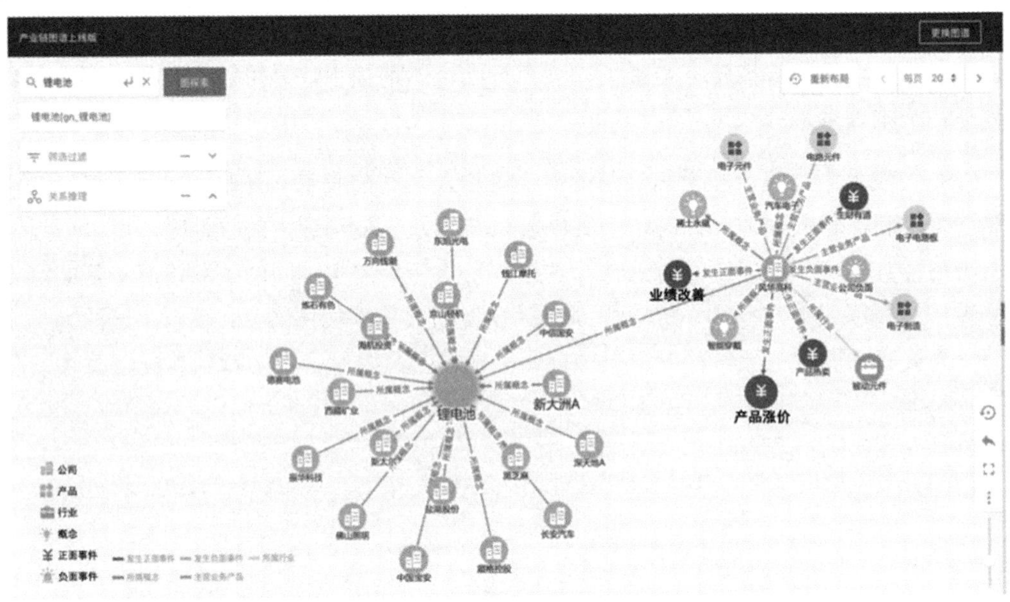

图 9-27 产业链关系推理示意图

3. 领域知识图谱数据库选型

构建领域知识图谱底层数据库有非常多的选择。从传统的关系数据库到 NoSQL，再到图数据库；不论是采用一种数据库还是多种数据库相结合的方式，都是研发领域知识图谱前需要反复斟酌和考虑的问题。数据库的选型需要充分考虑领域数据自身的特点（以结构化数据为主，还是非结构化数据为主），以及如何使用这些数据（例如，是否经常需要沿图谱进行推理，推理路径长短等）。通常来说，Neo4j 等图数据库擅长长链推理，但对单位基础数据的日常维护较弱；MongoDB、HBase 等 NoSQL 数据库擅长处理文本类非结构化数据，对于传统数值型数据的很多处理则需要额外写代码维护；MySQL 等传统数据库擅长处理和维护结构化数据，在面对沿图谱进行推理等应用时则需要比图数据库更多的代码量。

从工程实现上来看，图数据库的使用频率和相关人才储备远低于关系数据库，如果选用图数据库作为主要的底层数据库，研发团队可能经常需要面临无人可招和遇到问题搜遍网络都无帖可解的窘境，即整个系统工期规划会难以预估。

构筑金融领域的知识图谱是一个既有着大量结构化数据，又需要整合非结构化文本数据信息，同时需要沿图谱进行推理的综合性项目。传统的金融数据供应商长期积累了大量结构化数据，例如价格、营收、利润、销量等数据，均为长时期时间序列格式。这与通用知识图谱相比，呈现出很大的不同。因此，在具体的数据库选型时，需要充分考虑未来的应用将以何种方式、何种频率使用数据，从而打造出因地制宜的高效底层数据库。

在知识图谱在金融证券行业应用方面，目前国内尚处于起步阶段。如果能基于知识图谱技术框架，建立起一个全谱系的上市公司关联图，并将其直接关联、间接关联的各种实体、概念相联系，将极大地帮助证券行业监管层、投资者及其他各种参与者了解并把握市场的脉搏。而在具体业务应用方面，当监控到市场价格出现波动时，可以就股价出现异动的股票在知识图谱中追溯其异动产生的根源；挖掘学习实体之间的隐含关系，来发现潜在的关联与协同动作，以预防并打击违法、违规行为；自动学习并抽取公告摘要，快速传递并汇总全市场披露的动态信息，以减少信息不对称性并加强证券市场的透明度。

基于金融证券知识图谱可在多个智能金融应用场景中得到应用，这些应用场景包括：智能投研、智能投顾、智能风控、智能客服、智能监管、智能运营等。

智能投研专注于对基本面等信息的采集和分析。对智能投研技术的实用化来说，自然语言处理和产业链、作用链的知识图谱建模是最关键的技术。具体而言，通过构造上下游产业链知识图谱，基于经济基本面建立传导模型。当产业链中重要节点的状态发生变化时，将启动沿产业链传导推理引擎，自动给出影响范围、对象和程度，为事件引发的基本面分析做支持。不同于技术分析，基本面分析本身是一个非结构化的方式，无论是数据，还是市场逻辑。基于金融知识图谱和推理逻辑，把这些基础数据进行整合加工，从而找到未来趋势的变化或者解释已经发生过的事情。从局部来看，产业链知识图谱里面各种实体、属性、关系就像活细胞一样，相互关联、影响、作用着。这是“金融知识图谱+推理链”的共同作用结果。如图 9-28 所示为橡胶-轮胎-重卡产业链知识图谱局部示意图。当发生“重卡销量大增”事件时，可沿产业链向上游进行传导推理，并生成分析影响报告。

基于金融知识图谱，还可在风险评估与反欺诈方面展开应用。风险评估是大数据、互联网时代的传统应用场景，应用时间较早，应用行业广泛。它是通过大数据、机器学习技术分析用户行为数据后，进行用户画像，并进行信用评估和风险评估。

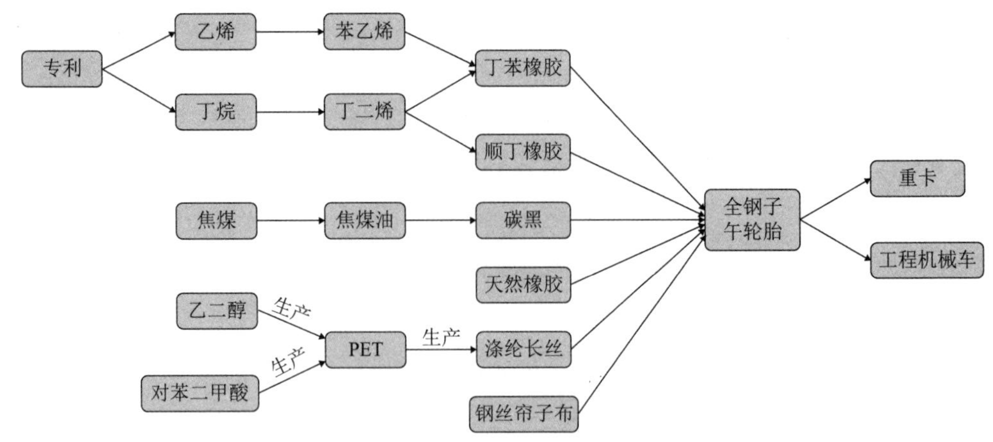

图 9-28　橡胶-轮胎-重卡产业链知识图谱局部示例

NLP 技术在风控场景中的作用是理解分析相关文本内容，为待评估对象打标签，为风控模型增加更多的评估因子。引入知识图谱技术后，可以通过人员关系图谱的分析，发现人员关系的不一致性或者短时间内变动较大，从而侦测欺诈行为。利用大数据风控技术，在事前能够预警，过滤掉带恶意欺诈目的人群；在事中进行监控，及时发现欺诈攻击；在事后进行分析，挖掘欺诈者的关联信息，降低以后的风险。

在金融行业中，风险评估与反欺诈的应用场景首先是智能风控。利用 NLP 和知识图谱技术改善风险模型以减少模型风险，提高欺诈监测能力。其次，还可以应用在智能监管领域，以加强监管者和各部门的信息交流，跟踪合规需求变化。通过对通信、邮件、会议记录、电话的文本进行分析，发现不一致和欺诈文本。例如，欺诈文本有些固定模式：如用负面情感词，减少第一人称使用等。通过有效的数据聚合分析，可大大减少风险报告和审计过程的资源成本。从事此类业务的金融科技公司很多，如 Palantir 最初从事的金融业务就是反欺诈。其他如 Digital Reasoning、Rapid Miner、Lexalytics、Prattle 等。

另一方面，金融知识图谱还可以用在客户洞察方面。客户关系管理（CRM）也是在互联网和大数据时代中发展起来，市场相对成熟，应用比较广泛，许多金融科技公司都以此为主要业务方向。现代交易越来越多是在线上而不是线下当面完成，因此如何掌握客户兴趣和客户情绪，越来越需要通过分析客户行为数据来完成。

NLP 技术在客户关系管理中的应用，是通过把客户的文本类数据（客服反馈信息、社交媒体上的客户评价、客户调查反馈等）解析文本语义内涵，打上客户标签，建立用户画像。同时，结合知识图谱技术，通过建立客户关系图谱，以获得更好的客户洞察。这包括客户兴趣洞察（产品兴趣），以进行个性化产品推荐、精准营销等，以及客户态度洞察（对公司和服务满意度、改进意见等），以快速响应客户问题，改善客户体验，加强客户联系，提高客户忠诚度。客户洞察在金融行业的应用场景主要包括智能客服和智能运营。例如在智能客服中，通过客户洞察分析，可以改善客户服务质量，实现智能质检。在智能运营（智能 CRM）中，根据客户兴趣洞察，实现个性化精准营销。国外从事这个业务方向的金融科技公司有 Inmoment、Mcdallia、NetBase 等。①

总体来说，基于金融知识图谱的应用，有如下三大特点：

（1）广覆盖。广泛覆盖全量信息源，覆盖宏观、中观、微观各维度信息，覆盖上市公司及非上市公司，以方便后续算法拓展所有可能的深度关联关系。

（2）深加工。基于知识图谱与智能推理链，实现从数据到智慧的深加工。

（3）浅表达。以可视化的方式和自然语言与用户交互，一目了然，受众更广。

然而，领域知识图谱对专业知识的基础需求，远远大于通用知识图谱。在建设初期需要大量的专家工作。基于此，可以尝试从两个方面入手来构筑大型领域知识图谱。

一方面，开启知识众包时代，建立新的协作方式。构建用户友好的知识众包协作平台，使得专家能很方便地利用碎片化时间在平台上贡献自己的知识，同时设计相应的知识回报模式。就平台自身而言，如何设计自动内容校验和精华内容提取算法，从大量专家碎片化知识中提取重要内容以添加到“主图谱”中，是一个需要长期不断探索的课题。

另一方面，通过知识自动抽取、自动生长构建“活”的知识图谱。这意味着需要有新的知识持续不断地输入知识图谱中；通过知识图谱定义的作用链进行自动推理；知识图谱自身可以备靠大数据，在“人工+自动”模式下自我生长。

通过这两方面的相辅相成、交叉验证，以真正将海量非结构化信息自动化利用起来，成为领域应用决策的坚实支撑。

① 恒生技术之眼睛.NLP 和知识图谱：金融科技领域的“双子星”.

9.4 本章小结

结合知识图谱研究发展态势，并结合当前知识图谱的构建与应用未来现状，对知识图谱未来技术发展及趋势发展做一个展望。

1. 知识图谱构建

现阶段，基于本体工程的知识描述和表示仍是知识图谱建模的主流方法，而且仅仅用到一些 RDFS 及 OWL 中定义的基础元属性来完成知识图谱模式层构建，知识图谱所关注的重点也仍然是数据中的概念、实体、属性等。随着人们对知识的认知层次的提升，势必会对现有的知识表示方法进行扩展，逐步扩充对于时序知识、空间知识[22]、事件知识[23]等的表示。而知识图谱本身也会逐步将关注重点转移到时序、位置、事件等动态知识中去，来更有效地描述事物发展的变化，为预测类的应用形态提供支持。

其次，对于知识图谱构建任务来说，最困难、最无法标准化实现的一个环节就是对于文本数据的信息抽取。知识图谱面向开放领域的信息抽取普遍存在着召回率低、算法准确性低、限制条件多、拓展性差等问题。随着计算机计算能力的日益提高与深度学习技术不断研究发展，NLP 领域发生了翻天覆地的变化，CNN、RNN 等经典神经网络结构已经被应用于 NLP 中，尝试完成机器翻译、命名实体识别任务。未来，深度学习的思想和方法会越来越多地应用于文本信息抽取中，优化抽取方式，提高知识的覆盖率与准确率[24-25]。其他如跨语言知识融合[26]、知识嵌入[27]等方向也会在深度学习技术的加持下激起新的研究浪潮。

2. 知识图谱应用

在知识图谱应用方面，未来将会出现更多的应用形态，如基于知识图谱的智能文本编制，通过知识图谱将行业中的业务知识与文档相结合，在文档编制过程中进行实时的智能提示、知识校验、知识生产等，辅助文档编制。又如基于知识图谱的自然语言理解与自然语言生成，通过知识图谱对知识的建模能力，结合深度学习对知识的学习与抽象能力，实现以自然语言形式进行输入和输出的下一代问答系统。随着知识表示技术和推理技术的发展，结合一些新型的可视化方法，还可以展望一些预测分析类的应用形态，如疾病预测、行情预测、政治意识形态检测[28]、城市人流动线分析[22]。除此之外，知识图谱在辅助多媒体数据处理方面也是一个有待深入研究的方向，如物体检测[29]、图像理解[30]等。

总之，知识图谱作为人工智能技术中的知识容器和孵化器，会对未来 AI 领域的发展起到关键性的作用。无论是通用知识图谱还是领域知识图谱，其构建技术的发展和对应用场景的探索仍然会不断地持续下去。知识图谱技术不单指某一项具体的技术，而是知识表示、抽取、存储、计算、应用等一系列技术的集合。随着这些相关技术的发展，我们有理由相信，知识图谱构建技术会朝着越来越自动化方向前进，同时知识图谱也会在越来越多的领域找到能够真正落地的应用场景，在各行各业中解放生产力，助力业务转型。

参考文献

[1] Guarino N. Formal Ontology，Conceptual Analysis and Knowledge Representation[J]. International Journal of Human-Computer Studies，1995，43（5-6）：625-640.

[2] Raisig S，Welke T，Hagendorf H，et al. Insights into Knowledge Representation：The Influence of Amodal and Perceptual Variables on Event Knowledge Retrieval from Memory[J]. Cognitive Science，2009，33（7）：1252-1266.

[3] Özsu M T. A Survey of RDF Data Management Systems[J]. Frontiers of Computer Science，2016，10（3）：418-432.

[4] Harris S，Gibbins N. 3store：Efficient Bulk RDF Storage[J]. The 1st International Workshop on Practical and Scalable Semantic Systems，2003.

[5] Wilkinson K，Wilkinson K. Jena Property Table Implementation[J]. 2006.

[6] Bobrov N，Chernishev G，Novikov B. Workload-independent Data-Driven Vertical Partitioning[C]// Advances in Databases and Information Systems. Cham：Springer，2017：275-284.

[7] DONG X L，Gabrilovich E，Heitz G，et al. From Data Fusion to Knowledge Fusion[J]. Proceedings of the VLDB Endowment，2014，7（10）：881-892.

[8] Bryl V，Bizer C，Isele R，et al. Interlinking and Knowledge Fusion[M]//Linked Open Data--Creating Knowledge Out of Interlinked Data. Cham：Springer，2014：70-89.

[9] WANG S，WAN J，LI D，et al. Knowledge Reasoning with Semantic Data for Real-Time Data Processing in Smart Factory[J]. Sensors，2018，18（2）：471.

[10] WU Tianxing，QI Guilin，WANG Haofen. Zhishi.schema Explorer：A Plaborm for Exploring Chinese Linked Open Schema. Semantic Web and Web Science，2014：174-181.

[11] WU T，QI G，WANG H，et al. Cross-Lingual Taxonomy Alignment with Bilingual Biterm Topic Model[C]//AAAI，2016：287-293.

[12] I Muslea，S Minton，C Knoblock. Hierarchical Wrapper Induction for Semistructured Information Sources. Autonomous Agents and Multi-Agent Systems，2001，4：93-114.

[13] A Pan，J Raposo，M Álvarez，et al. Semi-Automatic Wrapper Generation for Commercial Web Sources.

Engineering Information Systems in the Internet Context，2002，103：265-283.

[14] 关键.面向中文文本本体学习概念抽取的研究[J].吉林：吉林大学，2010.

[15] 黄峻福.中文 RDF 知识库构建问题研究与应用[D].西南交通大学，2016.

[16] 万静，李琳，严欢春，等. 基于 VS-Adaboost 的实体对齐方法[J]. 北京化工大学学报 （自然科学版），2018，45（1）：72-77.

[17] WANG C，FAN Y，HE X，et al. Predicting Hypernym–Hyponym Relations for Chinese Taxonomy Learning[J]. Knowledge and Information Systems，2018：1-26.

[18] SU F，RONG C，HUANG Q，et al. Attribute Extracting from Wikipedia Pages in Domain Automatically[M]//Information Technology and Intelligent Transportation Systems. Cham：Springer，2017：433-440.

[19] Logan I V，Robert L，Humeau S，et al. Multimodal Attribute Extraction[J]. arXiv preprint arXiv:1711. 11118，2017.

[20] Kobilaro G，Scott T，Raimond Y，et al. Media Meets Semantic Web——How the BBC Uses DBpedia and Linked Data to Make Connections//Lora Aroyo，Paolo Traverso，Fabio Ciravegna，et al. The Semantic Web：Research and Applications. ESWC 2009，Berlin：Springer，2009：723-737.

[21] Kroeger Angela. The Road to BIBFRAME：the Evolution of the Idea of Bibliographic Transition into a Post-MARC Future. Cataloging & Classification Quarterly，2013，51（8）： 873-890.

[22] ZHUANG C，YUAN N J，SONG R，et al. Understanding People Lifestyles：Construction of Urban Movement Knowledge Graph from GPS Trajectory[C].Proceedings of the 26th International Joint Conference on Artificial Intelligence.AAAI Press，2017：3616-3623.

[23] Hernes M，Bytniewski A. Knowledge Representation of Cognitive Agents Processing the Economy Events[C].Asian Conference on Intelligent Information and Database Systems. Cham： Springer，2018：392-401.

[24] XU B，XU Y，LIANG J，et al. CN-DBpedia：A Never-Ending Chinese Knowledge Extraction System[C].International Conference on Industrial, Engineering and Other Applications of Applied Intelligent Systems. Cham：Springer，2017：428-438.

[25] Londhe S N，Shah S. A Novel Approach for Knowledge Extraction from Artificial Neural Networks[J]. ISH Journal of Hydraulic Engineering，2017：1-13.

[26] WU T，ZHANG D，ZHANG L，et al. Cross-Lingual Taxonomy Alignment with Bilingual Knowledge Graph Embeddings[C].Joint International Semantic Technology Conference. Cham：Springer，2017：251-258.

[27] WANG Q，MAO Z，WANG B，et al. Knowledge Graph Embedding：A Survey of Approaches and Applications[J]. IEEE Transactions on Knowledge and Data Engineering，2017，29（12）：2724-2743.

[28] CHEN W，ZHANG X，WANG T，et al. Opinion-Aware Knowledge Graph for Political Ideology Detection[C].Proceedings of the 26th International Joint Conference on Artificial Intelligence. AAAI Press，2017：3647-3653.

[29] FANG Y，Kuan K，LIN J，et al. Object Detection Meets Knowledge Graphs[J]. Proceedings of the Twenty-Sixth International Joint Conference on Artificial Intelligence，2017：1661-1667.

[30] Ruimao Z，Jiefeng P，YANG W，et al. The Semantic Knowledge Embedded Deep Representation Learning and Its Applications on Visual Understanding[J]. Journal of Computer Research and Development，2017，6.

反侵权盗版声明